高等学校"十三五"规划教材

化学基础实验

第二版

董彦杰　王钧伟　主编

化学工业出版社

·北京·

《化学基础实验》(第二版)将化学相关专业本科生开设的各二级学科实验进行整合,避免重复,同时为了方便授课,充分考虑了各模块的相对独立性。本书从化学实验基本知识讲起,依次介绍了无机化学实验、化学分析实验、仪器分析实验、有机化学实验、物理化学实验、化工原理实验、中学化学教学法实验、材料化学实验。在实验项目的选择上,注重验证性实验和设计性实验相结合,以培养学生的综合能力。

《化学基础实验》(第二版)可作为化学、应用化学、材料、生物、环境、食品、轻工等专业的教材,亦可供相关科技人员参考。

图书在版编目(CIP)数据

化学基础实验/董彦杰,王钧伟主编. —2 版.—北京:化学工业出版社,2019.9(2022.9重印)

高等学校"十三五"规划教材

ISBN 978-7-122-34715-2

Ⅰ.①化… Ⅱ.①董…②王… Ⅲ.①化学实验-高等学校-教材 Ⅳ.①O6-3

中国版本图书馆 CIP 数据核字(2019)第 122027 号

责任编辑:宋林青 李 琰 文字编辑:刘志茹

责任校对:王 静 装帧设计:刘丽华

出版发行:化学工业出版社(北京市东城区青年湖南街 13 号 邮政编码 100011)

印 装:北京科印技术咨询服务有限公司数码印刷分部

787mm×1092mm 1/16 印张 25¾ 字数 641 千字 2022 年 9 月北京第 2 版第 2 次印刷

购书咨询:010-64518888 售后服务:010-64518899

网 址:http://www.cip.com.cn

凡购买本书,如有缺损质量问题,本社销售中心负责调换。

定 价:58.00 元

前　言

本书是高等学校"十三五"规划教材，内容包括化学实验基本知识、无机化学实验、分析化学实验、有机化学实验、物理化学实验、中学化学教学法实验、化工原理实验、材料化学实验等内容，读者对象为化学及其相关学科的本科生。

根据"化学类专业本科教学质量国家标准"和"化学专业认证"的要求，体现我院办学定位和办学理念，坚持"宽口径、厚基础、重实践"的方针，我们组织修订了"化学基础实验"，以适应高等学校加强内涵式发展的新要求。

本次修订的主要内容为：无机化学实验部分增加了二氧化碳的制备及分子量的测定、硫代硫酸钠的制备、磺基水杨酸合铁(Ⅲ)配合物的组成及稳定常数的测定、氢氧化镍溶度积的测定、反应动力学参数的测定等综合性实验内容。分析化学实验部分没有增加实验项目，但对实验内容进行了修订。有机化学实验部分增加了正溴丁烷的制备、液态化合物折射率的测定、分馏等内容。物理化学实验部分增加了电导的测定及其应用。化工原理实验部分增加了化工原理实验基础知识、实验室安全用电、实验规划和演示实验部分，并对原有其他实验装置进行了更新。材料化学实验部分增加了四氯化钛水解法制备 TiO_2 粉体、膨胀计法测定自由基本体聚合反应速率、聚合物熔融指数的测定、聚合物材料应力-应变曲线的测定等 18 个实验项目。

参加本书修订、复核的教师有：基本知识部分、附录部分由董彦杰负责；无机化学实验部分由王彦负责；分析化学实验部分由开小明负责；有机化学实验部分由张霞负责；物理化学实验部分由郭畅负责；中学化学教学法实验部分由徐汪华负责；化工原理实验部分由崔晓峰负责；材料化学实验部分由汪谢负责。本书由董彦杰、王钧伟统稿并任主编。

修订过程中参阅了兄弟院校已出版的材料及相关著作，化学工业出版社的编辑为本次的修订付出了辛勤的劳动，在此一并致以诚挚的谢意。

由于编者水平有限，难免存在缺点和不足之处，恳请广大读者批评指正。

董彦杰

2018 年 8 月于安庆

第一版前言

本书是高等学校"十二五"规划教材，内容包括化学实验基本知识、无机化学实验、分析化学实验、有机化学实验、物理化学实验、化工基础实验、材料化学实验、中学化学教学法实验等内容，读者对象为化学及其相关学科的本、专科生。本书主编董彦杰，副主编吴根华、夏宏宇、张元广。

安庆师范学院化学化工学院为了认真贯彻《国家中长期教育改革和发展规划纲要》精神，体现我院办学定位和办学理念，坚持"通识为基，能力为本，人文为魂，服务为重"，不断优化学生的知识结构，丰富社会实践，着力提高学生的学习能力、实践能力、创新能力，促进学生成长、成人、成才、成功，组织具有丰富教学经验的教师内研外调，吸取各兄弟院校的教改经验，发掘本校本科教学优势，制定出专业教学整体改革思路、规划方案，重新修订本科教学计划、基础课程教学大纲，组织编写了各专业"基础化学实验"讲义，已在我院、资源环境学院和生命科学学院使用，受到了广大师生的欢迎及好评。

本书编写力求体现以下特点：

在内容编排上体现以实验技术为主线，减少验证性实验内容，增加基本操作和综合性实验的内容，以培养和提高学生的动手能力及创新精神。

注重基础、规范操作，选用大量常规经典仪器，有利于学生的基础技能训练，为今后专业实验、毕业论文、研究生实验奠定基础。

注重综合，拓宽口径，使化学与生命科学、环境科学、材料科学等交叉渗透，将化学合成、成分分析及表征、常数测定、化工基础紧密结合，加强综合能力及应用能力培养。

展示先进，适当增加新内容。介绍新仪器、新方法、新技术，重视学生创新能力的培养。

充分体现以人为本、因材施教的原则，将某些实验内容进行扩展。根据学科特点，按照不同基础、不同专业学生的要求，选做不同层次的实验。

参加本书编写、复核的人员主要为化学化工学院的教师，基础知识部分由汪竹青负责，无机化学实验部分由王涛负责，分析化学实验部分由开小明负责，有机化学实验部分由有机化学教研室负责，物理化学实验部分由郭畅负责，化工基础实验部分由孔学军负责，中学化学教学法实验部分由徐汪华负责，材料化学实验部分由耿同谋负责。本书由董彦杰、杜荣斌、吴根华、夏宏宇、张元广统稿。

本书的编写，参阅了部分兄弟院校已出版的教材及相关著作，从中借鉴或吸取了有益的内容，化学工业出版社的编辑为本书的出版付出了辛勤劳动，在此一并致以诚挚的感谢。

本书旨在为高等师范院校提供全面、体系、重在能力培养、便于教学实施的化学实验教材。由于编者水平有限，教材中难免存在缺点和不足，恳请广大读者不吝批评指正。

编者

2012 年 4 月于安庆

目　录

第一章　化学实验基本知识

第一节　实验室常识

化学实验室是一个危险的工作环境，因为大家常常要使用一些危险药品，这些潜在的危险通常是不可避免的。所以，在进入实验室之前，每个人都有必要认真学习化学实验室的安全守则和规章制度。

1. 实验室安全守则

实验室的安全守则可以简单地用两个词来描述：一定、禁止。即：一定要熟悉实验室的安全程序；必要时一定要戴上防护眼镜；一定要穿实验服；离开实验室之前一定要洗手；实验前一定要认真阅读实验内容；一定要检查仪器是否安装正确；对所有的药品一定要小心、仔细；一定要保持自己的工作环境清洁；一定要注意观察实验现象；遇到疑问一定要问指导老师。

实验室里禁止饮食；禁止抽烟；禁止吸入、品尝药品；禁止妨碍或分散别人注意力；禁止在实验室里奔跑或大声喧哗；禁止独自一个人在实验室做实验；禁止做未经批准的实验。

2. 实验室安全事项

进入实验室一定要知道灭火器、灭火沙、灭火毯、安全淋浴等的确切位置。一定要知道灭火器的型号，如何使用，特别是如何取下安全栓。

（1）眼睛的保护

在实验室里要尽可能地戴上护眼罩。因为碎玻璃或药品很可能会对眼睛造成永久的伤害。如果你有很多实验室工作要做，买一副安全的眼镜是很值得的。或者在普通的眼镜外面再戴上护眼罩或护目镜，在实验室里禁止戴隐形眼镜。如果眼睛里溅上药品，一定要紧急处理。

（2）穿着、服装

实验室里不适宜穿太好的衣服，无论你怎样仔细，都不可避免一些有机药品或酸液等溅到衣服上。实验室里应穿实验服。另外，不要穿拖鞋、凉鞋。

（3）仪器和设备

一般情况下，若不了解某个仪器或设备的功能，不要试图使用它们。像真空泵、旋转蒸发仪、压缩气体钢瓶等，一旦操作失误就可能导致仪器损坏，或者使实验失败，更严重的是导致安全事故的发生。

在安装实验仪器之前，要检查玻璃磨口是否沾有碎片或碎渣。在加药品反应之前，一定要检查所用仪器是否都夹紧、固定和安装好。

（4）药品的处理

化学药品因有毒性、腐蚀性、易燃易爆性而十分危险。下一节将讲述如何使用特别危险的药品，但所有的药品都应当小心谨慎。在实验室里最危险的是火，许多有机化合物在遇到明火时就会燃烧，特别是酒精、乙醚等低沸点溶剂。一个严重的溶剂火灾会在几秒内使实验室的温度升高到100℃以上。在有机化学实验室里有条件的最好是不使用明火。要加热反应混合物或溶剂，最好是使用水浴、油浴、电炉或电热套等。许多实验室现在仍然用酒精灯加热，因此在操作时一定要防止火灾的发生。在点燃酒精灯之前，一定要检查周围有没有易燃的液体敞口放置。同样，在转移、倾倒易燃液体时，也要检查周围有没有明火。有机溶剂的蒸气压一般比空气大，因此千万不要随意将液体，特别是易燃溶剂倒入下水道或排水沟。

为防止吸入有机化合物的蒸气，实验室里需备有可靠的通风设备。在使用一些特别有毒的药品时，或一些易放出挥发性气体或毒性蒸气的反应，最好在通风橱内完成。

时时都应该避免药品与皮肤接触，一些腐蚀性的酸液和药品很容易通过皮肤吸收。在进行实验室常规工作时，最好戴上橡胶（塑料）手套，这样做可以减少药品与皮肤接触的危险。当使用一些腐蚀性或有毒性的药品时，一定要戴上厚一点的橡胶（塑料）手套。

（5）散洒物

所有化学药品的散洒物都应立即清除干净。在处理这些物品时一定要戴手套。固体较容易扫进垃圾箱或废物缸，液体往往难以处理。酸性液体一定要用固体碳酸钠或碳酸氢钠中和，碱性液体一定要用硫酸氢钠中和，中性液体可以用土或滤纸吸附，因为滤纸并不能吸附所有的液体，因此建议使用沙土吸附。如果洒出的液体很容易挥发，常常需把它周围清理一下，熄灭酒精灯，让液体自然挥发。

3. 危险化学药品

在实验室里，做任何一个实验之前，都应当阅读实验指导内容。一些药品的性质可用这些简单的词来提醒，易燃、易爆、强氧化性、腐蚀性、毒性、致癌物质，有的药品可能会有几种危险性。这些提醒语是和试剂瓶外包装上的提醒相似的，都用一些特别的标志来表示，这些标志都是统一规定、国际通用的。图1-1是一些常见的危险性标志。

图1-1　实验室常见危险性标志

（1）易燃试剂

在处理易燃试剂时，应严格检查附近有无明火。在有机化学实验室，有机溶剂通常都是易燃液体，例如：

碳氢化合物如己烷、轻石油（即石油醚）、苯、甲苯；醇类如甲醇、乙醇；酯类如乙酸乙酯；酮类如丙酮；醚类化合物因其暴露在空气或见光会产生易爆炸的过氧化物，因此，使用时要特别注意。常用的乙醚和四氢呋喃就属于醚类，处理时要特别小心。

此外，乙醚还具有相当低的沸点和一定程度的麻醉作用，二硫化碳具有很高的易燃性，甚至用水浴加热都会导致它着火，因此在实验中应尽量避免使用。

像氢气这样的气体，像镁条这样的金属都是容易点燃的。像金属钠、氢化铝锂这些药品都属于易燃的危险品，因为它们都会和水剧烈反应并放出氢气。

（2）易爆试剂

一些药品因其能与水或其他物质发生爆炸性的反应，因而具有爆炸的危险。碱金属就是一个普通的例子，金属钠和水剧烈反应，金属钾与水发生爆炸性反应。

也有一些化合物具有爆炸的危险性是和它们自身的结构有关的。通常这些分子中含有许多氧原子或氮原子，因而能够发生分子内氧化还原反应，或产生像氮气这样稳定的分子。当这些化合物是干燥的时候，对撞击震动较敏感，具有爆炸性的危险。例如：聚氮化合物、苦味酸、炔银等炔金属、叠氮化合物、重氮化合物、过氧化物、过氯酸盐等。本书所选的实验都尽量避免使用这些爆炸物。

（3）氧化剂

在有机化学实验室里，由于氧化剂与纸张等易燃物质接触也会导致着火，因此也有一定危险。

硫酸、硝酸既有很强的腐蚀性，也有很强的氧化性。像漂白粉、过氧化氢、过酸、二氧化钴和高锰酸钾等都是很强的氧化剂。

（4）腐蚀性药品

处理或使用腐蚀性试剂时一定要戴上防护手套。一旦溅到皮肤上，应立即用大量的水冲洗干净。无机酸当中的硫酸、盐酸、氢溴酸、磷酸和硝酸，有机酸中的羧酸、磺酸都是具有腐蚀性的。苯酚也是相当危险的，能导致皮肤灼伤，它的有毒蒸气能够被皮肤吸收。无机碱中的氢氧化钠、氢氧化钾这样的强碱，硫酸钠、硫酸钾这样的弱碱都具有腐蚀性，有机碱中的胺、羟胺、三乙胺、吡啶等都具有腐蚀性。

液溴是非常危险的药品，它能导致皮肤、眼睛的灼伤，因此一定要在通风橱里使用。此外，由于它的密度较大，当用滴管转移时，即使不挤乳胶头，都可能因其重力而滴下来，因此，使用时要特别小心。

氯化亚砜、酰氯、无水三氯化铝以及其他的一些试剂，因能与水反应放出氯化氢气体，也具有腐蚀性，并会对呼吸系统产生严重的刺激。

（5）有害和有毒试剂

有害和有毒的区别仅仅是程度而已，大多数有机化合物都可说是有害的，有些是相当有害的，因此也就被认为是有毒的药品。通常所见的化合物有很多是有毒性的，因此必须在通风橱里使用，例如，苯、溴、硫酸二甲酯、氯仿、己烷、碘甲烷、汞盐、甲醇、硝基苯、苯酚、氰化钾、氰化钠等。必须清楚急性中毒与慢性中毒的区别。一些急性中毒一般很快就会被觉察，例如受浓氨水刺激而感到窒息，就需迅速采取相应的措施。而慢性中毒，一般不易察觉，是因为长时间处于某种环境中而导致对身体的长期伤害的积累，许多物质因此被称为致癌物质。我们不能因此而否定它们在有机化学实验室的使用，但的确需要格外小心。尽量避免长期接触，一定要在通风橱里使用。

当使用通风橱时，尽量将通风橱前面的活动玻璃拉得低一些，这样便会有强劲的气流带走有毒的蒸气或烟雾。总之，如果实验中确实需要一些剧毒药品，一定要事先认真阅读并理解指导老师的讲解以及实验室安全知识，并要知道，一旦发生危险，应该如何处置。

（6）致癌物质

现在，大家都知道将健康体细胞长期受一定的药品作用会产生肿瘤。然而，从受药品作用到在人体中产生肿瘤可能需要几年、几十年的时间，因此它们的危害并不是立即发生的。在处理这类药品时，要格外仔细，小心。本书中所选的这类试剂都被提醒为致癌物质。也就是说根据经验，这些药品会在人体或动物身上产生肿瘤。

下列化合物或衍生物质应被认为是致癌物质：碘甲烷、过氧化物、硫酸二甲酯、甲醛、己烷、苯、芳香胺、苯肼、多环芳烃（蒽、菲等）、硝基化合物、偶氮化合物、重铬酸盐、多卤烃如四氯化碳、氯仿、氯乙烯、硫脲、盐酸氨基脲。

（7）刺激性和催泪试剂

许多有机化合物对眼睛、皮肤和呼吸道有相当的刺激性。应当尽量避免与这些试剂或其蒸气接触。下列物质应在通风橱中使用：芳香醛和脂肪族醛、α-卤代羰基化合物、异硫氰酸酯、氯化亚砜以及羧酸的酰氯。

许多有机化合物，除了具有刺激性，还具有相当强的味道或不愉快的气味，通常是具有恶臭味，如吡啶、苯乙酸、硫酸二甲酯、正丁酸和碘，以及许多含硫化合物。这些化合物都应在通风橱中使用。

4. 危险废弃物的处理

危险废弃物的处理不仅仅是个环境问题，也是个道德问题。实验室在这方面应担负一定的责任。实验室工作人员应该关心这个问题，并应对环境保护尽到自己的职责，不应对实验室的废弃物采取无所谓的态度。一般实验室都明文规定处理化学药品废弃物的具体程序和步骤，必须严格遵守这些规定。

（1）固体废弃物

有机化学实验室里的固体废弃物常分为：干燥的固体试剂，色谱分离用的吸附剂，用过的滤纸片，测定熔点的废玻璃管，一些碎玻璃等。除非这些固体是有毒性的或极易回收的，一般都是放入指定的废弃物容器里。毒性废弃物应放入有特别标志的容器里。一些特殊的有毒化学试剂在丢弃前应当经过适当处理以减小其毒性。

（2）水溶性废弃物

有些人将实验室的水溶性废弃物直接倒入水槽，让它们流入公有水处理系统，然而这会给其他人尤其是水利部门带来麻烦，是很不道德的行为。只有那些无毒的、中性的、无味道的水溶性物质可以直接倒入水槽流入下水道。强酸性或强碱性物质在丢弃之前应被中和，并且用大量水冲洗干净。任何能够与稀酸或稀碱反应的物质，都不能随便倒入下水道。

（3）有机溶剂

在有机化学实验室，有机溶剂的处理一直是一个重要的问题。有机溶剂通常是不溶于水的，有很高的易燃性。废弃的有机溶剂应倒入贴有合适标签的容器，然后将这些容器统一运出实验室，用合适的方法将这些溶剂处理，而不应当倒入下水道。

5. 事故处理

在实验室里，一旦发生事故，一定要知道怎么做，这一点很重要。无论发生什么事故，一定要反应果断。立即告诉实验指导老师，如果自己不能离开或者正处理事故，也要让其他人报告实验指导老师，然后再由指导老师组织安排必要的措施。

（1）火灾

根据起火原因立即采取灭火措施。首先切断电源，移走易燃药品。有机溶剂和电器设备着火，马上用四氯化碳灭火器、专用防火布、干粉等灭火，切不可用水或泡沫灭火器。

（2）药品燃烧

在实验里，最容易着火的就是有机溶剂。如果仅仅是一些像烧杯这样的小容器里着火，通常用一块大一点的抹布或大一点的烧杯扣在上面即可熄灭火焰。沙子也可用来扑灭一些小的火焰，实验室里常用消防桶来装上沙子以防万一。同时要移走所有易燃的化学药品，熄灭所有的酒精灯。因为大多数有机溶剂都比水轻，所以一旦溶剂着火千万不要用水去灭火，这样不但不能灭火，反而会增大火势。对于一些大的火灾，则需要使用灭火器，实验室里通常使用的是干粉灭火器。灭火器最好由实验指导老师或有经验的人使用，使用不正确会扩大火情而延误灭火。如果发现用灭火器也不能很快扑灭火灾，就应迅速拨打火警电话，请来消防人员，并通知有关人员迅速撤离现场。

（3）衣服着火

一旦衣服着火，赶紧大喊救火，躺在地上来回滚动熄灭火焰。

衣服着火时千万不要奔跑，跑起来的风会使身上的火苗进一步扩大。应把着火的人包在灭火毯里，让他在地板上来回滚动。如果手里没有毯子，用抹布或用毛巾沾上水，洒到着火者的身上。不到万不得已千万不要用灭火器直接喷到人身上灭火。一旦火被扑灭了，尽量让病人躺下、保暖，送去医院进一步治疗。除非是呼吸困难，否则不能随便解开或脱下被火烧伤的人的衣服。

（4）受伤

在实验室里，如被热烧瓶、烧杯等稍稍烫伤可将烫伤部位在冷水中浸 $10\sim15\text{min}$。而对于一些更加严重的烫伤，则需要到医院治疗。

任何药品洒到皮肤上都需要用大量的水冲洗干净，被感染的部位至少要冲洗 15min。如果自己或别人身体的大部分被洒上药品，立即使用安全淋浴，脱下被弄脏的衣服，充分冲洗皮肤，必要时到医院接受医治。

（5）药品洒到眼睛里

一旦药品弄到眼睛里，一定要抓紧时间，越是在尽可能短的时间里将药品冲洗干净，对眼睛的伤害越小，通常在眼睛冲洗干净后，立即到医院接受治疗。

（6）割伤

在实验工作，被碎玻璃割伤也时有发生。伤口需要用清水冲洗至少 10min，以便将残留的化学药品和一些碎的玻璃渣冲洗干净。伤口需要用创可贴或胶布裹好，使其迅速止血，立即到医院接受医治。

当严重受伤时，血液会从伤口涌出，相当危险。受伤者需躺下，保持安静，将受伤部位略抬高，让受伤者保持温暖，用一垫子稍用力压住伤口，千万不要止血带或压脉器来止血，同时迅速拨打急救电话，让医生和救护车迅速赶来救护。

（7）中毒

对于中毒没有很简单的方法可以采用，只有立即到医院接受治疗。

（8）酸腐伤

马上用大量水冲洗，然后用饱和 $NaHCO_3$ 溶液或肥皂水冲洗，最后再用水冲洗。如果酸液溅入眼内，应立刻用大量水冲洗，然后用 2‰ $Na_2B_4O_7$ 溶液洗眼，最后再用蒸馏水冲洗。

（9）碱腐蚀

先用大量水冲洗，然后用 2‰ HAc 溶液冲洗，最后用水冲洗干净并涂敷酸软膏。如果碱液溅入眼内，应马上用大量水冲洗，再用 3‰ H_3BO_3 溶液冲洗，最后用蒸馏水冲洗。

（10）溴腐蚀

用乙醇或 10‰ $Na_2S_2O_3$ 溶液洗涤伤口，再用水冲洗干净，然后涂敷甘油。

（11）磷灼伤

先用 5‰ $CuSO_4$ 溶液或 $KMnO_4$ 溶液洗涤伤口，然后用浸过 $CuSO_4$ 溶液的绷带包扎。

（12）吸入刺激性或有毒气体

吸入 Br_2、Cl_2、HCl 等气体时，可吸入少量酒精和乙醚的混合蒸气以解毒。若吸入 H_2S 气体而感到不适时，应马上到室外呼吸新鲜空气。

（13）触电

应立即切断电源。必要时进行人工呼吸。

第二节 化学试剂的一般知识

一、一般试剂

实验室最普遍使用的试剂为一般试剂，可分为四个等级，其规格及适应范围见表 1-1。

表 1-1 一般试剂规格及用途

级别	中文名称	英文标志	卷标颜色	主要用途
一级	优级纯	G. R.	绿	精密分析实验
二级	分析纯	A. R.	红	一般分析实验
三级	化学纯	C. P.	蓝	一般化学实验
生物化学试剂	生化试剂、生物染色剂	B. R.	咖啡色（染色剂：玫红色）	生物化学及医化学实验

指示剂也属于一般试剂。此外，还有标准试剂、高纯试剂、专用试剂等。

按规定，试剂瓶的标签上应标示试剂名称、化学式、摩尔质量、级别、技术规格、产品标准号、生产许可证号（部分常用试剂）、生产批号、厂名等，危险品和毒品还应给出相应的标志。

二、试剂的选用

应根据实验要求，本着节约的原则，合理选用不同级别的试剂。在能满足实验要求的前提下，尽量选用低价位的试剂。

三、试剂的保管

试剂应保存在通风、干燥、洁净的房间里，防止污染或变质。氧化剂、还原剂应密封、避光保存。易挥发和低沸点试剂应置低温阴暗处。易侵蚀玻璃的试剂应保存于塑料瓶内。易燃易爆试剂应有安全措施。剧毒试剂应由专人妥善保管，用时严格登记。

第三节 实验用水

化学实验对于水的质量有一定的要求，纯水是最常用的纯净溶剂和洗涤剂，应根据实验的要求选用不同规格的纯水（表 1-2）。

表 1-2　实验室用水的级别及主要指标

指标名称		一级	二级	三级
pH 值范围(25℃)		—	—	5.0
电导率(25℃)/$\mu S \cdot cm^{-1}$	≤	0.1	1.0	5.0
吸光度(254nm,1cm 光程)	≤	0.001	0.01	—
氧化硅/$mg \cdot L^{-1}$	≤	0.02	0.05	—

第四节　化学试剂的取用方法

一、固体试剂的取用方法

固体的取用一般用牛角匙或不锈钢匙，药匙使用前应洗净擦干。取用试剂时应专匙专用，千万不可交叉使用。匙的两端一大一小，取用量大时用大匙一端，取用量小时用小匙一端。取用完试剂后应立即盖严瓶塞，将试剂瓶放回原处。

在台秤或者分析天平上称量固体试剂时，试剂不能直接放在秤盘上，应垫上纸或表面皿。对于腐蚀性或者易潮解的固体试剂应放在表面皿或者小烧杯中称量。试剂量应按要求称取，不要多称，以免造成浪费。

二、液体试剂的取用方法

从细口试剂瓶中倒取液体试剂时，一般用左手拿住盛接容器（试管或量筒等）。右手掌心向着标签握住试剂瓶，让瓶口紧靠盛接容器的边缘慢慢倾倒。倒够所用试剂量时，试剂瓶口应在容器上靠一下，再使瓶子竖直，这样可以使试剂瓶口残留的试剂顺着盛接容器的内壁流入容器内，而不致沿试剂瓶外壁流下。如盛接容器是烧杯，则应左手持玻棒，让试剂瓶口靠在玻棒上，使溶液顺玻棒流入烧杯。倒毕，应将瓶口顺玻棒向上提一下再离开玻棒，使瓶口残留的溶液顺玻棒流入烧杯。

从滴瓶中取用试剂时，应先将滴管提至液面以上，挤压橡皮乳头排出空气，然后再伸入液体中，放松橡皮乳头吸入试剂，取出滴管，滴管管尖垂直放在试管口上方，挤压橡皮乳头，使溶液垂直滴入试管中。试管应垂直不要倾斜。滴管不可伸入试管内，以免沾污滴管，滴管用毕要立即插回原瓶，要专管专用。滴管不可取出倒置，以免其中的溶液流入胶皮乳头而被污染，更不可取出随意乱放和用自己的滴管随意去取滴瓶中的试剂，以免沾污或搞错。

第五节　基础仪器

一、常用仪器

见表 1-3。

表 1-3　常用仪器

仪器名称	规格、用途	使用注意事项
试管、离心管	规格： 用管口直径×管长(mm)表示,分为普通试管和离心试管。 用途： 1. 反应容器,用药量较少,便于操作,反应现象易于观察。 2. 离心试管用于少量沉淀的分离	1. 反应液体的体积应不超过试管容积的1/2,当加热时不超过试管容积的1/3。 2. 硬质试管可以加热至高温,但不可骤冷,以免破裂。 3. 加热时,应使试管下半部均匀受热,试管口不可对人。 4. 离心试管不可加热

仪器名称	规格、用途	使用注意事项
烧杯	规格： 以容积(mL)表示。 用途： 1. 反应容器，用药量可多些，便于操作，易混合均匀，反应现象易于观察。 2. 配制溶液时用。 3. 可代替水浴	1. 反应液体的体积应不超过烧杯容积的2/3。 2. 烧杯可以加热至高温，加热时必须放在石棉网上，不可骤冷骤热，以免破裂
量筒	规格： 以量度的最大容积(mL)表示。 用途： 量取一定体积液体	1. 不能作为反应容器。 2. 不可加热，也不能量取热液体。 3. 读数时视线与液面保持在同一水平线，读取与液体弯月面最低点相切的刻度线
漏斗	规格： 以直径(cm)表示。 用途： 1. 过滤。 2. 引导溶液进入小口容器。 3. 粗颈漏斗用于转移固体物质	不能用火直接加热
分液漏斗	以容积(mL)和漏斗形状表示，有球形、梨形、筒形等几种。 用途： 用于液体的分离、洗涤和萃取	漏斗口塞子与活塞是配套的，防止滑出打碎。使用前将活塞抹一薄层凡士林，插入转动直至透明，如果过少，会造成漏液，过多会溢出沾污仪器和试液。萃取时，振荡初期要多次放气，以免漏斗内气压过大。不能加热
恒压滴液漏斗	恒压滴液漏斗，玻璃材质，以容积(mL)表示，有 50mL、100mL、250mL 等	必须在无水条件下、在惰性气体保护下或者有气体参与的反应，应使用恒压滴液漏斗

仪器名称	规格、用途	使用注意事项
干燥器	以内径(cm)表示,分普通和真空干燥器两种,用于存放易吸湿的药品,重量分析中用于冷却经过灼烧的坩埚等	1. 盖与缸身之间的平面经过磨砂,在磨砂处涂以润滑脂,使之密闭。 2. 及时更换干燥剂。 3. 搬动时,必须使用双手,且用双手拇指压住盖子,以防滑落。 4. 灼烧过的物品放入干燥器前温度不能过高
容量瓶	用容积(mL)表示,用于配制准确浓度的溶液	不能加热,不能代替试剂瓶用来存放溶液,不能在其中溶解固体,瓶塞与瓶口配套,不能互换
锥形瓶	玻璃质,分硬质和软质,有塞和无塞,广口、细口和微型几种。 按容量（mL）分,有 50mL、100mL、150mL、200mL、250mL 等 1. 反应容器。 2. 振荡方便,适用于滴定操作	1. 避免振荡时液体溅出。 2. 防止受热不均匀而破裂
布氏漏斗	布氏漏斗为瓷质,以直径(cm)大小表示,与吸滤瓶一起用于减压过滤	不能加热。 注意漏斗大小与过滤的固体或沉淀量相适宜
吸滤瓶	吸滤瓶为玻璃质,以容积(mL)大小表示,与布氏漏斗一起用于减压过滤	不能加热
研钵	瓷质,以钵口直径(cm)表示。也有铁、玻璃、玛瑙制的。 用途:研磨固体,混合固体物质	根据固体的性质和硬度选用,研钵不能代替反应容器用,放入量不能超过容积的1/3,易爆物质只能轻轻压碎,不能研磨

仪器名称	规格、用途	使用注意事项
烧瓶	烧瓶包括圆底烧瓶、平底烧瓶、梨形烧瓶、三口烧瓶等,容量有 100mL、250mL、500mL 等多种;烧瓶用作反应容器,可在常温或加热时使用;当溶液需要长时间反应或是加热回流时,一般都会选择使用烧瓶作为容器,加热回流时,可于瓶内放入搅拌子,并以加热搅拌器加以搅拌	通常平底烧瓶用于室温下的反应,而圆底烧瓶则用于较高温度下的反应。圆底烧瓶在使用时应固定在铁架上;加热时应隔石棉网间接加热,烧瓶夹应垫石棉绳或套橡皮管
滴定管	滴定管在定量分析(如中和滴定)中用于准确地放出一定量液体。滴定管容量规格有 5mL、10mL、25mL、50mL 等多种。滴定管有酸式滴定管和碱式滴定管两种类型。酸式滴定管下端有玻璃磨口的活塞,碱式滴定管下端连接着橡皮管,再接一个尖嘴	用滴定管前必须检查滴定管是否漏水,活塞是否转动灵活。量取体积前,必须调节到滴定管内没有气泡。碱式滴定管不能装与橡胶发生反应的物质,见光易分解的溶液用棕色滴定管滴定
冷凝管	用于冷却蒸气,有球形冷凝管、直形冷凝管、空气冷凝管几种,常与圆底烧瓶、蒸馏烧瓶等连接使用。使用时下支管与自来水龙头相连,上支管把冷却水放出后导入下水道。球形冷凝管用于回流操作,直形冷凝管、空气冷凝管用于蒸馏操作	冷凝管不能加热
移液管	移液管用于准确移取一定体积的溶液。移液管容积有 1mL、2mL、5mL、10mL、25mL 等多种,按刻度有多刻度管型和单刻度大肚型之分	使用时先用少量所移溶液润洗三次,一般移液管残留最后一滴液体不要吹出(完全流出型应吹出)

仪器名称	规格、用途	使用注意事项
滴瓶	用于盛放少量液体试剂,容量有 30mL、60mL 两种	滴管与滴瓶磨口配套,不可互换;保存见光易分解试剂时应用棕色瓶
试剂瓶	用于储存液体试剂,容量有 30mL、60mL、250mL、500mL 多种规格	试剂瓶不能加热,盛放碱液时要用橡皮塞;储存见光易分解试剂,应选用棕色瓶
蒸馏烧瓶	用于常压下蒸馏液体,也可作为反应容器,容积有 100mL、250mL、500mL 等多种	蒸馏烧瓶使用时应固定在铁架台上,烧瓶夹应垫石棉绳或套橡皮管,通常隔石棉网加热;烧瓶夹应夹在支管上瓶颈处
蒸发皿	有瓷、石英以及铁、铂制作的几种,容量有 30mL、60mL、100mL、200mL 等几种。蒸发皿用于蒸发、浓缩液体或干燥固体	蒸发皿可直接加热;液体接近蒸发完时,需要垫石棉网加热;蒸发皿虽耐高温,但不宜骤冷
干燥管	用于干燥气体	单球干燥管的球体中可根据所干燥气体的性质选用干燥剂
坩埚	有瓷、石英以及铁、铂制作的几种,容量有 30mL、60mL 等几种。坩埚用于灼烧试样	坩埚可直接加热;坩埚虽耐高温,但不宜骤冷

仪器名称	规格、用途	使用注意事项
坩埚钳	铁制品,有大小、长短的不同。 主要用于夹持坩埚加热或往高温电炉中放、取坩埚	坩埚钳用后,应尖端朝上平放在实验台上(很高温度时,应放在石棉板上)
木制试管夹	用于加热试管时夹持试管	夹持试管必须从试管底部慢慢朝上移动试管夹,试管夹不应触及试管口。 夹持试管在酒精灯焰上加热时,必须手持试管夹的长柄部分,同时不可触及试管夹的另半部分
燃烧匙	铜制或铁制品。 用于检验可燃性,进行固气燃烧反应	放入集气瓶时应从上而下慢慢放入,不可接触瓶底。硫、钾、钠的燃烧实验,必须在燃烧匙底垫上少量沙子
试管刷	按粗细、长短分。 用于洗涤试管	根据所洗涤试管的大小,选择适当粗细的试管刷
试管架	有木质及塑料制品几种	保持清洁、干燥
洗气瓶	用于洗涤、干燥气体	要根据所洗涤气体的性质,选择适当的液态洗气剂;洗气剂的用量不可过多或过少
表面皿	按直径大小分类。 用于盖住烧杯	要根据烧杯等的口径选择大小适宜的表面皿。 盖烧杯时,应将表面皿的凹月面朝上

仪器名称	规格、用途	使用注意事项
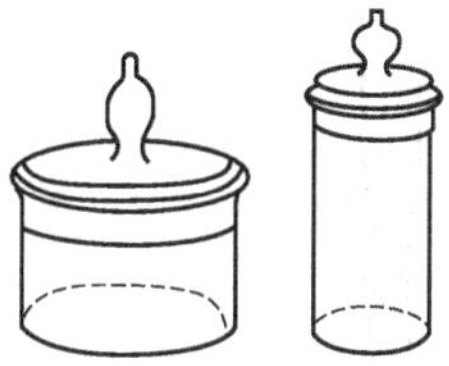 称量瓶	按容积大小分,用于精确称量试剂,特别适用于称量易吸湿的固体试样	称量试样前,称量瓶必须洗净、烘干;称量固体试样时,必须尽可能盖好称量瓶的瓶盖
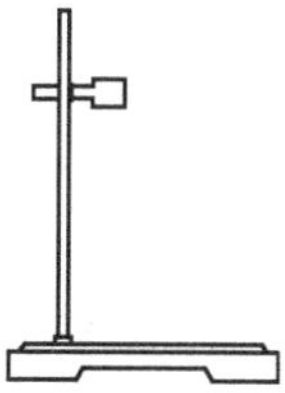 铁架台	用于固定反应容器,或固定铁圈	仪器固定在铁架台上时,仪器与铁架台的重心必须落在铁架台底座中央; 用铁夹夹持仪器时,以仪器不能转动为宜,不可过紧或过松

在化学实验中,还常用带有标准磨口的玻璃仪器。磨口分内磨口和外磨口两种,均按标准尺寸磨制,常用的规格有 10、14、19、24、29、34 等,这些数字是指磨口最大端的直径,单位为毫米。相同规格的内、外磨口均可紧密相连接,不同规格的磨口可以借助相应的标准接头套接。使用磨口仪器,操作方便,便于清洗,既可免去配塞及钻孔等过程,又能避免反应物或产物被塞子沾污,但其缺点是价格较高。使用磨口玻璃仪器时必须注意:

① 磨口处必须洁净,若沾有固体杂质,会使磨口对接不严,导致漏气。若固体杂质较硬,还会损坏磨口。

② 用后立即拆开,否则长期放置,内外磨口粘牢,难以拆开。

③ 除非反应中有强碱,一般使用时不涂润滑剂,以免沾污产物或反应物。

二、有机合成实验常用装置

在有机合成实验中,有许多常见的基本单元操作,如回流、蒸馏、气体吸收及搅拌等,这些基本操作常用特定的仪器装置进行。

(1)回流装置

很多有机反应需要在反应体系的溶剂或液体反应物的沸点附近进行,这时就要用回流装置,如图 1-2 所示。图 1-2(a)是可以隔绝潮气的回流装置。如不需要防潮,可以去掉球形冷凝管顶端的干燥管。若回流中无易冷却物放出,还可把气球套在冷凝管上口,来隔绝潮气的渗入。图 1-2(b)为带有吸收反应中生成气体的回流装置。适用于回流时有水溶性气体(如氯化氢、溴化氢、二氧化硫等)产生的实验。图 1-2(c)为回流时可以同时滴加液体的装置。加热回流前应先放入沸石,根据瓶内液体的沸腾温度,可选用水浴、油浴或石棉网直接加热等方式。在条件允许时,一般不采用隔石棉网直接用明火加热的方式。回流的速率应控制在液体蒸气浸润不超过冷凝管两个球为宜。

(2)蒸馏装置

蒸馏是分离两种以上沸点相差较大的液体和除去有机溶剂的常用方法。图 1-3 是几种常用的蒸馏装置,可用于不同要求的场合。图 1-3(a)是常用的蒸馏装置。由于这种装置出口处与大气相

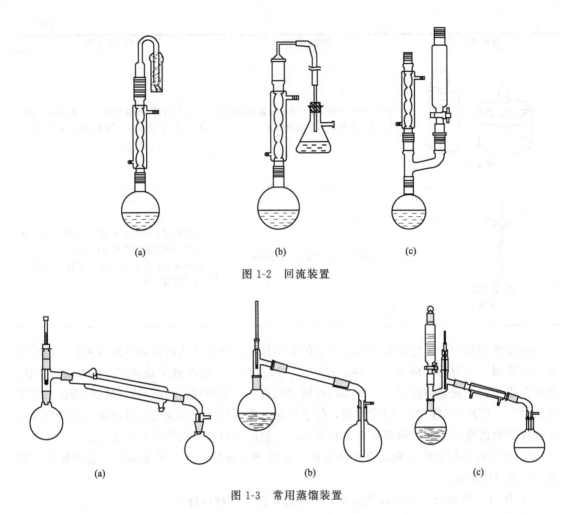

图 1-2　回流装置

图 1-3　常用蒸馏装置

通，可能逸出蒸馏蒸气，若蒸馏易挥发的低沸点液体时，需将接液管的支管连上橡皮管，通向水槽或室外。在支管口接上干燥管，可用作防潮的蒸馏。图1-3(b)是使用空气冷凝管的蒸馏装置，常用于蒸馏沸点在140℃以上的液体。若使用直形水冷凝管，由于液体蒸气温度较高而会使冷凝管夹套炸裂。图1-3(c)为蒸除较大量溶剂的装置，由于液体可自滴液漏斗中不断地加入，既可调节滴入和蒸出的速度，又可避免使用较大的蒸馏瓶，增加液体残留量。

（3）气体吸收装置

图1-4为气体吸收装置，用于吸收反应过程中生成的有刺激性的和水溶性的气体（例如氯化氢、二氧化硫等）。其中图(a)和 (b)可作为少量气体的吸收装置。

图(a)中的玻璃漏斗应略微倾斜使漏斗口一半在水中，一半在水面上。这样，既能防止气体逸出，亦可防止水被倒吸至反应瓶中。若反应过程中有大量气体生成或气体逸出很快时，可使用图1-4(c)的装置，水自上端流入（可利用冷凝管流出的水）抽滤瓶中，在恒定的平面上溢出。粗的玻管恰好伸入水面，被水封住，可防止气体逸入大气中。图中的粗玻管也可用 Y 形管代替。

（4）搅拌装置

当反应在均相溶液中进行时一般可以不用搅拌，因为加热时溶液存在一定程度的对流，从而保持液体各部分均匀地受热。如果是非均相间反应，或反应物之一系逐渐滴加时，为了

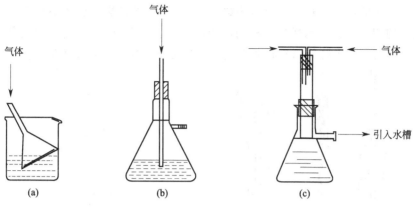

图 1-4　气体吸收装置

尽可能使其迅速均匀地混合，以避免因局部过浓、过热而导致其他副反应发生或有机物的分解；有时反应体系中有固体，如不搅拌将影响反应顺利进行；在这些情况下均需进行搅拌操作。在许多合成实验中若使用搅拌装置不但可以较好地控制反应温度，同时也能缩短反应时间和提高产率。常用的搅拌装置见图 1-5。

图 1-5(a)是可同时进行搅拌、回流和自滴液漏斗加入液体的实验装置。图 1-5(b)的装置还可同时测量反应温度。

图 1-5 中的搅拌器采用了简易封闭装置，在加热回流的情况下，进行搅拌可避免蒸气或生成的气体直接逸至大气中。简易密封搅拌装置制作方法（以 250mL 三颈瓶为例）：在 250mL 三颈瓶的中口配置软木塞，打孔（孔洞必须垂直且位于软木塞中央），插入长 6～7cm、内径较搅棒略粗的玻管。取一段长约 2cm、内壁必须与搅棒紧密接触、弹性较好的橡皮管套于玻管上端。然后自玻管下端插入已制好的搅棒。这样，固定在玻管上端的橡皮管因与搅棒紧密接触而达到了密封的效果。在搅棒和橡皮管之间滴入少量甘油，可对搅拌起润滑和密闭作用。搅棒的上端用橡皮管与固定在搅拌器上的一短玻棒连接，下端接近三颈瓶底部，离瓶底适当距离，不可相碰。且在搅拌时要避免搅棒与塞中的玻璃管相碰。这种简易密封装置（见图 1-6）在一般减压（1.33～1.6kPa）时也可使用。

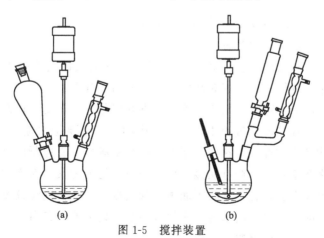

图 1-5　搅拌装置

在使用磨口仪器进行反应而密封要求又不高的情况下，可使用图 1-6(b)的简易密封装置。另一种液封装置，见图 1-6(c)，可用惰性液体（如液体石蜡）进行密封。图 1-6(d)是由聚四氟乙烯制成的搅拌密封塞，由上面的螺旋盖1、中间的硅橡胶密封垫圈2和下面的标准口塞3组成。使用时只需选用适当直径的搅棒插入标准口塞与垫圈孔中，在垫圈与搅棒接触处涂少许甘油润滑，旋上螺旋口至松紧合适，并把标准口塞紧在烧瓶上即可。

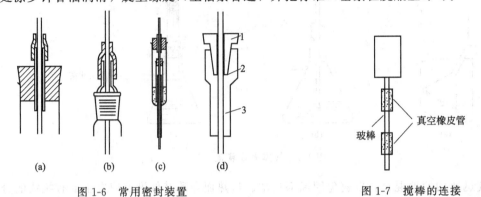

图 1-6　常用密封装置　　　　　　　　　　　图 1-7　搅棒的连接

搅棒机的轴头和搅棒之间还通过两节真空橡皮管和一段玻棒连接，这样搅拌器导管不致磨损或折断（见图1-7）。

搅拌所用的搅棒通常由玻棒制成，式样很多，常用的见图1-8。其中图（a）、（b）两种可以容易地用玻璃弯制。图（c）、（d）较难制，其优点是可以伸入狭颈的瓶中，且搅拌效果较好。图（e）为筒形搅棒，适用于两相不混溶的体系，其优点是搅拌平稳，搅拌效果好。

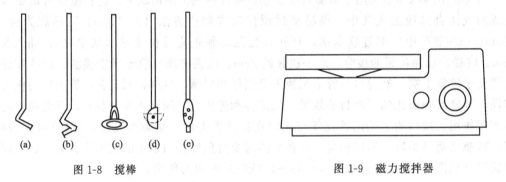

图 1-8　搅棒　　　　　　　　　　　　　图 1-9　磁力搅拌器

在有些实验中还要用到磁力搅拌器（图1-9）。

（5）分水装置

分水装置呈"h"形，最顶端一般连接回流冷凝管，用来冷凝反应产生的气体，最下端有活塞（跟酸式滴定管下的活塞一样），活塞上有小孔，对准管体可分离出管中液体；支管部分连接在反应装置上（图1-10）。

加热反应过程中，反应产生的水（主要是水蒸气的形式）、部分反应物及产物挥发，这些气相混合物经回流冷凝管冷凝成液态，由于有机物与水互不相溶，会有明显分层，一般水的密度又相对大些，则水在下层油状物在上层，且油状物可通过支管溢流至反应器内继续反应，当水位到支管口时，可打开活塞将反应生成的水分离出来，有利于反应进行。

三、仪器装置方法

合成实验常用的玻璃仪器装置，一般皆用铁夹将仪器依次固定于铁架

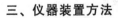

图 1-10　分水装置　　上。铁夹的双钳应贴有橡皮、绒布等软性物质，或缠上石棉绳、布条等。

若铁钳直接夹住玻璃仪器，则容易将仪器夹坏。

用铁夹夹玻璃器皿时，先用左手手指将双钳夹紧，再拧紧铁夹螺丝，待夹钳手指感到螺丝触到双钳时，即可停止旋动，做到夹物不松不紧。

以回流装置［图 1-2(a)］为例，装置仪器时先根据热源高低（一般以三脚架高低为准）用铁夹夹住圆底烧瓶瓶颈，通过十字接头垂直固定于铁架上。铁架不要歪斜。若铁架歪斜，重心不一致，会造成装置不稳。然后将球形冷凝管下端正对烧瓶口用铁夹垂直固定于烧瓶上方，再放松铁夹，将冷凝管放下，使磨口塞塞紧后，再将铁夹稍旋紧，固定冷凝管，使铁夹位于冷凝管中部偏上一些。用合适的橡皮管连接冷凝水，进水口在下方，出水口在上方，最后按图 1-2(a)在冷凝管顶端装置干燥管。

总之，仪器安装应先下后上，从左至右，做到正确、整齐、稳妥、端正，其轴线应与实验台边缘平行。

第二章　无机化学实验

玻璃仪器的认领、洗涤和干燥

一、实验目的

1. 熟悉基础化学实验规则和安全守则。
2. 领取基础化学实验常用仪器，熟悉其名称、规格、用途、性能及其使用方法。
3. 学习并练习常用仪器的洗涤和干燥方法。

二、实验原理

1. 对照仪器清单认领基础化学实验所需常用仪器，并熟悉其名称、规格、用途、性能及使用方法和注意事项。
2. 分类洗涤已经领取的各种仪器。
3. 选用适当方法干燥洗涤后的仪器。

三、实验步骤

1. 领取并清点仪器

按照实验仪器清单领取并清点仪器。检查仪器的数量、规格与仪器清单是否相符，检查有无残破。

2. 玻璃仪器的洗涤

仪器洗涤是为了使实验得到正确的结果，实验所用的玻璃仪器必须是洁净的，有些实验还要求是干燥的，所以需对玻璃仪器进行洗涤和干燥。要根据实验要求、污物性质和沾污的程度选用适宜的洗涤方法。玻璃仪器的一般洗涤方法有冲洗、刷洗及药剂洗涤等。对一般附着的灰尘及可溶性污物可用水冲洗去除。洗涤时先往容器内注入约占容积 1/3 的水，稍用力振荡后把水倒掉，如此反复冲洗数次。

为保证实验结果准确，要求实验使用的玻璃器皿一定要干净，根据仪器上附着的污物不同，采用不同的洗涤方法。

（1）用水刷洗

灰尘和可溶性物质可通过刷洗法除去。一般加入少量的水，不超过要洗涤容器容量的 1/3，用力振荡后将水倾出，反复 2～3 次即可。刷洗试管时要注意选择合适的毛刷，确定手拿试管的部位，来回柔力刷洗，切勿用力过猛损坏仪器。然后用水冲洗干净。

（2）用洗涤剂等刷洗

用合成洗涤剂可以洗去油污和有机物。

（3）碱液洗

对于油污和有机物也可用碱液洗。仪器先用碱液浸泡一段时间，再用水冲洗干净。碱液的配制方法是将 1g NaOH 加到 20mL 乙醇中即可，用量视情况而定，可多次使用。若器壁上沾有硫可用煮沸的石灰水清洗。

（4）酸液洗

洗涤移液管、吸量管、滴定管、坩埚等仪器，可用少量的铬酸洗液润洗，如果污物仍然洗不掉，可用较多的铬酸洗液浸泡，然后用水冲洗干净。应注意铬酸洗液只要不失效可多次使用，用过的铬酸洗液应倒回原瓶，避免稀释。铬酸洗液对衣物和皮肤有腐蚀性，用时应小心。

（5）超声波洗

小滴瓶等不好洗涤的仪器可放在盛有水的超声波水槽中，开启超声波数分钟，然后用水冲洗干净。

洗涤要求：经上面洗涤干净的仪器，最好用去离子水涮洗 2～3 次，要求是仪器清洁透明、均匀润湿、不挂水珠。

3. 仪器的干燥

有些仪器使用时要求干净干燥，玻璃仪器的干燥一般采用下列方法。

① 风干　将仪器放置一段时间自然晾干。

② 烤干　将仪器外壁擦干，用小火烤干，不断转动仪器使其均匀受热。

③ 烘干　将仪器放入烘箱，一般在 100～120℃ 的温度下烘干。

④ 吹干　用电吹风吹干。

⑤ 有机溶剂法　先用少量的丙酮或无水酒精均匀润湿内壁后倒出，再用乙醚均匀润湿，然后晾干。

四、注意事项

1. 仪器壁上只留下一层既薄又均匀的水膜，不挂水珠，表示仪器已洗净。

2. 已洗净的仪器不能用布或纸擦拭。

3. 不要未倒废液就注水。

4. 不要几支试管一起刷洗。

5. 用水原则是少量多次。

【思考题】

1. 烤干试管时为什么管口向下倾斜？

2. 玻璃仪器洗净的标志是什么？

3. 湿的试管、量筒、无刻度烧杯、烧瓶、离心试管这些器皿，哪些可以烘干？

实验 2-2　灯的使用与简单玻璃加工

一、实验目的

1. 了解实验室常用灯的构造和原理，掌握正确的使用方法。

2. 学会玻璃管的截断、弯曲、拉制、熔烧等基本操作。

二、实验原理

1. 灯的使用

（1）酒精灯

加热温度通常在 400～500℃。

① 构造　见图 2-1。

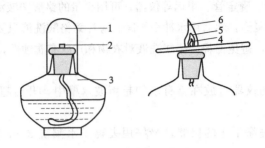

图 2-1　酒精灯的构造

1—灯帽；2—灯芯；3—灯壶；4—焰心；5—内焰；6—外焰

② 使用方法　见图 2-2。

灯芯不齐或烧焦

(a) 检查灯芯,并修整

加入酒精量为1/2~2/3灯壶,
燃着时不能加酒精

(b) 添加酒精

不要用燃着的酒精灯对火

(c) 点燃

图 2-2　酒精灯的使用方法

使用时应注意:

灯内酒精不可装得太满,一般不应超过酒精灯容积的 2/3,以免移动时洒出或点燃时受热膨胀而溢出。

点燃酒精灯之前,先将灯头提出,吹去灯内酒精蒸气。

点燃酒精灯时,要用火柴引燃,不能用燃着的酒精灯引燃,避免灯内的酒精洒在外面,着火而引起事故。

熄灭酒精灯时要用灯罩熄灭火焰,不能用嘴吹灭。待火焰熄灭片刻,还需再提起灯盖一次,通一通气再罩好,以免下次使用时打不开盖子。

添加酒精时,应把火焰熄灭,然后借助于漏斗把酒精加入灯内。

(2) 酒精喷灯

酒精喷灯是用酒精作为燃料的加热器。使用时,先将酒精气化后与空气混合,点燃混合气体,故其温度高,约900℃。常用于需要温度高的实验。

酒精喷灯分为座式和挂式两种。

① 座式酒精喷灯　见图 2-3。

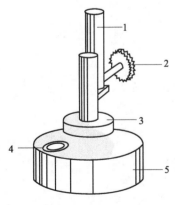

图 2-3　座式酒精喷灯的构造

1—灯管；2—空气调节器；
3—预热盘；4—铜帽；5—酒精壶

使用方法如下：

a. 添加酒精　烧杯取适量酒精，拧下铜帽，用漏斗向酒精壶内添加酒精，酒精量不超过其容积的 2/3。

b. 预热盘中加适量酒精（盛酒精的烧杯须远离火源）并点燃，充分预热，保证酒精全部汽化，并适时调节空气调节器。

c. 当灯管中冒出的火焰呈浅蓝色，并发出"咝咝"的响声时，拧紧空气调节器，此时可以进行玻管加工了。正常的氧化火焰分为三层：氧化焰（温度为 800～900℃）、还原焰和焰心。

d. 若一次预热后不能点燃喷灯时，可在火焰熄火后重新往预热盘添加酒精（用石棉网或湿抹布盖在灯管上端即可熄灭酒精喷灯），重复上述操作点燃。但连续两次预热后仍不能点燃时，则需用捅针疏通酒精蒸气出口后，方可再预热。

e. 座式喷灯连续使用不应过长，如果超过半个小时，应先暂时熄灭喷灯。冷却，添加酒精后继续使用，在使用过程中，要特别注意安全，手尽量不要碰到酒精喷灯金属部位。

② 挂式酒精喷灯　见图 2-4。

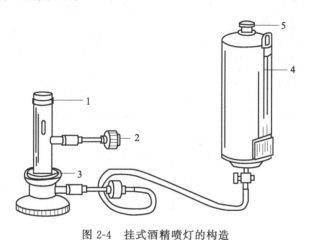

图 2-4　挂式酒精喷灯的构造

1—灯管；2—空气调节器；3—预热盘；4—酒精储罐；5—盖子

使用时（图 2-5），先将储罐挂在高处，打开储罐下的开关，在预热盘中注入酒精并点燃，以预热灯管。待盘内酒精将燃完时，开启蒸气开关，由于灯管已被灼热，进入灯管的酒精即自行汽化，酒精蒸气与从气孔进来的空气混合，即可在管口点燃。调节灯管处的蒸气开关可控制火焰的大小。使用完毕，关上储罐下的酒精开关和蒸气开关，火焰即自行熄灭。

必须注意：

a. 点燃前，灯管必须充分预热，否则酒精在管内不能完全汽化，开启蒸气开关时，含有的液态酒精从管口喷出，形成"火雨"，四处洒落，酿成事故。这时应立即关闭蒸气开关，重新预热。

b. 酒精蒸气喷出口，应经常用特质的金属针穿通，以防阻塞。

c. 不用时，必须将罐口用盖子盖紧，关好储罐的酒精开关，以免酒精漏失造成危险。

2. 玻管（棒）的简单加工

(1) 玻管的截断和熔光

① 锉痕　左手按紧玻管（平放在桌面上），右手持锉刀，用刀的棱适当用力向前方锉，

注意关好下口开关,
座式喷灯内储酒精
量不能超过其容积
的2/3

(a) 添加酒精

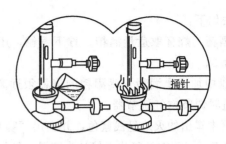

预热盘中加少量酒精点
燃,可多次,但两次不出气,
必须在火焰熄灭后加酒精,
并需用捅针疏通酒精蒸气出
口后,方可再预热

(b) 预热

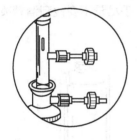

旋转调节器

(c) 调节

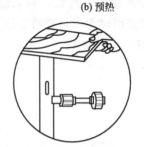

可盖灭,也可旋转调节器熄灭

(d) 熄灭

图 2-5　酒精喷灯的使用

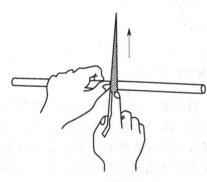

图 2-6　玻管的锉痕

锉划痕深度适中,不可往复锉,锉痕范围在玻管周长的
1/6～1/3,且锉痕应与玻管垂直。注意不能往复锉动,
见图 2-6。

②截断　双手持玻璃管锉痕两端,拇指齐放在划
痕背后向前推压,同时食指向外拉。见图 2-7。

③熔光和缘口　将玻管断面斜插入氧化焰上,
并不停转动,均匀受热,熔光截面,待玻管加热端
刚刚微红即可取出,若截断面不够平整,此时可将
加热端在石棉网上轻轻按一下。注意加热时间不能
太长,以免管口口径缩小。燃烧后的玻璃应放在石
棉网上冷却,不可直接放在桌面上,更不能用手去摸,以免烫伤（图 2-8）。

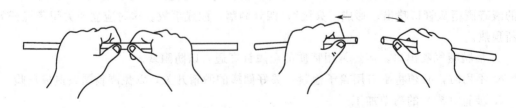

图 2-7　玻管的截断

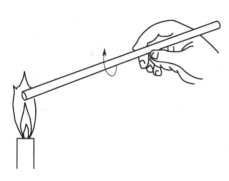

管口灼烧至红热后,用金属锉刀柄
斜放管口内迅速而均匀旋转

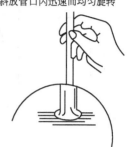

图 2-8　玻管的熔光（前后移动　　　　　　　　图 2-9　玻管的缘口
　　　　并不停转动，熔光截面）

需要套胶头（如滴管）的玻管，须将管口壁扩张和加厚，称为缘口。将预热后的镊子或柄锉刀插入在火焰上烧至红热的玻管口转动，使管口略微扩大。使管口稍向外翻时，迅速将玻管放在石棉网上轻轻压平（图 2-9）。

（2）弯曲玻管

① 烧管　加热前，先用干抹布将玻管擦净，并小火预热加热，双手托住玻管，水平置于火焰上，均匀转动，并左右移动，用力要均匀，移动范围稍大，可稍向中间渐推。转速要一致，不要让玻管在火焰中扭曲。加热到玻管发黄变软。

② 弯管　待玻管发黄变软后（不自动弯曲时）自火焰中取出玻管，拇指和食指垂直夹住玻管两端，1～2s 后，用"V"字形手法将它准确地弯成所需的角度。弯管的手法是两手在上边，玻管的弯曲部分在两手中间的正下方，拇指水平用力于玻管，使玻管弯曲成约120°的角。120°以上角度可一次弯成。弯曲部分应平滑、均匀、角度准确，整个玻管应在同一平面（见图 2-10、图 2-11）。

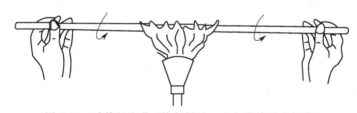

图 2-10　玻管的弯曲（均匀转动，左右移动用力匀称）

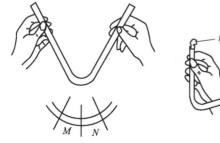

棉花

掌握火候，取离火焰，
用"V"字形手法，弯好后冷
却变硬才停手

图 2-11　玻管的弯曲（掌握火候，取离火焰，堵管吹起，迅速弯曲）

③ 然后，分别对 *M*、*N* 部位加热，注意均匀转动，掌握火候，脱离火焰，弯成所需角度。标准的弯管是弯曲部位内外均匀平滑。见图 2-12。

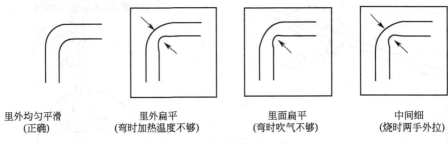

里外均匀平滑　　　　里外扁平　　　　　　里面扁平　　　　　　中间细
（正确）　　　（弯时加热温度不够）　（弯时吹气不够）　（烧时两手外拉）

图 2-12　弯管好坏的比较

（3）拉伸

拉伸操作见图 2-13。

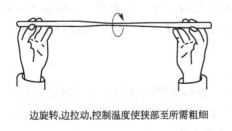

边旋转,边拉动,控制温度使狭部至所需粗细

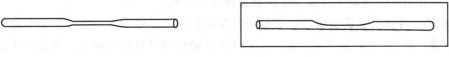

良好　　　　　　　　　不好(烧管时旋转不够,受热不均)

图 2-13　玻管的控制

① 烧管　与弯管中烧管相同，但烧管时间需更长，使玻管烧制部分更软，并尽可能增大烧热部位。

② 拉管　待玻管均匀软化后（烧至红黄色），将玻管轻缓地向内略加压缩，缩减它的长度，使管壁增厚，再移离火焰，顺着水平方向边旋转，边缓慢地拉伸玻管至所需细度。拉伸后右手持玻管，将玻管下垂片刻，然后放在石棉网上。

熔点管要求：内径 1mm，两端封死，长 150～200mm，从中间切断可成为两根熔点管。

沸点管要求：外管内径 3～4mm，长 70～80mm，一端封闭。内管内径 1mm，长 80～90mm，一端封闭。留沸点测定用。

三、仪器与试剂

酒精灯、酒精喷灯、石棉网、锉刀、捅针、玻璃管、镊子等。

四、实验步骤

1. 制作 120°、90°、60°弯管各两支。

2. 制作 2～4 支滴管。

3. 制作熔点管、沸点管各两支。

4. 制作数支减压蒸馏用毛细管。

五、注意事项

1. 灼热的玻璃制品，应放在石棉网上冷却，不要放在桌面上，以免烧焦桌面，也不要用手去摸，以免烫伤，未用完的酒精应远离火源，在实验过程中要细致小心，防烫伤，防割伤，防火灾。

2. 实验完毕，应清理台面，玻璃碎渣、未用完的玻管放在指定的容器中，熄灭酒精喷灯，保证台面整洁，待成品冷却后，交给老师，预习报告交老师签字。

3. 遇到问题请教老师，及时解决。

【思考题】

1. 在切割玻璃时，怎样防止割伤和刺伤手和皮肤？

2. 烧过的灼热的玻管和冷的玻璃在外表上往往很难分辨，怎样防止烫伤？

3. 制作滴管时应注意些什么？

4. 酒精喷灯火焰分几层？各层的温度和性质是怎样的？怎样讨论？

实验 2-3　粗食盐的提纯

一、实验目的

1. 明确无机盐类提纯的基本过程和方法，练习溶解、过滤、蒸发、结晶和干燥等基本操作。

2. 掌握粗食盐提纯的方法、原理和有关离子鉴定方法。

3. 熟练掌握台秤、量筒、试纸、滴管和试管的正确使用方法。

二、实验原理

一般而言，无机盐类中的难溶性杂质可用溶解后过滤的办法除去，多数易溶性杂质离子可先转化为难溶性沉淀后再过滤除去，少数可溶性杂质离子可利用溶解度的差异，采用结晶、重结晶的方法除去，从而可得到试剂级的产品。

粗食盐中除含有泥沙等不溶性杂质外，还含有 K^+、Ca^{2+}、Mg^{2+} 和 SO_4^{2-} 等相应盐类的可溶性杂质。不溶性泥沙等杂质可利用溶解和过滤的方法除去，而可溶性杂质 SO_4^{2-}、Mg^{2+}、Ca^{2+} 则通常用化学方法除去。其方法是：先加入稍过量的 $BaCl_2$ 溶液，使溶液中的 SO_4^{2-} 转化为难溶性 $BaSO_4$ 沉淀：

$$Ba^{2+} + SO_4^{2-} = BaSO_4 \downarrow$$

过滤除去 $BaSO_4$ 沉淀后，再加入稍过量的 $NaOH$ 和 Na_2CO_3 溶液，Ca^{2+}、Mg^{2+} 以及过量的 Ba^{2+} 便都转化为相应沉淀：

$$Ca^{2+} + CO_3^{2-} = CaCO_3 \downarrow$$

$$Mg^{2+} + 2OH^- = Mg(OH)_2 \downarrow$$

$$Ba^{2+} + CO_3^{2-} = BaCO_3 \downarrow$$

过滤除去沉淀后，溶液中的杂质离子主要有 K^+、CO_3^{2-} 和 OH^-。此时用 HCl 酸化溶液并加热，从而除去溶液中的 CO_3^{2-}、OH^- 以及过量 HCl。

$$OH^- + H^+ \Longrightarrow H_2O$$
$$CO_3^{2-} + 2H^+ \Longrightarrow CO_2 \uparrow + H_2O$$

对于含量不多的可溶性杂质 KCl 由于其溶解度较大，在蒸发、浓缩和结晶过程中，仍留在母液中而与 NaCl 分离。

三、仪器与试剂

烧杯、试管、量筒、漏斗、台秤、酒精灯、玻棒、漏斗架、铁架台、石棉网、泥三角、蒸发皿、吸滤器、布氏漏斗、抽气泵、离心试管等。

pH 试纸、粗食盐、$BaCl_2$（$1mol \cdot L^{-1}$）、NaOH（$2mol \cdot L^{-1}$）、Na_2CO_3（$1mol \cdot L^{-1}$）、HCl（$2mol \cdot L^{-1}$）、镁试剂[1]、$(NH_4)_2C_2O_4$（饱和）、H_2SO_4（$2mol \cdot L^{-1}$）、HAc（$6mol \cdot L^{-1}$）、$Na_3[Co(NO_2)_6]$（$0.1mol \cdot L^{-1}$）、乙醇（95%）。

四、实验步骤

1. 称取 10.0g 粗食盐，放入 100mL 烧杯中。加入 40mL 水，加热搅拌使其溶解，溶液中的少量不溶性杂质留待下一步一并滤去。

2. 将溶液保持微沸，在搅拌下滴加 $1mol \cdot L^{-1}$ $BaCl_2$ 溶液至 SO_4^{2-} 沉淀完全。为检验 SO_4^{2-} 是否沉淀完全，可取约 2mL 溶液冷却、离心后，在溶液中加入约 1mL 95% 乙醇，再沿试管壁滴入 $1mol \cdot L^{-1}$ $BaCl_2$ 溶液，如未见溶液浑浊，则说明 SO_4^{2-} 已沉淀完全，沉淀完全后继续煮沸约 3min，以便使沉淀颗粒长大而易于沉降和过滤，趁热过滤，除去 $BaSO_4$ 沉淀和不溶性杂质。

3. 将滤液煮沸，加入 1mL $2mol \cdot L^{-1}$ NaOH 溶液后，滴加 $1mol \cdot L^{-1}$ Na_2CO_3 溶液至沉淀完全为止（同上方法检验沉淀是否完全）。过滤，弃去沉淀。

4. 在滤液中滴加 $2mol \cdot L^{-1}$ HCl 使溶液 pH 值达 3~5。将溶液转入蒸发皿中，用小火加热蒸发，浓缩至糊状稠液为止，切不可蒸干。冷却，抽干。

5. 将晶体转入蒸发皿中，在石棉网上用小火干燥。冷却，称重，计算产率。

6. 产品定性检验[2]：取粗食盐和提纯后的 NaCl 各 1.0g，分别溶于 5mL 蒸馏水中，并将粗食盐过滤。取上述溶液各 1mL，分别用 $1mol \cdot L^{-1}$ $BaCl_2$、$2mol \cdot L^{-1}$ NaOH/镁试剂、饱和 $(NH_4)_2C_2O_4$/$6mol \cdot L^{-1}$ HAc、$2mol \cdot L^{-1}$ H_2SO_4、$0.1mol \cdot L^{-1}$ $Na_3[Co(NO_2)_6]$ 溶液检验 SO_4^{2-}、Mg^{2+}、Ca^{2+}、Ba^{2+} 和 K^+，并加以比较。

【注释】

[1] 镁试剂为对硝基偶氮间苯二酚，反应在碱性介质中进行，紫红色或红色的镁试剂与 Mg^{2+} 作用生成天蓝色沉淀。

[2] 产品的定量检验可用 $0.1000mol \cdot L^{-1}$ 标准 $AgNO_3$ 溶液（用标准 NaCl 溶液标定其浓度）滴定，以 $10g \cdot L^{-1}$ 淀粉溶液和 $5g \cdot L^{-1}$ 荧光素的乙醇溶液为指示剂，滴定至溶液为粉红色，可计算 NaCl 的含量。

【思考题】

1. 为什么选用 $BaCl_2$、Na_2CO_3、NaOH 作为沉淀剂除去 SO_4^{2-}、Mg^{2+}、Ca^{2+}、Ba^{2+}？为什么不用其他钡盐、碳酸盐或强碱溶液？

2. 为什么先除去 SO_4^{2-}，后除去 Ca^{2+} 和 Mg^{2+}，其除去的顺序能否颠倒？

3. 能否等所有杂质离子沉淀完全后一次性过滤除去 $BaSO_4$、$Mg(OH)_2$、$CaCO_3$、$BaCO_3$ 沉淀和泥沙？298K 时 $BaSO_4$ 转化为 $BaCO_3$ 沉淀的平衡常数是多少？

4. 加热浓缩结晶时，为什么不能将溶液蒸干？

5. 造成产率过低或过高的原因主要有哪些？

实验 2-4 电离平衡和沉淀平衡

一、实验目的

1. 熟悉电离平衡和沉淀平衡的基本原理。
2. 掌握缓冲溶液的配制方法。
3. 了解同离子效应和盐的水解及其抑制水解的方法。
4. 实验沉淀的生成、溶解及转化的方法。
5. 掌握离心机的使用。

二、实验原理

1. 电离平衡和同离子效应

弱酸、弱碱等弱电解质在水溶液中仅能部分电离，且存在电离平衡。

在弱电解质的电离平衡体系中，当加入具有相同离子的强电解质时，根据化学平衡理论，平衡将向左移动。其结果使弱电解质的电离度降低，这一现象称同离子效应。

2. 缓冲溶液

由弱酸及其盐（如 HAc-NaAc）或由弱碱及其盐（如 $NH_3 \cdot H_2O$-NH_4Cl）或某些酸式盐（如 NaH_2PO_4-Na_2HPO_4、$NaHCO_3$-Na_2CO_3）组成的混合溶液，当外加少量的酸或碱、或适当用水稀释时，其溶液的 pH 基本不变，这样的溶液称为缓冲溶液。

3. 盐的水解

所谓盐的水解是指某些盐溶于水后解离出的离子与水电离出的 H^+（或 OH^-）作用生成弱酸（或弱碱）的反应。盐的水解一般规律如下：

弱酸强碱盐水解，溶液呈碱性，如 NaAc；

弱碱强酸盐水解，溶液呈酸性，如 NH_4Cl。

弱酸弱碱盐的水解，溶液的酸碱性取决于生成的弱酸和弱碱的相对强弱。酸碱性可用水解产生的弱酸的 K_a 和产生的弱碱的 K_b 的相对大小来判断：若 $K_a > K_b$，生成的弱酸的电离起主要作用，溶液显酸性，否则，溶液显碱性；弱酸与弱碱的强度相当，溶液呈中性。

调节溶液的酸度，可以抑制或促进水解。加热可以促进水解。

4. 沉淀平衡

在难溶电解质的饱和溶液中，未溶固体物质和溶解后形成的离子存在着多相平衡，根据溶度积规则，判断溶液能否生成沉淀有以下三种情况：

$K_{sp} > Q_i$，溶液未饱和，无沉淀析出；

$K_{sp} < Q_i$，溶液过饱和，有沉淀析出；

$K_{sp} = Q_i$，饱和溶液。

如果溶液中有两种或两种以上的离子都能与加入的某试剂（通常称为沉淀剂）发生反应，难溶电解质，沉淀的先后次序决定于所需沉淀剂浓度的大小，所需沉淀剂浓度小的离子先沉淀，需要沉淀剂浓度大的离子后沉淀，这种先后沉淀的现象称为分步沉淀。一定条件下，一种难溶电解质可转化为另一种难溶电解质，通常是难溶电解质容易转化为更难溶电解质。在特殊条件下，溶度积和难溶强电解质的溶解度可以互求。

三、仪器与试剂

离心机，试管，试管架，离心试管和滴管等。

HCl（$0.2mol \cdot L^{-1}$，$2mol \cdot L^{-1}$，$6.0mol \cdot L^{-1}$），HNO_3（$6.0mol \cdot L^{-1}$），HAc（$0.2mol \cdot L^{-1}$，$2.0mol \cdot L^{-1}$），$NaOH$（$0.2mol \cdot L^{-1}$），$NH_3 \cdot H_2O$（$0.1mol \cdot L^{-1}$，$2.0mol \cdot L^{-1}$），$NaCl$（$0.1mol \cdot L^{-1}$，$1.0mol \cdot L^{-1}$），$NaAc$（$0.1mol \cdot L^{-1}$，$0.2mol \cdot L^{-1}$），$NaHCO_3$（$0.1mol \cdot L^{-1}$），Na_2CO_3（$0.1mol \cdot L^{-1}$，$0.5mol \cdot L^{-1}$），Na_2SO_4（$0.5mol \cdot L^{-1}$），NaH_2PO_4（$0.1mol \cdot L^{-1}$），Na_2HPO_4（$0.1mol \cdot L^{-1}$），Na_3PO_4（$0.1mol \cdot L^{-1}$），KI（$0.001mol \cdot L^{-1}$，$0.1mol \cdot L^{-1}$），Na_2S（$1.0mol \cdot L^{-1}$），K_2CrO_4（$0.05mol \cdot L^{-1}$，$0.5mol \cdot L^{-1}$），$(NH_4)_2C_2O_4$（饱和，$0.2mol \cdot L^{-1}$），NH_4Cl（$0.2mol \cdot L^{-1}$），NH_4Ac（$0.2mol \cdot L^{-1}$），$MgCl_2$（$0.1mol \cdot L^{-1}$），$BaCl_2$（$0.5mol \cdot L^{-1}$），$AgNO_3$（$0.1mol \cdot L^{-1}$），$Pb(NO_3)_2$（$0.1mol \cdot L^{-1}$），$NaAc(s)$，$NH_4Cl(s)$，0.2%甲基橙指示剂和酚酞指示剂，$SbCl_3$溶液。

四、实验步骤

1. 同离子效应

（1）取两支试管，各加入 2mL $0.2mol \cdot L^{-1}$ HAc 和 1 滴甲基橙指示剂，记录溶液的颜色。在一支试管中加入一药匙（黄豆般大小）固体 NaAc，振荡使其溶解，记录溶液颜色的变化，并与另一支试管中溶液颜色相比。试说明两试管溶液颜色不同的原因？

（2）取两支试管，各加入 2mL $0.1mol \cdot L^{-1}$ 氨水溶液和 1 滴酚酞指示剂，记录溶液的颜色。在一支试管中加入一药匙（黄豆般大小）固体 NH_4Cl，振荡使其溶解，记录溶液颜色的变化并与另一支试管中溶液颜色相比。试说明两试管溶液颜色不同的原因？

2. 缓冲溶液

（1）分别用 pH 试纸测定蒸馏水、$0.2mol \cdot L^{-1}$ HAc、$0.2mol \cdot L^{-1}$ NaAc 的 pH。

（2）在两支各盛有 5mL 蒸馏水的试管中，分别加入 1 滴 $0.2mol \cdot L^{-1}$ NaOH 和 $0.2mol \cdot L^{-1}$ HCl，用 pH 试纸分别测定溶液的 pH，将实验结果记录在表 2-1 中。

（3）在一支试管中加入 5mL $0.2mol \cdot L^{-1}$ HAc 和 5mL $0.2mol \cdot L^{-1}$ NaAc，振荡试管使其混合均匀，测定溶液的 pH。将溶液分成两份，一份滴入 1 滴 $0.2mol \cdot L^{-1}$ HCl，另一份滴入 1 滴 $0.2mol \cdot L^{-1}$ NaOH，分别测定溶液的 pH，将实验结果记录在下表中。

体系 \ pH	纯水	5mL 纯水中加 1 滴		HAc-NaAc 缓冲溶液	5mL 缓冲溶液中加 1 滴	
		$0.2mol \cdot L^{-1}$ HCl	$0.2mol \cdot L^{-1}$ NaOH		$0.2mol \cdot L^{-1}$ HCl	$0.2mol \cdot L^{-1}$ NaOH
实验值						
计算值						

3. 盐类的水解

（1）用 pH 试纸测定浓度均为 $0.2mol \cdot L^{-1}$ 下列溶液的 pH：NH_4Cl，NH_4Ac，$(NH_4)_2C_2O_4$，解释为何它们的 pH 不同？

（2）用 pH 试纸测定浓度均为 $0.1mol \cdot L^{-1}$ 表 2-2 中的各溶液的 pH，将实验测定值和计算值填写在下表中。说明酸式盐水溶液是否都呈酸性，为什么？

溶液 pH	NaH_2PO_4	Na_2HPO_4	Na_3PO_4	$NaHCO_3$	Na_2CO_3	NaAc
实验值						
计算值						

（3）水解反应的抑制　取少许固体硝酸铁，加水约 5mL 溶解，观察溶液的颜色。将溶液分为三份，第一份留做比较，第二份在小火上加热煮沸，在第三份溶液中加几滴 $6mol·L^{-1}$ HNO_3 后观察现象，写出反应方程式，解释实验现象。

在上面红棕色的溶液中加入数滴浓 HCl，观察并记录溶液颜色变化，解释溶液颜色变化的原因。

（4）稀释对水解反应的影响　取 $SbCl_3$ 溶液 2～3 滴加到盛有 1mL 蒸馏水的试管中，振荡试管有何现象产生？用 pH 试纸测定其酸碱性。逐滴加入 $6.0mol·L^{-1}$ HCl 溶液，观察沉淀是否溶解？将溶液再稀释又发生什么变化？记录观察到的现象并解释原因，写出有关的反应方程式。

4．沉淀的生成、溶解和转化

（1）沉淀的生成

在一支试管中加入 1mL $0.1mol·L^{-1}$ $Pb(NO_3)_2$ 溶液，然后加入 1mL $0.001mol·L^{-1}$ KI 溶液，观察有无沉淀生成？试用溶度积原理解释上面的现象。

（2）同离子效应

取两支试管，各加入 0.5mL $0.1mol·L^{-1}$ $MgCl_2$ 溶液，在其中一支试管中再加入 0.5mL 饱和的 NH_4Cl 溶液，然后分别在两支试管中各加入 0.5mL $2.0mol·L^{-1}$ $NH_3·H_2O$，试说明两试管中发生的现象有何不同？

（3）沉淀的溶解

在三支试管中分别加入 5 滴 $0.5mol·L^{-1}$ Na_2CO_3、Na_2SO_4 和饱和（NH_4）$_2C_2O_4$ 溶液，再滴加 5 滴 $0.5mol·L^{-1}$ $BaCl_2$ 溶液，离心分离，弃去溶液，分别依次试验每种沉淀在 $2mol·L^{-1}$ HAc 和 $2mol·L^{-1}$ HCl 中的溶解情况并用平衡原理解释之。

（4）分步沉淀

在试管中加入 0.5mL $0.1mol·L^{-1}$ NaCl 溶液和 0.5mL $0.05mol·L^{-1}$ K_2CrO_4 溶液，然后逐滴加入 $0.1mol·L^{-1}$ $AgNO_3$ 溶液，边加边振荡，观察生成沉淀的颜色变化，解释沉淀颜色变化的原因，写出反应的方程式。

（5）沉淀的转化

在离心试管中，加 5 滴 $0.1mol·L^{-1}$ $Pb(NO_3)_2$ 溶液，然后加 3 滴 $1mol·L^{-1}$ NaCl 溶液，振荡试管使其反应完全，离心分离，用 0.5mL 的蒸馏水洗涤一次。在 $PbCl_2$ 的沉淀中，加 3 滴 $0.1mol·L^{-1}$ KI 溶液后搅拌，观察颜色的变化。按上述操作先后加入 5 滴 $0.5mol·L^{-1}$ K_2CrO_4 溶液，5 滴 $1.0mol·L^{-1}$ Na_2S 溶液，每加入一种新的溶液，都观察并记录沉淀的颜色变化，解释以上发生的现象，总结沉淀转化的条件。写出有关的反应方程式。

【思考题】

1．沉淀的生成、溶解和转化的条件是什么？

2．$NaHCO_3$ 是否具有缓冲能力，为什么？

3. 把 $0.1mol\cdot L^{-1}$ 的氨水、乙酸、盐酸、饱和硫化氢水溶液、碳酸氢钠溶液、硫化钠溶液、蒸馏水按 pH 值由小到大的顺序排列。

4. 试解释为什么 $NaHCO_3$ 水溶液显碱性，而 NaH_2PO_4 却显酸性。

实验 2-5 氧化与还原平衡

一、实验目的

1. 了解原电池的装置以及浓度对电极电势的影响。
2. 学会用电极电势判断氧化还原反应的方向，了解浓度、酸度对氧化还原反应的影响。
3. 熟悉一些常用的氧化剂和还原剂的反应。

二、实验原理

1. 原电池

原电池是将化学能直接转变成电能的装置。在原电池中，负极上发生的是失去电子的氧化反应，正极上发生的是得到电子的还原反应。用伏特计可测得原电池的电动势。

2. 电极电势

在指定温度下（通常指定 25℃），电极反应物质处于标准态时的电极电势称该温度下的标准电极电势，用 $\varphi^\ominus$ 表示。电极电势越高，即氧化态是越强的氧化剂。电极电势越低，即还原态是越强的还原剂。电极电势的高低取决于电极反应物质的本性，还与浓度、温度有关。

非标准态物质的电极电势可用能斯特方程式来判断。

$$\varphi = \varphi^\ominus + \frac{0.0592V}{n} \lg \frac{[Ox]}{[Red]}$$

设原电池反应为：$Red_1 + Ox_2 = Ox_1 + Red_2$，电池电动势 E 等于正、负电极电势之差：

$$E = \varphi_{(+)} - \varphi_{(-)}$$

在有些反应中，H^+ 参加了氧化还原反应，这时溶液的酸度对电极电势就有明显的影响，下面举例如下：

$$O_2 + 4H^+ + 4e^- = 2H_2O \qquad \varphi^\ominus = 1.23V$$

$$\varphi = 1.23 + \frac{0.0592V}{4} \lg \frac{p_{(O_2)}}{p^\ominus} [H^+]^4$$

$$MnO_4^- + 8H^+ + 5e^- = Mn^{2+} + 4H_2O \qquad \varphi^\ominus = 1.51V$$

$$\varphi = 1.51 + \frac{0.0592V}{5} \lg \frac{[MnO_4^-][H^+]^8}{[Mn^{2+}]}$$

氧化还原反应的电动势大小与反应速率无关，反应速率却与反应物的浓度成正比。对于 H^+ 参加的反应，H^+ 浓度越大，反应速率越快。

三、仪器与试剂

伏特计，盐桥，电极架，表面皿，U 形管，试管和烧杯（50mL）等。

H_2SO_4（$1mol \cdot L^{-1}$，$2mol \cdot L^{-1}$，$3mol \cdot L^{-1}$），HNO_3（浓，$0.2mol \cdot L^{-1}$），$NaOH$（$6mol \cdot L^{-1}$），HAc（$6.0mol \cdot L^{-1}$），$NH_3 \cdot H_2O$（浓），$Na_2S_2O_3$（$0.05mol \cdot L^{-1}$），KI（$0.1mol \cdot L^{-1}$），$K_2Cr_2O_7$（$0.1mol \cdot L^{-1}$），KBr（$0.1mol \cdot L^{-1}$），$KMnO_4$（$0.01mol \cdot L^{-1}$），$ZnSO_4$（$0.5mol \cdot L^{-1}$），$CuSO_4$（$0.5mol \cdot L^{-1}$），$FeSO_4$（$0.1mol \cdot L^{-1}$，饱和），$FeCl_3$（$0.1mol \cdot L^{-1}$），3% H_2O_2，$NH_4F(s)$，CCl_4，碘水，溴水，锌粒，淀粉溶液，Na_2SO_3（$0.1mol \cdot L^{-1}$）。

盐桥，电极（锌片，铜片，碳棒），红色石蕊试纸，导线，砂纸。

四、实验步骤

1. 比较电极电势的高低

（1）在两支试管中各加入 $0.5mL$ $0.1mol \cdot L^{-1}$ KI 溶液和 $0.5mL$ $0.1mol \cdot L^{-1}$ KBr 溶液，然后分别加入 5 滴 $0.1mol \cdot L^{-1}$ $FeCl_3$ 溶液，摇匀后分别加入 $0.5mL$ CCl_4，充分振荡，比较两试管 CCl_4 层颜色有何不同，为什么？写出反应方程式。

（2）在 $0.5mL$ $0.1mol \cdot L^{-1}$ KBr 溶液中，加入氯水 $4 \sim 5$ 滴，摇匀后加入 $0.5mL$ CCl_4，充分振荡，观察 CCl_4 层颜色有无变化。

（3）在碘水中加入少量的 CCl_4，振荡，然后滴加 $0.1mol \cdot L^{-1}$ $FeSO_4$ 溶液，振荡，观察 CCl_4 层颜色有无变化？用溴水代替碘水进行试验，观察 CCl_4 层颜色有无变化？写出发生反应的化学方程式。

根据上面的实验结果，定性比较 I_2/I^-、Br_2/Br^-、Fe^{3+}/Fe^{2+} 三个电对的电极电势的相对大小，说明电极电势与氧化还原反应方向的关系。

2. 原电池电动势的测定

在两个 $50mL$ 的小烧杯中，分别加入 $15mL$ $0.5mol \cdot L^{-1}$ $ZnSO_4$ 溶液和 $CuSO_4$ 溶液。在 $ZnSO_4$ 溶液中插入锌片，在 $CuSO_4$ 溶液中插入铜片组成两个电极，中间以盐桥相通，用导线将锌片和铜片分别与伏特计的负极和正极相接，测量其电动势。

在 $CuSO_4$ 溶液中，逐滴加入浓氨水，边加边搅拌，直到生成的沉淀溶解，形成深蓝色的溶液，观察伏特计指针的偏转情况。

$$2Cu^{2+} + SO_4^{2-} + 2NH_3 + 2H_2O \Longrightarrow Cu_2(OH)_2SO_4 \downarrow + 2NH_4^+$$
$$Cu_2(OH)_2SO_4 + 8NH_3 \Longrightarrow 2[Cu(NH_3)_4]^{2+} + SO_4^{2-} + 2OH^-$$

在 $ZnSO_4$ 溶液中，逐滴加入浓氨水，边加边搅拌，直到生成的沉淀溶解为止，观察伏特计指针的偏转情况。

$$Zn^{2+} + 2NH_3 + 2H_2O \Longrightarrow Zn(OH)_2 \downarrow + 2NH_4^+$$
$$Zn(OH)_2 + 4NH_3 \Longrightarrow [Zn(NH_3)_4]^{2+} + 2OH^-$$

根据观察到的电动势变化，用能斯特方程式解释实验现象。

3. 常见氧化剂和还原剂的反应

（1）H_2O_2 的氧化性和还原性

在小试管中加入 $0.5mL$ $0.1mol \cdot L^{-1}$ KI 溶液，再加 $2 \sim 3$ 滴 $1mol \cdot L^{-1}$ H_2SO_4 酸化，然后加入 3% 的 H_2O_2 溶液 10 滴，振荡试管并记录实验现象，写出反应方程式。

在小试管中加入 3% 的 H_2O_2 溶液 10 滴，再加 $2 \sim 3$ 滴 $1mol \cdot L^{-1}$ H_2SO_4 酸化，然后逐滴加入 $0.1mol \cdot L^{-1}$ $KMnO_4$ 溶液（等第一滴 $KMnO_4$ 溶液褪色后再加第二滴），边加边振荡

并记录实验现象。反应的离子方程式为：

$$2MnO_4^- + 5H_2O_2 + 6H^+ = 2Mn^{2+} + 5O_2\uparrow + 8H_2O$$

（2）K_2CrO_7 的氧化性

在小试管中加入 $0.1mol\cdot L^{-1}$ K_2CrO_7 溶液 5 滴，再加 5 滴 $2mol\cdot L^{-1}$ H_2SO_4 酸化，然后加入饱和 $FeSO_4$ 溶液 10 滴，观察溶液颜色变化并写出反应方程式。

（3）I_2 的氧化性和 I^- 的还原性

在小试管中加入 $0.1mol\cdot L^{-1}$ KI 溶液 2～3 滴，再加 3～4 滴 $2mol\cdot L^{-1}$ H_2SO_4 酸化，加水 10 滴，然后加入 $0.01mol\cdot L^{-1}$ $KMnO_4$ 溶液 2 滴，此时溶液变为淡黄色。

将上面溶液分为两份，在一份溶液中，加入淀粉溶液 2 滴，振荡试管，观察溶液颜色变化。

在另一支小试管中，滴入 $0.05mol\cdot L^{-1}$ $Na_2S_2O_3$ 溶液数滴，观察溶液颜色变化。上述整个过程中反应的离子方程式为：

$$2MnO_4^- + 10I^- + 16H^+ = 2Mn^{2+} + 5I_2 + 8H_2O$$
$$I_2 + 2S_2O_3^{2-} = 2I^- + S_4O_6^{2-}$$

4. 影响氧化还原产物的因素

（1）浓度

在两支各盛有一粒锌的试管中，分别注入 2mL 浓 HNO_3 和 2mL $0.2mol\cdot L^{-1}$ HNO_3，记录发生的实验现象。

观察它们的反应产物是否相同。浓 HNO_3 被还原后的主要产物可根据反应放出气体的颜色作出判断。稀 HNO_3 被还原后的产物中是否有 NH_4^+ 存在可用气室法[1] 检验。

根据实验结果分别写出浓、稀 HNO_3 和锌反应的化学方程式。

（2）介质

取三支试管，各注入 10 滴 $0.1mol\cdot L^{-1}$ Na_2SO_3 溶液，在第一支试管中加 4 滴 $2mol\cdot L^{-1}$ H_2SO_4 酸化，在第二支试管中加 4 滴蒸馏水，在第三支试管中加 4 滴 $6mol\cdot L^{-1}$ NaOH。然后往三支试管中各滴入 2～3 滴 $0.01mol\cdot L^{-1}$ $KMnO_4$ 溶液，观察溶液的颜色和产物有何不同，写出反应方程式。

（3）络合剂

取两支试管，分别加入 1mL 水、1mL 四氯化碳和 1mL $0.1mol\cdot L^{-1}$ $FeCl_3$ 溶液，然后向其中的一支试管中加入少许氟化铵固体，振荡后分别加入 1mL $0.1mol\cdot L^{-1}$ KI 溶液，振荡后观察两支试管四氯化碳层的颜色。

5. 酸度对氧化还原反应速率的影响

在两支各盛有 0.5mL $0.1mol\cdot L^{-1}$ KBr 溶液的试管中，分别加入 0.5mL $3mol\cdot L^{-1}$ H_2SO_4 和 0.5mL $6.0mol\cdot L^{-1}$ HAc 溶液，然后各加入 2 滴 $0.01mol\cdot L^{-1}$ $KMnO_4$ 溶液，观察两支试管中紫红色褪去的速度，分别写出有关反应的方程式。

【注释】

[1] 气室法 NH_4^+ 的检验：取 5 滴被检验的溶液置于表面皿的中心，再加 3 滴 $6mol\cdot L^{-1}$ NaOH 溶液，用玻棒搅匀，在另一个稍小的表面皿的中心沾附一条湿润的红色石蕊试纸，把它盖在盛有试液的表面皿上作为气室，将此气室放在水浴上微热 2～3min，若红色石蕊试纸变蓝，则表示有 NH_4^+ 存在。

【思考题】

1. 从实验结果讨论氧化还原反应与哪些因素有关。

2. 为什么金属铁和盐酸作用得到的是 $FeCl_2$，而金属铁和硝酸作用得到的是 $Fe(NO_3)_3$？

3. 为什么 H_2S 气体通入水中得到氢硫酸？氢硫酸长期放置会失效？

实验 2-6 配位解离平衡

一、实验目的

1. 通过实验了解配合物与复盐的不同。

2. 了解配位平衡与沉淀溶解平衡、氧化还原平衡以及溶液酸碱性的关系。

3. 了解螯合物的形成条件和一些涉及螯合物的反应。

二、实验原理

1. 配合物的特点

配合物与复盐不同。在水溶液中，配合物解离出来的配离子很稳定，而复盐则完全解离为简单离子。例如：

$$复盐 \qquad KAl(SO_4)_2 \Longrightarrow K^+ + Al^{3+} + 2SO_4^{2-}$$

$$配合物 \quad [Cu(NH_3)_4]SO_4 \Longrightarrow [Cu(NH_3)_4]^{2+} + SO_4^{2-}$$

但配离子在溶液中也存在解离平衡。例如：

$$[Cu(NH_3)_4]^{2+} \Longrightarrow Cu^{2+} + 4NH_3$$

在配离子的溶液中，加入另一种配位剂能和中心离子生成更稳定的配离子时，一种配离子可以转化为另一种配离子。例如：

$$[Ag(NH_3)_2]^+ + 2CN^- \Longrightarrow [Ag(CN)_2]^- + 2NH_3$$

配位平衡与溶液的 pH、发生沉淀反应或氧化还原反应以及溶液稀释都有着密切的关系。

2. 螯合物

多齿配体和同一中心离子配位而形成具有环状结构的配合物称为螯合物。形成螯合物必须具备两个条件：①配体应具有 2 个以上配位原子；②这些配位原子应与同一个中心原子或离子相配位。螯合物的稳定性与环的大小及环的多少有关。形成五元环和六元环最稳定。常用螯合剂有 EDTA、邻菲啰啉等。

三、仪器与试剂

离心机、点滴板、离心试管、试管和烧杯等。

H_2SO_4（$6mol \cdot L^{-1}$），NaOH（$1mol \cdot L^{-1}$，$6mol \cdot L^{-1}$），$NH_3 \cdot H_2O$（$0.1mol \cdot L^{-1}$，$6mol \cdot L^{-1}$），NaCl（$0.1mol \cdot L^{-1}$），Na_2S（$1mol \cdot L^{-1}$），$Na_3[Co(NO_2)_6]$（$0.5mol \cdot L^{-1}$），$Na_2S_2O_3$（$0.5mol \cdot L^{-1}$，饱和），KBr（$0.1mol \cdot L^{-1}$），KI（$0.1mol \cdot L^{-1}$），$K_3[Fe(CN)_6]$（$0.1mol \cdot L^{-1}$），NH_4F（$2mol \cdot L^{-1}$），NH_4SCN（$0.1mol \cdot L^{-1}$），$(NH_4)_2Fe(SO_4)_2$（$0.1mol \cdot L^{-1}$），$(NH_4)_2C_2O_4$（饱和），$BaCl_2$（$1mol \cdot L^{-1}$），$CoCl_2$（$0.5mol \cdot L^{-1}$），$NiCl_2$（$0.1mol \cdot L^{-1}$），$CuSO_4$（$1mol \cdot L^{-1}$），$FeCl_3$（$0.1mol \cdot L^{-1}$），$AgNO_3$（$0.1mol \cdot L^{-1}$），EDTA（$0.1mol \cdot L^{-1}$），0.25%邻菲啰啉，$10g \cdot L^{-1}$二乙酰二肟，戊醇，丙酮和酒精。

四、实验步骤

1. 配离子的生成、配合物与简单化合物和复盐的区别

(1) 取 1mL 1mol·L^{-1} CuSO$_4$ 溶液，逐滴加入 6.0mol·L^{-1} NH$_3$·H$_2$O，不断搅拌，至沉淀消失变成深蓝色溶液为止。将此溶液分为三份，在第一份溶液中加入 2～3 滴 1mol·L^{-1} NaOH 溶液；在第二份溶液加入 2～3 滴 1mol·L^{-1} BaCl$_2$ 溶液，有何现象发生？在第三份溶液中加入 1mL 无水酒精，观察现象。

(2) 设计实验说明亚铁氰化钾是配合物，而莫尔盐（硫酸亚铁铵）是复盐，写出实验步骤并进行实验。

2. 配离子稳定性的比较

(1) 对于同一中心离子，不同的配体与之生成的配离子具有不同的稳定性。一支试管中盛有 1mL [Fe(SCN)$_n$]$^{3-n}$ (n=1～6) 溶液（用 0.5mL 0.1mol·L^{-1} FeCl$_3$ 溶液加入 0.5mL 0.1mol·L^{-1} NH$_4$SCN 溶液配制而成），另一支试管中加 1mL 0.1mol·L^{-1} K$_3$[Fe(CN)$_6$] 溶液，然后在两支试管中各加 5 滴 6mol·L^{-1} NaOH 溶液，观察是否都有 Fe(OH)$_3$ 沉淀产生。从实验现象判断哪一种配离子稳定。

(2) 在试管中加入 1mL 0.1mol·L^{-1} FeCl$_3$ 溶液，滴加 2 滴 0.1mol·L^{-1} NH$_4$SCN 溶液，溶液呈何颜色？然后在溶液中滴加 2mol·L^{-1} NH$_4$F 溶液，边加边振荡，直至溶液变为无色，再滴加饱和 (NH$_4$)$_2$C$_2$O$_4$ 溶液变为黄绿色。写出反应方程式并解释出现的现象。

3. 配位平衡的移动

(1) 配位平衡与沉淀溶解平衡的关系

在一支离心试管中，加入 0.1mol·L^{-1} AgNO$_3$ 溶液 5 滴，再加 0.1mol·L^{-1} NaCl 溶液 5 滴，水浴微热，离心后除去上层清液，然后按下列次序进行实验。

① 滴加 6mol·L^{-1} NH$_3$·H$_2$O（不断振荡试管）至沉淀刚好溶解。

② 滴加 0.1mol·L^{-1} KBr 溶液 10 滴，离心，观察有何沉淀生成？

③ 除去上层清液，滴加 0.5mol·L^{-1} Na$_2$S$_2$O$_3$ 溶液至沉淀溶解。

④ 滴加 0.1mol·L^{-1} KI 溶液，离心，又有何沉淀生成？

⑤ 除去上层清液，滴加饱和 Na$_2$S$_2$O$_3$ 溶液至沉淀溶解。

⑥ 滴加 1mol·L^{-1} Na$_2$S 溶液，又有何沉淀生成？

写出每一步发生的化学反应方程式。

(2) 配位平衡与氧化还原反应

在试管中加入 0.5mL 0.1mol·L^{-1} FeCl$_3$ 溶液和 0.5mL 饱和 (NH$_4$)$_2$C$_2$O$_4$ 溶液，然后再加入 0.5mL 0.1mol·L^{-1} KI 溶液；在另一支试管中加入 0.5mL 0.1mol·L^{-1} FeCl$_3$ 溶液和 0.5mL 蒸馏水，然后也加入 0.5mL 0.1mol·L^{-1} KI 溶液，观察两支试管中溶液颜色有何不同？解释实验现象。

(3) 配合物的转化和离子掩蔽

在试管中加入 3～4 滴 0.5mol·L^{-1} CoCl$_2$ 溶液，戊醇和丙酮混合液 0.5mL（配离子在此溶液中相对稳定），再加入 5～6 滴 0.1mol·L^{-1} NH$_4$SCN 溶液，振荡后上层呈蓝绿色。然后加入 1 滴 0.1mol·L^{-1} FeCl$_3$ 溶液，振荡试管，观察溶液颜色变化，解释现象。

$$Co^{2+} + 4SCN^- \Longrightarrow [Co(SCN)_4]^{2-}$$

$$Fe^{3+} + nSCN^- \Longrightarrow [Fe(SCN)_n]^{3-n}(n=1\sim6)$$

在上面溶液中加入数滴 $2mol\cdot L^{-1}$ NH_4F 溶液（不宜多加），用力振荡试管，至血红色刚好褪去，溶液又显现出蓝绿色。解释实验现象。

$$[Fe(SCN)_n]^{3-n} + 6F^- \Longrightarrow [FeF_6]^{3-} + nSCN^-(n=1\sim6)$$

（4）配位平衡与酸碱介质的关系

① 在试管中加入 $1mL$ $0.1mol\cdot L^{-1}$ $FeCl_3$ 溶液，然后逐滴加入 $2mol\cdot L^{-1}$ NH_4F 溶液，边加边振荡，直至溶液变为无色，将此溶液分为两份，一份加入足量的 $6mol\cdot L^{-1}$ $NaOH$ 溶液，另一份加入足量的 $6mol\cdot L^{-1}$ H_2SO_4 溶液，观察并解释实验现象。

② 在 $0.5mL$ $0.5mol\cdot L^{-1}$ $Na_3[Co(NO_2)_6]$ 溶液中，逐滴加入 $6mol\cdot L^{-1}$ $NaOH$ 溶液，振荡试管，有何现象？

酸与碱均可分解 $Na_3[Co(NO_2)_6]$ 中的配离子，反应如下：

在酸中：$2[Co(NO_2)_6]^{3-} + 10H^+ \Longrightarrow 2Co^{2+} + 5NO\uparrow + 7NO_2\uparrow + 5H_2O$

在碱中：$[Co(NO_2)_6]^{3-} + 3OH^- \Longrightarrow Co(OH)_3\downarrow + 6NO_2^-$

4. 螯合物生成

（1）自制硫氰酸铁溶液 $1mL$［配制方法见本实验内容 2（1）］，在该溶液中滴加 $0.1mol\cdot L^{-1}$ EDTA（其酸根离子可简写为 H_2Y^{2-}）溶液，边加边振荡，直至红色褪去。

$$Fe^{3+} + nSCN^- \Longrightarrow [Fe(SCN)_n]^{3-n}(n=1\sim6)$$

$$[Fe(SCN)_n]^{3-n} + H_2Y^{2-} \Longrightarrow [FeY]^- + (n-2)SCN^- + 2HSCN(n=1\sim6)$$

（2）Fe^{3+} 在微酸性条件下可与邻菲啰啉溶液生成橘红色配离子。本实验在白瓷点滴板上进行。1 滴 $0.1mol\cdot L^{-1}$ $(NH_4)_2Fe(SO_4)_2$ 溶液和 $2\sim3$ 滴 0.25%邻菲啰啉溶液反应，观察并记录现象（用此原理定量测定 Fe^{3+} 时，常加 HAc-NaAc 缓冲溶液以保证溶液呈微酸性）。

（3）Ni^{2+} 与二乙酰二肟反应生成鲜红色的内络盐沉淀。本实验在白瓷点滴板上进行。加 5 滴 $0.1mol\cdot L^{-1}$ $NiCl_2$ 溶液和 5 滴 $0.1mol\cdot L^{-1}$ $NH_3\cdot H_2O$，再滴加数滴 $10g\cdot L^{-1}$二乙酰二肟溶液，观察并记录现象（本实验合适的酸度是 pH 值为 $5\sim10$）。

【附注】

1. 银氨配合物放置可能产生有爆炸性的叠氮化银沉淀，做完实验可加盐酸使其转化为氯化银，回收。

2. $[FeF_6]^{3-}$ 与浓 H_2SO_4 作用会产生 HF，最好在通风橱中进行。

【思考题】

1. 通过实验说明有哪些因素影响配位解离平衡？

2. 为什么硫化钠溶液不能使亚铁氰化钾溶液产生硫化亚铁沉淀，而饱和的硫化氢的溶液能使铜氨溶液配合物的溶液产生硫化铜沉淀？

3. 用 NH_4SCN 鉴定 Co^{2+} 时，为排除溶液中含有少量的 Fe^{3+} 的干扰，实验中应采取什么措施？

4. 衣服上沾有铁锈时，常用草酸去洗，试说明原因。

实验 2-7 乙酸电离度及电离平衡常数的测定

一、实验目的

1. 加深对弱电解质电离平衡及其电离度、电离平衡常数的理解。

2. 掌握用 pH 法测定乙酸电离度及电离平衡常数的原理和方法。

3. 学会正确使用酸度计。

4. 进一步练习溶液的配制与酸碱滴定的基本操作。

二、实验原理

测定弱电解质的电离度及电离平衡常数一般只要设法测定弱电解质达到平衡时各物质的浓度，便可依据电离平衡常数表达式求得电离平衡常数及电离度。测定电离平衡常数的方法主要有：目测法、pH 法、电导率法、电化学法和分光光度法。本实验通过 pH 法测定乙酸的电离度和电离平衡常数。乙酸（CH_3COOH 或 HAc）是一元弱酸，在水溶液中存在下列电离平衡：

$$HAc \rightleftharpoons H^+ + Ac^-$$

起始浓度/mol·L^{-1} c 0 0

平衡浓度/mol·L^{-1} $c-c\alpha$ $c\alpha$ $c\alpha$

$$\alpha = \frac{[H^+]}{c}$$

$$K_a = \frac{[H^+][Ac^-]}{[HAc]} = \frac{c\alpha^2}{1-\alpha} \quad (\alpha < 5\% \text{时 } K_a \approx c\alpha^2 = \frac{[H^+]^2}{c})$$

其中，α 为乙酸的电离度；K_a 为乙酸的电离平衡常数。

严格地说，上式中的浓度应该为对应物质的活度，但稀溶液中活度系数近似等于 1，所以用浓度代替活度。

乙酸的总浓度 c 可用 NaOH 标准溶液滴定测得。滴定后配制一系列经稀释且已知浓度的乙酸溶液，在一定温度下用酸度计测出不同浓度 HAc 溶液的 pH，根据 $pH = -lg[H^+]$，$[H^+] = 10^{-pH}$ 可计算出各溶液中的 $[H^+]$，再由上式求出不同浓度 HAc 的 α 和 K_a。

电离度 α 随起始浓度 c 而变化，而电离平衡常数与 c 无关，因此在一定温度下，对于一系列不同浓度的乙酸溶液，$\frac{c\alpha^2}{1-\alpha}$ 值近似为一常数，取所得一系列 $\frac{c\alpha^2}{1-\alpha}$ 的平均值，即为该温度下乙酸的电离平衡常数 K_a。

三、仪器与试剂

容量瓶（50mL），锥形瓶（250mL），移液管（20mL），吸量管（10mL），洗耳球，烧杯（50mL），碱式滴定管（25mL），温度计，酸度计等。

NaOH 标准溶液（0.2000mol·L^{-1}），HAc（约 0.2mol·L^{-1}），酚酞指示剂，标准缓冲溶液（pH＝4.00）。

四、实验步骤

1. 用清洁的 20mL 移液管吸取待测乙酸溶液 20.00mL，放入 250mL 锥形瓶中，加入酚酞指示剂 2～3 滴，用 NaOH 标准溶液滴定至溶液呈微红色且半分钟不褪色为止，记下所用的 NaOH 溶液体积。平行测定 3 份，把滴定的数据和计算结果填入下表中。

	滴定序号	1	2	3
	HAc 溶液用量/mL		20.00	
	NaOH 标准溶液浓度/mol·L^{-1}		0.2000	
	NaOH 标准溶液用量/mL			
HAc 溶液	测定浓度/mol·L^{-1}			
	平均浓度/mol·L^{-1}			

2. 分别吸取 2.50mL、5.00mL、20.00mL 上述 HAc 溶液于三个 50.00mL 容量瓶中，用蒸馏水稀释至刻度，摇匀。并分别计算出三种溶液的准确浓度并填入下表。

3. 分别用四个干燥的小烧杯（50mL），盛装上述三种 HAc 溶液和未经稀释的 HAc 溶液各约 25mL，并依次编号为 1、2、3、4。再将以上四种不同浓度的乙酸溶液按由稀到浓的次序，用酸度计分别测出其 pH 值，记录测得数值和室温，并计算其电离度和电离常数填入下表。

室温：$T=$＿＿＿ K

编号	$c/\text{mol} \cdot \text{L}^{-1}$	pH	$[\text{H}^+]/\text{mol} \cdot \text{L}^{-1}$	$\alpha = \dfrac{[\text{H}^+]}{c}$	$K_a = \dfrac{c\alpha^2}{1-\alpha}$	
					测定值	平均值
1	$\dfrac{2.5}{50}c_0=$					
2	$\dfrac{5}{50}c_0=$					
3	$\dfrac{20}{50}c_0=$					
4	$c_0=$					

注：文献值 298K 时 $K_{\text{HAc}}^{\ominus}=1.8\times10^{-5}$，实验结果在 $1.0\times10^{-5}\sim2.0\times10^{-5}$ 内合格。

【思考题】

1. 根据实验结果讨论 HAc 的 α 和 K_a 与其浓度的关系；如果改变温度，则其 α 和 K_a 有无变化？

2. 若所测 HAc 溶液的浓度极稀，是否能用 $K_a \approx \dfrac{[\text{H}^+]^2}{c}$ 求其电离平衡常数？

3. 为什么在测 pH 时用于盛装 HAc 的小烧杯一定要干燥？若无干燥的烧杯，则先用待装溶液洗 2~3 次亦可，为什么？

4. 在用酸度计测定不同浓度 HAc 溶液的 pH 时，为什么一定要按照由稀到浓的次序来进行测量？

附：酸度计

酸度计又称 pH 计，是测定溶液 pH 最常用的仪器，同时也可以测量电极电势。实验室常用的酸度计有雷兹 25 型、pHS-2C 型、pHS-3C 型、pHS-3D 型等。它们的型号和结构虽然不同，但基本原理相同。

1. 基本原理

酸度计由测量电极（玻璃电极）、参比电极（甘汞电极）和精密电位计三部分组成。

（1）甘汞电极

甘汞电极由金属汞、氯化亚汞（甘汞）和一定浓度的氯化钾溶液组成。其电极反应是：

$$\text{Hg}_2\text{Cl}_2 + 2\text{e}^- \longrightarrow 2\text{Hg} + 2\text{Cl}^-$$

在 25℃ 时，$\varphi_{\text{甘汞}} = \varphi_{\text{甘汞}}^{\ominus} - 0.0592\text{V} \lg a_{\text{Cl}^-}$。

$\varphi_{\text{甘汞}}^{\ominus}$ 在一定温度下为一定值，所以 $\varphi_{\text{甘汞}}$ 决定于 Cl^- 的活度值 a_{Cl^-}，与溶液的 pH 无关。通常用饱和的氯化钾溶液为电解质溶液。25℃ 时饱和氯化钾溶液的 $\varphi_{\text{甘汞}}$ 为 0.2415V。

（2）玻璃电极

玻璃电极下端是一极薄的玻璃球泡，由特殊的敏感玻璃膜构成，对 H^+ 有敏感作用。在玻璃泡中装有 $0.1mol \cdot L^{-1}$ HCl 和 Ag-AgCl 电极作为内参比电极，将它浸入待测溶液中组成如下电极：

$$Ag\text{-}AgCl(s) \mid HCl \ (0.1mol \cdot L^{-1}) \mid 玻璃膜 \mid 待测溶液$$

待测溶液的 H^+ 与电极玻璃球泡表面水化层进行离子交换，产生一定的电势差，玻璃泡内层同样产生电极电势。由于内层 H^+ 浓度不变，而外层 H^+ 浓度变化，所以该电极的电势只随待测溶液的 pH 不同而改变。

$$\varphi_{玻} = \varphi_{玻}^{\ominus} - 2.303 \frac{RT}{F}pH = \varphi_{玻}^{\ominus} - 0.0592VpH$$

（3）复合电极

复合电极实际上是将玻璃电极和参比电极合并制成的，它以单一接头与精密电位计连接。

（4）电池电动势

将玻璃电极和甘汞电极一起插入待测溶液组成原电池：

$$Ag\text{-}AgCl(s) \mid HCl \ (0.1mol \cdot L^{-1}) \mid 玻璃膜 \mid 待测溶液 \mid 甘汞电极$$

连接精密电位计，即可测得电池的电动势。在 25℃ 时，其电动势为：

$$E_x = \varphi_{正} - \varphi_{负} = \varphi_{甘汞} - \varphi_{玻}$$
$$= \varphi_{甘汞} - \varphi_{玻}^{\ominus} + 0.0592VpH$$

故

$$pH = \frac{E_x + \varphi_{玻}^{\ominus} - \varphi_{甘汞}}{0.0592V}$$

若用复合电极插入待测溶液，连接精密电位计，在 25℃ 时，其电动势为：

$$pH = \frac{E_x + \varphi_{玻}^{\ominus} - \varphi_{Ag/AgCl}}{0.0592V}$$

25℃ 时饱和氯化钾溶液的 $\varphi_{Ag/AgCl}$ 为 0.1981V。

对于一个给定的玻璃电极，$\varphi_{玻}^{\ominus}$ 为定值，可以用已知 pH 的缓冲溶液或酸式盐求得此值。但在实际工作中，并不具体计算出该数值，而是通过标准缓冲溶液对酸度计进行标定，作出校正，然后就可以直接进行测量。

2. pHS-3C 型酸度计

pHS-3C 型酸度计是一台精密数字显示 pH 计，该计适用于测定水溶液的 pH 和电极电位。测量范围：pH 0~14；0~±1999mV；测量精度 0.01pH，1mV；温度补偿 0~60℃。

其操作步骤如下：

（1）准备工作

① 电源线插入电源插座，接通电源并开机，仪器开始工作，开机预热 10min。

② 拔去复合电极接口的保护端子，将复合电极插入复合电极接口，顺时针方向转动 90°，使电极接触紧密，电极夹在电极夹上。

如果不用复合电极，则在复合电极接口处插上电极转换器的插头，将玻璃电极插头插入转换器插座处，甘汞电极插入参比电极接口，使用时应把上面的小橡皮帽和下端橡皮帽拔出，以保持液位压差，不用时要把它们套上。

（2）仪器的校正

① 把选择开关调到 pH 挡，显示屏显示 pH。

② 调节温度补偿旋钮，使其对准缓冲溶液温度值。

③ 把清洗过的电极插入 pH＝6.86 的缓冲溶液中，调节定位旋钮，使仪器显示数字与该温度下缓冲溶液的 pH 值相一致。

④ 用蒸馏水清洗电极，再用 pH＝4.00（和 pH＝9.18）的缓冲溶液调节斜率调节旋钮到 pH＝4.00（和 pH＝9.18）。重复③、④，直至显示值与缓冲溶液的 pH 值一致［粗调可用 pH＝6.86 和 pH＝4.00（或 pH＝9.18）两种溶液调节］。

（3）测量 pH

将电极洗净，插入待测溶液中，搅拌、静置，等显示值稳定后，即为该待测溶液的pH 值。

若待测溶液温度和缓冲溶液不相同时，应先将温度补偿旋钮调节到待测溶液温度，然后再测量。

（4）测量电极电位

① 将选择开关调到"mV"挡，显示屏显示"mV"值。

② 将参比电极插入参比电极接口，离子选择电极与复合电极接口连接。

③ 将洗净、甩干或吸干的电极浸入待测溶液中，搅拌、静置，等显示值稳定后记下读数，即为该溶液的"mV"值。

（5）测试完毕，洗净电极，套上保护套或浸泡在 3.3mol·L^{-1}氯化钾溶液中，关机。

3. 注意事项

（1）电极的插头、插座，其内芯需保持清洁、干燥，不得污染。

（2）在使用玻璃电极或复合电极时，应避免电极的敏感玻璃膜与硬物接触，以防损坏电极或使电极失效。

（3）复合电极在使用前应置于 3.3mol·L^{-1}氯化钾溶液中，浸泡 6h 进行活化。电极避免长期浸在蒸馏水、蛋白质溶液或含有氟化物的溶液中。

（4）要保证缓冲溶液的可靠性，不能配错缓冲溶液；缓冲溶液配制时间较长或发生霉变、浑浊等情况，应重新配制。

（5）仪器经校正好，测试待测溶液时，定位调节旋钮和斜率调节旋钮不可再动，否则仪器线性破坏，影响测试精度。

实验 2-8 s 与 ds 区元素及化合物性质与检验

一、实验目的

1. 试验 s 与 ds 区元素单质及主要化合物的化学性质，初步掌握元素性质变化的周期性。

2. 练习性质实验的基本操作和固液分离操作。

3. 了解 s 与 ds 区元素的常见定性检验方法。

二、实验原理

s 区元素包括碱金属和碱土金属，分别位于周期系ⅠA、ⅡA族，s 区元素除氢、铍元素外皆为活泼金属元素，且碱金属活泼性分别大于同周期的碱土金属。s 区元素除 H、Be 外，均可与水反应。其离子几乎没有氧化性。

碱金属除 Li 外的绝大部分盐类易溶于水，只有与易变形的大阴离子作用生成的盐才难溶或微溶与水。如 $KClO_4$（白）、$K_2Na[Co(NO_2)_6]$（亮黄）、$NaZn(UO_2)Ac \cdot 6H_2O$（黄绿）、$Na[Sb(OH)_6]$（白）等。

碱土金属的 SO_4^{2-}、$C_2O_4^{2-}$、CO_3^{2-}、CrO_4^{2-} 等盐多为难溶或微溶盐，利用这些盐类的溶解性可以进行沉淀分离和离子检出。

碱金属、碱土金属及其化合物在高温火焰中可发出一定波长的光，使火焰呈特征颜色，称为焰色反应。如 Na（黄）、K、Rb、Cs（紫），Li（红），Ca（砖红），Sr（洋红），Ba（黄绿）。利用焰色反应亦可鉴别不同的碱金属和碱土金属及其离子。

ds 区元素位于周期系中的ⅠB 和ⅡB 族，相对于同周期的 s 区元素原子而言，其次外层多了 10 个电子，其原子半径分别小于同周期ⅠA 和ⅡA 族元素的原子，其电负性分别大于同周期ⅠA 和ⅡA 族元素的原子，其单质的活泼性远弱于ⅠA 和ⅡA 族元素的单质。其离子在水溶液中有较强的氧化性（尤其是ⅠB 族元素的高价离子），同时也由于 $(n-1)d$ 电子参与反应而具有可变的氧化值。由于该区元素的离子具有较强的极化能力，所以形成配合物的能力也稍强于 s 区元素的离子。

ds 区元素的多数化合物难溶于水或微溶于水，其中许多可作为该区元素离子的鉴定方法。$Zn(OH)_2$ 和 $Cu(OH)_2$ 呈两性，$Cd(OH)_2$ 呈碱性，Ag 和 Hg 的氢氧化物呈碱性且室温下易分解生成相应的氧化物。

三、仪器与试剂

酒精灯、试管、烧杯、小刀、镊子、坩埚、研钵、滤纸、镍铬丝（或铂丝）、钴玻璃、砂纸、火柴、离心机等。

Na(s)，Mg 条，Ca(s)，NaOH（$400g \cdot L^{-1}$，$6mol \cdot L^{-1}$，$2mol \cdot L^{-1}$），$NH_3 \cdot H_2O$（浓，$6mol \cdot L^{-1}$，$MgCl_2$（$0.5mol \cdot L^{-1}$），$2mol \cdot L^{-1}$），NH_4Cl（饱和），HCl（浓，$6mol \cdot L^{-1}$，$2mol \cdot L^{-1}$），$CaCl_2$（$0.5mol \cdot L^{-1}$），$BaCl_2$（$0.5mol \cdot L^{-1}$），$CuSO_4$（$0.2mol \cdot L^{-1}$），H_2SO_4（浓，$2mol \cdot L^{-1}$），葡萄糖（$100g \cdot L^{-1}$），$AgNO_3$（$0.1mol \cdot L^{-1}$），HNO_3（浓，$2mol \cdot L^{-1}$），$ZnSO_4$（$0.2mol \cdot L^{-1}$），$CdSO_4$（$0.2mol \cdot L^{-1}$），$Hg(NO_3)_2$（$0.2mol \cdot L^{-1}$），NaCl（$1mol \cdot L^{-1}$），KCl（$1mol \cdot L^{-1}$），$KSb(OH)_6$（饱和），$NaHC_4H_4O_6$（饱和），Na_2SO_4（$0.5mol \cdot L^{-1}$），K_2CrO_4（$0.5mol \cdot L^{-1}$），HAc（$2mol \cdot L^{-1}$），$(NH_4)_2C_2O_4$（饱和），$ZnSO_4$（$0.2mol \cdot L^{-1}$），$CdSO_4$（$0.2mol \cdot L^{-1}$），Na_2S（$1mol \cdot L^{-1}$），Cu 屑，$CuCl_2$（$1mol \cdot L^{-1}$），KI（s，$0.1mol \cdot L^{-1}$），$Na_2S_2O_3$（$0.5mol \cdot L^{-1}$），$SnCl_2$（$0.2mol \cdot L^{-1}$），$Hg_2(NO_3)_2$（$0.2mol \cdot L^{-1}$），KOH（$400g \cdot L^{-1}$），$K_4[Fe(CN)_6]$（$0.1mol \cdot L^{-1}$）。

四、实验步骤

1. 单质的性质

（1）取一小块金属 Na 用滤纸吸干其表面的煤油，切去表面的氧化膜，迅速观察断面的颜色和变化。立即将它放入盛水的烧杯中，观察与水反应的情况，并试验所得溶液的酸碱性。

（2）另取一小块金属钠，吸干表面煤油后，切去表面的氧化膜，立即置于坩埚中加热。

当 Na 刚开始燃烧时，停止加热。观察反应情况和产物颜色。并取少量产物分别与冷水和热水反应，检验氧气的产生。写出有关化学方程式。

（3）分别取已除去氧化膜的 Mg 条和小块 Ca 于试管中，再分别加少量水，观察反应情况并检验产物，必要时可微热试管。写出化学反应方程式。比较上述几种单质与水的反应情况。

2. 氧化物、氢氧化物的生成和性质

（1）在三支试管中分别加入 0.5mL 0.5mol·L^{-1} 的 $MgCl_2$ 溶液，再各加入 0.5mL 6mol·L^{-1} $NH_3·H_2O$。观察 $Mg(OH)_2$ 沉淀的生成。然后分别试验沉淀与饱和 NH_4Cl 溶液、2mol·L^{-1} HCl 溶液和 2mol·L^{-1} NaOH 溶液的反应情况。写出有关反应的方程式。

（2）在三支试管中分别加入 0.5mL 0.5mol·L^{-1} $MgCl_2$、$CaCl_2$、$BaCl_2$ 溶液，再加入等体积的新配制的 2mol·L^{-1} NaOH 溶液，观察沉淀的生成。

（3）取 1mL 0.2mol·L^{-1} 的 $CuSO_4$ 溶液，滴入 2mol·L^{-1} 的 NaOH 溶液，观察沉淀的颜色和状态。将生成的沉淀和溶液摇匀后分为三份，其中一份滴加 2mol·L^{-1} 的 H_2SO_4 溶液，第二份滴加过量的 6mol·L^{-1} NaOH 溶液，第三份加热至固体变黑，再滴加 2mol·L^{-1} 的 HCl 溶液。观察现象。写出有关化学反应方程式。

取 0.5mL 0.2mol·L^{-1} $CuSO_4$ 溶液，加入过量 6mol·L^{-1} NaOH 溶液，使起初生成的沉淀全部溶解，再往此溶液中加入 1mL 100g·L^{-1} 葡萄糖溶液，均匀后水浴加热，观察现象。写出有关的化学反应方程式。

离心分离弃去溶液，并用蒸馏水洗涤沉淀。取少量沉淀加入 2mol·L^{-1} H_2SO_4 并加热，观察现象。另取少量沉淀注入 3mL 浓 $NH_3·H_2O$，振荡后静置 10min，观察清液颜色变化。写出有关化学反应方程式。

（4）取 2mL 0.1mol·L^{-1} $AgNO_3$ 溶液，慢慢滴入新配制的 2mol·L^{-1} NaOH 溶液，振荡，观察沉淀的颜色和状态。离心分离，弃去溶液，用蒸馏水洗涤沉淀。将沉淀分为两份，分别与 2mol·L^{-1} HNO_3 和 2mol·L^{-1} 的氨水反应，观察现象。写出有关化学反应方程式。

（5）往盛有 0.2mol·L^{-1} $ZnSO_4$ 溶液的试管中滴加 2mol·L^{-1} NaOH 溶液直至大量沉淀生成为止（不要过量!），将沉淀分为两份：一份滴加 2mol·L^{-1} H_2SO_4 溶液，另一份继续滴加 2mol·L^{-1} NaOH 溶液，观察现象。用 0.2mol·L^{-1} $CdSO_4$ 代替上述 $ZnSO_4$ 溶液进行同样的实验，并与之比较现象差异。写出有关化学反应方程式。

（6）往 0.2mol·L^{-1} $Hg(NO_3)_2$ 溶液中滴入 2mol·L^{-1} NaOH 溶液，观察现象。将所得沉淀分为两份：一份滴加 2mol·L^{-1} HNO_3；另一份滴加 400g·L^{-1} NaOH 溶液。观察现象并写出有关化学反应方程式。

3. 难溶盐的生成

（1）微溶性钠盐和钾盐

往 0.5mL 1mol·L^{-1} NaCl 溶液中，滴加 0.5mL 饱和 $KSb(OH)_6$ 溶液，必要时可用玻棒摩擦试管内壁，放置，观察产物的颜色和状态。写出有关化学反应方程式。

往 0.5mL 1mol·L^{-1} KCl 溶液中，滴加 0.5mL 饱和 $NaHC_4H_4O_6$（酒石酸氢钠）溶液，必要时可用玻棒摩擦试管内壁，观察产物的颜色和状态。写出有关化学反应方程式。

（2）在三支试管中，分别盛有 1mL 0.5mol·L^{-1} $MgCl_2$、$CaCl_2$、$BaCl_2$ 溶液，分别注

入等量的 $0.5mol\cdot L^{-1}$ 的 Na_2SO_4 溶液，必要时可用玻棒摩擦试管内壁，观察现象。分别检验沉淀与稀 HNO_3 反应情况。写出有关化学反应方程式。

（3）在两支试管中分别注入 $0.5mL$ $0.5mol\cdot L^{-1}$ 的 $CaCl_2$ 和 $BaCl_2$ 溶液，再注入 $0.5mL$ $0.5mol\cdot L^{-1}$ 的 K_2CrO_4 溶液，观察现象。分别试验沉淀与 $2mol\cdot L^{-1}$ HAc 和 $2mol\cdot L^{-1}$ HNO_3 溶液的反应，写出有关反应方程式。

（4）往 $0.5mL$ $0.5mol\cdot L^{-1}$ $CaCl_2$ 溶液中，加入 $0.5mL$ 饱和 $(NH_4)_2C_2O_4$ 溶液，分别试验沉淀与 $2mol\cdot L^{-1}$ HCl 和 $2mol\cdot L^{-1}$ HAc 的反应。写出有关化学反应方程式。

（5）往三支盛有 $0.2mol\cdot L^{-1}$ $ZnSO_4$、$CdSO_4$、$Hg(NO_3)_2$ 溶液的试管中，分别滴入 $1mol\cdot L^{-1}$ 的 Na_2S 溶液，观察沉淀的生成和颜色。

离心分离并洗涤所得沉淀，分别依次试验它们对 $2mol\cdot L^{-1}$ HCl、浓 HCl、王水（自配）的溶解情况，必要时可适当微热。写出有关化学反应方程式。

4. 氧化还原性

（1）氯化亚铜生成和性质　取 $5mL$ $1.0mol\cdot L^{-1}$ 的 $CuCl_2$ 溶液，加入少量紫铜屑和 $3mL$ 浓 HCl，加热直至溶液变成深棕黄色为止。将加热溶液全部倾入盛有去离子水的小烧杯中，观察白色沉淀的生成。静置，倾去上清液，并用少量蒸馏水洗涤沉淀两次。取少许沉淀，分成两份，一份与浓 $NH_3\cdot H_2O$ 反应，另一份与浓 HCl 反应，观察沉淀溶解以及溶液颜色变化情况，写出有关化学反应方程式。

（2）碘化亚铜生成　取 $1mL$ $0.2mol\cdot L^{-1}$ $CuSO_4$ 溶液，滴入 $0.1mol\cdot L^{-1}$ KI 溶液，观察现象。再滴入少量 $0.5mol\cdot L^{-1}$ $Na_2S_2O_3$ 溶液，以除去反应中生成的 I_2（$Na_2S_2O_3$ 不能过量，否则 CuI 溶解）。观察 CuI 的颜色和状态。写出有关化学反应方程式。

（3）银镜反应　取 $2mL$ $0.1mol\cdot L^{-1}$ 的 $AgNO_3$ 溶液，慢慢加入 $2mol\cdot L^{-1}$ 的 $NH_3\cdot H_2O$ 至起始生成的沉淀恰好溶解，再补加 2 滴 $NH_3\cdot H_2O$。然后滴入数滴 $100g\cdot L^{-1}$ 葡萄糖溶液，摇匀后在 $80\sim90℃$ 水浴中静置。观察现象，写出有关化学反应方程式。

（4）汞（Ⅱ）的氧化性　往 $0.5mL$ $0.2mol\cdot L^{-1}$ $Hg(NO_3)_2$ 溶液中在振荡下滴加 $0.2mol\cdot L^{-1}$ 的 $SnCl_2$ 溶液直至过量，观察沉淀颜色变化。写出有关化学反应方程式。

5. 配合物

（1）分别取少量 $CuSO_4$（$0.2mol\cdot L^{-1}$）、$AgNO_3$（$0.1mol\cdot L^{-1}$）、$ZnSO_4$（$0.2mol\cdot L^{-1}$）、$CdSO_4$（$0.2mol\cdot L^{-1}$）、$Hg(NO_3)_2$（$0.2mol\cdot L^{-1}$）、$Hg_2(NO_3)_2$（$0.2mol\cdot L^{-1}$）溶液，分别滴加 $2mol\cdot L^{-1}$ 的 $NH_3\cdot H_2O$ 直至过量，观察现象。写出有关化学反应方程式。

（2）汞配合物的生成和应用　往 $0.5mL$ $0.2mol\cdot L^{-1}$ 的 $Hg(NO_3)_2$ 溶液中滴加 $0.1mol\cdot L^{-1}$ KI 溶液，观察沉淀的生成和颜色。再加入少量 KI(s) 至沉淀刚好溶解（KI 固体不要过量）。在所得溶液中滴入几滴 $400g\cdot L^{-1}$ KOH 溶液，并与 $NH_3\cdot H_2O$ 和 NH_4^+ 溶液反应，观察现象。写出有关化学反应方程式。

6. 离子鉴定

（1）焰色反应　取一只铂丝（或镍铬丝）蘸以 $6mol\cdot L^{-1}$ HCl 在氧化焰中烧至无色。再蘸上 LiCl 溶液在氧化焰中燃烧。观察火焰颜色。依照此法，分别进行 NaCl、KCl、$CaCl$、$SrCl$、$BaCl_2$ 溶液的焰色反应实验。每进行完一种溶液的焰色反应后，均需蘸浓 HCl 溶液灼烧铂丝至无色后，再进行新的溶液的焰色反应。钾盐焰色需用蓝色钴玻璃片滤光，以消除钠对钾焰色的干扰。

（2）Cu^{2+} 的鉴定 取 1～2 滴 0.2mol·L^{-1} $CuSO_4$ 溶液，再滴入 2～3 滴 2mol·L^{-1} HAc 和几滴 0.1mol·L^{-1} $K_4[Fe(CN)_6]$ 溶液，即生成红棕色的 $Cu_2[Fe(CN)_6]$ 沉淀。在沉淀中注入 6mol·L^{-1} $NH_3·H_2O$，沉淀溶解生成蓝色溶液，表示有 Cu^{2+} 的存在。写出化学反应方程式。

【思考题】

1. 根据实验结果比较 s 及 ds 区四族元素及其化合物性质的异同性。
2. 总结这两区金属离子的常见鉴定方法。
3. 选用适当的溶剂分别溶解下列固体：

$$Cu(OH)_2、CuS、AgBr、AgI、HgS、CdS、ZnS、Zn(OH)_2$$

4. 从 $\varphi^{\ominus}$ 值说明 $Cu(I) \Longleftrightarrow Cu(II)$ 和 $Hg(I) \Longleftrightarrow Hg(II)$ 相互转化条件。

实验 2-9 p 区元素及化合物性质与检验（一）——卤素、氧、硫

一、实验目的

1. 掌握卤素单质和离子的氧化性、还原性变化规律。
2. 掌握卤素含氧酸盐的氧化性。
3. 掌握过氧化氢的氧化还原性及鉴定方法。
4. 掌握硫的含氧酸及其盐的性质。

二、实验原理

1. 卤素的性质

卤素的价电子构型为 ns^2np^5，是典型的非金属元素，且其非金属性从上到下逐渐减弱。卤素单质均为强氧化剂，其氧化性顺序为 $F_2>Cl_2>Br_2>I_2$，卤素离子的还原性顺序刚好相反，为 $I^->Br^->Cl^->F^-$。在酸性介质中，卤素含氧酸及其盐均为强氧化剂，且同一卤素的氧化能力随氧化态升高而降低。在碱性介质中，卤素含氧酸及其盐的氧化能力大多明显下降。

卤素单质在常温下都以双原子分子存在，除氟外，氯、溴、碘的价电子层中都有空的 nd 轨道，当它们与电负性更大的元素（如氧）化合时，空的 nd 轨道可以参与成键，从而显示出更高的氧化态，能形成四种氧化态的含氧酸（次、亚、正、高）。以氯为例，比较如下：

$$
\begin{array}{c}
\text{热稳定性、酸性} \\
\xrightarrow{} \\
\text{HClO} \quad\quad \text{HClO}_2 \quad\quad \text{HClO}_3 \quad\quad \text{HClO}_4 \\
\text{NaClO} \quad\quad \text{NaClO}_2 \quad\quad \text{NaClO}_3 \quad\quad \text{NaClO}_4 \\
\xleftarrow{} \\
\text{氧化性}
\end{array}
$$

热稳定性｜ ｜氧化性

2. 氧族元素的性质

氧族元素的价电子构型为 ns^2np^4，其中氧和硫为较活泼的非金属元素。

（1）H_2O_2 的性质

在氧的化合物中，H_2O_2 是一种淡蓝色的黏稠液体，通常所用为含 H_2O_2 3％的水溶液。

H_2O_2 不稳定，易分解放出 O_2。光照、受热、增大溶液酸碱度或痕量重金属的存在都会加速 H_2O_2 的分解。

H_2O_2 中氧的氧化态居中，既有氧化性又有还原性。

H_2O_2 的鉴定反应：在酸性溶液中，H_2O_2 能使 $Cr_2O_7^{2-}$ 生成深蓝色的 $CrO(O_2)_2$。$CrO(O_2)_2$ 不稳定，在水溶液中与 H_2O_2 进一步反应生成 Cr^{3+}，蓝色消失。但 $CrO(O_2)_2$ 能与某些有机溶剂如乙醚、戊醇等形成较为稳定的蓝色配合物，此法可用于鉴定 H_2O_2。反应式如下：

$$4H_2O_2 + Cr_2O_7^{2-} + 2H^+ = 2CrO(O_2)_2 + 5H_2O$$
$$2CrO(O_2)_2 + 7H_2O_2 + 6H^+ = 2Cr^{3+} + 7O_2 + 10H_2O$$

（2）硫的化合物

H_2S、S^{2-} 具有强还原性，而浓 H_2SO_4、$H_2S_2O_8$ 及其盐具有强氧化性，氧化数居中的硫的化合物既有氧化性又有还原性，但以还原性为主。如：

$$2S_2O_3^{2-} + I_2 = S_4O_6^{2-} + 2I^-$$
$$S_2O_3^{2-} + 4Cl_2 + 5H_2O = 8Cl^- + 10H^+ + 2SO_4^{2-}$$

$Na_2S_2O_3$ 遇热和酸易分解：

$$S_2O_3^{2-} + 2H^+ = SO_2\uparrow + S\downarrow + H_2O$$

SO_2 是一种无色有刺激性气味的气体，密度较大，易溶于水，是大气污染中危害较大的一种物质，主要来源于石油和煤中硫化物的燃烧。

除碱金属硫化物和硫化铵易溶于水外，碱土金属硫化物微溶于水，其余金属硫化物都难溶于水，且具有特征颜色。

三、仪器与试剂

试管，试管夹，烧杯，玻棒，酒精灯等。

NaCl，KBr，KI，$KClO_3$，$K_2S_2O_8$，均为固体。

氯水（淡黄绿色），溴水（浓度要小，淡黄即可），碘水，乙醚，CCl_4，品红溶液（0.1%），H_2S（饱和水溶液），KI（0.1mol·L^{-1}），KBr（0.1mol·L^{-1}），NaOH（2mol·L^{-1}），H_2SO_4（2mol·L^{-1}，浓），HCl（2mol·L^{-1}，浓），H_2O_2（3%），$MnSO_4$（0.01mol·L^{-1}），$K_2Cr_2O_7$（0.1mol·L^{-1}），Na_2SO_3（0.1mol·L^{-1}），$Na_2S_2O_3$（0.1mol·L^{-1}），$KMnO_4$（0.01mol·L^{-1}），$AgNO_3$（0.1mol·L^{-1}）。

pH 试纸、淀粉-KI 试纸、乙酸铅试纸。

四、实验步骤

1. 比较卤素单质的氧化性

（1）氯水与碘离子的反应

取 3 滴 0.1mol·L^{-1} 的 KI 溶液于试管中，加 1mL CCl_4，再滴加氯水，边滴加边振荡试管，观察水层和 CCl_4 层的颜色变化。继续往溶液中滴加氯水，有什么现象发生？为什么？写出各步反应方程式。

（2）氯水与溴离子的反应

取 3 滴 0.1mol·L^{-1} KBr 溶液于试管中，加 1mL CCl_4，再滴加氯水，边滴加边振荡试管，观察水层和 CCl_4 层的颜色变化，写出反应方程式。

（3）溴水与碘离子的反应

取 3 滴 $0.1mol \cdot L^{-1}$ 的 KI 溶液于试管中，加 1mL CCl_4，再滴加溴水，边滴加边振荡试管，观察水层和 CCl_4 层的颜色变化，写出反应方程式。

2. 比较卤素离子的还原性

（1）将少量 KI(s) 固体装入干燥的试管中，加入约 1mL 浓 H_2SO_4，用湿润的 $Pb(Ac)_2$ 试纸检验气体产物，观察现象，写出反应方程式。

（2）用 KBr(s) 代替 KI(s) 做同样的实验，用湿润的淀粉-KI 试纸检验气体产物，观察现象，写出反应方程式。

（3）用 NaCl(s) 代替 KI(s) 做同样的实验，用湿润的 pH 试纸检验气体产物，观察现象，写出反应方程式。

3. 卤素含氧酸盐的氧化性

（1）次氯酸盐的氧化性

取 2mL 氯水，滴加 $2mol \cdot L^{-1}$ NaOH 溶液至 pH＝8～9，将所得溶液分成三份，分别进行如下实验：

① 加入数滴浓 HCl，用湿润的淀粉-KI 试纸检验气体产物，观察现象，写出反应方程式。

② 加入数滴 $0.1mol \cdot L^{-1}$ 的 KI 溶液和少量 CCl_4，振荡试管，观察 CCl_4 层的颜色变化，写出反应方程式。

③ 加入数滴用 $2mol \cdot L^{-1}$ H_2SO_4 酸化的品红溶液，观察溶液颜色变化，写出反应方程式。

（2）氯酸盐的氧化性

① 取少量 $KClO_3$ 晶体，加入数滴浓 HCl，用湿润的淀粉-KI 试纸检验气体产物，观察现象，写出反应方程式。

② 取少量 $KClO_3$ 晶体，滴加蒸馏水使之溶解，再加入数滴 $0.1mol \cdot L^{-1}$ KI 溶液和少量 CCl_4，振荡试管，观察 CCl_4 层有无变化；然后加几滴 $2mol \cdot L^{-1}$ H_2SO_4 酸化，观察 CCl_4 层颜色变化。

③ 取少量 $KClO_3$ 晶体，加入数滴用 $2mol \cdot L^{-1}$ H_2SO_4 酸化的品红溶液，观察溶液颜色变化，写出反应方程式。

比较次氯酸盐和氯酸盐氧化性的强弱。

4. 过氧化氢的性质和鉴定

（1）过氧化氢的氧化性

在试管中加入 10 滴 $0.1mol \cdot L^{-1}$ 的 KI 溶液和 2 滴 $2mol \cdot L^{-1}$ 的 H_2SO_4 溶液，摇匀后再加入 5 滴 3％ H_2O_2 和 0.5mL CCl_4 溶液，观察溶液颜色变化，写出反应方程式。

（2）过氧化氢的还原性

在试管中加入 0.5mL 3％的 H_2O_2 溶液，加 2 滴 $2mol \cdot L^{-1}$ H_2SO_4 酸化，再加入数滴 $0.01mol \cdot L^{-1}$ $KMnO_4$ 溶液，观察现象，写出反应方程式。

（3）介质酸碱性对过氧化氢氧化还原性质的影响

在试管中加入 0.5mL 3％的 H_2O_2 溶液，加数滴 $2mol \cdot L^{-1}$ NaOH 溶液至碱性。再加数滴 $0.01mol \cdot L^{-1}$ $MnSO_4$ 溶液，观察现象。静置后倾去上清液，往沉淀中加入 $2mol \cdot L^{-1}$

H_2SO_4 酸化，再加入数滴 3% H_2O_2 溶液，观察现象。写出各步反应方程式。

（4）过氧化氢的鉴定

取少量 H_2O_2 溶液，加入 0.5mL 乙醚，再加 3 滴 0.1mol·L^{-1} $K_2Cr_2O_7$ 溶液，振荡试管，观察水层和乙醚层颜色的变化。

5. 硫的含氧酸及其盐的氧化还原性

（1）H_2SO_3、$H_2S_2O_3$ 的分解

在两支试管中分别加入 10 滴 0.1mol·L^{-1} Na_2SO_3 溶液和 10 滴 0.1mol·L^{-1} $Na_2S_2O_3$ 溶液，再各加入 10 滴 2mol·L^{-1} HCl 溶液，观察现象。写出有关化学反应方程式。

（2）SO_3^{2-} 的氧化、还原性

在两支试管中各加入 10 滴 0.1mol·L^{-1} Na_2SO_3 溶液，再分别加入少量 H_2S 饱和水溶液、已用 H_2SO_4 酸化的 0.01mol·L^{-1} $KMnO_4$ 溶液，观察现象。写出有关化学反应方程式。

（3）$S_2O_3^{2-}$ 的还原性

取 10 滴 0.1mol·L^{-1} $Na_2S_2O_3$ 溶液于试管中，滴加碘水，观察溶液颜色变化，写出反应方程式。

（4）$S_2O_8^{2-}$ 的氧化性

取 2 滴 0.01mol·L^{-1} $MnSO_4$ 溶液于试管中，加入 2mL 2mol·L^{-1} H_2SO_4 酸化后，将溶液分成两份，向其中一份滴加 1 滴 0.1mol·L^{-1} $AgNO_3$ 溶液，再各加入少量过二硫酸钾固体，微热试管，观察现象。写出反应方程式。

【思考题】

1. 通 Cl_2 于 KI 溶液中，溶液先变成棕红色，后又褪色，为什么？

2. 如何区别次氯酸盐和氯酸盐？

3. 为什么 H_2O_2 既可作为氧化剂又可作为还原剂？什么条件下 H_2O_2 可将 Mn^{2+} 氧化为 MnO_2，什么条件下 MnO_2 又可将 H_2O_2 氧化为 O_2？它们互相矛盾吗？为什么？

4. 为何亚硫酸盐中常含有硫酸盐？怎样检验亚硫酸盐中的 SO_4^{2-}？怎样检验 SO_3^{2-}？

5. 根据实验比较 $S_2O_3^{2-}$ 和 I^- 还原性强弱、$S_2O_8^{2-}$ 与 MnO_4^- 氧化性强弱，为何后一实验中 Mn^{2+} 用 $MnSO_4$？能否用 $MnCl_2$ 代替？

实验 2-10　p 区元素及化合物性质与检验（二）——氮、磷、硅、硼

一、实验目的

1. 掌握硝酸及其盐、亚硝酸及其盐的性质。
2. 了解磷酸盐的酸碱性和溶解性。
3. 掌握 NH_4^+、NO_3^-、NO_2^-、PO_4^{3-} 鉴定方法。
4. 学习硅酸盐、硼酸及硼砂的主要性质。
5. 练习硼砂珠的有关实验操作。

二、实验原理

NH_4^+ 常用的鉴定方法有两种。

1. 气室法

用 $NaOH$ 与 NH_4^+ 反应生成 NH_3，使湿润的红色石蕊试纸变蓝。

2. 奈氏法

用奈斯勒试剂（$[HgI_4]^{2-}$ 的碱性溶液）与 NH_4^+ 反应生成红棕色沉淀，其反应式为：

$$2[HgI_4]^{2-}+4OH^-+NH_4^+ \longrightarrow \left[O\!\!\genfrac{}{}{0pt}{}{\diagup Hg}{\diagdown Hg}\!\!NH_2\right]I\!\downarrow（红棕色）+7I^-+3H_2O$$

硝酸、亚硝酸及其盐大多热稳定性较差，加热易分解。

HNO_3 的主要特性是它的氧化性，它可将许多非金属氧化成相应的最高价态的含氧酸，自身被还原为 NO。与金属反应时，HNO_3 被还原的产物决定于它的浓度及金属活泼性：浓 HNO_3 一般被还原成 NO_2，稀 HNO_3 被还原为 NO；若 HNO_3 很稀时，则主要被还原为 NH_3，再与过量酸反应生成铵盐。实际上 HNO_3 的这些反应很复杂，还原产物不可能是单一的，一般书写反应方程式时写的是主要产物。

亚硝酸可以通过亚硝酸盐与酸作用而制得。但亚硝酸极不稳定，仅存在于低温的水溶液中：

$$H_2SO_4+NaNO_2 \xrightarrow{\text{冰水浴}} NaHSO_4+HNO_2\downarrow（白色晶体）$$

$$2HNO_2 \underset{\text{冷}}{\overset{\text{光/热}}{\rightleftharpoons}} H_2O+N_2O_3（浅蓝固体）\underset{\text{冷}}{\overset{\text{热}}{\rightleftharpoons}} H_2O+NO+NO_2$$

N_2O_3 为中间产物，在水溶液中呈蓝色，不稳定，进一步分解为 NO_2 和 NO。

NO_3^- 可用棕色环法鉴定，其反应如下：

$$3Fe^{2+}+NO_3^-+4H^+ = 3Fe^{3+}+2H_2O+NO$$

$$[Fe(H_2O)_6]^{2+}+NO = [FeNO(H_2O)_5]^{2+}+H_2O$$

NO_2^- 也能产生同样的反应，因此当有 NO_2^- 存在时，必须将之除去。除去方法是在混合液中加入饱和 NH_4Cl 一起加热，反应如下：

$$NH_4^++NO_2^- = N_2\uparrow+2H_2O$$

NO_2^- 和 $FeSO_4$ 在 HAc 酸性溶液中生成棕色溶液，用这一反应来鉴定 NO_2^- 的存在（检验 NO_3^- 时用浓 H_2SO_4 酸化，检验 NO_2^- 时用 HAc 酸化）。

$$NO_2^-+Fe^{2+}+2HAc = NO+Fe^{3+}+2Ac^-+H_2O$$

$$[Fe(H_2O)_6]^{2+}+NO = [FeNO(H_2O)_5]^{2+}+H_2O$$

磷酸是一种非挥发性中强酸，它可以形成三种不同类型的盐，在各种磷酸盐溶液中加入 $AgNO_3$ 溶液都可以生成黄色的磷酸盐沉淀，焦磷酸钠则生成白色沉淀。

磷酸的各种钙盐在水中溶解度不同。$Ca(H_2PO_4)_2$ 易溶于水，$CaHPO_4$ 和 $Ca_3(PO_4)_2$ 难溶于水，但能溶于盐酸，磷酸根能与钼酸铵反应，在强酸性溶液中生成难溶的磷钼酸铵沉淀，故磷酸根可用磷钼酸铵法鉴定之。反应式如下：

$$PO_4^{3-}+3NH_4^++12MoO_4^{2-}+24H^+ \xrightarrow{40\sim50℃}$$
$$(NH_4)_3PO_4\cdot12MoO_3\cdot6H_2O\downarrow（淡黄色晶体）+6H_2O$$

除碱金属硅酸盐以外，其他金属的硅酸盐都不溶于水。在 Na_2SiO_3 溶液中，形成"水中花园"的原因是（以 $CoCl_2$ 为例）：将 $CoCl_2$ 固体投入 Na_2SiO_3 溶液时，$CoCl_2$ 晶体表面稍微有些溶解，整个 $CoCl_2$ 晶体被盐溶液包围，此时，Co^{2+} 与 SiO_3^{2-} 反应，在晶体周围形成硅酸钴的薄膜，这些金属的硅酸盐薄膜是难溶于水的，而且具有半透性。在半透膜内是溶解度大的金属盐，外面是 Na_2SiO_3 溶液，因此，膜内易形成盐的浓溶液，由于存在渗透现象，薄膜外的水不断地透过膜而进入到膜内，内部产生极大的压力，此种压力，在半透膜的任何点都是一样的，但由于外液的水压在膜的上部比较小，所以水压小的上部半透膜破裂。在破裂的地方金属盐溶液溢出，与薄膜外的 Na_2SiO_3 溶液作用，在上部又形成新的难溶硅酸钴半透膜，如此反复破裂，反复形成，则不断向上生长，直至 Na_2SiO_3 液面，生成五颜六色的化学树，俗称"水中花园"。

硼酸为一元弱酸，它是一种 Lewis 酸，其酸性是因为硼原子为缺电子原子，能加合水分子的氢氧根而使水释放出氢离子；加入多羟基化合物，可使硼酸的酸性大为增强。$B(OH)_3$ 与醇在浓硫酸作用下，生成硼酸酯，燃烧会发出特殊的绿色火焰，该焰色反应可用于鉴定硼酸或硼酸根。

三、仪器与试剂

试管、蒸发皿、烧杯、酒精灯等。

$NaNO_3$、$Cu(NO_3)_2$、$AgNO_3$、$FeSO_4$、Zn、硫粉、$CaCl_2$、$Co(NO_3)_2$、$CuSO_4$、$NiSO_4$、$ZnSO_4$、$MnSO_4$、$FeSO_4$、$CrCl_3$、$FeCl_3$、硼酸晶体、硼砂，均为固体。

NH_4Cl（$0.1mol \cdot L^{-1}$），$NaOH$（$2mol \cdot L^{-1}$），奈斯勒试剂，H_2SO_4（$3mol \cdot L^{-1}$，浓），$NaNO_2$（$0.1mol \cdot L^{-1}$，饱和），KI（$0.1mol \cdot L^{-1}$），$KMnO_4$（$0.1mol \cdot L^{-1}$），HNO_3（浓，$0.5mol \cdot L^{-1}$），HCl（$6mol \cdot L^{-1}$，$2mol \cdot L^{-1}$），KNO_3（$0.1mol \cdot L^{-1}$），无水乙醇，Na_3PO_4（$0.1mol \cdot L^{-1}$），Na_2HPO_4（$0.1mol \cdot L^{-1}$），NaH_2PO_4（$0.1mol \cdot L^{-1}$），对氨基苯磺酸，α-萘胺，$AgNO_3$（$0.1mol \cdot L^{-1}$），$CaCl_2$（$0.5mol \cdot L^{-1}$），HAc（$2mol \cdot L^{-1}$），氨水（$2mol \cdot L^{-1}$），20%硅酸钠，饱和硼酸溶液，甘油，钼酸铵试剂。

pH 试纸、冰、铂丝（或镍铬丝）、石蕊试纸。

四、实验步骤

1. NH_4^+ 的鉴定

（1）气室法

在一大表面皿内加入 5 滴 $0.1mol \cdot L^{-1}$ NH_4Cl 和 5 滴 $2mol \cdot L^{-1}$ $NaOH$，在一小表面皿上贴一块湿润的红色石蕊试纸，将两个表面皿一起放在水浴上加热，观察现象，写出反应式。观察红色石蕊试纸是否变为蓝色。

（2）奈氏法

在点滴板上加入 1 滴 $0.1mol \cdot L^{-1}$ NH_4Cl 溶液，再加入 1 滴奈斯勒试剂，观察现象，写出反应方程式。

2. 亚硝酸和亚硝酸盐

（1）亚硝酸的生成和分解

取 1mL 饱和亚硝酸钠溶液于试管中，在冰水中冷却，再加入 1mL $3mol \cdot L^{-1}$ 的硫酸溶液，观察反应情况和产物的颜色。将试管从冰水中取出，放置片刻，观察有何现象发生。解释现象，写出反应方程式。

（2）亚硝酸盐的氧化性和还原性

在试管中滴入 2 滴 $0.1mol \cdot L^{-1}$ 的碘化钾溶液，用 $3mol \cdot L^{-1}$ 硫酸酸化，再滴加 $0.1mol \cdot L^{-1}$

亚硝酸钠溶液，观察现象，写出反应方程式。

用 $0.1 mol \cdot L^{-1}$ 高锰酸钾溶液代替 KI 溶液重复上述实验，观察溶液的颜色有无变化，写出反应方程式。总结亚硝酸盐的性质。

（3）NO_2^- 的鉴定

在点滴板上加入 1 滴 $0.01 mol \cdot L^{-1}$ $NaNO_2$ 溶液（用 $0.1 mol \cdot L^{-1}$ $NaNO_2$ 溶液稀释制备），用 1 滴 $2 mol \cdot L^{-1}$ HAc 酸化，再加入对氨基苯磺酸和 α-萘胺各 1 滴，溶液即显红色，其反应式如下：

$$H_2N-\!\!\!\!\bigcirc\!\!\!\!-SO_3H + \bigcirc\!\!\!\bigcirc^{NH_2} + NO_2^- + 2H^+ \longrightarrow H_2N-\bigcirc\!\!\!\bigcirc-N\!\!=\!\!N-\!\!\!\!\bigcirc\!\!\!\!-SO_3H + 2H_2O$$

（红色）

（注意：NO_2^- 浓度过大时，会产生黄色溶液或出现褐色沉淀。）

3. 硝酸和硝酸盐

（1）硝酸的氧化性

① 浓硝酸与非金属反应

取绿豆大硫粉于试管中，加入 1mL 浓硝酸，水浴加热。观察有何气体产生。冷却，检验反应产物。

② 浓硝酸与金属反应

分别往两支各盛少量锌片的试管中加入 1mL 浓硝酸、1mL $0.5 mol \cdot L^{-1}$ 硝酸溶液，观察两者反应速率和反应产物有何不同。并用奈斯勒试剂检验 Zn 和稀硝酸反应产物中 NH_4^+ 的存在。

（2）硝酸盐的热分解

在三支干燥的试管中，分别加入少量固体硝酸钠、硝酸铜、硝酸银，加热，观察反应的情况和产物的颜色，如何检验气体产物？写出反应方程式。总结硝酸盐热分解与阳离子的关系。

（3）NO_3^- 的鉴定

在试管中加入绿豆大 $FeSO_4$ 固体，用少量蒸馏水溶解后，再加入 3 滴 $0.1 mol \cdot L^{-1}$ KNO_3 溶液，摇匀后，将试管斜持，沿管壁慢慢加入约 0.5mL 浓 H_2SO_4。由于浓 H_2SO_4 相对密度比水大，溶液分成两层。观察浓 H_2SO_4 和溶液交接面处棕色环的出现。棕色环成分是 $[FeNO(H_2O)_5]^{2+}$ 配合物，此配合物不稳定，微热或振摇溶液时"棕色环"立即消失。反应式如下：

$$3Fe^{2+} + NO_3^- + 4H^+ \Longrightarrow 3Fe^{3+} + NO + 2H_2O$$
$$[Fe(H_2O)_6]^{2+} + NO \Longrightarrow [FeNO(H_2O)_5]^{2+}（棕色）+ H_2O$$

注意：NO_2^- 可发生同样反应（鉴定 NO_3^- 时用浓 H_2SO_4，鉴定 NO_2^- 时用 HAc 酸化）；此外，Br^-、I^- 存在时可生成游离的 Br_2 和 I_2，与环的颜色相似，妨碍鉴定，必须除去。

4. 磷酸盐的性质

（1）酸碱性

① 用 pH 试纸测定 $0.1 mol \cdot L^{-1}$ Na_3PO_4、Na_2HPO_4、NaH_2PO_4 溶液的 pH 值。

② 分别往三支试管中注入 0.5mL $0.1 mol \cdot L^{-1}$ Na_3PO_4、Na_2HPO_4、NaH_2PO_4 溶液，

再各滴加 $0.1mol \cdot L^{-1}$ 的 $AgNO_3$ 溶液，观察是否有沉淀产生。实验溶液的酸碱性有无变化，为什么？写出反应方程式。

（2）溶解性

取三支试管各加入 1mL 浓度均为 $0.1mol \cdot L^{-1}$ 的 Na_3PO_4、Na_2HPO_4、NaH_2PO_4 溶液，再滴加 $0.5mol \cdot L^{-1}$ 氯化钙溶液，观察有何现象发生？用 pH 试纸试验它们的 pH 值。滴入几滴 $2mol \cdot L^{-1}$ 氨水，有何变化？再滴入 $2mol \cdot L^{-1}$ 盐酸，又有何变化？

（3）PO_4^{3-} 的鉴定——磷钼酸铵沉淀法

在试管中加入 2 滴 $0.1mol \cdot L^{-1}$ Na_3PO_4 溶液，再加入 5 滴钼酸铵试剂（注意：磷钼酸铵能溶于过量磷酸盐，所以在鉴定 PO_4^{3-} 时，必须加入过量钼酸铵试剂），水浴加热，观察现象。写出离子反应方程式。

5. 硅酸和硅酸盐

（1）硅酸水凝胶的生成

往 2mL 20% 硅酸钠溶液中滴加 $6mol \cdot L^{-1}$ 盐酸，观察反应物的颜色、状态。

（2）微溶性硅酸盐的生成——"水中花园"

在 100mL 的小烧杯中加入约 50mL 20% 的硅酸钠溶液，然后把氯化钙、硝酸钴、硫酸铜、硫酸镍、硫酸锌、硫酸锰、硫酸亚铁、三氯化铁固体各一小粒投入杯内（注意：各固体间应保持一定间隔，记住它们的位置），放置半小时后，观察有何现象发生。

6. 硼酸及硼酸的焰色鉴定反应

（1）硼酸的性质

取 1mL 饱和硼酸溶液，用 pH 试纸测其 pH。在硼酸溶液中滴入 3～4 滴甘油，再测溶液的 pH。该实验说明硼酸具有什么性质？

（2）硼酸的鉴定反应

在蒸发皿中放入少量硼酸晶体，加入 1mL 无水乙醇和几滴浓硫酸。混合后点燃，观察火焰的颜色有何特征。

7. 硼砂珠实验

（1）硼砂珠的制备

用 $6mol \cdot L^{-1}$ 盐酸清洗镍铬丝，然后将其置于氧化焰中灼烧片刻；取出再浸入酸中，如此重复数次，直至镍铬丝在氧化焰中灼烧不产生离子特征的颜色，表示镍铬丝已经洗干净了。将这样处理过的镍铬丝蘸上一些硼砂固体，在氧化焰中灼烧并熔融成亮圆珠，观察硼砂珠的颜色、状态。

（2）用硼酸珠鉴定钴盐和铬盐

用烧热的硼砂珠分别蘸少量硝酸钴和三氯化铬固体，熔融之，冷却后观察硼砂珠的颜色。写出相应的反应方程式。

【思考题】

1. 如何区分 $NaNO_2$ 和 $NaNO_3$？

2. 在 $NaNO_2$ 与 KI 或 $KMnO_4$ 溶液反应时为什么加酸酸化？用什么酸好？

3. 通过实验可以用几种方法将磷酸钠、磷酸氢钠、磷酸二氢钠鉴别出来。

4. 为什么装有水玻璃的试剂瓶长期敞开瓶口后水玻璃会变浑浊？反应 $Na_2CO_3 + SiO_2 \xlongequal{\quad\quad} Na_2SiO_3 + CO_2 \uparrow$ 能否正向进行？说明理由。

5. 为什么说硼酸是一元酸？在硼酸溶液中加入多羟基化合物后，溶液的酸度会怎样变化？为什么？

6. 如何用硼砂珠鉴定钴盐与铬盐？

实验 2-11 d 区元素及化合物性质与检验

一、实验目的

1. 试验 d 区元素及化合物主要性质，掌握常见 d 区离子的检验方法。
2. 进一步练习性质实验的基本操作。

二、实验原理

d 区元素包括从ⅢB 到ⅦB 族的元素，由于其次外层电子参与成键，它们中绝大多数具有多种可变价态、水溶液中离子多数有颜色。d 区元素的离子极化能力较强，故其难溶盐也较多，水溶液中的高价离子往往以含氧酸根的形式存在。本实验主要试验铬、锰、铁、钴、镍重要化合物的性质。这五种金属的氢氧化物酸碱性见表 2-1。

表 2-1 金属氢氧化物酸碱性

项目	$Cr(OH)_3$	$Mn(OH)_2$	$Fe(OH)_2$	$Co(OH)_2$	$Ni(OH)_2$	$Fe(OH)_3$	$Co(OH)_3$	$Ni(OH)_3$
颜色	灰绿	白	白	粉红	绿	红褐	褐色	黑
酸碱性	两性	碱性	极弱两性	极弱两性	碱性	弱两性	碱性	碱性

Cr、Mn 各价态的氧化还原性受介质的影响较大，低价态的 Cr^{3+}、Mn^{2+} 在中性、酸性介质中较为稳定，在碱性介质中易被氧化。水溶液中的 Cr（Ⅵ）有两种存在形式：

$$2CrO_4^{2-}（黄色）+2H^+ \rightleftharpoons Cr_2O_7^{2-}（橙色）+H_2O$$

酸碱度大小可改变二者的相对含量。

在酸性介质中，$Cr_2O_7^{2-}$ 与 H_2O_2 反应生成蓝色过氧化铬 CrO_5，可用于 Cr（Ⅵ）或 Cr（Ⅲ）的鉴定。

在碱性介质中，白色 $Mn(OH)_2$ 易被空气氧化为棕色二氧化锰水合物 $MnO(OH)_2$。酸性介质中 Mn^{2+} 很稳定，只有很强的氧化剂如 PbO_2、$NaBiO_3$、$S_2O_8^{2-}$ 才能将其氧化为 MnO_4^-。

$$5NaBiO_3+2Mn^{2+}+14H^+ \rightleftharpoons 2MnO_4^-+5Bi^{3+}+5Na^++7H_2O$$

此反应可鉴定 Mn^{2+} 的存在。

MnO_4^{2-} 只能存在于强碱性溶液中，在中性或微碱性或酸性溶液中易歧化生成 MnO_4^- 和 MnO_2。

MnO_4^- 具有较强的氧化性，它的还原产物与溶液酸碱性有关。一般而言，在酸性、中性、强碱性介质中的还原产物依次是 Mn^{2+}、MnO_2、MnO_4^{2-}。

+2 价态的 Fe、Co、Ni 均具有还原性，且还原性依次减弱。

+3 价态的 Fe、Co、Ni 均具有氧化性，且氧化性依次增强，特别是在酸性介质中更为明显，除 $Fe(OH)_3$ 外，$Co(OH)_3$、$Ni(OH)_3$ 与 HCl 作用，均能产生 Cl_2。

Fe、Co、Ni 能形成多种配合物，常见配体有 NH_3、CN^-、SCN^-、F^- 等，Fe 无论二价或三价均难以形成配合物。由于配合物生成，其氧化还原性也发生较大的变化，一般会使高价离子氧化性减弱，低价离子还原性增强。

此外，Fe、Co、Ni 的一些配合物稳定且具有特征颜色，可用于离子鉴定。

三、仪器与试剂

普通试管。

$0.1mol\cdot L^{-1}$ $CrCl_3$、$MnSO_4$、$(NH_4)_2Fe(SO_4)_2$、$FeCl_3$、$CoCl_2$、$NiCl_2$，$2mol\cdot L^{-1}$ NaOH，3% H_2O_2，$6mol\cdot L^{-1}$ HNO_3，$0.1mol\cdot L^{-1}$ $K_2Cr_2O_7$，$2mol\cdot L^{-1}$ H_2SO_4，$0.1mol\cdot L^{-1}$ $Na_2S_2O_3$，$0.01mol\cdot L^{-1}$ $KMnO_4$，$400g\cdot L^{-1}$ NaOH，$0.1mol\cdot L^{-1}$ $K_3[Fe(CN)_6]$，$0.1mol\cdot L^{-1}$ $K_4[Fe(CN)_6]$，$0.1mol\cdot L^{-1}$ KSCN，浓 $NH_3\cdot H_2O$，$0.1mol\cdot L^{-1}$ $NH_3\cdot H_2O$，$10g\cdot L^{-1}$ 丁二酮肟溶液，戊醇，乙醚，MnO_2 固体，$NaBiO_3$ 固体，KSCN 固体，溴水，浓 HCl。

四、实验步骤

1. 氢氧化物生成和性质

分别取 0.5mL $0.1mol\cdot L^{-1}$ 的 $CrCl_3$、$MnSO_4$、$(NH_4)_2Fe(SO_4)_2$、$FeCl_3$、$CoCl_2$、$NiCl_2$ 溶液，分别滴加 $2mol\cdot L^{-1}$ NaOH 溶液，直至过量〔$Fe(OH)_2$ 生成过程中应尽量避免空气进入〕。振荡试管，放置，观察现象。写出有关化学反应方程式。

2. 氧化还原性

（1）Cr(Ⅲ) 的还原性

在 1~2 滴自制的 CrO_2^- 溶液中滴加 3 滴 3% H_2O_2 溶液，观察溶液颜色变化。冷却后加入 0.5mL 乙醚，滴入 $6mol\cdot L^{-1}$ HNO_3 酸化，振荡，观察乙醚层是否出现蓝色。写出有关化学反应方程式。

（2）Cr(Ⅵ) 转化平衡和氧化性

取 10 滴 $0.1mol\cdot L^{-1}$ $K_2Cr_2O_7$ 溶液，滴加 $2mol\cdot L^{-1}$ NaOH 溶液使呈碱性，观察溶液颜色变化，再滴加 $2mol\cdot L^{-1}$ H_2SO_4 酸化，观察溶液颜色变化。写出有关反应方程式。

另取 0.5mL $0.1mol\cdot L^{-1}$ $K_2Cr_2O_7$ 溶液，滴加 $2mol\cdot L^{-1}$ H_2SO_4 酸化，再滴加少量 $0.1mol\cdot L^{-1}$ $Na_2S_2O_3$ 溶液，观察溶液颜色变化。写出有关化学反应方程式。

（3）Mn(Ⅱ) 的还原性

取 5 滴 $0.1mol\cdot L^{-1}$ $MnSO_4$ 溶液，加入少量 $NaBiO_3$ 固体，再滴入 $6mol\cdot L^{-1}$ HNO_3，振荡，必要时可微热试管，观察溶液颜色变化。写出有关化学反应方程式。

（4）Mn(Ⅵ) 的生成和歧化

取几滴 $0.01mol\cdot L^{-1}$ $KMnO_4$ 溶液，加入 1mL $400g\cdot L^{-1}$ NaOH 溶液，再加入少量 MnO_2 固体，微热，振荡，离心分离，观察上层清液颜色。取少量上层清液，滴加 $2mol\cdot L^{-1}$ H_2SO_4 酸化，观察现象。写出有关化学反应方程式。

（5）Mn(Ⅶ) 的氧化性

在三支试管中各取少量 $0.01mol\cdot L^{-1}$ $KMnO_4$ 溶液，然后分别加入 $2mol\cdot L^{-1}$ H_2SO_4、H_2O 和 $400g\cdot L^{-1}$ NaOH 溶液数滴，再在各试管中加入 $0.1mol\cdot L^{-1}$ $Na_2S_2O_3$ 溶液数滴。观察溶液颜色。写出有关化学反应方程式。

（6）Co(Ⅲ)、Ni(Ⅲ) 的氧化性

在自制的 $Co(OH)_2$、$Ni(OH)_2$ 中滴入数滴溴水，分别得到 $Co(OH)_3$ 和 $Ni(OH)_3$ 沉淀，再在两沉淀中分别滴加浓 HCl，用湿润的淀粉碘化钾试纸检验生成的气体。写出有关的化学反应方程式。

3. 配合物的生成和离子鉴定

（1）铁配合物

在 Fe^{2+} 溶液中滴加 $0.1mol \cdot L^{-1}$ $K_3[Fe(CN)_6]$ 溶液，在 Fe^{3+} 溶液中分别滴加 $0.1mol \cdot L^{-1}$ $K_4[Fe(CN)_6]$ 和 $0.1mol \cdot L^{-1}$ KSCN 溶液。观察现象并写出有关化学反应方程式。

另取 Fe^{3+} 和 Fe^{2+} 溶液，分别滴加浓 $NH_3 \cdot H_2O$ 直至过量，观察现象，写出有关化学反应方程式。

（2）钴配合物

① 在 $0.1mol \cdot L^{-1}$ $CoCl_2$ 溶液中滴加浓 $NH_3 \cdot H_2O$ 直至生成的沉淀刚好溶解，静置一段时间，观察现象。写出有关化学反应方程式。

② 在 $0.1mol \cdot L^{-1}$ $CoCl_2$ 溶液中加入少量 KSCN 固体，再滴入数滴戊醇和乙醚，振荡后，观察水相和有机相的颜色。该反应可用于 Co^{2+} 的鉴定。

（3）镍配合物

① 在 $0.1mol \cdot L^{-1}$ $NiCl_2$ 溶液中滴加浓 $NH_3 \cdot H_2O$ 直至生成的沉淀刚好溶解，静置一段时间，观察溶液颜色有无变化。写出有关化学反应方程式。

② 在点滴板中取 5 滴 $0.1mol \cdot L^{-1}$ $NiCl_2$ 溶液，加入 5 滴 $0.1mol \cdot L^{-1}$ $NH_3 \cdot H_2O$，再加入数滴 $10g \cdot L^{-1}$ 丁二酮肟溶液，观察沉淀颜色，该反应可鉴定 Ni^{2+}。

（鲜红色）

【思考题】

1. 试验 $K_2Cr_2O_7$ 或 $K_2Cr_2O_4$ 以及 $KMnO_4$ 或 K_2MnO_4 溶液氧化性时，为什么酸化试剂通常用 H_2SO_4，而不是用 HCl？

2. 一未知液中可能含有 Cr^{3+}、Mn^{2+}、Fe^{2+}、Co^{2+}、Ni^{2+}，如何鉴定各离子的存在并将它们分离开来？

实验 2-12　硫酸铜的制备

一、实验目的

1. 熟悉利用废铜氧化法制备硫酸铜的原理和方法。

2. 学会间接碘量法测定铜含量。

3. 巩固无机物制备中的加热、过滤、重结晶等基本操作。

二、实验原理

1. 制备及提纯

$CuSO_4 \cdot 5H_2O$ 俗称胆矾或蓝矾，易溶于水，难溶于乙醇，在干燥空气中会风化，加热至 230℃ 时会失去全部结晶水成白色无水 $CuSO_4$。它是重要的工业原料，也常用作印染工业的媒染剂、防腐剂等。

制备 $CuSO_4 \cdot 5H_2O$ 的方法有多种，主要有废铜粉焙烧氧化法和废铜的 HNO_3-H_2SO_4 氧化法。本实验采用后一种方法制备 $CuSO_4 \cdot 5H_2O$。有关反应如下：

$$Cu + 2HNO_3 + H_2SO_4 \longrightarrow CuSO_4 + 2NO_2 \uparrow + 2H_2O$$

$$CuO + 2H^+ \longrightarrow Cu^{2+} + H_2O$$

反应后溶液中不溶性杂质可用过滤的方法除去，可溶性杂质主要为 Fe^{2+} 和 Fe^{3+}，除去的方法为：先将 Fe^{2+} 用氧化剂（如 H_2O_2 等）氧化为 Fe^{3+}，再调节溶液 pH 值至 3 左右，Fe^{3+} 以 $Fe(OH)_3$ 形式沉淀除去。

$$2Fe^{2+} + 2H^+ + H_2O_2 \longrightarrow 2Fe^{3+} + 2H_2O$$

$$Fe^{3+} + 3H_2O \longrightarrow Fe(OH)_3 \downarrow + 3H^+$$

所得硫酸铜溶液因为 $CuSO_4 \cdot 5H_2O$ 在水中溶解度随温度变化大，可用蒸发浓缩结晶过滤的方法，得到较为纯净的蓝色水合硫酸铜晶体。

2. 组成分析

硫酸铜晶体中结晶水的数目可用间接碘量法来测定。其原理为：在弱酸介质中，通常用 NH_4HF_2 控制溶液 pH 值为 3.5～4.0（或加入 H_3PO_4 和 NaF）。这种介质对测定铜矿和铜合金特别有利，因铜矿中含有的 Fe、As、Sb 及铜合金中的 Fe 对铜的测定有干扰，而 F^- 可以掩蔽 Fe^{3+}，且 pH>3.5 时，五价的 As、Sb 不能氧化 I^-，反应如下：

$$2Cu^{2+} + 4I^- \longrightarrow 2CuI \downarrow + I_2$$

反应生成的 I_2 用淀粉作为指示剂，用标准的 $Na_2S_2O_3$ 溶液滴定：

$$I_2 + 2S_2O_3^{2-} \longrightarrow 2I^- + S_4O_6^{2-}$$

CuI 沉淀表面易吸附 I_2 使终点变色不够敏锐且产生误差，使测定结果偏低。通常采取终点前加入 KSCN，使 CuI 沉淀转化为溶度积更小的 CuSCN 沉淀。

$$CuI + SCN^- \longrightarrow CuSCN + I^-$$

CuSCN 更容易吸收 SCN^-，从而释放出 I_2 使滴定趋于完全。

三、仪器与试剂

滴定管（10mL）、吸滤装置、烧杯、容量瓶、吸量管、蒸发皿、水浴锅、台秤、分析天平等。

铜屑、H_2SO_4（$3mol \cdot L^{-1}$）、HNO_3（浓）、H_3PO_4（浓）、KI（$1mol \cdot L^{-1}$）、淀粉溶液（$2g \cdot L^{-1}$）、KSCN（$100g \cdot L^{-1}$）、NaF（$0.5mol \cdot L^{-1}$）、标准 $Na_2S_2O_3$（$0.100mol \cdot L^{-1}$）。

四、实验步骤

1. 称取 3g 铜屑（粉）放入蒸发皿中，加入 11mL $3mol \cdot L^{-1} H_2SO_4$，再分批加入 5mL 浓 HNO_3，待反应缓和后盖上表面皿，水浴加热。在加热过程中补加 6mL $3mol \cdot L^{-1}$ H_2SO_4 和 1mL 浓 HNO_3（加入酸量取决于反应情况而定）。待 Cu 近于全部溶解后，趁热用倾析法将溶液转移至小烧杯中。然后再将溶液转回已洗净的蒸发皿中，水浴加热，浓缩至表面有晶膜出现。取下蒸发皿，冷却，析出粗 $CuSO_4 \cdot 5H_2O$ 晶体，抽干，称重。

2. 将粗产品以 1：1.2 的质量比溶于水中，加热使 $CuSO_4 \cdot 5H_2O$ 完全溶解，趁热过滤，滤液收集在小烧杯中，让其自然冷却，必要时再加热蒸发，冷却，有晶体析出。抽干称重，计算产率。

3. 取上述晶体约 1.2000g，溶于水后，加入 4mL 浓 H_3PO_4，在 50mL 容量瓶中定容、摇匀。再用吸量管取 5.00mL 上述溶液于 50mL 碘量瓶，加入 2mL $0.5mol \cdot L^{-1}$ NaF，振荡后加入 2mL $1mol \cdot L^{-1}$ KI 溶液，塞好瓶塞，置暗处 10min 后，加水摇匀，以 $0.100mol \cdot L^{-1}$ 的标准 $Na_2S_2O_3$ 溶液滴定至呈黄色，加入 1mL $2g \cdot L^{-1}$ 的淀粉滴定至蓝色消失。再加入 2mL $100g \cdot L^{-1}$ 的 KSCN 溶液，平行测定三次，计算产品中 $CuSO_4 \cdot 5H_2O$ 含量。

【思考题】

1. 浓硝酸在制备硫酸铜过程中的作用是什么？为什么要缓慢加入且用量要尽可能少？

2. 简述本实验中 NaF 和 KSCN 的作用。

实验 2-13 硝酸钾的制备和纯化

一、实验目的

1. 学习利用无机盐类在不同温度下溶解度的差别进行制备的方法。

2. 学习并掌握无机制备中称量、溶解、冷却、过滤、重结晶的基本操作。

二、实验原理

制备 KNO_3 是利用不同物质的溶解度随温度改变而发生不同变化的原理。当 $NaNO_3$ 和 KCl 溶液混合后，溶液中同时存在 Na^+、K^+、Cl^- 和 NO_3^- 四种离子，它们可以组成四种盐类，其不同温度下溶解度有着较大的差别。升高温度，NaCl 的溶解度几乎没有多大改变，而 KNO_3 的溶解度却增大得很快（图 2-14）。在高温下，蒸发溶剂，除去 NaCl。然后，冷却降温，KNO_3 达到饱和，析出晶体，得到粗产品。

$$KCl + NaNO_3 \Longrightarrow KNO_3 + NaCl$$

初次结晶得到的晶体中常会混有可溶性杂质，需要将所得晶体溶于少量溶剂中，重结晶提纯产物。

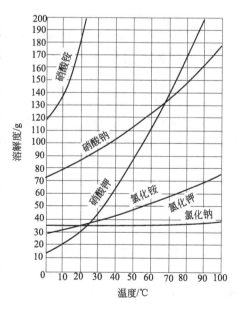

图 2-14 不同温度下的溶解度

三、仪器与试剂

试管，烧杯，滴管，酒精灯，蒸发皿，表面皿等。

$NaNO_3$，KCl，稀硝酸，$AgNO_3$（$0.1mol \cdot L^{-1}$）。

四、实验步骤

（1）制备 KNO_3 粗品

称取 17g $NaNO_3$ 和 15g KCl 放入 100mL 小烧杯中，加 30mL H_2O，加热溶解后标记，继续加热蒸发至原溶液体积 2/3，趁热过滤。在滤液中加入沸水 15mL 并转移到烧杯中加热浓缩至原体积的 3/4，冷却，抽滤。称重，计算产率。

（2）KNO_3 提纯

除保留少量粗产品供纯度检验外，按粗产品：水＝2：1（质量比）的比例，将粗产品溶于蒸馏水中。加热、搅拌，待晶体全部溶解后停止加热。待溶液冷却至室温后抽干。然后将 KNO_3 晶体转移到表面皿上，水浴烘干，称重，计算产率。

（3）检验纯度

分别取 0.1g 粗产品和重结晶后的 KNO_3 晶体放入小试管中，各加 2mL 蒸馏水配成溶液，各加 1 滴稀 HNO_3 酸化，再加 2 滴 $0.1mol \cdot L^{-1}$ $AgNO_3$ 溶液，观察现象。

【思考题】

1. 何谓重结晶？本实验涉及哪些基本操作？
2. 能否将除去 NaCl 后的滤液直接冷却制取 KNO_3？
3. 实验中为何要趁热过滤除去 NaCl 晶体？

实验 2-14 $[Cu(NH_3)_4]SO_4$ 的制备和组成分析

一、实验目的

1. 了解硫酸四氨合铜（Ⅱ）的制备步骤并掌握其组成的测定方法。
2. 掌握蒸馏法测定氨的技术。

二、实验原理

1. 硫酸四氨合铜（Ⅱ）的制备

$[Cu(NH_3)_4]SO_4$ 是常用的杀虫剂、媒染剂，在碱性镀铜中也常用作电镀液的主要成分，在工业上用途广泛。该配合物是一种绛蓝色的晶体，常温下易与空气中的水和二氧化碳反应而碱化，变成绿色的粉末。其制备的主要原理是：

$$CuSO_4 + 4NH_3 + H_2O \longequal [Cu(NH_3)_4]SO_4 \cdot H_2O$$

由于其中配位的氨在受热时容易失去，该配合物制备时不宜选用蒸发等方法。

在 $[Cu(NH_3)_4]SO_4$ 制备中通常有两种方法来析出晶体。

① 向硫酸铜溶液中通入过量氨气，并加入一定量硫酸钠晶体，使硫酸四氨合铜晶体析出。

② 由于 $[Cu(NH_3)_4]SO_4$ 在乙醇溶液中的溶解度远小于在水中的溶解度，通过向硫酸铜溶液中加入浓氨水，再加入浓乙醇溶液使其结晶析出。

2. 组分分析

① NH_3 含量的测定

$$[Cu(NH_3)_4]SO_4 + 2NaOH \longequal CuO\downarrow + 4NH_3\uparrow + Na_2SO_4 + H_2O$$

$$NH_3 + HCl(过量) \Longrightarrow NH_4Cl$$
$$HCl(剩余量) + NaOH \Longrightarrow NaCl + H_2O$$

② SO_4^{2-} 含量的测定

$$SO_4^{2-} + Ba^{2+} \Longrightarrow BaSO_4 \downarrow$$

③ Cu^{2+} 含量的测定　分光光度法。

三、仪器及试剂

锥形瓶、导气管、酒精灯、铁架台、试管、坩埚、720 型分光光度计等。

$CuSO_4 \cdot 5H_2O$、95％乙醇、浓氨水、乙醚、10％ NaOH、$0.5000mol \cdot L^{-1}$ HCl、$0.5000mol \cdot L^{-1}$ NaOH、0.1％甲基红、$6mol \cdot L^{-1}$ HCl、$0.1mol \cdot L^{-1}$ $BaCl_2$、$0.1mol \cdot L^{-1}$ $AgNO_3$、$6mol \cdot L^{-1}$ H_2SO_4、$1mol \cdot L^{-1}$氨水、$2mol \cdot L^{-1}$氨水。

四、实验步骤

1. $[Cu(NH_3)_4]SO_4$ 的制备

称取 10g $CuSO_4 \cdot 5H_2O$ 置于 100mL 烧杯中，加入 14mL 蒸馏水充分溶解后加入浓氨水 20mL，沿烧杯壁缓慢滴加 95％乙醇 35mL，盖上表面皿后静置。析出晶体后抽滤，晶体用乙醇与浓氨水 1:2 的混合液洗涤，并用乙醇和乙醚的混合液淋洗。50～60℃烘干称重。

2. $[Cu(NH_3)_4]SO_4$ 的组成测定

(1) NH_3 的测定

准确称取 0.2g 左右的试样，放入 250mL 锥形瓶中，加入 80mL 水溶解，然后加入 10mL 10％ NaOH 溶液于小试管中。在另一锥形瓶中准确移取 30～35mL $0.5000mol \cdot L^{-1}$ 标准 HCl 溶液放入冰浴中冷却。

按图 2-15 装配仪器，从漏斗加入 3～5mL 10％ NaOH 溶液于小试管中，漏斗下端插入液面下 2～3cm。加热试样液，近沸腾时改用小火保持微沸 1h 左右，即可将 NH_3 蒸出。蒸馏完毕，取出插入 HCl 的导管，用蒸馏水冲洗导管内外（洗涤液流入氨气吸收瓶）。取出吸收瓶，加入 2 滴 0.1％甲基红溶液，用 $0.5000mol \cdot L^{-1}$ 标准 NaOH 溶液滴定过剩的 HCl，计算氨的含量。

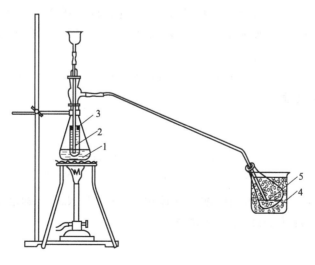

图 2-15　蒸氨装置

1—样品液；2—10％ NaOH 溶液；3—切口橡皮塞；4—冰浴；5—标准盐酸溶液

（2）SO_4^{2-} 的测定

准确称取 0.65g 左右试样（含硫量约 90mg），置于 400mL 烧杯中，加入 25mL 蒸馏水使其溶解稀释至 200mL。

在上述溶液中加入 $6mol·L^{-1}$ 稀盐酸 2mL，盖上表面皿，加热至近沸。取 $BaCl_2$（$0.1mol·L^{-1}$）溶液 30～35mL，加热至沸，搅拌下滴入样品溶液中。当 $BaCl_2$ 即将加完时，静置，于上层清液中加入 1～2 滴 $BaCl_2$，检查沉淀是否完全。盖上表面皿继续加热搅拌陈化约半小时，冷却。

将上层清液用倾注法倒入漏斗中的滤纸上，用一个干净烧杯收集滤液（检查有无穿滤现象，若有，应重新换滤纸）。用少量热蒸馏水洗涤沉淀 3～4 次（每次加入热水 10～15mL），然后将沉淀小心地转移至滤纸上。用洗瓶吹洗烧杯内壁，洗涤液并入漏斗中，并用撕下的滤纸角擦拭玻棒和烧杯内壁，将滤纸角放入漏斗中，再用少量蒸馏水洗涤滤纸上的沉淀（约10 次），至滤液不显 Cl^- 反应为止（用 $0.1mol·L^{-1}$ $AgNO_3$ 溶液检查）。

取下滤纸，将沉淀包好，置于已恒重的坩埚中，先用小火烘干炭化，再用大火灼烧至滤纸灰化。然后将坩埚转入马弗炉中，在 800～850℃灼烧约 30min。取出坩埚，待红热退去，置于干燥器中，冷却 30min 后称量。再重复灼烧 20min，冷却，取出，称量，直至恒重。

根据 $BaSO_4$ 重量计算试样中硫酸的百分含量。

（3）Cu^{2+} 的测定

① 绘制工作曲线

取标准 $CuSO_4$ 溶液（$0.2mol·L^{-1}$）5.00mL、4.00mL、2.50mL、1.00mL，配制 50mL 浓度分别为 0.02000、0.01600、0.01000、0.00400（$mol·L^{-1}$）的 $CuSO_4$ 溶液。

取上面配制的四种浓度的 $CuSO_4$ 溶液各 10.00mL，分别加入 10.00mL 氨水溶液（$2mol·L^{-1}$），混合后用 1cm 比色皿在波长 λ 为 610nm 的条件下，用 720 型分光光度计测定溶液吸光度，以吸光度 A-Cu^{2+} 浓度作图。

② Cu^{2+} 的含量测定

称取 0.65～0.70g（称准至 0.0002g）样品，用 10mL 水溶解后，滴加 H_2SO_4（$6mol·L^{-1}$）至溶液从深蓝色变为蓝色（表示配合物已解离），定量转移到 250mL 容量瓶中，稀释至刻度，摇匀。取出 10.00mL，加入 10.00mL 氨水（$1mol·L^{-1}$），混合均匀后，在与测定工作曲线相同的条件下测定吸光度。

根据测定的吸光度，从工作曲线上找出相应的 Cu^{2+} 浓度，并计算 Cu^{2+} 含量。

五、数据记录与处理

1. 试样质量

2. 计算 NH_3 含量

$$w_{NH_3} = \frac{(c_1V_1 - c_2V_2) \times 17.04}{m_s \times 1000} \times 100\%$$

式中，c_1V_1 为 HCl 标准溶液的浓度和体积；c_2V_2 为 NaOH 标准溶液的浓度和体积；m_s 为样品质量；17.04 为 NH_3 的摩尔质量。

3. 计算 SO_4^{2-} 含量

$$w_{SO_4^{2-}} = \frac{m_{BaSO_4} M_{SO_4^{2-}}}{M_{BaSO_4} m_s} \times 100\%$$

4. 计算 Cu^{2+} 含量

$$w_{Cu^{2+}} = \frac{c \times 63.54g \cdot mol^{-1}}{4m_s} \times 100\%$$

式中，c 为工作曲线上查出的 Cu^{2+} 浓度；$63.54g \cdot mol^{-1}$ 为 Cu 的摩尔质量。

5. 计算 H_2O 的含量

$$w_{H_2O} = 1 - w_{NH_3} - w_{SO_4^{2-}} - w_{Cu^{2+}}$$

6. 确定试样的实验式

【附注】

1. 组分含量的理论值：Cu^{2+} 25.86%，NH_3 27.73%，SO_4^{2-} 39.08%，H_2O 7.33%。

2. 实验前，应预习和本实验有关的基本操作相关内容。

3. 溶液加热近沸，但不应煮沸，防止溶液溅失。

4. $BaSO_4$ 沉淀的灼烧温度应控制在 800～850℃，否则，$BaSO_4$ 将与碳作用而被还原。

5. 检查滤液中的 Cl^- 时，用小表面皿收集 10～15 滴滤液，加 2 滴 $AgNO_3$ 溶液，观察是否出现浑浊，若有浑浊则需继续洗涤。

【思考题】

1. 试拟出测定硫酸四氨合铜中 SO_4^{2-} 含量的实验步骤。

2. 硫酸四氨合铜中 NH_3、SO_4^{2-}、Cu^{2+} 还可以用哪些方法测定？

实验 2-15　常温固相合成纳米氧化锌

一、实验目的

1. 了解绿色化学实验概念，熟悉固相化学反应。

2. 学会纳米氧化锌材料的制备和初步表征。

二、实验原理

传统的化学合成往往是在溶液里或气相中进行，由于受到耗能高、时间长、环境污染严重以及工艺复杂等的限制而越来越多地受到排斥。面临传统的合成方法受到的严峻挑战，化学家们正致力于合成手段的战略革新，力求使合成工艺合乎节能、高效的绿色生产要求，于是越来越多的化学家将目光转向被人类最早利用的化学过程之一——固相化学反应。

固相反应不使用溶剂，具有高选择性、高产率、工艺过程简单等优点，已成为固体材料合成的主要手段之一。根据反应发生的温度，固相反应分为三类，即反应温度低于 100℃ 的低热固相反应，反应温度介于 100～600℃ 之间的中热固相反应以及反应温度高于 600℃ 的高热固相反应。本实验采用低热固相反应制备纳米氧化锌。

纳米氧化锌是近年来发现的一种新型纳米材料。所谓纳米材料是指由极细的晶粒组成，粒子尺寸在 1～100nm。由于极细的晶粒具有明显的表面效应、体积效应、量子尺寸效应和宏观隧道效应，在催化、光学、磁性、力学等方面有许多特异功能，使其在陶瓷、化工、电子、光学、生物、医药等许多方面有重要的应用价值，其前景非常广阔。纳米氧化锌的制备方法有大量报道。本实验采用碳酸锌作为前驱体分解得到纳米氧化锌。

三、仪器与试剂

研钵、烘箱、红外干燥器、托盘天平、抽滤瓶等。

$ZnSO_4 \cdot 7H_2O(s)$、无水 $Na_2CO_3(s)$、无水乙醇。

四、实验步骤

1. 前驱体碳酸锌的制备

称取 14.5g $ZnSO_4 \cdot 7H_2O$ 和 5.5g 无水 Na_2CO_3 分别研磨 10min，充分混合研磨 10min，100℃远红外干燥 2h，得到前驱体碳酸锌。

2. 纳米氧化锌的制备

将干燥后的前驱体在 200℃焙烧 1h，经重量分析，确定碳酸锌已全部分解为氧化锌。

3. 纳米氧化锌的纯化

将焙烧后的氧化锌用去离子水洗至无 SO_4^{2-}，再用无水乙醇洗涤 3 次，减压过滤，然后再 120℃干燥得到纯净的纳米氧化锌产品。

4. 纳米氧化锌的表征

纳米氧化锌可用 X 射线粉末衍射（XRD）和透射电子显微镜表征。

【思考题】

1. 查阅有关文献，熟悉绿色化学实验和固相反应合成。

2. 在理论上，在焙烧碳酸锌制备氧化锌过程中，失重多少可表明碳酸锌已全部分解？

实验 2-16 二氧化碳的制备及分子量的测定

一、实验目的

1. 了解用气体相对密度法测定分子量的原理，进一步理解理想气体状态方程式和阿伏伽德罗定律。

2. 掌握二氧化碳分子量的测定和计算方法。

3. 练习使用启普发生器和称量操作。

二、实验原理

理想气体状态方程和气体分压定律是气体的重要规律，理想气体状态方程描述了气体四个基本性质之间的关系，通常的表达式为：

$$pV = nRT$$

式中，p 为气体压力，Pa；V 为气体体积，m^3；n 为气体物质的量，mol；R 为摩尔气体常数，$8.314J \cdot mol^{-1} \cdot K^{-1}$；$T$ 为热力学温度，K。

由理想气体状态方程式，可以导出阿伏伽德罗定律，即在同温同压下，同体积的任何气体含有相同数目的分子。因此，在同温同压下，同体积的两种气体的质量之比，等于它们的分子量之比，即：

$$\frac{M_1}{M_2} = \frac{m_1}{m_2} = D$$

式中，M_1 和 m_1 表示第一种气体的分子量和质量；M_2 和 m_2 表示第二种气体的分子量和质量。D 为第一种气体对第二种气体的相对密度。

本实验是把同体积的二氧化碳气体与空气（其平均分子量为 29.0）相比，则二氧化碳的分子量可由下式计算：

$$M_{CO_2}=\frac{m_{CO_2}}{m_{空气}}\times 29.0=D_{空气}\times 29.0$$

计算前提是同温同压，气体体积相同。为求得 m_{CO_2} 和 $m_{空气}$，可将一个玻璃容器如锥形瓶（其中充满了空气）先进行称重（m_1），然后将其充满二氧化碳，并在同温同压下称重（m_2），两者之差（m_2-m_1）即为同体积的二氧化碳与空气的质量差。所以：

$$m_{CO_2}=(m_2-m_1)+m_{空气}$$

根据实验时测得的大气压（p）、温度（t）和瓶的容积（V），利用理想气体状态方程式，可计算出同体积的空气质量：

$$m_{空气}=\frac{29.0pV}{R(273+t)}$$

为了求出瓶的容积 V，可将瓶内充满水并称重（m_3），充满水的瓶（塞上软木塞）的质量 m_3 和充满空气的瓶（塞上同一软木塞）质量 m_1 之差即为水与空气质量之差（$m_水-m_{空气}$），实际上也是水的质量（略去了 $m_{空气}$），$m_水$ 除以水的密度（以 $1.00 g \cdot mL^{-1}$ 计）便得瓶的容积 V，这样二氧化碳气体的分子量 M_{CO_2} 就可以确定了。

三、仪器与试剂

分析天平、启普发生器、台秤、洗气瓶、软木塞、玻璃弯管、锥形瓶。

HCl（$6mol \cdot L^{-1}$）、石灰石（或大理石）、$CuSO_4$（$1mol \cdot L^{-1}$）、$NaHCO_3$（$1mol \cdot L^{-1}$）、H_2SO_4（浓）。

四、实验步骤

1. CO_2 气体的制备与净化

CO_2 气体的制备与收集装置如图 2-16 所示。

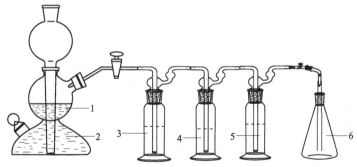

图 2-16　CO_2 气体的制备与收集装置

1—石灰石（或大理石）；2—$6mol \cdot L^{-1}$ 盐酸；3—$1mol \cdot L^{-1} CuSO_4$；

4—$1mol \cdot L^{-1} NaHCO_3$；5—浓 H_2SO_4；6—CO_2 收集（$CuSO_4$、

$NaHCO_3$ 和浓 H_2SO_4 依次是用来除去 CO_2 气体中的 H_2S、HCl 和 H_2O 气体）

2. 二氧化碳分子量的测定

取一洁净、干燥的锥形瓶，选一个合适的软木塞塞入瓶口，在塞子侧面作一记号，以固定塞子塞入瓶口位置。称重 m_1（准确至 0.001g）。

从气体发生器中产生的 CO_2 导入锥形瓶，导管口必须插入瓶底，经验满后，缓缓抽出导管，用同一软木塞塞住瓶口且塞子应塞到原来记号的位置。称重，重复通入 CO_2 气体和称重操作，直至前后两次质量差不超过 2mg 为止。所得质量为 m_2。

最后往瓶内装满水，塞上原软木塞至原来记号位置，在台秤上称重（m_3，准确至 0.1g）。记下实验时的温度 t（℃）和大气压强 p（Pa）。

3. 数据记录和处理

室温 t/℃：_____ 　　　　大气压 p/Pa：_____

（空气＋瓶＋塞子）的质量 m_1/g：_____ 　　　（二氧化碳＋瓶＋塞子）的质量 m_2/g：_____

（水＋瓶＋塞子）的质量 m_3/g：_____

瓶的容积：$V = (m_3 - m_1)/1.00 = $ _____ mL

瓶内空气的质量：$m_{空气} = 29.0 \times pV/R(273 + t) = $ _____ g

CO_2 气体的质量：$m_{CO_2} = (m_2 - m_1) + m_{空气} = $ _____ g

CO_2 气体的分子量：$M_{CO_2} = (m_{CO_2}/m_{空气}) \times 29.0 = $ _____

相对误差：$\dfrac{M_{CO_2}(测) - M_{CO_2}(理)}{M_{CO_2}(理)} \times 100\% = $ _____

本实验测定值相对误差控制在 $\pm 5\%$。

【思考题】

1. 为什么 m_1、m_2 在分析天平上称量，而 m_3 可在台秤上称量？

2. 为什么要求软木塞塞入深度相同？

3. 如何确定 CO_2 已收集满？

实验 2-17　硫代硫酸钠的制备

一、实验目的

1. 熟悉硫代硫酸钠的制备原理和方法。

2. 进一步练习蒸发浓缩、减压过滤、结晶等基本操作。

3. 学会限量分析法。

二、实验原理

$Na_2S_2O_3 \cdot 5H_2O$ 俗称大苏打或海波。它是无色透明的晶体，易溶于水后显碱性，遇酸立即分解。硫代硫酸钠具有很大的实用价值。在分析化学中用来定量测定碘，在纺织工业和造纸工业中作脱氯剂，摄影业中作定影剂，在医药中用作急救解毒剂。

制备硫代硫酸钠的方法有很多种，本实验采用 Na_2SO_3 和 S 在沸腾条件下直接化合法制备硫代硫酸钠：

$$Na_2SO_3 + S \xrightarrow{\triangle} Na_2S_2O_3$$

常温下从溶液中结晶出来的硫代硫酸钠为 $Na_2S_2O_3 \cdot 5H_2O$。

产量中杂质可用限量分析法加以分析。本实验做 SO_3^{2-} 和 $S_2O_3^{2-}$ 的限量分析。先用 I_2 将 SO_3^{2-} 和 $S_2O_3^{2-}$ 分别氧化为 SO_4^{2-} 和 $S_4O_6^{2-}$，然后让微量的 SO_4^{2-} 跟 $BaCl_2$ 溶液作用，使溶液浑浊。显然溶液的浑浊度与试样中 SO_4^{2-} 和 SO_3^{2-} 的总含量成正比。

SO_4^{2-} 标准系列溶液的配制：吸取 $100mg \cdot L^{-1}$ 的 Na_2SO_4 溶液 $0.20mL$、$0.50mL$、$1.00mL$，分别置于 3 支 $25mL$ 的比色管中，稀释至 $25mL$。再分别加入 $1mL$ $0.1mol \cdot L^{-1}$ HCl 和 $3mL$ $250g \cdot L^{-1}$ 的 $BaCl_2$ 溶液，摇匀。放置 $10min$，加 1 滴 $0.05mol \cdot L^{-1}$ 的 $Na_2S_2O_3$ 溶液，摇匀。这三支比色管中 SO_4^{2-} 的含量分别相当于优级纯、分析纯和化学纯试剂。

试样中硫代硫酸钠的含量可用碘标准溶液标定。

三、仪器与试剂

研钵、烧杯（100mL）、漏斗、蒸发皿、吸滤装置、台秤、容量瓶（100mL）、吸量管（10mL）、锥形瓶、滴定管、比色管（25mL）。

Na_2SO_3 （s）、硫粉、I_2 （$0.1000mol \cdot L^{-1}$、$0.05mol \cdot L^{-1}$）、$BaCl_2$ （$250g \cdot L^{-1}$）、HCl （$0.1mol \cdot L^{-1}$）、$Na_2S_2O_3$ （$0.05mol \cdot L^{-1}$）、乙醇、酚酞、HAc-NaAc 缓冲溶液（pH=3～5）、SO_4^{2-} 标准系列溶液。

四、实验步骤

1. $Na_2S_2O_3$ 的制备

称取 $2g$ 硫粉，研碎后置于 $100mL$ 烧杯中，加 $1mL$ 乙醇使其润湿。再加入 $6g$ Na_2SO_3 （s）和 $30mL$ 水。加热并搅拌至沸腾后改用小火加热，搅拌并保持微沸 $40min$ 以上，直至仅剩少许硫粉悬浮在溶液中（此时溶液体积应不少于 $20mL$，如太少，可在反应过程中适当补充水）。趁热过滤，将滤液转移至蒸发皿中，水浴加热，蒸发滤液直至溶液中有一些晶体析出时，冷却，即有大量晶体析出（如冷却时间较长而无晶体析出，可搅拌或投入一粒 $Na_2S_2O_3$ 晶体，以促使晶体析出）。减压过滤，并用少量乙醇洗涤晶体，抽干。40℃烘干，称重，计算产率。

2. $Na_2S_2O_3 \cdot 5H_2O$ 含量的测定

称取约 $0.5000g$ 上述试样，用少量水溶解，滴入 1～2 滴酚酞，再注入 $10mL$ HAc-NaAc 缓冲溶液，以保证溶液呈弱酸性。用 $0.1000mol \cdot L^{-1}$ 的碘标准溶液滴定，以淀粉为指示剂，直到短时间内溶液的蓝色不褪去为止。计算 $Na_2S_2O_3 \cdot 5H_2O$ 的含量。

3. 硫酸盐和亚硫酸盐的限量分析

取 $1.0g$ 产品，溶于 $25mL$ 水中，先加 $38mL$ $0.05mol \cdot L^{-1}$ 碘，继续滴加至溶液呈浅黄色。然后转移至容量瓶（100mL）中，用水稀释至刻度线，从中吸取 $10.00mL$ 置于 $25mL$ 比色管中，稀释至 $25.00mL$。再加入 $1mL$ $0.1mol \cdot L^{-1}$ HCl 及 $3mL$ $250g \cdot L^{-1}$ 的 $BaCl_2$，摇匀。静置 $10min$ 后，加 1 滴 $0.05mol \cdot L^{-1}$ $Na_2S_2O_3$ 溶液，摇匀，立即与 SO_4^{2-} 标准系列溶液进行比浊。根据浊度确定产品等级。

【思考题】

1. 查阅有关文献，归纳出制备 $Na_2S_2O_3 \cdot 5H_2O$ 的常见方法。

2. 所得产品 $Na_2S_2O_3 \cdot 5H_2O$ 晶体只能在 40～50℃烘干（约 40min），为什么？

名称	优级纯	分析纯	化学纯
$Na_2S_2O_3 \cdot 5H_2O$	≥99.0	≥99.0	≥98.0
澄清度试验	合格	合格	合格
水不溶物	0.002	0.005	0.01
硫酸及亚硫酸盐(以 SO_4^{2-} 计)	0.02	0.05	0.1
硫化物(S)	0.0002	0.0005	0.001
钙(Ca)	0.003	0.005	0.01
铁(Fe)	0.0005	0.001	0.001
砷(As)	0.0005	0.001	0.001
重金属(以 Pb 计)	0.001	0.001	0.002

实验 2-18　磺基水杨酸合铁(Ⅲ)配合物的组成及稳定常数的测定

一、实验目的

1. 学会用分光光度法测定配合物的组成及稳定常数，掌握其原理。
2. 进一步熟悉分光光度计的使用。
3. 进一步巩固溶液的配制、液体的移取等操作。

二、实验原理

磺基水杨酸（结构式，简式为 H_3R）与 Fe^{3+} 可以形成稳定的配合物。配合物的组成因溶液 pH 的不同而改变。本实验是测定 pH＝2～3 时所形成的红褐色磺基水杨酸合铁(Ⅲ)配离子的组成及稳定常数。实验中通过加入一定量的 $HClO_4$ 溶液控制溶液的 pH。

由于所测溶液中磺基水杨酸是无色的，Fe^{3+} 溶液的浓度很小，也可认为是无色的，只有磺基水杨酸合铁(Ⅲ)配离子（MR_n）是有色的。根据朗伯-比耳定律 $A=\varepsilon bc$ 可知，当波长、溶液的温度及比色皿的厚度 b 均一定时，溶液的吸光度 A 只与配离子的浓度 c 成正比。通过对溶液吸光度的测定，可以求出配离子的组成。

用光度法测定配离子的组成，通常有摩尔比法、等摩尔系列法、斜率法和平衡移动法等，每种方法都有一定的适用范围，本实验采用等摩尔系列法。等摩尔系列法即是保持溶液中金属的浓度（c_M）和配体 R 的浓度（c_R）之和不变，即 $c_M+c_R=$ 定值的前提下，改变 c_M 和 c_R 的相对量，配制成一系列溶液，并测定相应的吸光度。很明显，这一系列溶液中，有一些溶液是金属离子过量，还有一些溶液是配体过量，这两部分溶液中配离子的浓度都不可能达到最大值。只有当溶液中的金属离子与配位体的物质的量之比与配位比一致时，配离子的浓度才能最大，此时吸光度值也最大。若以

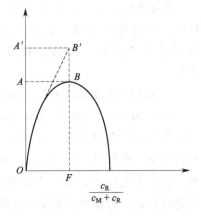

图 2-17　等摩尔系列法

吸光度 A 为纵坐标，以 c_R 在总浓度中所占分数为横坐标作图，得等摩尔系列法曲线（见图 2-17）。将曲线两边的直线延长交于 B'，B' 点的吸光度 A' 最大，由 B' 点的横坐标值 F 可以计算配离子中金属与配体的配位比，即可求出配离子 MR_n 中配体的数目 n。

由图 2-17 可以看出，最大吸光度 A' 可被认为是 M 与 R 全部形成配合物时的吸光度。但由于配离子处于平衡时有部分解离，其浓度要稍小一些，因此，实验测得的最大吸光度在 B 点，其值为 A。配离子解离度 $\alpha = \dfrac{A'-A}{A'}$。

配离子的条件稳定常数 K' 可以由以下平衡关系导出：

$$M + nR \Longrightarrow MR_n$$

平衡浓度 $\qquad\qquad\qquad c\alpha \quad nc\alpha \quad c(1-\alpha)$

$$K' = \frac{[MR_n]}{[M][R]} = \frac{c(1-\alpha)}{c\alpha(nc\alpha)^n} = \frac{1-\alpha}{n^n c^n \alpha^{n+1}}$$

式中，c 为 B 点时 M 的总浓度。$n=1$ 时，$K = \dfrac{1-\alpha}{c\alpha^2}$。

三、仪器与试剂

722 型分光光度计、吸量管（5mL）、容量瓶（50mL）。

$HClO_4$（$0.1\,mol\cdot L^{-1}$）、Fe^{3+}（$0.0100\,mol\cdot L^{-1}$）、磺基水杨酸（$0.0100\,mol\cdot L^{-1}$）。

四、实验步骤

1. 配制系列溶液

洗净 12 个 50mL 容量瓶，烘干，编号。

用 3 支 5mL 吸量管按下表列出的体积，分别吸取相应体积的 $0.1\,mol\cdot L^{-1}$ $HClO_4$、$0.0100\,mol\cdot L^{-1}$ Fe^{3+} 溶液和 $0.0100\,mol\cdot L^{-1}$ 磺基水杨酸溶液，分别注入 1～12 号容量瓶中，用去离子水稀释至刻度，摇匀。

2. 测定系列溶液的吸光度

选定波长 $\lambda = 500nm$，1cm 比色皿，以 1 号溶液为参比，在 722 型分光光度计上测定 2～12 号系列溶液的吸光度。将测得的数据记入下表。

序号	$HClO_4$ 溶液的体积/mL	Fe^{3+} 溶液的体积/mL	H_3R 溶液的体积/mL	$\dfrac{c_R}{c_R + c_M}$	吸光度 A
1	5.00	0.00	0.00		
2	5.00	5.00	0.00		
3	5.00	4.50	0.50		
4	5.00	4.00	1.00		
5	5.00	3.50	1.50		
6	5.00	3.00	2.00		
7	5.00	2.50	2.50		
8	5.00	2.00	3.00		
9	5.00	1.50	3.50		
10	5.00	1.00	4.00		
11	5.00	0.50	4.50		
12	5.00	0.00	5.00		

以吸光度 A 为纵坐标，$\dfrac{c_R}{c_M + c_R}$ 为横坐标作图，求出磺基水杨酸合铁（Ⅲ）的组成，并计算条件稳定常数 K'。

五、计算机处理实验数据

程序软件由实验室提供。

酸度对配位平衡有较大的影响，如果考虑弱酸的解离平衡，则对条件稳定常数要加以校正，校正后即可得 $K_稳$。校正公式为：

$$\lg K_稳 = \lg K' + \lg \alpha$$

式中，$K_稳$ 为绝对稳定常数；K' 为条件稳定常数；α 为酸效应系数。对于磺基水杨酸，是一个二元弱酸，当 pH＝2 时，$\lg\alpha = 10.3$。

【思考题】

1. 实验中每种溶液的 pH 是否一样？

2. 用等摩尔系列法测定配合物组成时，为什么说溶液中金属离子的物质的量与配位体的物质的量之比正好与配离子组成相同时，配离子的浓度为最大？

3. 用吸光度对配体的体积分数作图是否可以求得配合物的组成？

实验 2-19 氢氧化镍溶度积的测定

一、实验目的

1. 学会用 pH 滴定法测定氢氧化镍的溶度积。

2. 了解酸度计的结构和基本原理，掌握 pHS-3C 型酸度计的使用方法。

二、实验原理

难溶盐溶度积的测定可分为观察法和分析法。观察法是在一定温度下用两种分别含有难溶盐组分离子的已知浓度的溶液在搅拌下逐滴混合，当产生的沉淀不再消失时，根据形成沉淀时离子的浓度计算出难溶盐的溶度积。这种方法简单易行，不需要复杂的仪器装置，但准确度不高，误差较大。分析法是采用分析化学的手段直接或间接测定难溶盐饱和溶液中各组分离子的浓度，再计算难溶盐溶度积的方法。常用的方法有分光光度法、电导法、pH 滴定法等。

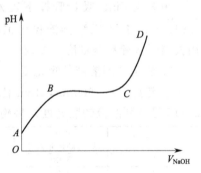

图 2-18 pH 滴定曲线

本实验是用 pH 滴定法测定 $Ni(OH)_2$ 饱和溶液中 Ni^{2+} 的浓度和溶液 pH，从而计算 $Ni(OH)_2$ 的溶度积。

$Ni(OH)_2$ 溶度积可用下式表示：

$$a_{Ni^{2+}} \cdot a_{OH^-}^2 = K_{sp} \tag{1}$$

$$a_{H^+} \cdot a_{OH^-} = K_W$$

$$a_{Ni^{2+}} \left(\frac{K_W}{a_{H^+}} \right) = K_{sp}$$

取对数：$\lg a_{Ni^{2+}} + 2\lg\left(\dfrac{K_W}{a_{H^+}}\right) = \lg K_{sp}$

$$\text{pH} = 0.5\lg K_{sp} - 0.5\lg a_{Ni^{2+}} - \lg K_W \tag{2}$$

式中，pH 为实验时需测定值；K_W 为水的溶度积，10^{-14}，$a_{Ni^{2+}}$ 为镍离子的活度。

用 NaOH 溶液滴定 NiSO$_4$ 稀溶液时，在 Ni(OH)$_2$ 沉淀前，碱只用来中和溶液中的 H$^+$，溶液的 pH 增加很快；当 Ni(OH)$_2$ 开始沉淀时，加入的 NaOH 与 Ni^{2+} 结合生成难溶的 Ni(OH)$_2$，溶液的 pH 基本保持不变，直到金属离子沉淀接近完全；继续滴加碱使 pH 又很快上升。以 pH 对滴定消耗的 NaOH 的体积作图，得到图 2-18 曲线。滴定曲线的水平台阶相应的 pH 即为形成 Ni(OH)$_2$ 的 pH。开始沉淀时 NiSO$_4$ 的浓度应该以 Ni(OH)$_2$ 析出到沉淀结束所消耗的 NaOH 的体积计算，即 pH-V_{NaOH} 图中 BC 段 NaOH 的体积，这样可按式（2）计算出 Ni(OH)$_2$ 的溶度积。

三、仪器与试剂

pHS-3C 型酸度计、磁力搅拌器、复合电极、碱式滴定管（25mL）。

NiSO$_4$ 溶液（1.0mol·L^{-1}）、NaOH 标准溶液（0.1mol·L^{-1}）、邻苯二甲酸氢钾、酚酞溶液。

四、实验步骤

1. 酸度计的校正

按照基础仪器中的酸度计部分介绍的方法调节和校正酸度计。

2. pH 的测量

量取 1mL NiSO$_4$ 溶液置于 100mL 容量瓶中，稀释至刻度，倒入烧杯，复合电极插入 NiSO$_4$ 溶液中，在磁力搅拌器搅拌下，从 25mL 碱式滴定管中滴入 0.1mol·L^{-1}NaOH 标准溶液。开始时，每次滴 0.2mL 读一次溶液的 pH，滴定时间间隔 1～2min，待溶液的 pH 不变，改为每次 1mL，继续滴加 NaOH 溶液，pH 再次上升，直至 pH≈10 为止。

3. NaOH 标准溶液的标定

准确称取 0.4～0.5g 邻苯二甲酸氢钾标定 NaOH 溶液的浓度。具体方法见实验 3-5。

4. 数据记录与处理

（1）数据记录

邻苯二甲酸氢钾质量＿＿＿＿＿＿＿＿　　NaOH 标准溶液的浓度＿＿＿＿＿＿＿＿

输入 NaOH 的体积								
pH								

（2）数据处理

作 pH-V_{NaOH} 图，确定形成 Ni(OH)$_2$ 沉淀时溶液的 pH 和 NiSO$_4$ 的浓度，代入式（2）计算 Ni(OH)$_2$ 的 K_{sp}。

【思考题】

1. 以 NiSO$_4$ 的浓度代替 $a_{\text{Ni}^{2+}}$ 计算 K_{sp} 对结果有何影响？

2. 如何计算开始形成 Ni(OH)$_2$ 沉淀时溶液中 Ni^{2+} 的浓度？

3. 试述用酸度计测定溶液的 pH 的操作中，应注意哪些问题？

实验 2-20　反应动力学参数的测定（微型化实验）

一、实验目的

1. 了解过二硫酸铵氧化碘化钾的反应速率测定的原理和方法。

2. 学会通过数据的处理及作图求算反应级数和反应活化能的方法。

3. 初步了解微型化实验设计与操作。

二、实验原理

在水溶液中，$S_2O_8^{2-}$ 与 I^- 的反应为：

$$S_2O_8^{2-} + 3I^- \rightleftharpoons 2SO_4^{2-} + I_3^-$$

其反应速率可表示为：

$$v = k[S_2O_8^{2-}]^m[I^-]^n$$

式中，v 是在一定条件下的瞬时速率。若 $[S_2O_8^{2-}]$、$[I^-]$ 是初始浓度，则 v 表示起始速率；k 是速率常数；m 与 n 之和为反应的级数。

实验能测定的速率是在一段时间（Δt）内反应的平均速率。如果在 Δt 时间内 $S_2O_8^{2-}$ 浓度的改变量为 $\Delta[S_2O_8^{2-}]$，则平均速率为：

$$\bar{v} = \frac{-\Delta[S_2O_8^{2-}]}{\Delta t}$$

由于本实验中 Δt 很小，反应物浓度的改变量很小，所以可近似地用平均速率代替起始速率：

$$v = \frac{-\Delta[S_2O_8^{2-}]}{\Delta t} = k[S_2O_8^{2-}]^m[I^-]^n$$

为了能够测出反应在 Δt 时间内 $S_2O_8^{2-}$ 浓度的改变值。需要在混合 $(NH_4)_2S_2O_8$ 和 KI 溶液的同时，注入一定体积的已知浓度的 $Na_2S_2O_3$ 溶液和淀粉溶液，这样在进行上述反应的同时，也进行如下反应：

$$2S_2O_3^{2-} + I_3^- \rightleftharpoons S_4O_6^{2-} + 3I^-$$

此反应进行得非常快，几乎瞬时完成，而第一个反应却慢得多。由第一个反应生成的碘（或 I_3^-）立即与 $S_2O_3^{2-}$ 反应，生成无色的 $S_4O_6^{2-}$ 和 I^-。因此，在开始一段时间内，看不到碘与淀粉作用而显示的蓝色。$S_2O_3^{2-}$ 一旦耗尽，由第一个反应继续生成的微量碘很快与淀粉作用，使溶液变为特有的蓝色。

从上述两个反应式可以看出，$S_2O_8^{2-}$ 浓度减少的量总是等于 $S_2O_3^{2-}$ 减少量的一半。即：

$$\Delta[S_2O_8^{2-}] = \Delta[S_2O_3^{2-}]/2$$

由于从反应开始到蓝色出现这一 Δt 时间内，$S_2O_3^{2-}$ 全部耗尽，所以 $\Delta[S_2O_3^{2-}]$ 实际上就是反应开始时 $Na_2S_2O_3$ 的浓度。在本实验中，每份混合溶液中 $Na_2S_2O_3$ 的起始浓度都是相同的，因此 $\Delta[S_2O_8^{2-}]$ 也是不变的，这样只要记下从反应开始到溶液出现蓝色所需的时间（Δt），就可求算出平均反应速率：

$$\bar{v} = -\frac{\Delta[S_2O_8^{2-}]}{\Delta t} = \frac{-\Delta[S_2O_3^{2-}]}{2\Delta t} = \frac{[S_2O_3^{2-}]_{起}}{2\Delta t}$$

测定 m、n 值的办法如下：

保持 $[I^-]$ 不变，将 $v = k[S_2O_8^{2-}]^m[I^-]^n$ 两边取对数，得：

$$\lg v = m\lg[S_2O_8^{2-}] + 常数$$

测定 $S_2O_8^{2-}$ 初始浓度不同时的 v，以 $\lg v$ 为纵坐标，$\lg[S_2O_8^{2-}]$ 为横坐标作图，斜率即为 m。同理，保持 $[S_2O_8^{2-}]$ 不变，可测定出 n 值。$m+n$ 即为反应级数。

已知反应级数和反应速率，根据 $v=k[S_2O_8^{2-}]^m[I^-]^n$ 可求得该温度下的反应速率常数 k。依据阿伦尼乌斯（Arrhenius）公式：

$$k=A\mathrm{e}^{-E_a/RT}$$

或

$$\lg k=\frac{-E_a}{2.303RT}+常数$$

式中，E_a 为反应的活化能；R 为摩尔气体常数；T 为反应温度。

通过测出不同温度下反应的 k，再以 $\lg k$ 为纵坐标，$1/T$ 为横坐标作图，其直线的斜率即为：$-E_a/2.303R$，进而求出反应的活化能 E_a。

三、仪器与试剂

九孔井穴板、多用滴管、微量滴头、温度计、秒表、搅棒、平底水浴锅。

$(NH_4)_2S_2O_8$（$0.20mol \cdot L^{-1}$）、KI（$0.20mol \cdot L^{-1}$）、KNO_3（$0.20mol \cdot L^{-1}$）、$(NH_4)_2SO_4$（$0.20mol \cdot L^{-1}$，$0.010mol \cdot L^{-1}$）、$Na_2S_2O_3$（$0.010mol \cdot L^{-1}$）、$Cu(NO_3)_2$（$0.02mol \cdot L^{-1}$）、淀粉溶液（$2g \cdot L^{-1}$）。

四、实验步骤

试剂用量以滴计，通过滴数的改变来调节反应物的浓度变化。操作时要求对定量滴加试剂这一微型实验的基本操作有较熟练的技巧。

1. 浓度对化学反应速率的影响

在室温下，把同一微量滴头，逐一套到盛有各种试剂溶液的各个多用滴管上，按表 2-2 顺序（a～f）及用量，滴加各种试剂到指定的孔穴中。为避免反复冲洗微量滴头，可把某一种试剂依次加到 5 个孔穴中，再换加另一试液。

为了使每次实验中溶液的离子强度和总体积保持不变，在孔穴 2～5 号中分别滴加适量的 KNO_3 或 $(NH_4)_2SO_4$ 溶液，以平衡 KI、$(NH_4)_2S_2O_8$ 及 $Na_2S_2O_3$ 用量的变化。当 f 溶液加入后，将孔穴内溶液搅匀，把上述微量滴头冲洗干净后套到有 $(NH_4)_2S_2O_8$ 溶液的滴管上，按 g 的用量，连续、准确、快速地把 $(NH_4)_2S_2O_8$ 溶液滴到指定孔穴中去，同时按动秒表，记录反应时间和室温。

表 2-2 浓度对化学反应速率的影响

顺序	试剂用量/滴	孔穴编号				
		1	2	3	4	5
a	KI($0.20mol \cdot L^{-1}$)	4	4	4	2	1
b	$Na_2S_2O_3$($0.20mol \cdot L^{-1}$)	4	2	1	2	1
c	淀粉(0.2%)	1	1	1	1	1
d	KNO_3($0.20mol \cdot L^{-1}$)	0	0	0	2	1
e	$(NH_4)_2SO_4$($0.20mol \cdot L^{-1}$)	0	2	3	0	0
f	$(NH_4)_2SO_4$($0.010mol \cdot L^{-1}$)	0	2	3	2	3
g	$(NH_4)_2S_2O_8$($0.20mol \cdot L^{-1}$)	4	2	1	4	4
起始浓度	$[S_2O_3^{2-}]$/$mol \cdot L^{-1}$					
	$[I^-]$/$mol \cdot L^{-1}$					
	$[S_2O_8^{2-}]$/$mol \cdot L^{-1}$					
	Δt/s					
	$\Delta[S_2O_8^{2-}]$/$mol \cdot L^{-1}$					
	反应速率 v/$mol \cdot L^{-1} \cdot s^{-1}$					

同样操作，逐一测出各孔穴中溶液的反应时间。

2. 温度对化学反应速率的影响

按表 2-2 中 3 号孔穴的用量，把试剂分别加到 6 号孔穴中，然后将井穴板和盛有 $(NH_4)_2S_2O_8$ 溶液的多用滴管的吸泡小心放入恒温水浴中，并控制水浴温度高于室温 10℃，待井穴中溶液温度与水浴温度一致时，迅速将 $(NH_4)_2S_2O_8$ 溶液滴入 6 号孔穴中，同时计时并搅拌溶液，至溶液出现蓝色，记录反应时间和水浴温度。

同样方法，在 7 号孔穴中升高恒温水浴温度至高于室温 20℃（或低于室温 10℃）进行测定，记录数据于表 2-3 中。

表 2-3　温度对化学反应速率的影响

孔穴编号	3	6	7
反应温度/℃			
反应时间/s			
反应速率/mol·L^{-1}·s^{-1}			

3. 催化剂对化学反应速率的影响

按表 2-2 中 3 号孔穴的用量，于室温下加入试剂 a～f 后，加入 1 滴 0.02mol·L^{-1} $Cu(NO_3)_2$ 溶液，再加入 $(NH_4)_2S_2O_8$，记录反应时间和室温。

五、数据处理

1. 由上述实验数据计算 $S_2O_8^{2-}$ 氧化 I^- 反应的反应级数。

2. 计算上述反应的活化能（文献值为 51.8kJ·mol^{-1}）。

3. 定性比较有、无催化剂存在时的反应速率，并说明原因。

【思考题】

1. 根据化学反应方程式，能否直接确定反应级数？用本实验结果加以说明。

2. 若不用 $S_2O_8^{2-}$，而用 I^- 或 I_3^- 的浓度来表示化学反应速率，则反应速率常数 k 是否一样？

3. 下列操作对实验结果有何影响？

(1) 取用 7 种试剂前，多用滴管未洗净。

(2) 先加入 $(NH_4)_2S_2O_8$ 溶液，最后滴加 KI 溶液。

(3) $(NH_4)_2S_2O_8$ 溶液加入的速度过慢。

(4) $Na_2S_2O_3$ 溶液用量过多或过少。

4. 微型化实验的优缺点有哪些？

5. 所使用的 $(NH_4)_2S_2O_8$ 溶液应是 pH＞3，若该溶液 pH＜3，说明 $(NH_4)_2S_2O_8$ 已部分分解；所使用的 KI 溶液应是无色透明的，若 KI 溶液呈浅黄色，则表明已有 I_2 析出。这些已部分分解的试剂对实验的结果有何影响？

6. 步骤 1 和 2 中为何不能有 Cu^{2+}、Fe^{3+} 等杂质存在？若有这些离子，应如何消除？

第三章　分析化学实验

一、学生须知

1. 课程目的

（1）正确、熟练地掌握分析化学实验的基本操作技能，学习并掌握典型的分析方法。

（2）将所学的理论知识与实验结合起来，培养动手能力和统筹安排能力。

（3）确立"量""误差"和"有效数字"的概念，学会正确、合理地选择实验条件和实验仪器，以保证实验结果的可靠性。

（4）通过自拟方案实验，培养分析问题和解决问题的能力；如信息、资料的收集与整理，数据的记录与分析，问题的提出与证明，观点的表达与讨论。

（5）培养严谨的科学态度和实事求是、一丝不苟的科学作风；达到科学工作者应有的基本素质。

2. 课程要求

（1）认真写好实验预习报告，理解实验原理，了解实验步骤，思考影响实验结果准确性的实验要点，未写预习报告者不得进入实验室进行实验。

（2）所有实验数据，尤其是各种测量的原始数据，必须及时记录在预习报告本或专用实验记录本上。并在实验结束后写在实验室准备的本课程实验数据记录本上，以便于教师批改实验报告时对照，不得涂改原始实验数据。

（3）认真阅读"实验室使用规则"和"天平室使用规则"，遵守实验室的各项规章制度。了解消防设施和安全通道的位置。树立环境保护意识，节约试剂，尽量降低化学物质（特别是有毒有害试剂以及洗液、洗衣粉等）的消耗。多班级实验中，能回收的试液尽量回收重复使用。

（4）低毒废液直接倒入水槽，沉淀废渣倒入废液桶，不可将废渣倒入水槽，不可在水槽里洗拖把，以免堵塞下水道；废纸和火柴梗可丢弃地面方便清扫，碎玻璃及时清扫到实验室外的垃圾桶。

（5）提前10min进入实验室，将预习实验报告和上次实验报告交给组长，准备本次实验仪器和试剂。

（6）保持室内安静，保持实验台面清洁整齐。爱护仪器和公共设施，树立良好的公共道德。

3. 实验课评分标准

实验数据及结果30%；实验操作及技能30%；预习、记录及其他30%；纪律与卫生10%。

二、对教师的要求

（1）必须仔细阅读实验教材，认真备课。实验前做实验准备，若因故不能完成实验准备，则可请实验准备教师代为完成，并做好实验准备记录。

（2）每次实验应提前进入实验室，检查实验设施，熟悉药品摆放等。实验过程中不得擅自离开，若临时有事须向主讲教员请假或请实验准备教师代为管理。

（3）实验结束后，提醒学生整理好台面；检查值日情况，检查水、电、气、门窗、钥匙柜。然后告知实验室值班人员，经检查后方可离开。着白色实验服，关闭手机。

（4）热情、负责地对待每一位学生，严格要求，态度和蔼，为人师表。

第一节　化学分析实验部分

实验 3-1　分析化学实验仪器的认领、清洗和干燥

一、实验目的

1. 学习基础化学实验室规则和安全守则，建立常用玻璃仪器管理责任制。
2. 领取并熟悉基础化学实验常用仪器，熟悉其名称、规格、用途、性能及使用方法。
3. 学会并练习常用仪器的洗涤和干燥方法。

二、实验原理

1. 玻璃仪器的洗涤

化学实验所用的玻璃仪器必须是十分洁净的，否则会影响实验效果，甚至导致实验失败。应根据污物性质和实验要求，选择不同的洗涤方法。洁净的玻璃仪器的内壁应能被水均匀地润湿而不挂水珠，并且无水的条纹。一般而言，附着在仪器上的污物既有可溶性物质，也有尘土、不溶物及有机物等，常见洗涤方法如下：

（1）刷洗法

用水和毛刷刷洗仪器，可以去掉仪器上附着的尘土、可溶性物质及易脱落的不溶性物质，注意使用毛刷刷洗时，不可用力过猛，以免戳破容器。

（2）合成洗涤剂法

去污粉是由碳酸钠、白土、细沙等混合而成的。它利用 Na_2CO_3 的碱性具有强的去污能力，细沙的摩擦作用，白土的吸附作用，增加了对仪器的清洗效果。先将待洗仪器用少量水润湿后，加入少量去污粉，再用毛刷擦洗，最后用自来水洗去去污粉颗粒，并用蒸馏水洗去自来水中带来的钙、镁、铁、氯等离子，每次蒸馏水的用量要少（本着"少量、多次"的原则）。其他合成洗涤剂也有较强的去污能力，使用方法类似于去污粉。

（3）铬酸洗液法

这种洗液是由浓 H_2SO_4 和 $K_2Cr_2O_7$ 配制而成的（将 25g $K_2Cr_2O_7$ 置于烧杯中，加 50mL 水溶解，然后在不断搅拌下，慢慢加入 450mL 浓 H_2SO_4），呈深褐色，具有强酸性、强氧化性，对有机物、油污等的去污能力特别强。太脏的仪器应用水冲洗并倒尽残留的水后，再加入铬酸洗液润洗，以免洗液被稀释。洗液可反复使用，用后倒回原瓶并密闭，以防吸水。当洗液由棕红色变为绿色时即失效。可再加入适量 $K_2Cr_2O_7$ 加热溶解后继续使用。实验中常用的移液管、容量瓶和滴定管等具有精确刻度的玻璃器皿，可恰当地选择洗液来洗。但铬酸洗液具有很强的腐蚀性和毒性，故近年来较少使用。$NaOH$/乙醇溶液洗涤附着有机物的玻璃器皿效果较好。

（4）"对症"洗涤法

针对附着在玻璃器皿上不同物质的性质，采用特殊的洗涤法，如硫黄用煮沸的石灰水；难溶硫化物用 HNO_3/HCl；铜或银用 HNO_3；$AgCl$ 用氨水；煤焦油用浓碱；黏稠焦油状有

机物用回收的溶剂浸泡；MnO_2 用热浓盐酸等。光度分析中使用的比色皿等，系光学玻璃制成，不能用毛刷刷洗，可用 HCl-乙醇浸泡、润洗。

2. 玻璃仪器的干燥

（1）空气晾干

又叫风干，是最简单易行的干燥方法，只要将仪器在空气中放置一段时间即可。

（2）烤干

将仪器外壁擦干后用小火烘烤，并不停转动仪器，使其受热均匀。该法适用于试管、烧杯、蒸发皿等仪器的干燥。

（3）烘干

将仪器放入烘箱中，控制温度在 105℃左右烘干。待烘干的仪器在放入烘箱前应尽量将水倒净并放在金属托盘上。此法不能用于精密度高的容量仪器。

（4）吹干

用电吹风吹干。

（5）有机溶剂法

先用少量丙酮或无水乙醇使内壁均匀润湿后倒出，再用乙醚使内壁均匀润湿后倒出，再依次用电吹风冷风和热风吹干，此种方法又称为快干法。

三、仪器与试剂

基础化学实验常用仪器一套（规格与数量请与柜子里的清单对照）。

$K_2Cr_2O_7$(s)、H_2SO_4（浓）、NaOH(s)、去污粉、丙酮、无水乙醇、乙醚。

四、实验步骤

1. 排固定实验位置，每位同学有自己的柜子，自己管理自己的实验仪器。

2. 按仪器清单认领基础化学实验所需常用仪器，并熟悉其名称、规格、用途、性能及其使用方法和注意事项。

3. 配制铬酸洗液，洗涤已领取的仪器。

4. 选用适当方法干燥洗涤后的仪器。

实验 3-2 常用阳离子混合液的分离与鉴定

一、实验目的

1. 学会离心分离操作方法，熟悉离心机的使用。

2. 学会沉淀的生成、洗涤、转移等操作。

3. 初步了解阳离子分离的一般原理。

4. 熟悉 Ag^+、Ba^{2+}、Fe^{3+}、Cu^{2+}、K^+ 等常见阳离子的有关性质。

二、实验原理

在生产和科研中，我们经常需要知道物质中含有哪些组分，即对物质进行定性分析。随着仪器分析的发展，越来越多的组分可以通过仪器简单地加以分析，但在很多情况下，传统的定性分析方法仍不失为一种方便而有效的分析方法。

在实际的工作中，由于需分析的物质多数情况下是复杂的物质或是多种离子的混合溶液，在鉴定其中某种离子时，常会遇到其他共存离子的干扰。所以，在分析工作中常需进行分离处理或将产生干扰的离子进行掩蔽。

就阳离子的分析而言，由于阳离子的种类较多，常见的有 20 多种，个别定性检出时，亦容易发生相互干扰。所以，一般阳离子分析利用阳离子的某些共同特性，先分成几组，然后再根据阳离子的个别特性加以检出。凡能使一组阳离子在适当的条件下生成沉淀而与其他组阳离子分离的试剂称为组试剂。利用不同组试剂把阳离子逐级分离再进行检出的方法，叫做阳离子的系统分析。在阳离子系统分析中，利用不同的组试剂有多种不同的分组方案，其中硫化氢系统分析法和两酸两碱系统分析法是应用最广泛的两种分析方法。

1. 硫化氢系统分析法

此方法依据各阳离子硫化物溶解度的差异以及其氯化物、碳酸盐溶解度的不同，以 HCl、H_2S、$(NH_4)_2S$、$(NH_4)_2CO_3$ 为组试剂，将 20 多种常用阳离子：Ag^+、Hg_2^{2+}、Pb^{2+}、Bi^{3+}、Cu^{2+}、Cd^{2+}、Hg^{2+}、$As(\text{III}, \text{V})$、$Sb(\text{III}, \text{V})$、$Sn(\text{II}, \text{IV})$、Al^{3+}、Cr^{3+}、Fe^{3+}、Fe^{2+}、Mn^{2+}、Zn^{2+}、Co^{2+}、Ni^{2+}、Ba^{2+}、Sr^{2+}、Ca^{2+}、Mg^{2+}、K^+、Na^+、NH_4^+ 分为五个组，从而消除了不同组离子之间的干扰。分组方案如图 3-1 所示。

在上述组试剂中，由于 H_2S 气体毒性较大，而且制备也不太方便，在实际工作中，常选用硫代乙酰胺 CH_3CSNH_2（通常简写为 TAA）的水溶液代替 H_2S 作为沉淀剂。同时，硫代乙酰胺在不同的介质中加热时还可发生不同的水解作用，因而亦可代替 $(NH_4)_2S$ 作为沉淀剂。

TAA 在酸性溶液中加热水解产生 H_2S，故可代替 H_2S：

$$CH_3CSNH_2 + H^+ + 2H_2O \longrightarrow CH_3COOH + NH_4^+ + H_2S\uparrow$$

TAA 在氨性溶液中加热水解生成 HS^-，相当于 $(NH_4)_2S$ 的作用：

$$CH_3CSNH_2 + 2NH_3 \longrightarrow CH_3C(NH_2)NH + NH_4^+ + HS^-$$

由于硫代乙酰胺的沉淀作用属于均相沉淀，所得硫代物一般具有良好的晶形，易于分离和洗涤，共沉淀现象也较少，是一种较好的沉淀剂。

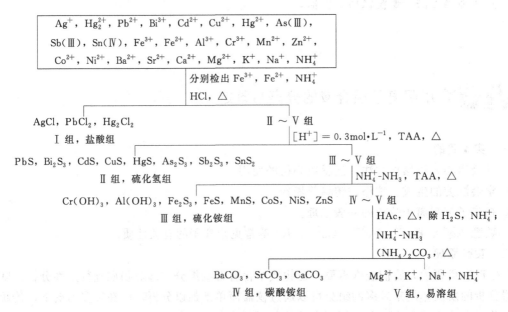

图 3-1　阳离子的硫化氢系统分组方案

2. 两酸两碱系统分析法

此方法主要依据各阳离子氯化物、硫酸盐、氢氧化物的溶解度不同，以两酸（HCl、H_2SO_4）、两碱（$NH_3 \cdot H_2O$、NaOH）为组试剂，将 20 多种阳离子分成五组（图 3-2）。每组分出后，继续再进行组内分离，直至鉴定时相互不发生干扰为止。在实际分析中，如果发现某组离子整组不存在（无沉淀产生），这组离子的分析就可省去，从而简化了分析的手续。常见阳离子的主要鉴定反应请参阅有关书籍。

本实验选取了 Ag^+、Ba^{2+}、Fe^{3+}、Cu^{2+}、K^+ 五种常见的阳离子加以分离鉴定，给出了两酸两碱法分析示例。请阅读有关阳离子系统分析的材料，设计用硫化氢系统和其他方案分离鉴定这五种阳离子。

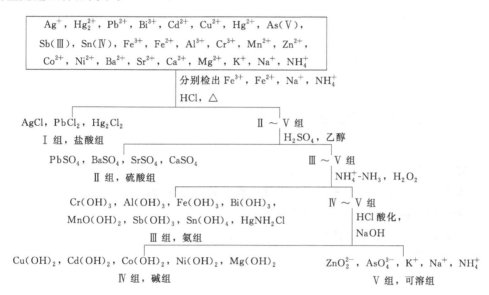

图 3-2　阳离子的两酸两碱系统分组方案

三、仪器与试剂

常备仪器、离心机、铂丝等。

HCl（$3mol \cdot L^{-1}$、浓）、HNO_3（$6mol \cdot L^{-1}$）、H_2SO_4（$3mol \cdot L^{-1}$）、氨水（$6mol \cdot L^{-1}$）、NH_4SCN（饱和）、NaOH（$6mol \cdot L^{-1}$）、HAc（$6mol \cdot L^{-1}$）、$Na_3[Co(NO_2)_6]$（$0.1mol \cdot L^{-1}$）。

四、实验步骤

在离心管中加入 Ag^+、Ba^{2+}、Fe^{3+}、Cu^{2+}、K^+ 试液各 4 滴，摇匀备用。

1. Ag^+ 的分离鉴定

混合液加入 $3mol \cdot L^{-1}$ HCl 溶液 2 滴，搅拌，离心沉淀，再在清液上加 $3mol \cdot L^{-1}$ HCl 1 滴，证实沉淀已经完全后，清液倾出按"2"处理。分离得到的沉淀以含 HCl 的水洗一次，加 $6mol \cdot L^{-1}$ 氨水 5～10 滴，充分摇动至沉淀溶解，滴加 $6mol \cdot L^{-1}$ HNO_3 溶液，又生成白色沉淀，示有 Ag^+。

2. Ba^{2+} 的分离鉴定

在"1"分离得到的清液中加入 $3mol \cdot L^{-1}$ H_2SO_4 2 滴，搅拌，离心分离，清液倾出按"3"处理。沉淀用蒸馏水洗涤后，加浓 HCl 数滴，以铂丝蘸取，在无色火焰上灼烧，若焰色反应呈黄绿色，示有 Ba^{2+}。

3. Fe^{3+} 的分离鉴定

在"2"得到的清液中滴加 $6mol \cdot L^{-1}$ 氨水至有明显的氨臭，加热，搅拌，离心分离。清液倾出按"4"处理。沉淀用 $3mol \cdot L^{-1}$ HCl 溶解，取 1 滴于点滴板上，加饱和 NH_4SCN 1 滴，溶液如呈血红色，示有 Fe^{3+}。

4. Cu^{2+} 的分离鉴定

"3"得到的清液若为深蓝色，则表示有 Cu^{2+} 存在。滴加 $6mol \cdot L^{-1}$ NaOH 并水浴加热至沉淀完全，离心分离，清液倾出按"5"处理。

5. K^+ 的鉴定

将"4"得到的清液中 NH_4^+ 除去，加入 $6mol \cdot L^{-1}$ HAc 使呈弱酸性，取 1 滴于点滴板上，加 $0.1mol \cdot L^{-1}$ $Na_3[Co(NO_2)_6]$ 1 滴，生成黄色 $K_2Na[Co(NO_2)_6]$ 沉淀，示有 K^+。

实验 3-3 无机离子定性分析

一、实验目的

1. 学会综合运用化学知识及原理，掌握定性实验设计能力。
2. 掌握阳离子混合液逐一分离原理及技术。
3. 掌握阴离子混合液的分离原理及鉴定技术。

二、实验要求

1. 卤离子的沉淀。
2. Cl^- 的分离和鉴定。
3. Br^- 和 I^- 的鉴定。

三、仪器与试剂

离心管、离心机、滴管、玻璃棒、酒精灯、烧杯、试管夹等。

HNO_3 （$6mol \cdot L^{-1}$）、H_2SO_4 （$3mol \cdot L^{-1}$）、$AgNO_3$ 溶液、$(NH_4)_2CO_3$ 溶液（$120g \cdot L^{-1}$）、苯（或 CCl_4）、新制氯水、Zn 粉。

四、实验步骤

取 1 滴 I^- 试液和 Cl^-、Br^- 试液各 2 滴于离心试管中，配成混合试液。选择能让玻璃棒插入底部的离心管，方便玻璃棒搅拌沉淀。

1. 卤离子的沉淀

向混合试液中加 1 滴 $6mol \cdot L^{-1}$ HNO_3 酸化，加 2 滴 $AgNO_3$ 至沉淀完全，加热，离心沉降，将离心液吸出弃去，沉淀以水洗 2~3 次，按"2"处理。

2. Cl^- 的分离和鉴定

在沉淀上滴加 20~30 滴 $120g \cdot L^{-1}$ $(NH_4)_2CO_3$，充分搅拌，离心沉降，吸出离心液，滴加 KBr，出现浓厚的浑浊，示有 Cl^-。

3. 将溴和碘转入溶液

在沉淀上加少许 Zn 粉和 5 滴水，充分搅拌，离心沉降，取离心液按"4"处理。

4. Br⁻和I⁻的鉴定

取"3"的离心液，以 $3mol \cdot L^{-1} H_2SO_4$ 酸化，加苯（CCl_4）3～4滴，然后滴加氯水，边加边摇，观察苯层颜色，如出现紫色，示有I⁻。继续滴加氯水，如紫色消失后出现红棕色或黄色，示有Br⁻。

实验3-4 分析天平的使用及称量练习——差量称量法

一、实验目的

1. 了解分析天平的构造，掌握分析天平的正确操作和使用规则。

2. 学会天平零点的调节。

3. 学会差量称量法。

二、仪器与试剂

台秤、电光分析天平、电子天平、表面皿、药匙、电子分析天平（精度0.1mg）等。

试样（细沙或NaCl试样）。

三、半自动电光分析天平的基本构造及使用方法

1. 分析天平的构造原理

天平是根据杠杆原理制成的，它用已知重量的砝码来衡量被称物体的重量。在分析工作中，通常说称量某物质的重量，实际上称得的都是物质的质量。

2. 基本构造

见图3-3。

（1）天平梁

天平梁是天平的主要部件，在梁的中下方装有细长而垂直的指针，梁的中间和等距离的两端装有三个玛瑙三棱体，中间三棱体刀口向下，两端三棱体刀口向上，三个刀口的棱边完全平行且位于同一水平面上。梁的两边装有两个平衡螺丝，用来调整梁的平衡位置（也即调节零点）。

（2）吊耳和秤盘

两个承重刀上各挂一吊耳，吊耳的上钩挂着秤盘，在秤盘和吊耳之间装有空气阻尼器。空气阻尼器是两个套在一起的铝制圆筒，内筒比外筒略小，正好套入外筒，两圆筒间有均匀的空隙，内筒能自由地上下移动。当天平启动时，利用筒内空气的阻力产生阻尼作用，使天平很快达到平衡。

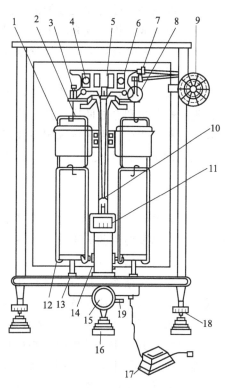

图3-3 TG-328B型分析天平的结构

1—横梁；2—平衡砣；3—吊耳；4—指针；
5—支点刀；6—框罩；7—圆形砝码；8—指数盘；9—支力销；10—折叶；11—阻尼内筒；
12—投影屏；13—秤盘；14—托盘；15—螺旋脚；16—垫脚；17—旋钮；18—零点
调节杆；19—调屏拉杆

（3）开关旋钮（升降枢）和盘托

天平启动和关闭是通过开关升降枢完成的。需启动时，顺时针旋转开关旋钮，带动升降枢，控制与其连接的托叶下降，天平梁放下，刀口与刀承相承接，天平处于工作状态。需关闭时，逆时针旋转开关旋钮，使托叶升起，天平梁被托起，刀口与刀承脱离，天平处于关闭状态。秤盘下方的底板上安有盘托，也受开关旋钮控制。关闭时，盘托支持着秤盘，防止秤盘摆动，可保护刀口。

（4）机械加码装置

机械加码装置是一种通过转动指数盘加减环形码（亦称环码）的装置。环码分别挂在码钩上。称量时，转动指数盘旋钮将砝码加到承受架上。当平衡时，环码的质量可以直接在砝码指数盘上读出。指数盘转动时可经天平梁上加 10～990mg 砝码，内层由 10～90mg 组合，外层由 100～900mg 组合。大于 1g 的砝码则要从与天平配套的砝码盒中取用（用镊子夹取）。

（5）光学读数装置

光学读数装置固定在支柱的前方。称量时，固定在天平指针上微分标尺的平衡位置可以通过光学系统放大投影到光屏上。标尺上的读数直接表示 10mg 以下的质量，每一大格代表 1mg，每一小格代表 0.1mg。从投影屏上可直接读出 0.1～10mg 以内的数值。

（6）天平箱

为了天平在稳定气流中称量及防尘、防潮，天平安装在一个由木框和玻璃制成的天平箱内，天平箱前边和左右两边有门，前门一般在清理或修理天平时使用，左右两侧的门分别供取放样品和砝码用。天平箱固定在大理石板上，箱座下装有三个支脚，后面的一个支脚固定不动，前面的两个支脚可以上下调节，通过观察天平内的水平仪，使天平调节到水平状态。

3. 使用方法

分析天平是精密仪器，放在天平室里。天平室要保持干燥清洁。进入天平室后，对照天平号坐在自己要使用的天平前，按下述方法进行操作：

① 掀开防尘罩，将前、左、右三片叠放在天平箱上方。检查天平是否正常：天平是否水平，秤盘是否洁净，指数盘是否在"000"位，环码有无脱落，吊耳是否错位等。如天平内或秤盘上不洁净，应用软毛刷小心清扫。

② 调节零点　接通电源，轻轻顺时针旋转升降枢，启动天平，在光屏上即看到标尺，标尺停稳后，光屏中央的黑线应与标尺中的"0"线重合，即为零点（天平空载时平衡点）。如不在零点，差距小时，可调节微动调节杆，移动屏的位置，调至零点；如差距大时，关闭天平，调节横梁上的平衡螺丝，再开启天平，反复调节，直至零点。若有困难，应报告指导教师，由教师指导调节。

③ 称量　零点调好后，关闭天平。把称量物通常放在左秤盘中央，关闭左门；打开右门，根据估计的称量物的质量，把相应质量的砝码放入右盘中央，然后将天平升降枢半打开，观察标尺移动方向（标尺迅速往哪边跑，哪边就重），以判断所加砝码是否合适并确定如何调整。当调整到两边相差的质量小于 1g 时，应关好右门，再依次调整 100mg 组和 10mg 组环码，每次均从中间量开始调节，即使用"减半加减码"的顺序加减砝码，可迅速找到物体的质量范围。调节环码至 10mg 以后，完全启动天平，准备读数。

称量过程中必须注意以下事项：

a. 称量未知物的质量时，一般要在台秤上粗称。这样不仅可以加快称量速度，同时可保护分析天平的刀口。

b. 加减砝码的顺序是：由大到小，依次调定。在取、放称量物或加减砝码时（包括环码），必须关闭天平。启动开关旋钮时，一定要缓慢均匀，避免天平剧烈摆动。这样可以保护天平刀口不致受损。

c. 称量物和砝码必须放在秤盘中央，避免秤盘左右摆动。不能称量过冷或过热的物体，以免引起空气对流，使称量的结果不准确。称取具腐蚀性、易挥发物体时，必须放在密闭容器内称量。

d. 同一实验中，所有的称量要使用同一架天平，以减小称量的系统误差。天平称量不能超过最大载重，以免损坏天平。

e. 砝码盒中的砝码必须用镊子夹取，不可用手直接拿取，以免沾污砝码。砝码只能放在天平秤盘上或砝码盒内，不得随意乱放。在使用机械加码旋钮时，要轻轻逐格旋转，避免环码脱落。

④ 读数　砝码与环码调定后，关闭天平门，待标尺在投影屏上停稳后再读数，及时在记录本上记下数据。砝码、环码的质量加标尺读数（均以克计）即为被称物质量。读数完毕，应立即关闭天平。

⑤ 复原　称量完毕，取出被称物放到指定位置，砝码放回盒内，指数盘退回到"000"位，关闭两侧门，盖上防尘罩。登记，教师签字，凳子放回原处，然后离开天平室。

4. 称量方法

（1）直接法

天平零点调好以后，关闭天平，把被称物用一干净的纸条套住（也可采用戴一次性手套、专用手套、用镊子或钳子等方法），放在天平左秤盘中央，调整砝码使天平平衡，所得读数即为被称物的质量。这种方法适合于称量洁净干燥的器皿、棒状或块状的金属及其他整块的不易潮解或升华的固体样品。

（2）固定质量称量法

此法用于称取指定质量的试样。适合于称取本身不宜吸水，并在空气中性质稳定的细粒或粉末状试样，其步骤如下：先称出容器（如表面皿、铝勺、硫酸纸）的质量，或将天平的左右两秤盘中放上大小相等，质量相近的两个表面皿，若质量相差太大，可将轻的表面皿放在右盘，在右盘中添加适量玻璃碎片，使天平平衡，调节零点（左盘的表面皿用后及时清洗，烘干，放置天平上备用）。然后加入固定质量的砝码于右盘中，再用牛角勺将试样慢慢加入盛放试样的表面皿（或其他器皿、硫酸纸）中。开始加样时，天平应处于关闭状态。少量加样后，判断加入的量距指定的质量差多少。用牛角勺逐渐加入试样，半开天平进行称重。当所加试样与指定质量相差不到 10mg 时，完全打开天平，极其小心地将盛有试样的牛角勺伸向左秤盘的容器上方约 2～3cm 处，勺的另一端顶在掌心上，用拇指、中指及掌心拿稳牛角勺，并用食指轻弹勺柄，将试样慢慢抖入容器中，直至天平平衡。此操作必须十分仔细，若不慎多加了试样，只能关闭升降枢，用牛角勺取出多余的试样，再重复上述操作直到符合要求为止。然后，取出表面皿，将试样直接转入接收器。

（3）差量（递减）称量法

即称取试样的量是由两次称量之差而求得。此法比较简便、快速、准确，在化学实验中常用来称取待测样品和基准物，是最常用的一种称量法。它与上述两种方法不同，称取样品的质量只要控制在一定要求范围内即可。操作步骤如下：用手拿住表面皿的边沿，连同放在上面的称量瓶一起从干燥器里取出。用小纸片夹住称量瓶，打开瓶盖，将稍多于需要量的试样用牛角勺加入称量瓶（在台秤上粗称），盖上瓶盖，用清洁的纸条叠成约 1cm 宽的纸带套在称量瓶上，左手拿住纸带尾部把称量瓶放到天平左盘的正中位置，选取适量的砝码放在右盘上使之平衡，称出称量瓶加试样的准确质量（准确到 0.1mg），记下读数设为 m_1(g)。关闭天平，将右盘砝码或环码减去需称量的最小值。左手仍用纸带将称量瓶从秤盘上拿到接收器上方，右手用纸片夹住瓶盖柄打开瓶盖，瓶盖不能离开接收器上方。将瓶身慢慢向下倾斜，并用瓶盖轻轻敲击瓶口，使试样慢慢落入容器内，不要把试样撒在容器外。当估计倾出的试样已接近所要求的质量时（可从体积上估计），慢慢将称量瓶竖起，用盖轻轻敲瓶口，使沾附在瓶口上部的试样落入瓶内，然后盖好瓶盖，将称量瓶再放回天平左盘上称量。若左边重，则需重新敲击，若左边轻，则不能再敲，需准确称取其质量，设此时质量为 m_2(g)。则倒入接收器中的质量为 m_1-m_2(g)。按上述方法连续操作，可称取多份试样。

注意：

不能用手直接接触称量瓶及瓶盖。

不论是"半开"还是"全开"状态，一律不准取放称量物和砝码，最好关闭天平再进行该操作。

只有在天平全开的状态下才能读数。

保持安静，如实对使用过程进行登记。

电子天平的结构见图 3-4。电子天平称量操作简单，天平准备好后，差减法称量时，将盛有样品的称量瓶放于称量盘上，去皮，然后根据需要敲出样品量，再称量，电子天平上显示的数值绝对值，就是称量样品质量。对于精度 0.1mg 的电子天平，称量质量一般不超过 200g。

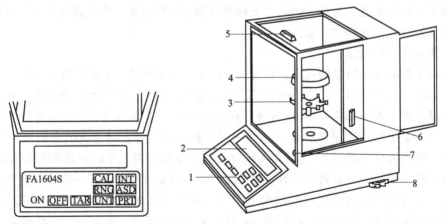

图 3-4　电子天平

1—键盘；2—质量显示器；3—盘托；4—秤盘；5—顶盖；6—左右移门；7—水平仪；8—水平调节脚

四、实验内容

1. 教师示范电子分析天平称量操作。

2. 用直接称量法称出一根头发的质量。

3. 差量法称出三份质量范围为 0.2~0.3g 的 NaCl 样品。

4. 用固定质量称量法称出两份质量为 0.2400g 的 NaCl 样品。

一、实验目的

1. 学会标准溶液的配制方法，掌握标定过程及原理。
2. 学会酸碱滴定管的基本操作，掌握滴定过程及指示剂选择原则和变色原理。
3. 熟练掌握台秤、量筒的操作。

二、实验原理

标准溶液是指已知准确浓度的溶液。其配制方法通常有两种：直接法和标定法。

1. 直接法

准确称取一定质量的物质经溶解后定量转移到容量瓶中，并稀释至刻度，摇匀。根据称取物质的质量和容量瓶的体积，即可算出该标准溶液的准确浓度。适用此方法配制标准溶液的物质必须是基准物质。

2. 标定法

大多数物质的标准溶液不宜用直接法配制，可选用标定法。即先配成近似所需浓度的溶液，再用基准物质或已知准确浓度的标准溶液标定其准确浓度。HCl 和 NaOH 标准溶液在酸碱滴定中最常用，但由于浓盐酸易挥发，NaOH 固体易吸收空气中的 CO_2 和水蒸气，故只能选用标定法来配制。其浓度一般在 $0.01 \sim 1 mol \cdot L^{-1}$ 之间，通常配制 $0.1 mol \cdot L^{-1}$ 的溶液。

常用标定碱标准溶液的基准物质有邻苯二甲酸氢钾、草酸等。本实验选用邻苯二甲酸氢钾作为基准物质，其反应为：

$$\underset{\text{COOK}}{\overset{\text{COOH}}{\bigcirc}} + NaOH \longrightarrow \underset{\text{COOK}}{\overset{\text{COONa}}{\bigcirc}} + H_2O$$

化学计量点时，溶液呈弱碱性（pH=9.2），可选用酚酞作为指示剂。常用于标定酸的基准物质有无水碳酸钠和硼砂。其浓度还可通过与已知准确浓度的 NaOH 标准溶液比较进行标定。$0.1 mol \cdot L^{-1}$ HCl 和 $0.1 mol \cdot L^{-1}$ NaOH 溶液的比较标定是强酸强碱的滴定，化学计量点时 pH=7.0，滴定突跃范围比较大（pH=4.3~9.7），因此，凡是变色范围全部或部分落在突跃范围内的指示剂，如甲基橙、甲基红、酚酞、甲基红-溴甲酚绿混合指示剂，都可用来指示终点。比较滴定中可以用酸溶液滴定碱溶液，也可用碱溶液滴定酸溶液。若用 HCl 溶液滴定 NaOH 溶液，选用甲基橙为指示剂。

三、仪器与试剂

台秤、量筒（10mL）、烧杯、试剂瓶、酸式滴定管（50mL）、碱式滴定管（50mL）、锥形瓶（250mL）等。

浓盐酸（A.R.）、NaOH(s)(A.R.)、酚酞指示剂（0.2%乙醇溶液）、甲基橙指示剂（0.2%）、邻苯二甲酸氢钾(s)(A.R.)。

四、实验步骤

1. 酸碱标准溶液的配制

（1）$0.1 mol \cdot L^{-1}$ HCl 溶液的配制　用洁净量筒量取 1：1 浓 HCl 约 8.5mL（为什么？预习中应计算）倒入 500mL 试剂瓶中（如果没有试剂瓶，可临时用容量瓶代替），用蒸馏水稀释至 1000mL，盖上玻璃塞，充分摇匀。贴好标签，写好试剂名称，浓度（空一格，留待填写准确浓度），配制日期，班级，姓名等项。长期使用的试剂一定要贴试剂标签，写上试剂名称及浓度，学生练习实验、临时实验的试剂，如果不产生混淆，可不贴标签。

（2）0.1mol·L^{-1} NaOH 溶液的配制　用台秤迅速称取 2g NaOH 固体（为什么？）于 100mL 小烧杯中，加约 30mL 无 CO$_2$ 的去离子水溶解，然后转移至试剂瓶中，用蒸馏水稀释至 500mL，摇匀后，用橡皮塞塞紧。贴好标签，备用。

2. NaOH 溶液浓度的标定

洗净碱式滴定管，检查不漏水后，用所配制的 NaOH 溶液润洗 2～3 次，每次用量 5～10mL，然后将碱液装入滴定管中至"0"刻度线上，排除管尖的气泡，调整液面至 0.00 刻度或零点稍下处，静置 1min 后，精确读取滴定管内液面位置，并记录在报告本上。

用差减法准确称取 0.4～0.6 g 已烘干的邻苯二甲酸氢钾三份，分别放入三个已编号的 250mL 锥形瓶中，加 20～30mL 水溶解（若不溶可稍加热，冷却后），加入 1～2 滴酚酞指示剂，用 0.1mol·L^{-1} NaOH 溶液滴定至呈微红色，注意观察锥形瓶中邻苯二甲酸氢钾完全溶解，半分钟不褪色，即为终点。计算 NaOH 标准溶液的浓度。

3. HCl 溶液浓度的标定

洗净酸式滴定管，经检漏、润洗、装液、静置等操作，备用。酸式滴定管涂好凡士林后，每次使用时，只要不漏液，就不需要再涂凡士林。

取 250mL 锥形瓶，洗净后放在碱式滴定管下，由滴定管放出约 20mL NaOH 溶液于锥形瓶中，加入 1～2 滴 0.2%甲基橙指示剂，用 HCl 溶液滴定。边滴边摇动锥形瓶，使溶液充分反应。

待滴定近终点时，用去离子水冲洗在瓶壁上的酸或碱液，再继续逐滴或半滴滴定至溶液恰好由黄色转变为橙色，即为终点。若 HCl 过量，也可用 NaOH 返滴定，或再滴加 NaOH 溶液，仍以 HCl 溶液滴定至终点（可反复操作和观察终点颜色）。读取并记录 NaOH 溶液和 HCl 溶液的精确体积，计算 V_{NaOH}/V_{HCl}。平行做 3～4 次，计算标准溶液浓度和相对平均偏差，要求相对平均偏差不大于 0.2%。

$$c_{NaOH} = \frac{\frac{m_{KHP}}{204.23} \times 10^3}{V_{NaOH}}$$

【思考题】
1. NaOH 和 HCl 能否直接配制成标准溶液？为什么？
2. 用台秤称取固体 NaOH 时，应注意什么？
3. 溶解基准物质的水的体积，是否需要准确？为什么？
4. 标准溶液的浓度应保留几位有效数字？
5. 从滴定管中流出半滴溶液的操作要领是什么？
6. 标定 NaOH 溶液，邻苯二甲酸氢钾的质量是怎样计算得来的？
7. 滴定管和移液管为什么要用溶液润洗三遍？锥形瓶是否也要用溶液润洗？

实验 3-6　铵盐中含氮量的测定

一、实验目的
1. 学会用甲醛法测定氮含量，掌握间接滴定的原理。

2. 学会 NH_4^+ 的强化，掌握试样消化操作。

3. 掌握容量瓶、移液管的正确操作。

4. 进一步熟悉分析天平的使用。

二、实验原理

常用的含氮化肥有 NH_4Cl、$(NH_4)_2SO_4$、NH_4NO_3、NH_4HCO_3 和尿素等，其中 NH_4Cl、$(NH_4)_2SO_4$ 和 NH_4NO_3 是强酸弱碱盐。由于 NH_4^+ 的酸性太弱（$K_a = 5.6 \times 10^{-10}$），因此不能直接用 $NaOH$ 标准溶液滴定，用甲醛法可以间接测定其含量。尿素通过处理也可以用甲醛法测定其含氮量。甲醛与 NH_4^+ 作用，生成质子化的六亚甲基四胺（$K_a = 7.1 \times 10^{-6}$）和 H^+，其反应如下：

$$4NH_4^+ + 6HCHO = (CH_2)_6N_4H^+ + 3H^+ + 6H_2O$$

所生成的 H^+ 和 $(CH_2)_6N_4H^+$ 可用 $NaOH$ 标准溶液滴定，采用酚酞作为指示剂（为什么?）。

三、仪器与试剂

容量瓶（250mL）、移液管（25mL）、锥形瓶（250mL）、碱式滴定管等。

$(NH_4)_2SO_4$ 试样（s）、甲基红指示剂（0.2%水溶液）、酚酞（0.2%乙醇溶液）、甲醛溶液（1:1）、$NaOH$ 标准溶液（0.1mol·L^{-1}）。

四、实验步骤

1. 准确称取 1.6~2.0g $(NH_4)_2SO_4$ 试样于小烧杯中，用少量蒸馏水溶解，然后完全转移至 250mL 容量瓶中，用水稀释至刻度，摇匀。

2. 用移液管移取 25.00mL 上述试液于 250mL 锥形瓶中，加水 20mL，加 1~2 滴甲基红指示剂，溶液呈红色，用 0.1mol·L^{-1} $NaOH$ 溶液中和至红色转变成金黄色；然后加入 10mL 已中和的 1:1 甲醛溶液和 1~2 滴酚酞指示剂，摇匀，静置 2min 后，用 0.1mol·L^{-1} $NaOH$ 标准溶液滴定至溶液呈淡红色，持续半分钟不褪色即为终点，记下读数，计算试样中氮的质量分数，以 w_N 表示。平行测定三次，要求相对平均偏差不大于 5%。

$$w_N = \frac{(cV)_{NaOH} \times 10^{-3} \times 14.007 \times 10}{m_{(NH_4)_2SO_4}} \times 100\%$$

【思考题】

1. 尿素为有机碱，为什么不能用标准酸溶液直接滴定？尿素经消化转为 NH_4^+，为什么能用 $NaOH$ 溶液直接滴定？

2. 计算称取试样量的原则是什么？本实验试样量如何计算？

3. NH_4HCO_3 中的含氮量能否用甲醛法测定？

实验 3-7 盐酸标准溶液的配制及标定

一、实验目的

1. 学会标准溶液的配制方法，掌握标定过程及原理。

2. 学会酸式滴定管的基本操作，掌握滴定过程及指示剂选择原则和变色原理。

3. 熟练掌握电子天平、量筒的操作。

二、实验原理

常用标定盐酸标准溶液的基准物质有硼砂和无水碳酸钠等，本实验选用无水碳酸钠作为基准物质，其反应为：

$$Na_2CO_3 + 2HCl == 2NaCl + CO_2 + H_2O$$

化学计量点时，溶液呈弱酸性（pH＝4.0），可选用甲基橙作为指示剂。

三、仪器与试剂

试剂瓶、酸式滴定管（50mL）、锥形瓶（250mL）、小烧杯（100mL）、容量瓶（250mL）、移液管（25mL）等。

盐酸（6mol·L^{-1}）、甲基橙指示剂（0.2%）、无水碳酸钠（s）（A.R.）。

四、实验步骤

1. 盐酸标准溶液的配制

0.1mol·L^{-1} HCl 溶液的配制，用洁净量筒量取 HCl 约 8.5～9mL（为什么？预习中应计算）倒入 500mL 试剂瓶中，用蒸馏水稀释至 500mL，盖上玻璃塞，充分摇匀。贴好标签，写好试剂名称，浓度（空一格，留待填写准确浓度），配制日期，班级，姓名等项。

2. 盐酸标准溶液浓度的标定

准确称取 1.2～1.4g 无水碳酸钠于小烧杯中，加 30mL 蒸馏水溶解，然后完全转移到 250mL 容量瓶中，稀至刻度，摇匀。

用 25mL 移液管取 25mL 上述碳酸钠溶液于锥形瓶中，加入 2 滴 0.2%甲基橙指示剂，用 HCl 溶液滴定至橙色，记下消耗的盐酸溶液体积。平行实验 3～4 次。计算盐酸标准溶液浓度和相对平均偏差，要求相对平均偏差不大于 0.2%。

$$c_{HCl} = \frac{\dfrac{m_{Na_2CO_3}}{105.99} \times 2 \times 10^3 \times \dfrac{1}{10}}{V_{HCl}}$$

实验 3-8 混合碱的分析（双指示剂法）

混合碱的分析方法主要有双指示剂法和氯化钡法。氯化钡法准确度比较高，但操作较为烦琐；双指示剂法由于第一计量点时酚酞变色不太明显，误差较大，但由于操作简单，应用较多。

本次实验采用双指示剂法对混合碱水样进行分析。

一、实验原理

混合碱一般是指 NaOH 与 Na$_2$CO$_3$ 或 Na$_2$CO$_3$ 与 NaHCO$_3$ 的混合物。NaOH 与 Na$_2$CO$_3$ 双指示剂法分析的分析原理如下：

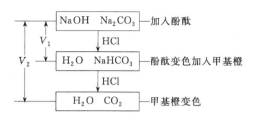

二、实验步骤

1. 0.1mol·L^{-1} HCl 标准溶液的标定

同实验 3-7。

2. 混合碱的滴定

用 25mL 移液管移取 25.00mL 混合碱液于 250mL 锥形瓶中，滴加 2 滴酚酞指示剂，摇匀，以标准 HCl 溶液滴定之，至溶液由红色变为微红色即达到第一计量点，记下消耗标准 HCl 溶液的量 V_1。

向已变色的溶液中滴加甲基橙指示剂 2 滴，继续以标准 HCl 溶液滴定，至溶液由黄色转变为橙色即达到第二计量点，记下消耗标准 HCl 溶液的量 V_2。平行三份。

$$c_{\text{Na}_2\text{CO}_3} = \frac{\bar{c}_{\text{HCl}} \times (V_2 - V_1)}{25.00}$$

$$c_{\text{NaOH}} = \frac{\bar{c}_{\text{HCl}} \times (2V_1 - V_2)}{25.00}$$

比较 V_1 与 V_2 的大小，判断混合碱的成分及含量。

实验 3-9　EDTA 标准溶液的配制与标定

一、实验目的

1. 了解 EDTA 标液的配制和标定原理。
2. 掌握常用的标定 EDTA 的方法。

二、实验原理

乙二胺四乙酸 H_4Y（EDTA），由于在水中的溶解度很小，通常把它制成二钠盐（$\text{Na}_2\text{H}_2\text{Y·2H}_2\text{O}$），也称为 EDTA 或 EDTA 二钠盐。EDTA 相当于六元酸，在水中有六级解离平衡。与金属离子形成螯合物时，络合比一般为 1:1。

EDTA 因常吸附 0.3% 的水分且其中含有少量杂质而不能直接配制标准溶液，通常采用标定法制备 EDTA 标准溶液。标定 EDTA 的基准物质有纯的金属如 Cu、Zn、Ni、Pb 以及它们的氧化物，某些盐类如 CaCO_3、$\text{ZnSO}_4\text{·7H}_2\text{O}$、$\text{MgSO}_4\text{·7H}_2\text{O}$。

金属离子指示剂通过在络合滴定时与金属离子生成有色络合物来指示滴定过程中金属离子浓度的变化。

$$\text{M} \; + \; \text{In} = \!\!= \text{MIn}$$

颜色甲　　颜色乙

滴入 EDTA 后，金属离子逐步被络合，当达到反应化学计量点时，已与指示剂络合的金属离子被 EDTA 夺出，释放出指示剂的颜色：

$$MIn \ + \ Y \Longrightarrow \ MY \ + \ In$$

颜色乙　　　　　　颜色甲

指示剂变化的 pM_{ep} 应尽量与化学计量点的 pM_{sp} 一致。金属离子指示剂一般为有机弱酸，存在着酸效应，要求显色灵敏，迅速，稳定。

常用金属离子指示剂介绍如下。

铬黑 T（EBT）：pH＝10 时，用于 Mg^{2+}，Zn^{2+}，Cd^{2+}，Pb^{2+}，Hg^{2+}，In^{3+}。

二甲酚橙（XO）：pH 5～6 时，用于 Zn^{2+}。

K-B 指示剂（酸性铬蓝 K-萘酚绿 B 混合指示剂）：pH＝10 时，用于 Mg^{2+}、Zn^{2+}、Mn^{2+} 的测定。pH＝12 时，用于 Ca^{2+} 的测定。

三、实验步骤

1. $0.01mol \cdot L^{-1}$ EDTA 溶液的配制

称取 1.6～1.8g EDTA 于 250mL 烧杯中，加 100mL 水溶解，必要时还需加热。转移至试剂瓶中，稀至 400mL，长期储存要放在聚乙烯塑料瓶中。

2. Ca^{2+} 标准溶液的配制

准确称取 0.25g $CaCO_3$ 于 100mL 小烧杯中，用少量水润湿，盖上表面皿，用滴管从烧杯嘴处滴加 5mL $6mol \cdot L^{-1}$ HCl 至 $CaCO_3$ 完全溶解，冲洗表面皿和烧杯壁，定量转移至 250mL 容量瓶中，定容，摇匀。

3. EDTA 的标定

用移液管移取 25.00mL Ca^{2+} 标准溶液于锥形瓶中，加 10mL 氨性缓冲溶液，适量的 K-B 指示剂，用 EDTA 滴定至蓝绿色，记下滴定体积，平行实验三次。

$$c_{EDTA} = \dfrac{\dfrac{m_{CaCO_3}}{100.09} \times 10^3 \times \dfrac{1}{10}}{V_{EDTA}}$$

【思考题】

1. 为什么要使用两种指示剂分别标定？

2. 在中和标准物质中的 HCl 时，能否用酚酞取代甲基红，为什么？

3. 阐述 Mg^{2+}-EDTA 能够提高终点敏锐度的原理。

4. 滴定为什么要在缓冲溶液中进行？如果没有缓冲溶液存在，将会导致什么现象发生？

5. 配制 $CaCO_3$ 溶液和 EDTA 溶液时，各采用何种天平称量？为什么？

6. 以 HCl 溶液溶解 $CaCO_3$ 基准物质时，操作中应注意些什么？

实验 3-10　自来水总硬度测定

一、实验目的

1. 学会用配位滴定法测定水的总硬度，掌握配位滴定的原理，了解配位滴定的特点。

2. 学会 K-B 指示剂、铬黑 T 指示剂的使用及终点颜色变化的观察，掌握配位滴定操作。

二、实验原理

水的硬度主要来自于水中含有的钙盐和镁盐，其他金属离子如铁、铝、锰、锌等离子也形成硬度，但一般含量甚小，测定工业用水总硬度时可忽略不计。测定水的硬度常采用配位滴定法，用 EDTA 溶液滴定水中 Ca、Mg 总量，然后换算为相应的硬度单位。在要求不严格的分析中，EDTA 溶液可用直接法配制，但通常采用间接法配制。为了减小系统误差，本实验中选用 $CaCO_3$ 为基准物，以 K-B 为指示剂，进行标定。用 EDTA 溶液滴定至溶液由紫红色变为蓝绿色即为终点。

按国际标准方法测定水的总硬度：在 pH＝10 的 NH_3-NH_4Cl 缓冲溶液中（为什么？），以铬黑 T（EBT）为指示剂，用 EDTA 标准溶液滴定至溶液由酒红色变为纯蓝色即为终点。滴定过程反应如下：

滴定前：　　　　　　　　$EBT + Mg^{2+} \Longrightarrow Mg\text{-}EBT$

　　　　　　　　（蓝色）　　　　　（紫红色）

滴定时：　　　　　　　　$EDTA + Ca^{2+} \Longrightarrow Ca\text{-}EDTA$

　　　　　　　　　　　　　　　　（无色）

　　　　　　　　　　　　$EDTA + Mg^{2+} \Longrightarrow Mg\text{-}EDTA$

　　　　　　　　　　　　　　　　（无色）

终点时：　　　　　$EDTA + Mg\text{-}EBT \Longrightarrow Mg\text{-}EDTA + EBT$

　　　　　　　　（紫红色）　　　　　　（蓝色）

到达计量点时，呈现指示剂的纯蓝色。若水样中存在 Fe^{3+}、Al^{3+} 等微量杂质时，可用三乙醇胺进行掩蔽，Cu^{2+}、Pb^{2+}、Zn^{2+} 等重金属离子可用 Na_2S 或 KCN 掩蔽。

各国对水的硬度表示不同，我国采用的硬度表示方法为：将钙镁离子折合为碳酸钙，以两种单位表示硬度，$mmol \cdot L^{-1}$ 和 $mg \cdot L^{-1}$。

若要测定钙硬度，可控制 pH 值介于 12～13 之间，选用钙指示剂进行测定。镁硬度可由总硬度减去钙硬度求出。

三、仪器与试剂

台秤、分析天平、酸式滴定管、锥形瓶、移液管（25mL）、容量瓶（250mL）、烧杯、试剂瓶、量筒（100mL）、表面皿等。

EDTA 标准溶液（$0.01mol \cdot L^{-1}$）、K-B 指示剂（指示剂与 NaCl 粉末 1：100 混匀）、三乙醇胺（1：1）、NH_3-NH_4Cl 缓冲溶液（pH＝10）、铬黑 T 指示剂（0.05％）、钙指示剂（指示剂与 NaCl 粉末 1：100 混匀）。

四、实验步骤

取水样 100mL 于 250mL 锥形瓶中，加入 5mL 1：1 三乙醇胺（若水样中含有重金属离子，则加入 1mL 2％ Na_2S 溶液掩蔽），5mL 氨性缓冲溶液，适量铬黑 T（EBT）指示剂，$0.01mol \cdot L^{-1}$ EDTA 标准溶液滴定至溶液由紫红色变为纯蓝色，即为终点。注意接近终点时应慢滴多摇。平行测定三次，计算水的总硬度，以 $mmol \cdot L^{-1}$ 和 $mg \cdot L^{-1}$ 两种单位表示分析结果。

【附注】

铬黑 T 与 Mg^{2+} 显色灵敏度高，与 Ca^{2+} 显色灵敏度低，当水样中 Ca^{2+} 含量高而 Mg^{2+} 很低时，得到不敏锐的终点，可在水样中加入少许 Mg-EDTA，利用置换滴定法的原理来提高终点变色的敏锐性，或者采用 K-B 混合指示剂。

水样中含铁量超过 $10mg \cdot mL^{-1}$ 时用三乙醇胺掩蔽有困难，需用蒸馏水将水样稀释到 Fe^{3+} 不超过 $10mg \cdot mL^{-1}$ 即可。

【思考题】

1. 铬黑 T 指示剂是怎样指示滴定终点的？
2. 配位滴定中为什么要加入缓冲溶液？
3. 用 EDTA 法测定水的硬度时，哪些离子的存在有干扰？如何消除？
4. 配位滴定与酸碱滴定法相比，有哪些不同点？操作中应注意哪些问题？

附：钙硬度和镁硬度的测定

取水样 100mL 于 250mL 锥形瓶中，加入 2mL $6mol \cdot L^{-1}$ NaOH 溶液，摇匀，再加入 0.01g 钙指示剂，摇匀后用 $0.01mol \cdot L^{-1}$ EDTA 标准溶液滴定至溶液由酒红色变为纯蓝色即为终点。计算钙硬度。由总硬度和钙硬度求出镁硬度。

$$c_{EDTA} = \frac{\dfrac{m_{CaCO_3}}{100.09} \times 10^3 \times \dfrac{1}{10}}{V_{EDTA}} \quad (mol \cdot L^{-1})$$

$$\rho_{CaCO_3} = \frac{\bar{c}_{EDTA} V_{EDTA}}{0.100} \quad (mmol \cdot L^{-1})$$

$$= \frac{\bar{c}_{EDTA} V_{EDTA} \times 100.09}{0.100} \quad (mg \cdot L^{-1})$$

实验 3-11 铝合金中铝含量的测定

一、实验目的

1. 掌握置换滴定原理。
2. 学会铝合金的溶样方法。

二、实验原理

铝合金中含有：Si、Mg、Cu、Mn、Fe、Zn，个别还含有 Ti、Ni、Ca 等，返滴定测定铝含量时，所有能与 EDTA 形成稳定络合物的离子都产生干扰，缺乏选择性。对于复杂物质中的铝，一般都采用置换滴定法。

先调节溶液 pH 值为 3~4，加入过量 EDTA 标准溶液，煮沸，使 Al^{3+} 与 EDTA 络合，冷却后，再调节溶液的 pH 值为 5~6，以二甲酚橙为指示剂，用 Zn^{2+} 标准溶液滴定过量的 EDTA（不计体积），然后加入过量 NH_4F，加热至沸，使 AlY^- 与 F^- 之间发生置换反应，并释放出与 Al^{3+} 等物质的量的 EDTA：

$$AlY^- + 6F^- + 2H^+ \Longrightarrow AlF_6^{3-} + H_2Y^{2-}$$

释放出来的 EDTA，再用 Zn^{2+} 盐标准溶液滴定至紫红色，即为终点。铝合金中杂质元素较多，通常可用 NaOH 分解法或 HNO_3-HCl 混合溶液进行溶样。

三、主要试剂

EDTA 溶液（$0.02mol \cdot L^{-1}$），二甲酚橙（XO，$2g \cdot L^{-1}$）水溶液，NaOH 溶液（$200g \cdot L^{-1}$，储于塑料瓶中），HCl（$6mol \cdot L^{-1}$，$3mol \cdot L^{-1}$），$NH_3 \cdot H_2O$（1+1），六亚甲基四胺溶液（$200g \cdot L^{-1}$），Zn^{2+}（$0.02mol \cdot L^{-1}$），NH_4F 溶液（$200g \cdot L^{-1}$，储于塑料瓶中），铝合金试样。

四、实验步骤

1. 样品的预处理

准确称取 0.25g 左右铝合金于 100mL 塑料烧杯中，加入 10mL NaOH 溶液，在水浴中加热溶解，待样品大部分溶解（有少许黑渣为碱不溶物），加入 $6mol \cdot L^{-1}$ HCl 20mL，少许黑渣溶解后，将上述溶液定量转至 250mL 容量瓶中，稀释至刻度，摇匀。

2. 铝合金中铝含量的测定

移取铝合金试液 25.00mL 于 250mL 锥形瓶中，加入 EDTA 溶液 50mL，滴加 3 滴二甲酚橙，此时溶液呈黄色，滴加（1+1）氨水调至溶液恰好出现红色（pH＝7～8），再滴加 $6mol \cdot L^{-1}$ HCl 至试液呈黄色，如不呈黄色，可用 $3mol \cdot L^{-1}$ HCl 来调节。用 $0.02mol \cdot L^{-1}$ 锌标准溶液滴定至溶液由黄色变为紫红色（不计滴定的体积），加入 $200g \cdot L^{-1}$ NH_4F 溶液 10mL，将溶液加热至微沸，流水冷却。再补加二甲酚橙指示剂 1 滴，用 $3mol \cdot L^{-1}$ HCl 调节溶液呈黄色后，再用 $0.02mol \cdot L^{-1}$ 锌标准溶液滴定至溶液由黄色变为红色，即为终点。根据消耗的锌盐溶液体积，计算 Al 的质量分数。

【思考题】

1. 用锌标准溶液滴定多余的 EDTA，为什么不计滴定体积？能否不用锌标准溶液，而用没有准确浓度的 Zn^{2+} 溶液滴定？

2. 实验中使用的 EDTA 需不需要标定？

3. 能否采用 EDTA 直接滴定方法测定铝？

实验 3-12　高锰酸钾标准溶液的配制与标定

一、实验目的

1. 掌握高锰酸钾标准溶液的配制和标定方法以及标定反应条件。
2. 学习玻璃砂芯漏斗的使用。
3. 进一步掌握滴定分析的操作、巩固减量法称量、滴定等基本操作。

二、实验原理

一般用草酸钠标定高锰酸钾，为了加快反应速率，加热到 75～85℃，必要时加入 Mn^{2+} 为催化剂，其反应为：

$$2MnO_4^- + 5C_2O_4^{2-} + 16H^+ \xrightarrow{75\sim80℃} 2Mn^{2+} + 10CO_2 \uparrow + 8H_2O$$

三、仪器与试剂

1. $Na_2C_2O_4$ 基准物质，于105℃干燥2h后备用。
2. H_2SO_4（1+5）。
3. $KMnO_4$（A.R.）。

四、实验步骤

1. 0.02mol·L^{-1} $KMnO_4$ 溶液的配制

称取1.3～1.5g $KMnO_4$，加入适量水，使其溶解后，转移到洁净的棕色试剂瓶中，用水稀释至400mL，摇匀，塞好塞子。静置7～10天后，用3号玻璃砂芯漏斗过滤上层清液，倒掉残余溶液和沉淀。洗净试剂瓶，将溶液倒回瓶内，摇匀，待标定。急用时，将溶液煮沸并微沸1h，冷却后过滤，标定。

2. $KMnO_4$ 溶液的标定

准确称取1.6～1.8g $Na_2C_2O_4$ 于小烧杯中，加入适量水，使其溶解后，然后完全转移至250mL容量瓶中，稀至刻度，摇匀。用移液管移取上述 $Na_2C_2O_4$ 溶液25mL于锥形瓶中，加入15mL H_2SO_4，用水浴慢慢加热至有蒸汽冒出（75～85℃），趁热用待标定的 $KMnO_4$ 溶液进行滴定。待溶液中有 Mn^{2+} 产生后，反应速率加快。近终点时，紫红色褪去很慢，应减慢滴定速度并充分搅拌，以防超过终点。最后滴加半滴 $KMnO_4$ 溶液，搅匀后，微红色半分钟不褪，表明已到终点，记下滴定体积，平行实验3～4次。

计算 $KMnO_4$ 的浓度：

$$c_{KMnO_4} = \frac{\dfrac{m_{Na_2C_2O_4}}{134.00} \times 10^3 \times \dfrac{2}{5} \times \dfrac{1}{10}}{V_{KMnO_4}}$$

【思考题】

1. 配制 $KMnO_4$ 标准溶液时，为什么要将 $KMnO_4$ 溶液煮沸一定时间并放置数天？配好的 $KMnO_4$ 溶液为什么要过滤后才能保存？过滤时是否可以用滤纸？
2. 配制好的 $KMnO_4$ 溶液为什么要盛放在棕色瓶中保护？如果没有棕色瓶怎么办？
3. 在滴定时，$KMnO_4$ 溶液为什么要放在酸式滴定管中？
4. 用 $Na_2C_2O_4$ 标定 $KMnO_4$ 时，为什么必须在 H_2SO_4 介质中进行？酸度过高或过低有何影响？可以用 HNO_3 或 HCl 调节酸度吗？为什么要加热到70～80℃？溶液温度过高或过低有何影响？
5. 盛放 $KMnO_4$ 溶液的烧杯或锥形瓶等容器放置较久后，其壁上常有棕色沉淀物，是什么？此棕色沉淀物用通常方法不容易洗净，应怎样洗涤才能除去此沉淀？

实验 3-13 COD 的测定

一、实验目的

1. 掌握高锰酸钾标准溶液的配制和标定方法以及标定反应条件。

2. 掌握生活污水滴定分析的原理及水样取样方法。

二、实验原理

化学需氧量系指用适当氧化剂处理水样时，水样中需氧污染物所消耗的氧化剂的量，通常以相应的氧量来表示。COD（chemical oxygen demand）是表示水体或污水的污染程度的重要综合性指标之一，是环境保护和水质控制中经常需要测定的项目。COD值越高，说明水体污染越严重。COD的测定分为酸性高锰酸钾法、碱性高锰酸钾法和重铬酸钾法，本实验采用酸性高锰酸钾法。方法提要是：在酸性条件下，向被测水样中定量加入高锰酸钾溶液，加热水样，使高锰酸钾与水样中有机污染物充分反应，过量的高锰酸钾用一定量的草酸钠还原，最后用高锰酸钾溶液返滴过量的草酸钠，由此计算出水样的耗氧量。氯离子有干扰，所以此法不适合氯离子含量较大的水样。

三、仪器与试剂

1. $0.02mol \cdot L^{-1}$ $KMnO_4$ 标准溶液。

2. $0.002mol \cdot L^{-1}$ $KMnO_4$ 标准溶液：吸取 $0.02mol \cdot L^{-1}$ $KMnO_4$ 标准溶液 25mL，置于250mL容量瓶中，以新煮沸且冷却的蒸馏水稀至刻度。

3. $0.005mol \cdot L^{-1}$ $Na_2C_2O_4$ 标准溶液：准确称取 0.17 g $Na_2C_2O_4$ 于小烧杯中，加入适量水，使其溶解后，然后完全转移至250mL容量瓶中，稀至刻度，摇匀。

4. H_2SO_4（1+3）。

四、实验步骤

准确移取 10～100mL 污水样于锥形瓶中，加入 10mL H_2SO_4 溶液，加入 $V_1 = 10.00mL$ $0.002mol \cdot L^{-1}$ $KMnO_4$ 标准溶液（或者滴加至溶液变为紫红色，再继续滴加过量，记下加入的 $KMnO_4$ 标准溶液的准确体积），在沸水浴中加热30min，使水体中还原性物质全部被氧化，试样溶液呈稳定的紫红色。从冒第一个大气泡开始计时，用小火煮沸10min，取下锥形瓶，趁热加入10.00mL $Na_2C_2O_4$ 标准溶液（或滴加至溶液变为无色，再继续滴加过量一部分，记下加入 $Na_2C_2O_4$ 标准溶液的准确量），过量的 $KMnO_4$ 标准溶液被 $Na_2C_2O_4$ 标准溶液还原，此时溶液由紫红色转为无色。再用 $0.002mol \cdot L^{-1}$ $KMnO_4$ 标准溶液滴定至溶液为淡红色即为终点，此时消耗 $KMnO_4$ 标准溶液体积为 V_2，平行实验三次。

计算公式：

$$COD = \frac{\left[\frac{5}{4}c_{MnO_4^-}(V_1+V_2)_{MnO_4^-} - \frac{1}{2}(cV)_{C_2O_4^{2-}}\right] \times 32.00 \times 10^3}{V_{水样}} \ (O_2 \ mg \cdot L^{-1})$$

实验 3-14 高锰酸钾法测定过氧化氢的含量

一、实验目的

1. 掌握高锰酸钾标准溶液的配制和标定方法以及标定反应条件。

2. 掌握过氧化氢滴定分析的原理。

二、实验原理

过氧化氢具有还原性，在酸性介质和室温条件下能被高锰酸钾定量氧化，其反应方程式为：

$$2MnO_4^- + 5H_2O_2 + 6H^+ = 2Mn^{2+} + 5O_2\uparrow + 8H_2O$$

室温时，滴定开始反应缓慢，随着 Mn^{2+} 的生成而加速。H_2O_2 加热时易分解，因此，滴定时通常加入 Mn^{2+} 作为催化剂。

三、仪器与试剂

$KMnO_4$ 标准溶液（$0.020mol\cdot L^{-1}$），H_2SO_4 溶液（$3mol\cdot L^{-1}$），H_2O_2 试样，市售质量分数约为 30% 的 H_2O_2 水溶液。

四、实验步骤

用移液管移取 H_2O_2 试样溶液 2.00mL 置于 500mL 容量瓶中，加水稀释到刻度，充分摇匀后备用。用移液管移取稀释过的 H_2O_2 25.00mL 于 250mL 锥形瓶中，加入 $3mol\cdot L^{-1}$ H_2SO_4 5mL，用 $KMnO_4$ 标准溶液滴定到溶液呈微红色，半分钟不褪即为终点。平行测定 3 次，计算试样中 H_2O_2 的质量浓度（$g\cdot L^{-1}$）和相对平均偏差。

【附注】

H_2O_2 试样若系工业产品，用高锰酸钾法测定不合适，因为产品中常加有少量的乙酰苯胺等有机化合物作为稳定剂，滴定时也会被 $KMnO_4$ 氧化，引起误差。此时应采用碘量法或硫酸铈法进行测定。

【思考题】

1. 用高锰酸钾法测定 H_2O_2 时，能否用 HNO_3 或 HCl 来控制酸度？

2. 用高锰酸钾法测定 H_2O_2 时，为何不能通过加热来加速反应？

实验 3-15 铜盐中铜含量的测定

一、实验目的

1. 学会碘量法操作，掌握间接碘量法测定铜的原理和条件。
2. 学会 $Na_2S_2O_3$ 的配制、保存和标定，掌握其标定的原理和方法。
3. 学会淀粉指示剂的正确使用，了解其变色原理。
4. 掌握氧化还原滴定法的原理，熟悉其滴定条件和操作。

二、实验原理

在弱酸性溶液中（$pH = 3 \sim 4$），Cu^{2+} 与过量 I^- 作用生成难溶性的 CuI 沉淀和 I_2。其反应式为：

$$2Cu^{2+} + 4I^- = 2CuI\downarrow + I_2$$

生成的 I_2 可用 $Na_2S_2O_3$ 标准溶液滴定，以淀粉溶液为指示剂，滴定至溶液的蓝色刚好消失即为终点。滴定反应为：

$$I_2 + 2S_2O_3^{2-} = S_4O_6^{2-} + 2I^-$$

由所消耗的 $Na_2S_2O_3$ 标准溶液的体积及浓度即可求算出铜的含量。

由于 CuI 沉淀表面吸附 I_2 致使分析结果偏低，为此可在大部分 I_2 被 $Na_2S_2O_3$ 溶液滴定后，再加入 NH_4SCN 或 KSCN 使 CuI（$K_{sp}=1.1\times10^{-12}$）沉淀转化为溶解度更小的 CuSCN（$K_{sp}=4.8\times10^{-15}$）沉淀，释放出被吸附的碘，从而提高测定结果的准确度。

由于结晶 $Na_2S_2O_3\cdot5H_2O$ 一般都含有少量杂质，同时还易风化及潮解，所以 $Na_2S_2O_3$ 标准溶液不能用直接法配制，而应采用标定法配制。配制时，使用新煮沸后冷却的蒸馏水并加入少量 Na_2CO_3，以减小水中溶解的 CO_2，杀死水中的微生物，使溶液呈碱性，并放置暗处 7～14 天后标定，以减小由于 $Na_2S_2O_3$ 的分解带来的误差，得到较稳定的 $Na_2S_2O_3$ 溶液。$Na_2S_2O_3$ 溶液的浓度可用 $K_2Cr_2O_7$ 作为基准物标定。

$K_2Cr_2O_7$ 先与 KI 反应析出 I_2：

$$Cr_2O_7^{2-}+6I^-+14H^+ = 2Cr^{3+}+3I_2+7H_2O$$

析出的 I_2 再用 $Na_2S_2O_3$ 标准溶液滴定。

此两种滴定过程均采用的是间接碘量法。利用此法还可测定铜合金、矿石（铜矿）及农药等试样中的铜。但必须设法防止其他能氧化 I^- 的物质（如 NO^{3-}、Fe^{3+} 等）的干扰。

三、仪器与试剂

分析天平、台秤、碱式滴定管、锥形瓶（250mL）、移液管（25mL）、容量瓶（250mL）、烧杯、碘量瓶（250mL）等。

$K_2Cr_2O_7$（s，A. R.）（于 140℃电烘箱中干燥 2h，储于干燥器中，备用），$Na_2S_2O_3\cdot5H_2O$(s)（A. R.），Na_2CO_3(s)（A. R.），KI（20%），HCl（6mol·L^{-1}），淀粉溶液（0.5%），$CuSO_4\cdot5H_2O$(s)（A. R.），H_2SO_4（1mol·L^{-1}），NH_4SCN（10%）。

四、实验步骤

1. 0.1mol·L^{-1} $Na_2S_2O_3$ 溶液的配制与标定

用台秤称取 13g $Na_2S_2O_3\cdot5H_2O$ 溶于刚煮沸并冷却后的 400mL 蒸馏水中，加约 0.1g Na_2CO_3，保存于棕色瓶中，塞好瓶塞，于暗处放置一周后标定。

（1）0.2mol·L^{-1} $K_2Cr_2O_7$ 标准溶液的配制

准确称取已烘干的 $K_2Cr_2O_7$ 1.3～1.4g 于 100mL 小烧杯中，加约 30mL 去离子水，定量转移至 250mL 容量瓶中，用去离子水稀释至刻度，充分摇匀，计算其准确浓度。

（2）标定 $Na_2S_2O_3$ 溶液

移取 25.00mL $K_2Cr_2O_7$ 标准溶液于 250mL 碘量瓶中，加入 20% KI 溶液 5mL，6mol·L^{-1} HCl 溶液 5mL，加盖摇匀，在暗处放置 5min，待反应完全，加入 50mL 水稀释（为什么？），用待标定的 $Na_2S_2O_3$ 溶液滴定至浅黄绿色，加入 3mL 0.5%淀粉溶液，继续滴定至蓝色变为亮绿色即为终点。记下消耗的 $Na_2S_2O_3$ 溶液的体积，计算 $Na_2S_2O_3$ 标准溶液的浓度。平行测定三次。

2. 铜盐中铜含量的测定

准确称取 $CuSO_4\cdot5H_2O$ 样品 5～6g 置于 100mL 烧杯中，加 1mL 1mol·L^{-1} H_2SO_4 和少量去离子水溶解试样，定量转移于 250mL 容量瓶中，用水稀释至刻度，摇匀。

移取上述试液 25.00mL 置于 250mL 锥形瓶中，加 1mol·L^{-1} H_2SO_4 4mL，去离子水 50mL，20% KI 溶液 5mL，立即用 $Na_2S_2O_3$ 标准溶液滴定至浅黄色。然后加入 0.5%淀粉溶液 3mL，继续滴定至呈浅蓝色，再加入 10% NH_4SCN 溶液 10mL，摇匀后溶液的蓝色转浑。继续滴定到蓝色刚好消失，此时溶液呈 CuSCN 的米色悬浮液即为滴定终点。根据所消耗 $Na_2S_2O_3$ 标准溶液的体积，计算出铜的百分含量。平行测定三次。

【附注】

1. 若无碘量瓶，可用锥形瓶盖上表面皿代替。

2. 淀粉溶液必须在接近终点时加入，否则易引起淀粉凝聚，而且吸附在淀粉上的 I_2 不易释出，影响测定结果。

3. 滴定完了的溶液放置后会变蓝色。那是由于光照可加速空气氧化溶液中的 I^- 生成少量的 I_2 所致，酸度越大此反应越快。如经过 $5 \sim 10 \mathrm{min}$ 后才变蓝属于正常；如很快而且不断变蓝，则说明 $K_2Cr_2O_7$ 和 KI 的作用在滴定前进行得不完全，溶液稀释得太早。遇到后者情况，实验应重做。

4. 注意平行实验时，KI 做一份加一份。

【思考题】

1. 在标定过程中加入 KI 的目的何在？为什么不能直接标定？

2. 要使 $Na_2S_2O_3$ 溶液的浓度比较稳定，应如何配制和保存？

3. 为什么碘量法测铜必须在弱酸性溶液中进行？

4. 淀粉指示剂和 NH_4SCN 应在什么情况下加入？为什么？

5. 在碘量法测定铜含量时，能否用盐酸或硝酸代替硫酸进行酸化？为什么？

实验 3-16　可溶性氯化物中氯含量的测定（莫尔法）

一、实验原理

莫尔法是在中性或弱酸性溶液中[1]，以 K_2CrO_4 为指示剂，用 $AgNO_3$ 标准溶液直接滴定待测试液中的 Cl^-。主要反应如下：

$$Ag^+ + Cl^- \Longrightarrow AgCl \downarrow （白色）$$
$$2Ag^+ + CrO_4^{2-} \Longrightarrow Ag_2CrO_4 \downarrow （砖红色）$$

由于 AgCl 的溶解度小于 Ag_2CrO_4，所以当 AgCl 定量沉淀后，微过量的 Ag^+ 即与 CrO_4^{2-} 形成砖红色的沉淀，它与白色的 AgCl 沉淀在一起，使溶液略带橙红色，即为终点。

二、仪器与试剂

$AgNO_3$（A.R.）、NaCl（G.R.，使用之前在高温炉中 $500 \sim 600 ℃$ 下干燥 $2 \sim 3 \mathrm{h}$，储于干燥器内备用）、K_2CrO_4 溶液（$50 \mathrm{g \cdot L^{-1}}$）。

三、实验步骤

1. 配制 $0.1 \mathrm{mol \cdot L^{-1}}$ $AgNO_3$

称取 $AgNO_3$ 晶体 $8.5 \mathrm{g}$ 于小烧杯中，用少量水溶解后，转入棕色试剂瓶中[2]，稀释至 $50 \mathrm{mL}$ 左右，摇匀置于暗处、备用。

2. $0.1 \mathrm{mol \cdot L^{-1}}$ $AgNO_3$ 溶液浓度的标定

准确称取 $0.55 \sim 0.60 \mathrm{g}$ 基准试剂 NaCl 于小烧杯中，用水完全溶解后，定量转移到

100mL 容量瓶中，稀释至刻度，摇匀。用移液管移取 20mL 此溶液置于 250mL 锥形瓶中，加 20mL 水，1mL 50g·L^{-1} K$_2$CrO$_4$ 溶液，在不断摇动下，用 AgNO$_3$ 滴定到溶液微呈橙红色，即为终点。平行做三份，计算 AgNO$_3$ 溶液的准确浓度。

3. 试样中 NaCl 含量的测定

准确称取含氯试样（含氯质量分数约为 60%）1.6g 左右于小烧杯中，加水溶解后，定量转入 250mL 容量瓶中，稀释至刻度、摇匀。准确移取 20mL 此试液三份，分别置于 250mL 锥形瓶中，加水 20mL，50g·L^{-1} K$_2$CrO$_4$ 溶液 1mL，在不断摇动下，用 AgNO$_3$ 标准溶液滴定溶液微呈橙红色，即为终点。根据试样的质量，AgNO$_3$ 标准溶液的浓度和滴定中消耗的体积，计算试样中氯的含量。

必要时进行空白测定，即取 20.00mL 蒸馏水按上述同样操作测定，计算时应扣除空白测定所耗 AgNO$_3$ 标准溶液之体积[3]。

【注释】

[1] 最适宜的 pH 值范围为 6.5～10.5；若有铵盐存在，为了避免[Ag(NH$_3$)$_2$]$^+$生成，溶液的 pH 值范围应控制在 6.5～7.2 为宜。

[2] AgNO$_3$ 见光析出金属银

$$2AgNO_3 \xrightarrow{h\nu} 2Ag + NO_2 + O_2$$

故需保存在棕色瓶中；AgNO$_3$ 若与有机物接触，则起还原作用，加热颜色变黑，故勿使 AgNO$_3$ 与皮肤接触。

[3] 实验结束后，盛装 AgNO$_3$ 溶液的滴定管应先用蒸馏水冲洗 2～3 次，再用自来水冲洗，以免产生 AgCl 沉淀，难以洗净。含银废液应予回收，切不能随意倒入水槽。

【思考题】

1. 配制好的 AgNO$_3$ 溶液要储于棕色瓶中，并置于暗处，为什么？

2. 做空白测定有何意义？K$_2$CrO$_4$ 溶液浓度的大小或用量的多少对测定结果有何影响？

3. 能否用莫尔法以 NaCl 标准溶液直接测定 Ag$^+$，为什么？

实验 3-17 钡盐中钡含量的测定（沉淀重量法）

一、实验目的

熟悉沉淀重量分析法的要点和过程。

二、实验原理

Ba^{2+} 能生成 BaCO$_3$、BaCrO$_4$、BaSO$_4$、BaC$_2$O$_4$ 等一系列难溶化合物。其中 BaSO$_4$ 的溶解度最小（$K_{sp} = 1.1 \times 10^{-10}$），其组成与化学式相符合，摩尔质量较大，性质稳定，符合重量分析对沉淀的要求。因此常以 BaSO$_4$ 沉淀形式和称量形式测定 Ba^{2+}。为了获得颗粒较大和纯净的 BaSO$_4$ 晶形沉淀，试样溶于水后加 HCl 酸化，使部分 SO$_4^{2-}$ 成为 HSO$_4^-$，以降低溶液的相对过饱和度，同时可以防止其他的弱酸盐，如 BaCO$_3$ 的形成。加热近沸，在不断搅动下缓慢加入适当过量的沉淀剂稀 H$_2$SO$_4$，形成的 BaSO$_4$ 晶形沉淀经陈化、过滤、洗涤、灼烧后，以 $BaSO_4$ 形式称量，即可求得试样中 Ba 的含量。

三、仪器和试剂

瓷坩埚，漏斗，马弗炉，定量滤纸等。

$BaCl_2 \cdot 2H_2O$，H_2SO_4（$1mol \cdot L^{-1}$），$AgNO_3$（$0.1mol \cdot L^{-1}$），HCl（$2mol \cdot L^{-1}$）。

四、实验步骤

1. 在分析天平上准确称取 $BaCl_2 \cdot 2H_2O$ 试样 $0.4 \sim 0.5g$ 两份，分别置于 250mL 的烧杯中，各加蒸馏水 100mL，搅拌溶解（注意：玻棒直至过滤、洗涤完毕才能取出）。加入 $2mol \cdot L^{-1}$ HCl 溶液 4mL，加热近沸（勿使沸腾，以免溅失）。

2. 取 4mL $1mol \cdot L^{-1}$ H_2SO_4 溶液两份，分别置于小烧杯中，加水 30mL，加热至沸，趁热将稀 H_2SO_4 溶液用滴管逐滴加入至试样溶液中，并不断搅拌，搅拌时，玻棒不要触及杯壁和杯底，以免划伤烧杯，使沉淀黏附在杯壁划痕内难以洗下。沉淀作用完毕，待 $BaSO_4$ 沉淀下沉后，于上层清液中加入稀 H_2SO_4 溶液 $1 \sim 2$ 滴，观察是否有白色沉淀以检验其沉淀是否完全。盖上表面皿，在沸腾的水浴上陈化半小时，其间要搅动几次，放置冷却后过滤。

3. 取慢速定量滤纸两张，按漏斗角度的大小折好滤纸，使其与漏斗能够很好的贴合，以水润湿，使漏斗颈内保持水柱，将漏斗置于漏斗架上，漏斗下面各放一只洁净的烧杯。小心地将沉淀上面的清液沿玻棒倾入漏斗中，再用倾析法洗涤沉淀三次，每次用 $15 \sim 20mL$ 洗涤液（3mL $1mol \cdot L^{-1}$ H_2SO_4 溶液用 200mL 水稀释）。然后将沉淀定量地转移到滤纸上，以洗涤液洗涤沉淀到无氯离子产生为止（用 $AgNO_3$ 溶液检查）。

4. 取两只洁净带盖的坩埚，在 $800 \sim 850℃$ 下灼烧至恒重，记下坩埚的质量。将洗净的沉淀和滤纸按照图 3-5 所示包好，放入已经恒重的坩埚中，在电炉上烘干，炭化后，置于马弗炉中，于 $800 \sim 850℃$ 下灼烧至恒重。

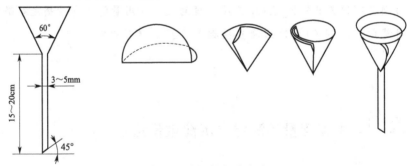

图 3-5　滤纸的折叠方法

根据试样和沉淀的质量计算试样中 Ba 的质量分数。

一、实验目的

1. 学会吸收曲线及标准曲线的绘制，了解分光光度法的基本原理。

2. 掌握用邻二氮菲分光光度法测定微量铁的方法原理。

3. 学会 722 型分光光度计的正确使用方法，了解其工作原理。

4. 学会数据处理的基本方法。

5. 掌握比色皿的正确使用。

二、实验原理

根据朗伯-比耳定律：$A = \varepsilon bc$，绘出以吸光度 A 为纵坐标，浓度 c 为横坐标的标准曲线，测出试液的吸光度，就可以由标准曲线查得对应的浓度值，即未知样的含量。用分光光度法测定试样中的微量铁，可选用显色剂邻二氮菲。

在 pH＝2～9 的溶液中，Fe^{2+} 与邻二氮菲（也叫邻菲罗啉，phen）生成稳定的橘红色配合物 $[Fe(phen)_3]^{2+}$。

此配合物的 $\lg K_{稳} = 21.3$，摩尔吸光系数 $\varepsilon_{510} = 1.1 \times 10^4 \, L \cdot mol^{-1} \cdot cm^{-1}$，而 Fe^{3+} 能与邻二氮菲生成 3:1 配合物，呈淡蓝色，$\lg K_{稳} = 14.1$。所以在加入显色剂之前，应用盐酸羟胺（$NH_2OH \cdot HCl$）将 Fe^{3+} 还原为 Fe^{2+}，其反应式如下：

$$2Fe^{3+} + 2NH_2OH \cdot HCl \longrightarrow 2Fe^{2+} + N_2 \uparrow + 2H_2O + 4H^+ + 2Cl^-$$

测定时控制溶液的酸度为 pH＝5 较为适宜。

三、仪器与试剂

722 型分光光度计，容量瓶（100mL，50mL），吸量管等。

盐酸羟胺（100g·L^{-1}），NaAc（1mol·L^{-1}），邻二氮菲（1.5g·L^{-1}）。

四、实验步骤

1. 标准溶液的配制

（1）10μg·mL^{-1} 铁标准溶液的配制

100μg·mL^{-1} 储备液（由实验室提供）。用时吸取 10.00mL 稀释至 100mL，得 10μg·mL^{-1} 工作液。

（2）系列标准溶液的配制

取 6 个 50mL 容量瓶依次编号，然后分别加入铁标准溶液 0.00，2.00，4.00，6.00，8.00，10.00（mL），然后加入 1mL 盐酸羟胺，2.00mL 邻二氮菲，5mL NaAc 溶液，每加入一种试剂都应初步混匀。用去离子水定容至刻度，充分摇匀，放置 10min。

2. 吸收曲线的绘制

选用 1cm 比色皿，以试剂空白为参比溶液，取 4 号容量瓶试液，选择 440～560nm 波长，每隔 10nm 测一次吸光度，其中 500～520nm 之间，每隔 5nm 测定一次吸光度。以所得吸光度 A 为纵坐标，以相应波长 λ 为横坐标，在坐标纸上绘制 A 与 λ 的吸收曲线。从吸收曲线上选择测定 Fe 的适宜波长，一般选用最大吸收波长 λ_{max} 为测定波长。

3. 标准曲线（工作曲线）的绘制

用 1cm 比色皿，以试剂空白为参比溶液，在选定波长下，测定各溶液的吸光度。在坐标纸上，以铁含量为横坐标，吸光度 A 为纵坐标，绘制标准曲线。

4. 试样中铁含量的测定

从实验教师处领取含铁未知液一份，放入 50mL 容量瓶中，按以上方法显色，并测其吸光度。

依据试液的 A 值，从标准曲线上即可查得其浓度，最后计算出原试液的含铁量（以 $\mu g \cdot mL^{-1}$ 表示）。

【思考题】

1. 本实验中哪些试剂应准确加入，哪些不必严格准确加入？为什么？

2. 加入盐酸羟胺的目的是什么？

3. 配制 $NH_4Fe(SO_4)_2 \cdot 12H_2O$ 溶液时，能否直接用水溶解？为什么？

4. 如何正确使用比色皿？

5. 何谓"吸收曲线""工作曲线"？绘制及目的各有什么不同？

附：分光光度计（722 型）**介绍**

1. 结构

见图 3-6。

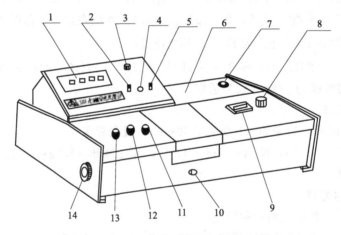

图 3-6　722 型分光光度计

1—数字显示器；2—吸光度调零旋钮；3—选择开关；4—吸光度调斜率电位器；
5—浓度旋钮；6—光源室；7—电源开关；8—波长手轮；9—波长刻度窗；10—试样架拉手；
11—100％T 旋钮；12—0％T 旋钮；13—灵敏度调节旋钮；14—干燥器

2. 使用方法

① 预热仪器　将选择开关置于"T"，打开电源开关，使仪器预热 20min。为了防止光电管疲劳，不要连续光照，预热仪器时和不测定时应将试样室盖打开，使光路切断。

② 选定波长　根据实验要求，转动波长手轮，调至所需要的单色波长。

③ 固定灵敏度挡　在能使空白溶液很好地调到"100％"的情况下，尽可能采用灵敏度较低的挡，使用时，首先调到"1"挡，灵敏度不够时再逐渐升高。但换挡改变灵敏度后，须重新校正"0％"和"100％"。选好的灵敏度，实验过程中不要再变动。

④ 调节 $T=0\%$　轻轻旋动"0％"旋钮，使数字显示为"00.0"（此时试样室是打开的）。

⑤ 调节 $T=100\%$　将盛蒸馏水（或空白溶液，或纯溶剂）的比色皿放入比色皿座架中

的第一格内，并对准光路，把试样室盖子轻轻盖上，调节透过率"100％"旋钮，使数字显示正好为"100.0"。

⑥ 吸光度的测定　将选择开关置于"A"，盖上试样室盖子，将空白液置于光路中，调节吸光度调节旋钮，使数字显示为".000"。将盛有待测溶液的比色皿放入比色皿座架中的其他格内，盖上试样室盖，轻轻拉动试样架拉手，使待测溶液进入光路，此时数字显示值即为该待测溶液的吸光度值。读数后，打开试样室盖，切断光路。重复上述测定操作1～2次，读取相应的吸光度值，取平均值。

⑦ 浓度的测定　选择开关由"A"旋至"C"，将已标定浓度的样品放入光路，调节浓度旋钮，使得数字显示为标定值，将被测样品放入光路，此时数字显示值即为该待测溶液的浓度值。

⑧ 关机　实验完毕，切断电源，将比色皿取出洗净，并将比色皿座架用软纸擦净。

3. 注意事项

① 为了防止光电管疲劳，不测定时必须将试样室盖打开，使光路切断，以延长光电管的使用寿命。

② 取拿比色皿时，手指只能捏住比色皿的毛玻璃面，而不能碰比色皿的光学表面。

③ 比色皿不能用碱溶液或氧化性强的洗涤液洗涤，也不能用毛刷清洗。比色皿外壁附着的水或溶液应用擦镜纸或细而软的吸水纸吸干，不要擦拭，以免损伤它的光学表面。

实验 3-19　磺基水杨酸合铁(Ⅲ)配合物的组成及稳定常数的测定

一、实验目的

1. 学会用光度法测定配合物的组成及稳定常数，掌握其原理。
2. 进一步熟悉分光光度计的使用。
3. 进一步巩固溶液的配制、液体的移取等操作。

二、实验原理

磺基水杨酸（简式为 H_3R）与 Fe^{3+} 可以形成稳定的配合物。配合物的组成因溶液 pH 值的不同而改变。本实验是测定 pH＝2～3 时所形成的红褐色磺基水杨酸合铁（Ⅲ）配离子的组成及其稳定常数。实验中通过加入一定量的 $HClO_4$ 溶液来控制溶液的 pH 值。由于所测溶液中磺基水杨酸是无色的，Fe^{3+} 溶液的浓度很小，也可认为是无色的，只有磺基水杨酸合铁(Ⅲ)配离子（MR_n）是有色的。根据朗伯-比耳定律 $A＝\varepsilon bc$ 可知，当波长、溶液的温度及比色皿的厚度 b 均一定时，溶液的吸光度 A 只与配离子的浓度 c 成正比。通过对溶液吸光度的测定，可以求出配离子的组成。用光度法测定配离子组成，通常有摩尔比法、等摩尔系列法、斜率法和平衡移动法等，每种方法都有一定的适用范围，本实验采用等摩尔系列法。等摩尔系列法即是保持溶液中金属的浓度（c_M）和配体 R 的浓度（c_R）之和不变，即 $c_M＋c_R＝$ 定值的前提下，改变 c_M 和 c_R 的相对量，配制成一系列溶液，并测定相应的吸光度。很明显，这一系列溶液中，有一些溶液是金属离子过量，还有一些溶液是配体过量，这两部分溶液中配离子的浓度都不可能达到最大值。只有当溶液中的金属离子与配位体的物质的量比与配位比一致时，配离子的浓度才能最大，此时吸光度值也最大。若以吸光度 A 为纵坐标，以 c_R 在总浓度中所占分数为横坐标作图，得等摩尔系列法曲线（如图 3-7 所示）。将曲线两边的直线延长相交于 B，E 点的吸光度 A 最大，由 E 点横坐标值 A_E 可以计算配离子中金属与配体的配位比，即可求出配离子 MR_n 中配体的数目 n。

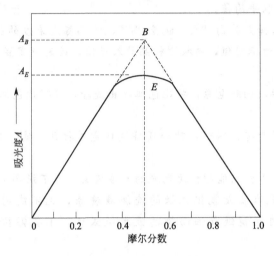

图 3-7　等摩尔系列法曲线

由图 3-7 可以看出，最大吸光度 A 可被认为是 M 与 R 全部形成配合物时的吸光度。但由于配离子处于平衡时有部分解离，其浓度要稍小一些，因此，实验测得的最大吸光度在 B 点，其值为 A_B。配离子解离度 $\alpha = (A_B - A_E)/A_B$。配离子的条件稳定常数 K' 可由以下平衡关系导出：

$$M + nR \rightleftharpoons MR_n$$

平衡浓度 $\qquad\qquad c\alpha \qquad nc\alpha \qquad c(1-\alpha)$

$$K' = \frac{[MR_n]}{[M][R]} = \frac{c(1-\alpha)}{c\alpha(nc\alpha)^n} = \frac{1-\alpha}{n^n(c\alpha)^{n+1}}$$

式中，c 为 B 点时 M 的总浓度。$n=1$ 时，$K' = \dfrac{1-\alpha}{c\alpha^2}$。

三、仪器与试剂

722 型分光光度计、吸量管（5mL）、容量瓶（50mL）等。

$HClO_4$（$0.1 mol \cdot L^{-1}$）、Fe^{3+}（$0.0100 mol \cdot L^{-1}$）、磺基水杨酸（$0.0100 mol \cdot L^{-1}$）。

四、实验步骤

1. 配制系列溶液

洗净 9 个 50mL 容量瓶，烘干、编号。

用 3 支 5mL 吸量管按表 3-1 列出的体积数，分别吸取相应体积的 $0.1 mol \cdot L^{-1}$ $HClO_4$，$0.0100 mol \cdot L^{-1}$ Fe^{3+} 溶液和 $0.0100 mol \cdot L^{-1}$ 磺基水杨酸溶液，一一注入 1～9 号容量瓶中，用去离子水稀释到刻度，摇匀。

表 3-1 磺基水杨酸合铁系列溶液的组成

溶液编号	$0.1mol \cdot L^{-1}$ $HClO_4$/mL	$0.0100mol \cdot L^{-1}$ Fe^{3+}/mL	$0.0100mol \cdot L^{-1}$ 磺基水杨酸/mL
1	10.00	9.00	1.00
2	10.00	8.00	2.00
3	10.00	7.00	3.00
4	10.00	6.00	4.00
5	10.00	5.00	5.00
6	10.00	4.00	6.00
7	10.00	3.00	7.00
8	10.00	2.00	8.00
9	10.00	1.00	9.00

2. 测定系列溶液的吸光度

选定波长 $\lambda = 500nm$，1cm 比色皿，以 1 号溶液为参比，在 722 型分光光度计上测定 2～9 号系列溶液的吸光度。将测得的数据记入表 3-2。

以吸光度 A 为纵坐标，$c_R/(c_M + c_R)$ 为横坐标作图，求出磺基水杨酸合铁（Ⅲ）的组成，并计算条件稳定常数 K'。

表 3-2 原始数据记录表

溶液编号	$0.1mol \cdot L^{-1}$ $HClO_4$/mL	$0.0100mol \cdot L^{-1}$ Fe^{3+}/mL	$0.0100mol \cdot L^{-1}$ 磺基水杨酸/mL	$\dfrac{V_M}{V_M + V_L}$	吸光度 A
1	10.00	9.00	1.00	0.9	
2	10.00	8.00	2.00	0.8	
3	10.00	7.00	3.00	0.7	
4	10.00	6.00	4.00	0.6	
5	10.00	5.00	5.00	0.5	
6	10.00	4.00	6.00	0.4	
7	10.00	3.00	7.00	0.3	
8	10.00	2.00	8.00	0.2	
9	10.00	1.00	9.00	0.1	

实验 3-20　薄层色谱法——染料组分的分离和鉴别

一、实验目的
1. 学会薄层板的制备方法和薄层色谱操作。
2. 掌握薄层色谱的基本原理。
3. 学会比移值 R_f 的测定方法

二、实验原理
色谱法是分离、提纯和鉴定混合物各组分的一种重要方法，有极广泛的用途。它是一种物理化学分离方法，利用混合物各组分的物理化学性质的差异在两相间的分配比不同而进行分离。其中一相是固定相，另一相是流动相。常用的色谱分离法有薄层色谱、柱色谱、纸色谱和气相色谱法等。

薄层色谱（thin layer chromatography）常用 TLC 表示，兼有柱色谱和纸色谱的优点，是近年来发展起来的一种微量、快速而简单的分离方法。它是将吸附剂（固定相）均匀地铺在一块玻璃板表面上形成薄层（其厚度一般为 $0.1 \sim 2mm$），在此薄层上进行色谱分离。由于混合物中的各个组分对吸附剂的吸附能力不同，当选择适当的溶剂（称为展开剂，即流动相）流经吸附剂时，发生无数次吸附和解吸过程，吸附力弱的组分随流动相向前移动，吸附力强的组分滞留在后，由于各组分具有不同的移动速率，被流动相带到薄层板不同高度，最终得以在固定相薄层上分离。这一过程可表示为：化合物在固定相和在流动相平衡常数 K 的大小取决于化合物吸附能力的强弱。一个化合物愈强烈地被固定相吸附，K 值愈低，那么这个化合物随着流动相移动的距离就愈小。

薄层色谱除了用于分离外，更主要的是通过与已知结构化合物相比较来鉴定少量有机物的组成。此外，薄层色谱也经常用于寻找柱色谱的最佳分离条件。试样中各组分的分离效果可用它们比移值 R_f 的差来衡量。R_f 值是某组分的色谱斑点中心到原点的距离与溶剂前沿至原点距离的比值，R_f 值一般在 $0 \sim 1$ 之间，当实验条件严格控制时，每种化合物在选定的固定相和流动相体系中有特定的 R_f 值。R_f 值大表示组分的分配比大，易随溶剂流下。混合样品中，两组分的 R_f 相差越大，则它们的分离效果越好。应用薄层色谱进行分离鉴定的方法是将被分离鉴定的试样用毛细管点在薄层板的一端，样点干后放入盛有少量展开剂的器皿中展开。借吸附剂的毛细作用，展开剂携带着组分沿着薄层缓慢上升，由于各组分在展开剂中溶解能力和被吸附剂吸附的程度不同，其在薄层板上升的高度亦不同，R_f 也不同。混合样中各组分可通过比较薄层板上各斑点的位置或通过 R_f 值的测定来进行鉴别。如果各组分本身带有颜色，待薄层板干燥后会出现一系列的斑点；如果化合物本身不带颜色，那么可以用显色方法使之显色，如碘熏显色、喷显色剂或用荧光板在紫外灯下显色等。

三、仪器与试剂

载玻片（$7.5cm \times 2.5cm$）、烧杯（50mL）、毛细管（内径小于 1mm）、色谱缸等。

硅胶 H，CMC（羧甲基纤维素钠）（1%），乙酸乙酯：甲醇：水＝78：20：2，罗丹明 B 的乙醇饱和溶液，孔雀绿的乙醇饱和溶液，苏丹Ⅲ的乙醇饱和溶液（或品红的乙醇饱和溶液）。

四、实验步骤

本实验以硅胶 H 为吸附剂，羧甲基纤维素钠（CMC）为黏合剂，制成薄层板，用乙酸乙酯：甲醇：水＝78：20：2 的混合溶剂作为展开剂。通过实验测出罗丹明 B、孔雀绿及苏丹Ⅲ的 R_f 值，并分析确定混合试样的组成。

1. 薄层板制备

取 $7.5cm \times 2.5cm$ 左右的载玻片 5 块，洗净晾干。

在 50mL 烧杯中，放置 3g 硅胶 H，逐渐加入 1%羧甲基纤维素钠（CMC）水溶液约 9mL，边加边搅拌，调成均匀的糊状，用药匙或玻棒涂于上述洁净的载玻片上，用食指和拇指拿住载玻片，作前后左右摇晃摆动，使流动糊状物均匀地铺在载玻片上。必要时，可在实验台面上，让一端接触台面，而另一端轻轻跌落数次并互换位置。然后把薄层板放于水平的长玻板上，自然晾干。半小时后置于烘箱中经 110℃活化 30min。取出，稍冷后置于干燥器中备用。

2. 点样

在小试管或滴管中分别取少量罗丹明 B、孔雀绿、苏丹Ⅲ的乙醇溶液以及 $1 \sim 2$ 个混合物溶液作为试样。在离薄层板一端 1cm 处，用铅笔轻轻画一直线。取管口平整内径小于 1mm 的毛细管插入样品溶液中，吸取液面高度为 5mm，于铅笔画线处轻轻点样，斑点直径不超过 2mm，每块板可点样两处，样点与样点之间相距以 1～1.5cm 为宜，待样点干燥后，方可进行展开。先点已知纯样品，再点混合样品。

3. 展开

在色谱缸（或 250mL 广口瓶）的一侧贴上一与缸壁大小相同的滤纸，稍倾斜后，把展开剂沿滤纸顶部倒入，扶正缸体时缸底部展开剂的高度为 0.5cm。盖上顶盖，放置 10～15min，以保证缸内均匀地被展开剂蒸气所饱和。

将点好样的薄层板样点一端朝下小心地放入色谱缸中，并成一定角度（45°～60°），同时应使展开剂的水平线在样点以下，盖上顶盖，观察展开剂前沿上升到离板的上端约 1cm 处取出，并立即用铅笔标出展开剂的前沿位置，晾干。计算各样品的 R_f 值并确定混合物的组成。

实验 3-21 自拟方案实验（设计实验）

根据教师提供的题目，选择自己感兴趣的实验内容，将题目报给老师。可以是一种测定对象，尝试多种方法；也可以是选择多个题目。要求独立查阅资料，独立设计方案，独立进行实验。提倡同学之间相互交流，特别是做相同题目的同学，可以在课下、课上讨论，分头实施方案，一起归纳总结，但是必须独立撰写实验报告。

希望在报告后附上自己在学习这门课程中的感受，特别欢迎提出宝贵的意见和建议。

第二节 仪器分析实验部分

实验 3-22 对羟基苯甲酸酯类混合物的反相高效液相色谱分析

一、实验目的

1. 学习高效液相色谱保留值定性方法和归一化法定量。

2. 学习高效液相色谱仪基本结构和工作原理以及初步掌握其操作技能。

二、实验原理

在对羟基苯甲酸酯类混合物中含有对羟基苯甲酸甲酯、对羟基苯甲酸乙酯、对羟基苯甲酸丙酯和对羟基苯甲酸丁酯，它们都是强极性化合物，可反相液相色谱进行分析，选用非极性的 C_{18} 烷基键合相作为固定相，甲醇的水溶液作为流动相。

由于在一定的实验条件下，酯类各组分的保留值保持恒定，因此在同样条件下，将测得的未知物的各组分保留时间，与已知纯酯类各组分的保留时间进行对照，即可确定未知物中各组分存在与否，这种利用纯物质对照进行定性的方法，适用于来源已知，且组分简单的混合物。

本实验采用归一化法定量，归一化法要求样品中的所有组分都必须出色谱峰，计算公式为：

$$c_i = \frac{f_i A_i}{\sum\limits_{i=1}^{n} f_i A_i} \times 100\%$$

对羟基苯甲酸酯类混合物属同系物，具有相同的生色团和助色团，因此它们在紫外光度检测器上具有相同校正因子，故上式可简化为：

$$c_i = \frac{A_i}{\sum\limits_{i=1}^{n} A_i} \times 100\%$$

三、仪器与试剂

高效液相色谱仪（含恒流泵、可变波长紫外光度检测器、高压六通阀进样器及 $20\mu L$ 定量管），色谱工作站，微量进样器 $50\mu L$，超声波发生器，流动相过滤装置（用孔径为 $0.45\mu m$ 的有机相和水相过滤膜）等。

对羟基苯甲酸甲酯、对羟基苯甲酸乙酯、对羟基苯甲酸丙酯、对羟基苯甲酸丁酯、甲醇等均为分析纯；

纯水：去离子水，再经过一次蒸馏；标准储备液：浓度均为 $1000\mu g \cdot mL^{-1}$ 的上述四种酯类化合物的甲醇溶液；

标准使用液：浓度均为 $10\mu g \cdot mL^{-1}$ 的上述四种酯类化合物的甲醇溶液，摇匀备用；

标准混合使用液：用上述四种标准储备液，配制均含 $10\mu g \cdot mL^{-1}$ 的酯类混合物的甲醇溶液。

四、实验条件

1. 色谱柱：长 15cm、内径 4.6mm，装填 C_{18} 烷基键合相、颗粒度为 $5\mu m$ 的固定相。

2. 流动相：甲醇/水＝55/45（体积比），流量 $1mL \cdot min^{-1}$。

3. 检测波长：254nm。

4. 进样量：$20\mu L$。

五、实验步骤

1. 将配制好的流动相甲醇水溶液过滤后，置于超声波发生器上脱气 15min。

2. 根据实验条件，将仪器按照仪器的操作步骤调节至进样状态，待仪器液路和电路系统达到平衡时，记录仪基线呈平直，即可进样。

3. 依次分别吸取四种标准使用液、标准混合使用液和未知试液进样，记录各色谱图，并重复两次。

4. 测量四种对羟基苯甲酸酯类化合物色谱图的保留时间 t_R。

5. 依次测量标准混合使用液色谱图上各色谱峰的保留时间 t_R。

6. 记录未知试液各组分峰面积，应用归一化法计算未知试样各组分含量。

六、数据及处理

1. 记录实验条件。

2. 测量四种对羟基苯甲酸酯类化合物色谱图的保留时间 t_R。

3. 依次测量标准混合使用液色谱图上各色谱峰的保留时间 t_R，确定各色谱峰代表何种化合物。

4. 测量未知试样色谱图上各组分的峰面积，计算其含量。

【思考题】

1. 高效液相色谱分析采用归一化法定量有何优缺点？本实验为什么可以不用相对质量

校正因子？

2. 在高效液相色谱中，为什么可利用保留值定性？这种定性方法你认为可靠吗？

3. 高效液相色谱分析中流动相为何要过滤和脱气，否则对实验有何妨碍？

附：HPLC 测定对羟基苯甲酸酯类混合物含量的仪器及实验条件

1. 仪器

（1）恒流及高压泵：LC-10Atvp（日本岛津公司）

（2）紫外可见光度检测器：SPD-10Avp（日本岛津公司）

（3）高压六通进样阀：7725（美国 Rheodyne）

（4）色谱工作站：江申色谱工作站

（5）微量进样器：50μL

（6）超声波发生器：AS3120A

2. 实验条件

（1）色谱柱：150mm × 4.6mm，ODS C$_{18}$（日本岛津公司）

（2）流动相：甲醇：水（55：45），流量 0.7mL·min^{-1}

（3）检测波长：254nm

（4）温度 $t = 16$℃

（5）进样量：20μL（定量管定量）

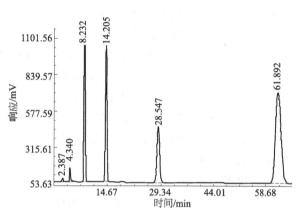

归一化法色谱定量报告

保留时间/min	峰面积	含量	标记
2.061	214927	0.087	V
2.387	600935	0.245	V
4.340	4602139	1.873	进样系统峰
8.232	40368830	16.427	对羟基苯甲酸甲酯
14.205	49385626	20.097	对羟基苯甲酸乙酯
28.547	33071700	13.458	对羟基苯甲酸丙酯
61.892	117496236	47.813	对羟基苯甲酸丁酯
合计	245740393	100.00	

实验 3-23 气相色谱定性分析——纯物质对照法

一、实验目的

1. 学习利用保留值和相对保留值进行色谱对照的定性方法。

2. 熟悉色谱仪器操作。

二、实验原理

各种物质在一定的色谱条件（一定的固定相与操作条件等）下有各自确定的保留值，因此保留值可作为一种定性指标。对于较简单的多组分混合物，若其中所有待测组分均为已知，它们的色谱峰均能分开，则可将各个色谱的保留值与各相应的标准样品在同一条件下所得的保留值进行对照比较，就能确定各色谱峰所代表的物质，这就是纯物质对照法定性的原理。该法是气相色谱分析中最常用的一种定性方法。以保留值作为定性指标，虽然简便，但由于保留值的测定受色谱操作条件的影响较大，而相对保留值仅与所用的固定相和温度有关，不受其他色谱操作条件的影响，因而更适合用于色谱定性分析。相对保留值 r_{is} 定义为：

$$r_{is}=\frac{t'_{Ri}}{t'_{Rs}}=\frac{t_{Ri}-t_M}{t_{Rs}-t_M}$$

式中，t_M、t'_{Ri}、t'_{Rs} 分别为死时间、被测组分 i 及标准物质 s 的调整保留时间。

还应注意，有些物质在相同的色谱条件下，往往具有相近的甚至相同的保留值，因此在进行具有相近保留值物质的色谱定性分析时，要求使用高柱效的色谱柱，以提高分离效率，并且采用双柱法（即分别在两根具有不同极性的色谱柱上测定保留值）。在没有已知标准样品可作为对照的情况下，可借助于保留指数（Kovats 指数）文献值进行定性分析。对于组分复杂的混合物，采用更为有效的方法，即与其他鉴定能力强的仪器联用，如气相色谱/质谱、气相色谱/红外吸收光谱联用等手段进行定性分析。

本实验测定环己烷和苯的混合物的保留值，然后以相应的纯物质的保留值，确定混合物色谱峰所对应的物质。

三、仪器与试剂

102 型气相色谱仪，氮气钢瓶，色谱柱　2m×ϕ6mm，微量进样器 2μL、5μL 等。

苯、环己烷均为分析纯。

四、实验条件

25%DNP；流动相为氮气，流量为 25mL·min^{-1}；柱温 100℃；气化温度 150℃；检测器 TD；桥电流 100mA；衰减比 1/4；进样量 1μL；记录仪纸速 600mm·h^{-1}。

五、实验步骤

1. 根据实验条件，将色谱仪按仪器操作步骤调节至可进样状态，待仪器上的电路和气路系统达到平衡，记录仪上基线平直时，即可进样。

2. 分别吸取以上各种混合液 1μL，依次进样，并在记录纸上于进样信号附近标明混合液组分名称。重复进样两次。

【思考题】

1. 什么可以利用色谱峰的保留值进行定性？

2. 假如两个相邻碳的同系物，一个保留值是另一个的两倍，保留值大的色谱峰的峰高是另一个的三倍，试估计它们的含量之比。

实验 3-24 用氟离子选择性电极测定微量 F⁻——标准曲线法

一、实验目的

学习氟离子选择性电极测定微量 F⁻ 的原理和测定方法。

二、实验原理

氟离子选择性电极的敏感膜为 LaF_3 单晶膜（掺有微量 EuF_2，利于导电），电极管内放入 $NaF+NaCl$ 混合溶液作为内参比溶液，以 Ag-$AgCl$ 作为内参比电极。当将氟电极浸入含 F^- 的溶液中时，在其敏感膜内外两侧产生膜电位

$$\Delta E_m = K - 0.0592 Vlg a_{F^-} \quad (25℃)$$

以氟电极作为指示电极，饱和甘汞电极作为参比电极，浸入试液组成工作电池

$$Hg, HgCl_2 | KCl(饱和) \| F^- 试液 | LaF_3 | NaF, NaCl | AgCl, Ag$$

工作电池的电动势为

$$E = K' - 0.0592 Vlg a_{F^-} (25℃)$$

在测量时加入以 HAc-NaAc、柠檬酸钠和大量 NaCl 配制成的总离子强度调节缓冲液（TISAB），由于加入了高离子强度的溶液（本实验所用的 TISAB 的离子强度 $I > 1.2$），可以在测量过程中维持离子强度恒定，因此工作电池电动势与 F^- 浓度的对数成线性关系：

$$E = K - 0.0592 Vlg c_{F^-}$$

本实验采用标准曲线法测定 F^- 浓度，即配制成不同浓度的 F^- 标准溶液，测定工作电池的电动势，并在同样条件下测得试液的 E_x，由 E-$lg c_{F^-}$ 曲线查得未知试液中的 F^- 浓度。当试液组成较为复杂时，则应采用标准加入法或 Gran 作图法测定。

氟离子选择性电极的适用酸度范围为 $pH = 5 \sim 6$，测定浓度范围在 $10^{-6} \sim 10^0 \ mol \cdot L^{-1}$ 内，E 与 $lg c_{F^-}$ 呈线性响应，电极的检测下限为 $10^{-7} \ mol \cdot L^{-1}$ 左右。

氟离子选择性电极是比较成熟的离子选择性电极之一，其应用范围比较广泛。本实验所介绍的测定方法，完全适用于人指甲中 F^- 的测定（指甲需先经适当的预处理），为诊断氟中毒程度提供科学依据；采取适当措施，用标准曲线法可直接测定雪和雨水中的痕量 F^-；磷肥厂的废渣，经 HCl 分解，即可用于快速、简便地测定其 F^- 含量；用标准加入法不需预处理即可直接测定尿中的无机氟与河水中的 F^-；通过预处理，则可测定尿和血中的总氟含量；大米、玉米、小麦粒经磨碎、干燥，并经 $HClO_4$ 浸取后，不加 TISAB，即可用标准加入法测定其中的微量氟，本法还可测定儿童食品中的微量氟。

三、仪器与试剂

pHS-3C 型酸度计（精确到 1mV）或 ZD-2A 自动滴定电位计，氟离子选择性电极，饱和甘汞电极，电磁搅拌器，容量瓶 1000mL、100mL、50mL，吸量管 5mL、1mL，CPU486 以上计算机，自编计算机程序等。

$0.100 mol \cdot L^{-1} \ F^-$ 标准溶液：准确称取 120℃ 干燥 2h，并经冷却的优级纯 NaF 4.20g 于小烧杯中，用水溶解后，转移至 1000mL 容量瓶中配成水溶液，然后转入洗净、干燥的塑料瓶中。

总离子强度调节缓冲液（TISAB）：于 1000mL 烧杯中加入 500mL 水和 57mL 冰醋酸、58g NaCl、12g 柠檬酸钠（$Na_3C_6H_5O_7 \cdot 2H_2O$），搅拌至溶解。将烧杯置于冷水

中，在 pH 计监测下，缓慢滴加 $6mol \cdot L^{-1}$ NaOH 溶液，至溶液 pH＝5.0～5.5，冷却至室温，转入 1000mL 容量瓶中，用水稀释至刻度，摇匀。转入洗净、干燥的试剂瓶中。

F^- 试液：浓度约在 $10^{-2} \sim 10^{-1} mol \cdot L^{-1}$（本实验测定自来水中微量 F^-）。

四、实验步骤

1. 按 pHS-3C 型酸度计说明书操作步骤所述调试仪器，按下 mV 按键。摘去甘汞电极的橡皮帽，并检查内电极是否浸入饱和 KCl 溶液中，如未浸入，应补充饱和 KCl 溶液。安装电极。

2. 准确吸取 $0.100mol \cdot L^{-1}$ F^- 标准溶液 5.00mL，置于 50mL 容量瓶中，加入 TISAB 5.00mL，用水稀释至刻度，摇匀，得 pF＝2.00 溶液。

3. 吸取 pF＝2.00 溶液 5.00mL，置于 50mL 容量瓶中，加入 TISAB 4.5mL，用水稀释至刻度，摇匀，得 pF＝3.00 溶液。

仿照上述步骤，配制 pF＝4.00、pF＝5.00 和 pF＝6.00 溶液。

4. 将配制的标准溶液系列由低浓度到高浓度逐个转入塑料小烧杯中，并放入氟电极和饱和甘汞电极及搅拌子，开动搅拌器，调节至适当的搅拌速度，保持搅拌速度不变，至电位读数恰到 2min 不变，读取各溶液的毫伏值。

5. 吸取 F^- 试液 45.0mL，置于 50mL 干燥的小烧杯中，加入 5.0mL TISAB。按标准溶液的测定步骤，测定其电位 E_x 值。

五、数据及处理

原始数据、计算机拟合曲线方程及结果。

实验 3-25 用氟离子选择性电极测定微量 F^-——Gran 作图法

一、实验目的

1. 了解电位的测定方法。

2. 学习 Gran 作图法的基本原理和数据处理方法。

二、实验原理

氟离子选择性电极的敏感膜为 LaF_3 单晶膜（掺有微量 EuF_2，利于导电），电极管内放入 NaF＋NaCl 混合溶液作为内参比溶液，以 Ag-AgCl 作为内参比电极。Gran 作图法是多次加入欲测组分的标准溶液，测量电位值 E，并计算每次加入标准溶液后的 $(V_0＋V_s) \times 10^{E/S}$ 值，然后以其为纵坐标，以 V_s 为横坐标作图，延长各实验点的连线，得出与横坐标的交点 V_e。由下式计算欲测组分的浓度

$$c_x = -\frac{c_s V_e}{V_0}$$

Gran 作图法中 $(V_0＋V_s) \times 10^{E/S}$ 的计算较繁，若采用特制的半反对数坐标纸，可将实验数据直接标在图纸上，不需烦琐计算，即可求得 V_e 值，甚为简便。本实验采用计算机拟

合曲线方程，测定更为方便、灵活。

由于 Gran 作图法是通过多次测量电位值进行求算欲测组分浓度，提高了测定准确度，尤其是对于含量较低的试样，加入标准溶液后，欲测组分浓度增加，于是在较高浓度进行电位测量，电极易于达到平衡，测得的电位较稳定，因而实验的重现性也较好。

Gran 作图法是在有其他组分共存情况下进行测量的，因此实验上避免了共存组分的影响，所以这种方法适合于成分不明或组成复杂试样的测定。本实验采用计算机处理数据，模拟作图，因此处理数据比较方便。

氟离子选择性电极使用方便，是应用较广的一种离子选择性电极，在化学工业、食品工业以及环境科学等许多领域都有实际应用。

三、仪器与试剂

pHS-3C 型酸度计或 ZD-2A 自动滴定电位计，氟离子选择性电极，电磁搅拌器，容量瓶（250mL、100mL、50mL），吸量管（5mL、2mL、1mL），计算机，自编计算机程序等。

总离子强度调节缓冲液（TISAB）。

1.0mol·L^{-1} NaF 标准溶液：取优级纯 NaF 于高温炉中在 $500\sim600℃$ 灼烧半小时，放置于干燥器中冷却，准确称取 NaF 14.61g 于小烧杯中，用水溶解后，转移至 250mL 容量瓶中配成水溶液。

F^{-} 试液：浓度为 10^{-3} mol·L^{-1}。

四、实验步骤

1. 调试好 pHS-3C 型酸度计，测电池的电动势。

2. 于 50mL 烧杯中，加入 45mL 自来水和 5mL TISAB 溶液，测电池的电动势，然后每次加入 0.5mL 浓度为 10^{-3} mol·L^{-1} F^{-} 试液，测一次电动势，共加入 5 次。

五、数据及处理

$s=58$mV。

实验 3-26 原子吸收光谱法测定水体中 Cu 的含量——标准曲线法

一、实验目的

1. 学习原子吸收分光光度法的基本原理。

2. 了解原子吸收分光光度计的基本结构及其使用方法。

3. 掌握应用标准曲线法测定水体中 Cu 的含量。

二、实验原理

标准曲线法是原子吸收分光光度分析中一种常用的定量方法，常用于未知试液中共存的基体成分较为简单的情况。如果溶液中共存基体成分比较复杂，则应在标准溶液中加入相同类型和浓度的基体成分，以消除或减少基体效应带来的干扰，必要时须采用标准加入法而不用标准曲线法。标准曲线法的标准曲线有时会发生向上或向下弯曲现象，造成标准曲线弯曲的原因如下：

1. 当标准溶液浓度超过标准曲线的线性范围时，待测元素基态原子相互之间或与其他元素基态原子之间的碰撞概率增大，使吸收线半宽度变大，中心波长偏移，吸收选择性变差，致使标准曲线向浓度坐标轴弯曲（向下）。

2. 因火焰中共存大量其他易电离的元素，由这些元素原子的电离所产生的大量电子，将抑制待测元素基态原子的电离效应，使测得的吸光度增大，使标准曲线向吸光度坐标轴方向弯曲（向上）。

3. 空心阴极灯中存在杂质成分，产生的辐射不能被待测元素基态原子所吸收，以及杂散光存在等因素，形成背景辐射，在检测器上同时被检测，使标准曲线向浓度坐标轴方向弯曲（向下）。

4. 由于操作条件选择不当，如灯电流过大，将引起吸光度降低，也使标准曲线向浓度坐标轴方向弯曲。

总之，要获得线性好的标准曲线，必须选择好适当的实验条件，并严格实行。

三、仪器

GBC-932AA 原子吸收分光光度计（澳大利亚），Cu 空心阴极灯等。

四、实验步骤

1. 用移液管准确移取 0.50mL、1.00mL、1.50mL、2.00mL 100μg·mL^{-1} Cu 标准液，分别放入 4 个 50mL 容量瓶中，用蒸馏水稀释到刻度。即得 1 号：1.00μg·mL^{-1}；2 号：2.00μg·mL^{-1}；3 号：3.00μg·mL^{-1}；4 号：4.00μg·mL^{-1} Cu 标准溶液。

2. 开启稳压电源开关，安装铜空心阴极灯。

3. 打开计算机电源开关，进入 Dos 操作系统，在 C:\下，输入 932，进入原子吸收操作系统主菜单。

4. 设置实验参数〔火焰、文件名：分析人员＋分析类型＋分析元素＋编号（不能超过 8 位）、分析元素、基体类型（water）、灯电流、波长、狭缝宽度、狭缝高度（自动）、仪器模式（手动）、校正参数（最小二乘法）、灯架表（输入相应元素符号）等〕。

5. 打开原子吸收主机电源、空气压缩机电源和燃气气源开关。

注意：开启空气压缩机电源前，要将空气压缩机上的放空开关旋紧。原子吸收主机 support 面板上的开关处于 off 位置。空压机的压力表指针指示到 5 刻度。

打开燃气气源开关前，一定要将原子吸收主机 support 机板上的开关处于 off 位置、fuel 机板上的开关旋紧（向右），均处于关闭状态。

打开乙炔气瓶时，手柄向左旋转，使输出压力为 0.6kgf·cm^{-2}。

6. 将原子吸收主机 support 机板上的开关处于 air 位置，调整控制空气流量开关（左大右小），使空气流量为 7.5。

7. 调整原子吸收主机 fuel 机板上的控制乙炔气的流量开关（左大右小），使乙炔气流量为 2.8。

8. 按下原子吸收主机 fuel 机板上方的 IGNTION 按钮，点火（若不成功，就手动点火）。

9. 将导入毛细管插入蒸馏水烧杯中，待机器稳定（从计算机上的时间和吸光度的变化可以判断）。

10. 根据计算机上的提示进行标准样品和待测样品的测定。

11. 测定结束后，打印出实验结果。

12. 先关闭乙炔钢瓶，火焰自动熄灭，然后将毛细管放入蒸馏水中，待原子吸收仪冷却到室温时，再关闭空气压缩机电源和原子吸收主机电源。

13. 按 Esc 键，弹出计算机退出菜单，选择 Yes，按回车键退出计算机。

14. 盖好原子吸收仪和计算机，实验结束。

五、原始数据及结果

【思考题】

1. 标准溶液为什么要临时配制？

2. 原子吸收光谱的测量条件有哪些？

实验 3-27 荧光分光光度法测定水杨酸含量

一、实验目的

1. 掌握荧光分光光度法测定水中水杨酸含量的方法。

2. 了解分子荧光分析法的基本原理。

二、实验原理

大多数分子在常温下处于基态最低振动能级，产生荧光的原因是物质分子吸收了特征频率的光能后，由基态跃迁至较高能级的第一激发态或第二激发态，处于激发态的分子，可以通过无辐射去活，将多余的能量转移给其他分子；或通过内转换到第一激发态的最低振动能级，然后再以辐射的形式去活，跃迁回至基态各振动能级，发射出荧光。荧光是物质吸收光的能量后产生的，因此任何荧光物质都具有两种光谱：激发光谱和发射光谱。

水杨酸在碱性条件下，可用激发波长（E_x）306nm 激发，其最大发射波长（E_m）为 418nm，且荧光强度与水杨酸浓度成正比。

三、仪器与试剂

日立 F-4500 荧光分光光度计或岛津 RF-5301PC 荧光分光光度计，100mL 容量瓶 6 个，烧杯等。

硼砂缓冲溶液：称取硼砂（$Na_2B_4O_7 \cdot 10H_2O$ 的摩尔质量为 381.37g·mol^{-1}）19.07g 于 250mL 烧杯中，加蒸馏水使之溶解，然后将其溶液定量转移到 1000mL 容量瓶中，加蒸馏水稀释到刻度，即得 0.05mol·L^{-1} 硼砂缓冲溶液。

1.00mg·mL^{-1}水杨酸标准溶液：称取 0.2500g 水杨酸（分子量为 138.12）于一干净的 50mL 小烧杯中，加入少量 3.0mol·L^{-1} NaOH 使之溶解，然后定量转移到 250mL 容量瓶中，并用蒸馏水稀释到刻度，即可。

四、实验步骤

1. F-4500 荧光分光光度计的使用方法

（1）打开电源开关，开启 Xe 灯，再开启运行（Run）开关。

（2）开启计算机，进入 Windows 界面。

（3）双击 FL Solutions 2.0 图标，进入操作窗口，机器开始自检。

（4）自检完成后，点击右边 Method 图标，设置仪器参数，E_x、E_m 波长，激发狭缝宽度，发射狭缝宽度。

（5）在选择 Emission 的条件下，固定 E_x(max) 值，选择 E_m 波长扫描范围后，点击右边的 Measure 图标，测定不同标准溶液的荧光强度，并记录相应浓度下的荧光强度（Fluorescence intensity，I_F），且在菜单 file 下，用 save as 命令，将扫描图保存为相应浓度下的 0、2、4、6、8、10 文件。

（6）图形叠加

① 将 E_x 图和 E_m 图叠加　在菜单 Data 下，点击 Overlay 命令，选择右边的"来源于文件"按钮，然后选择要叠加的图形文件 E_x、E_m 后，按下打开按钮，叠加完成。此后，保存叠加文件为 EXEM.dx 或 EXEM.txt。

② 标准曲线图的叠加　在菜单 Data 下，点击 Overlay 命令，选择右边的"来源于文件"按钮，然后选择要叠加的图形文件 2、4、6、8、10 后，按下打开按钮，叠加完成。此后，保存叠加文件为 Cal.dx 或 Cal.txt。

（7）双击 Origin 6.0 图标，打开操作窗口，完成实验图。

2. 实验操作

（1）标准溶液系列的配制　取 6 个编号为 $1^\#$、$2^\#$、$3^\#$、$4^\#$、$5^\#$、$6^\#$ 的 100mL 容量瓶，各加入 5mL 硼砂缓冲溶液，分别移取 0mL、0.2mL、0.4mL、0.6mL、0.8mL、1.0mL 1.00mg·mL^{-1} 的水杨酸溶液于上述 6 个容量瓶中，然后加去离子水至刻度，配制成水杨酸浓度分别为 0μg·mL^{-1}、2μg·mL^{-1}、4μg·mL^{-1}、6μg·mL^{-1}、8μg·mL^{-1}、10μg·mL^{-1} 的标准溶液。

（2）最大激发、发射波长的确定　选用上述 4 号溶液，按仪器操作方法进行。

（3）工作曲线的测绘　将上述溶液分别装入比色皿中（体积的 2/3～3/4），用柔软的卫生纸将表面的溶液擦干净后放入仪器的比色皿架上，测定各标准溶液的 I_F。以 I_F-c 作图，即为标准曲线。

（4）取未知样品试液适量放入 100mL 容量瓶，加入 5mL 硼砂缓冲溶液，用去离子水至刻度。然后与测定标准曲线相同，测定其溶液的 I_F，再从标准曲线上查得其含量。

附：RF-5301PC 荧光光度计的使用

1. 接通电源，打开激发光源开关，开启 RF-5301PC 电源开关，预热半小时。

2. 开启计算机。

3. 双击界面上 RF-530XPC 图标，进入 RF-5301PC 窗口。

4. 在 Acquire Mode 菜单下，选择 Spectrum。

5. 在 Configure 菜单下，点击 Parameters，弹出 Spectrum Parameters 菜单。先选定 Spectrum Type 中的 EX Wavelength：270；EM wavelength Range：Start 300 End 500；Recording Range：Low 0.000 High 150.000；Scanning Speed：Super；Slit Width （nm）：EX 3 EM 3；Response Time (sec) Auto 后，点击 OK。

6. 在 Configure 菜单下，点击 PC Configuration，弹出菜单 PC Configuration Parameters。在 Data Directory：指定存入数据路径。如：C:\RFPC\data\dyj\08hx(1)\（必须先在 C:\下建好此文件夹）；在 Export Directory 下也指明路径。如：C:\RFPC\data\dyj\08hx

(1)\asc\（必须先在 C:\下建好此文件夹）Fluoromrter Serial Port 下选 1，点击 OK，设定完成。

7. 放入测量试样，点击 Start 键，开始"获取数据"，完成"获取数据"后，文件名对话框出现，按规律输入文件名，不要加扩展名，计算机会自动加上扩展名"TMC"。当输入完成后，点击 Save 键，将数据保存入通道内。

8. 欲知道峰值及对应波长，可在 Manipulate 菜单中，选 Peak Pick，弹出一菜单，下拉到最后，可看见峰值及对应波长，记录其数据。

9. 欲存储所有获得的数据，可在"File"菜单中，点击 Channel 菜单下的 Save Channel，出现一对话框，点击选择 All 后，再点击 OK，保存完成。

10. 将所"获得的数据"整理，作图。

实验 3-28　循环伏安法判断电极过程

一、实验目的
1. 学会使用 BAS 电化学分析站。
2. 了解循环伏安法的原理。
3. 学会判断电化学过程的可逆性。

二、实验原理
循环伏安法就是将线性扫描的电位，由起始电位 E_i 线性扫描到终止电位 E_f；然后再从终止电位 E_f 线性扫描到起始电位 E_i，完成一个循环。整个过程相当于两个连续的方向相反的线性扫描过程，对于一个可逆氧化还原过程，如果起始电位向负方向扫描，则先发生还原反应，然后还原物（阴极过程）在后半扫描过程中被氧化（阳极过程），可得到循环伏安图。i_p 用于定量分析，此外，循环伏安法实验可以得到很多有关的信息。

三、电极可逆性判别
对于可逆电极反应：
（1）峰电位 E_p 与扫描速度无关。ΔE_p 确切数值与扫描过峰电位（E_{pc} 或 E_{pa}）之后多少毫伏再回扫有关，即与 E_f 有关。一般在峰电位之后有足够的毫伏数再回扫，ΔE_p 值为 $58/n$ mV。
（2）电流函数性质：i_p 与 $v^{1/2}$ 呈线性关系。
（3）阳极电流与阴极电流的性质：$i_{pa}/i_{pc}=1$ 与 v 无关。

四、仪器与试剂
BAS100 电化学分析站等。
$1\,mol \cdot L^{-1}$ KNO_3，$0.5\,mol \cdot L^{-1}$ $K_3[Fe(CN)_6]$。

五、实验步骤
1. 玻碳电极的预处理：用 Al_2O_3 粉将电极表面抛光，然后用蒸馏水清洗，待用。
2. 移取 5.0mL $1\,mol \cdot L^{-1}$ KNO_3 于电解池中，然后加入 0.5mL $0.5\,mol \cdot L^{-1}$ $K_3[Fe(CN)_6]$。
3. 将三电极连接好，选择 Epsilon 软件，用鼠标双击，弹出仪器操作界面。

4. 选择实验参数，以不同的扫描速度（10、20、40、80、160 mV·s⁻¹），于 −0.2～0.8V 间进行循环扫描，记录循环伏安曲线，并记录其氧化还原电流及峰电位。

六、数据与处理

1. 依据铁氰化钾循环伏安实验结果，讨论电极反应的可逆性，见图 3-8。

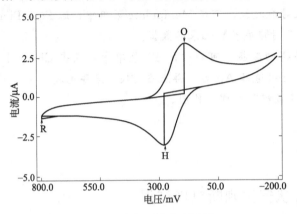

图 3-8　电极反应的可逆性

2. 依据铁氰化钾循环伏安实验结果，讨论扫描速度对 i_{pc} 和 i_{pa} 的影响，绘制铁氰化钾的 i_{pc} 和 i_{pa} 与 $v^{1/2}$ 的关系曲线，见图 3-9。

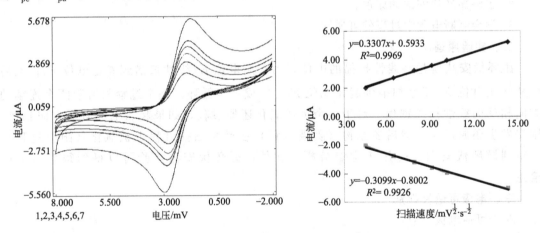

图 3-9　i_{pc} 和 i_{pa} 与 $v^{1/2}$ 的关系曲线

实验 3-29　分光光度法测量水杨酸

一、实验目的

1. 了解自动扫描法测量吸收曲线的操作。

2. 了解计算机作吸收曲线和标准曲线的方法。

3. 掌握分光光度法测量水杨酸的原理。

二、实验原理

水杨酸应用非常广泛，经常存在于如生产水杨酸的制药废水中。水杨酸对环境会造成很大的污染。很多场所及产品对水杨酸的含量都有一定的要求，故测量水杨酸的含量是十分必要的。水杨酸最大吸收波长为 295.5nm。

三、仪器与试剂

紫外可见分光光度计等。

水杨酸标准溶液：储备液为 $2mg \cdot mL^{-1}$，实验时稀释为 $200\mu g \cdot mL^{-1}$ 的工作溶液；六亚甲基四胺缓冲溶液：$70g$ $(CH_2)_6N_4$ + $9mL$ 浓 HCl 稀释到 500mL；其他试剂均为分析纯；实验用水为二次蒸馏水。

四、实验步骤

移取水杨酸标准溶液 0、2、4、6、8、10 (mL) 于 50mL 容量瓶中，加入 2.0mL 六亚甲基四胺缓冲溶液，加水定容，摇匀，用 1cm 比色皿，以试剂空白为参比，在拟定的波长范围扫描，测量吸光度值。水杨酸的最大吸收波长为 295.5nm，吸收曲线见图 3-10。

以最大吸收波长处的吸光度对浓度作图，得标准曲线。

取适量未知样品溶液于 50mL 容量瓶中，加入 2.0mL 六亚甲基四胺缓冲溶液，加蒸馏水定容，摇

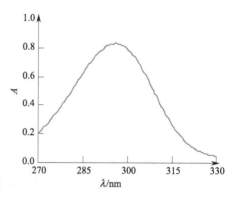

图 3-10 水杨酸吸收曲线

匀，用 1cm 比色皿，以试剂空白为参比，在最大吸收波长处测其吸光度，再从标准曲线上查其含量。

实验 3-30 石墨炉原子吸收光谱法测定钼

一、实验目的

1. 学习原子吸收分光光度法的基本原理。

2. 了解 TAS-990（普析）光栅 1200 线 $\cdot mm^{-1}$，分辨率优于 0.3nm 原子吸收分光光度计的基本结构及其使用方法。

二、仪器与试剂

TAS-990 原子吸收分光光度计（北京普析通用公司），HGA 2700 型石墨炉等。

抗坏血酸溶液 $100g \cdot L^{-1}$（当天配制）。

硫氰酸铵溶液 $50g \cdot L^{-1}$。

硫酸铁铵 $100g \cdot L^{-1}$。

钼标液 $1mg \cdot mL^{-1}$：称取 $(NH_4)_6Mo_7O_{24} \cdot 4H_2O$ 基准试剂 1.8400g，溶于 10mL 浓氨水中，用亚沸蒸馏水定容至 1 L。使用时，逐级稀释至所需浓度。

样品溶液：取适量未知样溶液，按标准工作液条件配成测定样品溶液。

三、实验步骤

1. 打开 AA Win 2.0 软件。

2. 打开仪器主机开关、石墨炉开关。

3. 联机。

4. 元素灯设置（钼灯）。

5. 点寻峰。

6. 应用——能量测试-自动能量平衡。

7. 设置石墨炉工作参数。

石墨炉工作参数如下：

升温步骤	温度 $T/℃$	升温时间 t/s	保持时间 t/s	内部气体流量 $q_v/mL \cdot min^{-1}$
1	70	10	30	300
2	120	5	10	300
3	800	1	15	300
4	2650	0	7	0
5	2600	1	5	300

8. 开氩气。

9. 开水龙头。

10. "空烧" 2～3 次。

11. 按样品设置的顺序用微量进样器进样，测定 0、$25\mu g \cdot L^{-1}$、$50\mu g \cdot L^{-1}$、$75\mu g \cdot L^{-1}$、$100\mu g \cdot L^{-1}$ 系列标准溶液及样品溶液的吸光度，绘制标准曲线，查出样品浓度。

12. 测量结束，先关氩气，关水，关石墨炉开关，关仪器主机电源，保存数据后关电脑。

实验 3-31　丁烷混合气的气相色谱分析——归一化法定量

一、实验目的

1. 学习归一化法定量的基本原理及测定方法。

2. 掌握色谱气体进样操作技术。

二、实验原理

使用归一化法定量，要求试样中的各个组分都能得到完全分离，并且在色谱图上应能绘出其色谱峰，计算式为：

$$c_i = \frac{m_i}{\sum\limits_{i=1}^{n} m_i} \times 100\%$$

而由前述

$$m_i = f_i A_i ; \quad A_i = h_i Y_{1/2}$$

$$c_i = \frac{f_i h_i Y_{1/2}}{\sum\limits_{i=1}^{n} f_i h_i Y_{1/2}} \times 100\%$$

在一定操作条件下，同系物的半峰宽与保留时间成正比，因此在做相对计算时，可用 $h_i t_{Ri}$ 表示峰面积 A_i，故：

$$c_i = \frac{f_i h_i t_{Ri}}{\sum\limits_{i=1}^{n} f_i h_i t_{Ri}} \times 100\%$$

归一化法的优点是计算简便，定量结果与进样量无关，且操作条件不需严格控制，是常用的一种色谱定量方法。但此法缺点是不管试样中某组分是否需要测定，都必须全部分离流出，并获得可测量的信号，而且其校正因子也应为已知。

本实验通过测量丁烷混合气中丙烷、异丁烷和丁烷三种组分的 h_i 和 t_{Ri}，计算各组分的百分含量。

三、仪器及试剂

102 型气相色谱仪；氮气钢瓶；色谱柱 2m×φ6mm；固定液 25% DNP；流动相为氮气，流量为 25mL·min^{-1}；柱温为室温；气化温度为室温；检测器 TD；桥电流 100mA；衰减比 1/4；六通阀定量管进样；记录仪纸速 600mm·h^{-1}。

市售罐装液态丁烷混合气（用于气体打火机）。

四、实验步骤

1. 通过一段塑料管，直接将市售的液态丁烷混合气罐的出口连接在六通阀的进样口上，进样时将丁烷混合气体罐口朝上，然后进样。

2. 根据实验条件，将色谱仪按仪器操作步骤调至可进样状态，待仪器电路和气路系统达到平衡，记录仪基线平直时，即可进样。记录色谱图，重复进样两次。

【附注】

进样后根据混合气中各组分出峰高低情况，调整进样量，使出峰最高的色谱峰高度约占记录纸宽度的 80%左右。

【思考题】

1. 分离丁烷混合气体最好使用什么固定液？

2. 本实验为什么在室温下操作？

第四章 有机化学实验

实验 4-1 蒸馏及沸点的测定

一、实验目的
1. 熟悉蒸馏和测定沸点的原理，了解蒸馏和测定沸点的意义。
2. 掌握蒸馏和测定沸点的操作要领和方法。

二、实验原理
液体的分子由于分子运动有从表面逸出的倾向，这种倾向随着温度的升高而增大，进而在液面上部形成蒸气。当分子由液体逸出的速度与分子由蒸气中回到液体中的速度相等，液面上的蒸气达到饱和，称为饱和蒸气。它对液面所施加的压力称为饱和蒸气压。实验证明，液体的蒸气压只与温度有关。即液体在一定温度下具有一定的蒸气压。

当液体的蒸气压增大到与外界施于液面的总压力（通常是大气压力）相等时，就有大量气泡从液体内部逸出，即液体沸腾。这时的温度称为液体的沸点。

但是具有固定沸点的液体不一定都是纯粹的化合物，因为某些有机化合物常和其他组分形成二元或三元共沸混合物，它们也有一定的沸点。

蒸馏是将液体有机物加热到沸腾状态，使液体变成蒸气，又将蒸气冷凝为液体的过程。

通过蒸馏可除去不挥发性杂质，可分离沸点差大于 30℃ 的液体混合物，还可以测定纯液体有机物的沸点及定性检验液体有机物的纯度。

三、仪器与试剂
圆底烧瓶、蒸馏头、温度计、直形冷凝管、尾接管、锥形瓶、量筒等。
乙醇。

四、实验装置
主要由气化、冷凝和接收三部分组成，如图 4-1 所示。

1. 蒸馏瓶

蒸馏瓶的选用与被蒸液体量的多少有关，通常装入液体的体积应为蒸馏瓶容积的 1/3～2/3。液体量过多或过少都不宜。在蒸馏低沸点液体时，选用长颈蒸馏瓶；而蒸馏高沸点液体时，选用短颈蒸馏瓶。

2. 温度计

温度计应根据被蒸馏液体的沸点来选，低于 100℃，可选用 100℃ 温度计；高于 100℃，应选用 250～300℃ 水银温度计。

3. 冷凝管

冷凝管可分为水冷凝管和空气冷凝管两类，水冷凝管用于被蒸液体沸点低于 140℃，空气冷凝管用于被蒸液体沸点高于 140℃。

4. 尾接管及接收瓶

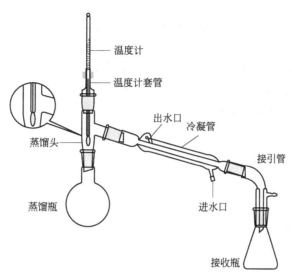

图 4-1　蒸馏装置

温度计
温度计套管
出水口　冷凝管
蒸馏头
接引管
蒸馏瓶
进水口
接收瓶

尾接管将冷凝液导入接收瓶中。常压蒸馏选用锥形瓶为接收瓶，减压蒸馏选用圆底烧瓶为接收瓶。

仪器安装顺序为：先下后上，先左后右。拆卸仪器与其顺序相反。

五、实验步骤

1. 加料

将待蒸乙醇 20mL 小心倒入圆底烧瓶中，不要使液体从支管流出。加入几粒沸石，塞好带温度计的塞子，注意温度计的位置。再检查一次装置是否稳妥与严密。

2. 加热

先打开冷凝水龙头，缓缓通入冷水，然后开始加热。注意冷水自下而上，蒸气自上而下，两者逆流冷却效果好。当液体沸腾，蒸气到达水银球部位时，温度计读数急剧上升，调节热源，让水银球上液滴和蒸气温度达到平衡，使蒸馏速度以每秒 1～2 滴为宜。此时温度计读数就是馏出液的沸点。

蒸馏时若热源温度太高，使蒸气成为过热蒸气，造成温度计所显示的沸点偏高；若热源温度太低，馏出物蒸气不能充分浸润温度计水银球，造成温度计读得的沸点偏低或不规则。

3. 收集馏液

准备两个接收瓶，一个接收前馏分或称馏头，另一个（需称重）接收所需馏分，并记下该馏分的沸程：即该馏分的第一滴和最后一滴时温度计的读数。

在所需馏分蒸出后，温度计读数会突然下降。此时应停止蒸馏。即使杂质很少，也不要蒸干，以免蒸馏瓶破裂及发生其他意外事故。

4. 拆除蒸馏装置

蒸馏完毕，先应撤出热源，然后停止通水，最后拆除蒸馏装置（与安装顺序相反）。

六、注意事项

1. 冷却水流速以能保证蒸气充分冷凝为宜，通常只需保持缓缓水流即可。

2. 蒸馏有机溶剂均应用小口接收器，如锥形瓶。

【思考题】

1. 什么叫沸点？液体的沸点和大气压有什么关系？文献里记载的某物质的沸点是否即为学校当地的沸点温度？

2. 蒸馏时加入沸石的作用是什么？如果蒸馏前忘记加沸石，能否立即将沸石加至将近沸腾的液体中？当重新蒸馏时，用过的沸石能否继续使用？

3. 为什么蒸馏时最好控制馏出液的速度为 $1\sim2$ 滴$\cdot s^{-1}$？

4. 如果液体具有恒定的沸点，那么能否认为它是纯物质？

实验 4-2　重结晶

一、实验目的

1. 理解重结晶基本原理。

2. 掌握重结晶的基本操作。

3. 熟练掌握常压过滤和减压过滤的操作技术。

二、实验原理

重结晶是利用被提纯物和杂质的溶解度及各自在混合物中的含量不同，而进行的一种分离纯化方法。固体有机物在溶剂中的溶解度一般随温度的升高而增大。把固体有机物溶解在热的溶剂中使之饱和，冷却时由于溶解度降低，有机物又重新析出晶体。利用溶剂对被提纯物质及杂质的溶解度不同，使被提纯物质从过饱和溶液中析出。让杂质全部或大部分留在溶液中，从而达到提纯的目的。

重结晶只适宜杂质含量在 5% 以下的固体有机混合物的提纯。从反应粗产物直接重结晶是不适宜的，必须先采取其他方法初步提纯，然后再重结晶提纯。

三、仪器与试剂

烧杯、酒精灯、热水漏斗、滤纸、无颈漏斗、布氏漏斗、抽滤瓶、表面皿、玻棒、量筒、水循环真空泵等。

苯甲酸、活性炭。

四、实验步骤

取 0.5g 待提纯的苯甲酸置于试管中，加入 10mL 水，振摇。如不溶，可加热至沸，振荡后观察，还不溶时，可分批每次加入 4mL 溶剂，每次加液后均加热煮沸，振荡观察，记录所用溶剂的体积，然后再多加 20% 的溶剂（过多会损失，过少会析出，有机溶剂需要回流装置）。待溶液稍冷后加活性炭，煮沸 $5\sim10$min。用热水漏斗趁热过滤。结晶滤液放置冷却，析出结晶。抽滤，干燥。

【思考题】

1. 理想溶剂应具备的条件是什么？

2. 活性炭使用时应注意什么？

3. 抽气过滤时应注意什么？

一、实验目的

了解熔点测定的意义，掌握测定熔点的方法。

二、实验原理

通常当结晶物质加热到一定的温度时，即从固态转变为液态。此时的温度为该化合物的熔点，或者说，熔点应为固液两态在大气压力下成平衡时的温度。纯粹的固体有机化合物一般都有它固定的熔点。常用熔点测定法来鉴定纯粹固体有机化合物。纯化合物开始熔化至完全熔化（初熔至全熔）的温度范围叫熔程。温度范围一般不超过 0.5～1℃。如该化合物含有杂质，其熔点往往偏低，且熔程也较长。所以根据熔程长短可判别固体化合物的纯度。

三、仪器与试剂

熔点测定仪等。

萘、乙酰苯胺。

四、实验步骤

1. 样品的装入

放少许待测熔点的干燥样品（约 0.1g）于干净的表面皿上，用玻棒或不锈钢刮刀将它研成粉末并集成一堆。将熔点管开口端向下插入粉末中，然后把熔点管开口端向上，轻轻地在桌面上敲击，以使粉末落入和填紧管底。或者取一支长约 30～40cm 的玻管，垂直于一干净的表面皿上，将熔点管从玻管上端自由落下，可更好地达到上述目的，为了要使管内装入高 2～3mm 紧密结实的样品，一般需如此重复数次。沾于管外的粉末须拭去，以免沾污加热浴液。要测得准确的熔点，样品一定要研得极细，装得密实，使热量的传导迅速均匀。对于蜡状的样品，为了解决研细及装管的困难，只得选用较大口径（2mm 左右）的熔点管。

2. 操作方法

将干燥的 b 形熔点管竖直固定于铁架台上，加入选定的导热液，导热液的用量应使插入温度计后其液面略高于 b 形管的上支管口。将装好样品的熔点管用橡皮圈固定在温度计下端，使熔点管装样品的部分位于温度计水银球的中部。在 b 形管口安装开口的软木塞，将带有熔点管的温度计插入其中，刻度面向塞子的开口，温度计的水银球处于 b 形管上、下支管的中间位置，此处对流循环好，使循环导热液的温度能在温度计上较准确地反映出来（图 4-2）。

3. 熔点的测定

（1）粗测 仪器和样品安装好后，用小火在 b 形管上下支管交合处加热，使受热液体沿管上升运动，使热浴溶液对流循环，温度均匀。粗测时，升温速度可以稍快（5～6 ℃·min^{-1}）。仔细观察温度的变化及样品是否熔化。记录样品熔化时的温度，即得样品的粗熔点。移去热源，当导热液慢慢冷却到样品粗熔点以下 30℃，参考粗熔点再进行精测。

（2）精测 取出温度计，换上新的毛细熔点管做精密测定。精测时，开始升温可以稍快一些，4～5℃·min^{-1}，当离粗测熔点约 10℃时，要控制升温速度在 1℃·min^{-1} 左右，在接近熔点时，加热速度更应缓慢，正确控制升温速度是准确测定熔点的关键。当熔点管中样品开始润湿、塌落、出现小液滴时，表示样品开始熔化，记录此时温度（初熔点）。继续微热，当固体刚好完全消失、变为透明液体时，则表示完全熔化，记录此时温度（全熔点）。初熔

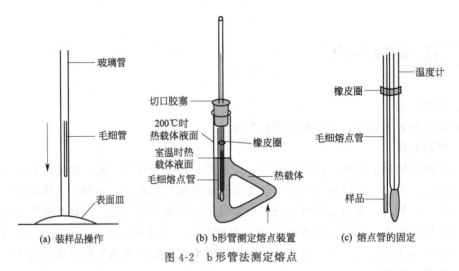

图 4-2　b形管法测定熔点

点至全熔点的温度范围就是该样品的熔程。

4. 后处理

实验完毕，取出温度计，待其自然冷却至室温方可用水冲洗，否则，可能造成温度计水银球炸裂。

【思考题】

1. 加热的快慢为什么会影响熔点？在什么情况下加热可以快些？而在什么情况下加热则要慢些？

2. 是否可以使用第一次测熔点时已经熔化了的有机化合物再做第二次测定呢？为什么？

附：熔点仪测量熔点步骤

1. 开启电源开关，稳定 20min，此时，保温灯、初熔灯亮，电表偏向右方，初始温度为 50℃左右。

2. 通过拨盘设定起始温度，通过起始温度按钮，输入此温度，此时预置灯亮。

3. 选择升温速率，将波段开关调至需要位置。

4. 预置灯熄灭时，起始温度设定完毕，可插入样品毛细管。此时电表基本指零，初熔灯熄灭。

5. 调零，使电表完全指零。

6. 按下升温钮，升温指示灯亮（注意：忘记插入带有样品的毛细管按升温钮，读数屏将出现随机数提示您纠正操作）。

7. 数分钟后，初熔灯先闪亮，然后出现终熔读数，欲知初熔读数，按初熔钮即得。

8. 只要电源未切断，上述读数值将一直保留至测下一个样品。

实验 4-4　萃取

一、实验目的

1. 了解萃取原理。

2. 掌握萃取操作。

二、实验原理

萃取是利用有机物在两种互不相溶（或微溶）的溶剂中溶解度的不同，使有机物从一种溶剂转移到另一种溶剂中。经过反复多次萃取，将绝大部分有机物提取出来。由于多数有机物在有机溶剂中有更好的溶解性，用有机溶剂来萃取溶解于水溶液中的有机物是萃取的典型实例。在实验室中进行液-液萃取时，一般在分液漏斗中进行。萃取也是分离和提纯有机物常用的方法。

用一定量的有机溶剂萃取时，把溶剂量分成多次萃取，比用全部量做一次萃取效果要好。例如在 100mL 水中溶有 4g 丁酸，15℃时用 100mL 苯来萃取其中的丁酸，用 100mL 苯一次萃取时，在水中丁酸的剩余量为 1.0g，但若将 100mL 苯分三次萃取，则剩余量减少为 0.5g（此数值可由公式计算得出）。一般萃取次数为 3～5 次即可。

另外，在萃取时，若在水溶液中加入一定量的电解质（如氯化钠），利用"盐析效应"以降低有机物和萃取溶剂在水溶液中的溶解度，可提高萃取效率。

萃取溶剂的选择应由被萃取的有机物的性质而定。一般难溶于水的物质用石油醚萃取，较易溶于水的物质，用苯或乙醚萃取，易溶于水的物质，则用乙酸乙酯萃取。在选择溶剂时，不仅要考虑溶剂对被萃取物与杂质应有相反的溶解度，而且溶剂的沸点不宜过高，否则不易回收溶剂，甚至在溶剂回收时可能使产品发生分解。此外还应考虑溶剂的毒性要小，化学稳定性要高，不与溶质发生化学反应，溶剂的密度也要适当等。

三、仪器与试剂

分液漏斗、碱式滴定管、移液管、锥形瓶、铁架台、蝴蝶夹等。

冰醋酸与水的混合液（冰醋酸与水以 1∶19 的体积比混合），乙醚，酚酞指示剂，0.2mol·L^{-1}氢氧化钠溶液。

四、实验步骤

（一）分液漏斗的使用

分液漏斗是一种用来分离两种不相混溶液的仪器。它常用于从溶液中萃取有机物或者用水、碱、酸等洗涤粗品中的杂质。

1. 使用前的准备工作

① 分液漏斗上口的顶塞应用小线系在漏斗上口的颈部，旋塞则用橡皮筋绑好，以避免脱落打破。

② 取下旋塞并用纸将旋塞及旋塞腔擦干，在旋塞孔的两侧涂上一层薄薄的凡士林，再小心塞上旋塞并来回旋转数次，使凡士林均匀分布并透明。但上口的顶塞不能涂凡士林。

③ 使用前应先用水检查顶塞、旋塞是否紧密。倒置或旋转旋塞时都必须不漏水，方可使用。

2. 萃取与洗涤操作

把分液漏斗放置在固定于铁架台的铁环（用石棉绳缠扎）上。关闭旋塞并在漏斗颈下面放一个锥形瓶。图 4-3 由分液漏斗上口倒入溶液与溶剂（液体总体积应不超过漏斗容积的 2/3），然后盖紧顶塞并封闭气孔。取下分液漏斗，振摇使两层液体充分接触。振摇时，右手捏住漏斗上口颈部，并用食指根部（或手掌）顶住顶塞，以防顶塞松开。用左手大拇指、食指按住处于上方的旋塞把手，既要能防止振摇

图 4-3 分离两层液体

图 4-4 分液漏斗的使用

时旋塞转动或脱落，又要便于灵活地旋开旋塞。漏斗颈向上倾斜30°～45°角。见图4-4。

用两手旋转振摇分液漏斗数秒钟后，仍保持漏斗的倾斜度，旋开旋塞，放出蒸气或发生的气体，使内外压力平衡。当漏斗内有易挥发有机溶剂（如乙醚）或有二氧化碳气体放出时，更应及时放气并注意远离他人。放气完毕，关闭旋塞，再行振摇。如此重复3～4次至无明显气体放出。操作易挥发有机物时，不能用手拿球体部分。

3. 两相液体的分离操作

分液漏斗进行液体分离时，必须放置在铁环上静置分层；待两层液体界面清晰时，先将顶塞的凹缝与分液漏斗上口颈部的小孔对好（与大气相通），再把分液漏斗下端靠在接收瓶壁上，然后缓缓旋开旋塞，放出下层液体，放时先快后慢，当两液面界限接近旋塞时，关闭旋塞并手持漏斗颈稍加振摇，使沾附在漏斗壁上的液体下沉，再静置片刻，下层液体常略有增多，再将下层液体仔细放出，此种操作可重复2～3次，以便把下层液体分净。当最后一滴下层液体刚刚通过旋塞孔时，关闭旋塞。待颈部液体流完后，将上层液体从上口倒出。绝不可由旋塞放出上层液体，以免被残留在漏斗颈的下层液体所沾污。

不论萃取还是洗涤，上下两层液体都要保留至实验完毕。否则一旦中间操作失误，就无法补救和检查了。

分液漏斗与碱性溶液接触后，必须用水冲洗干净。不用时，顶塞、旋塞应用薄纸条夹好，以防粘住（若已粘住，不要硬扭，可用水泡开）。当分液漏斗需放入烘箱中干燥时，应先卸下顶塞与旋塞，上面的凡士林必须用纸擦净，否则凡士林在烘箱中炭化后，很难洗去。

（二）实验过程

1. 一次萃取法

用移液管准确量取10mL冰醋酸和水的混合液，放到分液漏斗中，用30mL乙醚萃取。将分液漏斗放到铁圈中静置，分层彻底后，放出下层水溶液于50mL锥形瓶中，加2～3滴酚酞指示剂，用0.2mol·L^{-1}氢氧化钠溶液滴定，记录用去氢氧化钠溶液的体积。

2. 多次萃取法

用移液管准确量取10mL冰醋酸和水的混合液，放到分液漏斗中，用30mL乙醚，分三次，每次用10mL乙醚萃取，最后将用乙醚萃取过的水溶液放入50mL锥形瓶中，加2～3滴酚酞指示剂，用0.2mol·L^{-1}氢氧化钠溶液滴定，记录用去氢氧化钠的体积。

比较两种不同萃取法所耗用氢氧化钠溶液的体积数，可得出什么结论？

【思考题】

1. 影响萃取法萃取效率的因素有哪些？怎样才能选择好溶剂？

2. 使用分液漏斗的目的何在？使用分液漏斗时要注意哪些事项？

3. 乙醚作为一种常用的萃取剂，其优缺点是什么？

实验4-5　水蒸气蒸馏

一、实验目的

1. 学习水蒸气蒸馏的原理及其应用。

2. 掌握水蒸气蒸馏的装置及其操作方法。

二、实验原理

当有机物与水一起共热时，整个系统的蒸气压，根据分压定律，应为各组分蒸气压之和。当总蒸气压与大气压力相等时，则液体沸腾。显然，混合物的沸点低于任何一个组分的沸点。即有机物可在比其沸点低得多的温度，而且在低于100℃的温度下随蒸气一起蒸馏出来。

三、仪器与试剂

水蒸气发生器，三口烧瓶，圆底烧瓶，玻璃管，T形管，冷凝管，接液管等。

四、实验步骤

按图4-5搭装好仪器。

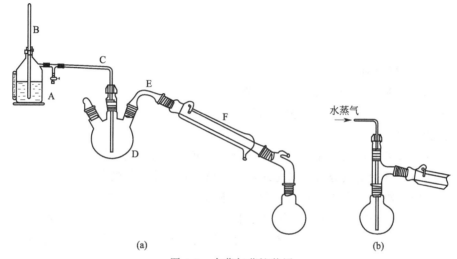

图 4-5　水蒸气蒸馏装置
A—水蒸气发生器；B—安全管；C—水蒸气导管；
D—三口圆底烧瓶；E—馏出液导管；F—冷凝管

在水蒸气发生器中，加入约占容器3/4的热水，并加入数片素烧瓷。在检查整个装置不漏气后，旋开T形管的螺旋夹，加热至沸腾。当有大量水蒸气产生从T形管的支管冲出时，立即旋紧螺旋夹，水蒸气便进入蒸馏部分，开始蒸馏。在蒸馏过程中，如由于水蒸气的冷凝而使烧瓶内液体量增加，以至于超过烧瓶容积的2/3时，或者水蒸气蒸馏速度不快时，则将蒸馏部分隔石棉网加热之，蒸馏速度为 $2\sim3$ 滴$\cdot$s^{-1}。

在蒸馏过程中，必须经常检查安全管中的水位是否正常，有无倒吸现象，蒸馏部分混合物溅飞是否严重。一旦发生不正常，应立即旋开螺旋夹，移去热源，找原因排故障，待故障排除后，方可继续蒸馏。

当馏出液无明显油珠，澄清透明时，便可停止蒸馏，这时必须先旋开螺旋夹，然后移开热源，以免发生倒吸现象。

【思考题】

1. 水蒸气蒸馏装置主要由几大部分组成？

2. 在水蒸气蒸馏过程中，发生下列情况应如何处理？

（1）T形管经常充满冷凝水。

（2）蒸馏瓶中的混合物迟迟不翻腾。

（3）蒸馏瓶中因水蒸气冷凝速度太快致使液体混合物体积迅速增加。

（4）安全管中的水柱持续上升。

（5）加热水蒸气的热源中断。

（6）冷凝管里有被蒸馏物的结晶析出或被阻塞。

（7）接收器部分直冒蒸汽。

实验 4-6 减压蒸馏

一、实验目的

1. 学习减压蒸馏的原理和应用。

2. 认识应用于减压蒸馏的相关仪器和设备。

3. 掌握减压蒸馏仪器的安装和操作方法。

二、实验原理

减压蒸馏是分离和提纯液体有机化合物的一种重要方法。它特别适用于那些在常压蒸馏时，未达到沸点即开始受热分解、氧化或聚合的液体有机化合物的分离。

减压蒸馏时，物质的沸点与压力有关，一般高沸点有机化合物，当压力降低到 2666Pa（20mmHg）时，其沸点要比常压下的沸点低 100～120℃。如果借助真空泵降低系统内压力，就可以降低物质的沸点，从而在较低温度下即可达到液体有机化合物的分离。

高沸点物质的沸点-压力的近似关系见图 4-6，例如，水杨酸乙酯常压下的沸点为 234℃，现欲找其在 20mmHg 的沸点为多少，可在图 4-6 的 B 线上找出相当于 234℃ 的点，

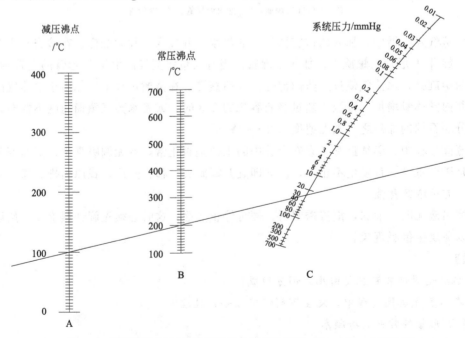

图 4-6 液体在常压和减压下的沸点近似关系图（1mmHg≈133Pa）

将此点与 C 线上 20mmHg 处的点连成一直线，把此线延长于 A 线相交，其交点所示的温度就是水杨酸乙酯在 20mmHg 时的沸点，约为 118℃。

三、仪器与试剂

图 4-7、图 4-8 是常用的减压蒸馏系统，整个系统分为蒸馏、抽气（减压）以及在它们之间的保护和测压装置三部分。

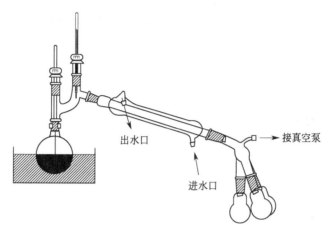

出水口

接真空泵

进水口

图 4-7　减压蒸馏装置

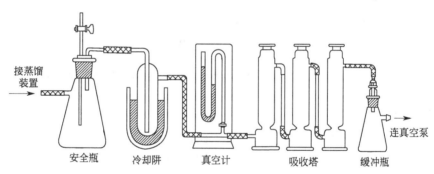

接蒸馏装置

连真空泵

安全瓶　　冷却阱　　真空计　　吸收塔　　缓冲瓶

图 4-8　减压蒸馏油泵防护装置

圆底烧瓶（50mL），克氏蒸馏头，毛细管，温度计（150℃），温度计套管，直形冷凝管，多尾接液管，圆底烧瓶接收器（25mL），量筒（20mL），真空系统（安全瓶、冷却阱、真空计、气体吸收塔、缓冲瓶及油泵，冷却阱可置于广口保温瓶中，用液氮或冰-盐冷却剂冷却）。

20mL 乙酰乙酸乙酯。

四、实验步骤

按图搭建仪器，在 50mL 圆底烧瓶中加入 20mL 乙酰乙酸乙酯，检查装置的气密性及减压程度。打开调节旋塞，使仪器达到所需压力。如果达不到所需的真空度，可从蒸气压-温度曲线查出在该压力下乙酰乙酸乙酯的沸点。调节螺旋夹，使液体中有连续平稳的小气泡通过。打开冷凝水，用油浴加热圆底烧瓶[1]，控制浴温比该压力下液体的沸点高 20～30℃，保持馏出速度在 $1～2$ 滴·s^{-1}，注意瓶颈上温度计和压力的读数。如果起始蒸出的馏液比要收集的物质沸点低，则在蒸至预期温度时通过多尾接液管更换接收瓶[2]。

蒸馏完毕，灭去火源，撤去油浴，稍冷后缓缓解除真空[3]，使系统处于常压状态，关泵。再按先搭建的后拆，后搭建的先拆的原则拆除装置。

【注释】

[1] 圆底烧瓶至少有 2/3 部分浸入浴液中。

[2] 在用油泵减压蒸馏前，一定要先做简单蒸馏或用水泵减压蒸馏，以蒸除低沸点物质，防止低沸点物质抽入油泵。

[3] 如果引入气体太快，水银柱会很快上升，有冲破 U 形管压力计的可能。

【思考题】

1. 为什么进行减压蒸馏时须先抽气再加热？

2. 减压蒸馏中毛细管的作用是什么？能否用沸石代替毛细管？

实验 4-7 烃的鉴定

一、实验目的

1. 掌握不饱和烃的性质。

2. 掌握芳烃的性质。

二、实验原理

1. 烯烃的亲电加成

$$\begin{array}{c}\diagup\!\!\!\diagdown C\!=\!C\diagdown\!\!\!\diagup + Br_2 \longrightarrow \end{array}$$ Br Br

$$\diagup\!\!\!\diagdown C\!=\!C\diagdown\!\!\!\diagup + KMnO_4 \longrightarrow \diagup\!\!\!\diagdown C\!=\!\!O \text{ 或} -COOH \text{ 或} CO_2$$

2. 炔烃的酸性

$$R-\!\!\!\equiv\!\!\!-H + Ag(NH_3)_2OH \longrightarrow R-\!\!\!\equiv\!\!\!-Ag$$
$$R-\!\!\!\equiv\!\!\!-H + Cu(NH_3)_2OH \longrightarrow R-\!\!\!\equiv\!\!\!-Cu$$

3. 芳烃的亲电取代

$$\bigcirc\!\!\!\!\!\!\diagup + Br_2 \xrightarrow{Fe} \bigcirc\!\!\!\!\!\!\diagup -Br + HBr$$

$$\bigcirc\!\!\!\!\!\!\diagup + HNO_3 \xrightarrow{H_2SO_4} \bigcirc\!\!\!\!\!\!\diagup -NO_2 + H_2O$$

三、仪器与试剂

环己烯、石油醚、苯、溴、铁屑、四氯化碳、5％溴的四氯化碳溶液、0.5％高锰酸钾溶液、硝酸银氨溶液、氯化亚铜氨、乙炔气体、稀硝酸、10％氢氧化钠溶液、浓硝酸、浓硫酸。

四、实验步骤

1. 不饱和烃的性质

（1）溴的四氯化碳溶液实验

在 2 支试管中分别加入 5 滴环己烯和精制石油醚，再加入 2mL 四氯化碳，然后分别滴加 5％溴的四氯化碳溶液，随时摇动试管，观察溴的橙红色是否褪去。

（2）高锰酸钾溶液实验

在 2 支试管中分别加入 15 滴环己烯和精制石油醚，再分别滴加 0.5％高锰酸钾溶液，随时摇动试管，观察高锰酸钾紫色是否褪去，有无褐色二氧化锰沉淀生成。

（3）炔金属的生成

在 2 支试管中分别装入 2mL 硝酸银氨溶液和氯化亚铜氨溶液。再分别通入乙炔气体，观察是否有沉淀生成及沉淀的颜色。

用玻棒挑出少许（小米粒大小）炔金属沉淀，放在石棉网上，用小火加热，观察其爆炸情况。

观察完毕，立即在试管中加入稀硝酸将炔化物分解后弃去。

2. 芳烃的性质

（1）苯的溴化

在一干燥试管中加入 1mL 苯。再加入 3 滴溴，然后加少许铁屑，振荡后观察现象。如无反应发生，可在沸水浴上温热片刻，观察结果。用润湿的蓝色石蕊试纸接近试管口，观察有何变化。待反应缓和后，在水浴上加热数分钟，使反应趋于完全。

然后将试管中液体倒入盛有 10mL 水的烧杯中，用玻棒搅拌，观察现象。再往混合液里滴加 10％氢氧化钠溶液，边加边摇动，观察有机层颜色变化。解释所有变化原因。

（2）苯的硝化

在干燥试管中加入 1.5mL 浓硝酸，再慢慢加入 2mL 浓硫酸，充分混合后冷却至室温，在振摇下慢慢滴加 1mL 苯。若反应放热剧烈，可用冷水浴冷却。然后在 50～60℃水浴上加热 10min，把反应液倾入盛有 20mL 冷水的烧杯中搅拌、静置，观察现象。

【思考题】

1. 为何石油醚选用精制的？

2. 苯硝化反应时为何加入浓硫酸？

实验4-8 醇、酚、醚的性质

一、实验目的

1. 验证醇、酚、醚的主要化学性质。

2. 掌握醇、酚的鉴别方法。

二、实验原理

醇、酚、醚都可看作是烃的含氧衍生物。由于氧原子连接的基团（或原子）不同，使醇、酚、醚的化学性质有很大的区别。

醇类的特征反应与羟基有关，羟基中的氢原子可被金属钠取代生成醇钠。羟基还可被卤原子取代。伯、仲、叔醇与卢卡斯（Lucas）试剂（无水氯化锌的浓盐酸溶液）作用时，反应速率不尽相同，生成的产物氯代烷不溶于卢卡斯试剂中，故可以根据出现浑浊的快慢来鉴别伯、仲、叔醇。立即出现浑浊放置分层的为叔醇，经微热几分钟后出现浑浊的为仲醇，无明显变化的为伯醇。此外，伯、仲醇易被氧化剂如高锰酸钾、重铬酸钾等氧化，而叔醇在室温下不易被氧化，故可用氧化反应区别叔醇。丙三醇、乙二醇及

1,2-二醇等邻二醇都能与新配制的氢氧化铜溶液作用，生成绛蓝色产物，此反应可用于邻二醇的鉴别。

酚的反应比较复杂，除具有酚羟基的特性外，还具有芳环的取代反应。由于两者的相互影响，使酚具有弱酸性（比碳酸还弱），故溶于氢氧化钠溶液中，而不溶于碳酸氢钠溶液中。苦味酸（2,4,6-三硝基酚）则具有中强的酸性。苯酚与溴水反应可生成2,4,6-三溴苯酚的白色沉淀，可用于酚的鉴别。此外，苯酚容易被氧化，可使高锰酸钾紫色褪去。与三氯化铁溶液发生特征性的颜色反应，可用于酚类的鉴别。

醚与浓的强无机酸作用，可生成钅羊盐，故乙醚可溶于浓硫酸中。当用水稀释时，钅羊盐又分解为原来的醚和酸。利用此性质可分离或除去混在卤代烷中的醚。此外，醇、醛、酮、酯等中性含氧有机物，也都能形成 盐而溶于浓硫酸。

三、仪器与试剂

无水乙醇，正丁醇，仲丁醇，叔丁醇，卢卡斯试剂，$CuSO_4$（1%），甘油，乙二醇，苦味酸，对苯二酚，碳酸氢钠溶液（5%），三氯化铁溶液（1%），乙醚，金属钠，酚酞溶液，浓硫酸（96%～98%），稀盐酸（6mol·L^{-1}），苯酚，氢氧化钠（5%，10%，20%），碳酸钠（5%），饱和溴水，稀硫酸（3mol·L^{-1}），重铬酸钾溶液（5%）。

四、实验步骤

（一）醇的性质

1. 醇钠的生成与水解

在两支干燥的试管中，分别加入1mL无水乙醇，1mL正丁醇，再各加入一粒黄豆大小的金属钠，观察两支试管中反应速率有何差异。用大拇指按住试管口片刻，再用点燃的火柴接近管口，有什么情况发生？醇与钠作用后期，反应逐渐变慢，这时需用小火加热，使反应进行完全，直至钠粒完全消失。静置冷却，醇钠从溶液中析出，使溶液变黏稠（甚至凝固）。然后向试管中加入5mL水，并滴入2滴酚酞指示剂，观察溶液颜色的变化。试管中若还有残余钠粒，绝不能加水！否则金属钠遇水，反应进行剧烈，会发生着火事故！此外未反应完的钠粒绝不能倒入水槽（或废酸缸）中。

2. 醇的氧化

在三支试管中分别加入1mL 5% $K_2Cr_2O_7$溶液和1mL 3mol·L^{-1} H_2SO_4，混匀后再分别加入3～4滴正丁醇、仲丁醇、叔丁醇，观察各试管中溶液颜色的变化。

3. 与卢卡斯试剂作用（伯、仲、叔醇的鉴别）

在三支干燥试管中，分别加入0.5mL正丁醇、仲丁醇、叔丁醇，再各加入1mL卢卡斯试剂，管口配上塞子。用力振摇片刻后静置，观察各试管中的变化，并记录出现第一个浑浊的时间。然后将其余两支试管放入50～55℃水浴中，几分钟后观察两支试管中有无变化，并加以记录。

4. 多元醇与氢氧化铜的作用

在两支试管中，分别加入1mL 1% $CuSO_4$溶液和1mL 10% NaOH溶液，立即析出蓝色氢氧化铜沉淀。倾去上层清液，再各加入2mL水，充分振摇后分别滴入3滴甘油、乙二醇，振摇并观察溶液颜色的变化。再加入过量的稀盐酸观察溶液颜色又有何变化。

（二）酚的性质

1. 苯酚的水溶性和弱酸性

（1）在试管中放入少量苯酚晶体和 1mL 水，振摇并观察溶解性。加热后再观察其中的变化。将溶液冷却，加入几滴 20％ NaOH 溶液，然后再滴加 3mol·L^{-1} H$_2$SO$_4$，观察反应现象。

（2）在 2 支试管中，各加入少量苯酚晶体，再分别加入 1mL 5％ NaHCO$_3$ 溶液、1mL 5％ Na$_2$CO$_3$ 溶液，振摇并用手握住试管底部片刻，观察各个试管中的现象并加以对比。

（3）在试管中加入 1mL 5％ NaHCO$_3$ 溶液，再加入少量苦味酸晶体，振摇并观察现象。

2. 苯酚与溴水作用

在试管中放入少量苯酚晶体，并加入 2～3mL 水，制成透明的苯酚稀溶液，滴加饱和溴水，观察现象。

3. 苯酚与三氯化铁作用

（1）在试管中放入少量苯酚晶体并加入 2～3mL 水，制成透明的苯酚稀溶液。再滴加 2～3 滴 1％ FeCl$_3$ 溶液，观察现象。

（2）在试管中加入少量对苯二酚晶体与 2mL 水，振摇后，再加入 1mL 1％ FeCl$_3$ 溶液，观察溶液颜色的变化。放置片刻后再观察有无结晶析出（可用玻棒摩擦试管壁，加速结晶析出）。

（三）醚的性质

乙醚与酸的作用（𨐴盐的形成）：在干燥试管中放入 2mL 浓 H$_2$SO$_4$，用冰水浴冷却后，再小心加入已冰冷的 1mL 乙醚，观察现象并嗅其气味。然后在振摇和冷却下，把试管内的混合液倒入盛 5mL 冰水的试管里，观察现象并嗅其气味。再小心滴加几滴 5％ NaOH 溶液，混合液又发生什么变化？

【思考题】

1. 为什么必须使用无水乙醇与金属钠反应？反应产物加水后用酚酞检验，产生什么现象并加以说明。

2. 用卢卡斯试剂如何鉴别伯、仲、叔醇。

3. 多元醇如甘油可用什么溶液鉴别？并写出有关反应式。

4. 苯酚和三氯化铁溶液显紫色，当加入 NaOH 溶液，使溶液呈碱性，请预测可能出现的现象，并用实验加以验证。

5. 乙醚为什么能溶于浓的无机强酸？加水稀释后乙醚为何又浮在上层？加几滴碱后乙醚层为何又增多？

实验 4-9　醛、酮、羧酸及其衍生物的性质

一、实验目的

1. 学会考察醛、酮、羧酸及其衍生物的化学性质的基本方法。

2. 学习并掌握鉴别醛、酮、羧酸及其衍生物的化学方法。

二、实验原理

1. 醛、酮类化合物的性质

（1）亲核加成反应

① 与 2,4-二硝基苯肼加成-消去反应，反应通式：

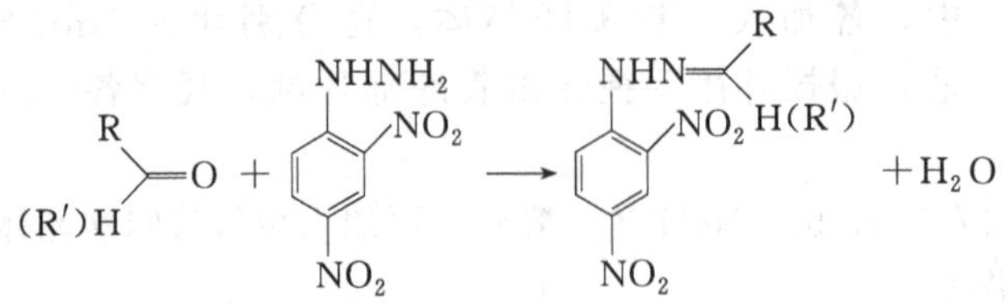

所有醛、酮均有此反应，生成黄色、橙色或橙红色的 2，4-二硝基苯腙沉淀。该沉淀是有固定熔点的结晶，易从溶液中析出，是用于醛、酮鉴定的主要方法，也是制备醛、酮衍生物的一种方法。但缩醛因水解为醛、某些烯丙醇和苄醇由于易被氧化剂氧化为相应的醛、酮，因而也对 2,4-二硝基苯肼显正性实验，对鉴定醛、酮产生干扰。

② 与 $NaHSO_3$ 饱和溶液加成，加成产物与稀盐酸或稀的碳酸钠溶液共热，分解为原来的醛、酮。

（2）碘仿反应

羰基 α-H 具有活泼性，甲基酮和乙醛可以在碱性条件下，与碘生成黄色沉淀——碘仿。凡是具有 CH_3CO—基团或其他易被次碘酸氧化成这种基团的化合物，如 $CH_3CH(OH)$—，均能发生碘仿反应。反应通式为：

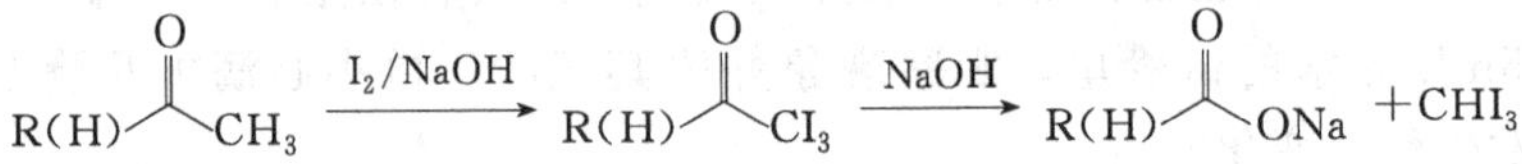

（3）醛、酮的区别

鉴于醛比酮易氧化的性质，选用适当的氧化剂可加以区别。

① 吐伦（Tollen）试剂　Tollen 试剂是银氨络离子的碱性水溶液，反应时醛被氧化成羧酸，银离子被还原为银附着在试管壁上，故 Tollen 实验又称为银镜反应。酮不发生反应，所以可用来鉴定醛的存在：

$$\begin{array}{cc} RCHO & +2Ag(NH_3)_2OH \longrightarrow & RCOONH_4 & +2Ag\downarrow +3NH_3+H_2O \\ (ArCHO) & & (ArCOONH_4) & \end{array}$$

② 费林（Fehling）试剂和 Benedict 试剂　它们是含铜离子的络盐（分别是酒石酸和枸橼酸盐），作为氧化剂。用这两种试剂时，一般水溶性的醛将 Cu^{2+} 还原为 Cu^+，有砖红色氧化亚铜生成，本身被氧化为羧酸：

$$RCHO+2Cu(OH)_2+NaOH \longrightarrow RCOONa+Cu_2O\downarrow +3H_2O$$

③ 席夫（Schiff）试剂　醛显正性反应（呈紫红色溶液，且加大量强酸如浓硫酸或浓盐酸后，唯甲醛的紫红色不褪），因此，此试剂不仅可以区别醛、酮，还能检验出甲醛和其他醛。

2. 羧酸及其衍生物的性质

（1）羧酸的性质

羧酸具有酸的通性，可与氢氧化钠和碳酸氢钠发生成盐反应；同时，羧酸还可以与醇在浓硫酸的催化下，发生成酯反应：

$$\text{RCOOH}\begin{cases}\xrightarrow{\text{NaOH}}\text{RCOONa}+\text{H}_2\text{O}\\[2mm]\xrightarrow[\triangle]{\text{R}'\text{OH}/\text{H}^+}\text{RCOOR}'+\text{H}_2\text{O}\end{cases}$$

（2）羧酸衍生物的性质

① 水解反应　羧酸衍生物均可发生水解反应，但活性大小有很大的差别，一般酰氯的活性最高，其次为酸酐，再次为酯，酰胺的活性最低：

$$\underset{R}{\overset{O}{\|}}M + H_2O \longrightarrow RCOOH + HM$$

（M＝—Cl、—OOCR、—OR′、—NH₂）

② 醇解反应

$$\underset{R}{\overset{O}{\|}}M + H—OR'' \longrightarrow RCOOR'' + HM$$

（M＝—Cl、—OOCR、—OR′）

其中，酯的醇解也称为酯交换反应。

③ 氨解反应

$$\underset{R}{\overset{O}{\|}}M + H—NH_2 \longrightarrow RCONH_2 + HM$$

（M＝—Cl、—OOCR、—OR′）

三、仪器与试剂

烧杯、试管、滴管、玻棒等。

2,4-二硝基苯肼、乙醇、甲醛、丁醛、丙酮、苯甲醛、二苯酮、3-戊酮、饱和亚硫酸氢钠、二氧六环、NaOH（$100\text{g}\cdot\text{L}^{-1}$）、碘-碘化钾溶液、异丙醇、品红醛试剂（Schiff 试剂）、吐伦（Tollen）试剂、费林（Fehling）试剂 A、费林（Fehling）试剂 B、甲酸、乙酸、草酸、刚果红试纸、苯甲酸、10％ HCl、浓盐酸、浓硫酸、乙酰氯、硝酸银（$20\text{g}\cdot\text{L}^{-1}$）、乙酸酐、乙酰胺、NaOH（$100\text{g}\cdot\text{L}^{-1}$）、NaOH（$200\text{g}\cdot\text{L}^{-1}$）、$\text{H}_2\text{SO}_4$（$100\text{g}\cdot\text{L}^{-1}$）、红色石蕊试纸、乙酸乙酯、冰醋酸。

四、实验步骤

1. 醛、酮的加成反应

（1）2,4-二硝基苯肼实验

在 4 支洁净的小试管中，分别加 1mL 2,4-二硝基苯肼试剂，再加入 1～2 滴试样（若试样为固体，则先向试管中加入 10mg 试样，滴 1～2 滴乙醇或二氧六环使之溶解，再与 2,4-二硝基苯肼试剂作用），振荡，静置片刻，若无沉淀生成，可微热 30s，再振荡，冷却后有橙黄色或橙红色沉淀生成[1]。

试样：丁醛、丙酮、苯甲醛、二苯酮。

（2）与饱和的亚硫酸氢钠反应

在 4 支洁净的小试管中分别加入 2mL 新制的饱和亚硫酸氢钠溶液，然后分别滴加 1mL 试样，振荡，摇匀后置于冰水中冷却数分钟，观察比较沉淀析出的相对速度[2]。

试样：苯甲醛、丁醛、丙酮、3-戊酮。

2. 醛、酮 α-H 的活性

碘仿实验：在 5 支洁净的小试管中分别加入 1mL 水和 3～4 滴试样（若试样不溶于水，则加入几滴二氧六环使之溶解），再分别滴加 1mL 100g·L^{-1} NaOH 溶液，然后滴加碘-碘化钾溶液至溶液呈浅黄色，边滴边摇；继续振荡，溶液的浅黄色逐渐消失，随之析出黄色沉淀[3]。若未发生沉淀或为白色乳液，可将试管放在 50～60℃水浴中温热几分钟（若溶液变成无色，应补加几滴碘-碘化钾溶液），观察实验现象。

试样：丁醛、丙酮、乙醇、异丙醇、3-戊酮。

3. 醛、酮的区别

（1）席夫（Schiff）实验

在 3 支试管中分别加入 1mL 品红醛试剂，然后分别滴加 2 滴试样，振荡摇匀，放置数分钟。然后分别向溶液显紫红色的试管逐滴加入浓盐酸或浓硫酸，边滴边摇，观察溶液颜色的变化[4]。

试样：甲醛、丁醛、丙酮。

（2）吐伦（Tollen）实验

在 2 支洁净的小试管中分别加入 1mL Tollen 试剂[5]，然后分别滴加 2 滴试样，摇匀后静置数分钟，若无变化可将试管放在 50～60℃水浴中温热几分钟，观察银镜的生成。

试样：丁醛、丙酮。

（3）费林（Fehling）实验

在 3 支试管中分别加入 Fehling A 和 Fehling B 溶液各 0.5mL，振荡摇匀后分别滴加 3～4 滴试样，再振荡摇匀，置于沸水浴中加热 3～5min，观察颜色的变化。

试样：丁醛、苯甲醛、丙酮。

4. 羧酸的性质

（1）酸性的实验

将甲酸、乙酸各 5 滴及草酸 0.2g 分别溶于 2mL 水中，然后用洗净的玻棒分别蘸取相应的酸液在同一条刚果红试纸上画线，比较各线条的颜色和深浅程度。

（2）成盐反应

取 0.2g 苯甲酸晶体放入盛有 1mL 水的试管中，加入 100g·L^{-1} NaOH 溶液数滴，振荡并观察现象。接着再加数滴 10%的盐酸，振荡并观察所发生的变化。

（3）成酯反应

在一干燥的试管中加入 1mL 无水乙醇和 1mL 冰醋酸，再加入 0.2mL 浓硫酸，振荡均匀后浸在 60～70℃的热水浴中约 10min。然后将试管浸入冷水中冷却，最后向试管内再加入 5mL 水。这时试管中有酯层析出并浮于液面上，注意所生产的酯的气味。

5. 羧酸衍生物的水解反应

（1）酰氯的水解反应

在试管中加入 1mL 水，再加入 3 滴乙酰氯，观察现象。反应结束后，加入 1～2 滴 20 g·L^{-1}硝酸银溶液。观察现象，写出相关的反应式[6]。

（2）酸酐的水解反应

在试管中加入 1mL 水，再加入 3 滴乙酸酐，乙酸酐是否溶解？把试管略微加热，可嗅到什么气味？用相关的反应式表示所发生的化学变化。

（3）酯的水解反应

在 3 支洁净的试管中，各加入 1mL 乙酸乙酯和 1mL 水。在第二支试管中再加入 3 滴 $100g \cdot L^{-1}$ H_2SO_4；在第三支试管中再加入 3 滴 $200g \cdot L^{-1}$ NaOH 溶液，摇动试管，观察 3 支试管中酯层消失的相对快慢。

（4）酰胺的水解反应

① 碱性水解　取 0.1g 乙酰胺和 1mL $200g \cdot L^{-1}$ NaOH 溶液一起放入一小试管中，混合均匀并用小火加热至沸。用湿润的红色石蕊试纸在试管口检验所产生的气体的性质。

② 酸性水解　取 0.1g 乙酰胺和 2mL $100g \cdot L^{-1}$ H_2SO_4 溶液一起放入一小试管中，混合均匀，沸水浴加热 2min，注意有醋酸味产生。放冷并加入 $200g \cdot L^{-1}$ NaOH 溶液至反应液呈碱性，再次加热。用湿润的红色石蕊试纸在试管口检验所产生的气体的性质。

【注释】

[1] 固体苯肼的颜色与所用的醛酮有关，醛酮共轭体越大，颜色越深。

[2] 如无沉淀，可用玻棒摩擦试管壁，或加入 1～2mL 无水乙醇，静置 2～3min 后，再观察。

[3] 具有 CH_3COR 或 $CH_3CH(OH)R$ 等结构的化合物可发生碘仿反应，但具有 CH_3COCH_2COOR、$CH_3COCH_2NO_2$、CH_3COCH_2CN 的化合物不发生碘仿反应。

[4] 醛或其他可与二氧化硫作用的物质，都会使品红醛试剂显紫红色。如果试样是固体且不溶于水，可先取 10～20mg 溶于无醛乙醇中，再进行实验。

[5] 所用试管需依次用浓硝酸、水、蒸馏水洗涤，使生成的银镜光亮。Tollen 试剂应现用现配，不可长时间放置。

[6] 乙酰氯活性太高，试剂瓶盖打开，即与空气中的水分反应，在瓶口上方产生盐酸酸雾。所以，取样时应在通风橱内完成。

【思考题】

1. 银镜反应时，如果试管不洁净或反应进行太快，则有什么现象发生？

2. 用刚果红试纸比较羧酸酸性大小时，是否试纸颜色越深，酸性越强？

实验 4-10　天然有机物性质及鉴定

一、实验目的

1. 学会考察糖、氨基酸、蛋白质等天然有机物主要化学性质的基本方法。

2. 学会并掌握糖类、氨基酸、蛋白质的鉴定方法。

二、实验原理

糖类可分为还原糖和非还原糖。还原糖含有半缩醛（酮）的结构，可以使 Tollen 试剂、Fehling 试剂还原，呈阳性反应；而非还原糖不发生相应反应。

鉴定糖类物质的定性反应是 Molish 反应。间苯二酚反应用来区别酮糖和醛糖，酮糖与间苯二酚溶液生成鲜红色沉淀。

淀粉的碘实验是鉴定淀粉的很灵敏的方法。此外，糖脎的晶形、生成时间、糖类物质的比旋光度对鉴定糖类物质都有一定的意义。

蛋白质与水所形成的亲水胶体，在重金属盐、生物碱的存在下，容易析出沉淀。蛋白质还能发生二缩脲、黄蛋白、茚三酮等颜色反应。

三、仪器与试剂

试管，烧杯，玻棒等。

$100g \cdot L^{-1}\alpha$-萘酚 95％乙醇溶液，浓硫酸，$50g \cdot L^{-1}$葡萄糖、果糖、麦芽糖、蔗糖、淀粉溶液，间苯二酚，Tollen 试剂，Fehling 试剂 A 和 B，$100g \cdot L^{-1}$苯肼盐酸盐溶液，$150g \cdot L^{-1}$乙酸钠溶液，碘-碘化钾溶液，淀粉，浓盐酸，清蛋白溶液，饱和硫酸铜、碱性乙酸铅，饱和硫酸铵，$50g \cdot L^{-1}$乙酸溶液，饱和苦味酸溶液，茚三酮试剂，浓硝酸，$100g \cdot L^{-1}$氢氧化钠溶液，$50g \cdot L^{-1}$硫酸铜溶液，硝酸汞试剂。

四、实验步骤

1. Molish 实验

在三支试管中分别加入 1mL $50g \cdot L^{-1}$糖溶液，滴入 2 滴 $100g \cdot L^{-1}\alpha$-萘酚的 95％乙醇溶液，混匀后，将试管倾斜 45°，沿试管壁慢慢加入 1mL 浓硫酸（勿摇动），观察结果。

试样：葡萄糖、蔗糖、淀粉。

2. 间苯二酚实验

取 2 支试管，分别加入间苯二酚溶液 2mL，再分别加入 1mL $50g \cdot L^{-1}$果糖、葡萄糖溶液，混匀，于沸水浴中加热 1～2min，观察颜色有何变化？加热 20min 后，再观察结果。

3. Tollen 试剂和 Fehling 试剂检出还原糖

① 取 5 支干净试管，分别加入 0.5mL 试样和 5mL Tollen 试剂。将 5 支试管放在 60～80℃热水浴中加热几分钟，观察结果。

试样：$50g \cdot L^{-1}$葡萄糖、果糖、麦芽糖、蔗糖、淀粉溶液。

② Fehling 试剂 A 和 B 各 3mL，混匀，等分为 5 份分别置于 5 支试管中，加热煮沸后分别滴入试样 0.5mL，观察结果。

试样：$50g \cdot L^{-1}$葡萄糖、果糖、麦芽糖、蔗糖、淀粉溶液。

4. 糖脎的生成

在试管中加入 1mL $50g \cdot L^{-1}$试样，再加入 0.5mL $100g \cdot L^{-1}$苯肼盐酸盐溶液和 0.5mL $150g \cdot L^{-1}$乙酸钠溶液，在沸水浴中加热并不断振荡，记录成脎的时间。

试样：葡萄糖、果糖、麦芽糖、蔗糖。

5. 淀粉的碘实验和酸性水解

① 用 7.5mL 冷水和 0.5g 淀粉充分混合成一均匀的悬浮物，勿使块状物存在。将此悬浮物倒入 67mL 沸水中，继续加热几分钟即得到胶淀粉溶液，备用。

向 1mL 胶淀粉溶液中加入 9mL 水，充分混合，加入 2 滴碘-碘化钾溶液，溶液呈蓝色。将此蓝色溶液每次稀释 10 倍直至蓝色很浅，加热，蓝色是否消失？放冷后，蓝色是否再现？

② 在 100mL 烧杯中，加入 30mL 胶淀粉溶液，加 4～5 滴浓盐酸。在水浴上加热，每隔 5min 取少量液体做碘实验，直到不再起碘反应为止。先用 $100g \cdot L^{-1}$氢氧化钠溶液中和，再用 Tollen 试剂试验，有何现象？

6. 蛋白质的沉淀

① 取 2 支试管，各盛 1mL 清蛋白溶液，分别加入饱和的硫酸铜、碱性乙酸铅 2～3 滴，观察有无蛋白质沉淀析出？

② 取 2mL 清蛋白溶液放在试管里，加入同体积的饱和硫酸铵溶液，将混合物稍加振荡，析出蛋白质沉淀使溶液变浑或呈絮状沉淀。将 1mL 浑浊溶液倾入另一支试管中，加入 1～3mL 水，振荡时，蛋白质沉淀是否溶解？

③ 在试管中加入 1mL 清蛋白溶液及数滴 50g·L^{-1}乙酸溶液，再加入 5～10 滴饱和苦味酸溶液，直到沉淀产生。

7. 蛋白质的颜色反应

① 在试管里加入 1mL 清蛋白溶液，再滴加茚三酮试剂 2～3 滴，在沸水中加热 10～15min，观察有何现象？

② 在试管里加入 1mL 清蛋白溶液和 1mL 浓硝酸，在灯焰上加热煮沸，观察溶液和沉淀的颜色。

③ 在试管中加入 1 滴蛋白质溶液及 15～20 滴 100g·L^{-1}氢氧化钠溶液，混合均匀后，再加入 3～5 滴 50g·L^{-1}硫酸铜溶液，边加边摇，观察有何现象？

④ 在试管里加入 2mL 清蛋白溶液，加硝酸汞试剂 2～3 滴，有何现象？小心加热，此时原先析出的白色絮状物是否聚集成块状？是否显砖红色？用酪氨酸重复上述实验过程，现象如何？

【思考题】

用间苯二酚反应来区别果糖和葡萄糖时，实验操作要注意什么？

实验 4-11　生物碱的提取（从茶叶中提取咖啡因）

一、实验目的

1. 学习从茶叶中提取咖啡因的基本原理和方法，了解咖啡因的一般性质。
2. 掌握用索氏提取器提取有机物的原理和方法。
3. 进一步熟悉萃取、蒸馏、升华等基本操作。

二、实验原理

1. 咖啡因

咖啡因又叫咖啡碱，是一种生物碱，存在于茶叶、咖啡、可可等植物中。例如茶叶中含有 1%～5% 的咖啡因，同时还含有单宁酸、色素、纤维素等物质。

咖啡因是弱碱性化合物，可溶于氯仿、丙醇、乙醇和热水中，难溶于乙醚和苯（冷）。纯品熔点 235～236℃，含结晶水的咖啡因为无色针状晶体，在 100℃ 时失去结晶水，并开始升华，120℃ 时显著升华，178℃ 时迅速升华。利用这一性质可纯化咖啡因。咖啡因的结构式为：

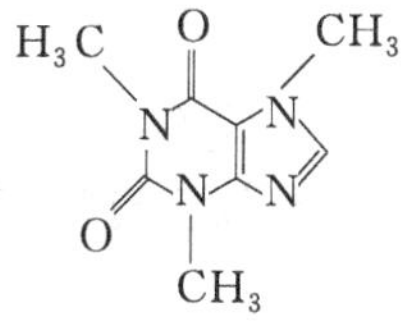

咖啡因（1,3,7-三甲基-2,6-二氧嘌呤）是一种温和的兴奋剂，具有刺激心脏、兴奋中枢神经和利尿等作用。工业上咖啡因主要是通过人工合成制得。它具有刺激心脏、兴奋大脑神经和利尿

等作用。故可以作为中枢神经兴奋药，它也是复方阿司匹林（A. P. C）等药物的组分之一。

提取咖啡因的方法有碱液提取法和索氏提取器提取法。本实验以乙醇为溶剂，用索氏提取器提取，再经浓缩、中和、升华，得到含结晶水的咖啡因。

2. 索氏提取器

索氏（Soxhlet）提取器由烧瓶、抽提筒、回流冷凝管三部分组成。索氏提取器是利用溶剂的回流及虹吸原理，使固体物质每次都被纯的热溶剂所萃取，减少了溶剂用量，缩短了提取时间，因而效率较高。萃取前应先将固体物质研细，以增加溶剂浸溶面积。然后将研细的固体物质装入滤纸筒内，再置于抽提筒内，烧瓶内盛溶剂，并与抽提筒相连，抽提筒索式提取器上端接冷凝管。溶剂受热沸腾，其蒸气沿抽提筒侧管上升至冷凝管，冷凝为液体，滴入滤纸筒中，并浸泡筒中样品。当液面超过虹吸管最高处时，即虹吸流回烧瓶，从而萃取出溶于溶剂的部分物质。如此多次重复，把要提取的物质富集于烧瓶内。提取液经浓缩除去溶剂后，即得产物，必要时可用其他方法进一步纯化。

三、仪器与试剂

索氏提取器等。

乙醇。

四、实验步骤

称取5g干茶叶装入滤纸筒内，轻轻压实，滤纸筒上口塞一团脱脂棉，置于抽提筒中，圆底烧瓶内加入60～80mL 95％乙醇，加热乙醇至沸，连续抽提1h，待冷凝液刚刚虹吸下去时，立即停止加热。

将仪器改装成蒸馏装置，加热回收大部分乙醇。然后将残留液（大约10～15mL）倾入蒸发皿中，烧瓶用少量乙醇洗涤，洗涤液也倒入蒸发皿中，蒸发至近干。加入4g生石灰粉，搅拌均匀，用电热套加热（100～120V），蒸发至干，除去全部水分。冷却后，擦去沾在边上的粉末，以免升华时污染产物。

将一张刺有许多小孔的圆形滤纸盖在蒸发皿上，取一支大小合适的玻璃漏斗罩于其上，漏斗颈部疏松地塞一团棉花。用电热套小心加热蒸发皿，慢慢升高温度，使咖啡因升华。咖啡因通过滤纸孔遇到漏斗内壁凝为固体，附着于漏斗内壁和滤纸上。当纸上出现白色针状晶体时，暂停加热，冷至100℃左右，揭开漏斗和滤纸，用小刀把附着于滤纸及漏斗壁上的咖啡因刮入表面皿中。将蒸发皿内的残渣加以搅拌，重新放好滤纸和漏斗，用较高的温度再加热升华一次。此时，温度不宜太高。合并两次升华所收集的咖啡因，测定熔点。

咖啡因的鉴定方法如下：

1. 与生物碱试剂

取咖啡因结晶的一半于小试管中，加4mL水，微热，使固体溶解。分装于2支试管中，一支加入1～2滴5％鞣酸溶液，记录现象。另一支加1～2滴10％盐酸，再加入1～2滴碘-碘化钾试剂，记录现象。

2. 氧化

在表面皿剩余的咖啡因中，加入30％ H_2O_2 8～10滴，置于水浴上蒸干，记录残渣颜色。再加一滴浓氨水于残渣上，观察并记录颜色有何变化。

【思考题】

1. 试述索氏提取器的萃取原理，它与一般的浸泡萃取相比，有哪些优点？

2. 本实验进行升华操作时，应注意什么？

3. 为什么要将固体物质（茶叶）研细成粉末？

4. 为什么要放置一团脱脂棉？

5. 咖啡因与过氧化氢等氧化剂作用的实验现象是什么？

实验 4-12 正丁醚的制备

一、实验目的

1. 掌握醇分子间脱水制备醚的反应原理和实验方法。

2. 掌握共沸脱水的原理和分水器的实验操作。

二、实验原理

主反应：
$$2C_4H_9OH \underset{}{\overset{H_2SO_4}{\rightleftharpoons}} C_4H_9\text{—}O\text{—}C_4H_9 + H_2O$$

副反应：
$$CH_3CH_2CH_2CH_2OH \xrightarrow{H_2SO_4} C_2H_5CH=CH_2 + H_2O$$

$$CH_3CH_2CH_2CH_2OH \xrightarrow{H_2SO_4} C_2H_5CH_2COOH + SO_2\uparrow + H_2O$$

$$SO_2 + H_2O \longrightarrow H_2SO_3$$

本实验主反应为可逆反应，为了提高产率，利用正丁醇能与生成的正丁醚及水形成共沸物的特性，可把生成的水从反应体系中分离出来。

三、仪器与试剂

100mL 三口烧瓶、球形冷凝管、分水器、温度计、125mL 分液漏斗、50mL 蒸馏瓶等。

正丁醇、浓硫酸、5％氢氧化钠溶液、无水氯化钙、饱和氯化钙溶液。

四、实验步骤

在 100mL 三口烧瓶中，加入 31mL 正丁醇、4.5mL 浓硫酸和几粒沸石，摇匀后，一口装上温度计，温度计插入液面以下，另一口装上分水器，分水器的上端接一回流冷凝管。先在分水器内放置 $(V-4.0)$ mL 水，另一口用塞子塞紧。然后将三口烧瓶放在石棉网上小火加热至微沸，进行分水。反应中产生的水经冷凝后收集在分水器的下层，上层有机相积至分水器支管时，即可返回烧瓶。大约经 1.5h 后，三口烧瓶中反应液温度可达 134～136℃。当分水器全部被水充满时停止反应。若继续加热，则反应液变黑并有较多副产物烯生成。

将反应液冷却到室温后倒入盛有 50mL 水的分液漏斗中，充分振摇，静置后弃去下层液体。上层粗产物依次用 25mL 水、15mL 5％氢氧化钠溶液、15mL 水和 15mL 饱和氯化钙溶液洗涤，用 1～2g 无水氯化钙干燥。干燥后的产物倾入 50mL 梨形瓶中蒸馏，收集 140～144℃馏分，产量 7～8g。

纯正丁醚的沸点 142.4℃，n_D^{20} 1.3992。

【思考题】

1. 如何得知反应已经比较完全？

2. 反应物冷却后为什么要倒入 25mL 水中？各步的洗涤目的何在？

3. 能否用本实验方法由乙醇和 2-丁醇制备乙基仲丁基醚？你认为用什么方法比较好？

4. 如果反应温度过高，反应时间过长，可导致什么结果？

实验 4-13 苯乙酮的制备

一、实验目的

1. 学习傅-克酰基化制备芳香酮的方法和原理。
2. 掌握带干燥管和吸收有害气体回流装置的基本操作。
3. 掌握搅拌装置——电磁搅拌的基本操作。
4. 掌握分液漏斗分离洗涤、萃取的基本操作。

二、实验原理

$$\langle\text{苯}\rangle + (CH_3CO)_2O \xrightarrow{\text{无水 AlCl}_3} \langle\text{苯}\rangle\text{—COCH}_3 + CH_3COOH$$

苯大大过量，既是反应物，又是溶剂。

本反应是放热反应，应注意乙酸酐的滴加速度，使反应平稳进行。

所用催化剂比其他反应所用催化剂都过量：

$$n(AlCl_3)/n(Ac_2O) = 2.2$$

三、仪器与试剂

乙酸酐、无水苯、无水三氯化铝、盐酸、苯、5%氢氧化钠溶液、无水氯化钙。

四、实验步骤

安装带搅拌、滴液漏斗、回流、干燥及气体吸收的反应装置。迅速称取 20g 无水 $AlCl_3$ 放入 250mL 三口烧瓶中，再加入 30mL 无水苯。自滴液漏斗慢慢滴加 7mL 乙酸酐，边加边磁力搅拌，约 15min 加完。沸水浴上回流 20min，直到无氯化氢气体放出。将反应物冷至室温，搅拌下加入 100mL 配制好的 1∶1 盐酸溶液。当固体溶解完后，分液，用 10mL 苯萃取两次，合并有机层。依次用 50mL 等体积的 5% NaOH 和水洗涤有机层，无水 $CaCl_2$ 干燥。干燥后的产物分批加入 50mL 的圆底烧瓶中，水浴或电热套小火加热蒸去苯。升高温度至 140℃，稍冷后改空冷管，收集 194～198℃的馏分。称重、计算产率。

【思考题】

1. 本装置为何要干燥，为何加料要迅速？
2. 反应完成后，为何要加入浓盐酸和在冰水中冰解（加入 1∶1 的浓盐酸和水）？

实验 4-14 呋喃甲醇和呋喃甲酸的制备

一、实验目的

学习由呋喃甲醛制备呋喃甲醇和呋喃甲酸的原理和方法并掌握相关的实验操作技能，加深对 Cannizzaro 反应的认识。

二、实验原理

在浓的强碱作用下，不含 α-活泼氢的醛类可以发生分子间自身氧化还原反应，一分子醛被氧化成酸，而另一分子醛则被还原为醇，此反应称为坎尼查罗（Cannizzaro）反应。

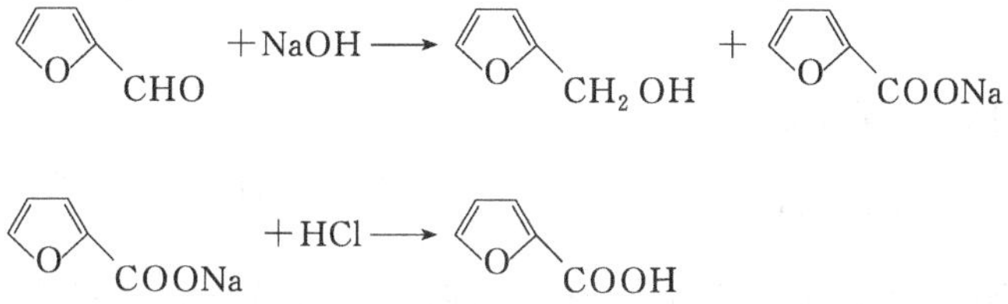

三、仪器与试剂

三口烧瓶、球形冷凝管、布氏漏斗、抽滤瓶、恒压漏斗（滴液漏斗）、分液漏斗、电磁搅拌器、空气冷凝管、碱式滴定管、水浴锅等。

呋喃甲醛、固体 NaOH、乙醚、无水硫酸镁、刚果红试纸、浓盐酸、冰水。

四、实验步骤

1. 在 50mL 三口烧瓶中将 3.2g 氢氧化钠溶于 4.8mL 水中，并用冰水冷却。在搅拌下滴加 6.56mL（7.6g，0.08mol）呋喃甲醛于氢氧化钠水溶液中。滴加过程必须保持反应混合物温度在 8～12℃之间，加完后，保持此温度继续搅拌 30min。

2. 在搅拌下向反应混合物加入适量水（≤10mL）使其恰好完全溶解得暗红色溶液，将溶液转入分液漏斗中，用乙醚萃取（6mL×4），合并乙醚萃取液，用无水硫酸镁干燥 10min 以上。

3. 在乙醚提取后的水溶液中慢慢滴加浓盐酸，搅拌，滴至刚果红试纸变蓝（pH＝3），冷却，结晶，抽滤，产物用少量冷水洗涤，抽干后，收集粗产物，然后用水重结晶（如粗品有颜色可加入适量活性炭脱色），得到的产品转入已称重和标记的干燥表面皿中，压碎摊开。由指导教师分批用托盘集中后放入烘箱，在 85℃下干燥 40min，称量产品，记录外观，计算产率。

4. 将干燥后的有机相先在水浴中蒸去乙醚，然后用电磁搅拌器或电热套加热蒸馏，收集 169～172℃馏分，称重。

【思考题】

1. 乙醚萃取后的水溶液用盐酸酸化，为什么要用刚果红试纸？

2. 干燥呋喃甲醇时可否用无水氯化钙作为干燥剂，为什么？

3. 本实验根据什么原理来分离呋喃甲酸和呋喃甲醇？

实验 4-15 肉桂酸的合成

一、实验目的

1. 学习应用珀金反应制备 α,β-不饱和羧酸的原理和方法。

2. 学习并掌握水蒸气蒸馏的原理和操作技能。

二、实验原理

当有机物与水一起共热时，整个系统的蒸气压，根据分压定律，应为各组分蒸气压之和。当总蒸气压与大气压力相等时，则液体沸腾。显然，混合物的沸点低于任何一个组分的沸点。即有机物可在比其沸点低得多的温度，而且在低于100℃的温度下随蒸气一起蒸馏出来。

肉桂酸可以利用珀金反应合成：

$$\underset{}{\text{⬡}}\text{—CHO} + (CH_3CO)_2O \xrightarrow[150\sim170℃]{CH_3COOK \text{ 或 } K_2CO_3} \underset{}{\text{⬡}}\text{—CH}\!=\!\text{CHCOOH} + CH_3COOH$$

该反应要求控制反应温度在150~170℃之间，温度过低反应难以进行，过高则产物分解。

三、仪器与试剂

三口烧瓶（100mL），温度计套管，空心塞，蒸馏头，空气冷凝管，直形冷凝管，接液管，接收瓶，温度计（250℃），布氏漏斗，抽滤瓶，烧杯等。

苯甲醛、乙酸酐、无水碳酸钾、碳酸钠、浓盐酸、无水乙醇和活性炭。

四、实验步骤

在100mL三口烧瓶中放入1.5mL（0.015mol）新蒸馏过的苯甲醛、4mL（0.036mol）新蒸馏过的乙酸酐以及研细的2.2g（0.016mol）无水碳酸钾，混合均匀后，装上空气冷凝管及温度计，加热回流0.5h，维持反应温度在150~170℃之间。由于有二氧化碳放出，反应初期有泡沫产生。

反应完毕后，待反应物冷却后，加入40mL水，边加热边振荡一会，再慢慢加入碳酸钠中和反应液至pH值等于8，进行简易水蒸气蒸馏，直至馏出液无油珠为止。待三口烧瓶中的剩余液体稍冷后，加入少量活性炭煮沸10~15min趁热过滤，将滤液冷却至室温，小心地用浓盐酸酸化至pH值等于3，充分冷却后进行抽滤，用少量水洗涤晶体，抽干后在空气中晾干。粗产品可用水或5：1的水-乙醇溶液重结晶。

【思考题】

1. 什么情况下需要采用水蒸气蒸馏？

2. 本实验用水蒸气蒸馏的目的是什么？如何判断水蒸气蒸馏的终点？

3. 写出苯甲醛和丙酸酐在碳酸钾的作用下得到的产物。

实验 4-16 β-萘甲醚的合成

一、实验目的

1. 通过以氯化铁为催化剂，微波辐射制备β-萘甲醚，进一步学习脱水制备醚的原理和方法。

2. 熟练掌握使用分液漏斗进行萃取的基本操作技能。

3. 巩固微型蒸馏、吸滤及重结晶的操作技术。

4. 进一步掌握在有机合成中的微波加热技术。

二、实验原理

传统的加热方式，能量的转移一般是通过热传导或热辐射的方式由表及里地进行。而微波加热是材料在电磁场中由介质损耗而引起的体加热，微波直接作用于样品分子，使其升温，并不依赖于温度梯度的推动。微波加热意味着将微波电磁能转变成为热能，其能量将通过空间或媒质以电磁波形式来传递，对物质的加热过程与物质内部分子的极化有着密切的关系。由于微波加热的特殊机制，与常规加热方式相比，它具有加热速度快，均匀，热效率高，无热惯性等优越性。

$$\text{2-naphthol} - OH + CH_3OH \xrightarrow[\text{微波}]{\text{水合 FeCl}_3} \text{2-methoxynaphthalene} - OMe + H_2O$$

三、仪器与试剂

家用微波炉，聚四氟乙烯反应釜，分液漏斗，温度计套管，空心塞，微型蒸馏头，微型冷凝管，接液管，接收瓶，温度计，烧杯等。

β-萘酚，无水甲醇，无水乙醇，无水乙醚，结晶氯化铁，10% NaOH 溶液，无水氯化钙。

四、实验步骤

向聚四氟乙烯反应釜中依次加入 0.70g β-萘酚，1.10g 无水甲醇，0.15g 氯化铁，旋紧釜盖充分振荡均匀，放入微波炉中，用 280W 微波辐射 10min，再将反应釜取出冷却至室温，开釜注入 5mL 水，再用 10mL 无水乙醚分两次萃取，醚层再依次用 5mL 10% NaOH 溶液和 5mL 水洗涤。醚层用无水氯化钙干燥后，在水浴上蒸去乙醚，冷却析出浅黄色晶体，得粗产品。再用 5mL 热无水乙醇重结晶，得到白色鳞片状晶体，称重，计算产率，测熔点。

【思考题】

本实验制备 β-萘甲醚与一般制备醚的原理有何不同？

实验 4-17 甲基橙的合成

一、实验目的

通过甲基橙的合成，学习应用重氮化反应和偶合反应制备偶氮染料的实验原理和操作技能。

二、实验原理

$$H_2N-\text{C}_6\text{H}_4-SO_3H \xrightarrow{NaOH} \xrightarrow[0\sim5℃]{NaNO_2, HCl} \left[HO_3S-\text{C}_6\text{H}_4-N_2^+ \right] Cl^-$$

$$\xrightarrow[HAc]{PhNMe_2} \left[HO_3S-\text{C}_6\text{H}_4-N=N-\text{C}_6\text{H}_4-NHMe_2 \right]^+ Ac^-$$

$$\xrightarrow{NaOH} NaO_3S-\text{C}_6\text{H}_4-N=N-\text{C}_6\text{H}_4-NMe_2$$

三、仪器与试剂

试管，量筒，温度计（250℃），布氏漏斗，抽滤瓶，水泵，滴管，移液管，洗耳球，烧杯等。

对氨基苯磺酸，N,N-二甲基苯胺，氢氧化钠水溶液（0.4%、5%、10%），亚硝酸钠，浓盐酸，冰醋酸，95%乙醇，乙醚，饱和食盐水，淀粉-碘化钾试纸。

四、实验步骤

1. 对氨基苯磺酸重氮盐的制备

在 100mL 烧杯中加入 2g 对氨基苯磺酸晶体，10mL 5%氢氧化钠水溶液，在热水浴中温热使溶，另加入 0.8g 亚硝酸钠，溶解后，在冰盐浴冷却至 0～5℃，搅拌下将该混合液分批滴加到盛有 13mL 冰冷的水和 2.5mL 浓盐酸的 50mL 烧杯中，使温度始终保持在 5℃以下，反应液由橙黄色变为乳黄色，并有白色细粒状沉淀产生。滴完后，用淀粉-碘化钾试纸检验。然后在冰浴中放置 15min，以保证反应完全。

2. 偶合制备甲基橙

在试管中将加入的 1.3mL N,N-二甲基苯胺和 1mL 冰醋酸振荡使其混合均匀。在搅拌下将此溶液慢慢滴加到上述冷却的重氮盐溶液中，加完后，继续搅拌 10min，此时有红色的酸性黄沉淀。在冷却下搅拌，慢慢加入 15mL 10%氢氧化钠水溶液，此时反应物变为橙黄色浆状物，搅拌均匀，在沸水浴上加热 5min（使固体陈化），冷却使晶体完全析出。抽滤，用 20mL 饱和食盐水分两次冲洗烧杯，并用于洗涤产品，然后依次用少量乙醇、乙醚洗涤，压干，得到粗产品，称量，计算产率。

3. 重结晶

将粗产品用 0.4%氢氧化钠水溶液进行重结晶，得到橙黄色明亮的小叶片状晶体。

溶解少许甲基橙于水中，加入几滴稀盐酸，随后用稀氢氧化钠水溶液中和，观察颜色变化。

【思考题】

亚硝酸钠的用量对重氮化反应影响很大，用什么方法来判断亚硝酸钠的用量是否合适？

实验 4-18 二苯甲醇的制备

一、实验目的

1. 学习和应用还原法合成醇类化合物的原理和方法。
2. 巩固萃取、抽滤、重结晶、熔点测定等操作技能。

二、实验原理

醇是有机化学中应用广泛的有机试剂和溶剂。醇的制备方法很多，其中以醛酮为原料，通过还原反应进行制备，是实验室合成醇的常用方法。硼氢化钠是一个选择性地将醛酮还原为醇的负氢离子还原剂，它对溶剂的适应性广、操作方便，经常用于醇类化合物的制备。

$$(C_6H_5)_2C{=}O + NaBH_4 \longrightarrow Na^+ + B^-[OCH(C_6H_5)_2]_4$$

$$Na^+ + B^-[OCH(C_6H_5)_2]_4 \xrightarrow{H_2O} 4(C_6H_5)_2CHOH$$

三、仪器与试剂

圆底烧瓶（50mL、100mL），蒸馏头，直形冷凝管，真空接液管，温度计（100℃），分液漏斗，锥形瓶（50mL），烧杯（100mL），量筒（25mL、10mL），水泵，加热磁力搅拌器等。

2g（0.011mol）二苯酮，0.6g（0.015mol）硼氢化钠，30mL 甲醇，45mL 乙醚，20mL 石油醚，少量无水硫酸镁。

四、实验步骤

在 50mL 圆底烧瓶中，放入 30mL 甲醇和 2g 二苯酮，搅拌溶解，小心加入 0.6g 硼氢化钠[1]，混合均匀后，常温下磁力搅拌 25～30min。在水浴上常压蒸馏，除去大部分甲醇，冷却后将残液倒入 50mL 蒸馏水中，继续在常温下磁力搅拌直至硼酸酯的络合物充分水解。用 45mL 乙醚分三次萃取水层，合并醚萃取液，用适量的无水硫酸镁干燥。滤去硫酸镁，在水浴上蒸去乙醚[2]，抽滤，保留滤饼。用 20mL 石油醚对滤饼进行重结晶，得 1.2g 二苯甲醇的针状结晶。称重，测熔点，熔点为 68～69℃。

纯二苯甲醇的熔点为 69℃。

【注释】

[1] 应当用新鲜的粉状硼氢化钠，且该物质有腐蚀性，注意勿与皮肤直接接触。

[2] 蒸去乙醚时，切忌周围有明火存在。

【思考题】

1. 实验室中，有哪些合适的方法制备醇类化合物？

2. 硼氢化钠和氢化铝锂都是常用的负氢离子还原剂，在使用时各有何特点？

实验 4-19　乙酰苯胺的制备

一、实验目的

1. 学习和应用酰化反应合成胺类化合物的原理和方法。

2. 掌握分馏的原理和操作技能。

3. 巩固抽滤、重结晶、熔点测定等操作技能。

二、实验原理

芳香族伯胺的氨基及芳环都特别活泼，易与很多试剂发生反应。作为一种保护措施，通常将其转化为相应的乙酰衍生物，以降低芳胺的化学活性，使其不被反应试剂破坏。

常用的乙酰化试剂为乙酰氯、乙酸酐和冰醋酸，其中乙酰氯活性最高，乙酸酐次之，冰醋酸为试剂则需要较长的反应时间，但价格便宜，操作方便。

$$C_6H_5NH_2 + CH_3COOH \overset{\triangle}{\rightleftharpoons} C_6H_5NHCOCH_3 + H_2O$$

装置见图 4-9。

三、仪器与试剂

圆底烧瓶（50mL），刺形分馏柱，直形冷凝管，真空接液管，温度计（150℃），锥形瓶（50mL），烧杯（250mL），量筒（25mL、10mL），水泵，加热磁力搅拌器等。

15mL（0.16mol）苯胺，22.5mL（0.39mol）冰醋酸，少量锌粉。

四、实验步骤

在 50mL 圆底烧瓶中加入 15mL 新蒸的苯胺[1]、22.5mL 冰醋酸，少量的锌粉（约 0.2g）[2]，摇匀，装上刺形分馏柱，搭成简单分馏装置（见图 4-9），其中接收瓶外部用冷水浴冷却。

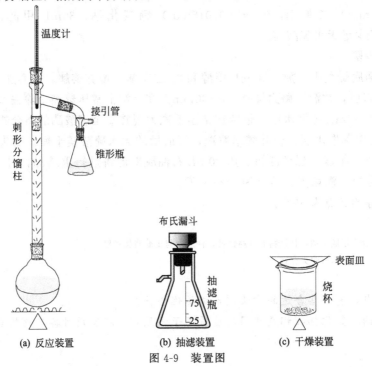

图 4-9　装置图

将圆底烧瓶用石棉网小火加热，保持反应微沸 15min，逐渐升高温度，当温度达到 100℃左右时，支管即有液体流出。维持反应温度在 100～110℃约 1.5h，反应生成的水和少量的乙酸被蒸出，当温度出现波动时，反应结束。

在搅拌下趁热将反应物倒入盛有 200mL 冰水的水浴中，有白色固体析出，冷却、抽滤、冰水洗涤。粗产物用水重结晶[3]，干燥。得 13～15g 乙酰苯胺的片状结晶。称重，测熔点，熔点为 113～114℃。

纯乙酰苯胺的熔点为 114℃。

【注释】
[1] 久置的苯胺色深，影响生成的乙酰苯胺的质量。
[2] 锌粉的作用是防止苯胺在反应中被氧化，新蒸馏过的苯胺也可以不加锌粉。
[3] 若粗产物颜色较深，可在重结晶时用活性炭脱色。

【思考题】
1. 分馏时接收瓶外部为什么要用冷水浴冷却？
2. 加入的锌粉如果过多，会造成什么后果？

实验 4-20　乙酰乙酸乙酯的制备

一、实验目的
1. 学习和应用克莱森酯缩合反应的原理和方法。

2. 学习和掌握无水操作的合成技术。

3. 巩固减压操作技能。

二、实验原理

具有 α-活性氢的酯在碱性催化剂的作用下，与另一分子酯作用，生成 β-羰基酯的反应称为酯缩合反应，乙酰乙酸乙酯就是通过这种方法来制备的。乙酰乙酸乙酯是在无水条件下，由乙醇钠催化乙酸乙酯合成的。反应式如下：

$$2CH_3COOC_2H_5 \xrightarrow[-C_2H_5OH]{C_2H_5ONa} [CH_3COCHCOOC_2H_5]^- Na^+ \xrightarrow[-CH_3COONa]{CH_3COOH} CH_3COCH_2COOC_2H_5$$

三、仪器与试剂

圆底烧瓶（50mL），球形冷凝管，干燥管，分液漏斗，锥形瓶（50mL），圆底烧瓶（25mL），克氏蒸馏头，温度计套管，直形冷凝管，双头真空接液管，温度计（200℃），烧杯（100mL），量筒（10mL），循环水泵（真空机组、安全瓶、冷阱）等。

10mL（0.1mol）乙酸乙酯，1g（0.05mol）金属钠，5mL 二甲苯，乙酸，饱和氯化钠水溶液，无水硫酸钠适量。

四、实验步骤

在干燥的 50mL 圆底烧瓶中加入 1g 除去表面氧化膜的金属钠和 5mL 新鲜的二甲苯，装上球形冷凝管，在石棉网上小火加热至金属钠完全熔融。停止加热，立即拆去冷凝管，用塞子塞紧圆底烧瓶，用力振荡，使钠尽可能发散为均匀细小的小珠，缓缓摇动烧瓶，直至二甲苯逐渐冷却至室温[1]。将二甲苯滗出回收，立即加入 10mL（约 0.1mol）精制的乙酸乙酯[2]，重新安装带有氯化钙干燥管的冷凝管。反应随即开始，并伴有氢气生成。若反应不发生或非常缓慢，可稍微加热至反应发生，即除去热源。

待剧烈反应阶段过后，将反应瓶在石棉网上维持小火加热，保持微沸状态，至金属钠全部作用完毕，反应约需 1.5～2h。此时反应体系为一橘红色透明液体（有时析出黄白色固体）。

待反应液稍冷后，在振荡下向圆底烧瓶内加入 50％的乙酸溶液直至反应体系呈弱酸性（pH＝5～6）为止，此时所有的固体物基本溶解[3]。将反应物转移至分液漏斗中，加等体积饱和氯化钠溶液，用力振荡后静置，分出乙酰乙酸乙酯层。粗产物用无水硫酸钠干燥，干燥后的有机层滤入蒸馏烧瓶中，用沸水浴蒸出残余的乙酸乙酯，瓶内剩余液体进行减压蒸馏。

乙酰乙酸乙酯沸点与压力的关系如下：

压力/mmHg	760	80	60	40	30	20	18	14	12
沸点/℃	181	100	97	92	88	82	78	74	71

【注释】

[1] 在二甲苯逐渐冷却的过程中，为防止钠珠固化成团，需缓缓晃动烧瓶。

[2] 所用的乙酸乙酯必须是无水的，但应含有 1％～2％的乙醇，提纯方法如下：用饱和氯化钙溶液将普通的乙酸乙酯洗涤数次，再用熔融过的无水碳酸钾干燥，在水浴上蒸馏，收集 76～77℃的馏分。

[3] 乙酸中和时，控制 pH＝5～6，瓶内固体物会逐渐消失，得到澄清液体，但若仍有少量固体，可加入少许水使其完全溶解，应避免加入过量的乙酸，否则会增加酯在水中的溶解度而降低产率。

【思考题】

1. 为什么原料乙酸乙酯中应含有微量的乙醇？本反应中起催化作用的物质是什么？

2. 本实验中加入 50% 乙酸和饱和氯化钠溶液有何作用？

实验 4-21　7,7-二氯双环 [4.1.0] 庚烷

一、实验目的

1. 学习二氯卡宾活性中间体的制备方法及在三元环化合物合成中的应用。
2. 了解相转移催化剂在有机合成中的作用。

二、反应原理

多卤代甲烷在强碱作用下会生成碳烯，碳烯与烯烃之间可发生加成反应，生成三元环，这是三元碳环制备的常用方法。

氯仿与 NaOH 作用，发生 α-消去反应生成二氯碳烯；二氯碳烯再与环己烯反应生成 7,7-二氯双环[4.1.0]庚烷。

在相转移催化剂如苄基三乙基氯化铵（TEBA）存在下，氯仿与浓的氢氧化钠水溶液起反应，产生的碳烯立即与环己烯作用，生成 7,7-二氯双环[4.1.0]庚烷。反应式如下：

$$(C_2H_5)_3\overset{+}{N}CH_2C_6H_5Cl^- \xrightarrow[\text{水相}]{NaOH} (C_2H_5)_3\overset{+}{N}CH_2C_6H_5OH^- + NaCl$$

$$CHCl_3 + (C_2H_5)_3\overset{+}{N}CH_2C_6H_5OH^- \xrightarrow{\text{相界面}} (C_2H_5)_3\overset{+}{N}CH_2C_6H_5CCl_3^- + H_2O$$

$$(C_2H_5)_3\overset{+}{N}CH_2C_6H_5CCl_3^- \xrightarrow{\text{有机相}} CCl_2 + (C_2H_5)_3\overset{+}{N}CH_2C_6H_5Cl^-$$

三、仪器与试剂

磁力加热搅拌器、三口烧瓶（150mL）、球形冷凝管、温度计（100℃、200℃）、温度计套管、空心塞、分液漏斗（100mL）、圆底烧瓶（50mL）、克氏蒸馏头、直形冷凝管、双头真空接液管、烧杯（100mL）、接液瓶（50mL）、量筒（10mL）、锥形瓶（150mL）、循环水泵（真空机组、安全瓶、冷阱）等。

8.2g（10.1mL，0.1mol）环己烯，氯仿，0.5g 苄基三乙基氯化铵，氢氧化钠，乙醚，无水硫酸镁。

四、实验步骤

称取 18g 氢氧化钠倒入 150mL 锥形瓶中，慢慢加入 18mL 蒸馏水，搅拌溶解，在冰水浴中冷却至室温，制取 50% 的氢氧化钠溶液。

在装有回流冷凝管、温度计的 150mL 三口烧瓶中加入 10.1mL 环己烯、0.5g TEBA[1] 和 30mL 氯仿，塞上空心塞。开动磁力搅拌器，由冷凝管上口缓慢滴加上述 50% 的氢氧化钠溶液，在 20min 左右完成。发热反应使瓶内温度上升至 50~60℃，反应物颜色由灰白逐渐变为橙黄色。滴加完毕后，加热回流，继续搅拌 45min~1h[2]。

将反应物冷却至室温，然后加入 60mL 冰水。把反应混合物倒入分液漏斗中，静置分层。分出有机相，碱性水层用 30mL 乙醚提取一次[3]。合并醚萃取液和有机层，用等体积的水洗涤二次，用无水硫酸镁干燥。

水浴上蒸去溶剂，然后进行减压蒸馏，收集 78～80℃/2.0kPa（15mmHg）的馏分。产品也可在常压下蒸馏，收集 190～198℃馏分。

产品约 10g。

【注释】

[1] 也可用其他相转移催化剂，如四乙基氯化铵、四乙基溴化铵等。

[2] 适当增加反应时间可以提高产率。

[3] 分液时，如两层界面上有较多的乳化液，可过滤。

【思考题】

1. 本实验中氯仿大大过量，为什么？

2. 本实验为什么要使用相转移催化剂？如果不用，会造成什么后果？

实验 4-22 阿司匹林的制备

一、实验目的

1. 了解阿司匹林制备的反应原理和实验方法。

2. 通过阿司匹林制备实验，巩固有机化合物的分离、提纯等方法。

二、实验原理

水杨酸分子中含羟基（—OH）、羧基（—COOH），具有双官能团。本实验采用以强酸硫酸为催化剂，以乙酸酐为乙酰化试剂，与水杨酸的酚羟基发生酰化作用形成酯。反应如下：

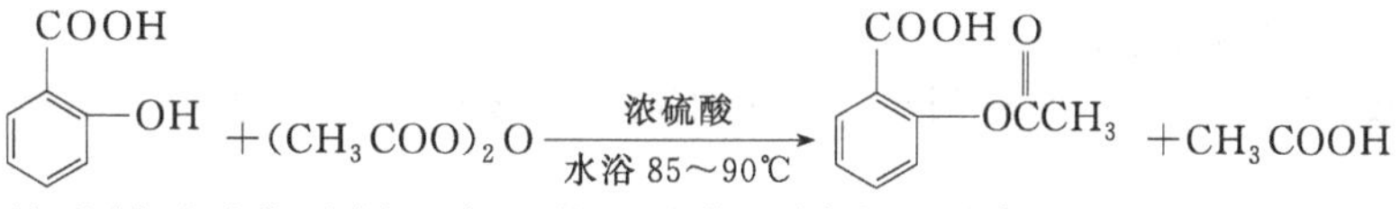

引入酰基的试剂叫酰化试剂，常用的乙酰化试剂有乙酰氯、乙酸酐、冰醋酸。本实验选用经济合理而反应较快的乙酸酐作为酰化剂。

副反应有：

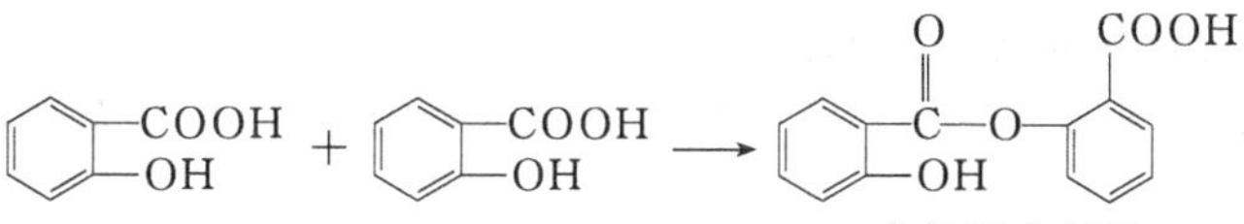

水杨酰水杨酸

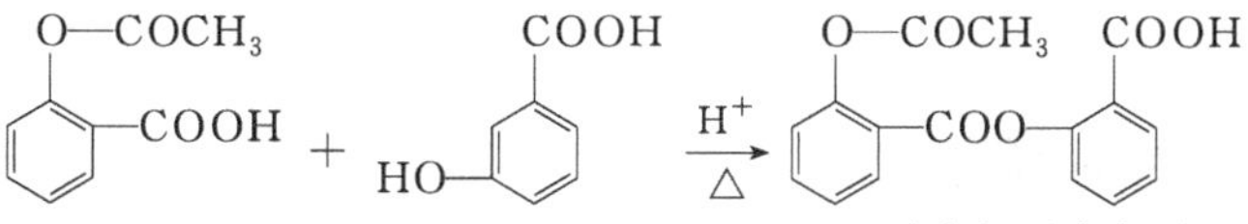

乙酰水杨酰水杨酸

制备的粗产品不纯，除上面两副产物外，可能还有没有反应的水杨酸等杂质。

本实验用 $FeCl_3$ 检查产品的纯度，此外还可采用测定熔点的方法检测纯度。若有未反应完的酚羟基，遇 $FeCl_3$ 呈紫蓝色。如果在产品中加入一定量的 $FeCl_3$，无颜色变化，则认为纯度基本达到要求。

利用阿司匹林的钠盐溶于水来分离少量不溶性聚合物。

三、仪器与试剂

150mL 锥形瓶，5mL 吸量管（干燥，附洗耳球），100mL、250mL、500mL 烧杯各一只，加热器，橡胶塞，温度计，玻棒，布氏漏斗，表面皿，药匙，50mL 量筒，烘箱等。

水杨酸 2g，乙酸酐 5mL（0.053mol），浓硫酸，冰水，95％乙醇。

四、实验步骤

在干燥的锥形瓶中放入称量好的水杨酸（2g）、乙酸酐（5mL、0.053mol），滴入 5 滴浓硫酸，轻轻摇荡锥形瓶使溶解，在 85～90℃ 水浴中加热约 15min，从水浴中移出锥形瓶，当内容物温热时慢慢滴入 3～5mL 冰水，此时反应放热，甚至沸腾。反应平稳后，再加入 40mL 水，用冰水浴冷却，并用玻棒不停搅拌，使结晶完全析出。抽滤，用少量冰水洗涤两次，得阿司匹林粗产物。

将粗产品放入 100mL 锥形瓶中，加入 95％乙醇和适量水（每克粗产品约需 3mL 95％乙醇和 5mL 水），安装球形冷凝管，于水浴中温热并不断振摇，直至固体完全溶解。拆下冷凝管，取出锥形瓶，向其中缓慢滴加水至刚刚出现浑浊，静置冷却。结晶析出完全后抽滤。将结晶小心转移至洁净的表面皿上，晾干后称量。

【附注】

1. 因为乙酸酐具有强烈刺激性，实验在通风橱中进行，并注意不要沾在皮肤上。

2. 仪器要全部干燥，药品也要经干燥处理。

3. 乙酸酐要使用新蒸馏的，收集 139～140℃ 的馏分。长时间放置的乙酸酐遇空气中的水，容易分解成乙酸。

4. 要按照书上的顺序加样。否则，如果先加水杨酸和浓硫酸，水杨酸就会被氧化。

5. 水杨酸和乙酸酐最好的比例为 1∶2 或 1∶3。

6. 本实验中要注意控制好温度（85～90℃），否则温度过高将增加副产物的生成，如水杨酰水杨酸、乙酰水杨酰水杨酸、乙酰水杨酸酐等。

7. 将反应液转移到水中时，要充分搅拌，将大的固体颗粒搅碎，以防重结晶时不易溶解。

【思考题】

1. 反应容器为什么要干燥无水？

2. 为什么用乙酸酐而不用乙酸？

3. 加入浓硫酸的目的是什么？

4. 副产物中的高聚物如何除去呢？

5. 水杨酸可以在各步纯化过程和产物的重结晶过程中被除去，如何检验水杨酸已被除尽？

实验 4-23　环己烯的制备

一、实验目的

1. 熟悉环己烯反应原理，掌握环己烯的制备方法。

2. 学习分馏操作，巩固分液漏斗的使用。

二、实验原理

$$\text{环己醇} \xrightarrow[\triangle]{H_3PO_4} \text{环己烯} + H_2O$$

三、仪器与试剂

圆底烧瓶、冷凝管、分馏冷凝管、接引管支管、锥形瓶、温度计等。

环己醇、浓磷酸、精盐、无水氯化钙、5％碳酸钠。

四、实验步骤

在 50mL 干燥的圆底烧瓶中，放入 6g 环己醇、2.5mL 浓磷酸和几粒沸石，充分振摇使混合均匀。烧瓶上装一短的分馏柱作为分馏装置，接上冷凝管，用锥形瓶作为接收器，外用冰水冷却。将烧瓶在石棉网上用小火慢慢加热，控制加热速度使分馏柱上端的温度不要超过 90℃，馏液为带水的混合物。当烧瓶中只剩下很少量的残渣并出现阵阵白雾时，即可停止蒸馏。全部蒸馏时间约需 1h。

将蒸馏液用精盐饱和，然后加入适量 5％碳酸钠溶液中和微量的酸。将此液体倒入小分液漏斗中，振摇后静置分层。将下层水溶液自漏斗下端活塞放出、上层的粗产物自漏斗的上口倒入干燥的小锥形瓶中，加入 1～2g 无水氯化钙干燥。将干燥后的产物滤入干燥的蒸馏瓶中，加入沸石后用水浴加热蒸馏。收集 80～85℃的馏分于一已称重的干燥小锥形瓶中。

【附注】

1. 环己醇在常温下是黏稠状液体，因而若用量筒量取时应注意转移中的损失，环己醇与磷酸应充分混合，否则在加热过程中可能会局部炭化。

2. 最好用简易空气浴，使蒸馏时受热均匀。由于反应中环己烯与水形成共沸物（沸点 70.8℃，含水 10％）；环己醇与环己烯形成共沸物（沸点 64.9℃，含环己烯 30.5％）；环己醇与水形成共沸物（沸点 97.8℃，含水 80％）。因此在加热时温度不可过高，蒸馏速度不宜太快。以减少未作用的环己醇蒸出。

3. 水层应尽可能分离完全，否则将增加无水氯化钙的用量，使产物更多地被干燥剂吸附而导致损失，这里用无水氯化钙干燥较适合，因它还可除去少量环己醇。

4. 在蒸馏已干燥的产物时，蒸馏所用仪器都应充分干燥。

【思考题】

1. 采用分馏装置制备环己烯，要控制分馏柱顶端温度不超过 90℃，为什么？

2. 在粗制品中加入精盐，使水层饱和的目的是什么？

实验 4-24　乙酸乙酯的制备

一、实验目的

1. 了解由醇和羧酸制备羧酸酯的原理和方法。

2. 掌握酯的合成法（可逆反应）及反应条件的控制。

3. 掌握产物的分离提纯原理和方法。

4. 学习液体有机物的蒸馏、洗涤和干燥等基本操作。

二、实验原理

乙酸乙酯由乙酸和乙醇在少量浓硫酸催化下制得。

主反应： $CH_3COOH + CH_3CH_2OH \longrightarrow CH_3COOCH_2CH_3 + H_2O$

副反应： $CH_3CH_2OH + CH_3CH_2OH \longrightarrow CH_3CH_2OCH_2CH_3 + H_2O$ （140～150℃）

反应中，浓硫酸除了起催化剂作用外，还吸收反应生成的水，有利于酯的生成。若反应温度过高，则促使副反应发生，生成乙醚。

三、仪器与试剂

25mL 圆底烧瓶，直形冷凝管，球形冷凝器等。

浓硫酸，乙醇，冰醋酸，饱和碳酸钠，饱和氯化钙及饱和氯化钠水溶液，无水硫酸镁。

四、实验步骤

在 25mL 圆底烧瓶中加入 2.9mL 冰醋酸和 4.6mL 乙醇，在摇动下，慢慢加入 1.5mL 浓硫酸，充分混合均匀后加入几粒沸石，装上回流装置，回流 30min。稍冷，改为蒸馏装置，在相同的环境中加热蒸馏，直至不再有馏出物为止，停止加热，得粗乙酸乙酯。

在摇动下慢慢向粗产物中加入饱和碳酸钠水溶液，直到不再有二氧化碳气体逸出并使有机相 pH 值呈中性为止。将液体转入分液漏斗中，振摇后静置，分去水相，有机相用 2mL 饱和食盐水洗涤后，再每次用 2mL 饱和氯化钙洗涤两次。弃去下层液，酯层转入干燥的锥形瓶，用无水硫酸镁干燥。

将干燥后的粗产品乙酸乙酯滤入 25mL 蒸馏瓶中，在水浴上进行蒸馏，收集 73～78℃ 馏分，得产品 4.0～4.5g。

【附注】

1. 控制反应温度在 120～125℃，控制浓硫酸滴加速度。

2. 洗涤时注意放气，有机层用饱和 NaCl 洗涤后，尽量将水相分干净。

3. 干燥后的粗产品进行蒸馏、收集 73～78℃ 馏分。

【思考题】

1. 酯化反应有什么特点，本实验如何创造条件使酯化反应尽量向生成物方向进行？

2. 本实验有哪些可能的副反应？

实验 4-25 正溴丁烷的制备

一、实验目的

1. 学习制备正溴丁烷的原理与方法。

2. 练习带有吸收有害气体装置的回流加热操作。

3. 学会分液漏斗的洗涤操作。

二、实验原理

本实验由正丁醇与氢溴酸反应制得正溴丁烷。

$$NaBr + H_2SO_4 \longrightarrow HBr + NaHSO_4$$
$$n\text{-}C_4H_9OH + HBr \Longleftrightarrow n\text{-}C_4H_9Br + H_2O$$

在反应过程中，为了防止氢溴酸外逸对环境造成污染、损害人体健康，需在反应装置中加入气体吸收装置。

该反应可逆，为了提高产率，本实验采取了硫酸过量措施，一方面可以产生更高浓度的氢溴酸，加速反应的进行，从而起到平衡向右移动的作用；另一方面，还可以将反应生成的水质子化，有效地阻止了逆反应的进行。

三、仪器与试剂

圆底烧瓶（50mL），直形冷凝管，球形冷凝器，蒸馏头，分液漏斗，温度计，量筒。

浓硫酸，正丁醇，无水溴化钠，5%氢氧化钠溶液，饱和碳酸氢钠溶液，无水氯化钙。

四、实验步骤

1. 在圆底烧瓶中加入 10mL 水，再慢慢分批加入 12mL（0.22mol）浓硫酸，混合均匀并冷至室温后，再依次加入 7.5mL（0.08mol）正丁醇和 10g（0.10mol）研细的溴化钠，充分振荡后加入 2 粒沸石。

2. 以电热套为热源，安装回流装置（注意防止碱液被倒吸）。

3. 加热回流。在石棉网上加热至沸，调整加热速度，以保持沸腾而又平稳回流，并不时摇动烧瓶促使反应完成。回流约 30min。

4. 分离粗产物。待反应液冷却后，改回流装置为蒸馏装置，蒸出粗产物。

5. 洗涤粗产物。将馏出液移至分液漏斗中，加入 10mL 水洗涤（产物在下层），静置分层后，将产物转入另一干燥的分液漏斗中，用 5mL 浓硫酸洗涤。尽量分去硫酸层（下层）。有机相依次用 10mL 水、10mL 饱和碳酸氢钠溶液和 10mL 水洗涤后，转入干燥的锥形瓶中，加入 1～2g 无水氯化钙干燥，间歇摇动锥形瓶，直到液体清亮为止。

6. 收集产物。将干燥好的产物移至小蒸馏瓶中，蒸馏，收集 99～103℃的馏分。

【思考题】

1. 加料时，是否可以先使溴化钠与浓硫酸混合，然后加正丁醇和水？为什么？

2. 反应后的粗产物可能含有哪些杂质？如何除去？

3. 用分液漏斗洗涤产物时，正溴丁烷时而在上层，时而在下层，如不知道产物的密度，可用什么方法来判别？

4. 分液漏斗洗涤产物时为什么要摇动后及时放气？应如何操作？

5. 用无水氯化钙干燥脱水，再蒸馏时为什么要先除去氯化钙？

实验 4-26 液态化合物折射率的测定

一、实验目的

1. 了解阿贝折光仪测定折射率的基本原理。

2. 掌握液体有机化合物折射率的测定方法。

二、实验原理

光线从一种介质进入另一种介质，当它的传播方向与两种介质的界面不垂直时，则在界面处的传播方向发生改变。这种现象称为光的折射现象。根据折射定律，一种介质的折射率，就是光线从真空进入这种介质时的入射角和折射角的正弦之比。通常测定的折射率，都是以空气作为比较标准。

化合物的折射率随入射光线波长不同而变，也随温度不同而变，温度每上升 1℃，折射率下降 $(3.5 \sim 5.5) \times 10^{-4}$。液体物质具有特定的折射率。

三、仪器与试剂

阿贝（Abbe）折光仪。

待测液体样品。

四、实验步骤

1. 将阿贝折光仪置于清洁、干净的台面上，在棱镜外套上装好温度计，连接好超级恒温水浴锅，通入恒温水，一般为 20～25℃，当恒温后，松开锁钮，开启下面棱镜，使其镜面处于水平位置，滴入 1～2 滴丙酮于镜面上，合上棱镜，促使难挥发的污物溢走，再打开棱镜，用丝巾或擦镜纸轻轻擦拭镜面，但不能用滤纸，特别是严禁油手或汗手触及光学零件。

2. 用标准折光玻璃块校正：打开棱镜，用少许 1-溴代萘（$n=1.66$）置光滑棱镜上，玻璃块就黏附于镜面上，使玻璃块直接对准反射镜，转动左面刻度盘，使读数镜内标尺读数为标准玻璃块读数，调节反射镜，使入射光进入棱镜组，从测量望远镜中观察，使视场最清晰，转动消色散镜调节器，消除色散。再用一特制小螺丝刀旋转右面镜筒下方的方形螺旋，使明暗界线和"十"字交叉重合，校正工作结束。

3. 准备工作做好后，打开棱镜，用滴管把待测液体 2～3 滴均匀滴在磨砂棱镜上，要求液体充满整个视场。关紧棱镜，转动反射镜，使视场最亮。轻轻转动左面刻度盘，并在右镜筒内找到明暗分界或彩色光带，再转动消色散调节器，至看到一个明晰分界线，转动左面刻度盘，使分界线对准"十"字交叉点上，并读折射率。重复 2～3 次。

4. 阿贝折光仪在使用前后，均需要用丙酮洗净，用擦镜纸吸干液体。用完后，流尽金属套内的恒温水。

五、注意事项

1. 阿贝折光仪不能放在日光直射或靠近热源的地方。

2. 酸、碱等腐蚀性液体不得使用阿贝折光仪。

3. 折光仪不用时应放在有干燥剂的箱内，放在空气流通的室内。

实验 4-27 分馏

一、实验目的

1. 了解分馏的原理与意义，分馏柱的种类和选用方法。

2. 学习实验室中常用分馏的操作方法。

二、实验原理

如果将两种具有不同沸点而又可以完全互溶的液体混合物加热，当其总蒸气压等于外界压力时，就开始沸腾汽化，蒸气中易挥发液体的成分较在原混合液中为多。如果将所得的液体再进行汽化，在它的蒸气经冷凝后的液体中，易挥发的组分又将增加。如此反复多次，最终就能将这两个组分分开。分馏就是利用分馏柱来实现这一"多次重复"的蒸馏过程。

三、仪器与试剂

圆底烧瓶、维氏分馏柱、蒸馏装置。

甲醇。

四、实验步骤

在 100mL 圆底烧瓶中，加入 25mL 甲醇和 25mL 水的混合物，加入几粒沸石，装好分馏装置。用电加热套慢慢加热，开始沸腾后，蒸气慢慢进入分馏柱中，此时要仔细控制加热温度，使温度慢慢上升，以保持分馏柱中有一个均匀的温度梯度。当冷凝管中有蒸馏液流出时，迅速记录温度计所示的温度。控制加热速度，使馏出液 $1\sim 2$ 滴·s^{-1}。当柱顶温度维持在 65℃ 时，约收集 10mL 馏出液。随着温度上升，分别收集 65～70℃、70～80℃、80～90℃、90～95℃ 的馏分。将不同馏分分别量出体积。

【思考题】

1. 若加热太快，用分馏法分离两种液体的能力会显著下降，为什么？

2. 什么是共沸混合物？为什么不能用分馏法分离共沸混合物？

第五章 物理化学实验

第一节 物理化学实验数据处理

物理化学实验数据经初步处理后，为了表示由实验结果所获得的规律，通常采用列表法、图解法和方程式法三种。以下分别对这三种表示方法简要介绍，由于在基础物理化学实验数据处理中大多运用图形表示法，因此重点讨论图解法。

一、列表法

表达原始记录数据，应尽可能采用列表法，并应注意：

① 表要有序号、名称和项目。

② 写明项目所表示的物理量（或代号）、单位和因次（公共乘方因子）。

③ 同列数字要排列整齐，小数点对齐，位数统一，数据应保留一位估读数字，通常采用科学计数法表示。

④ 原始数据与处理结果同列于一张表格内，而将处理方法和公式注在表格的下面。

二、图解法

利用图解法表达物理化学实验数据具有许多优点，首先它能清楚地显示出所研究的变化规律与特点，如极大、极小、转折点、周期性、数量的变化速率等重要性质。其次，能够利用足够光滑的曲线，作图解微分和图解积分。有时还可通过作图外推以求得实验难于获得的量。

图解法被广泛应用，其中重要的应用如下。

（1）求内插值

根据实验所得的数据，作出函数间的相互关系曲线，然后找出与某函数相应的物理量的数值。例如在溶解热的测定中，根据不同浓度时的积分溶解热曲线，可以直接找出某一种盐溶解在不同量的水中时所放出的热量。

（2）求外推值

在某些情况下，测量数据间的线性关系可用于外推至测量范围以外，求某一函数的极限值，此种方法称为外推法。例如，无限稀释强电解质溶液的摩尔电导 Λ_0 值不能由实验直接测定，因为无限稀释的溶液本身就是一种极限溶液，但可通过测量一系列稀溶液的摩尔电导值，然后作 $\Lambda\text{-}c$ 图外推至浓度为 0，即得无限稀释溶液的摩尔电导。

（3）作切线求函数的微商

从曲线的斜率求函数的微商在物化实验数据处理中是经常应用的。例如利用积分溶解热的曲线作切线，由其斜率求出某一指定浓度下的微分热值，就是一个很好的例子。

（4）求经验方程式

如反应速率常数 k 与活化能 E 的关系式即阿仑尼乌斯公式：

$k = A e^{-E/RT}$，根据不同温度下的 k 值作 $\lg k$ -$1/T$ 图，由直线的斜率和截距求得活化能 E 和碰撞频率 A 的数值。

（5）由面积计算相应的物理量

例如在求电量时，只要以电流和时间作图，求出相应一定时间的曲线下所包围的面积即得电量数值。

（6）求转折点和极值

例如电位滴定和电导滴定时等化学计量点的求得，最高和最低恒沸点的测定等都是应用图解法。

三、作图的一般步骤及原则

（1）坐标纸的选择与横纵坐标的确定

直角坐标纸最为常用，有时半对数坐标或 lg-lg 坐标纸也可选用，在表达三组分体系相图时，常采用三角坐标纸。

在用直角坐标纸作图时，习惯上以自变量为横轴，因变量为纵轴，横轴与纵轴的读数一般不一定从零开始，可视具体情况而定。例如：

测定物质 B 在溶液中的摩尔分数 x_B 与溶液蒸气的蒸气压 p，得到如下数据，其关系符合理想溶液。

x_B	0.02	0.20	0.30	0.58	0.78	1.00
p/mmHg	128.7	137.4	144.7	154.8	162.0	172.5

由于溶液的蒸气压 p 是随摩尔分数 x_B 而变，因此取 x_B 为横坐标，p 为纵坐标。见图 5-1。

（2）坐标的范围

坐标标度以方便易读（选择 1、2、5 跳阶）和最大限度利用坐标纸为原则，不必拘泥于坐标原点作为变量零点。

（3）比例尺的选择

坐标轴比例尺的选择极为重要。由于比例尺的改变，曲线形状也将跟着改变。若选择不当，可使曲线的某些相当于极大、极小或转折点的特殊部分就看不清楚了。

比例尺选择的一般原则如下。

① 要能表示全部有效数字，以便从图解法求出各量的准确度与测量的准确度相适应，为此将测量误差较小的量取较大的比例尺。

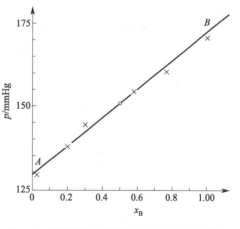

图 5-1　溶液蒸气压和物质 B 的浓度关系图

② 图纸每一小格所对应的数值既要便于迅速简便的读数，又要便于计算，如 1、2、5 或者是 1、2、5 的 10^n（n 为正或负整数），要避免用 3、6、7、9 这样的数值及它的 10^n 倍。

③ 若作的图形为直线，则比例尺的选择应使其直线与横轴交角尽可能接近 45°。

④ 画坐标轴。选定比例尺后，画上坐标轴，在轴旁注明该轴所代表变量的名称和单位。在纵轴的左面和横轴下面每隔一定距离写下该处变量应有的值（标度），以便作图及读数。

⑤ 描点。将相当于测得数值的各点绘于图上，在点的周围画上 ×、○、□ 或其他符号（在有些情况下，其面积大小应近似地显示测量的准确度。如测量的准确度很高，圆圈应尽量画得小些，反之就大些）。

⑥ 连曲线。把点描好后，用曲线板或曲线尺作出尽可能接近于各实验点的曲线，曲线应平滑均匀，细而清晰，曲线不必通过所有各点，但各点在曲线两旁的分布，在数量上应近

似于相等，各点和曲线间的距离表示了测量的误差。

⑦ 写图名。写上清楚完备的图名及坐标轴的比例尺。

⑧ 正确选用绘图仪器。绘图所用的铅笔应该削尖，才能使线条明晰清楚，画线时应该用直尺或曲尺辅助，不要光用手来描绘。选用的直尺或曲线板应透明，才能全面地观察实验点的分布情况，作出合理的线条来。正确确定极值和转折点，注意利用镜面法作切线、使用曲线尺或模板描线等作图技术规范。

四、方程式法

每一组实验数据可以用数学经验方程式表示，这不但表达方式简单、记录方便，而且也便于求微分、积分或内插值。实验方程式是客观规律的一种近似描绘，它是理论探讨的线索和依据。例如，物质的饱和蒸气压与温度有如下的关系：

$$\ln p = \frac{-\Delta H_v}{R} \times \frac{1}{T} + 常数$$

（1）建立经验方程式的基本步骤

① 将实验测定的数据加以整理与校正。

② 选出自变量和因变量并绘出曲线。

③ 由曲线的形状，根据解析几何的知识，判断曲线的类型。

④ 确定公式的形式，将曲线变换成直线关系或选择常数将数据表达成多项式。常见的例子如下：

方程式	变换	直线化后得到的方程式
$y = ae^{bx}$	$Y = \ln y$	$Y = \ln a + bx$
$y = ax^b$	$Y = \ln y, X = \ln x$	$Y = \ln a + bX$
$y = 1/(a+bx)$	$Y = 1/y$	$Y = a + bx$
$y = x/(a+bx)$	$Y = x/y$	$Y = a + bx$

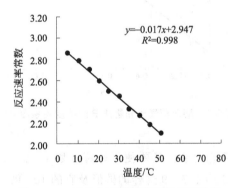

图 5-2　一级反应速率常数测量实验数据

（2）最小二乘法

这是最准确的处理方法，其根据是残差的平方和为最小。

目前计算机在实验中广泛应用，许多软件可以按最小二乘法原理绘制出准确的曲线，并且得出曲线方程。最常用的数据处理软件如 Origin 或 Excel 等，应至少会使用其中一种。

例如：一级反应速率常数测量实验，数据处理软件得出直线与直线方程：$y = -0.017x + 2.9471$，$R^2 = 0.9981$。R^2 为线性相关系数，越接近于 1，说明数据线性越好（见图 5-2）。

第二节　物理化学实验测量技术

一、温度测量

热化学主要研究化学反应过程中所发生的热效应及其规律，是热力学在化学反应中的具体应用，除了研究生成热、燃烧热、中和热及化学反应热外，还包括研究混合、溶解、熔化、凝固、晶变、分解等物理过程及生物过程的热效应。热量的测量一般是通过温度测量来实现的，测量的理论依据是热力学第零定律。而温度量值的确定则严格建立在温标定义的基础上。

1. 温标

(1) 热力学温标（K）

又称开尔文温标，是一种建立在卡诺循环基础上，与工作物质无关的、理想的、科学的温标。根据理想气体在定容下的压力或定压下的体积与温度成严格的线性关系，选定气体（氢、氦、氮等）温度计作为标准温度计，采用纯水的三相点作为单一的固定点，在绝对零度和纯水三相点之间划分成 273.16 分度，单位符号 K。

(2) 摄氏温标（℃）

使用最早，应用普遍。它以水银玻璃温度计实现温度测量，以普通水的冰点及沸点作为两个固定点，其间 100 分度，单位符号℃，普通水冰点低于纯水三相点约 0.0099℃，所以摄氏温标与热力学温标的换算关系是 $T = 273.15 + t$。

(3) 华氏温标（℉）

以冰与食盐混合物凝固点温度为 0℉，水的沸点为 212℉，其间划分成 212 分度，单位符号℉。与摄氏温标换算为：$℃ = \dfrac{5}{9}(℉ - 32)$。

2. 温度计

(1) 气体温度计

(2) 液体温度计（水银、酒精等）

实验室中常用的水银温度计有：普通水银温度计、接触温度计、贝克曼温度计。

普通水银温度计测量时要进行零点校正、露茎校正。

接触温度计与贝克曼温度计的构造和使用方法要掌握。

(3) 固体温度计

包括热电偶温度计、数字温度计、数字贝克曼温度计。

3. 量热计及量热方法

按量热计测量原理可分为补偿式和温差式两大类，按工作方式又可分为绝热、恒温和环境恒温三种。实验热效应依据：$Q = C(计)\Delta T$；$C(计)$ 为量热计热容，必须用已知热效应值的标准物质来标定。由于量热计与环境之间的热漏是难免的，故要以雷诺（Reynolds）校正图予以修正。

4. 恒温方法

(1) 介质恒温浴

用物质的相变温度的恒定性来控制温度。最常用的如冰水混合物、蒸汽浴等，简便易行，但只局限于工作物质的特定温度下。

(2) 恒温槽浴

根据所需恒温温度，选取不同的工作物质：0℃以上，100℃以下采用水浴；超过 100℃用液体石蜡或蒸气压较低的汽缸油等油类；高温则用沙浴、盐浴、金属浴或空气恒温槽。

恒温槽构成：浴槽、导电表即接触温度计（或热敏温度计）、电子继电器、加热器、搅拌器和温度计等。

二、压力测量与真空技术

1. 压力计

传统的测压力仪器是采用 U 形管水银压力计或者金属外壳的气压表头。近年来出现了电子压力计数显微压计等。大气压的测量仪表称为气压计，常用福廷式和固定槽式两种。

2. 真空技术

（1）真空区域的划分

由于历史的原因，传统的真空区域的划分是按"mmHg"（1mmHg＝133.322Pa）进行的，将其换算，应是：

粗真空	$760 \sim 10$mmHg	$10^5 \sim 1333$Pa
低真空	$10 \sim 10^{-3}$mmHg	$1333 \sim 1.333 \times 10^{-1}$Pa
高真空	$10^{-3} \sim 10^{-8}$mmHg	$1.333 \times 10^{-1} \sim 1.333 \times 10^{-5}$Pa
超高真空	$10^{-8} \sim 10^{-12}$mmHg	$1.333 \times 10^{-5} \sim 1.333 \times 10^{-9}$Pa
极高（宇宙）真空	$< 10^{-12}$mmHg	$< 1.333 \times 10^{-9}$Pa

（2）获取真空——真空泵

实验室常用水流泵［见图 5-3(a)］、机械泵［$10^{-2} \sim 10^{-3}$mmHg，见图 5-3(b)］和扩散泵［10^{-6}mmHg，见图 5-3(c)］获取真空，扩散泵不能独立工作，必须依靠机械泵作为前置泵。

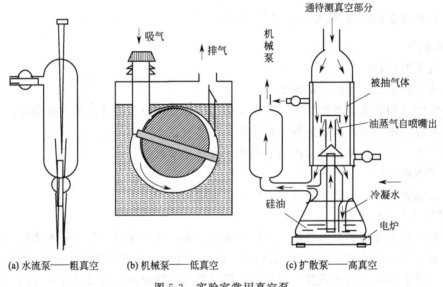

(a) 水流泵——粗真空　　(b) 机械泵——低真空　　(c) 扩散泵——高真空

图 5-3　实验室常用真空泵

（3）真空度的测量——真空规

① 麦氏真空规——绝对真空规。

② 热偶真空规——相对真空规。

③ 电离真空规——相对真空规。

三、光学测量与光谱技术

实验室常用的光学仪器有：旋光仪，折光仪，分光光度计，红外光谱，紫外光谱，激光。

四、电学、磁学技术

① UJ-25 电位差计。

② 恒电位仪。

③ 电导仪。

④ pHs-2 酸度计。

⑤ 电泳仪、电渗仪。

第三节　物理化学实验

实验 5-1　恒温槽装配和性能测试

一、实验目的

1. 了解恒温槽的构造及恒温原理，初步掌握其装配和调试的基本技术。
2. 绘制恒温槽的灵敏度（温度-时间）曲线，学会分析恒温槽的性能。
3. 掌握玻璃贝克曼温度计的构造特点、调节与使用方法。
4. 掌握接触温度计的构造与使用方法。

二、实验原理

在物理化学实验中所测得的数据，如折射率、黏度、蒸气压、表面张力、电导、化学反应速率常数等都与温度有关，所以许多物理化学实验必须在恒温下进行。通常用恒温槽来控制、维持恒温。恒温槽之所以能维持恒温，主要是依靠恒温控制器来控制恒温槽的热平衡。当恒温槽因对外散热而使温度降低时，恒温控制器就启动槽内的加热器工作，待加热到所需的温度时，它又使加热器停止加热，这样温度保持恒定。

恒温槽装置一般如图 5-4 所示：恒温槽由浴槽、加热器、搅拌器、温度计、感温元件、恒温控制器等部分组成。

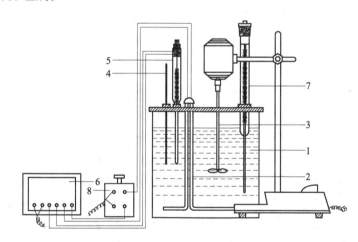

图 5-4　恒温槽装置

1—浴槽；2—加热器；3—搅拌器；4—温度计；5—温度传感器（接触温度计）；
6—晶体管继电器；7—贝克曼温度计；8—调压变压器

1. 浴槽

通常采用玻璃槽以利于观察，其容量和形状视需要而定。物理化学实验一般采用 10L 圆柱形玻璃缸。浴槽内液体一般采用蒸馏水。若温度要求超过 100℃，可采用液体石蜡或甘油等。

2. 加热器

常用的是电加热器。根据恒温槽的容量、恒温温度以及与环境的温差大小，来选择加热器的功率。如容量 20L、恒温 25℃ 的大型恒温槽一般需要功率为 250W 的加热器。为了提高恒温的效率和精度，有时可采用两套加热器。开始时，用功率较大的加热器加热，当温度达恒定时，再用功率较小的加热器来维持恒温。

3. 搅拌器

一般采用 40W 的电动搅拌器，用变速器来调节搅拌速度。

4. 温度计

常用 1/10℃温度计作为观察温度用。测定恒温槽的灵敏度用贝克曼温度计。

5. 感温元件

它是恒温槽的感觉中枢，是提高恒温槽精度的关键所在。感温元件的种类很多，如接触温度计、热敏电阻感温计等。本实验采用热敏电阻感温计（也称热敏温度计）。

6. 恒温控制器

由直流电桥电压比较器、控温继电器等部分组成。当感温探头热敏电阻感受到的实际温度低于控温选择温度时，电压比较器使温控指示灯由红灯转为绿灯，并通过电压跟随电路，接通控温继电器，加热；当感温探头热敏电阻感受到的实际温度与控温选择温度相同或更高时，控温指示灯由绿灯转为红灯，控温继电器也断开，使恒温槽停止加热。当感温探头热敏电阻感受到的温度再下降时，继电器再动作，重复上述过程达到控温的目的。

由于这种温度控制装置属于"通""断"类型，传热都有一个速度问题，就会出现温度传递的滞后。即当断开控温继电器时，实际上加热器附近的水温已超过了指定温度，因此，恒温槽温度高于指定温度。同理，降温时也会出现滞后状态。由此可知，恒温槽控制的温度是有一个波动范围的，而不是控制在某一固定不变的温度，并且恒温槽内各处的温度也会因搅拌效果的优劣而不完全相同。控制温度的波动范围越小，各处的温度越均匀，恒温槽的灵敏度就越高。灵敏度是衡量恒温槽性能的主要标志。通常以实测的最高温度值与最低温度值之差的一半来表示其灵敏度。

$$T_E = \pm \frac{1}{2}(T_{高} - T_{低})$$

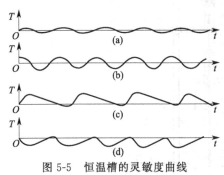

图 5-5　恒温槽的灵敏度曲线

恒温槽灵敏度的测定是在指定温度下，观察温度的波动情况。灵敏度又常以温度（贝克曼温度计读数)-时间曲线表示。若记开始加热和停止加热时槽温的平均值分别为 $T_{始}$、$T_{停}$，在（$T_{停} - T_{始}$）/2 处作一水平线为基线，再作出温度-时间曲线，通过对曲线分析，可以对恒温槽的灵敏度作出评价。

图 5-5 是四个恒温槽的温度-时间曲线，（a）表示灵敏度较高；（b）表示灵敏度较低；（c）表示加热器功率太大；（d）表示加热器功率太小或散热太快。

7. 为了提高恒温槽的灵敏度，在设计恒温槽时要注意的问题

① 恒温槽的热容量要大些，传热质的热容量越大越好。

② 尽可能加快加热器与接触温度计间的传热速度。

③ 搅拌器效率要高。

④ 作为调节温度用的加热器功率要小些。

三、仪器与试剂

玻璃缸（容量 10L 或视需要而定），停表，搅拌器（功率 40W 或视需要而定），温度指示控制仪，加热器（功率 250W 的电热丝或视需要而定），温度计（1/10℃），贝克曼温度计，烧杯（200mL）等。

四、实验步骤

1. 将蒸馏水注入浴槽至容积的 2/3 处，按装置图，安装温度指示控制仪、搅拌器、加热器等。

2. 调节温度指示控制仪控温旋钮使所指的温度稍低于 25℃（通常低 0.2～0.3℃）。接通电源，打开搅拌器开关并加热。当继电器指示停止加热时，注意观察 1/10℃ 温度计读数。例如，达到 24.2℃时，需重新调节温度指示控制仪控温旋钮，调节到当 1/10℃ 温度计达 25℃时，加热器刚刚停止加热（这一状态可由电子继电器的红绿指示灯来判断，一般来说，红灯表示加热，绿灯表示加热停止）。需要注意在调节过程中绝不能以温度指示控制仪控温旋钮所指的温度为依据，必须以 1/10℃ 的标准温度计为准。温度指示控制仪控温旋钮所指的温度只是给我们一个粗略的估计。

3. 调贝克曼温度计：将贝克曼温度计的水银柱在 25℃时调到刻度 2.5 左右，并安放到恒温槽中。如何调贝克曼温度计，见附 1，或认真听老师介绍，这点非常重要，是物理化学实验重要内容。

4. 恒温槽灵敏度的测定：待恒温槽已调节到 25℃后，观察贝克曼温度计，利用停表，每隔 1min 记录一次贝克曼温度计读数；温度变化范围要求在 ±0.15℃ 之内，测定约 60min。

5. 按上述步骤，将恒温槽重新调节至 35℃，按同样方法测定恒温槽灵敏度。

五、数据处理

1. 将实验步骤中 4、5 之数据记录于下表中。

25℃时，时间与温度关系：

时间/min						……
温度/℃						……

35℃时，时间与温度关系：

时间/min						……
温度/℃						……

2. 读出恒温槽温度为 25℃附近的 $T_{始}$、$T_{停}$ 的平均值 $\overline{T_{始}}$ 和 $\overline{T_{停}}$，求出 $\overline{T} = \dfrac{\overline{T_{停}} - \overline{T_{始}}}{2}$。同理，求出 35℃附近的 $\overline{T}$。

3. 以时间 t 为横轴，温度 T 为纵轴，在 $\overline{T}$ 处作出基线，分别绘制 25℃和 35℃时恒温槽的灵敏度曲线。

4. 计算恒温槽的灵敏度。

一次实验结果（参考）

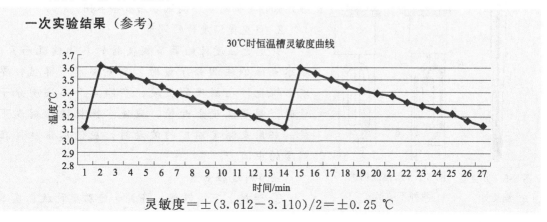

灵敏度＝±（3.612－3.110）/2＝±0.25 ℃

【思考题】

1. 在实验室要求自己组装一台恒温水浴，需要哪些仪器配件，请指出其名称。

2. 如何配置恒温槽各部件？

3. 恒温槽放在20℃的实验室内，欲控制25.0℃的恒温温度。恒温槽在25.0℃时的散热速率为$0.060℃·min^{-1}$，恒温槽内盛水10.0L，问应使用多少瓦的控温加热器为好？已知1L水为1000g，水的热容为$4.184J·g^{-1}·K^{-1}$。

4. 某学生在测量一恒温槽的温度波动曲线时，获得以下的波动曲线，他使用的是一只800W的加热器。问：此曲线说明加热器的功率太小还是太大？为什么？可以采取什么最简单的措施来改善这种加热状况？

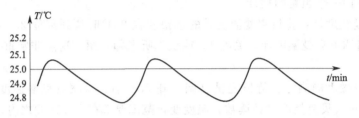

5. 如果所需恒定的温度低于室温，不能用制冷设备，如何装备恒温槽？

附1：贝克曼温度计的构造及其调节使用方法

1. 贝克曼温度计的构造及特点

在物理化学实验中，常常需要对体系的温度差进行精确的测量，如燃烧热的测定、中和热的测定及冰点降低法测定分子量等均要求温度测量精确到$0.001 \sim 0.002℃$。而普通温度计不能达到，需用贝克曼温度计进行测量。

贝克曼温度计的构造如图5-6所示，它也是水银温度计的一种，与一般水银温度计不同之处在于，它除在毛细管下端有一水银球外，在温度计的上部还有辅助水银储槽。

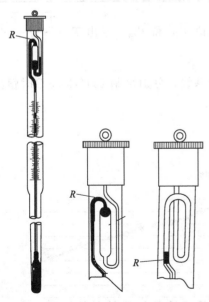

贝克曼温度计的特点是：刻度精细至0.01℃的间隔，用放大镜读数时可估计到0.002℃；量程较短（一般只有5℃）；不能测定温度的绝对值，只能测温差值。要测不同范围内温度的变化，则需利用上端水银槽中的水银调节下端水银球中的水银量。

目前玻璃贝克曼温度计的水银储槽的形式有两种，如图5-7所示。调试方法有些不同。

2. 贝克曼温度计的调节

贝克曼温度计的调节视实验的具体情况而异。在冰点降低法测分子量时，测量温度下降值，要求水银柱停在刻度的上段；在沸点升高法测分子量时，测量温度上升值，应使水银柱停在刻度下段；若用来测定温度的波动时，应使水银柱停在刻度的中间。

调节时过程如下：

① 连接上下水银槽。将贝克曼温度计放在盛水

图5-6　贝克曼　　图5-7　水银储槽的
　　　　温度计　　　　　　两种不同形式

的小烧杯内慢慢加热，使水银柱上升至毛细管顶部，此时将贝克曼温度计从烧杯中移出，并倒转使毛细管的水银柱与上面水银槽中的水银相连接。

② 在调节之前首先计算出水银线柱振断点温度 R（见图 5-6）。若实验的起点温度为 t（℃），按实验要求把 t（℃）调成贝克曼温度计的某点 B（在下端 0℃ 和上端 5℃ 之间），R 点计算公式为：$R=t+(5-B)+3$（3 是贝克曼温度计上段刻度 5℃ 到水银线柱振断点 R 的距离，相当于 3℃ 水银柱的长，即没有刻度部分到 R 点所容纳的水银量对应 3℃ 温差）。举例说明：若测量 20℃ 时温度上升，即把 20℃ 调成贝克曼温度计的 0~1℃ 之间的 0.5℃，那么 $R=20+(5-0.5)+3=27.5℃$；若测量 5℃ 时温度下降（苯凝固点 5℃），即把 5℃ 调成贝克曼温度计的 5℃ 左右，$R=5+(5-5)+3=8℃$；若测量 25℃ 时温度上下波动，即把 25℃ 调成贝克曼温度计的 2.5℃ 左右，$R=25+(5-2.5)+3=30.5℃$。

③ 把小烧杯中水加热到 R（℃），将贝克曼温度计放入 R（℃）恒温水中恒温，使其自动调节上下水银槽中水银量。一般恒温 3min 左右。等水银柱稳定后，取出温度计，右手握住温度计中间部位，温度计垂直向下，以左手掌轻拍右手腕，（注意在操作时应远离实验台，且不可直接敲打温度计，以免损坏）。依靠振动的力量使毛细管中上端的水银线柱与水银槽中的水银断开，这时温度计可满足实验要求。由于温度计从水中取出后水银体积会变化，因此这一操作要求迅速、快捷，但不能慌乱，以免造成失误。

④ 调试好贝克曼温度计，要检验放在实验温度 t（℃）时是否符合要求，若不合适，应重新调节。

说明：若是另一种构造的贝克曼温度计，即图 5-7 右图构造的贝克曼温度计，是将温度计倒过来，轻敲手腕，使水银线振断，操作比较容易。另有一种快速调节贝克曼温度计的方法，是利用上水银槽旁边的标尺，只有熟练、有经验的操作者才能做到。

3. 贝克曼温度计使用注意事项

① 贝克曼温度计属于较贵重的玻璃仪器，并且毛细管较长易于损坏。所以在使用时必须十分小心，不能随便放置，一般应安装在仪器上或调节时握在手中，用毕应放置到温度计盒内。

② 调节时，注意不可骤冷骤热，以防温度计破裂。另外操作时动作不可过大，并与实验台要有一定距离，以免触到实验台上损坏温度计。

③ 在调节时，如温度计下部水银球中的水银与上部储槽中的水银始终不能相接时，应停下来，检查一下原因。不可一味对温度计升温，致使下部水银过多地导入上部储槽中。

附2：接点温度计

接点温度计又称水银导电表（图 5-8）。控温原理是通过调节标铁的高度，当温度上升，水银柱升高，与触针接通，继电器断开加热电路，停止加热；温度降低，水银柱下降，与触针分开，继电器就接通加热电路，开始加热。

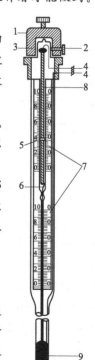

1—调节帽；
2—锁定螺丝；
3—磁铁；
4—螺丝杆引线；
5—标铁（调节螺母）；
6—触针；
7—上下刻度板；
8—螺杆；
9—水银槽

图 5-8　接点温度计

例如，要把温度控制在60℃，松开上端锁定螺丝2，旋转调节帽1，磁铁带动内部螺杆8转动，使标铁5上下移动，当标铁移动到上面刻度板60℃，即标铁的上面与60℃线同在一水平线上。固定锁定螺丝2，调节结束。

实验 5-2 物质燃烧热的测定（电脑量热计）

一、实验目的

1. 明确燃烧热的定义，了解恒压燃烧热和恒容燃烧热的差别及相互关系。

2. 了解氧弹式量热计的原理、构造及使用方法；掌握压片机、气体钢瓶等使用方法。

3. 掌握有关热化学实验的一般知识和测量技术。

4. 了解计算机控制实验原理与方法。

二、实验原理

1. 燃烧热

燃烧热指一摩尔物质完全燃烧时所放出的热量。"完全燃烧"的含义要明确。在恒容条件下测得的燃烧热称为恒容燃烧热（$Q_V = \Delta U$）。在恒压条件下测得的燃烧热称为恒压燃烧热（$Q_p = \Delta H$）。若反应物为理想气体，则两者关系式为：$Q_p = Q_V + \Delta n_g RT$。$T$ 为反应后的温度，实验中是指外筒中水的温度。

2. 量热的原理

直接测定 Q_V 或 Q_p 的实验方法称为量热法。测量热效应的仪器称为量热计（也称为卡计）。量热计的种类很多，本实验是用氧弹式卡计。

基本方法：在绝热的条件下，将一定量的待测物质样品在氧弹中完全燃烧，燃烧时放出的热量使卡计、周围介质（本实验用水）、搅拌器、内桶等体系的温度升高。测定了燃烧前后体系即卡计（包括周围介质）温度的变化值，从而求算出样品的燃烧热。

计算公式：

$$\frac{m}{M}Q_V = W_卡 \, \Delta T - Q_{点火丝} \, m_{点火丝}$$

式中，m 是待测物质的质量，g；M 是待测物质的摩尔质量；$Q_{点火丝}$ 是点火丝的燃烧热；$m_{点火丝}$ 是燃烧的点火丝质量；ΔT 是样品燃烧前后卡计温度变化值；$W_卡$ 为卡计（包括卡计中水）的热容量（又叫水当量），表示卡计温度升高1℃所需要吸收的热量，卡计的 $W_卡$ 是通过测量已知燃烧热的物质（如苯甲酸，$Q_V = -26460 \text{J} \cdot \text{g}^{-1}$）来确定的。

注：本实验使用电脑控制的量热计，点火丝不是压在样品中，每次燃烧的点火丝质量几乎一样，点火丝燃烧放出的热量电脑计算时已扣除，因此实验中不必称量点火丝，可以省许多时间。

3. 用氧弹测定燃烧热的关键

首先是要保证样品完全燃烧，其次是使燃烧放出的热量尽可能全部传给卡计（包括周围介质）而几乎不与周围其他环境发生热交换。为了实现上述要求，氧弹充以高压氧气（15～20atm），粉末样品要压成片状，以免充气时冲散样品或者在燃烧时飞散出来，造成实验误差。燃烧时要尽量减少热量散失。对于无法避免的热量散失，如辐射等，要通过作图法进行温度校正，或者用有关公式计算校正。

本实验采用先进的电脑量热计，由计算机用国际标准的计算公式计算校正，计算出温度差，不必手工画温度校正曲线。电脑可以打印给出实验数据以及结果。

三、仪器与试剂

数显氧弹量热计；万用电表等工具；计算机以及温度控制箱；台秤；电子天平（0.0001g）；氧气钢瓶；氧气减压阀；压片机；容量瓶（1000mL）；容量瓶（2000mL）；塑料桶；剪刀。

苯甲酸（A.R.），萘（A.R.）。

四、操作步骤

实验装置图见图5-9。

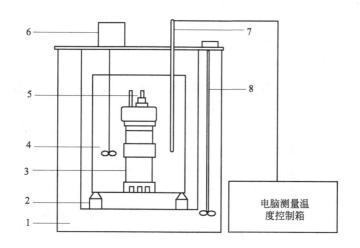

图 5-9　氧弹量热计示意图

1—外筒，实验时充满水，通过搅拌器搅拌形成恒温环境；2—绝热定位圈；

3—氧弹；4—内桶，用以盛自来水；5—电极；6—内桶搅拌器；

7—温度传感器探头；8—外筒搅拌器

1. 熟悉氧弹式量热计的构造

认识内桶与外桶，掌握安装、使用与简单拆分。

用大容量瓶在内桶中加3000mL自来水，测量外桶中水的温度，即为实验测得的萘燃烧热的温度。

2. 学会压片机的使用

目前实验室有两种压片机，直压式与旋转式，常用是直压式，不需要固定在一个地方，使用方便。

在台秤粗称0.8g左右苯甲酸，压片，再在分析天平或电子天平上精确称量，要学会电子天平使用方法。样品萘是0.6～0.8g。

3. 学会吊装点火丝

取一段点火丝（15cm左右），用手、镊子吊装，点火丝固定在两个电极上，点火丝中间做成螺旋形状，下端离样品表面1～2mm（如图5-10所示）。

4. 学会气体钢瓶使用与充氧气

认识不同气体钢瓶的颜色。常见氧气瓶是天蓝色；氢气瓶是深绿色；氮气瓶是黑色；氨气瓶是黄色。

按逆时针方向旋转打开氧气钢瓶出口阀（顺时针方向则关闭），右边的气压表上显示出钢瓶中氧气的压力，单位是MPa(10^6Pa)；连接好导气管（接到氧弹上充气口），按顺时针方向打开减压阀（是推进螺栓，顶开阀门），左边气压表上显示输出气体压力，加压到1即10atm，停一下，打开氧弹的放气口，排除氧弹内空气，再关闭放气口，继续加压充气到15～18atm，停一会，逆时针旋转减压阀（松掉），关闭减压阀。拆除导气管，装上电极，用万用表测量电路是否畅通。

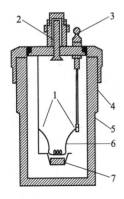

图5-10　氧弹构造
1—电热丝连接点；2—进排气管道；3—电极接线柱；4—弹盖；5—弹体；6—点火丝；7—样品池

5. 卡计热容量（水当量）$W_卡$的测定（用已知燃烧热的苯甲酸）

（1）粗称0.8g左右苯甲酸压成片，精确称量后放入燃烧池，吊装好点火丝，充好氧气，检查电路。

（2）内桶中倒入调好水温的3000mL水（比外桶温度低1℃）。

（3）把充好氧气的氧弹放入量热计内桶的自来水中。盖上盖子，插上温度传感器。

（4）打开量热计控制仪电源，打开搅拌器，待温差变化≤0.002℃时，按下"采零"和"锁定"键。

（5）启动电脑桌面燃烧热测定软件，确定完成的操作步骤，选择USB端口，设置绘图坐标，点击开始绘图。

（6）填写水当量相应数据。燃烧丝长度11，燃烧丝系数4.8，样品恒容燃烧热26460。

（7）绘图5min后，按下"点火"键，温度开始上升，则点火成功，当温度曲线趋于平缓后，再测5min点停止绘图，保存文件。测量窗口不关闭。

（8）打开量热计，取出氧弹并用顶杆打开。

6. 萘的燃烧热测量

（1）粗称0.7g左右的萘压成片，精确称量，萘片放入燃烧池，点火丝吊装好氧弹，充好氧，检查电路。

（2）把充好氧气的氧弹放入量热计内桶的自来水中。盖上盖子，插上温度传感器。

（3）点击燃烧热软件"窗口"，转换到待测物曲线图，设置绘图坐标（温显减0.5加3），点击开始绘图。

（4）填写燃烧热相应数据。燃烧丝长度11，燃烧丝系数4.8，分子量128.17，外桶温度，气体摩尔数－2。

（5）绘图5min后，按下"点火"键，温度开始上升，则点火成功，当温度曲线趋于平缓后，再测5min点停止绘图，保存文件。

7. 用软件来计算燃烧热数据

（1）点击软件上菜单"窗口"，转换到水当量曲线图，点击菜单"操作"，点击温差校正，再点击计算水当量。

（2）再点击软件上菜单"窗口"，转换到待测物曲线图，点击菜单"操作"，点击温差校正，再点击计算燃烧热。

（3）点击菜单"文件"，打印燃烧热曲线图。

（4）关闭仪器，取出温度传感器，打开盖子取出并打开氧弹，内桶水倒出。

（5）实验完成。

8. 如果时间充足，重复步骤 5 和 6，再测量一次热容量，再测量一个萘的热烧热。

五、数据处理

软件已经换算得出 25℃下的恒压燃烧热，计算实验的相对误差。萘的分子量 128.17；25℃时萘的标准燃烧热 $\Delta_c H_m = -5153.9 \text{kJ} \cdot \text{mol}^{-1}$。

【思考题】

1. 在燃烧热测定实验中，哪些是体系？哪些是环境？有无热交换？有何影响？

2. 开始加入内筒的水温为什么要选择比外桶（环境）低 $0.5 \sim 1$℃？否则有何影响？

3. 在燃烧热测定的实验中，哪些因素容易造成实验误差？如何提高实验的准确度？

4. 说明恒容热效应 Q_V 与恒压热效应 Q_p 的区别与联系？

5. 实验测量出的萘燃烧热是不是 25℃下的燃烧热？是哪个温度下的燃烧热（外桶温度，还是内桶温度)？

6. 量热实验中，量热计水当量的定义是什么？常用哪些方法测定量热计水当量？

7. 用氧弹量热计测定物质的燃烧热时，作雷诺图（见图 5-12）求 ΔT 的目的是什么？

8. 某研究所，需要测定牛奶样品的热值，请提出所需仪器及实验步骤。

9. 用氧弹量热计测定有机化合物的燃烧热实验，有的实验教材上要求在量热测定时，在氧弹中加几滴纯水，然后再充氧气、点火，请说明加的这几滴水的作用是什么？

实验 5-3 凝固点降低法测摩尔质量

一、实验目的

1. 掌握用凝固点降低法测定物质摩尔质量的方法。

2. 通过实验加深对稀溶液依数性质的理解。

3. 掌握凝固点测量仪与数字贝克曼温度计的使用方法。

二、实验原理

溶液的凝固点：在一定压力下，固体溶剂与溶液成平衡时的温度。

稀溶液具有依数性，稀溶液的凝固点低于纯溶剂的凝固点。在确定了溶剂的种类和数量后，溶液凝固点降低值仅仅取决于所含溶质分子的数目。

凝固点降低值的多少，直接反映了溶液中溶质的质点数目。溶质在溶液中有解离、缔合、溶剂化和络合物生成等情况存在，都会影响溶质在溶剂中的表观摩尔质量。因此溶液的凝固点降低法可用于研究溶液的电解质电离度，溶质的缔合度，溶剂的渗透系数和活度系数等。

由此可见，实验的成功与否决定于凝固点的精确测量。凝固点测定方法是将已知浓度的溶液逐渐冷却成过冷溶液，然后促使溶液结晶；当晶体生成时，放出的凝固热使体系温度回升，当放热与散热达成平衡时，温度不再改变，此固液两相达成平衡的温度，即为溶液的凝固点。

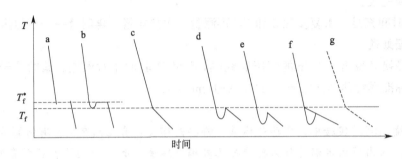

图 5-11　冷却曲线

本实验测定纯溶剂和溶液的凝固点之差。

纯溶剂（单组分）在凝固前温度随时间均匀下降，当达到凝固点时，固体析出，放出热量，补偿了对环境的热散失，因而温度保持恒定，直到全部凝固后，温度再均匀下降，其冷却曲线见图 5-11 中曲线 a。但实际上，只有固相充分分散到液相中，也就是固液两相的接触面相当大时，平衡才能到达。实际测量中，将纯液体冷却，达到凝固点时，由于固体是逐渐析出，当凝固热放出速率小于冷却速率，温度会不断下降，难以确定凝固点温度。为此，采取的方法是，先使液体过冷，再突然搅拌，固相骤然析出大量微小晶体，两相充分接触，放出大量凝固热，温度回升，达到凝固点温度，保持恒定，然后再开始下降。见图 5-11 中曲线 b。

溶液的冷却情况与此不同，纯溶剂两相共存时，自由度 $f^* = 1-2+1=0$，而对于溶液，当冷却到凝固点，开始析出固态纯溶剂，自由度 $f^* = 2-2+1=1$，温度仍可下降。并且随着溶剂的析出，溶液浓度相应增大。所以溶液的凝固点随着溶剂的析出，浓度变大而不断下降，在冷却曲线上得不到温度不变的水平线段。见图 5-11 中曲线 c。

在实际测量时，如果溶液过冷程度不大，析出的固体溶剂比较少，浓度变化比较小，则过冷回升的温度可作为溶液的凝固点，见图 5-11 中曲线 d；如果溶液过冷程度比较大，析出的固体溶剂比较多，浓度变化较大，则过冷回升的温度低于溶液的凝固点，见图 5-11 中曲线 e。因此实验中要控制过冷程度，不能太大，并且每次的过冷程度要基本一样，若不能做到，最好测量出步冷曲线，再进行校正，见图 5-11 中曲线 f。或画出步冷曲线，确定凝固点，见图 5-11 中曲线 g。

三、仪器与试剂

SWC-LGe 自冷式凝固点测量仪；普通温度计（0～50℃）；25mL 移液管；压片机；数字贝克曼温度计；大烧杯（1000mL）。

环己烷（A. R.），萘（A. R.）。

四、实验步骤

1. 观察测定仪的仪表和按钮，上面显示的是温差，中间显示的实际温度。实验开始前温度显示的是室温。

2. 取出内管，用移液管取 25mL 环己烷注入管内，放回盖好，插上温度计的探头；打开快速搅拌开关。

3. 从桌面进入凝固点测量程序，设置通讯口，选择与仪器对应的通讯口。然后选择第一组数据，设置坐标系温度范围为 4～7℃，时间为 7min。等温度显示在 7.2℃，点击数据通信，开始通讯，绿灯亮，开始数据采集。出现最低点或者平台后 1.5min 时停止通讯，保存数据到所在班级，使用一位同学的学号作为文件名。停止快速搅拌，拿出内管捂热（不需要捂很长时间），使固体熔化后，将内管放入，打开快速搅拌，选择第二组数据，重复上面，等到系统温度在 7.2℃ 时开始数据通信，数据保存时，每次都是选择同一个文件夹，同一个文件名，始终覆盖前面数据。保证所有实验数据在一个文件中。

4. 环己烷凝固点测三次后，开始测含萘的溶液的凝固点。称 0.3g 萘压片，压好之后，切一半，称取 0.1～0.2g 萘放入内管（质量一定要精确称量记录），将其完全溶解后（一定要完全溶解，不然误差很大），再放入外管。选择第四组数据，设置坐标系（温度 4～7℃，时间 7min），等温度到 7.2℃ 时开始通讯。出现拐点或者最低点后 1.5min 时停止通讯，保存数据，覆盖前面的数据。在每次测时可以看看前面的数据是否保存。测完后必须 6 组数据。

5. 实验结束后取出内管洗干净，放于台面，打扫干净台面。

五、数据处理

1. 环己烷的密度公式：$\rho(\text{g/cm}^3)=0.7971-0.8879\times10^{-3}\,t/℃$

用该公式计算出当时温度下环己烷的密度，计算出 25mL 环己烷的质量。

2. 环己烷的凝固点降低常数 $K_f=20.1\text{kg}\cdot\text{K}^{-1}\cdot\text{mol}^{-1}$，由测量的纯环己烷的凝固点温度与溶液凝固点温度，计算出凝固点降低值 ΔT，代入前面公式，计算萘的分子量。

3. 萘的分子量的理论值为 $128.17\text{g}\cdot\text{mol}^{-1}$，计算测量的相对误差。

本实验数据采取计算机处理，需要先行计算环己烷室温下的密度。

分别选择溶剂凝固点（Ⅰ～Ⅲ）和溶液凝固点（Ⅰ～Ⅲ）—数据处理—计算三次实验数据的凝固点—输入溶剂凝固点降低常数（20100.00）、选择溶剂（正己烷）、溶质质量（精确测量）、溶剂质量（密度乘以体积，密度要做温度校正)-选择溶液凝固点（Ⅲ）—数据处理—计算溶质摩尔质量—打印数据。

六、注意事项

1. 最好用压片或整块的样品，如用粉状物，要防止沾在冷冻管壁上。

2. 数据保存要每次覆盖前面的数据。

3. 若两组同学共用一台电脑，一定要注意采集数据的通讯口。鼠标点击哪边的宽口，就选择了哪个通讯口。两组中有一组测完后，所有开关不要关，以免影响另一组同学的测量。

4. 实验报告要将上面的数据列表，计算溶剂和溶液凝固点平均值，进行数据处理（公式要有），思考题选做 3 个。

【思考题】

1. 凝固点降低法测分子量公式，在什么条件下才能适用？

2. 在冷却过程中，冷冻管内固液相之间和寒剂之间，有哪些热交换？对测量有何影响？

3. 当溶质在溶液中有解离、缔合和生成络合物的情况时，对分子量测量值有何影响？

4. 影响凝固点精确测量的因素有哪些？

5. 本实验中的萘样品不压片，直接用粉末状萘可不可以？

6. 什么是凝固点？纯溶剂的凝固点与溶液的凝固点的含义是否相同？

7. 液体冷却时为什么产生过冷现象？如何控制过冷程度？

8. 根据什么原则考虑加入溶质的量？太多太少影响如何？

9. 为什么测定溶剂的凝固点时，过冷程度大一些对测定结果影响不大，而测定溶液凝固点时却必须尽量减少过冷现象？

10. 已知某物质的分子量为 146，它溶于环己烷中，但不知道它在环己烷中是以单体还是二聚体，或两者的平衡状态存在。请提出一种实验方法，对该物质在环己烷中的存在状况做出判断（需说明方法、哪些条件需已知和要测定的数据）。

实验 5-4　中和热的测定

一、实验目的

1. 掌握中和热的测定方法。

2. 通过中和热的测定，计算弱酸的解离热。

二、实验原理

在一定的温度、压力和浓度下，含有 $1mol$ H^+ 的强酸溶液和含有 $1mol$ OH^- 的强碱溶液中和时，所产生的热效应称为中和热。由于强酸和强碱的水溶液在足够稀的情况下几乎是完全电离的，因此，在固定温度和浓度足够稀的情况下，中和热可近似看作一定值。在不同温度下中和热的经验公式为：

$$\Delta H_{中和}/J \cdot mol^{-1} = -57111.6 + 209.2\ (t/℃-25)$$

式中，t 为实验温度，当实验温度在 25℃时，$\Delta H_{中和} = -57.11 kJ \cdot mol^{-1}$。

$$H^+(aq) + OH^-(aq) = H_2O(l)$$

可作为强酸与强碱中和反应的通式，中和热的大小与酸的阴离子和碱的阳离子无关。当溶液浓度相当浓时，所测得的中和热数值常常偏高，这是由于离子间相互作用力及其他影响的结果。

若所用的酸或碱只是部分电离的，当其与强碱或强酸发生中和反应时，其热效应与强酸强碱的中和反应不同，因为弱酸或弱碱在反应之前要进行解离。如乙酸和氢氧化钠反应：

$$CH_3COOH = H^+ + CH_3COO^- \qquad \Delta H_{解离}$$
$$H^+ + OH^- = H_2O \qquad \Delta H_{中和}$$

总反应：　$CH_3COOH + OH^- = H_2O + CH_3COO^- \qquad \Delta H$

由此可见，ΔH 是弱酸与强碱中和反应总的热效应，它包括中和热和解离热两部分。根据盖斯定律可知，如果测得这一反应中的热效应 ΔH 以及 $\Delta H_{中和}$，则弱酸的解离热为：$\Delta H_{解离} = \Delta H - \Delta H_{中和}$。

乙酸和氢氧化钠在 25℃ 时表观中和热的文献值为 $-52.9kJ \cdot mol^{-1}$，据此可知 25℃ 时乙酸的解离热为 $4.21kJ \cdot mol^{-1}$。

在恒压容器中测定热效应的方法通常有两种：

① 先测定量热系统的热容量 C，再根据反应过程中温度变化 ΔT 与 C 的乘积求出热效应（此法一般用于放热过程）。

② 先测定体系的起始温度 T，吸热反应时体系温度随吸热过程的进行而降低，再用电加热法使体系升温至起始温度，则电加热所补偿的热量等于吸热反应所吸收的热量，根据所消耗的电能求出热效应（此法一般用于吸热过程）。

本实验以绝热良好的杜瓦瓶恒压量热计在恒压下测定中和反应的热效应，并用电热法测定量热计的热容。根据焦耳定律和平均热容的定义，在电加热器中通过一定的电流，若所产生的热量全部被溶液和量热计吸收，致使量热计温度升高 $\Delta T_{电}$，则：

$$Q_{电} = IUt = C_{计} \Delta T_{电}$$

式中，I 为电流强度，A；U 为通电电压，V；t 为通电时间，s；$C_{计}$ 为量热计的总热容，其物理意义是量热计每升高 1℃ 所需要的热量。它是由杜瓦瓶以及其中仪器和试剂的质量和比热容所决定的。当使用某一固定量热计时，$C_{计}$ 为常数。则有：

$$C_{计} = Q_{电} / \Delta T_{电}$$

量热计热容标定后，测出中和反应热的温度变化 ΔT，即可计算出中和热数值。

三、仪器与试剂

SWC-ZH 一体式中和热测定装置，计算机，量筒，移液管等。

浓度为 $1.000mol \cdot L^{-1}$ 的 NaOH、HCl 和 CH_3COOH 溶液。

四、操作步骤

1. 仪器准备

（1）打开机箱盖，将仪器平稳地放在实验台上，将传感器 PT100 插头接入后面板传感器座，用配置的加热功率输出线接入 "I+" "I−"，"红-红" "蓝-蓝"，接入 220V 电源。

（2）打开电源开关，仪器处于待机状态，待机指示灯亮，预热 10min。

2. 量热计常数 K 的测定

（1）用布擦净量热杯，量取 500mL 蒸馏水注入其中，沿杯壁小心放入搅拌磁珠。转动 "调速" 旋钮，调节适当转速，旋紧瓶盖。

（2）将传感器插入量热杯中（不要与加热丝相碰），将功率输入线两端接在电热丝两接头上。按 "状态转换" 键切换到测试状态（测试指示灯亮），调节 "加热功率" 调节旋钮，使其输出为所需功率（一般为 2.5W），再次按 "状态转换" 键切换到待机状态，并取下加热丝两端任一夹子。设定 "定时" 10s，蜂鸣器每隔 10s 响一次。

（3）待温度基本稳定后，按 "状态转换" 键切换到测试状态，仪器对温差自动归零。

（4）连接计算机，自动采集数据。

根据仪器上方所贴标签，双击打开相应的中和热程序。

首先设置温度-时间曲线的坐标。在图形窗口右击鼠标，出现小菜单，选取 "设置坐标"，"请输入纵坐标温度" 设置为 "从 −0.4 到 2.0℃"，"请输入横坐标最大值（分钟）" 设置为 "30min"，"确定" 即可。

然后在 "端口选择" 中根据实际选取 "com1" 或 "com2"，在 "过程选择" 中选取 "量热计常数 K 的测定"，"采样速率" 选择 "10 秒"。点击 "开始绘图"，界面会出现 "提示信息"框，仔细阅读后，按"确定"。计算机在 10s 后开始自动采集数据。

"数据记录"窗口开始每隔 10s 记录一次数据，记录到第 60 个数据（即 10min）时，根据蜂鸣器提示，夹上取下的加热丝一端的夹子，并同时点击"过程 1 通电计时"下方的"开始"按钮。此时为加热的开始时刻，记录加热起始点温度 T_1 及数据编号。记录加热功率数值。加热至体系温度升高 1.2～1.3℃时，根据蜂鸣器提示，在取下加热丝一端夹子同时，点击"过程 1 通电计时"小窗口下的"结束"按钮。此时停止通电。记录通电结束点温度 T_2 及数据编号。

体系继续自动采集数据，直至体系中温差几乎不变并维持一段时间即可，点击"停止绘图"停止测量。记录终止点数据编号。在测定装置上，按"状态转换"，使"待机"灯亮。

（5）对所得温度-时间曲线用雷诺校正法得出通电过程前后实际温度差值。

首先根据通电前温度 T_1 和通电终止点的温度 T_2，计算出中间温度 $T=(T_1+T_2)/2$。然后利用计算机进行雷诺校正。

点击"校正"，出现提示信息。输入第一段校正曲线的起始点编号后按"确定"，输入第一段校正曲线的终止点编号后按"确定"，出现"是否需要重新校正?"的询问窗口，而图形窗口出现对通电前的温度校正横线（红色），观察是否符合实际情况。不符合就需要重新校正。若不需要重新校正，按"否"。出现"请输入中间温度值"窗口，输入 T 数值后点"确定"。图形窗口出现以中间温度值为交点的十字交叉线。然后再按照提示信息依次输入第二段校正曲线的起始点和终止点编号。最后图形窗口出现校正后的三个温度点及其数值。校正出的温度差值显示在"过程 1 温度差℃"窗口内。

如果需要重新校正，重复上述步骤即可。

（6）计算量热计常数 K。

点击"计算常数 K"按钮，在"请输入加热功率"窗口输入加热时的实际功率，计算结果显示在"常数 K"窗口中。

（7）保存结果。

点击"保存"按钮，将结果保存为"学号—K"。

3. 中和热的测定

（1）将量热杯中的水倒掉，用干布擦净，重新用量筒取 400mL 蒸馏水注入其中，然后加入 50mL 1mol·L^{-1} 的 HCl 溶液。再取 50mL 1mol·L^{-1} 的 NaOH 溶液注入碱储液管中，仔细检查是否漏液。

（2）插入温度探头，在测定装置上按"状态转换"按钮，使"测试"灯亮。在"过程选择"下选取"盐酸中和热的测定"。待温度稳定后，根据蜂鸣器提示，点击"开始绘图"，计算机开始每 10s 记录一次温差，记录 10min。

（3）在记录第 60 个数据的同时，根据蜂鸣器提示，拔出玻棒，加入碱溶液（不要用力过猛，以免相互碰撞而损坏仪器）。此时即为酸碱中和反应的起始点，记录反应起始点温度 T_1 及数据编号。计算机自动每隔 10s 记录一次温差（注意整个过程时间是连续记录的）。

（4）加入碱溶液后，温度上升，待体系中温差几乎不变并维持一段时间后，点击"停止绘图"即可停止测量。

在测定中和反应时，当加入碱液后，温度上升很快，要读取温差上升所达的最高点即为反应终止点 T_2，若温度一直上升而不下降，则温度上升变缓慢的数据点即为反应终止点 T_2，记录数据编号。

（5）雷诺校正得出中和反应前后体系实际升高的温度差值。方法同步骤 2 中的第（5）步。

（6）点击"计算盐酸中和热"按钮，根据提示信息框，输入盐酸溶液的浓度、NaOH 的体积。计算结果显示在"盐酸中和热 kJ/mol"窗口内。保存为"学号—HCl"。

4. 表观中和热的测定

将 HCl 换成 HAc，操作步骤同 3。

注意！实验之前，一定要用蒸馏水仔细清洗碱储液管，并且即时吹干。

实验结束，断水、断电，清洗仪器，清理实验桌。

五、数据处理

1. 温度变化的校正——雷诺曲线法

在量热时，为准确测得 ΔT，不仅要准确记录实验温度随时间的变化，还必须对影响 ΔT 的因素（包括热传导、蒸发、辐射等所引起的热交换和搅拌所引入的能量）进行校正，一般采用雷诺图解外推法。图 5-12 中 b 点相当于开始通电加热或开始反应之点，c 点为观察到的最高温度读数点，由于杜瓦瓶和外界的热量交换，曲线 ab 及 cd 经常发生倾斜。EE' 表示环境辐射进来的热量所造成量热计温度的升高，必须扣除。FF' 表示量热计向环境辐射出热量而造成量热计温度的降低，必须加入。因此作图确定出 ΔT_1、ΔT_2、ΔT_3。

注意：此法校正时，体系温度与外界温度之差最好不超过 2～3℃，否则会引进误差。

2. 量热计常数的计算

由实验可知，通电所产生的热量使量热计温度上升 ΔT_1，则有：

$$Q = UIt = C\Delta T_1$$

3. 中和热的计算

反应的摩尔热效应可表示为：

$$\Delta H = -C\Delta T \times 1000/(cV)$$

式中，c 为溶液的浓度；V 为溶液的体积，mL；ΔT 为体系的温度升高值。

利用上式，将 K 及 ΔT_2、ΔT_3 代入，分别求出强酸、弱酸与强碱中和反应的摩尔热效应。利用盖斯定律求出弱酸分子的摩尔解离热 $\Delta H_{解离}$，即：

$$\Delta H_{解离} = \Delta H - \Delta H_{中和}$$

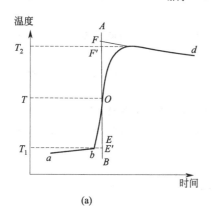
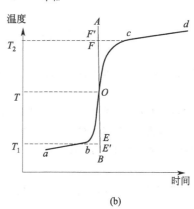

图 5-12　雷诺曲线

一次实验结果（参考）

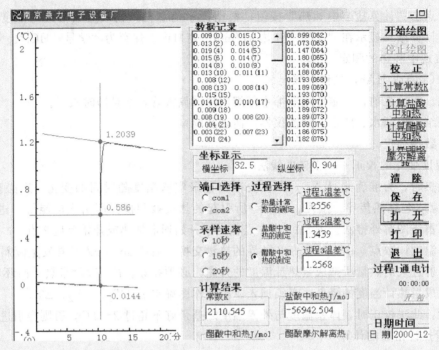

实验温度：$23.2℃$，酸碱浓度：$1.000 mol \cdot L^{-1}$，酸碱体积：$50.000 mL$

中和热参考标准数据：$\Delta H(J \cdot mol^{-1}) = -57111.6 + 209.2 \ (t/℃ - 25)$

计算出实验温度下的标准值，$\Delta H(J \cdot mol^{-1}) = -57488.2 J \cdot mol^{-1}$

量热计常数 $C = 2110.545 J \cdot K^{-1}$

盐酸中和热 $= -56942.504 J \cdot mol^{-1}$，乙酸中和热 $= -53050.659 J \cdot mol^{-1}$

乙酸解离热 $= 3891.845 J \cdot mol^{-1}$

盐酸中和热相对误差计算：$E_r = \dfrac{-56942.504 - (-57488.2)}{-57488.2} \times 100\% = -0.94\%$

【附注】

1. 电热法标定热容，在调整恒流电源的初始输出功率时，必须保证量热计中已注入水，否则电热丝易被烧坏。

2. 每次测量过程中，应尽量保持测定条件的一致。如水和酸碱溶液体积的量取、搅拌速度的控制、初始状态的水温等。

3. 实验所用的 $1 mol \cdot L^{-1}$ NaOH、$1 mol \cdot L^{-1}$ HCl、$1 mol \cdot L^{-1}$ HAc 溶液应准确配制，必要时可进行标定。

4. 在电加热测定温差的过程中，要经常观察电流强度和电压是否保持恒定。

5. 中和热和解离热与浓度和所处的测量温度有关，因此在测定中和过程和解离过程的热效应时，必须注意记录酸和碱的浓度以及测量的温度。

【思考题】

1. 本实验是用电热法求得量热计常数，试考虑是否可用其他方法？能否设计出一个实验方案来？

2. 试分析测量中影响实验结果的因素有哪些？

一、实验目的

1. 掌握用静态法测定液体在不同温度下蒸气压的方法，并通过实验求出在所测温度范围内的平均摩尔汽化热。
2. 掌握真空泵和恒温槽的使用方法。
3. 掌握福廷式大气压计的使用方法。

二、实验原理

在一定温度下，与液体处于平衡状态时蒸气的压力称为该温度下液体的饱和蒸气压。密闭在真空容器中的液体，在某一温度下，有动能较大的分子从液相跑到气相；也有动能较小的分子由气相碰回液相，当二者的速率相等时，就达到了动态平衡，气相中蒸气密度不再改变，就产生一定的饱和蒸气压。液体的饱和蒸气压是随温度而改变的，当温度升高时，有更多的高动能的分子逸出液面，因而蒸气压增大；反之，温度降低时，则蒸气压减小。当液体的饱和蒸气压与外界压力相等时，液体就会沸腾。把外压为标准压力 $p^{\ominus}$ 时的液体沸腾温度定义为液体的正常沸点。液体的饱和蒸气压与温度的关系可用克劳修斯-克拉贝龙方程表示：

$$\frac{\mathrm{d}\ln p}{\mathrm{d}T} = \frac{\Delta_{\mathrm{vap}}H_{\mathrm{m}}}{RT^2}$$

式中，p 为液体在温度 T 时的饱和蒸气压；$\Delta_{\mathrm{vap}}H_{\mathrm{m}}$ 为液体的摩尔汽化热，$\mathrm{J \cdot mol^{-1}}$；$R$ 为气体常数。在温度较小的变化范围内，$\Delta_{\mathrm{vap}}H_{\mathrm{m}}$ 可视为常数，积分上式可得：$\ln p = -\dfrac{\Delta_{\mathrm{vap}}H_{\mathrm{m}}}{RT} + B'$。由此可知，若将 $\ln p$ 对 $1/T$ 作图应得一直线，斜率 $m = -\Delta_{\mathrm{vap}}H_{\mathrm{m}}/R$，$\Delta_{\mathrm{vap}}H_{\mathrm{m}} = -Rm$。

本实验是用 U 形等压计在不同温度下测定乙醇的蒸气压。U 形等压计如图 5-13 所示，Ⅰ 球内储存液体，Ⅱ、Ⅲ 管之间由 U 形管相连通。当 Ⅱ、Ⅲ 间 U 形管中的液体在同一水平时，表示 Ⅰ、Ⅲ 管间空间的液体饱和蒸气压恰与管 Ⅱ 上方的体系压力相等，记下此时的温度和压力值，即为该温度下液体的饱和蒸气压。

三、仪器与试剂

精密数字压力计；玻璃 U 形等压计；不锈钢稳压包；真空泵；玻璃水浴、电炉。福廷式大气压计。

四、仪器的安装及调试

1. 测定液体饱和蒸气压常用方法

（1）不同压力下测量液体的沸点。

（2）不同温度下测量液体的蒸气压。

本实验采用第一种方法。实验装置见图 5-13。

2. 精密数字压力计的使用

（1）预热　按下开关，通电预热半小时后方可进行实验，否则将影响实验精度。

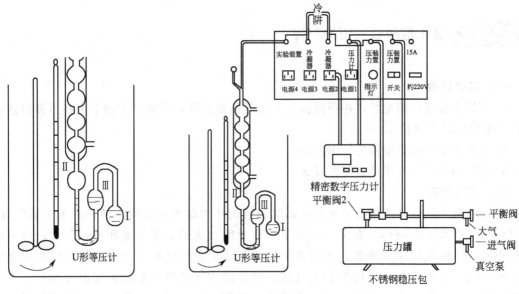

图 5-13　U 形等压计

（2）调零　连通系统和大气，调节零点读数为 0.00，重复 2～3 次。压力计显示读数为系统压力和大气压的差值，读数为 0.00 是表示系统压力和外界大气压相等。

（3）单位选择　按下"单位"按钮，选择压力计显示数值单位为"kPa"。

3. 不锈钢稳压包的使用

（1）见图 5-14，进气阀连接真空泵和压力罐，开启即可改变压力罐内压力。平衡阀 2（系统调压阀）连接压力罐和系统，压力计上显示数值为系统压力。平衡阀 1（微调阀）连接系统和大气，缓慢调节可对系统微小增压。

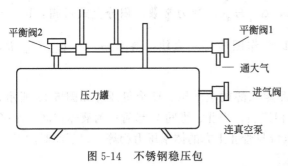

图 5-14　不锈钢稳压包

（2）首次使用或长期未用，应先做密封性试验。将进气阀、平衡阀 2 打开，平衡阀 1 关闭，启动真空泵加压或抽气，压力计上显示数字即为压力罐内的压力值，停止真空泵工作，关闭平衡阀 2，观察压力计，显示数值每分钟下降小于 0.1kPa 即为正常，说明气密性良好。否则需要进行压力罐、阀门和连接口的检查。

五、实验步骤

1. 装样

从加样口注入乙醇，关闭平衡阀 1，打开进气阀和平衡阀 2 使真空泵与系统相通，启动真空泵，抽至乙醇蒸气泡成串上窜，关闭平衡阀 2，打开平衡阀 1，漏入空气，使乙醇充满试样球体积的 2/3 和 U 形管双臂的大部分。说明，为了节约时间，一般装样工作由实验员或实验老师提前完成。

2. 大气压测量

用挂在墙壁上的福廷式大气压计测量当天的大气压。

福廷式大气压计的使用方法如下（图5-15）。

先旋转底部螺丝C，升高水银槽A内的水银面，使水银面与象牙针的尖端恰好接触；再旋转气压计中部螺丝G，将游标尺F升起至比玻璃内水银柱稍高的位置；然后使游标尺F下降，直到游标尺的下缘恰与水银柱的凸面相切；按照游标尺的下缘零线所对的标尺E上的位置读出大气压力测量值的准确值部分（整数），而可疑值部分（小数）用游标尺确定。

3. 检漏

关闭平衡阀1，开启进气阀和平衡阀2，使真空泵与系统相通，启动真空泵抽气，使压力表读数为－50kPa左右，关闭平衡阀2，停止抽气，检查有无漏气，若无漏气即可进行测定。

4. 测量当天大气压下液体的沸点

打开平衡阀1，使系统和大气相通。开动电炉加热水浴，直到等压计中乙醇沸腾3～5min，停止加热，搅拌使其降温，注意观察U形管Ⅱ、Ⅲ两臂的液面变化情况，当Ⅱ、Ⅲ两臂的液面到达同一水平时，立即记下此时的温度（即沸点），就是当天大气压下液体的沸点温度。

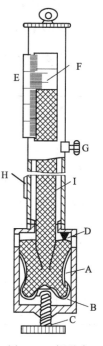

图5-15　福廷式
大气压计

A—水银槽；B—羚羊皮膜；C—底部螺丝；D—象牙针；E—标尺；F—游标尺；G—中部螺丝；H—温度计；I—压力计

5. 测量不同温度下的蒸气压

开启真空泵和进气阀，调节平衡阀2缓慢抽气，使试样与U形管间的空气呈气泡状通过U形管中的液体而慢慢逸出（如发现气泡成串上窜，可关闭平衡阀2，慢慢打开平衡阀1漏入空气使沸腾缓和）。用滴管滴加冷水并搅拌使热水浴温度降低2～3℃，调节平衡阀1和平衡阀2。仔细观察U形管Ⅱ、Ⅲ两臂的液面变化情况，当两液面等高时，立即记下此时的温度计读数和压力表读数。再打开平衡阀2缓慢抽气，使体系压力再减低4～5kPa，然后滴加冷水、搅拌降低温度，测量U形管Ⅱ、Ⅲ两臂的液面等高时温度和压力表读数。重复上述操作，直到体系温度降到45℃以下，实验可结束。

6. 结束实验

实验结束后，关闭真空泵，慢慢打开平衡阀2和平衡阀1，使真空泵与大气相通，压力计恢复零位。关闭恒温槽等电源。

六、数据处理

1. 读取大气压值并校正。

读数：_____　仪器校正：_____　温度校正：_____　$p_{大气}$/kPa：_____

2. 将实验数据填入下表：

温度		1/T	数字压力计读数（负值）/kPa	饱和蒸气压 $(p_{大气}+p_{表})$/kPa	$\ln[(p_{大气}+p_{表})/\text{kPa}]$
t/℃	T/K				

3. 将 $\ln(p_{大气}+p_{表})$ 对 $1/T$ 作图，斜率即为 $-\Delta_{vap}H_m/R$，可求得汽化热。由文献数据，乙醇的摩尔汽化热为 $42.064\text{kJ}\cdot\text{mol}^{-1}$，求算实验相对误差。

一次实验结果（参考）

$$p_{大气}=100.69\text{kPa}$$

温度		$(1/T)/10^{-3}\text{K}^{-1}$	数字压力计读数（负值）/kPa	饱和蒸气压 $(p_{大气}+p_{表})$/kPa	$\ln[(p_{大气}+p_{表})/\text{kPa}]$
$t/^{\circ}\text{C}$	T/K				
66	339	2.95	−37.98	62.71	4.138520925
63	336	2.976	−42.25	58.44	4.068000587
60.6	333.6	2.998	−51.4	49.29	3.897721221
58.4	331.4	3.018	−55.78	44.91	3.804660487
56.2	329.2	3.038	−60.25	40.44	3.699819394
54.6	327.6	3.053	−63.38	37.31	3.619261387
53	326	3.067	−65.74	34.95	3.553918469
50.4	323.4	3.092	−70.44	30.25	3.409496184
48.6	321.6	3.109	−73.37	27.32	3.307619035
46.8	319.8	3.127	−75.45	25.24	3.228430038

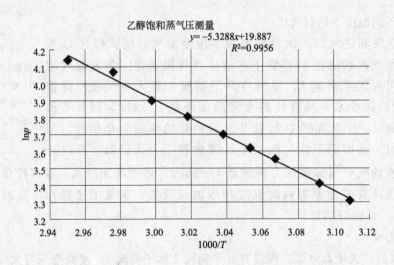

乙醇饱和蒸气压测量
$y=-5.3288x+19.887$
$R^2=0.9956$

乙醇的汽化热 $\Delta_{vap}H_m=-Rm=8.314\times5.3288\times1000=44.304\ (\text{kJ}\cdot\text{mol}^{-1})$

$$\eta=\frac{44.304-42.064}{42.064}\times100\%=5.32\%$$

【思考题】

1. 静态法能否用于测定溶液的蒸气压？为什么？

2. 在实验过程中为何要防止空气倒灌？如果在等压计Ⅰ、Ⅲ间有空气，对实验有何影响？如何判断空气已经全部排出？

3. 测定液体饱和蒸气压装置中有一缓冲瓶（本实验为不锈钢稳压包），其作用是什么？

4. 简要说明，测定乙醇的饱和蒸气压的动态法、静态法和饱和蒸气流法的原理。

实验 5-6　双液系相图的测绘

一、实验目的

1. 用回流冷凝法测定沸点时气相与液相的组成，绘制双液系相图。并找出恒沸点混合物的组成及恒沸点的温度。

2. 了解阿贝折光仪的构造原理，熟悉掌握阿贝折光仪的使用。

二、实验原理

常温下，两液体物质可按任意比例互溶而形成的混合物，称为完全互溶双液系。对于纯态液体，外压一定时，其沸点是一定的，而对于双液系，外压一定时，其沸点还与组成有关，并且在沸点时，平衡的气、液两相组成不同。在一定外压下，表示沸点与平衡时气、液两相组成之间的关系曲线，称为沸点组成图，即 T-x 图。完全互溶的双液系的沸点组成图可分为三种情况：①沸点介于两纯组分沸点之间，如图 5-16(a)；②存在最高恒沸点，相应组成为最高恒沸组成，如图 5-16(b)，如丙酮-氯仿系统；③存在最低恒沸点，相应组成为最低恒沸组成。如图 5-16(c)，如水-乙醇和苯-乙醇系统等属于此类。

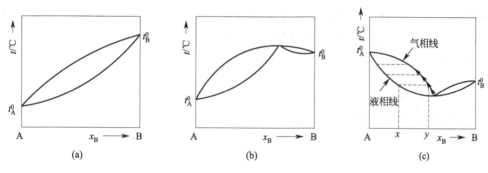

图 5-16　完全互溶双液系的沸点-组成图

考虑综合因素，现行实验教材一般都选择具有最低恒沸点的异丙醇-环己烷体系。根据相平衡原理，对二组分体系，当压力恒定时，在气液平衡两相区，体系的自由度为 1。若温度一定时，则气液两相的组成也随之而定。当原溶液组成一定时，根据杠杆原理，两相的相对量也一定。反之，实验中利用回流的方法保持气液两相的相对量一定，则体系的温度也随之而定。沸点测定仪就是根据这一原理设计的。

组成的测定可以根据相对密度或其他方法确定，折射率的测定具有快速、简单、样品量少等优点。

三、仪器与试剂

FDY 双液系沸点测定仪；阿贝折光仪（含恒温装置）；移液管（1mL、5mL、10mL、25mL）。异丙醇（A. R.）；环己烷（A. R.）。

四、实验步骤

1. 将沸点仪洗净、烘干，加入异丙醇 25mL，插入温度探头，注意电热丝应完全浸没于溶液中，打开回流冷却水，通电并调节变压器使溶液缓慢加热（为什么？）。液体沸腾后，再

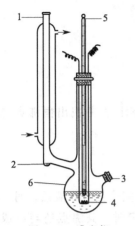

图 5-17 沸点仪

1—冷凝管；2—袋装部（气相）；
3—加样口；4—电热丝；5—温度
探头；6—烧瓶

调节电压和冷却水量，使蒸气在冷凝管中回流的高度保持在高于冷凝管入水处 1~2cm。等待数字温度计读数稳定后应再维持 3~5min，以使体系达到平衡。在此过程中，不时将袋状部中凝聚的液体倾入蒸馏器底部（见图 5-17）。记录所得温度和室内大气压力。停止通电。

2. 在沸点仪中加入 1mL 环己烷，同法加热使溶液沸腾。最初在冷凝管下端袋状部的液体不能代表平衡时气相的组成（为什么？）。为加速达到平衡，可将袋状部内最初冷凝的液体倾回蒸馏器底部，并反复 2~3 次，待温度读数恒定后记下沸点并停止加热。随即在冷凝管上口插入干燥长吸液管，吸取袋状部的蒸出液，迅速测其折射率。待蒸馏器内溶液冷却后，再用另一根短的干燥吸液管由加样口吸取蒸馏器底部的溶液约 1mL。上述两者即可认为是体系平衡时气、液两相的样品。样品的转移要迅速，并应尽早测定其折射率。每次实验需要记录一个温度和两个折射率数值。然后依次移取 2mL、3mL、4mL、5mL、10mL 的环己烷加入沸点仪，分别测定其沸点、气相样品和液相样品的折射率。

3. 将沸点仪内的溶液倒入回收瓶中，并用环己烷清洗蒸馏器。然后取 25mL 环己烷注入蒸馏器内，同上法测定。以后分别加入异丙醇 0.2mL、0.3mL、0.5mL、1mL、4mL、5mL，测定其沸点及气相样品和液相样品的折射率。

4. 在折射率-组成工作曲线上找出对应的气、液相组成。

5. 作 T-x 相图。

五、实验注意事项

1. 接通加热电源前，必须检查调压变压器旋钮是否处于零位置，以免引起有机组分燃烧或烧坏加热电阻丝。

2. 必须在停止加热后才能取样分析。

3. 测定折射率时，动作必须迅速，避免组分挥发，能否快速准确地测定折射率是本实验的关键之一。所测折射率是 $n_D^{25℃}$，为介质在 25℃ 时对钠黄光的折射率。使用方法详见附录。

4. 实验过程中应注意大气压的变化，必要时须进行沸点校正。

六、实验数据记录和处理

大气压：_____ kPa，室温：_____ ℃

	溶液沸点/℃	
气相冷凝液	折射率 n_D^{25}	
	组成 $x_{环己烷}$	
液相	折射率 n_D^{25}	
	组成 $x_{环己烷}$	
	溶液沸点/℃	
气相冷凝液	折射率 n_D^{25}	
	组成 $x_{环己烷}$	
液相	折射率 n_D^{25}	
	组成 $x_{环己烷}$	
恒沸温度：		恒沸组成：

一次实验结果（参考）

大气压：100.6kPa，室温：28.2℃

	溶液沸点/℃	82.1	79.9	76.9	74.2	72.2	71.0	70.0
气相冷凝液	折射率 n_D^{25}	—	1.3872	1.3932	1.3951	1.3982	1.4020	1.4041
	组成 $x_{环己烷}$	0	0.190	0.242	0.292	0.354	0.410	0.454
液相	折射率 n_D^{25}	—	1.3832	1.3851	1.3858	1.3900	1.3912	1.3992
	组成 $x_{环己烷}$	0	0.066	0.082	0.106	0.172	0.224	0.336
	溶液沸点/℃	81.2	79.4	76.7	73.9	71.5	69.7	68.5
气相冷凝液	折射率 n_D^{25}	—	1.4258	1.4189	1.4159	1.4148	1.4129	1.4085
	组成 $x_{环己烷}$	1	0.968	0.800	0.702	0.630	0.564	0.538
液相	折射率 n_D^{25}	—	1.4271	1.4252	1.4239	1.4231	1.4150	1.4085
	组成 $x_{环己烷}$	1	1.000	0.986	0.932	0.874	0.702	0.538

恒沸温度：68.5℃　　　　　　恒沸组成：0.538

根据实验数据绘制 T-x 相图如下：

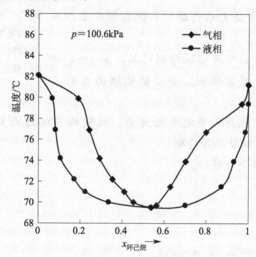

【思考题】

1. 在手册或文献中，查到某液体折射率的符号记作 n_D^{20}，试说明 n、20、D 各代表什么？

2. 用物理化学方法将下列物质区别开来：

①水　　　②KCl 溶液　　　③蔗糖水溶液　　　④乙醇和环己烷

每种物质至少给出一种确切的物理化学参数，并准确给出②和④的浓度，并给出①的等级，是纯水还是自来水。

3. 若蒸馏时仪器保温条件欠佳，在气相到达袋状部前，沸点较高的组分会发生部分冷凝，则 T-x 图将怎样变化？

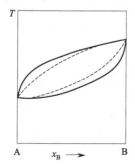

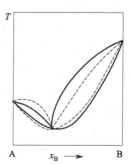

4. 根据什么原则寻找完全互溶双液系相图？

5. 实验中如何做到气-液两相处于平衡状态？

6. 测定中加样量是否需要精确量度？

7. 估计哪些因素是主要误差来源？

8. 沸点仪袋状部分容积过大对实验结果有何影响？

附：阿贝折光仪使用（图 5-18）

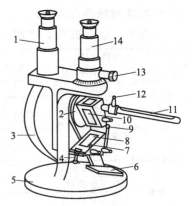

图 5-18　阿贝折光仪外形图
1—读数望远镜；2—转轴；3—刻度盘
罩；4—锁钮；5—底座；6—反射镜；
7—加液槽；8—辅助棱镜（开启状态）；
9—铰链；10—测量棱镜；11—温度计；
12—恒温水入口；13—消色散手柄；
14—测量望远镜

1. 折射率与温度和入射光的波长有关，测量时要保持恒温。使用前应先打开超级恒温槽，在 25℃ 恒温，并将恒温水通入阿贝折光仪的棱镜恒温夹套中。

2. 将阿贝折光仪置于光亮处，避免阳光直射，调节反射镜。

3. 打开棱镜，滴 1～2 滴无水乙醇或乙醚在镜面上，用擦镜纸轻轻擦干镜面，再合上棱镜。

4. 测量时，打开棱镜，用滴管取待测样品，滴 2～3 滴在镜面上，再合上棱镜，旋紧锁钮。务必使被测物质均匀覆盖于两棱镜间镜面上。

5. 旋转棱镜使目镜中能看到半明半暗现象，让明暗界线落在目镜交叉线法线交点上。调节消色补偿器，使黑白明暗界线清晰。

6. 测完后用擦镜纸擦干棱镜面。

实验 5-7　金属（Bi-Cd）相图测绘

一、实验目的

1. 学会用热分析法绘制二组分凝聚体系相图。

2. 掌握热分析法的测量技术。

3. 学会计算机控制的数字控温仪的使用方法。

二、实验原理

热分析法是绘制凝聚体系相图的基本方法之一。这种方法是通过观察体系在冷却时温度随时间的变化关系，来判断有无相变发生。通常做法是先将体系全部熔化，然后让其在一定环境中进行冷却，并每隔一段时间（例如半分钟或一分钟），记录一次温度，以温度（T）为纵坐标，时间（t）为横坐标，画出步冷曲线 T-t 图。

如图 5-19 是一条步冷曲线，体系从 a 点开始，冷却时，若体系不发生相变，则体系温度随时间均匀变化，冷却也较快，如图中 ab 线段。若体系发生相变，液体变成固体，放出凝固热，则体系温度随时间变化速率就发生改变，冷却速率减慢，步冷曲线出现拐点（又叫转折点），如图中 b 点，或者出现平台（停顿点），如图中 cc' 线段，这时体系温度保持不变，不随时间而改变。

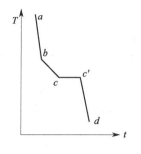

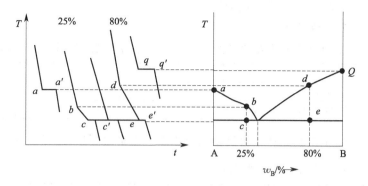

图 5-19　步冷曲线　　　　　　　　　　　　　图 5-20　等压相图

利用两组分不同比例的体系，测绘出它们的步冷曲线，依据步冷曲线上拐点、平台，判断发生相变的温度，可以绘出两组分凝聚体系的等压相图（见图 5-20）。

三、仪器与试剂

KWL-08 可控升降温电炉；专用样品管；SWKY 数字控温仪；台秤。

金属 Bi(A. R.)；金属 Cd(A. R.)。

四、操作步骤

1. 本实验使用计算机控制的 SWKY 数字控温仪测量步冷曲线，一台计算机控制两台数字控温仪，由计算机采集数据，绘制步冷曲线，从屏幕上的各个样品的步冷曲线上得出"拐点""平台"温度，从而绘制出 Bi-Cd 相图。

2. 配制不同组成混合物样品，用感量 0.1g 的台秤称量，分别配制纯铋 100g、纯镉 100g，以及镉质量分数为 25%、40%、70% 的混合物 100g。分别装在测量管中，放在试管架上。

3. 安装 KWI-08 可控升降温电炉与 SWKY 数字控温仪，观察面板，熟悉各种按钮、开关。

4. 测绘各样品的步冷曲线

（1）把装有样品的样品管放入电炉中，把温度计探头放在样品管外（或管内）。

（2）启动计算机，运行控制程序，设置好温度坐标的范围和测量时间。

（3）打开电炉电源开关，电炉控制开关置于"外控"（或内控），调节"加热量调节"旋钮（右旋）到适当位置，电压表指针在 150~200V，开始升温。

（4）当温度升到 320℃ 以上，把温度计探头拿出，再放入样品管中；调节"加热量调节"旋钮（左旋）到底，电压表指针在"0"。电炉控制开关置于"内控"。

若开始就把温度计探头放在样品管内，使用"内控"，则不用拿出温度计探头，当温度升高到 200℃ 时，就把"加热量调节"旋钮左旋到底，电压表指针在"0"处停止加热，靠电炉余热把样品加热到 320℃ 以上。

（5）当样品温度达到 320℃ 以上，停止加热后，打开冷风机，吹风降温。调节"冷风量调节"旋钮（右旋）到"5"V 左右，当温度降到 300℃ 以下，开始记录。观察屏幕上步冷曲线测绘状况。并在步冷曲线上找出"拐点""平台"温度，填在下列表格中。当温度降低到 140℃ 以下，该样品测量结束，保存数据。

（6）换另一个样品，重复上面操作。纯 Bi 的熔点为 271℃，纯 Cd 的熔点为 321℃，可以不测量，直接画出步冷曲线。

五、数据处理

1. 由计算机上步冷曲线上查出拐点、平台温度，填在下列表格中：

w_{Cd}/%	0	10	20	40	50	70	80	100
拐点温度/℃	—			—				—
平台温度/℃	271			140				321

2. 依据拐点和平台温度画出相图，粗略绘制出 B-Cd 金属相图。

一次实验结果（参考）

w_{Cd}/%	0	10	20	40	60	70	80	100
拐点温度/℃	—	250	221	—	212	248	274	—
平台温度/℃	271	139.5	140	140	140	140	140	321

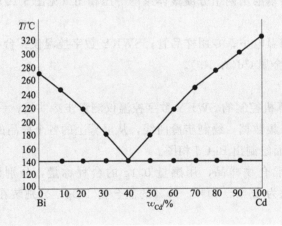

【思考题】

1. 什么是热分析法？什么是步冷曲线？

2. 步冷曲线上为什么会出现拐点或平台？

3. 对含 Cd 70% 的步冷曲线，分析各段相状态与自由度数？

4. 含 Cd 不同浓度的 100g 混合物，其步冷曲线的平台（水平线段）长短是否一样？为什么？

5. 用逐步加热曲线能否绘制出凝聚体系相图？

6. 绘制两组分凝聚体系相图，除热分析法外，还有其他方法吗？

实验 5-8 电极制备及电池电动势测量

一、实验目的

1. 学会铜电极、锌电极的制备。

2. 掌握 SDC 数字电位差计与 U-J25 电位差计、标准电池等原理与使用方法。

3. 加深对原电池、电极电位等概念的理解。

二、基本原理

1. 电池：$Zn|ZnSO_4(a_1)||CuSO_4|(a_2)|Cu$

$$E=\varphi_+-\varphi_-=\left(\varphi_{Cu^{2+}/Cu}^{\ominus}-\frac{RT}{2F}\ln\frac{a_{Cu}}{a_{Cu^{2+}}}\right)-\left(\varphi_{Zn^{2+}/Zn}^{\ominus}-\frac{RT}{2F}\ln\frac{a_{Zn}}{a_{Zn^{2+}}}\right)$$

电极电位与电极本性、温度、离子活度有关。

2. 电池电动势不能用伏特计直接测量，用对消法原理测量。其原理如图 5-21 所示。

3. 标准电池。实验室用的是韦斯顿标准电池，特点：电动势稳定；电池电动势温度系数小。

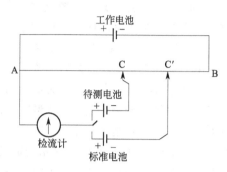

图 5-21 对消法测量原理

三、仪器与试剂

SDC 数字电位差综合测试仪（或用 U-J25 电位差计、工作电池、标准电池、检流计等）；Zn 电极；Cu 电极。

饱和 KCl 溶液；$ZnSO_4$ 溶液（$0.1000mol\cdot L^{-1}$）；$CuSO_4$ 溶液（$0.1000mol\cdot L^{-1}$）；H_2SO_4 溶液（$3mol\cdot L^{-1}$）；HNO_3 溶液（$6mol\cdot L^{-1}$）；$Hg_2(NO_3)_2$（饱和溶液）等。

四、实验步骤

1. 电极的制备

（1）锌电极制备

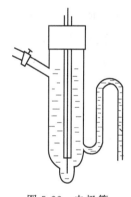

图 5-22 电极管

先用约 $3mol\cdot L^{-1}$ 的稀硫酸除去用作锌电极的锌片表面上的氧化物，然后用水洗涤，再用蒸馏水淋洗。把处理好的电极浸入饱和硝酸亚汞溶液 $3\sim5s$，取出后用棉花或滤纸轻轻擦拭电极，使锌电极表面上有一层均匀的汞齐。再用蒸馏水洗净（硝酸亚汞有剧毒，用过的棉花或滤纸不要随便乱扔，应投入指定的有盖广口瓶内，以便统一处理）。把汞齐化的锌电极插入清洁的电极管（见图 5-22）内并轻轻塞紧，注意玻璃电极管的虹吸管部位不能受力。将电极管的虹吸管口浸入所需浓度的硫酸锌溶液中，用针筒或洗耳球自支管抽气，将溶液吸入电极管直到较虹吸管略高一点时，停止抽气，夹上螺旋夹。装好的虹吸管电极（包括管口）不能有气泡，不能有漏液现象。汞齐化的目的是使锌电极片表面均匀，以便得到重现性较好的电极电位。

（2）铜电极制备

先用约 $6mol\cdot L^{-1}$ 的硝酸浸洗用作铜电极的铜片，去掉表面的氧化物膜。然后取出用水洗涤，再用蒸馏水淋洗。以此电极片作为阴极，另取一纯铜片作为阳极，接稳流电源。电镀液配制：1000mL 水中溶解 15g $CuSO_4\cdot5H_2O$，5g 浓 H_2SO_4 和 5g C_2H_5OH。控制电流密度为 $25mA\cdot cm^{-2}$ 左右，电镀时间约 30min。电镀后应使铜电极表面有一新鲜的、紧密的铜镀层，镀完后取出，用蒸馏水淋洗再用滤纸吸干，插入电极管，按上法吸入所需浓度的 $CuSO_4$ 溶液，制成铜电极。

（3）若应用标准电池，标准电池电动势与温度关系公式如下：

$$E_t=1.0186-4.06\times10^{-5}(t-20)-9.5\times10^{-7}(t-20)^2$$

2. 学会 SDC 数字电位差综合测试仪的使用

（1）将被测电动势按"＋""－"极性与测量端子对应连接好。

（2）将仪器和交流 220V 电源连接、开启电源，预热 5min。

（3）一般采用"内标"校验时，即使用内部标准电池，将"测量选择"置于"内标"位置，将 100 位旋钮置 1，其余旋钮和补偿旋钮逆时针旋到底，此时"电位指示"显示"1.00000"V，就是由仪器产生 1.0V 的标准等压，相等于内部标准电池，待检零指示数值稳定后，按下"采零"键，此时，"检零指示"应显示"0000"。就是与内部标准电池相对消，回路中电流为零。

（4）若要采用"外标"校验时，将标准电池的"＋""－"极按极性与"外标"端子接好，先要计算出实验温度时的标准电池电动势，假设为 1.01862V，将"测量选择"置于"外标"，调节"$10^0 \sim 10^{-4}$"和补偿电位器，使"电位指示"数值与标准电池数值（1.01862V）相同，待"检零指示"数值稳定之后，按下"采零"键，此时"检零指示"为"0000"。

（5）仪器用"内标"或"外标"，校验完毕后将被测电池按"＋""－"极与"测量"端子接好，将"测量选择"置于"测量"，将"补偿"电位器逆时针旋到底，调节"$10^0 \sim 10^{-4}$"五个旋钮，使"检零指示"为"－"，且绝对值最小时，再调节补偿电位器，使"检零指示"为"0000"，此时，"电位指示"显示的数值即为被测电池电动势（注：测量过程中，若"电位指示"值与被测电动势值相差过大时，"检零指示"将显示"OUL"溢出符号）。

3. 电池电动势的测量

在小烧杯中加入饱和 KCl 溶液（作为盐桥），放入甘汞与做好的 Zn 电极、Cu 电极，用 SDC 数字电位差综合测试仪分别测量下列三个电池的电动势，每个电池测量三次，求平均值，注意，每次测量前要到"检零指示"校正。

$Zn\|ZnSO_4(0.1mol \cdot L^{-1})\|$饱和甘汞电极	参考值　1.059V
饱和甘汞电极$\|CuSO_4(0.1mol \cdot L^{-1})\|Cu$	参考值　0.043V
$Zn\|ZnSO_4(0.1mol \cdot L^{-1})\|CuSO_4(0.1mol \cdot L^{-1})\|Cu$	参考值　1.089V

五、数据处理

1. 饱和甘汞电极与温度关系

$$\varphi = 0.2415 - 7.6 \times 10^{-4}(t - 25)$$

$0.1mol \cdot L^{-1}$ 的 $CuSO_4$ 中铜离子的活度系数为 0.16；$0.1mol \cdot L^{-1}$ 的 $ZnSO_4$ 中锌离子的活度系数为 0.15。

铜电极 $\varphi^{\ominus} = 0.337V$　　　温度系数 $\mathrm{d}\varphi/\mathrm{d}t = 0.008 \times 10^{-3} V \cdot K^{-1}$

锌电极 $\varphi^{\ominus} = -0.7628V$　　温度系数 $\mathrm{d}\varphi/\mathrm{d}t = 0.091 \times 10^{-3} V \cdot K^{-1}$

2. 数据处理步骤

（1）计算出 t（℃）（室温）时的饱和甘汞电极电位。

（2）由测量值，计算出 t（℃）时铜电极 $\varphi_{Cu^{2+}/Cu}$、锌电极 $\varphi_{Zn^{2+}/Zn}$ 电极电位的测量值。

（3）用电极温度系数计算出 25℃时铜电极、锌电极电位的测量值。

（4）用能斯特方程计算出 25℃时铜电极、锌电极标准电极电位。

（5）分别计算出铜电极、锌电极与理论值的相对误差。

一次实验结果（参考）

温度 30℃时，测量下列三个电池的电动势平均值为：

$Zn\|ZnSO_4(0.1mol \cdot L^{-1})\|$饱和甘汞电极	$E_1 = 1.08375V$
饱和甘汞电极$\|CuSO_4(0.1mol \cdot L^{-1})\|Cu$	$E_2 = 0.04708V$

$$Zn|ZnSO_4(0.1mol \cdot L^{-1}) \parallel CuSO_4(0.1mol \cdot L^{-1})|Cu \qquad E_3=1.09859V$$

数据处理举例：

1. 计算30℃时饱和甘汞电极电位：$\varphi_{甘汞}=0.2415-7.6 \times 10^{-4} \times (30-25)=0.2377$（V）

2. 由 $E_1=\varphi_{甘汞}-\varphi_{Zn^{2+}/Zn}$ 与 $E_2=\varphi_{Cu^{2+}/Cu}-\varphi_{甘汞}$

$$\varphi_{Zn^{2+}/Zn}=\varphi_{甘汞}-E_1=0.2377-1.08375=-0.8460（V）$$

$$\varphi_{Cu^{2+}/Cu}=\varphi_{甘汞}+E_2=0.2377+0.04708=0.28478（V）$$

3. 用温度系数计算出25℃时的锌电极电位：

$$\varphi_{Zn^{2+}/Zn,25℃}=\varphi_{Zn^{2+}/Zn}+0.091 \times 10^{-3} \times (25-30)=-0.84650（V）$$

$$\varphi_{Cu^{2+}/Cu,25℃}=\varphi_{Cu^{2+}/Cu}+0.008 \times 10^{-3} \times (25-30)=0.28474（V）$$

4. 用能斯特方程计算出25℃的标准电极电位：

$$\varphi_{Zn^{2+}/Zn}=\varphi_{Zn^{2+}/Zn}^{\ominus}+\frac{0.0592V}{2}lg(0.1 \times 0.15)$$

$$\varphi_{Zn^{2+}/Zn}^{\ominus}=\varphi_{Zn^{2+}/Zn}-\frac{0.0592V}{2}lg(0.1 \times 0.15)=-0.7925（V）$$

$$\varphi_{Cu^{2+}/Cu}^{\ominus}=\varphi_{Cu^{2+}/Cu}-\frac{0.0592V}{2}lg(0.1 \times 0.16)=0.3379（V）$$

5. 计算相对误差：

$$\eta_{Zn}=\frac{|-0.7925-(-0.7628)|}{-0.7628} \times 100\%=-3.8\%$$

$$\eta_{Cu}=\frac{|0.3379-0.337|}{0.337} \times 100\%=0.27\%$$

【思考题】

1. 锌电极制备中，为什么要浸入硝酸亚汞溶液中3~5s，再用湿棉花或滤纸轻轻拭电极？

2. 镀铜液组成如何？电流密度多大？为什么不能太大？

3. 检流计上，直接、×1、×0.1、×0.01挡是什么意思？

4. 韦斯顿标准电池的特点是什么？

5. 为什么不能用伏特表测量电池电动势？

6. 对消法测量电池电动势的主要原理是什么？

7. 在测量过程中，若检流计光点总是朝一边偏转可能是什么原因造成的？

8. 电池电动势测量时，产生误差的主要原因是什么？

9. 有电位差计及必要的辅助仪器，如何测定某一氧化-还原反应的热力学函数？

10. 设计实验测定下述反应

$$Zn+CuSO_4 = ZnSO_4+Cu$$

的 ΔG、ΔH、ΔS、Q_p、Q_R。

提示：将上述反应设计成可逆电池，测定该电池反应的温度系数。

要求：写出实验所根据的原理、具体的实验步骤和实验方案、数据处理的依据。写出所用的仪器、试剂名称。凡涉及实验所用电极，均要求自己制作，写出制备原理和方法。

11. 在直流电位差计面板上有若干个端钮（见图5-23），供接图示的各个仪器或装备。请把干电池、韦斯顿（Weston）电池、检流计，用连线与电位差计上的端钮正确相接。

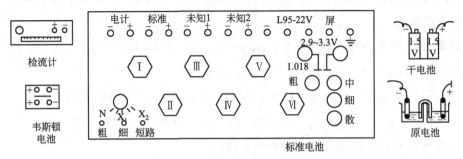

图 5-23 直流电位差计面板

实验 5-9 碳钢电极（阳极）极化曲线的测定（恒电位法）

一、实验目的
1. 了解平衡电极电位和电极电位的区别。
2. 掌握用恒电位法测定碳钢在碳酸铵溶液中的极化曲线。
3. 学会恒电位仪的使用方法及操作规程。

二、实验原理
测定极化曲线实际上是测定有电流流过电极时，电极的电位与电流的关系，极化曲线的测定可以用恒电流和恒电位两种方法。恒电流法是控制通过电极的电流（或电流密度），测定各个不同电流密度时的电极电位，从而得到极化曲线；恒电位法是将电极的电位控制在一定数值，然后测定不同电极电位时通过电极的电流（或电流密度），从而得出极化曲线。

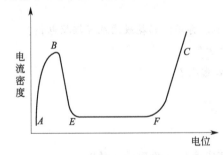

图 5-24 极化曲线

由于在同一电流密度下，碳钢电极可能对应有不同的电极电位，因此用恒电流法不能完整地描述出电流密度与电位间的全部复杂关系，而恒电位法可以做到，因此本实验采用控制电极电位的恒电位法，测定碳钢在碳酸铵溶液中的阳极极化曲线，该曲线可分为四个区域，如图 5-24 所示。

1. 从点 A 到点 B 的电位范围称金属活化溶解区。此区域内的 AB 线段是金属的正常阳极溶解，铁以二价形式进入溶液，即 $Fe \longrightarrow Fe^{2+} + 2e^-$。$A$ 点称为金属的自然腐蚀电位。

2. 从 B 点到 E 点称为钝化过渡区。BE 线是由活化态到钝化态的转变过程，B 点所对应的电位称为致钝电位，其对应的电流密度 i 称为致钝电流密度。

3. 从 E 点到 F 点的电位范围称为钝化区。在此区域内由于金属的表面状态发生了变化，形成致密的氧化膜，使金属的溶解速度降低到最小值，与之对应的电流密度很小，基本上不随电位的变化而改变。此时的电流密度称为维持钝化的电流密度，其数值几乎与电位变化无关。

4. FC 段的电位范围称为过钝化区。在此区阳极电流密度又重新随电位增大而增大，金属的溶解速度又开始增大，这种在一定电位下使钝化了的金属又重新溶解的现象叫做过钝化。电流密度增大的原因可能是产生了高价离子（如铁以高价转入溶液），如果达到了氧的析出电位，则析出氧气。

凡是能使金属保护层破坏的因素都能使钝化了的金属重新活化。例如，加热、通入还原性气体、加入某些活性离子、改变溶液的 pH 值等都能出现过钝化现象。实验表明，Cl^- 可有效地使钝化了的金属活化。

在实际测量中，常用的恒电位方法有静态法和动态法两种。静态法是将电极电位较长时间地维持在某一恒定值，同时测量电流密度随时间的变化直到电流基本上达到某一稳定值。如此逐点测量在各个电极电位下的稳定电流密度，以得到完整的极化曲线。动态法是控制电极电位以较慢的速度连续地改变或扫描，测量对应电极电位下的瞬时电流密度，并以瞬时电流密度值与对应的电位作图就得到整个极化曲线。改变电位的速度或扫描速度可根据所研究体系的性质而定。一般来说，电极表面建立稳态的速度越慢，电位改变也应越慢，这样才能使所得的极化曲线与采用静态法测得的结果接近。从测量结果的比较看，静态法测量的结果虽然接近稳定值，但测量时间太长。有时需要在某一个电位下等待几个甚至几十个小时，所以在实际测量中常采用动态法。本实验采用的是手工动态法。

饱和甘汞电极电位为 0.2401V，开始溶液中 Fe^{2+} 浓度很少，设为 10^{-6}，那么碳钢（铁电极）的电位为：$\varphi_{Fe^{2+}/Fe} = \varphi_{Fe^{2+}/Fe}^{\ominus} + \dfrac{0.0592V}{2} \lg 10^{-6} = -0.447V - 0.177V = -0.624V$，因此饱和甘汞电极和碳钢电极的电位差（即电池电动势）：$E = 0.2401V - (-0.624V) = 0.8641V$。

三电极法：三个电极，即研究电极、辅助电极、参比电极组成两条回路，即参比电极与研究电极组成一个原电池，两端连接电位差计组成测量回路。辅助电极与碳钢电极组成一个电解池，两端连接工作电源组成极化回路，见图 5-25。

利用研究电极（碳钢电极）与辅助电极（铂电极）组成的极化回路，让一定量电流通过研究电极，使其极化，极化回路中的电流表测出电流值（辅助电极作用是与工作电极组成回路，使工作电极上电流畅通）。由参比电极（饱和甘汞电极）与碳钢电极组成一个原电池，测量回路中电位差计测量出电池电动势，而参比电极的电极电位是不变的，就可以测得研究电极在极化状态下不同电流通过时对应的电极电位。

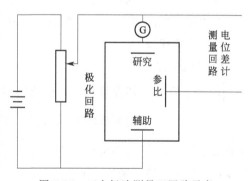

图 5-25　三电极法测量双回路示意

三电极法测碳钢阳极极化曲线工作电路的工作原理：

a. 测量极化曲线的过程中，在碳钢电极处理良好的情况下，当断开极化回路转换到测量回路（工作方式按键选择"参比"），电位差计显示的数字为 0.8641V。

b. 转换到极化回路（工作方式选择为"恒电位"），碳钢电极与辅助电极之间或大或小都有一个电位差，通过极化回路中的工作电源给这两个电极加上一个电压，此电压与两电极电位差大小相等方向相反，从而产生对消，保证了电解池上没有电流通过，研究电极处于平衡电极电位状态，此时电位差计上的数值依然是 0.8641V。

c. 极化回路中滑动变阻器（给定调节）稍加改变，给碳钢电极提供一个极化电流，碳钢电极阳极极化，使碳钢电极上产生 0.02V 的过电位，碳钢电极电位增大为 -0.604V，电位差计上的数值为 0.8441V，读取极化回路中电流表上的数值，测得了第一组数据；滑动变阻器再稍加改变，碳钢电极再增大 0.02V 的过电位，电位差计上的数值为 0.8241V，读取电流表数值测得第二组数据，依此方法不断增大碳钢电极的电极电位，逐点读取电流表的数值，从而测得一组组的数据。

HDY-Ⅰ恒电位仪前面板如图 5-26 所示：

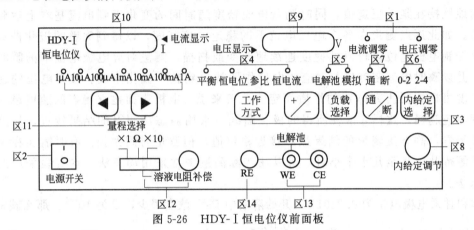

图 5-26　HDY-Ⅰ恒电位仪前面板

三、仪器与试剂

HDY-Ⅰ型恒电位仪，铂电极，碳钢电极（$1.0cm^2$），饱和甘汞电极，KNO_3 盐桥，50mL 烧杯。碳酸铵（$2mol\cdot L^{-1}$），硫酸（$0.5mol\cdot L^{-1}$），饱和氯化钾溶液。

四、实验操作

1. 开机预热

内给定调节 旋钮左旋到底；电流 量程选择 选择"100mA"挡；溶液电阻补偿 控制开关置于"断"；接通前面板的 电源开关，前面板显示如下：工作方式 "恒电位"指示灯亮；负载选择 "模拟"指示灯亮；内给定选择 "0—2"指示灯亮；通/断 的"断"指示灯亮。若各状态指示正确，预热 15min。

2. 电极处理

用金属相砂纸将碳钢电极擦至镜面光亮状，然后浸入 1%（体积分数）的稀 H_2SO_4 溶液中约 1min，取出用蒸馏水洗净备用。

3. 电极连接

向两小烧杯中分别加入饱和 KCl 和（NH_4）$_2CO_3$ 溶液，烧杯之间放置盐桥；并使盐桥的尖嘴接近碳钢电极的表面，以减小测量电位时欧姆电位降的影响。在盛有（NH_4）$_2CO_3$ 溶液的烧杯中放入碳钢电极与辅助铂电极；在盛有饱和 KCl 溶液的烧杯中放饱和甘汞电极。

正确连接好电化学实验装置，"WE"插孔接研究电极（碳钢电极）引线，"RE"接参比电极（饱和甘汞电极），"CE"插孔接辅助电极（铂电极）引线。将电流量程先置于"100mA"挡，内给定旋钮左旋到底。

4. 处理碳钢电极

$\boxed{工作方式}$ 选择为 "恒电位"，$\boxed{负载选择}$ 为 "电解池"，再按 $\boxed{通/断}$ 置 "通"，调节内给定使电压显示为 1.0～1.2V，观察到辅助电极上有连续气泡产生，3min 后按 $\boxed{通/断}$ 置 "断"。（该步骤目的是使电子通入碳钢电极，在碳钢电极上发生还原反应从而活化工作电极）。

5. 参比电位差的测量

通过 $\boxed{工作方式}$ 按键选择 "参比" 工作方式；$\boxed{负载选择}$ 为 "电解池"，$\boxed{通/断}$ 置 "通"，此时仪器电压显示的值为参比电位差（参比电极与研究电极之间的开路电位差。应大于 0.8V 以上，否则应重新处理电极）。

6. 平衡电位的设置

按 $\boxed{通/断}$ 置 "断"，$\boxed{工作方式}$ 选择为 "恒电位"，$\boxed{负载选择}$ 为 "模拟"，再按 $\boxed{通/断}$ 置 "通"，调节内给定使电压显示为参比电位差，再将 $\boxed{负载选择}$ 为 "电解池"（此时电解池两端给定的电压就与辅助电极和碳钢电极之间电位差产生了对消，碳钢电极上无电流通过，碳钢电极处于平衡电极电位状态，数字电压表始终显示的是参比电极与研究电极之间的电位差）。

7. 极化测量

间隔 20mV 调往小的方向调节内给定，20s 后，记录相应的恒电位和电流值（此时的电位差称为给定电位差，是极化状态下参比电极与研究电极之间的电位差）。

8. 当调到零时，微调内给定，使得有少许电压值显示，按 $\boxed{+/-}$ 使显示为 "$-$" 值，再以 20mV 为间隔调节内给定直到约 -1.2V 为止，记录相应的电流值。

9. 将内给定左旋到底，关闭电源，将电极取出用水洗净。

五、数据处理

1. 将实验数据填入下表：

过电位 η/V	电流 i/mA	过电位 η/V	电流 i/mA	过电位 η/V	电流 i/mA
0.02					
0.04					
...		...		...	

2. 以极化电流密度为纵坐标，给定电压为横坐标，绘出碳钢在碳酸氢铵溶液中的钝化曲线。

3. 求出实验条件下碳钢电极的致钝电位、致钝电流密度和维钝电流。

一次实验结果（参考）

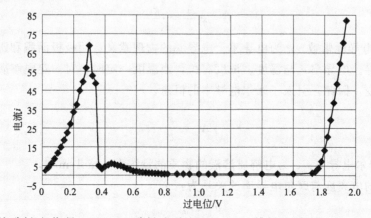

碳钢电极的致钝电位是 0.30V，致钝电流是 70mA，维钝电流是 0.8mA。

40℃时碳钢在饱和 NH_4HCO_3（工业品）溶液中的致钝电流密度为 $240A \cdot m^{-2}$，维钝电流密度为 $0.08A \cdot cm^{-2}$，钝化区间和致钝电位分别是 $0 \sim +8.5V$ 和 $-0.5V$（相对于饱和甘汞电极）。（摘自陈其忠等编．电化学保护在化肥生产中的应用．北京：石油化学工业出版社，1975：14，23，104.）

【思考题】

1. 参比电位差与给定电位差的意义是什么？
2. 阳极保护法，碳钢电位应控制在什么范围内？
3. 是否任何金属都可用阳极保护法防腐？
4. 在测量极化曲线的电路中，参比电极与辅助电极各起什么作用？
5. 在测量极化曲线实验中是否可以用饱和 KCl 溶液作为盐桥溶液？

实验 5-10 电导的测定及其应用

一、实验目的

1. 了解溶液电导的基本概念（电导池、电导池常数、电导率等）。
2. 学会电导率仪的使用方法。
3. 掌握溶液电导的测定及应用。

二、实验原理

1. 醋酸解离常数的测定

醋酸在水溶液中达到电离平衡时，其电离平衡常数与浓度 c 及电离度 α 有如下关系：

$$K_c^{\ominus} = \frac{\alpha^2}{1-\alpha} \times \frac{c}{c^{\ominus}} \tag{1}$$

在一定温度下，$K_c^{\ominus}$ 是一个常数，因此，可通过测定醋酸在不同浓度下的电离度 α，代入式（1）求得 $K_c^{\ominus}$ 值。

醋酸的电离度可用电导法来测定。电解质溶液的导电能力可用电导 G 来表示：

$$G = \kappa \frac{A}{l} = \frac{\kappa}{K_{cell}} \tag{2}$$

式中，K_{cell} 为电导池常数；κ 为电导率。电导率的物理意义：两极板面积和距离均为单位数值时溶液的电导。电导率 κ 与温度、浓度有关，当温度一定时，对一定电解质溶液，电导率只随浓度而改变，因此，引入了摩尔电导率的概念。

$$\Lambda_m = \frac{\kappa}{c} \tag{3}$$

式中，Λ_m 为摩尔电导率；c 为电解质溶液的物质的量浓度，$mol \cdot m^{-3}$。

弱电解质的电离度与摩尔电导率的关系为：

$$\alpha = \Lambda_m / \Lambda_m^{\infty} \tag{4}$$

不同温度下醋酸溶液的 Λ_m^{∞}（无限稀释摩尔电导率）值，见表 5-1。

表 5-1　不同温度下醋酸溶液的 Λ_m^{∞}

$t/℃$	$\dfrac{\Lambda_m^{\infty}\times10^2}{S\cdot m^2\cdot mol^{-1}}$	$t/℃$	$\dfrac{\Lambda_m^{\infty}\times10^2}{S\cdot m^2\cdot mol^{-1}}$	$t/℃$	$\dfrac{\Lambda_m^{\infty}\times10^2}{S\cdot m^2\cdot mol^{-1}}$
20	3.615	24	3.841	28	4.079
21	3.669	25	3.903	29	4.125
22	3.738	26	3.960	30	4.182
23	3.784	27	4.009		

将式(4)代入式(1)得

$$K_c^{\ominus}=\frac{\Lambda_m^2}{\Lambda_m^{\infty}(\Lambda_m^{\infty}-\Lambda_m)}\times\frac{c}{c^{\ominus}}\tag{5}$$

测量不同浓度的电解质溶液的摩尔电导率，即可计算求得电离平衡常数 $K_c^{\ominus}$。

2. $BaSO_4$ 饱和溶液溶度积（K_{sp}）的测定

利用电导法能方便地求出微溶盐的溶解度，再利用溶解度得到其溶度积值。电解质的溶解度在每 100g 水中为 0.1g 以下的，称为微溶电解质。在一定温度下，当水中的微溶电解质 $BaSO_4$ 溶解达到饱和状态后，固体和溶于溶液中的离子之间就达到两相之间的溶解平衡，溶解平衡可表示为：

$$BaSO_4 \Longleftrightarrow Ba^{2+}+SO_4^{2-}$$

$$K_{sp}=c(Ba^{2+})c(SO_4^{2-})=c^2\tag{6}$$

微溶盐的溶解度很小，饱和溶液的浓度则很低，所以式(3)中 Λ_m 可以认为就是 Λ_m^{∞}（盐）；c 为饱和溶液中微溶盐的溶解度。

$$\Lambda_m^{\infty}(盐)=\frac{\kappa(盐)}{c}\tag{7}$$

式中，κ（盐）是纯微溶盐的电导率。注意在实验中所测定的饱和溶液的电导率值为盐与水的电导率之和：

$$\kappa(溶液)=\kappa(H_2O)+\kappa(盐)\tag{8}$$

这样，整个实验可由测得的微溶盐饱和溶液的电导率利用式(8)求出 κ（盐），再利用式(7)求出溶解度，最后求出 K_{sp}。

三、仪器与试剂

恒温槽，电导率仪及配套电极，25mL 移液管，50mL 移液管，锥形瓶。

$KCl(0.0100mol\cdot L^{-1})$ 溶液，$CH_3COOH(0.1000mol\cdot L^{-1})$ 溶液，电导水；$BaSO_4$（分析纯）。

四、实验步骤

1. 调节恒温槽的温度为指定温度（25℃或30℃±0.01℃），将电导率仪的"校正、测量"开关扳在"校正"位置，打开电源，预热数分钟，移取 25mL 0.0100mol·L^{-1} KCl 溶液，放入锥形瓶中，置于恒温槽内，恒温 5～10min。

2. 电导池常数的测定

将电导电极用 0.0100mol·L^{-1} 的 KCl 溶液淋洗三次，置入已恒温的 KCl 溶液中，将电导率仪的频率开关拨至"高周"挡。将电导率仪的量程开关拨至"×10³"挡，调整电表指针至满刻度后，将"校正、测量"开关扳到"测量"位置上，测量 0.0100mol·L^{-1} 的 KCl 溶液的电导，读取数据 3 次，取平均值。由附录（不同温度下标准氯化钾溶液的电导率）查出实验温度下标准氯化钾溶液的电导率值，根据式（2）求出电导池常数 $K_{(l/A)}$。将"电极常数调节器"旋在已求得的电导池常数的位置，重新调整电表指针满刻度。此时仪表示值应与该实验温度下 $0.0100\,mol\cdot L^{-1}$ 的 KCl 溶液电导率的文献值一致，若不一致，应重复上述操作，进行调整。调整好后，注意在整个实验过程中不能再触动"电极常数调节器"。

3. 测定醋酸水溶液的电导率

① 用移液管准确移取 $0.100\,mol\cdot L^{-1}$ 的醋酸溶液 $25.00\,mL$，放入锥形瓶中，放入恒温槽 $5min$。

② 将电导电极分别用蒸馏水和 $0.100\,mol\cdot L^{-1}$ 的醋酸溶液各淋洗三次，用滤纸吸干后，置入已恒温的醋酸溶液中，测定其电导率，测量读取该溶液的电导率值三次。依次分别加入 $25.0\,mL$、$50.0\,mL$、$25.0\,mL$ 的电导水，恒温 $5min$，分别测量不同浓度的醋酸的电导率。

4. 测定硫酸钡饱和溶液的 K_{sp}

称取约 1g $BaSO_4$，加入约 $80mL$ 电导水，煮沸 $3\sim5min$，静置片刻后倾掉上层清液。再加电导水，煮沸，再倾掉清液，连续进行五次，第四次和第五次的清液放入恒温筒中恒温，分别测其电导率。若两次测得的电导率值相等，则表明 $BaSO_4$ 中的杂质已清除干净，清液即为 $BaSO_4$ 饱和溶液。将清液置于恒温槽内，恒温 $5\sim10min$，记录 $BaSO_4$ 饱和溶液的电导率数值。将电导水置于恒温槽内，恒温 $5\sim10min$，记录电导水的电导率数值。

实验结束后，将电导电极用电导水洗净，并养护在电导水中，关闭各仪器开关。

五、数据处理

已知数据：25℃下 $10.00\,mol\cdot L^{-1}$ KCl 溶液电导率为 $0.1413\,S\cdot m^{-1}$；25℃时无限稀的 HAc 水溶液的摩尔电导率为 $3.907\times10^{-2}\,S\cdot m^2\cdot mol^{-1}$，$BaSO_4$ 的为 $2.869\times10^{-2}\,S\cdot m^2\cdot mol^{-1}$。

室温_____   大气压_____   恒温槽温度_____

1. 电导池常数 K_{cell}

25℃或（30℃）时，$10.00\,mol\cdot L^{-1}$ KCl 溶液电导率：_____。

实验次数	$\kappa/S\cdot m^{-1}$	K_{cell}/m^{-1}
1		
2		
3		

2. 醋酸溶液的电离常数

$c/mol\cdot L^{-1}$	$\kappa/S\cdot m^{-1}$		$\Lambda_m/S\cdot m^2\cdot mol^{-1}$	α	$K_c^{\ominus}$
0.100	1	平均值			
	2				
	3				
0.050	1	平均值			
	2				
	3				
0.025	1	平均值			
	2				
	3				
0.020	1	平均值			
	2				
	3				

3. $BaSO_4$ 的 K_{sp} 测定

$\kappa/S\cdot m^{-1}$		$\kappa/S\cdot m^{-1}$		$\kappa/S\cdot m^{-1}$	$c/mol\cdot m^{-3}$	K_{sp}
电导水		$BaSO_4$ 饱和溶液		$BaSO_4$		
1	平均值	1	平均值			
2		2				
3		3				

【思考题】

1. 为什么要测电导池常数？如何得到该常数？
2. 测电导时为什么要恒温？实验中测电导池常数和溶液电导，温度是否要一致？

实验 5-11　弱酸电离常数测定

一、实验目的

1. 用电位（pH 值）滴定法测定乙酸溶液的浓度。
2. 通过测定 HAc-NaAc 缓冲溶液的 pH 值，计算乙酸电离常数近似值。
3. 掌握 pH 计的使用。

二、基本原理

不论在化学反应或生产过程中，溶液的 pH 常作为一个重要的指标，因此 pH 的测定有其重要意义。它的定义式为：$pH=-\lg a_{H^+}$。当用一种碱溶液滴定乙酸时，溶液的 pH 不断变化，而在滴定终点附近，溶液的 pH 会发生突变。根据 pH 的突变来确定滴定终点的方法，就是 pH 滴定法，本质是电位滴定法。

乙酸在水溶液中存在下列电离平衡：

$$HAc \rightleftharpoons H^+ + Ac^-$$

平衡常数可写为：

$$K_a = \frac{a_{H^+} a_{Ac^-}}{a_{HAc}} = a_{H^+} \frac{c_{Ac^-} \gamma_{Ac^-}}{c_{HAc} \gamma_{HAc}}$$

取对数：

$$\lg K_a = \lg a_{H^+} + \lg \frac{c_{Ac^-}}{c_{HAc}} + \lg \frac{\gamma_{Ac^-}}{\gamma_{HAc}} \qquad \lg K_a = -pH + \lg \frac{c_{Ac^-}}{c_{HAc}} + \lg \frac{\gamma_{Ac^-}}{\gamma_{HAc}}$$

当溶液的离子强度不大时，可把未解离的 HAc 的活度系数看成 1，而 γ_{Ac^-} 则等于该浓度下 NaAc 的活度系数，并可用戴维斯经验公式计算：

$$\lg \gamma_{\pm} = -0.509|z_+ z_-|\left(\frac{\sqrt{I}}{1-\sqrt{I}} - 0.3I\right)$$

式中，z_+、z_- 为正负离子的价数；I 为离子强度。对于 1-1 型电解质，I 近似等于其浓度。由此可知，如果能够正确地测得 HAc-NaAc 缓冲溶液的 pH，并计算出 HAc、Ac^- 的浓度与活度系数，就可以得到乙酸的电离常数。

溶液的 pH 可用精密 pH 计测得。为了改变溶液中 HAc 与 Ac^- 的浓度，可在一定的

HAc 溶液中滴加 NaOH 溶液，这时一部分 HAc 被中和，变成完全电离的 NaAc，从滴入 NaOH 的数量可以算出溶液中剩余的 HAc 与生产的 Ac^- 浓度。

三、仪器与试剂

pHS-3B 型精密酸度计；复合电极；标准缓冲溶液（pH＝6.86）；磁力搅拌器；碱式滴定管（50mL）；移液管（25mL）；烧杯（100mL），2 个；NaOH 标准溶液（$0.1mol \cdot L^{-1}$）；HAc 溶液（约 $0.1mol \cdot L^{-1}$）。

四、实验步骤

1. 了解 pH 计的基本原理，熟悉其操作规程。pHS-3B 精密 pH 计简单使用说明如下：

（1）安装好 pH 计，插好复合电极。打开电源，预热 30min。

（2）采用手动温度补偿：用温度计测量待测溶液的温度，将"选择开关旋钮"置于℃（或 T）；用"温度调节旋钮"，使显示温度与待测溶液相同。

（3）标定：用蒸馏水清洗复合电极，滤纸吸干，将复合电极插入标准缓冲溶液（本实验用的是 pH＝6.86 缓冲溶液）中，将"选择开关旋钮"置于"pH"上，把"斜率调节旋钮"顺时针旋到底，调节"定位旋钮"，使数字显示值为标准缓冲溶液 pH 值（6.86）。严格测量，要用两个不同 pH 值的标准缓冲溶液分别标定。

（4）取出复合电极，用蒸馏水清洗复合电极，滤纸吸干。

2. 用移液管吸取 25mL 的 $0.1mol \cdot L^{-1}$ 的 HAc 溶液，放入 100mL 小烧杯中，小烧杯放在磁力搅拌器上，放入转子，插入复合电极，开动磁力搅拌器；注意不要让转子碰到电极。在碱式滴定管中装入 50mL 的 NaOH 标准溶液。

（1）试滴：开始每滴入 5mL NaOH 溶液读取一次 pH，加入 20mL NaOH 后，每滴入 1mL 的 NaOH 溶液，读取一次 pH。注意观察 pH 的突变情况，确定滴定终点的大概位置。

（2）精确滴定：重新取 25mL HAc 溶液，在滴加 12mL 前，每滴 5mL 记录一次 pH 值；并且要测量滴加 12mL、13mL、14mL NaOH 时溶液的 pH 值，以便以后计算；滴入 14mL 后，改为滴加 2～3mL 记录一次，滴入到 23mL 后，每滴 1mL 记录一次，在接近滴定终点时（24mL 后），每隔滴入 0.1～0.2mL NaOH 就记录一次 pH 值。到达滴定终点后（26mL 左右）每次加入 1～2mL 记录一次，以后可以每加入 2～3mL 记录一次，滴入 35～40mL 后，实验可结束。

3. 重复步骤 2 再做一次。

五、数据处理

1. NaOH 标准溶液浓度：_____ 被滴定乙酸溶液体积：_____

滴入 NaOH 体积/mL	pH	$\Delta pH/\Delta V$

2. 以 pH 为纵坐标，以加入的 NaOH 溶液体积为横坐标作出滴定曲线（图 5-27）。

3. 以 $\Delta pH/\Delta V$ 为纵坐标，NaOH 溶液体积为横坐标作微分滴定曲线（图 5-28），曲线的拐点（即最高点）对应的体积为滴定终点时 NaOH 体积，由滴定终点 NaOH 溶液体积计算出 HAc 的浓度。

4. 取滴定过程中三个不同浓度溶液来计算电离常数。

一般采用 HAc 被中和一半时，即滴入 12.5mL 左右溶液的 pH 值，计算出相应的乙酸、乙酸钠浓度，计算出 Ac^- 的活度系数，代入公式计算乙酸的电离常数 K_a。计算出不同浓度时 3 个数值，求出平均值。

5. 乙酸的电离常数理论值，15℃ 时为 1.746×10^{-5}；25℃ 时为 1.754×10^{-5}。计算测量的相对误差。

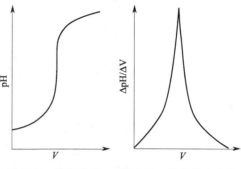

图 5-27　滴定曲线　　图 5-28　微分滴定曲线

一次实验结果（参考）

实验温度：13.0℃　　　　　　　　$c_{NaOH} = 0.10\,mol \cdot L^{-1}$

| NaOH | 一次滴定 | | NaOH | 二次滴定 | |
V/mL	pH	$\Delta pH/\Delta V$	V/mL	pH	$\Delta pH/\Delta V$
0.0	2.94		0.0	2.96	
5.0	4.07	0.226	5.0	4.09	0.226
10.0	4.48	0.082	10.0	4.49	0.080
12.0	4.61	0.065	12.0	4.63	0.070
13.0	4.68	0.070	13.0	4.69	0.060
14.0	4.75	0.070	14.0	4.76	0.070
16.0	4.89	0.070	16.0	4.91	0.075
18.0	5.07	0.090	18.0	5.09	0.090
20.0	5.25	0.090	20.0	5.27	0.090
21.0	5.38	0.130	21.0	5.40	0.130
22.0	5.54	0.160	22.0	5.55	0.150
23.0	5.74	0.200	23.0	5.77	0.220
24.0	6.14	0.400	24.0	6.14	0.370
24.1	6.19	0.500	24.1	6.21	0.700
24.2	6.27	0.800	24.2	6.24	0.300
24.3	6.34	0.700	24.3	6.30	0.600
24.4	6.48	1.400	24.4	6.42	1.200
24.5	6.54	0.600	24.5	6.52	1.000
24.6	6.73	1.900	24.6	6.73	2.100
24.7	7.13	4.000	24.7	6.95	2.200
24.8	8.40	12.700	24.8	7.44	4.900
24.9	9.65	12.500	24.9	9.49	20.500
25.0	10.12	4.700	25.0	10.14	6.500
26.0	11.40	1.280	26.0	11.42	1.280
27.0	11.70	0.300	27.0	11.76	0.340
29.0	12.00	0.150	29.0	12.03	0.135
30.0	12.10	0.100	30.0	12.12	0.090
35.0	12.37	0.054	35.0	12.38	0.052

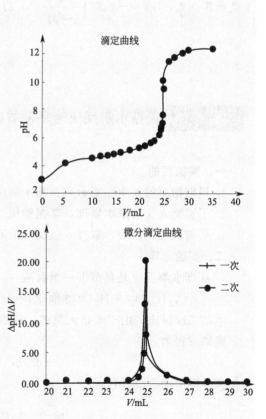

滴定终点时消耗的 V_{NaOH} 为：24.85mL。那么乙酸的浓度为 $c_{HAc} = 0.09940\,mol \cdot L^{-1}$

当加入 12.0mL NaOH 时，$[HAc] = 0.03473\,mol \cdot L^{-1}$　　　　　pH = 4.61

$I = [Ac^-] = 0.032432\,mol \cdot L^{-1}$　　$\gamma_{\pm} = 0.7853112$　　$K_a = 1.759 \times 10^{-5}$

当加入 13.0mL NaOH 时，$[HAc] = 0.031184\,mol \cdot L^{-1}$，　　pH = 4.68

$I = [Ac^-] = 0.034211\,mol \cdot L^{-1}$　　$\gamma_{\pm} = 0.7792272$　　$K_a = 1.766 \times 10^{-5}$

当加入 14.0mL NaOH 时，$[HAc] = 0.027821\,mol \cdot L^{-1}$　　　　　pH = 4.75

$$I = [Ac^-] = 0.035897 \, mol \cdot L^{-1} \qquad \gamma_{\pm} = 0.7735835 \qquad K_a = 1.755 \times 10^{-5}$$

电离常数平均值 $= 1.760 \times 10^{-5}$

相对误差：$\eta = \dfrac{(1.76 - 1.754) \times 10^{-5}}{1.754 \times 10^{-5}} \times 100\% = 0.342\%$

【思考题】

1. pHS-3B 型酸度计在测量前，为什么要进行温度校正？

2. 说明 pH 滴定法比一般容量法的优点。

3. 本实验为什么要取滴定一半时的离子浓度、溶液 pH 来计算电离平衡常数？

4. 一次实验，已测出 HAc 的浓度为 0.09940 $mol \cdot L^{-1}$，取这样 HAc 溶液 25mL，用 0.1 $mol \cdot L^{-1}$ 的标准 NaOH 溶液滴定，滴入 12.0mL 时，溶液 pH = 4.64，已知 Ac^- 的活度系数计算公式：$\lg\gamma = -0.50\left(\dfrac{\sqrt{I}}{1-\sqrt{I}} - 0.3I\right)$，计算 HAc 的电离常数 K_a。

实验 5-12 蔗糖水解反应速率常数的测量

一、实验目的

1. 根据物质的光学性质研究蔗糖水解反应，测量其反应速率常数。

2. 了解旋光仪的基本原理，掌握使用方法。

3. 研究酸催化反应，掌握一级反应的动力学特点。

二、实验原理

1. 蔗糖水解反应是典型准一级反应

$$C_{12}H_{22}O_{11} + H_2O(酸催化) = C_6H_{12}O_6(葡萄糖) + C_6H_{12}O_6(果糖)$$

本是二级反应，由于水是大量的，成为准一级反应。

速率方程为：

$$-dc/dt = k[H^+]c = k_1 c$$

积分得出动力学方程：

$$\ln c = -k_1 t + B \quad 或 \quad \ln \frac{c}{c_0} = k_1 t$$

2. 旋光度 α 与浓度的关系

由于蔗糖、葡萄糖、果糖分子中都具有手性碳原子，都具有旋光性，因此可以用测量体系旋光度的方法来研究蔗糖水解反应的动力学行为。20℃时，蔗糖的比旋光度 $[\alpha] = 66.6°$；葡萄糖比旋光度 $[\alpha] = 52.5°$；果糖的比旋光度 $[\alpha] = -91.9°$。蔗糖水解反应，开始体系是右旋的角度大，随反应进行，旋光角度减小，最后变成左旋。

旋光角度 α 与浓度关系式：$\alpha = [\alpha]Lc$，L 是旋光管长度，$[\alpha]$ 仅与温度有关，当温度、旋光管长度一定，α 与浓度 c 成正比。可写成 $\alpha = Kc$。

3. 用 α 表示的一级反应动力学方程

$$A \longrightarrow B + D$$

$t=0$	c_0		
$t=t$	c_A	$c_B=c_0-c_A$	$c_D=c_0-c_A$
$t=\infty$	0	c_0	c_0

$$\alpha_0=k_A c_0 \qquad\qquad (1)$$

$$\alpha_t=\alpha_A+\alpha_B+\alpha_D=k_A c_A+(c_B+k_D)(c_0-c_A) \qquad (2)$$

$$\alpha_\infty=(k_B+k_D)c_0 \qquad\qquad (3)$$

$(1)-(3):\alpha_0-\alpha_\infty=(k_A-k_B-k_D)c_0 \qquad c_0=(\alpha_0-\alpha_\infty)/(k_A-k_B-k_D)$

$(2)-(3):\alpha_0-\alpha_t=(k_A-k_B-k_D)c_A \qquad c_A=(\alpha_0-\alpha_t)/(k_A-k_B-k_D)$

代入一级反应动力学方程 $\ln\dfrac{c}{c_0}=k_1 t$，得

$$k_1 t=\ln\frac{c_0}{c_A}=\ln\frac{\alpha_0-\alpha_\infty}{\alpha_t-\alpha_\infty}$$

或代入 $\ln c=-k_1 t+B$，得到

$$\ln(\alpha_t-\alpha_\infty)=-k_1 t+B'$$

三、仪器与试剂

旋光仪，停表，容量瓶（50mL），天平（0.1g），锥形瓶（100mL），移液管（25mL）。蔗糖（分析纯），HCl 溶液（2mol·L^{-1}）。

四、实验步骤

（一）仪器操作

1. 开启旋光仪（图 5-29）电源，预热 2～3min。

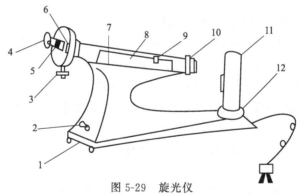

图 5-29　旋光仪

1—底座；2—电源开关；3—刻度盘旋转手轮；4—目镜；5—视度
调节螺旋；6—刻度盘游标；7—镜筒；8—镜筒盖；9—镜盖手柄；
10—镜盖连接圈；11—灯罩；12—灯座

2. 用蒸馏水校正零点

（1）洗旋光管，旋下管盖和玻片，加液，上玻片，旋紧管盖。

（2）赶气泡，放旋光管，盖上盖子。

（3）测出旋光度［要学会调节到三分视野（图 5-30）消失、正确读出旋光度］。

3. 正确读溶液的旋光度数

（1）调目镜焦距（视野中清楚，黑、黄分明）。

（2）要学会调节到三分视野消失界面（是比较全暗的界面，不全明亮的界面）。

(a) >或<零度视场　　(b) 零度视场　　(c) <或>零度视场　　(d) 全亮视场

图 5-30　视野

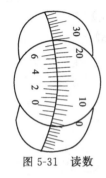

图 5-31　读数

(3) 正确读出旋光度（正、负，及小数点后两位的读法）。

一般通过小放大镜读或直接读，方法类似游标卡尺、千分尺的读法（图 5-31）。

（二）溶液配制

1. 称取蔗糖：用台秤称取蔗糖 10g（精确到 0.1g）。

2. 用容量瓶配制 50mL 蔗糖溶液

(1) 清洗烧杯、玻棒、容量瓶，滴管。

(2) 在烧杯加入 10g 蔗糖，加水 30mL 左右（注意不能加水），搅拌或加热搅拌再冷却；使蔗糖完全溶解。

(3) 将蔗糖溶液沿玻棒倒入容量瓶；清洗玻棒、烧杯二次倒入容量瓶，再加水至刻度。

(4) 盖紧，摇匀（倒置）。

（三）旋光度测量

1. 开启恒温槽，调控温至 60℃。

2. 测溶液旋光度

(1) 用移液管取 25mL 蔗糖液于锥形瓶中。

(2) 用另一支移液管取 25mL HCl（2mol·L^{-1}）溶液，加入以上锥形瓶中，注意，估计酸加入一半时开始计时，盖上锥形瓶，使其充分摇匀。

(3) 倒锥形瓶中少量混合液冲洗旋光管一次（倒出）。

(4) 用混合液加满旋光管，盖上管盖，赶气泡，把旋光管放入旋光仪中，测量不同时刻的旋光度。

(5) 调节旋光仪，第 5min 时测出第一个数据，一般在 11°～15°之间。以后每 5min 测一次，测量 50～60min。

3. 将锥形瓶中剩余混合液盖紧放入 60℃ 的恒温槽内，50h 后取出，冷却，测量反应进行到底时的旋光度。

4. 测定 α_∞。

打开旋光仪，倒掉旋光管溶液，把从恒温槽内取出经过冷却的溶液加入旋光管中，同样盖好、赶气泡，调节，测量 α_∞（约 $-4.0°$，读数时注意，整数是负的，小数是正的）。

五、数据处理

1. 计算 $\alpha_t - \alpha_\infty$ 及 $\ln(\alpha_t - \alpha_\infty)$（要列表计算）$\alpha_\infty = $ _____

t/min	5	10	15	...
α_t/(°)				...
$\ln(\alpha_t - \alpha_\infty)$				...

2. 以 $\ln(\alpha_t-\alpha_\infty)$ 对 t 作图找出最佳直线。

3. 在直线上取两点（一般不能取原数据点），计算出直接的斜率，求出室温下的反应速率常数 k_1。并计算出半衰期。最好使用计算机处理数据，用 Excel 软件，得出直接的斜率。

4. 该反应活化能为 $103kJ\cdot mol^{-1}$，用 Arrhenius 方程计算 298.2K 时的反应速率常数。理论参考值：298K 时，$k_1=0.0125min^{-1}$，计算相对误差。

一次实验结果（参考）

蔗糖水解反应速率常数测定

$\alpha_\infty=-3.7$ $\hfill T=15℃$

t/min	α_t	$\alpha_t-\alpha_\infty$	$\ln(\alpha_t-\alpha_\infty)$	t/min	α_t	$\alpha_t-\alpha_\infty$	$\ln(\alpha_t-\alpha_\infty)$
5	11.80	15.50	2.74084	35	6.00	9.70	2.27213
10	10.25	13.95	2.63548	40	4.55	8.25	2.11021
15	9.20	12.90	2.55723	45	4.20	7.90	2.06686
20	8.30	12.00	2.48491	50	3.45	7.15	1.96711
25	7.05	10.75	2.37491	55	3.05	6.75	1.90954
30	6.70	10.40	2.34181	60	2.45	6.15	1.81645

一级反应速率常数 $k=0.01679min^{-1}$

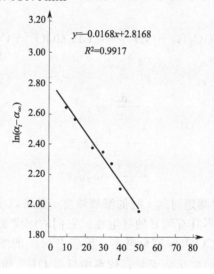

$y=-0.0168x+2.8168$

$R^2=0.9917$

【思考题】

1. 旋光仪由哪些部件构成？

2. 蔗糖溶液中加入 HCl 的作用是什么？

3. 在测量蔗糖转化速率常数时，选用长的旋光管好，还是短的旋光管好？

4. 在旋光度的测量中，为什么要用蒸馏水对零点进行校正？在本实验中若不进行校正，对实验结果是否有影响？

5. 记录反应开始的时间晚了一些，或测第一个旋光度数据时开始计时，对 k 值的测定是否有影响？为什么？若为二级反应怎样？

6. 如何判断某一旋光物质是左旋还是右旋？

7. 配制蔗糖溶液时称量不够准确或实验所用蔗糖不太纯对实验结果有什么影响？

8. 使用旋光仪时以三分视野消失且较暗的位置读数，能否以三分视野消失且较亮的位置读数？哪种方法更好？

9. 本实验中旋光仪的光源改用其他波长的单色光而不用钠灯可以吗？

10. 在测量过程中，为什么旋光度逐渐减小？为什么 α_∞ 为负值？

11. 物理法对某一反应的宏观动力学性质进行实验测定时，选择跟踪反应的某一物理量，一般希望它具有什么条件？

实验 5-13　乙酸乙酯皂化反应速率常数的测定

一、实验目的

1. 学会用电导法测定乙酸乙酯皂化反应速率常数的原理和方法。
2. 用图解法验证二级反应的特点。
3. 掌握电导仪的使用方法。

二、实验原理

乙酸乙酯皂化反应是双分子反应，设反应物 $CH_3COOC_2H_5$ 和 $NaOH$ 的起始浓度为 c_0，时间 t 时浓度为 c。

$$CH_3COOC_2H_5 + OH^- \Longrightarrow CH_3COO^- + C_2H_5OH$$

$t=0$	c_0	c_0	0	0
$t=t$	c	c	c_0-c	c_0-c

$$-\frac{dc}{dt} = k_2 c^2$$

积分

$$\frac{1}{c} - \frac{1}{c_0} = k_2 t$$

即

$$\frac{c_0-c}{c} = k_2 c_0 t$$

其中 c_0 是已知的，只要测定时间 t 时的溶液浓度 c 就可以求得速率常数 k_2。

实验中乙酸乙酯和乙醇不具有明显的导电性，它们的浓度变化不致影响电导的数值。在稀的水溶液中 $NaOH$、CH_3COONa 完全电离。反应中 Na^+ 的浓度始终不变，它对溶液的电导具有固定的贡献，与电导的变化值无关。体系中只是 OH^- 和 CH_3COO^- 的浓度变化对电导的影响较大，由于 OH^- 的电迁移速率约是 CH_3COO^- 的五倍，所以溶液的电导随着 OH^- 的消耗而逐渐降低。

溶液在时间 $t=0$、$t=t$、$t=\infty$ 时的电导可分别以 G_0、G_t 和 G_∞ 来表示。实质上，G_0 是开始时 $NaOH$ 溶液的电导（浓度为 c_0），G_t 是 $NaOH$ 溶液电导 G_{NaOH}（浓度为 c）与 CH_3COONa 溶液电导 G_{CH_3COONa}（浓度为 c_0-c）之和，而 G_∞ 则是产物 CH_3COONa 溶液的电导（浓度为 c_0）。由于溶液的电导和电解质的浓度成正比，所以有：

$$G_{NaOH} = G_0 \frac{c}{c_0} \quad 和 \quad G_{CH_3COONa} = G_\infty \frac{c_0-c}{c_0}$$

因此，G_t 可以表示为：

$$G_t = G_0 \frac{c}{c_0} + G_\infty \frac{c_0-c}{c_0}$$

则：

$$G_0 - G_t = (G_0 - G_\infty) \frac{c_0-c}{c_0} \qquad\qquad G_t - G_\infty = (G_0 - G_\infty) \frac{c}{c_0}$$

所以：

$$\frac{G_0 - G_t}{G_t - G_\infty} = \frac{c_0 - c}{c} = k_2 c_0 t$$

变形为：

$$G_t = \frac{1}{k_2 c_0} \times \frac{G_0 - G_t}{t} + k_2 c_0 G_\infty$$

可知 G_t 与 $(G_0 - G_t)/t$ 成直线关系，直线斜率为 $\dfrac{1}{k_2 c_0}$。

所以速率常数 $k_2 = 1/(斜率 c_0)$。

若测得两组 $k(T_2)$ 与 $k(T_1)$，根据阿仑尼乌斯公式 $\ln \dfrac{k_2}{k_1} = \dfrac{E_a}{R} \dfrac{(T_2 - T_1)}{T_1 T_2}$，可求得活化能 E_a。

三、仪器与试剂

玻璃恒温水浴，锥形瓶（250mL），数字电导率仪（或 DDS-11A 型电导率仪）；移液管（50mL、25mL、10mL、1mL）；微量移液管或 0.2mL 移液管。

NaOH 溶液（0.0110mol·L^{-1}）；$CH_3COOC_2H_5$（A.R.，密度 0.9002g·cm^{-3}）。

四、实验步骤

1. 将恒温槽调至 25℃。

2. 熟悉 DDS-12A 数字电导率仪的使用方法，使用方法见附 1。

若用 DDS-11A 型电导率仪，打开仪器，预热 10min，按电导率仪说明书校正仪器，进行电导池常数补偿。本实验使用的是低周。

3. G_0 的测量

向锥形瓶内加入 0.011mol·L^{-1} NaOH 溶液 185.6mL，放恒温槽中恒温 10min 以上。

把电导池（即电导电极）放入 NaOH 溶液中，温度恒定后，测量电导 G_0。电导数值不改变时，记下数据。

4. G_t 的测量

用微量移液管移取 0.20mL 的乙酸乙酯溶液注入锥形瓶中，开始计时，并立即摇晃锥形瓶，使溶液混合反应。由计时开始在第 2、4、6、8、10、15、20、25、30、40（min）测其电导。共测量 60min。

5. 调节恒温槽温度在 35.00℃±0.05℃，重复上述步骤测定其 G_0 和 G_t。

五、数据处理

1. 将实验数据记录于下表：

室温：_____ 大气压：_____ G_0（25℃）：_____ G_0（35℃）：_____

25℃			35℃		
t/min	G_t	$(G_0 - G_t)/t$	t/min	G_t	$(G_0 - G_t)/t$

2. 以 G_t 对 $(G_0-G_t)/t$ 作图，由直线斜率分别求 25℃、35℃时的速率常数。

$$k = \frac{1}{1000R(斜率)c_0} = \frac{1}{1000R(斜率)\times0.011}(\text{mol}^{-1}\cdot\text{L}\cdot\text{min}^{-1})$$

3. 利用阿仑尼乌斯公式计算活化能 E_a。

一次实验结果（参考）

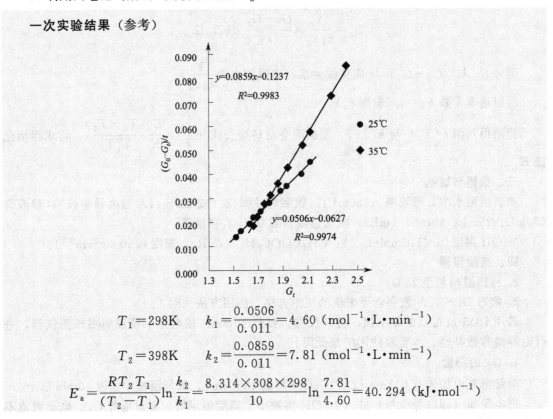

$$T_1 = 298\text{K} \qquad k_1 = \frac{0.0506}{0.011} = 4.60\ (\text{mol}^{-1}\cdot\text{L}\cdot\text{min}^{-1})$$

$$T_2 = 398\text{K} \qquad k_2 = \frac{0.0859}{0.011} = 7.81\ (\text{mol}^{-1}\cdot\text{L}\cdot\text{min}^{-1})$$

$$E_a = \frac{RT_2T_1}{(T_2-T_1)}\ln\frac{k_2}{k_1} = \frac{8.314\times308\times298}{10}\ln\frac{7.81}{4.60} = 40.294\ (\text{kJ}\cdot\text{mol}^{-1})$$

【思考题】

1. 在电导仪说明书中，常指出测电解质溶液用镀了铂黑的电导电极（电导池），而测蒸馏水电导时应用光亮铂电极，为什么？

2. 在恒温、恒压下，测定化学反应速率常数的方法常分为物理法及化学法两类，请以做过的实验为例，简述这两类方法的主要区别及优缺点。

3. 为什么以 $0.011\text{mol}\cdot\text{L}^{-1}$ 的 NaOH 和 $0.011\text{mol}\cdot\text{L}^{-1}$ 的 CH_3COONa 溶液测得的电导，就可以认为是 G_0 和 G_∞？为什么要取稀的 NaOH？

4. 为什么要使 NaOH 和 $CH_3COOC_2H_5$ 两种溶液的浓度相等？

5. 反应进程中溶液的电导为什么发生变化？

6. 为何本实验要在恒温条件下进行，而且乙酸乙酯和氢氧化钠溶液混合前还要预先恒温？

7. 如果 NaOH 和 $CH_3COOC_2H_5$ 溶液为浓溶液，能否用此法测定速率常数 k？为什么？

8. 有些原教材上是先配好相同浓度的乙酸乙酯与氢氧化钠溶液，本实验改进为，在 185.78mL NaOH 溶液中，加入 0.2mL 纯乙酸乙酯，这样做有什么好处？

9. 本实验为什么要取 185.6mL 的 NaOH 溶液？

10. 本实验为什么要在 25℃ 与 35℃ 时各做一次？

11. 用物理法对某一反应的宏观动力学性质进行实验测定时，选择跟踪反应的某一物理量，一般希望它具有什么条件？

附1：DDS-12A 数字电导率仪使用方法

1. 接电源线，接上电源开关及电脑，仪器预热 10min。用高周、低周两种测量频率，使用低周则放开所有量程按钮，在没有接入电极时使用调零旋钮使仪器读数为 000。

2. 电导池常数补偿，当十进位制旋钮逆时针到头在 00 位置时，常数为 0.50，当顺时针到头在 1.00 的位置时常数为 1.50；当在其他位置时，旋钮的指示加上 0.50，例如本实验使用的电极常数是 0.92，则旋钮应旋到 0.42，表示补偿常数为 0.42＋0.5＝0.92。

3. 将仪器温度旋钮置于 25℃位置，第二次为 35℃。

4. 测量时用低周，量程用 20mS·cm^{-1} 或 2mS·cm^{-1}。

附2：DDS-11A 型电导率仪使用方法

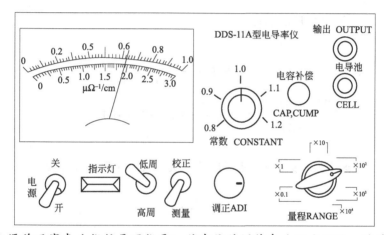

1. 接通电源前观察表头指针是否指零，若有偏差调节表头下方凹孔，使其恰指零。

2. 接通电源，仪器预热 10min。

3. 将电极浸入被测溶液（或水）中，须确保极片浸没，将电极插头插入插座。

4. 调节"常数"钮，使其与电极常数标称值一致。例所用电极的常数为 0.98，则把"常数"钮白线对准 0.98 刻度线。

5. 将"量程"置在合适的倍率挡上，若事先不知被测液体电导率高低，可先置于较大的电导率挡，再逐挡下降，以防表头针打弯。

6. 将"校正-测量"开关置于"校正"位，调"校正"电位器使表针指满度值 1.0。

7. 将"校正-测量"开关置于"测量"位，表针指示数乘以"量程"倍率即为溶液电导率。

实验 5-14 丙酮碘化反应速率常数的测量

一、实验目的

1. 通过本实验加深对复杂反应特征的理解。

2. 利用分光光度法测量酸催化作用下丙酮碘化反应的速率常数。

3. 了解分光光度法在化学动力学研究中的应用，掌握分光光度计的使用方法。

二、实验原理

大多数化学反应是由若干个基元反应组成的复杂反应，这类复杂反应的反应速率和反应物活度之间的关系大多不能用质量作用定律预示。对于复杂反应，可采用一系列实验方法获得可靠的实验数据，并据此建立反应速率方程式，以其为基础，推测反应的机理、提出反应模式。

1. 酸催化下丙酮碘化反应是一个复杂反应，其反应式为：

$$CH_3—C—CH_3 + I_2 \xrightarrow{H^+} CH_3—C—CH_2I + H^+ + I^-$$
$$\quad\ \ \ \underset{O}{|} \qquad\qquad\qquad\qquad \underset{O}{|}$$

H^+ 是反应的催化剂，因丙酮碘化反应本身有 H^+ 生成，所以，这是一个自动催化反应。

研究表明，其丙酮碘化反应机理如下：

$$CH_3—\overset{O}{\overset{||}{C}}—CH_3 + H^+ \xrightarrow{k} \left[\begin{array}{c} OH \\ | \\ CH_3—C=CH_2 \end{array} \right]^+ \tag{1}$$

$$\left[\begin{array}{c} CH_3—C=CH_2 \\ | \\ OH \end{array} \right]^+ + I_2 \xrightarrow{k_2} CH_3—C—CH_2I + I^- + H^+ \tag{2}$$
$$\qquad\qquad\qquad\qquad\qquad\qquad\qquad\qquad \underset{O}{|}$$

第 (1) 步反应速率慢，第 (2) 步反应速率快，其反应速率方程为：

$$\frac{dc_E}{dt} = kc_A c_{H^+} \tag{3}$$

式中，c_E 是中间产物烯醇的浓度；c_A 是丙酮浓度；c_{H^+} 是酸的浓度。

由第 (2) 步反应，$-\dfrac{dc_E}{dt} = -\dfrac{dc_{I_2}}{dt}$，则

$$-\frac{dc_{I_2}}{dt} = -kc_A c_{H^+} \tag{4}$$

若反应中，丙酮和酸的浓度对于碘是大量的，则可以认为反应中丙酮和酸的浓度基本保持不变，$c_A c_{H^+}$ 可视为常数，即 $\dfrac{dc_{I_2}}{dt} = kc_A c_{H^+} =$ 常数。

对式(4) 积分可得

$$c_{I_2} = kc_A c_{H^+} t + B \tag{5}$$

并可由 c_{I_2} 对时间 t 作图，求得速率常数 k。

2. 用透光度表示的动力学方程

碘在可见光区有一个很宽的吸收带，因此可以方便地用分光光度计测量反应过程中碘浓度随时间变化的关系。

按照比耳（Beer）定律，某指定波长的光通过碘溶液后光的强度为 I，通过蒸馏水后的光强度为 I_0，那么碘溶液的透光度为 $T = I/I_0$。

而透光度与碘浓度、比色皿长度 l、吸光系数 ε 的关系为：

$$\lg T = \lg\left(\frac{I}{I_0}\right) = -\varepsilon l c_{I_2} \tag{6}$$

在同一实验条件下，通过测量已知浓度碘溶液的透光度，得出 εl 的数值，为常数。

把式（5）代入式（6），得到光度表示的反应动力学方程：

$$\lg T = -k\varepsilon l c_A c_{H^+} t + B' \tag{7}$$

很显然，以分光光度计测量不同时间（t）的透光度（T），再以 $\lg T$ 对 t 作图可得一直线，其直线斜率（$\tan\alpha$）为：

$$\tan\alpha = k c_A c_{H^+} k_A l \tag{8}$$

所以

$$k = \frac{\tan\alpha}{c_A c_{H^+} k_A l} \tag{9}$$

c_A、c_{H^+} 可取丙酮和酸的起始浓度。

三、仪器与试剂

722 型分光光度计，带有恒温夹层的比色皿，超级恒温槽，反应样品池，容量瓶（50mL），移液管（5mL），秒表。

HCl 标准溶液（1.0mol·L^{-1}），丙酮溶液（2mol·L^{-1}），碘溶液（0.01mol·L^{-1}，含 4% KI）。

四、实验步骤

1. 调节超级恒温槽的温度至 25℃。

2. 调整 722 型分光光度计

（1）将电源线接于稳压电源上，把开关置于"开"的位置。

（2）用"频率调节"旋钮调节频率窗中的读数为 560nm。

（3）将"灵敏度调节"旋钮置于"1"位置。

（4）打开比色皿暗箱盖，调节 0 旋钮，使读数为零。

（5）将样品池装上蒸馏水，盖上暗箱盖，预热 10min，调节 100 旋钮，使读数为 100.00。

（6）注意：调节旋钮是由一组多圈电位器系统组成的，调节时切勿用力过猛或快速旋转。

3. εl 数值的测定

用移液管取 10mL 碘的标准液，注入 50mL 容量瓶中，用蒸馏水稀释至刻度，混合均匀后，置于恒温槽恒温 10min，取容量瓶中溶液荡洗比色皿 3 次后注满，测其透光度。重复测定 2 次，取其平均值。每次测定前都必须用蒸馏水校正零点。

4. 丙酮碘化过程中透光度测定

（1）取 1 个洁净干燥的 50mL 容量瓶，注入 50mL 二次蒸馏水，放恒温槽中恒温。

（2）再取 1 个洁净干燥的 50mL 容量瓶，用移液管移取 5mL 碘溶液（0.01mol·L^{-1}）与 5mL HCl 溶液（1.0mol·L^{-1}），混合后，塞好瓶塞放入恒温槽中恒温。

（3）再取 1 个洁净干燥的 50mL 容量瓶，用移液管移取 5mL 丙酮溶液（2.0mol·L^{-1}），可加入少量蒸馏水，塞好瓶塞放入恒温槽中恒温。恒温时间不少于 10min。

（4）将已恒温的丙酮溶液倒入盛有盐酸与碘溶液的 50mL 容量瓶中（丙酮溶液倒入一半开始计时，以此作为反应开始时间），并用恒温的蒸馏水洗涤盛丙酮容量瓶 3～4 次，倒入盛有碘溶液与盐酸的容量瓶中，并稀释至 50mL 刻度，摇匀。然后，用反应溶液淋洗几遍样品池后，将其装满，放入暗盒中，测量透光度（T），每 2～3min 读数一次。

（5）测量完毕后，检查一下零点与蒸馏水透光度 100%。

5. 若实际允许，把恒温槽调到 35℃，重复上述操作，测 35℃ 的速率常数 k。

五、实验要点及注意事项

1. 在测量 k 时，从丙酮溶液与碘、盐酸溶液混合到将其装入反应样品池中测量的整个过程中，操作既要准确又要迅速，最好不要超过 3min。

2. 将蒸馏水从反应样品池倒出后，装入反应溶液放在暗盒中，反应样品池应放置在样品架上正确复位，这是本实验成败的关键。

六、数据处理

1. 数据记录

$c_A =$　　　　$c_{H^+} =$　　　　$c_{I_2} =$　　　　$\varepsilon l =$

t/min	T(25℃)	lg$T$(25℃)	T(35℃)	lg$T$(35℃)
2				
4				
6				
...				

2. 分别以 25℃、35℃ 测得的值，作 lg$T$-t 图，求得直线斜率 tanα，并按公式计算 k。

3. 求该反应的活化能 E_a。

4. 参考数据：反应速率常数 k(25℃)$= 2.86 \times 10^{-5} L \cdot mol^{-1} \cdot s^{-1}$

　　　　　　　　k(35℃)$= 8.80 \times 10^{-5} L \cdot mol^{-1} \cdot s^{-1}$

活化能 $E_a = 86.2 kJ \cdot mol^{-1}$

一次实验结果

$c_A = 0.4 mol \cdot L^{-1}$　　$c_{H^+} = 0.2 mol \cdot L^{-1}$　　$c_{I_2} = 0.001 mol \cdot L^{-1}$　　$\varepsilon l = 66.2$

t/min	T(25℃)	lg$T$(25℃)	T(35℃)	lg$T$(35℃)
2	0.313	−0.50446	0.63	−0.20066
4	0.303	−0.51856	0.45	−0.34679
6	0.291	−0.53611	0.329	−0.4828
8	0.279	−0.5544	0.265	−0.57675
10	0.264	−0.5784	0.196	−0.70774
12	0.25	−0.60206	0.126	−0.89963
14	0.236	−0.62709	0.085	−1.07058
16	0.225	−0.64782	0.045	−1.34679
18	0.215	−0.66756	0.032	−1.49485
20	0.202	−0.69465	0.022	−1.65758

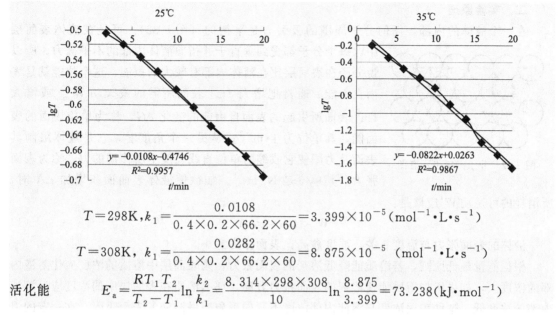

$$T = 298\mathrm{K}, k_1 = \frac{0.0108}{0.4 \times 0.2 \times 66.2 \times 60} = 3.399 \times 10^{-5} \; (\mathrm{mol}^{-1} \cdot \mathrm{L} \cdot \mathrm{s}^{-1})$$

$$T = 308\mathrm{K}, k_1 = \frac{0.0282}{0.4 \times 0.2 \times 66.2 \times 60} = 8.875 \times 10^{-5} \; (\mathrm{mol}^{-1} \cdot \mathrm{L} \cdot \mathrm{s}^{-1})$$

活化能 $\quad E_a = \dfrac{RT_1 T_2}{T_2 - T_1} \ln \dfrac{k_2}{k_1} = \dfrac{8.314 \times 298 \times 308}{10} \ln \dfrac{8.875}{3.399} = 73.238 (\mathrm{kJ} \cdot \mathrm{mol}^{-1})$

【思考题】

1. 影响本实验结果的主要因素是什么?

2. 本实验中,丙酮碘化反应按几级反应处理,为什么?

3. 为什么在丙酮碘化反应中,只考虑碘吸收波长的选择问题?

4. 某同学用分光光度计测定一溶液的吸光度,测定时用两个相同厚度的比色皿,一个盛纯水,另一个盛测定液,在固定温度及波长下,得到测定值的透光度为 102%,仪器正常,仪器操作及读数无误,出现这种现象的可能原因是什么?

5. 本实验中将反应物混合、摇匀、倒入比色皿测透光度 T 时才开始计时,这对实验结果有无影响?为什么?

6. 丙酮的卤化反应是复杂反应,为什么?

7. 丙酮溴化反应中,加入 HCl 的作用是什么?

8. 在丙酮溴化反应中,为什么要注意控制反应温度?

9. 为什么通过测定反应液各个时刻的消光值,就可获得各个时刻的溴浓度?

10. 若实验中,原始溴的浓度不准确,对实验结果是否有影响?为什么?

实验 5-15 最大气泡压力法测定溶液的表面张力

一、实验目的

1. 掌握最大气泡压力法测定表面张力的原理和技术。

2. 通过对不同浓度乙醇溶液表面张力的测定,加深对表面张力、表面自由能、表面张力和吸附量关系的理解。

二、实验原理

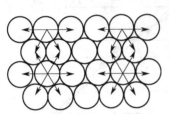

图 5-32 分子间吸引示意图

在一个液体的内部，任何分子周围的吸引力是平衡的（图 5-32）。可是在液体表面层中，每个分子都受到垂直于并指向液体内部的不平衡力。所以说分子在表面层比在液体内部有较大的位能，这个位能就是表面自由能。通常把增大 $1m^2$ 表面所需的最大功 W'_{max} 或增大 $1m^2$ 表面所引起的表面自由能的变化 ΔG，称为单位表面的表面能，其单位为 $J \cdot m^{-2}$；从另一个角度看，它是液体限制其表面及力图使它收缩的单位直线长度上所作用的力，称为表面张力，其单位是 $N \cdot m^{-1}$。如欲使液体表面面积增加 ΔA 时，所消耗的可逆功 W' 应该是：

$$W' = \Delta G = \sigma \Delta A \tag{1}$$

液体的表面张力与温度有关，温度愈高，表面张力愈小。

根据能量最低原则，若溶质能降低溶剂的表面张力，则表面层中溶质的浓度应比溶液内部的浓度大，如果所加溶质能使溶剂的表面张力升高，那么溶质在表面层中的浓度应比溶液内部的浓度低。这种表面浓度与溶液内部浓度不同的现象叫做溶液的表面吸附。在一定的温度和压力下，溶液表面吸附溶质的量与溶液的表面张力和加入的溶质量（即溶液的浓度）有关，它们之间的关系可用吉布斯（Gibbs）公式表示：

$$\Gamma = -\frac{c}{RT}\left(\frac{\partial \sigma}{\partial c}\right)_T \tag{2}$$

式中，Γ 为吸附量，$mol \cdot m^{-2}$；σ 为表面张力，$J \cdot m^{-1}$；c 为溶液浓度，$mol \cdot L^{-1}$；R 为气体常数，$8.314 J \cdot K^{-1} \cdot mol^{-1}$。$\left(\frac{\partial \sigma}{\partial c}\right)_T$ 表示在一定温度下表面张力随溶液浓度而改变的变化率。如果 σ 随浓度的增加而减小，也即 $\left(\frac{\partial \sigma}{\partial c}\right)_T < 0$，则 $\Gamma > 0$，此时溶液表面层的浓度大于溶液内部的浓度，称为正吸附作用。如果 σ 随浓度的增加而增加，即 $\left(\frac{\partial \sigma}{\partial c}\right)_T > 0$，则 $\Gamma < 0$，此时溶液表面层的浓度小于溶液本身的浓度，称为负吸附作用。

从式(2)可看出，只要测定溶液的浓度和表面张力，就可求得各种不同浓度下溶液的吸附量 Γ。

本实验中，溶液浓度的测定是应用浓度与折射率的对应关系，表面张力的测定是应用最大气泡压力法。

图 5-33 是最大气泡压力法测定表面张力的装置图。将欲测表面张力的液体装于支管试管 5 中，使毛细管 6 的端面与液面相切，液面即沿着毛细管上升，打开滴液漏斗 2 的活塞进行缓慢抽气，此时由于毛细管内液面上所受的压力（$p_{大气}$）大于支管试管中液面上的压力（$p_{系统}$），故毛细管内的液面逐渐下降，并从毛细管管端缓慢地逸出气泡。在气泡形成过程中，由于表面张力的作用，凹液面产生了一个指向液面外的附加压力 Δp，因此有下述关系：

$$p_{大气} = p_{系统} + \Delta p \qquad \Delta p = p_{大气} - p_{系统} \tag{3}$$

附加压力 Δp 和溶液的表面张力 σ 成正比，与气泡的曲率半径 R 成反比，其关系式为：

$$\Delta p = 2\sigma/R \tag{4}$$

若毛细管管径较小，则形成的气泡可视为是球形的。气泡刚形成时，由于表面几乎是平的，所以曲率半径 R 极大；当气泡形成半球形时，曲率半径 R 等于毛细管管径 r，此时 R 值为最小；随着气泡的进一步增大，R 又趋增大（如图 5-34 所示），直至逸出液面。根据式 (4) 可知，当 $R=r$ 时，附加压力最大，为：

$$\Delta p=2\sigma/r \tag{5}$$

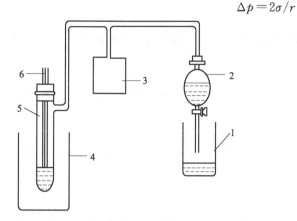

图 5-33　最大气泡压力法测定表面张力的装置图
1—烧杯；2—滴液漏斗；3—数字式微
压差测量仪；4—恒温装置；5—支管试管；
6—毛细管

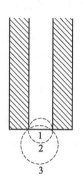

图 5-34　气泡示意图

这最大附加压力可由数字式微压差测量仪上读出。

在实验中，若使用同一支毛细管，则 r 是一个常数。如果将已知表面张力的液体作为标准，由实验测得其 Δp 后，就可求出 r。然后只要用这一仪器测定其他液体的 Δp 值，通过式(5) 计算，即可求得各种液体的表面张力 σ。

三、仪器与试剂

恒温水浴；DP-A 数字压力计；表面张力测定仪；CS501 型超级恒温槽；阿贝折光仪。乙醇试样。

四、实验步骤

1. 仪器常数的测定

（1）打开表面张力测定仪和恒温水浴，设定工作温度为 25℃。仔细洗净支管试管和毛细管。将数字式压力计接上电源，预热后归零。然后按图 5-33 所示连接装置。在滴液漏斗中装满水。

（2）加入适量的蒸馏水于支管试管中，调节毛细管的高低使其端面与液面相切。然后等待 10min，使样品在 25℃ 条件下恒温。

（3）打开滴液漏斗活塞进行缓慢抽气，使气泡从毛细管口逸出。调节气泡逸出的速度不超过每分钟 20 个时，读出压力计压力差。重复读数三次，取其平均值。

2. 待测样品表面张力 σ 的测定

（1）直接取用适量的 0 号样品于支管试管中，按仪器常数测定时的操作步骤，测定该未知浓度乙醇溶液的 Δp 值。

（2）然后，打开试管弯管处的活塞，用滴管取出试样，用阿贝折光仪测定待测样品的折射率，并从乙醇水溶液的折射率-浓度工作曲线上找出其相应的浓度值。

（3）倒走测过的样品，不用清洗试管，按照 0～6 号的编号顺序由稀到浓依次测定各试样的附加压力和浓度。

五、数据处理

1. 用表格列出各溶液的最大压力差与折射率数值，并求得其表面张力和浓度的数值。

2. 以浓度 c 为横坐标，表面张力 σ 为纵坐标作图，绘制表面张力-浓度曲线，计算机拟合出曲线方程。

3. 在 σ-c 曲线上任取若干点，计算出表面张力随浓度变化的浓度系数 $\left(\dfrac{\partial \sigma}{\partial c}\right)_T$，代入 Gibbs 等温吸附式求出对应的吸附量。

4. 绘制吸附量-浓度曲线，计算机拟合出方程，外推求算饱和吸附量 Γ_∞，最后求出表面活性剂分子截面积 $A_s = \dfrac{1}{\Gamma_\infty N_A}$。

本实验使用的为乙醇试样，乙醇是表面活性物质，所以此法会引入较大误差。如果使用正丁醇等，实验结果会比较准确。

一次实验结果（参考）

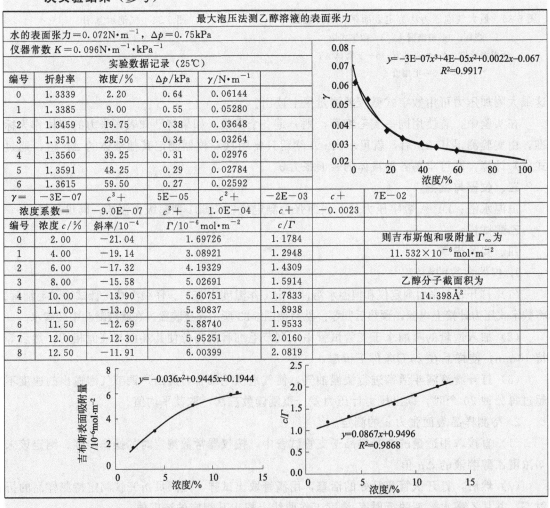

最大泡压法测乙醇溶液的表面张力				
水的表面张力 $=0.072\text{N}\cdot\text{m}^{-1}$，$\Delta p=0.75\text{kPa}$				
仪器常数 $K=0.096\text{N}\cdot\text{m}^{-1}\cdot\text{kPa}^{-1}$				
实验数据记录（25℃）				
编号	折射率	浓度/%	Δp/kPa	γ/N·m^{-1}
0	1.3339	2.20	0.64	0.06144
1	1.3385	9.00	0.55	0.05280
2	1.3459	19.75	0.38	0.03648
3	1.3510	28.50	0.34	0.03264
4	1.3560	39.25	0.31	0.02976
5	1.3591	48.25	0.29	0.02784
6	1.3615	59.50	0.27	0.02592

$\gamma=$ $-3\text{E}-07$ c^3+ $5\text{E}-05$ c^2+ $-2\text{E}-03$ $c+$ $7\text{E}-02$

浓度系数 $=$ $-9.0\text{E}-07$ c^2+ $1.0\text{E}-04$ $c+$ -0.0023

编号	浓度 c/%	斜率/10^{-4}	Γ/10^{-6} mol·m^{-2}	c/Γ	
0	2.00	-21.04	1.69726	1.1784	则吉布斯饱和吸附量 Γ_∞ 为
1	4.00	-19.14	3.08921	1.2948	11.532×10^{-6} mol·m^{-2}
2	6.00	-17.32	4.19329	1.4309	
3	8.00	-15.58	5.02691	1.5914	乙醇分子截面积为
4	10.00	-13.90	5.60751	1.7833	14.398Å^2
5	11.00	-13.09	5.80837	1.8938	
6	11.50	-12.69	5.88740	1.9533	
7	12.00	-12.30	5.95251	2.0160	
8	12.50	-11.91	6.00399	2.0819	

乙醇的饱和吸附量 $\Gamma_\infty = 11.532\times10^{-6}$ mol·m^{-1}

乙醇分子的截面积 $A_s = 14.398$Å$^2 = 14.398\times10^{-20}$ m^2

【思考题】

1. 最大气泡压力法测液体的表面张力实验时，某同学发现，当毛细管管端不是刚刚与液面相接触，而是插入液面一小段距离时，测得的 Δp 偏高。因而该同学在讨论中说毛细管管端插入液体内部，将使测得的表面张力值偏高，你认为这一说法对吗？为什么？

2. 用最大气泡法测定溶液的表面张力的实验操作中，为什么要求读出最大压力差？

3. 用最大气泡法测定溶液表面张力的装置如图 5-35，请简答如下问题：

(1) 简述测定溶液表面张力及等温吸附的原理；

(2) 实验中应取什么数据？

(3) 如何处理实验数据。

(4) 实验中应注意什么问题？

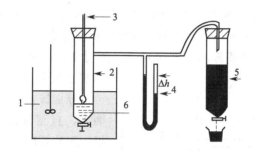

图 5-35　最大气泡法测定表面张力装置示意图
1—恒温槽；2—试样管；3—毛细管；4—压差计；
5—抽气管；6—乙醇溶液

实验 5-16　电渗法测定胶粒的 ζ 电势

一、实验目的

1. 通过电渗法测定 SiO_2 对水的 ζ 电势，掌握电渗法测定 ζ 电势的基本原理和技术。

2. 加深理解电渗是胶体中液相和固相在外电场作用下相对移动而产生的电性现象。

二、实验原理

电渗属于胶体的电动现象。电动现象是指溶胶粒子的运动与电性能之间的关系。一般包括电泳、电渗、流动电位与沉降电位。电动现象的实质是由于双电层结构的存在，其紧密层和扩散层中各具有相反的剩余电荷，在外电场或外加压力下，它们发生相对运动。

多孔固体在与液体接触的界面处因吸附离子或本身电离而带电荷，则分散介质-液体带相反的电荷，所以在电场的作用下，液体将通过多孔固体而运动，这就是电渗现象。

在外加电场作用下，液体通过多孔固体隔膜，可贯穿隔膜的许多毛细管。所以根据液体在外加电场下通过毛细管的研究，就能推导出电渗公式。若知道液体介质的黏度 η，介电常数 ε，电导率 κ，只要测定在电场作用下通过液体介质的电流强度 I 和单位时间内液体流过毛细管的流量 V，可根据下式求出 ζ 电势。

$$\zeta = \frac{\eta \kappa V}{\varepsilon I} \tag{1}$$

利用式(1) 计算 ζ 电势，可用实验方法测得 V、κ 和 I 值，而 η、ε 值可从手册中查得。本实验中，由于纯水的电导率过低，采用上式计算时将引入一些误差。

本实验中的分散介质是蒸馏水，在 25℃时，黏度 $\eta = 1.0 \times 10^{-3} Pa \cdot s$，介电常数 $\varepsilon = 8.89 \times 10^{-9} C \cdot V \cdot m^{-1}$。

三、仪器与试剂

电渗仪、DDS-11A 型电导率仪。

四、实验步骤

装置电渗仪。

电渗仪如图 5-36 所示。刻度毛细管两端通过连通管分别与铂电极相连；A 管的两端装有多孔薄瓷板，A 管内装有 80～100 目的二氧化硅粉末与蒸馏水拌和而成的糊状物；在刻度毛细管的一端接有另一根尖嘴形的毛细管 G 管，通过它可以将一个测量流速用的气泡压入刻度毛细管。

分别拔去铂电极，从电极管口注入蒸馏水，直至能浸没电极为止，插好铂电极。用洗耳球从 G 管内向刻度毛细管中吹入一个大小合适的气泡，长度在 1cm 左右。将整个电渗仪浸入恒温水浴中，恒温 10min 以待测定。

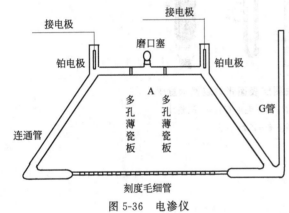

图 5-36 电渗仪

1. 测定电渗时液体的流量 V 和电流强度 I

调节电源电压，使电渗时毛细管中气泡由一端刻度至另一端刻度，即移动 5mL，行程时间约 50s。然后准确测定此时间。求出单位时间内毛细管中气泡所移动过的体积，此体积即为液体介质（水）在单位时间内通过 A 室的体积 V。

电渗仪中的液体还可以因静水压差等其他原因流动，利用换向开关使铂电极的极性变换，从而使电渗方向倒向。由于电源电压较高，换向操作时应先切断电源开关、换向开关转换后，再接通电源开关。反复测定正、反向时的电渗流量各 5 次，同时记录毫安表上各次的 I 值。

2. 测定电导率 κ 值

关闭电源，拔去铂电极，用 DDS-11A 型电导率仪测定电渗仪中蒸馏水的电导率 κ 值。

在电渗实验中，由于使用高压电源，操作时一定要注意安全。

五、数据处理

1. 计算各次测定的 $\frac{V}{I}$ 值，并取平均值。

2. 将 $\frac{V}{I}$ 平均值和 κ 值代入式(1)，计算 SiO_2 对水的 ζ 电势。

3. 记录水的流动方向和两个铂电极的极性，从而确定 ζ 电势是正值还是负值。

一次实验结果（参考）

电导率 $\kappa = \underline{2.02 \times 10^2} \mu S \cdot cm^{-1} = \underline{2.02 \times 10^{-2}} S \cdot m^{-1}$

项目	实验序号	时间 t/s	电流 I/mA	单位时间流量 $V/mL \cdot s^{-1} = 0.5/t$	$V/I/mL \cdot s^{-1} \cdot mA^{-1}$	$\dfrac{\overline{V}}{I}$
正向	1	36.9	8.08	0.0135	0.00168	
	2	36.7	8.67	0.0136	0.00157	
	3	35.1	8.93	0.0142	0.00160	
	4	35.3	9.23	0.0142	0.00153	
	5	36.0	9.31	0.0139	0.00149	0.001443
反向	6	45.6	8.78	0.011	0.00125	
	7	41.2	9.00	0.0121	0.00135	
	8	42.1	9.25	0.0119	0.00128	
	9	41.9	9.25	0.0119	0.00129	
	10	39.2	9.20	0.0128	0.00139	

$$\zeta = \frac{\eta\kappa}{\varepsilon} \times \frac{\overline{V}}{I} = \frac{1.0 \times 10^{-3} \times 2.02 \times 10^{-2}}{6.95 \times 10^{-10}} \times 0.001443 \times 10^{-3} = 0.0419 \ (V) \ = 41.9 \ (mV)$$

由实验判断，气泡和水的流动方向相反，水始终向阴极移动，说明水带正电，则 SiO_2 胶粒带负电。所以 $\zeta(SiO_2) = -41.9 mV$。

【思考题】

1. 在由电泳法测定胶体的 ζ 电位的实验中，溶胶上面要加入与溶胶的电导率相同的辅助电解质溶液，使其与溶胶形成清晰的界面，然后在外界电场下，测定界面移动一定距离所需的时间，计算 ζ 电位。试问为何辅助电解质溶液的电导率要与溶胶的电导率相同？

2. 为什么说刻度毛细管中气泡在单位时间内移动的体积就是单位时间内流过试样管 A 的液体量？

3. 固体粉末样品粒度太大，电渗测定结果重现性差，其原因何在？

4. 如果电泳仪事先没有洗净，管壁上残留有微量的电解质，对电泳测定的结果将有什么影响？

5. 电泳速率的快慢与哪些因素有关？

6. 电渗测量时，连续通电使液体发热，会造成什么后果？

附：仪器使用方法

DDS-11A 型电导率仪的面板如图 5-37 所示。

1. 未开电源前，观察表头指针是否指零。否则应调整表头上的调零螺丝，使表针指零。

2. 连接电源。打开电源开关 1，预热几分钟，待指针完全稳定。

3. 将量程选择开关 6 拨到所需要的测量

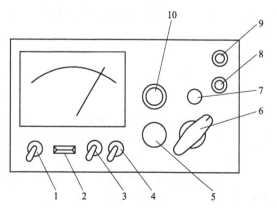

图 5-37 DDS-11A 型电导率仪的面板

1—电源开关；2—氖泡；3—高周、低周开关；
4—校正、测量开关；5—校正调节器；6—量程选择开关；
7—电容补偿调节器；8—电极插口；9—10mV 输出插口；
10—电极常数调节器

范围。如预先不知道待测液体的电导率范围，应先把开关拨在最大测量挡，然后逐挡下调。

4. 根据液体电导率的大小，查表选用不同电极和振荡频率。本实验使用 DJS-1 型铂黑电极，连接电极引线。调节电极常数调节器 10，使上面的白线指在电极常数相对应的位置上。扳动高周、低周开关 3，测量频率选择低周。

5. 将电极浸没在待测试样中。校正、测量开关 4 拨在"校正"位置，调节校正调节器 5，使电表指示正满度。

6. 将开关 4 拨向测量，这时指示读数乘以量程选择开关 6 的倍率，即为待测液的电导率。例如，量程开关放在 $0\sim10^3\,\mu S\cdot cm^{-1}$，电表指示为 0.5，则被测液电导率为 $0.5\times10^3\,\mu S\cdot cm^{-1}$。

7. 在测量中要经常检查校正是否改变。即将开关 4 指向"校正"时，指针是否仍然停留在满刻度处。

8. 电极的引线不能潮湿，否则测不准。

9. 每测一份样品后，用蒸馏水冲洗，用吸水纸吸干时，切勿擦及铂黑，以免引起铂黑脱落，造成电极常数的改变。可将待测液淋洗三次后再行测定。

实验 5-17　黏度法测高聚物分子量

一、实验目的

1. 测定聚乙烯醇的分子量的平均值。
2. 掌握用乌贝路德（Ubbelohde）黏度计（又称乌氏黏度计）测定黏度的方法。

二、实验原理

分子量是表征化合物特性的基本参数之一。但高聚物分子量大小不一，参差不齐，一般在 $10^3\sim10^7$ 之间，所以通常所测高聚物的分子量是平均分子量。测定高聚物分子量的方法很多，对线形高聚物，各方法适用的范围如下：

测量方法	高聚物分子量范围	测量方法	高聚物分子量范围
端基分析	$<3\times10^4$	光散射	$10^4\sim10^7$
沸点升高、凝固点降低、等温蒸馏	$<3\times10^4$	超离心沉降及扩散	$10^4\sim10^7$
渗透压	$10^4\sim10^6$	黏度法	$10^4\sim10^7$

其中黏度法设备简单，操作方便，有相当高的实验精度，但黏度法不是测分子量的绝对方法，因为此法中所用的特性黏度与分子量的经验方程是要用其他方法来确定的，高聚物不同，溶剂不同，分子量范围不同，就要用不同的经验方程式。

高聚物在稀溶液中的黏度，主要反映了液体在流动时存在着内摩擦。在测高聚物溶液黏度求分子量时，常用到下面的一些名词。

名词与符号	物理意义
纯溶剂黏度 η_0	溶剂分子与溶剂分子间的内摩擦表现出来的黏度
溶液黏度 η	溶剂分子与溶剂分子之间、高分子与高分子之间和高分子与溶剂分子之间，三者内摩擦的综合表现
相对黏度 η_r	$\eta_r=\eta/\eta_0$　溶液黏度对纯溶剂黏度的相对值

名词与符号	物理意义
增比黏度 η_{sp}	$\eta_{sp}=(\eta-\eta_0)/\eta_0=\eta/\eta_0-1=\eta_r-1$ 高分子与高分子之间,纯溶剂与高分子之间的内摩擦效应
比浓黏度 η_{sp}/c	单位浓度下所显示出的黏度
特性黏度 $[\eta]$	$\lim\limits_{c\to0}\dfrac{\eta_{sp}}{c}=[\eta]$ 反映高分子与溶剂分子之间的内摩擦

高聚物的分子量愈大，则它与溶剂间的接触表面也愈大，摩擦就大，表现出的特性黏度也大。特性黏度和分子量之间的经验关系式为：

$$[\eta]=KM^\alpha \tag{1}$$

式中，M 为黏均分子量；K 为比例常数；α 是与分子形状有关的经验参数。K 和 α 值与温度、聚合物、溶剂性质有关，也与分子量大小有关。K 值受温度的影响较明显，而 α 值主要取决于高分子线团在某温度下，某溶剂中舒展的程度，其数值介于 0.5～1 之间。

K 与 α 的数值可通过其他绝对方法确定，例如渗透压法、光散射法等，而黏度法只能测得 $[\eta]$。

在无限稀释条件下：

$$\lim\limits_{c\to0}\frac{\eta_{sp}}{c}=\lim\limits_{c\to0}\frac{\ln\eta_r}{c}=[\eta] \tag{2}$$

因此我们获得 $[\eta]$ 的方法有两种：一种是以 η_{sp}/c 对 c 作图，外推到 $c\to0$ 的截距值；另一种是以 $\ln\eta_r/c$ 对 c 作图，也外推到 $c\to0$ 的截距值，如图 5-38 所示，两根线应会合于一点，这也可校核实验的可靠性。一般这两条直线的方程表达式为下列形式：

$$\frac{\eta_{sp}}{c}=[\eta]+K'[\eta]^2c$$

$$\frac{\ln\eta_r}{c}=[\eta]+\beta[\eta]^2c \tag{3}$$

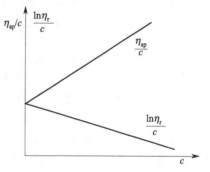

图 5-38　作图法获得 $[\eta]$

测定黏度的方法主要有毛细管法、转筒法和落球法。在测定高聚物分子的特性黏度时，以毛细管流出法的黏度计最为方便。若液体在毛细管黏度计中，因重力作用流出时，可通过泊肃叶（Poiseuille）公式计算黏度。

$$\frac{\eta}{\rho}=\frac{hgr^4t}{8lV}-m\frac{V}{8\pi lt} \tag{4}$$

式中，η 为液体的黏度；ρ 为液体的密度；l 为毛细管的长度；r 为毛细管的半径；t 为流出的时间；h 为流过毛细管液体的平均液柱高度；V 为流经毛细管的液体体积；m 为毛细管末端校正的参数（一般在 $r/l\ll1$ 时，可以取 $m=1$）。对于某一只指定的黏度计而言，式（4）可以写成下式：

$$\frac{\eta}{\rho}=At-\frac{B}{t} \tag{5}$$

式中，$B<1$，当流出的时间 t 在 2min 左右（大于 100s），该项（亦称动能校正项）可以从略。又因通常测定是在稀溶液中进行（$c<1\times10^{-2}\text{g}\cdot\text{cm}^{-3}$），所以溶液的密度和溶剂的密度近似相等，因此可将 η_r 写成：

$$\eta_r=\frac{t}{t_0} \tag{6}$$

式中，t 为溶液的流出时间；t_0 为纯溶剂的流出时间。所以通过溶剂和溶液在毛细管中的流出时间，从式（6）求得 η_r，由式（7）计算出 η_{sp}。再由作图法求得 $[\eta]$。

$$\eta_{sp}=\eta_r-1=\frac{\eta}{\eta_0}-1=\frac{t}{t_0}-1 \tag{7}$$

可见，通过测量不同浓度的溶液通过黏度计的时间，与溶剂通过的时间比较，得到不同浓度下的相对黏度 η_r 值，再计算得增比黏度 η_{sp}。作图求得特性黏度 $[\eta]$，从式(1)即可计算得到黏均分子量。

三、仪器与试剂

恒温槽；乌氏黏度计；洗耳球；停表；移液管（10mL）。

聚乙烯醇溶液。

四、实验步骤

本实验用的乌贝路德黏度计，又叫气承悬柱式黏度计。它的最大优点是可以在黏度计里直接稀释溶液。

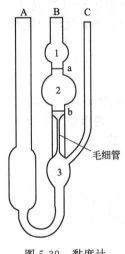

图 5-39　黏度计

1. 先用洗液将黏度计洗净，再用自来水、蒸馏水分别冲洗几次，每次都要注意反复流洗毛细管部分，洗好后烘干备用。

2. 调节恒温槽温度至 $(25.0\pm0.1)℃$，在黏度计的 B 管和 C 管上都套上橡皮管，然后将其垂直放入恒温槽，使水面完全浸没 1 球（图 5-39）。

3. 溶剂流出时间 t_0 的测定

移取 10mL 已恒温的蒸馏水，由 A 管注入黏度计中，再恒温 5min。用橡胶管封闭 C 管口，用洗耳球从 B 管吸溶剂使溶剂上升至球 1。然后同时松开 C 管和 B 管，使空气进入球 3，在毛细管内形成气承悬液柱，使 B 管溶剂在重力作用下流经毛细管。记录溶剂液面通过 a 标线到 b 标线所用时间，重复三次，任意两次时间相差小于 0.3s。如果相差过大，则应检查毛细管有无堵塞现象；查看恒温槽温度是否符合。

4. 溶液流出时间 t 的测定

测完 t_0 后，在原 10mL 水中，取 10mL 已配好并恒温的聚乙烯醇溶液从 A 管加入黏度计中，用洗耳球将溶液反复抽吸至球 A 管内几次，使混合均匀。测定 $c=1/2$ 的流出时间 t_1。然后再依次加入 10mL 蒸馏水，逐级稀释成浓度为 1/3、1/4、1/5 的溶液，并分别测定流出时间 t_2、t_3、t_4（每个数据重复三次，取平均值）。每加一次溶液，均要封闭 C 管，并用洗耳球从 B 管口多次吸溶液至 1 球，以洗涤 B 管并使溶液均匀混合。聚乙烯醇是一种起泡剂，搅拌抽吸混合时，容易起泡，不易混合均匀；溶液中分散的微小气泡好像杂质微粒，容易局部堵塞毛细管，所以应注意抽吸的速度。

5. 实验完毕，黏度计应洗净，然后用洁净的蒸馏水浸泡或倒置使其晾干。

五、数据处理

1. 将所测的实验数据及计算结果填入下表中。

室温：＿＿＿℃；大气压力：＿＿＿Pa；原始溶液浓度 c_0：＿＿＿ $g\cdot mL^{-1}$；恒温温度：＿＿＿℃

项　　目		流出时间 t/s				η_r	η_{sp}	η_{sp}/c	$\ln\eta_r$	$\ln\eta_r/c$
		测量值			平均值					
		1	2	3						
溶剂										
溶液	$c=1/2$									
	$c=1/3$									
	$c=1/4$									
	$c=1/5$									

2. 作 (η_{sp}/c)-c 图和 $(\ln\eta_r/c)$-c 图并外推至 $c=0$，从截距求出 $[\eta]$ 值，$[\eta]=$ 截距/c_0。

注意：在特性黏度的测定过程中，有时并非操作不慎，作图结果会出现如图 5-40 的异常现象，在式(3)的第一式中的 K' 和 η_{sp}/c 值与高聚物结构和形态有关，而式(3)的第二式，其物理意义不太明确，因此出现异常现象时，以式(3)的第一式曲线即 (η_{sp}/c)-c 求 $[\eta]$ 值。

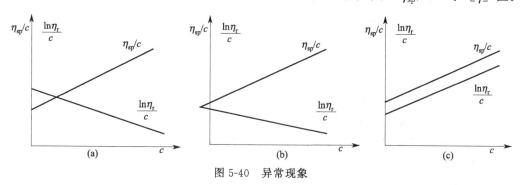

图 5-40　异常现象

3. 由式(1)计算聚乙烯醇在水中的黏均分子量，查表得，25℃时：$K=2.0\times10^{-4}$，$\alpha=0.76$。

一次实验结果（参考）

项　目		时间/s				η_r	η_{sp}	η_{sp}/c	$\ln\eta_r$	$\ln\eta_r/c$
			测量值		平均值					
		1	2	3						
纯溶剂水的时间		128.00	128.20	128.10	128.10	—	—	—	—	—
溶液浓度 c	1 号 0.50	145.60	145.40	145.60	145.53	1.1361	0.1361	0.2722	0.1276	0.2552
	2 号 0.33	138.80	138.70	138.85	138.78	1.0834	0.0834	0.2502	0.0801	0.2403
	3 号 0.25	135.60	135.80	136.00	135.80	1.0601	0.0601	0.2404	0.0584	0.2335
	4 号 0.20	134.11	134.10	134.09	134.10	1.0468	0.0468	0.2342	0.0458	0.2289

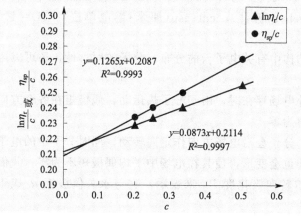

$\dfrac{\eta_{sp}}{c}$-c 截距$=0.2087$，$[\eta]=0.8348$

分子量$=66182$

【附注】

1. 黏度计必须洁净。

2. 实验过程中，恒温槽的温度要保持恒定。加入样品后待恒温才能进行测定。

3. 黏度计要垂直浸入恒温槽中，实验中不要振动黏度计。

【思考题】

1. 用乌贝路德黏度计（三管）和奥氏黏度计（两管）测定液体的黏度时，操作要求有何不同？为何有此不同的要求？它们在测定液体的黏度时需要什么条件？

2. 试分析影响实验精确度，作图时线性不佳的主要因素。

偶极矩的测定

一、实验目的

1. 掌握溶液法测定丙酮偶极矩的原理及方法。
2. 了解分子偶极矩与分子电性质的关系。
3. 掌握小电容测量仪使用方法及它与介电常数的关系。

二、实验原理

1. 偶极矩与极化度

分子的结构可以近似地看成是由电子云和分子骨架（原子核和内层电子）所构成。由于其空间构型的不同，其正负电荷中心可以是重合的（此时为非极性分子），也可以是不重合的（此时为极性分子）。

1912 年 Debye 提出"偶极矩" μ 的概念来度量分子极性的大小，如图 5-41 所示，其定义是：

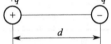

图 5-41 偶极矩

$$\vec{\mu} = qd \tag{1}$$

式中，q 为正、负电荷中心所带的电荷量；d 为正、负电荷中心间的距离；$\vec{\mu}$ 为向量，其方向规定为从正到负，单位 C·m（库仑·米）。

例如一个电子的电荷为 1.6022×10^{-19} C，而分子中原子核间距为 $1\text{Å} = 10^{-10}$ m 的量级，所以偶极矩的量级为 $\mu = 1/6022 \times 10^{-19} \times 10^{-10} = 1.6022 \times 10^{-29}$ C·m。在 CGS 制中，$\mu = 4.8 \times 10^{-18}$ cm·esu = 4.8D。其中 D 为 Debye（德拜），cm·esu（厘米·静电单位）。1D = 1 × 10^{-18} cm·esu = 3.338×10^{-30} C·m。

通过偶极矩的测定，可以了解分子结构中有关电子云的分布，分子的对称性，还可以用来判别几何异构体和分子的立体结构等。

极性分子具有永久偶极矩，在没有外电场存在时，由于分子热运动，偶极矩在各个方向上的取向机会均等，故其偶极矩的统计值为零。

若将极性分子置于均匀的外电场中，分子会沿电场方向作定向转动，同时分子中的电子云相对于分子骨架会发生移动，分子骨架也会变形，使其在电场中平均偶极矩不为零，我们称其分子被极化。其中转向极化可用摩尔转向极化度 P_0 来表示，它与永久偶极矩 μ^2 成正比，与热力学温度成反比。

$$P_0 = \frac{4}{3}\pi N_A \alpha_0 = \frac{4}{9}\pi N_A \frac{\mu^2}{kT} \tag{2}$$

式中，N_A 是阿伏伽德罗常数；α_0 是分子转向磁化率，统计力学证明 $\alpha_0 = \dfrac{\mu^2}{3kT}$；$k$ 为玻尔兹曼常数。对于非极性分子，$\mu = 0$，$P_0 = 0$。

在均匀的外电场中，不论是极性分子还是非极性分子，都会发生分子中的电子云对分子骨架发生相对移动，分子骨架也会变形，这叫分子变形极化，变形极化可由摩尔极化度 P_D

来衡量。它包括两部分，即电子云变形极化度 P_E 与分子骨架变形极化度 P_A：

$$P_D = P_E + P_A$$

其中

$$P_E = \frac{4}{3}\pi N_A \alpha_E \qquad P_A = \frac{4}{3}\pi N_A \alpha_A \tag{3}$$

α_E 与 α_A 分别是电子极化率与原子极化率。

显然，在均匀的外电场中，极性分子的摩尔极化度 P 由三项组成：

$$P = P_0 + P_E + P_A \tag{4}$$

非极性分子的摩尔极化度 P 由两项组成，因为 $P_0 = 0$，即：

$$P = P_E + P_A \tag{5}$$

2. 介电常数的测定

介电常数是通过电容测定计算而得到的。

如果在电容器的两个极板间充以某种电介质，电容器的电容量就会增大，如果维持极板上的电荷量不变，那么充以电介质的两极板间电势差就会减小。若 C_0 为极板间处于真空时的电容量，C 为充以电介质时的电容量，则 C 和 C_0 之比值 ε 称为该电介质的介电常数。

$$\varepsilon = \frac{C}{C_0} \tag{6}$$

克劳修斯（Clausius）、莫索第（Mosotti）和德拜（Debye）从电磁理论得到物质摩尔极化度与介电常数 ε 之间的关系式：

$$P = \frac{\varepsilon - 1}{\varepsilon + 2} \times \frac{M}{\rho} = \frac{4}{3}\pi N_A \alpha = \frac{4}{3}\pi N_A \left(\frac{\mu^2}{3kT} + \alpha_E + \alpha_A \right) \tag{7}$$

式中，M 为被测物质的分子量；ρ 为该物质在 $T(K)$ 时的密度。

但该式是假定分子间无相互作用而推导得到的，所以只能适用于温度不太低的气相体系，然而测定气相的介电常数和密度在实验上困难较大，对某些物质甚至无法获得其气相状态，因此后来提出了一种溶液法来解决这一困难，溶液法的基本思想是，在无限稀释的非极性溶液中，溶质分子所处的状态和气相时相近，于是无限稀释溶液中溶质的摩尔极化度 P，就可以看作式(7) 中的摩尔极化度 P。

要求得介电常数，必须测量电介质的电容 C。本实验采用小电容测试仪来测量电容。

由于在小电容测量仪测定电容时，除电容池两极板间的电容 C 外，整个测试系统中还有分布电容 C_d 的存在，所以实际测得的电容应为 C 和 C_d 之和，即

$$C_x = C + C_d \tag{8}$$

C 随测定物质而异，而 C_d 对一台仪器（包括所配的导线和电容池）来说是一定值，因此在以后各次测量中必须扣除分布电容值 C_d，才能得到待测物的电容 C。

其测定方法为先测定一已知介电常数 $\varepsilon_标$ 的标准物质的电容 $C'_标$，则：

$$C'_标 = C_标 + C_d \tag{9}$$

而不放样品时（空气）所测 $C'_空$ 为

$$C'_空 = C_空 + C_d \tag{10}$$

两式相减得

$$C'_标 - C'_空 = C_标 - C_空 \tag{11}$$

已知物质介电常数 ε 等于电介质的电容与真空时的电容之比，如果把空气的电容近似看作真空时的电容，$C_空 = C_0$，则：

$$C'_标 - C'_空 = C_标 - C_0 \tag{12}$$

由定义
$$\varepsilon_标 = C_标 / C_空 \tag{13}$$

变为

$$C'_标 - C'_空 = \varepsilon_标 \cdot C_0 - C_0 = (\varepsilon_标 - 1) C_0$$
$$C_0 = (C'_标 - C'_空) / (\varepsilon_标 - 1)$$

代入式(10) 得

$$C_d = (\varepsilon_标 C'_空 - C'_标) / (\varepsilon_标 - 1) \tag{14}$$

这样，测量出 C_x，扣除 C_d，再有 C_0，可以计算出物质的介电常数 ε。

3. 折射率与偶极矩的测定

根据光的电磁理论，在同一频率的高频电场作用下，透明物质的介电常数 ε 与折射率 n 的关系为：

$$\varepsilon = n^2$$

代入式(7) 得极化计算公式（R 表示摩尔极化度）：

$$R = \frac{n^2 - 1}{n^2 + 2} \cdot \frac{M}{\rho} = \frac{4}{3} \pi N_A \alpha \tag{15}$$

称为洛仑兹-罗伦斯（Lorenz-Lroentz）公式。必须指出，用 n^2 代替 ε，此时 ε 是指交变电场中测得的 ε，与静电场中测得的 ε 有所不同。

这是因为：

(1) 当在交变电场的频率处于低频（小于 10^{10} Hz，相当于无线电波），与静电场无区别，此时对极性分子而言

$$P = P_0 + P_E + P_A$$

(2) 当在交变电场的频率增加到中频（$10^{12} \sim 10^{14}$ Hz，相当于红外波段），极性分子的转向运动跟不上电场变化，此时极性分子

$$P = P_E + P_A$$

(3) 当在交变电场的频率增加到高频（大于 10^{15} Hz，紫外可见波段），分子骨架也跟不上电场变化，此时只剩下电子云变形极化度。极性分子

$$P = P_E$$

在实验室通常用可见光（紫外可见）测量出折射率，计算出极化度：

$$R = \frac{n^2 - 1}{n^2 + 2} \cdot \frac{M}{\rho} = P_E = \frac{4}{3} \pi N_A \alpha_E \approx \frac{4}{3} \pi N_A \alpha_D \tag{16}$$

然后在低频电场测量出极性分子的介电常数 ε，代入式(7) 计算出摩尔极化度 P，那么由 $P = P_0 + P_E + P_A$ 得出：

$$P_0 = P - R$$

把 P_0 数值代入式(2)，可计算出极性分子的偶极矩。

本实验用阿贝折光仪测量物质折射率 n。

4. 测定偶极矩的基本公式

为了消除极性分子相互影响，本实验将极性溶质（丙酮）以较小浓度溶于菲极性溶剂（环己烷）中，配成不同浓度的溶液，其摩尔极化度 P_{12} 可用式(17)表示：

$$P_{12}=\frac{\varepsilon_{12}-1}{\varepsilon_{12}+2}\times\frac{M_1 x_1+M_2 x_2}{\rho_{12}}=P_1 x_1+P_2 x_2 \tag{17}$$

式中，下标 12 表示溶液；下标 1 表示溶剂；下标 2 表示溶质，x_1、x_2 是摩尔分数。

用 $V_{m,12}$ 表示溶液的平均摩尔体积，$V_{m,1}$ 表示溶剂的摩尔体积：

$$V_{m,12}=\frac{M_1 x_1+M_2 x_2}{\rho_{12}} \qquad V_{m,1}=\frac{M_1}{\rho_1}$$

溶剂的极化度：
$$P_1=\frac{\varepsilon_1-1}{\varepsilon_1+2}\times\frac{M_1}{\rho_1}=\frac{\varepsilon_1-1}{\varepsilon_1+2}V_{m,1} \tag{18}$$

溶质的极化度：
$$P_2=\frac{4\pi}{3}N_A\left(\alpha_E+\alpha_A+\frac{\mu^2}{3kT}\right) \tag{19}$$

将式(18)、式(19)代入式(17)

$$P_{12}=\frac{\varepsilon_{12}-1}{\varepsilon_{12}+12}V_{m,12}=\frac{\varepsilon_1-1}{\varepsilon_1+2}V_{m,1}x_1+\frac{4\pi}{3}N_A\left(\alpha_E+\alpha_A+\frac{\mu^2}{3kT}\right)x_2 \tag{20}$$

在高频可见光测量出折射率 n 的极化度公式为

$$R_{12}=\frac{n_{12}^2-1}{n_{12}^2+2}V_{m,12}=\frac{n_1^2-1}{n_1^2+2}V_{m,1}x_1+\frac{4\pi}{3}N_A\alpha_E \tag{21}$$

式(20)减去式(21)，得

$$P_{12}-R_{12}=\left(\frac{\varepsilon_{12}-1}{\varepsilon_{12}+2}-\frac{n_{12}^2-1}{n_{12}^2+2}\right)V_{m,12} \tag{22}$$

$$P_{12}-R_{12}=\left(\frac{\varepsilon_{12}-1}{\varepsilon_{12}+2}-\frac{n_{12}^2-1}{n_{12}^2+2}\right)V_{m,1}x_1+\frac{4\pi N_A\mu^2}{9kT}x_2 \tag{23}$$

对于稀溶液，$V_{m,12}\approx V_{m,1}x_1$，由式(22)、式(23)可得

$$\left(\frac{\varepsilon_{12}-1}{\varepsilon_{12}+2}-\frac{n_{12}^2-1}{n_{12}^2+2}\right)V_{m,12}=\left(\frac{\varepsilon_1-1}{\varepsilon_1+2}-\frac{n_1^2-1}{n_1^2+2}\right)V_{m,12}+\frac{4\pi N_A\mu^2}{9kT}x_2 \tag{24}$$

对上式两边同除 $V_{m,12}$，并设 $\dfrac{x_2}{V_{m,12}}=c_2\times10^3$ （c_2 单位为 $mol\cdot L^{-1}$），则

$$\left(\frac{\varepsilon_{12}-1}{\varepsilon_{12}+2}-\frac{n_{12}^2-1}{n_{12}^2+2}\right)=\left(\frac{\varepsilon_1-1}{\varepsilon_1+2}-\frac{n_1^2-1}{n_1^2+2}\right)+\frac{4\pi N_A\mu^2\times10^{-3}}{9kT}c_2 \tag{25}$$

或者
$$\left(\frac{\varepsilon_{12}-1}{\varepsilon_{12}+2}-\frac{n_{12}^2-1}{n_{12}^2+2}\right)-\left(\frac{\varepsilon_1-1}{\varepsilon_1+2}-\frac{n_1^2-1}{n_1^2+2}\right)=\frac{4\pi N_A\mu^2\times10^{-3}}{9kT}c_2 \tag{26}$$

对于式(25)，如果测量出不同浓度 c_2 时的 ε_{12}、n_{12}，以 $\left(\dfrac{\varepsilon_{12}-1}{\varepsilon_{12}+2}-\dfrac{n_{12}^2-1}{n_{12}^2+2}\right)$ 对 c_2（横坐标）作图，得一条直线，其斜率为

$$\tan\theta = \frac{4\pi N_A \mu^2 \times 10^{-3}}{9kT} \tag{27}$$

那么

$$\mu = \sqrt{\frac{9k}{4\pi N_A \mu^2 \times 10^{-3}}}\sqrt{T\tan\theta} = 1.355 \times 10^{-30}\sqrt{T\tan\theta} \; (\text{C}\cdot\text{m}) \tag{28}$$

纯溶剂的 ε_1、n_1 也有用，对于式(25)，是不过原点的直线，用 ε_1、n_1 计算出截距与作图的截距比较，对结果加以验证；对于式(26)作图，直线是经过原点的，作图方便。

三、仪器与试剂

精密小电容测试仪；电容池；阿贝折光仪；电吹风；容量瓶（25mL）；5mL 以下移液管，移液管（20mL、10mL）；微量取液器，分析天平。

环己烷（A.R.）；丙酮（A.R.）。

四、实验步骤

1. 配制溶液

配制丙酮的环己烷溶液，浓度分别 0.200、0.400、0.800、1.000（mol·L^{-1}）各 25mL。

操作时注意防止溶质、溶液的挥发和吸收极性较大的水汽。配好后迅速盖上瓶盖。

2. 折射率测定

在 25.0℃±0.1℃条件下，用阿贝折光仪测定纯溶剂环己烷以及 4 种溶液的折射率，各样品需加样 2 次以上，读取 2 个以上数据，取其平均值。

3. 介电常数测定

(1) 电容 C_0 和 C_d 的测定

本实验采用环己烷作为标准物质，其介电常数的温度公式为：

$$\varepsilon(\text{环己烷}) = 2.023 - 1.60 \times 10^{-3}(t-20)$$

t 为摄氏温度。

用电吹风将电容池样品室吹干，并将电容池和电容测定仪连接线接好，将电容测定仪的电源开关置于"通"位，预热 10min 左右即可测量。盖好电容池样品室盖。待数字显示稳定后，记下 $C'_{\text{空}}$。

用移液管量取 1mL 标准环己烷注入电容池样品室，然后用滴管逐滴加入样品，使之浸没内、外电极，盖好样品室盖。待数字稳定后，记下 $C'_{\text{标}}$。

然后打开样品室盖，倒去室内环己烷（放入回收瓶），用电吹风将样品室吹干，至显示的数字与 $C'_{\text{空}}$ 值相差无几（小于 0.02pF），再重新加入环己烷，测量 $C'_{\text{标}}$，重复测量。由 $C'_{\text{空}}$、$C'_{\text{标}}$ 以及折射率计算出 C_0 与 C_d。

(2) 溶液电容的测定

按上述方法分别测量各溶液的 C'_{12}，重复测定时，不但要抽去样品室内的溶液，还要用电吹风将样品室吹干，然后重复测 $C'_{\text{空}}$ 值，再加入该溶液，测出电容值 C'_{12}。两次测量值应小于 0.05pF。用 C'_{12} 平均值减去 C_d 即为各溶液电容 C_{12}。

五、结果与讨论

1. 实验记录与数据处理

编号	浓度 $c/\text{mol·L}^{-1}$	C_{12}/pF			$\varepsilon_{12}/\text{F·m}^{-1}$	n_{12}			a	b	$a-b$	$(a-b)-(a'-b')$
		1	2	平均		1	2	平均				
0												
1												
2												
3												
4												

说明：编号 0 是纯溶剂环己烷，此行中为 C_1、ε_1、n_1、a'、b'。

$$a'=\frac{\varepsilon_1-1}{\varepsilon_1+2} \qquad b'=\frac{n_1^2-1}{n_1^2+2}$$

对于溶液（编号 1，2，3，4）：

$$a=\frac{\varepsilon_{12}-1}{\varepsilon_{12}+2} \qquad b=\frac{n_{12}^2-1}{n_{12}^2+2} \qquad C_{空}=\frac{C'_{标}-C'_{空}}{\varepsilon_{标}-1} \qquad C_d=C'_{空}-C_{空}=\frac{\varepsilon_{标}C'_{空}-C'_{标}}{\varepsilon_{标}-1}$$

$$C_{12}=C'_{12}-C_d \qquad \varepsilon_{标}=\varepsilon_1=\frac{C_1}{C_0} \qquad \varepsilon_{12}=\frac{C_{12}}{C_0}$$

2. 作图求偶极矩 μ

(1) 应用 4 个溶液的 $a-b$ 值对浓度 c 作图，求出该直线斜率。

(2) 将直线斜率代入公式(28)，计算出偶极矩 μ_1。

(3) 应用 4 个溶液的 $(a-b)-(a'-b')$ 值对浓度 c 作一过原点的直线，求出该直线斜率，再求出偶极矩 μ_2。

3. 讨论

(1) 对比 μ_1 和 μ_2。

(2) 求出相对误差。丙酮的 $\mu=9.82\times10^{-30}\text{C·m}=2.95\text{D}$。

【附注】

1. 丙酮易挥发，配制溶液时动作要迅速，配好后要立即盖上盖子。防止溶液的挥发及吸收极性较大的水蒸气。

2. 配制溶液的器具应干燥，溶液应透明不发生浑浊。

3. 用阿贝折光仪测量时要迅速、准确。

4. 测量电容时，注入的液体要浸没内、外电极，但不要接触到上盖（不能太满以防溢出）；要盖紧样品室盖子，以防漏气。

【思考题】

1. 极性分子在电场中极化度包括哪几部分？

2. 极性分子在红外波段电场中极化度包括哪几部分？

3. 用比重瓶在恒温条件下测定液体密度的实验中，一般都忽略了称空比重瓶时瓶中所含空气的质量，即称空瓶实际称的是空瓶加瓶中的空气，把瓶加瓶中空气的质量作为空瓶质量处理。若要精确测定，如何能消除这一因素产生的误差。

4. 试分析偶极矩测定的实验中影响实验结果的因素。

5. 测定介电常数时，如何最大限度保证分布电容 C_d 为定值？

6. 准确测定溶质摩尔极化度和摩尔折射度时，为什么要外推至无限稀释？

7. 本实验使用的主要仪器有哪些？

8. 由于本实验使用的有机溶剂易挥发，所以整个实验过程中应注意哪些问题？

9. 比重瓶的使用应注意哪些问题？

10. 电容池的使用应注意哪些问题？

实验 5-19 物质磁化率的测定

一、实验目的

1. 通过测定一些络合物的磁化率，求算未成对电子数和判断这些分子的配键类型。

2. 掌握 Gouy 法测定磁化率的原理和实验方法。

3. 学会用霍尔法测定磁场强度。

二、实验原理

1. 磁化率

物质的磁化率表征着物质的磁化能力。

物质置于外加磁场 $\vec{H}$ 中，该物质内部的磁感应强度为：

$$\vec{B}=(1+4\pi x)\vec{H}$$

χ 称为单位磁化率（单位体积），是物质的一种宏观磁性质。化学上常用单位质量磁化率 χ_m 或摩尔磁化率 χ_M 表示物质的磁性质。它们的定义是：

$$\chi_m=\frac{\chi}{\rho} \qquad \chi_M=M\chi_m=\frac{M\chi}{\rho}$$

式中，ρ 是物质的密度；M 是摩尔质量。

由于 χ 是无量纲的量，故 χ_m 和 χ_M 的单位分别是 $m^3 \cdot kg^{-1}$ 和 $m^3 \cdot mol^{-1}$。

$\chi_M<0$ 的物质称为反磁性物质。分子中电子自旋已配对的物质一般是反磁性物质。反磁性的产生在于内部电子的轨道运动，在外磁场作用下产生拉摩运动，感应出一个诱导磁矩。磁矩的方向与外磁场相反。如 Hg、Cu、Bi 等。

$\chi_M>0$ 的物质称为顺磁性物质。顺磁性一般是具有自旋未配对电子的物质。因为电子自旋未配对的原子或分子具有分子磁矩（亦称永久磁矩）μ_m，如 Mn、Cr、Pt 等。由于热运动，μ_m 指向各个方向的机会相同，所以该磁矩的统计值等于 0，在外磁场作用下，一方面分子磁矩会按着磁场方向排列，其磁化方向与外磁场方向相同，其磁化强度与外磁场成正比。另一方面物质内部电子的轨道运动也会产生拉摩运动，感应出诱导磁矩，其磁化方向与外磁场方向相反。所以顺磁性物质的摩尔磁化率 χ_M 是摩尔顺磁化率 χ_u 和摩尔反磁化率 χ_o 两部分之和。

$$\chi_M=\chi_u+\chi_o$$

但由于 $\chi_M \gg |\chi_o|$，故顺磁性物质 $\chi_M > 0$，且近似地把 χ_u 当作 χ_M，即：

$$\chi_M = \chi_u$$

除反磁性物质和顺磁性物质外，还有少数物质的磁化率特别大，且磁化程度与外磁场之间并非正比关系，称为铁磁性物质。

2. 分子磁矩和磁化率

顺磁磁化率 χ_u 和分子磁矩的关系，一般服从居里定律：

$$\chi_u = \frac{N_A \mu_m^2}{3kT}$$

式中，N_A 为阿伏伽德罗常数；k 为玻尔兹曼常数；T 为热力学温度。

由于 $\chi_M \approx \chi_u$，因此：

$$\chi_M = \frac{N_A \mu_m^2 \mu_0}{3kT} \tag{1}$$

由式（1）可得分子磁矩 μ_m：

$$\mu_m = \sqrt{\frac{3k\chi_M T}{\mu_0 N_A}} = \frac{1}{\mu_B}\sqrt{\frac{3k\chi_M T}{\mu_0 N_A}}(\mu_B) = 797.7\sqrt{\chi_M T}(\mu_B) \tag{2}$$

式中，μ_B 是玻尔磁子，是磁矩的自然单位，其数值为：$\mu_B = 0.9274 \times 10^{-23} J \cdot T^{-1}$。

式（2）将物质的宏观磁性质 χ_M 和其微观性质 μ_m 联系起来。因此只要实验测得 χ_M，就可算出分子磁矩 μ_m。

3. 物质的分子磁矩 μ_m 和它所包含的未成对电子数 n 的关系

物质的顺磁性主要来自于和电子自旋相关的磁矩（由于化学键使其轨道"冻结"）。电子有两个自旋状态。如果原子、分子或离子中有两个自旋状态的电子数不相等，则该物质在外磁场中就呈现顺磁性。这是由于每一个轨道上成对电子自旋所产生的磁矩是相互抵消的。所以只有尚未成对电子的物质才具有分子磁矩，它在外磁场中表现为顺磁性。

物质的分子磁矩 μ_m 和它所包含的未成对电子数 n 的关系可用下式表示：

$$\mu_m = \sqrt{n(n+2)}(\mu_B) \qquad n = -1 + \sqrt{1 + \mu_m^2} \tag{3}$$

由实验测定 χ_M，代入式（2），求出 μ_m，再代入式（3）求出未成对的电子数 n。理论值与实验值一定有误差，这是由于轨道磁矩完全被冻结的缘故。

4. 根据未成对电子数判断络合物的配键类型

由式（3）算出的未成对电子数 n，对于研究原子或离子的电子结构，判断络合物的配键类型是很有意义的。

络合物的价键理论认为：络合物可分为电价络合物和共价络合物。电价络合物是指中央离子与配位体之间靠静电库仑力结合起来，这种化学键称为电价配键。这时中央离子的电子结构不受配位体影响，基本上保持自由离子的电子结构。例如，Fe^{2+} 在自由离子状态下的电子结构，如图 5-42 所示。当它与 6 个水配位体形成络离子 $[Fe(H_2O)_6]^{2+}$ 时，中央离子 Fe^{2+} 仍能保持着上述自由离子状态下的电子结构，故此络合物是电价络合物。

共价络合物则是以中央离子的空的价电子轨道接受配位体的孤对电子以形成共价电子重

图 5-42 Fe^{2+} 在自由离子状态下的电子结构

排，以腾出更多空的价电子轨道，并进行"杂化"，来容纳配位体的电子对。见图 5-43：当 Fe^{2+} 与 6 个 CN^- 配位体形成络离子 $[Fe(CN)_6]^{4-}$，铁的电子重排，6 个电子集中在三个 d 轨道上，空出的 2 个 d 轨道和空的 4s 和 4p 轨道，进行杂化变成 d^2sp^3 杂化轨道，以此来容纳 6 个 CN^- 中的 C 原子上的 6 对孤对电子，形成 6 个共价配键，电子自旋全部配对，是反磁性物质。

图 5-43　d^2sp^3 杂化轨道

5. 磁化率的测定

本实验采用古埃磁天平法测定物质的 χ_M（图 5-44）。

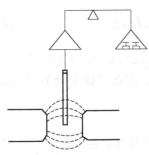

图 5-44　古埃磁天平示意图

将圆柱形样品管悬挂在天平的一个臂上，使样品管下端处于电磁铁两极中心，亦即磁场强度 H 最强处。样品应足够长，使其上端所处的磁场强度 H。可忽略不计。这样，圆形样品管就处在一个不均匀磁场中，则磁场对样品作用力 f 为：

$$df = \int_H^{H_0} (\chi - \chi_{空}) A H \frac{\partial H}{\partial S} dS$$

式中，A 为样品截面积；$\chi_{空}$ 为空气的磁化率；S 为样品管轴方向距离；$\frac{\partial H}{\partial S}$ 为磁场强度梯度；H 为磁场中心强度；H_0 为样品顶端磁场强度。

假定空气的磁化率可以忽略，且 $H_0 = 0$，上式积分得：

$$f = \frac{1}{2} \chi H^2 A$$

由天平称得装有样品的样品管和空样品管在加与不加磁场时的重量变化，求出：

$$f_2 = \Delta m_{样品+空管}\, g \qquad f_1 = \Delta m_{空管}\, g$$

显然
$$f = f_2 - f_1$$

于是有
$$\frac{1}{2} \chi H^2 A = (\Delta m_{样品+空管} - \Delta m_{空管}) g \tag{4}$$

由于 $\chi_M = \dfrac{M\chi}{\rho}$　$\rho = \dfrac{m}{hA}$，则有

$$\chi_m = \frac{2(\Delta m_{样品+空管} - \Delta m_{空管}) g h}{\mu_0 m_{样品} H^2} \tag{5}$$

$$\chi_M = \frac{2(\Delta m_{样品+空管} - \Delta m_{空管}) g h}{\mu_0 m_{样品} H^2} = M \tag{6}$$

式中，$\Delta m_{样品+空管}$ 为装有样品的管加磁场时的质量减去装有样品的管不加磁场时的质量；$\Delta m_{空管}$ 为不装样品的空管加磁场时的质量减去不装样品的空管不加磁场时的质量；g 为重力加速度；M 为样品摩尔质量；h 为样品实际高度，cm；$m_{样品}$ 为样品在无磁场时的实际质量；μ_0 为真空磁导率（$4\pi\times10^{-7}$）；H 为磁场强度。

H 可以由标准物质求出。用已知磁化率的标准样品，测定出 $\Delta m_{样品+空管}$、$\Delta m_{空管}$、$m_{样品}$ 和 h。本实验用莫尔氏盐即硫酸亚铁铵 $(NH_4)_2SO_4\cdot FeSO_4\cdot 6H_2O$ 为标准样品，已知其单位质量磁化率为：

$$\chi_m = \frac{9500}{T+1}\times4\pi\times10^{-9}(m^3\cdot kg^{-1}) \tag{7}$$

式中，T 为热力学温度。

三、仪器与试剂

古埃磁天平；玻璃样品管；温度计；电吹风；装样品工具（角匙、小漏斗、竹针）。

莫尔盐 $(NH_4)_2SO_4\cdot FeSO_4\cdot 6H_2O$（A.R.）；$K_4[Fe(CN)_6]\cdot 3H_2O$（A.R.）；$FeSO_4\cdot 7H_2O$（A.R.）。

四、实验步骤

1. 磁场两极中心处磁感应强度（B）测量

将电流调节旋钮左旋到底，打开电源开关，调节到任一电流值，预热 5min。在霍尔探头（图 5-45）远离磁场时，调节调零旋钮，使其数字显示为"0"。把霍尔探头放入磁铁的中心支架上，使其顶端放入待测磁场中，并轻轻、缓慢地前后、左右调节探头的位置，观察数字显示值，直至调节到最大值，固定。把电流调节至零，缓慢由小到大调节励磁电流。分别读取 $I=1A$、$I=2A$、$I=3A$、$I=4A$ 时 B 的值，缓慢调节至 $I=5A$，然后再缓慢由大到小调节励磁电流，分别读取 $I=4A$、$I=3A$、$I=2A$、$I=1A$ 时 B 的值，并记入下表；再重复操作一次。关闭电源。

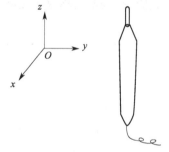

图 5-45 霍尔元件探头

不同励磁电流下磁感应强度

励磁电流 I/A	B_1	B_2	B_3	B_4	B（平均）
$I=0$					
$I=1$					
$I=2$					
$I=3$					
$I=4$					

2. 样品管 $\Delta m_{空管}$ 的测定

取一只洁净、干燥的样品管悬挂在天平的一端，使样品管底部与两磁极中心连线平齐（样品管不能与磁极相接触），准确称取空样品管质量，然后接通电源，缓慢由小到大调节电流，分别称取 $I=1A$、$I=2A$、$I=3A$、$I=4A$ 时的空样品管质量，缓慢调节至 $I=5A$，再缓慢由大到小调节励磁电流，分别称取 $I=4A$、$I=3A$、$I=2A$、$I=1A$ 时的空样品管质量，再缓慢调节至 $I=0A$，断开电源开关。在无励磁电流的情况下，再准确称取一次空样品管的质量。

测量注意点：①两磁极距离不得随意变动；②样品管不得与磁极相接触；③实验时应避免气流对测量的影响；④每次测量后应将天平托盘托起。用励磁电流由小至大、由大至小，这种测量方法是为了抵消实验时磁场剩磁现象的影响。

空样品管在励磁电流下质量

励磁电流 I/A	$m_空(1)$	$m_空(2)$	$m_空$（平均）	有无励磁磁场时质量差 $\Delta m_空$
$I=0$	①	①′	$a=(①+①′)/2$	—
$I=1$	②	②′	$b=(②+②′)/2$	$b-a$
$I=2$	③	③′	$c=(③+③′)/2$	$c-a$
$I=3$	④	④′	$d=(④+④′)/2$	$d-a$
$I=4$	⑤	⑤′	$e=(⑤+⑤′)/2$	$e-a$

同法重复测定一次，将两次测得的数据取平均值。

3. 用莫尔盐标定磁场强度

取下样品管，用小漏斗装入事先研细并干燥过的莫尔盐，并不断让样品管底部在软木垫上轻轻碰撞，使粉末样品均匀填实，直至装入所要求的高度，用直尺准确测量样品高度 h。按 2 方法分别准确称取相应电流强度下的质量。

标准物莫尔氏盐在励磁电流下质量

励磁电流 I/A	$m_{空+样}(1)$	$m_{空+样}(2)$	$m_{空+样}$（平均）	有无励磁磁场时质量差 $\Delta m_{空+样}$
$I=0$				
$I=1$				
$I=2$				
$I=3$				
$I=4$				

同法重复测定一次，将两次测得的数据取平均值。测定完毕后，将样品管中的莫尔盐样品倒入回收瓶中，然后洗净、烘干样品管。

4. 样品 $FeSO_4 \cdot 5H_2O$ 和 $K_4[Fe(CN)_6] \cdot 3H_2O$ 的测量

用同一样品管，同样方法测定 $FeSO_4 \cdot 5H_2O$ 和 $K_4[Fe(CN)_6] \cdot 3H_2O$ 在不同电流强度下的质量。要特别注意：样品在样品管中的高度与莫尔盐在样品管中高度完全相等。

其他数据记录：样品高度 h _____；热力学温度 T _____。

$FeSO_4 \cdot 5H_2O$ 在励磁电流下质量

励磁电流 I/A	$m_{空+样}(1)$	$m_{空+样}(2)$	$m_{空+样}$（平均）	有无励磁磁场时质量差 $\Delta m_{空+样}$
$I=0$				
$I=1$				
$I=2$				
$I=3$				
$I=4$				

K$_4$[Fe(CN)$_6$]·3H$_2$O 在励磁电流下质量

励磁电流 I/A	$m_{空+样}(1)$	$m_{空+样}(2)$	$m_{空+样}(平均)$	有无励磁磁场时质量差 $\Delta m_{空+样}$
$I=0$				
$I=1$				
$I=2$				
$I=3$				
$I=4$				

五、数据处理

1. 由式(7)算出莫尔盐的质量磁化率 χ_m，并结合有关实验数据利用式(5)，计算相应励磁电流下的磁场强度（可与用特斯拉计测量的结果对照）。

2. 按式(6)算出待测样品 FeSO$_4$·7H$_2$O 和 K$_4$[Fe(CN)$_6$]·3H$_2$O 摩尔磁化率 χ_M。

3. 再根据式(2)和式(3)计算待测样品 FeSO$_4$·7H$_2$O 和 K$_4$[Fe(CN)$_6$]·3H$_2$O 的永久磁矩 μ_m 和未成对电子数 n。

4. 根据未成对电子数，讨论 FeSO$_4$·7H$_2$O 和 K$_4$[Fe(CN)$_6$]·3H$_2$O 中的中心离子 Fe^{2+} 的最外层电子结构，并由此判断配键类型。

【附注】

1. 电源开关打开或关闭前，应先将电位器逐渐调节至零。

2. 励磁电流的升降应平稳、缓慢、严防突发性断电。

3. 空样品管需干燥、洁净，样品应均匀填实。

4. 实验时应避免气流对测量的影响。

【思考题】

1. 试述古埃（Gouy）法测定物质磁化率的测定范围。

2. 从理论上讲，不同励磁电流下测得的样品的摩尔磁化率是否相同？实验中不同励磁电流下测得的样品摩尔磁化率是否相同？

3. 在实验过程中为什么采用励磁电流由小至大，再由大至小的测定方法？

4. 本实验中样品管装样时，为何样品的高度要足够高？

5. 实验过程中应注意哪些问题？

6. 讨论 FeSO$_4$·7H$_2$O 和 K$_4$[Fe(CN)$_6$]·3H$_2$O 的配键类型。

第六章　化工原理实验

第一节　化工原理实验基础知识

一、化工原理实验守则

1. 实验指导教师守则

为保证化工原理实验规范、有序地进行，特制定本守则，所有指导教师必须自觉遵守执行。

① 实验前应认真备课，写出详细教案。

② 在带领学生实验前，必须提前一周预做所指导的实验项目，了解装置的运行情况，如有问题，及时与实验室教师一起维修和调整。

③ 必须认真指导学生做好实验的预习工作。

④ 必须在实验开课前10min进入实验室，准备好有关实验事项，实验装置运行准备工作由实验室教师负责提前完成。

⑤ 必须认真检查学生预习报告，对预习报告不合格者有权停止其进行本次实验。

⑥ 应注意观察学生的操作情况，实验完毕应检查学生的数据记录，并在其数据记录纸上签字，发现有错误或不合格的应责令其及时重做。

⑦ 应认真按照教学规范批改实验报告。

⑧ 应按考核办法认真统计学生学期实验成绩并及时公布。

2. 学生实验守则

为保证化工原理实验规范、有序地进行，特制定本守则，所有参与实验的学生必须自觉遵守执行。

① 做好实验预习工作，准时进入实验室，不得迟到或早退，不得无故缺课。

② 穿好实验工作服，长发者必须将头发盘起或戴安全帽；实验期间不得打闹、说笑或进行与实验无关的其他活动。

③ 遵守实验纪律，严肃认真地进行实验，并独立完成相应的实验报告。

④ 未做好预习，未全面了解实验流程前，不得擅自开动实验设备。

⑤ 不得随意触动与实验无关的设备或仪表开关。

⑥ 爱护实验设备、仪器仪表；节约用水、电、气和药品；注意安全及防火。

⑦ 保持实验现场和设备的整洁，禁止乱写乱画，衣物、书包等私人物品放在指定位置。

⑧ 实验结束后，需将实验数据交指导教师签字，并及时打扫实验室，将实验设备及仪器恢复到原始状态，经指导教师检查合格后方可离开。

3. 实验室安全及卫生守则

化工原理实验室是学校进行教学和科研工作的重要基地。为保障师生的人身健康和安全，顺利完成化工原理的教学任务，特制定如下守则，实验相关人员必须自觉遵守执行。

① 实验中使用的易燃、易爆、有毒和强腐蚀性的药品，必须在实验结束后交回危险品库存放，不得随意处理，互相转让，更不能私自带出实验室。

② 非化工原理实验室人员不准配制实验室钥匙，实验室人员也不能将实验室钥匙随便转交他人或学生使用。

③ 每次实验结束和下班前都要进行检查，切断电源、水源、气源，关好门窗。

④ 实验室全体人员要掌握灭火器的性能及使用方法，对消防器材及设备要妥善保管，非火警不准动用。

⑤ 实验室禁止随地吐痰，严禁乱扔瓜皮果核、纸屑等杂物，严禁在实验室内吸烟。

⑥ 保持实验室内墙面、地面干净，各种仪器设备要定期清扫或清洗。

⑦ 使用结束且短期内不再使用的化工原理设备要做好保养维护工作。

⑧ 实验仪器、设备、药品应科学布置，合理摆放，实验结束后各种仪器、设备、药品要及时清理归位，分类摆放。

二、化工原理实验的教学目的和要求

1. 教学目的

化工原理实验操作是化工原理教学过程中的一个重要组成部分，结合其自身的特点和体系，通过化工原理实验应达到如下教学目的。

① 根据化工原理实验目的，能分析实验测定原理，设计实验流程图，选择实验装置，编写实验的具体步骤。

② 结合已有的实验装置，对化工设备、化工管路的构成建立一个初步的认识，通过实验操作，培养学生的动手能力，掌握化工单元设备的操作技术。

③ 通过实验，培养学生对实验现象敏锐的观察能力、正确获取实验数据的能力，根据实验数据和实验现象，能用所学的知识归纳、分析实验结果，培养学生从事科学研究的初步能力。

④ 掌握化工原理实验的原理、方法和技巧，获得化工实验技能的基本训练。

⑤ 培养学生运用所学知识分析和解决实际问题的能力。在理论与实践相结合的过程中，巩固并加深对课堂化工原理理论教学内容的认识。

⑥ 学会实验报告的书写方法，培养书写工程文件的能力。

综上所述，化工原理实验教学是化工专业教学过程中一个非常重要的环节，其目的是对学生工程实践能力进行全面培养。

2. 教学要求

（1）实验前的准备工作

① 充分准备，做好课前预习。课前预习的一般要求：认真阅读化工原理实验指导书，知道实验内容，明确所做实验的目的、任务和要求；掌握实验依据的原理、基本理论知识；根据实验流程图，构思实验装置，熟悉实际实验装置或流程；提出具体的实验操作步骤；思考实验应得到的结论，学习实验注意事项。

② 熟悉实验设备、流程，了解操作方法和测控点。全面了解实际的实验装置及所用的设备，熟悉实验流程及管件等，根据实验操作步骤，熟悉操作，了解数据测控点。

（2）实验操作、观察与记录

① 严格操作，循序进行。进行化工原理实验时，首先要仔细检查实验装置及仪器、仪表是否完整（尤其是电路的接线及传动部件，以确保安全）。准备完毕，经指导教师允许后，方可进行操作。

实验过程中要严格执行化工原理实验指导书中所列的操作步骤、具体操作方法和规定，循序进行，未经指导老师认可不得随意变更操作步骤、方法和规程。

② 认真观察，客观记录。化工原理实验中要注意仔细观察所发生的实验现象，认真记录实验所测得的各项数据。在实验前，必须学会有关测量仪表的使用方法及操作参数的调节。实验过程中，密切注意仪表指示值的变化，及时调节，使整个操作过程在规定的条件下进行，减少人为误差。实验现象稳定后才能开始读数、记录数据。在刚改变条件时，不能急于测量记录。如流体流动实验，阀门开度刚改变时，流体流动不够稳定，这时测定的数据是不可靠的。实验中如出现不正常的情况，如数据有明显误差时，应在备注栏中注明，说明产生不正常现象的原因，提出改进或应予避免的合理化建议。

（3）实验结果处理的要求——编写完整、规范的实验报告

实验结束后，对测取的数据、观察到的实验现象和发现的问题进行分析，得出实验结论。所有这些工作应以实验报告的形式进行综合整理。实验报告作为实验文件，也是作为化工原理实验成绩评定的重要依据。

书写实验报告时应本着实事求是的态度，不能以任何理由随意更改所测得的实验数据。尊重所测数据，寻找产生误差的原因，才是从事科学实验的正确态度。

化工原理实验报告是以实验目的、原理和装置为基础的，依据规定和合理的操作步骤，测取正确、可靠的实验数据，最终分析、讨论得到实验结论的完整文件。具体的实验报告可参照下列文件格式撰写。

① 实验目的：指出实验所要达到的目的。

② 实验原理：简述实验所依据的测定原理和所涉及的理论基础。

③ 实验装置：画出实际的实验装置流程图，标出主要设备和监测仪表、设备的类型及规格。

④ 实验步骤：结合实验操作过程，简述操作方法、步骤。

⑤ 实验数据处理：用表格的形式整理实测数据，依据实验原理完成数据的计算处理，计算步骤要全面清晰。进行类型相同的多组数据的处理时，可以用一组数据处理的全过程为例进行整理，其他数据的处理、计算过程如果类似，整理过程可以省略，只将计算结果列于表中。

⑥ 实验结果及讨论、分析

a. 给出所做实验的结果；

b. 讨论实验结果与理论值的一致性，分析产生误差的原因；

c. 回答实验指导书中关于实验的问题；

d. 针对产生误差的原因，提出合理化建议。

实验报告的重点应放在实验数据的处理和实验结果的分析讨论方面。

第二节　化工原理实验操作基本知识

化工原理实验一般 3～4 人为一组，因此实验操作时要求实验小组的成员各司其职（包括单元操作、读取数据、安全防范等），并且在适当的时候轮换岗位，做到既有分工又相互配合地完成实验。

一、化工原理典型单元操作知识

化工原理中的设备单元操作是化工生产中共有的操作，同一单元操作用于不同的化工生

产及化工科学实验过程，其控制原理一般是相同的。下面简要介绍化工原理实验中较为常见的离心泵、精馏塔、吸收塔、萃取塔及干燥单元操作过程中的相关基本知识。

1. 离心泵的基本操作知识

（1）离心泵的启停

离心泵启动前要进行盘车，即用手转动泵轴，检查确认泵轴旋转灵活后方可启动，以防止泵转轴被卡住，造成泵电机的超负荷运转，发生电机烧毁或其他事故。要向泵体内灌满待输送的液体，使泵体内空气排净，以防止气缚现象的发生，使泵无法正常运转。启动泵时电机的电流是正常运转的5～7倍，为避免烧毁电机，应使启动泵时轴功率消耗最小，因此离心泵启动前应关闭泵出口阀，使泵在最低负荷状态下启动。

离心泵启动后，应立即查看泵的出口压力表是否有压力，若无出口压力，应立即停泵，重新灌泵，排净泵体内的空气后再次启动；若有出口压力，应缓慢打开泵的出口阀调至所需要的流量。

离心泵停车时，应先缓慢关闭泵的出口阀，再停电机，以免高压液体的倒流冲击而损坏泵。

（2）离心泵的流量调节

离心泵在正常运行中常常因需求量的改变而要改变泵的输送流量，因此需要对泵的流量进行调节，常用的调节方法如下。

① 调节泵出口阀的开度　调节泵出口阀的开度实际上是通过改变管路流体的流动阻力，从而改变流量。当调大泵出口阀的开度时，管路的局部阻力减小，流量增大；当调小泵出口阀的开度时，管路的局部阻力增大，流量减小，达到调节流量的目的。这种调节流量的方法快速简便，流量连续可调，应用广泛，其缺点是减小阀门开度时，有部分能量因克服阀门的局部阻力而额外消耗，在调节幅度较大时，使离心泵处于低效区工作，因此操作不经济。

实验时应特别注意，不能用减小泵入口阀开度的方法来调节流量，这种方法极有可能使离心泵发生汽蚀现象，破坏泵的正常运行。

② 改变泵的叶轮转速　从离心泵的特性可知，转速增大流量增大，转速减小流量减小，因而改变泵的叶轮转速就可以起到调节流量的作用。这种调节方法不增加管路阻力，因此没有额外的能量消耗，经济性好。缺点是需要装配有变频（变速）装置才能改变转速，设备费用投入大，通常用于流量较高、调节幅度较大的实验。

③ 改变泵叶轮的直径　改变泵叶轮的直径可以改变泵的特性曲线，由离心泵的切割定律可知，流量与叶轮直径呈正比关系。但更换叶轮很不方便，故生产上很少采用。

2. 精馏塔的操作控制知识

维持精馏塔正常稳定的操作方法是控制三个平衡，即物料平衡、汽液平衡、热量平衡。该过程实际是控制塔内汽、液相负荷的大小，以保证塔内良好的传热传质，获得合格产品。但塔内汽、液相负荷是无法直接控制的，生产或实验过程中主要通过控制压力、温度、进料量、回流比等操作条件来实现。

（1）精馏塔压力的控制

精馏塔压力的控制是精馏操作的基础，塔的操作压力一经确定，就应保持恒定。操作压力的改变将会使塔内汽液相平衡关系发生变化。影响塔压力变化的因素很多，在操作中应根据具体情况进行控制。

在正常操作中，若进料量、塔釜温度及塔顶冷凝器的冷凝剂量都不变化，则塔压力随采出量的变化而发生变化。采出量大，塔压力下降；采出量小，塔压力升高，因此稳定采出量可使塔压力稳定。当釜温、进料量以及塔顶采出量都不变化时，塔压力却升高，可能是冷凝器的冷凝剂量不足或冷凝剂温度升高引起的，应增大冷凝剂量，有时也可加大塔顶采出量或降低釜温，以保证不超压。如果塔釜温度突然升高，塔内上升蒸气量增大，导致塔压力升高，这种情况应迅速减少塔釜加热量及增大塔顶冷凝器的冷凝剂量或加大采出量，及时调节塔的温度至正常。如果是塔釜温度突然降低，则情况相反，处理方法也相反。

（2）精馏塔温度的控制

精馏塔的温度与汽、液相的组成有着对应的关系。在精馏过程中，塔的操作压力恒定时，稳定塔顶的温度至关重要，可保证塔顶馏出液产品的组成。塔顶温度主要受进料量、进料组成、操作压力、塔顶冷凝器的冷凝剂量、回流温度、塔釜温度等因素影响。因此，控制塔顶温度应根据影响因素而作出对应的调节。若塔顶温度随塔釜温度改变时，应着重调节塔釜温度使塔顶温度恢复正常；若是因塔顶冷凝器的冷凝效果差、回流温度高而导致塔顶温度升高的，应增大塔顶冷凝器冷凝剂量，以降低回流温度，从而达到控制塔顶温度的目的；若精馏段灵敏板的温度升高，塔顶产品轻组分浓度下降，此时应适当增大回流比，使其温度降至规定值，从而保证塔顶产品质量；若提馏段灵敏板的温度下降，塔底产品轻组分的浓度增大，应适当增大再沸器加热量，使塔釜温度上升至规定值。有时塔釜温度会随着塔的进料量或回流量的改变而改变，因此在改变进料量或回流量的同时应注意维持塔釜的正常温度。

（3）精馏塔进料量的控制

在实验过程中不能随意改变进料量，进料量的改变会使塔内汽、液相负荷发生变化，影响塔的物料平衡以及塔效率。进料量增大，上升气体的速度接近液泛速度时，传质效果最好，超过液泛速度将会破坏塔的正常操作。若进料量超过塔釜和冷凝器的负荷范围，将引起固液平衡组成的变化，造成塔顶、塔釜产品质量不合格。进料量减小，气速降低，对传质不利，严重时易造成漏液，分离效果不好。因此，进料量应保持稳定。工艺要求改变时，应缓慢调节进料阀，同时维持全塔的总物料平衡，否则当进料量大于出料量时会引起淹塔，当进料量小于出料量时会出现塔釜蒸干现象。

（4）回流比的控制

回流量与塔顶采出量之比称为回流比，回流比是影响精馏过程分离效果的重要因素，它是控制产品质量的主要手段。在精馏过程中产品的质量和产量的要求是相互矛盾的。在塔板数和进料状态等参数一定的情况下，增大回流比可以提高塔顶产品轻组分的纯度，但在再沸器负荷一定的情况下，会使塔顶产量降低。回流比过大，将会造成塔内循环量过大，甚至破坏塔的正常操作；回流比过小，塔内汽液两相接触不充分，分离效果差。因此，回流比是一个既能满足生产要求，又能维持塔内正常操作的重要参数。回流比一经确定，就应保持相对稳定。

（5）精馏塔的采出量

① 塔顶采出量　进料量一定，在冷凝器负荷不变的情况下降低塔顶产品的采出量，可使回流量及塔压差增大，塔顶产品纯度提高，但产量减少。塔顶采出量增加，造成回流量减少，因此精馏塔的操作压力降低，重组分被带到塔顶，致使塔顶产品不合格。

② 塔底采出量　正常操作中，塔底采出量应符合塔的总物料平衡公式，若采出量太小，造成塔釜液位逐渐升高，至充满整个加热器的空间，使塔内液体难于汽化，此时将会影响塔底产品的质量。采出量太大，致使塔釜液位过低，则上升蒸汽量减少，使板上传质条件变

差，板效率下降。可见，塔底采出量应以控制塔釜内液面高度一定并维持恒定为原则。

（6）精馏塔操作状况的判断

① 塔板上汽、液接触情况

a. 汽液鼓泡接触状态：上升蒸汽的流速较慢，汽液接触面积不大。

b. 泡沫接触状态：气速连续增加，气泡数量急剧增加，同时不断碰撞和破裂，板上液体大部分以膜的形式存在于气泡之间，形成一些直径较小、扰动十分剧烈的动态泡沫，是一种较好的塔板工作状态。

c. 气液蜂窝状接触状态：气速增加，上升的气泡在液层中积累，形成以气体为主的类似蜂窝状的气泡泡沫混合物，这种状态对传热、传质不利。

d. 喷射接触状态：气速连续增加，将板上的液体破碎，并向上喷成大小不等的液滴，直径较大的液滴落回塔板上，直径较小者会被气体带走形成液沫夹带。

② 塔板上的不正常现象

a. 严重的漏液现象：气相负荷过小，塔内气速过低，大量液体从塔板开孔处垂直落下，使精馏过程中汽液两相不能充分接触，严重漏液会使塔板因不能建立起液层而无法正常操作。

b. 严重的雾沫夹带现象：在一定的液体流量下，塔内气体上升速度增至某一定值时，塔板上某些液体被上升的高速气流带至上层塔板，这种现象称为雾沫夹带，气速越大，雾沫夹带越严重，塔板上液层越厚，严重时将会发生夹带液泛。雾沫夹带走一种与液体主流方向相反流动的返混现象，会降低板效率，破坏塔的正常操作。

c. 液泛现象

夹带液泛：塔内上升气速很大时，液体被上升气体夹带到上一层塔板，流量猛增，使塔板间充满气液混合物，最终使整个塔内都充满液体。

溢流液泛：受降液管通过能力的限制，导致液体不能通过降液管往下流，而积累在塔板上，引起溢流液泛，破坏塔的正常操作。

3. 吸收塔的操作控制知识

吸收操作以净化气体为目的时，主要的控制指标为吸收后的尾气浓度；当吸收液为产品时，主要控制指标为出塔溶液的浓度。吸收操作过程的主要控制因素有压力、温度、气流速度、吸收剂用量、吸收剂中吸收质的浓度。

（1）压力的控制

提高吸收系统的压力，可以增大吸收推动力，提高吸收率。但压力过高，会增大动力消耗，对设备的承受强度要求高，设备投资及生产费用加大，因此能在常压下进行吸收操作的不用高压操作。实际操作压力主要由原料气组成及工艺要求决定。

（2）温度的控制

吸收塔的操作温度对吸收速率影响很大，操作温度升高，容易造成尾气中溶质浓度升高，吸收率下降；降低操作温度，可增大气体溶解度，加快吸收速率，提高吸收率。但若温度过低，吸收剂黏度增大，吸收塔内流体流动性能状况变差，增加输送能耗，影响吸收的正常操作。因此，操作中应维持已选定的最佳操作温度。对于有明显热效应的吸收过程，通常塔内或塔外设有中间冷却装置时，应根据具体情况控制塔的操作温度在适宜状态。

（3）气流速度的控制

气流速度的大小直接影响吸收过程。气流速度小，气体搅动不充分，吸收传质系数小，不利于吸收；气流速度大，使气、液膜变薄，减少气体向液体扩散的阻力，有利于气体的吸收，同时也提高了单位时间内吸收塔的生产效率。但气流速度过大时，会造成气液接触不良、雾沫夹带甚至液泛等不良现象，不利于吸收。因此，要选择一个最佳的气流速度，从而保证吸收操作高效稳定地进行。

（4）吸收剂用量的控制

吸收剂用量过小，塔内喷淋密度较小时，填料表面不能完全湿润，气、液两相接触不充分，使传质面积下降，吸收效果差，尾气中溶质的浓度增加；吸收剂用量过大，塔内喷淋密度过大，流体阻力增大，甚至会引起液泛。因此，需要控制适宜的吸收剂用量，使塔内喷淋密度在最佳状态，从而保证填料表面润湿充分和良好的气、液接触面。

（5）吸收剂中吸收质浓度的控制

对于吸收剂循环使用的吸收过程，若吸收剂中溶质浓度增加，会引起吸收推动力减小，尾气中溶质的浓度增加，严重时甚至达不到分离要求。降低吸收剂中溶质的浓度，可增大吸收推动力，在吸收剂用量足够的情况下，尾气中溶质的浓度降低。因此进入塔吸收剂的浓度增加时，要对解吸系统进行调整，以保证解吸后循环使用的吸收剂符合工艺要求。

（6）吸收系统的拦液和液泛

吸收系统设计时已经考虑了引起液泛的主要原因，因此按正常操作一般不会发生液泛，但当操作负荷大幅度波动、溶液起泡、气体夹带的雾沫过多时，就会形成拦液甚至液泛。操作中判断液泛的方法通常是观察塔体液位，操作中溶液循环量正常而塔内液位下降、气体流量没变而塔的压差增大是可能要发生液泛的前兆。防止拦液和液泛发生的措施是严格控制工艺参数，保持系统操作平稳，尽量减轻负荷波动次数，发现问题要及时处理。

4. 萃取过程的操作控制

萃取实验中主要控制的参数包括总流量、温度、搅拌强度、相界面高度等。

（1）总流量的控制

总流量即为轻、重两相流量的总和，控制总流量其实是控制萃取设备的生产能力，设备最大处理量一般在试运行时已经测定，但实验过程中原料液的组成可能发生变化，因此要根据情况对两相流量作适当的调整控制。流量调整前应先调出液泛状态，确定液泛状态的总流量，然后在低于液泛状态的总流量下进行流量调整控制。

（2）温度的控制

温度对大多数萃取体系都有影响，这些体系都是通过温度对萃取剂和原料液的物理性质（溶解度、黏度、密度、界面张力）产生影响。但温度过高，会增加萃余相的挥发损失，因此操作温度应适当控制。

（3）搅拌强度的控制

萃取过程中随着原料液组分、操作温度的变化，特别是界面絮凝物的积累，常常会影响混合相和分相的特性，这就需要调整搅拌强度。搅拌强度与转速、叶轮直径（脉冲频率）呈正比。搅拌强度越大，两相混合越好，传质效率越高。但相的分离则与此相反，因此在研究实验中要根据不同的萃取体系，通过控制搅拌器的转速来调整适宜的搅拌强度。

（4）相界面高度的控制

相界面的位置直接影响两相的分离和夹带，相界面的位置最好位于重相入口和轻相出口之间，相界面的高度可以通过界面调节器来控制。

（5）液泛现象

萃取塔运行中若操作不当，会发生分散相被连续相带出塔设备外的情况，或者发生分散相液滴凝聚成一段液柱并把连续相隔断，这种现象称为液泛。刚开始发生液泛的点称为液泛点，这时分散相、连续相的流速为液泛流速。液泛是萃取塔操作时容易发生的一种不正常的操作现象。

液泛的产生不仅与两相流体的物理性质（如黏度、密度、表面张力等）有关，而且与塔的类型、内部结构有关。对一特定的萃取塔操作时，当两相流体选定后，液泛由流速（流量）或振动脉冲频率和幅度的变化所引起，即流速过大或振动频率过快时容易发生液泛。

5. 干燥过程的调节控制

对于一个特定的干燥过程，干燥器和干燥介质已选定，同时湿物料的含水量、水分性质、温度及要求的干燥质量也一定。此时能调节的参数只有干燥介质的流量、进出干燥器的温度以及出干燥器时的湿度参数。这些参数相互关联、相互影响，当规定其中的任意两个参数时，另外两个参数也就确定了，即在对流干燥操作中，只有两个参数可以作为自变量而加以调节。在实际操作中，通常调节的参数是进入干燥器的干燥介质的温度和流量。

（1）干燥介质的进口温度和流量的调节

为了强化干燥过程，提高经济效益，在物料允许的最高温度范围内，干燥介质预热后的温度应尽可能高一些。同一物料在不同类型的干燥器中干燥时允许的介质进口温度不同。如在干燥器中，由于物料在不断翻动，表面更新快，干燥过程均匀、速率快、时间短，此时介质的进口温度可较高。而在厢式干燥器中，由于物料处于静止状态，加热空气只与物料表面直接接触，容易使物料过热，应控制介质的进口温度不能太高。

增加空气的流量可以增大干燥过程的推动力，提高干燥速率，但空气流量的增加，会造成热损失增加，热利用率下降，使动力消耗增加；而且气速的增加，还会造成产品回收的负荷增加。生产中，要综合考虑温度和流量的影响，合理选择。

（2）干燥介质出口温度和湿度的影响及控制

当干燥介质的出口温度提高时，废气带走的热量增大，热损失增大；如果介质的出口温度太低，废气中含有相当多的水，这些水汽可能在出口处或后面的设备中达到露点，析出水滴，破坏正常的干燥操作，导致干燥产品的返潮和设备受腐蚀。

离开干燥器时，干燥介质的相对湿度增加，会导致一定的干燥介质带走的水汽量增加。但相对湿度增加，会导致过程推动力降低、完成相同干燥任务所需的时间增加或干燥器尺寸增大，最终使总的费用增大。因此，必须根据具体情况全面考虑。

对于一台干燥设备，干燥介质的最佳出口温度和湿度应通过实验来确定，在生产上或实验中控制干燥介质的出口温度和湿度主要是通过调节介质的预热温度和流量来实现。例如，同样的干燥处理量，提高介质的预热温度或加大介质的流量，都可使介质的出口温度上升，相对湿度下降。在设有废气循环使用的干燥装置中，将循环废气与新鲜空气混合进入预热器加热后，再送入干燥器，以提高传热和传质系数，减少热损失，提高热能的利用率。但废气的循环利用会使进入干燥器的湿度增大，干燥过程中的传质推动力下降。因此，在进行废气循环操作时，应在保证产品质量和产量的前提下，适当调节废气循环比。

二、化工原理实验测定、记录和整理数据知识

1. 实验测取的数据

凡是影响实验结果或是整理数据时必需的参数都应测取，包括大气条件、设备的有关尺寸、物理性质及操作数据等。凡可以根据某一数据导出或能从手册中查得的数据就不必直接测定。例如水的密度、黏度、比热等物理性质，一般只要测出水温后即可查出，因此不必直接测定这些性质，只需测定水温就可以了。

2. 实验数据的读取及记录

① 根据实验目的和要求，在实验前做好数据记录表格，在表格中应标明各项物理量的名称、表示符号及单位。

② 待实验现象稳定后开始读取数据，若改变条件，应使体系稳定一定时间后再读取数据，以防止出现因仪表滞后而导致读数不准的情况。

③ 每个数据记录后，应该立即复核，以免发生读错或写错数据的情况。

④ 数据的记录必须反映仪表的精度，一般要记录到仪表最小分度以下一位数。

⑤ 实验中如果出现不正常情况，以及数据有明显误差时，应在备注栏中加以注明。

3. 实验数据的整理

① 原始数据只可进行整理，绝不可修改。不正确数据可以注明后不计入结果。

② 同一实验点的几个有波动的数据可先取其平均值，然后进行整理。

③ 采用列表法整理数据清晰明了，便于比较。在表格之后应附计算示例，以说明各项之间的关系。

④ 实验结果可用列表、绘制曲线或图形、书写方程式的形式表达。

三、化工原理实验危险药品安全使用知识

为了确保设备和人身安全，从事化工原理实验的人员必须具备以下危险品安全知识。实验室常用的危险品必须合理分类存放。对不同的危险药品，在为扑救火灾而选择灭火剂时，必须针对药品的性质进行选用，否则不仅不能取得预期效果，反而会引起其他危险。化工原理的精馏实验可能会用到乙醇、苯、甲苯等药品。吸收实验可能会用到丙酮等药品，拓展实验的萃取精馏、催化反应精馏也会用到不少化学药品。其中也包含了危险药品，这些危险药品大致可分为下列几种类型。

（1）易燃品

易燃品是指易燃的液体、液体混合物或含有固体物质的液体。在闭杯实验中测得其闪点等于或低于 61℃。易燃液体在化工原理实验室内容易挥发和燃烧，达到一定浓度时遇明火即着。若在密封容器内着火，甚至会造成容器因超压而破裂、爆炸。易燃液体的蒸气一般比空气重，当它们在空气中挥发时，常常在低处或地面上漂浮。因此，在距离存放这类液体相当远的地方也可能着火，着火后容易蔓延并回传，引燃容器中的液体。所以使用这类物品时必须严禁明火、远离电热设备和其他热源，更不能同其他危险品放在一起，以免引起更大危害。

化工原理精馏实验及反应精馏中会涉及有机溶液加热，其蒸气在空气中的含量达到一定浓度时，能与空气（实际上是氧气）构成爆炸性的混合气体。这种混合气体若遇到明火会发生闪燃爆炸。在实验中如果严格地按照安全规程操作，是不会有危险的。因为构成爆炸应具备两个条件，即可燃物在空气中的浓度在爆炸极限范围内和有点火源存在。因此，防止爆炸的方法就是使可燃物在空气中的浓度在爆炸极限以外。故在实验过程中必须保证精馏装置严密、不漏气，保证实验室通风良好。在进行精馏易燃液体、有机物品时，加料量绝不允许超过容器的 2/3。在加热和操作的过程中，操作人员不得离岗，不允许在无操作人员监视下加热。禁止在室内使用有明火和敞开式的电热设备，也不能加热过快，致使液体急剧汽化，冲出容器，也不能让室内有产生火花的必要条件存在。总之，只要严格掌握和遵守有关安全操

作规程就不会发生事故。

（2）有毒品

有毒品是指进入人体后，累积到一定的量时，能与体液和组织器官发生生物化学作用或生物物理学作用，扰乱或破坏机体的正常生理功能，引起某些器官和系统暂时性或持久性的病理改变，甚至危及生命的物品。经口摄取的半数致死量（CLD_{50}）：固体 $LD_{50} < 500mg/kg$，液体 $LD_{50} < 2000mg/kg$；经皮接触24h的半数致死量：$LD_{50} < 1000mg/kg$；粉尘气吸入的半数致死量 $LD_{50} < 10mg/L$ 的固体或液体。中毒：途径有误服、吸入呼吸道、皮肤被沾染等，其中有有毒蒸气，如气压计中的汞，也有有毒固体或液体。根据对人体的危害程度，有毒物品可分为剧毒、致癌、高毒、中毒、低毒等类别。使用这类物品时应十分小心，以防止中毒。实验室所用的有毒品应有专人管理，建立购买、保存、使用档案。剧毒品的使用与管理，还必须符合国家规定的五双条件：即两人管理、两人收发、两人运输、两把锁、两人使用。化工原理实验室中的水银气压计中的水银、吸收实验中需用的丙酮、反应精馏实验中需用的甲醛等都属于此类有毒品。

在化工原理实验中，往往被人们所忽视的有毒物质是压差计中的水银。如果操作不慎，压差计中的水银可能被冲洒出来。水银是一种累积性的有毒物质，水银进入人体不易被排出，累积多了就会中毒。因此，一方面装置中应尽量避免采用水银；另一方面要谨慎操作，开关阀门要缓慢，防止冲走压差计中的水银。操作过程要小心，不要碰破压差计。一旦水银冲洒出来，一定要尽可能地将它收集起来，无法收集的细粒，也要用硫黄粉和氯化铁溶液覆盖。因为细粒水银蒸发面积大，易于蒸发气化，不宜采用扫帚扫或用水冲的办法消除。

（3）易制毒化学品

易制毒化学品是指用于非法生产、制造或合成毒品的原料、试剂等化学药品，包括用于制造毒品的原料前体、试剂、溶剂及稀释剂、添加剂等。易制毒化学品本身并不是毒品，但具有双重性。易制毒化学品既是一般医药、化工生产的工业原料，又是生产、制造或合成毒品中必不可少的化学品。

化工原理吸收实验中可能用到的丙酮、精馏实验中可能用到的甲苯等都属于受管制的三类药品。这些易制毒化学品应按规定实行分类管理。使用、储存易制毒化学品的单位必须建立、健全易制毒化学品的安全管理制度。单位负责人负责制定易制毒化学品的安全使用操作规程，明确安全使用注意事项，并督促相关人员严格按照规定操作。教学负责人、项目负责人对本组的易制毒化学品的使用安全负直接责任。落实保管责任制，责任到人，实行两人管理。管理人员需公安部门备案，管理人员的调动需经部门主管批准，做好交接工作，并进行备案。

四、化工原理实验室高压钢瓶的使用知识

在化工原理实验中，另一类需要引起特别注意的物品就是装在高压钢瓶内的各种高压气体。化工原理实验中所用的高压气体种类较多，一类是具有刺激性气味的气体，如吸收实验中的氮气、二氧化硫等，这类气体的泄漏一般容易被发觉；另一类是无色无味，但有毒或易燃、易爆的气体，如常作为化工原理色谱载气的氢气，室温下在空气中的爆炸范围为 $4\% \sim 75.2\%$（体积分数）。因此使用有毒或易燃、易爆的气体时，系统一定要严密不漏气，尾气要导出室外，并注意室内通风。

高压钢瓶（又称气瓶）是一种贮存各种压缩气体或液化气体的高压容器。钢瓶的容积一般为 40～60L，最高工作压力为 15MPa，最低的也在 0.6MPa 以上。瓶内压力很高，贮存的气体可能有毒或易燃易爆，故使用气瓶时一定要掌握气瓶的构造特点和安全知识，以确保安全。标准气瓶主要由筒体和瓶阀构成，其他附件还有保护瓶阀的安全帽、开启瓶阀的手轮以及使运输过程减少震动的橡胶圈。在使用时瓶阀的出口还要连接减压阀和压力表。这些需按国家标准制造，经有关部门严格检验后方可使用。各种气瓶使用过程中，还必须定期送有关部门进行水压试验。经过检验合格的气瓶，在瓶肩上应用钢印打上下列资料：制造厂家、制造日期、气瓶的型号和编号、气瓶的质量、气瓶的容积和工作压力、水压试验压力、水压试验日期和下次试验日期。

各类气瓶的表面都应涂上一定颜色的涂料，其目的不仅是为了防锈，主要是能从颜色上迅速辨别钢瓶中所贮存气体的种类，以免混淆。如氧气瓶为浅蓝色，氢气瓶为暗绿色，氮气、压缩空气、二氧化碳、二氧化硫等钢瓶为黑色，氦气瓶为棕色，氨气瓶为黄色，氯气瓶为草绿色，乙炔瓶为白色。

为了确保安全，在使用气瓶时，一定要注意以下几点。

① 当气瓶受到明火或阳光等热辐射作用，气体因受热而膨胀，使瓶内压力增大，当压力超过工作压力时，就有可能发生爆炸。因此在钢瓶运输、保存和使用时，应远离热源（明火、暖气、炉子等），并避免长期在日光下暴晒，尤其在夏天更应注意。

② 气瓶即使在温度不高的情况下受到猛烈撞击，或不小心将其碰倒跌落，都有可能引起爆炸。因此，钢瓶在运输过程中，要轻搬轻放，避免跌落撞击，使用时要固定牢靠，防止碰倒。更不允许用铁锤、扳手等金属器具敲打钢瓶。

③ 瓶阀是钢瓶中的关键部件，必须保护好，否则将会发生事故。

a. 若瓶内存放的是氧气、氢气、二氧化碳和二氧化硫等气体，瓶阀应用铜和钢制成。若瓶内存放的是氨气，则瓶阀必须用钢制成，以防腐蚀。

b. 使用钢瓶时，必须用专用的减压阀和压力表。尤其是氢气和氧气的减压阀不能互换，为了防止氢气和氧气两类气体的减压阀混用造成事故，氢气表和氧气表的表盘上都注明有"氢气表"和"氧气表"的字样。在氢气及其他可燃气体的瓶阀中，减压阀的连接管为左旋螺纹，而在氧气等不可燃烧气体瓶阀中，连接管为右旋螺纹。

c. 氧气瓶阀严禁接触油脂。高压氧气与油脂相遇，会引起燃烧，甚至会发生爆炸。因此切莫用带油污的手和扳手开关氧气瓶。

d. 要注意保护瓶阀。开关瓶阀时一定要搞清楚方向，缓慢转动，旋转方向错误和用力过猛会使螺纹受损，可能导致冲脱，造成重大事故。关闭瓶阀时，注意使气瓶不漏气即可，不要关得过紧。气瓶用完和搬运时，一定要盖上保护瓶阀的安全帽。

e. 瓶阀发生故障时，应立即报告指导教师，严禁擅自拆卸瓶阀上的任何零件。

④ 当钢瓶安装好减压阀和连接管后，每次使用前都要在瓶阀附近用肥皂水检查，确认不漏气才能使用。对于有毒或易燃易爆气体的气瓶，除了应保证严密不漏外，最好单独放置在远离化工原理实验室的小屋里。

⑤ 钢瓶中的气体不要全部用尽。一般钢瓶使用到压力为 0.5MPa 时，应停止使用。因为压力过低会给充气带来不安全因素，当钢瓶内的压力与外界大气压力相同时，会造成空气的进入。危险气体在充气时极易因为上述原因发生爆炸事故，这类事故已经发生过多次。

⑥ 输送易燃易爆气体时，流速不能过快，在输出管路上应采取防静电措施。

⑦ 气瓶必须严格按期检验。

五、化工原理实验室消防安全知识

实验操作人员必须了解消防知识。实验室内应准备一定数量的消防器材，实验消防器材的存放位置和使用方法，绝不允许将消防器材移作他用。实验室常用的消防器材包括以下几种。

（1）火沙箱

易燃液体和其他不能用水灭火的危险品着火时可用沙子来扑灭。它能隔绝空气并起降温作用，达到灭火的目的。但沙中不能混有可燃性杂物，并且要干燥。潮湿的沙子遇火后因水分蒸发，易使燃着的液体飞溅。沙箱中存沙有限，实验室内又不能存放过多沙箱，故这种灭火工具只能扑灭局部小规模的火源。对于大面积火源，因沙量太少而作用不大。此外还可用其他不燃性固体粉末灭火。

（2）石棉布、毛毡或湿布

这些器材适合迅速扑灭火源区域不大的火灾，也是扑灭衣服着火的常用方法。这种灭火方法的原理是通过隔绝空气达到灭火目的。

（3）泡沫灭火器

实验室多用手提式泡沫灭火器。它的外壳用薄钢板制成，内有一个玻璃胆，其中装有硫酸铝，胆外装有碳酸氢钠溶液和发泡剂（甘草精）。灭火液由 50 份硫酸铝和 50 份碳酸氢钠及 5 份甘草精组成。使用时将灭火器倒置，立即发生化学反应，生成含 CO_2 的泡沫。此泡沫沾附在燃烧物表面上，通过在燃烧物表面形成与空气隔绝的薄层而达到灭火目的。它适用于扑灭实验室中发生的一般火灾。油类着火在开始时可使用，但不能用于扑灭电线和电器设备火灾，因为泡沫本身是导电的，这样会造成扑火人触电。

（4）四氯化碳灭火器

该灭火器是在钢筒内装有四氯化碳并压入 0.7 MPa 的空气，使灭火器具有一定的压力。使用时将灭火器倒置，旋开手阀即喷出四氯化碳。四氯化碳是不燃液体，其蒸气比空气重，能覆盖在燃烧物表面，使燃烧物与空气隔绝而达到灭火的目的。四氯化碳灭火器适用于扑灭电器设备的火灾，但使用时因为四氯化碳是有毒的，灭火人员要站在上风侧。室内灭火后应打开门窗通风一段时间，以免中毒。

（5）二氧化碳灭火器

此类灭火器的钢筒内装有压缩的二氧化碳。使用时，旋开手阀，二氧化碳就能急剧喷出，使燃烧物与空气隔绝，同时降低空气中氧气的含量。当空气中含有 12%～15%二氧化碳时，燃烧就会停止。使用此类灭火器时要注意防止现场人员窒息。

（6）其他灭火剂

干粉灭火剂可扑灭由易燃液体、气体、带电设备引发的火灾。1211（二氟一氯一溴甲院，CF_2ClBr）灭火器适用于扑救由油类、电器类、精密仪器等引发的火灾。在一般实验室内使用不多，对大型及大量使用可燃物的实验场所应配备此类灭火剂。

第三节　实验室安全用电

为保证化工原理实验室工作人员和国家财产的安全，保证教学、科研工作的正常开展，本着"安全第一，预防为主"的原则，实验人员应当充分了解实验室相关用电安全知识并严格遵守用电注意事项。

一、保护接地和保护接零

正常情况下化工原理实验室中使用的相关电器设备的金属外壳是不导电的，但设备内部的某些绝缘材料若损坏，金属外壳就会导电。当人体接触到带电的金属外壳或带电的导线时，就会有电流流过人体。带电体电压越高，流过人体的电流就越大，对人体的伤害也越大。当大于 10mA 的交流电或大于 50mA 的直流电通过人体时，就可能危及生命安全。我国规定 36V（50Hz 的交流电是安全电压。超过安全电压的用电就必须注意用电安全，防止触电事故。

为防止发生触电事故，要经常检查化工原理实验室使用的电器设备，寻找是否有漏电现象。同时要检查用电导线有无裸露在外以及电器设备是否有保护接地或保护接零的措施。

（1）设备漏电测试

检查化工原理带电设备是否漏电，使用试电笔最为方便。它是一种测试导线和电器设备是否带电的常用电工工具，由笔端金属体、电阻、氖管、弹簧和笔尾金属体组成。大多数试电笔的笔尖为改锥形式。如果把试电笔尖端金属体与带电体接触，笔尾金属端与人的手部接触，那么氖管就会发光，而人体并无不适感觉。氖管发光说明被测物带电，使人员及时发现电器设备漏电。一般使用前要在带电的导线上预测，以检查试电笔是否正常。用试电笔检查漏电，只是定性的检查，若要测得电器设备外壳漏电的程度，就必须用其他仪表检测。

（2）保护接地

保护接地是用一根足够粗的导线，一端接在化工原理设备的金属外壳上，另一端接在接地体上（专门埋在地下的金属体），使设备与大地连成一体。一旦发生漏电，电流通过接地导线流入大地，降低外壳对地电压。当人体接触其外壳时，流入人体的电流很小而不致触电，电器设备接地的电阻越小，电器使用越安全。如果电路有保护熔断丝，会因漏电产生电流而使保护熔断丝熔化并自动切断电源。目前采用这种保护接地方法的实验室较少，大部分实验室采用保护接零的方法。

（3）保护接零

保护接零是把化工原理室电器设备的金属外壳接到机电线路系统中的中性线上，而不需专设接地线和大地相连。这样，当电器设备因绝缘部分损坏而碰壳时，相线（即火线）、电器设备的金属外壳和中性线就形成一个"单相短路"的电路。由于中性线的电阻很小，短路电流很大，会使保护开关动作或使电路保护熔断断开，切断电源，消除触电危险。

在保护接零系统内，不应再设置外壳接地的保护方法。因为漏电时，可能由于接地电阻比接零电阻大，致使保护开关或熔断丝不能及时熔断，造成电源中性点电位升高，使所有接零的电器设备外壳都带电，反而增加了危险。

使用保护接零的方法是由机电系统中性点是否接地所决定的。对中性点接地的机电系统采用保护接零是既方便又安全的办法。但保证用电安全的根本方法是电器设备绝缘性良好，不发生漏电现象。因此，注意检测设备的绝缘性能是防止漏电造成触电事故的最好办法。

二、实验室用电的导线选择

对于化工原理实验室的用电或实验流程中的电路配线，线路设计者要提出导线规格，有些流程要亲自安装，如果导线选择不当就会在使用中造成危险。导线种类很多，不同导线和不同配线条件都有安全截流值的规定。

在实验时，还应考虑电源导线的安全截流量。不能任意增加负载，否则会导致电源导线发热、造成火灾或短路的事故。合理配线的同时还应注意根据线路的负载情况恰当选配保护熔断丝，保护熔断丝的规格不能过大也不能过小。规格过大会失去保护作用，规格过小则在正常负荷下保险丝也会熔断而影响工作。

三、实验室安全用电注意事项

化工原理实验中的电器设备较多，如对流传热系数的测定、干燥速率曲线的测定等实验所用设备的用电负荷都较大。在接通电源之前，必须认真检查电器设备和电路是否符合规定要求，对于直流电设备应检查正负极是否接对；必须搞清楚整套实验装置的启动和停车操作顺序，以及紧急停车的方法。注意安全用电极为重要，对电器设备必须采取安全措施，操作者必须严格遵守下列操作规定。

① 进行实验之前必须了解室内总电闸与分电闸的位置，以便出现用电事故时及时切断各电源。

② 电器设备维修时必须停电作业。

③ 带金属外壳的电器设备都应该保护接零，定期检查是否连接良好。

④ 导线的接头应紧密牢固，接触电阻要小。裸露的接头部分必须用绝缘胶布包好，或者用绝缘管套好。

⑤ 所有的电器设备在带电时不能用湿布擦拭，更不能有水落于其上。电器设备要保持干燥清洁。

⑥ 电源或电器设备上的保护；熔断丝或保险管应按规定电流标准使用。严禁私自加粗保险丝及用铜或铝丝代替。当熔断保险丝后，一定要查找原因，消除隐患，而后再换上新的保险丝。

⑦ 电热设备不能直接放在木制实验台上使用，必须用隔热材料垫架，以免引起火灾。

⑧ 发生停电现象时，必须切断所有的电闸，防止操作人员离开现场后，因突然供电而导致电器设备在无人控制下运行。

⑨ 合闸动作要快，要合得牢。合闸后若发现异常声音或气味，应立即拉闸，进行检查。如发现保险丝熔断，应立刻检查带电设备是否有问题，切忌不经检查便换上熔断丝或保险管就再次合闸，造成设备损坏。

⑩ 离开实验室前，必须把控制本实验室的总电闸拉下。

第四节　实验规划

实验规划又称实验设计，从 20 世纪 50 年代起，实验规划作为数学的一个重要分支，以数理统计原理为基础，起初是在生物科学上发展起来的，其后就迅速应用于自然科学、技术科学和管理科学等各个领域，并取得了令人瞩目的成就。在化工原理实验过程中，如何组织实验、如何安排实验点、如何选择检测变量、如何确定变化范围等都属于实验规划的范畴。

对于任何科学研究，实验是最耗费时间、精力和物力的，整个研究过程的主要成本也总是花在实验方面。所以一个好的实验设计要能以最少的工作量获取最大的信息，这样不仅可以大幅度节省研究成本，而且往往会有事半功倍的效果。反之，如果实验计划设计不周，不仅费时、费力、费钱，而且可能导致实验结论错误。

化工原理中的实验工作大致可以归纳为以下两大类型。

（1）析因实验

影响某一过程或对象的因素可能有许多，如物性因素、设备因素、操作因素等。究竟哪几种因素对该过程或对象有影响，哪些因素的影响比较大，需在过程研究中着重考察，哪些因素的影响比较小可以忽略，哪些变量之间的交互作用会对过程产生不可忽视的影响，这些都是化工工作者在面对一个陌生的新过程时首先要考虑的问题。通常解决这些问题的途径主要是根据有关化工基础理论知识加以分析，或者直接通过实验来进行鉴别。由于化工过程的复杂性，即使是经验十分丰富的工程技术人员，也往往难以做出正确的判断，因此必须通过一定的实验来加深对过程的认识。从这一意义上说，析因实验也可称为认识实验。在开发新工艺或新产品的初始阶段，往往需要借助析因实验。

（2）过程模型参数的确定实验

无论是经验模型还是机理模型，其模型方程式中都含有一个或数个参数，这些参数反映了过程变量间的数量关系，同时也反映了过程中一些未知因素的影响。为了确定这些参数，需要进行实验以获得实验数据，再利用回归或拟合的方法求取参数值。要说明的是，机理模型和半经验半理论模型是先通过对过程机理的分析建立数学模型方程，再有目的地组织少量实验拟合模型参数。经验模型往往是先通过足够的实验研究变量间的相互关系，然后通过对实验数据的统计回归处理得到相互的经验关联式，而事先并无明确的目的要建立什么样的数学模型。因此，所有的经验模型都可以看成变量间关系的直接测定产物。

一、实验范围与实验布点

在化工原理实验规划中，正确确定实验变量的变化范围和安排实验点的位置是十分重要的。如果变量的范围或实验点的位置选择不恰当，不但会浪费时间、人力和物力，而且可能导致错误的结论。

例如，在化工原理的流体流动阻力测定实验中，通常希望获得摩擦阻力系数 λ 与雷诺数 Re 之间的关系，实验结果可标绘在双对数坐标系中。在小雷诺数范围内，λ 随 Re 的增大逐渐变小，且变化趋势逐渐平缓；当 Re 增大到一定数值时，λ 则接近某一常数而不再变化，此即阻力平方区。若想用有限的实验次数正确地测定 λ 与 Re 的关系，在实验布点时，应当有意识地在小雷诺数范围内多安排几个实验点，而在大雷诺数范围内适当少布点。倘若曲线部分布点不足，即使总的实验点再多，也很难正确反映 λ 随 Re 的变化规律。

再如，测定离心泵效率特性曲线的实验中，一般随流量 Q 的增大，离心泵效率 η 先随之增大，在达到最高点后，流量 Q 再增大，泵的效率反而随之降低。所以在组织该实验时，应特别注意正确确定流量的变化范围和恰当地布点。如果变化范围的选择过于窄小，则得不到完整的正确结果；若根据有限范围内进行的实验所得结论外推，则将得到错误的结果。

这两个化工原理实验的例子说明，不同实验点提供的信息是不同的。如果实验范围和实验点的选择不恰当，即使实验点再多，实验数据再精确，也达不到预期的实验目的。

如果实验设计不恰当，而试图靠精确的实验技巧或高级的数据处理技术加以弥补，是得不偿失甚至是徒劳的。相反，选择适当的实验范围和实验点的位置，即使实验数据稍微粗糙一些，数据少一些，也能达到实验目的。因此，在化工原理实验中，恰当的实验范围和实验点位置比实验数据的精确性更为重要。

二、实验规划方法

实验规划就是实验设计方法的讨论，属于数理统计的范畴。关于这方面内容的专著很多，本节仅从化工原理实验应用的角度，介绍几种常用的方法。

（1）网格实验设计方法

在确定了化工原理实验变量数和每个变量的实验水平数后，在实验变量的变化范围内，按照均匀布点的方式，将各变量的变化水平逐一搭配构成一个实验点，这就是网格实验设计方法。

显而易见，网格实验方法是把实验点安排在网格的各节点上。若实验变量数为 n，实验水平数为 m，则完成整个实验所需的实验次数为"m^n"。显然，当过程的变量数较高时，实验次数显著增加。对于化工原理实验，涉及的变量除了物性变量，如黏度、密度、比热外，通常还要涉及流量、温度、压力、组成、设备结构尺寸等变量。因此，除了一些简单的过程实验，采用网格法安排实验是很不经济的，当涉及的变量较多时，更不适合采用此方法。

（2）正交实验设计方法

用正交实验表安排多变量实验的方法称为正交实验设计法，这也是科技人员进行科学研究的重要方法之一。该方法的特点是：完成实验所需的实验次数少；数据点分布均匀；可以方便地应用方差分析方法、回归分析方法等对实验结果进行处理，获得许多有价值的重要结论。

对于变量较多和变量间存在相互影响的情况，采用正交实验方法可带来许多方便，不仅实验次数可较网格法减少许多，而且通过对实验数据的统计分析处理，可以直接获得因变量与各自变量之间的关系式，还可通过鉴别出各自变量（包括自变量之间的相互作用）对实验结果影响程度的大小，从而确定哪些变量对过程是重要的，需要在研究过程中重点考虑，哪些变量的影响是次要的，可在研究过程中做一般考虑，甚至忽略。

（3）均匀实验设计方法

这是我国数学家方开泰运用数论方法，单纯地从数据点分布的均匀性角度出发所提出的一种实验设计方法。该方法是利用均匀设计表来安排实验，所需的实验次数要少于正交实验方法。当实验的水平数大于 5 时，宜选择采用该方法。

（4）序贯实验设计方法

传统的实验设计方法都是一次完成实验设计，当实验全部完成以后，再对实验数据进行分析处理。显然，这种先实验、后整理的研究方法是不尽合理的。一个有经验的科技人员总是会不断地从实验过程中获取信息，并结合专业理论知识加以判断，对不合理的实验方案及时进行修正，从而少走弯路。

因此，边实验、边对实验数据进行整理并据此确定下一步研究方向的实验方法才是一种合理的方法。在以数学模型参数估计和模型筛选为目的的实验研究过程中，宜采用此类方法。序贯实验设计方法的主要思想是：先做少量实验，以获得初步信息，丰富研究者对过程的认识；然后在此基础上做出判断，以确定和指导后续实验的条件和实验点的位置。这样，信息在研究过程中有交流、有反馈，能最大限度地利用已进行的实验所提供的信息，将后续的实验安排在最优的条件下进行，从而节省大量的人力、物力和财力。

三、实验流程设计

流程设计是化工原理实验过程中一项重要的工作内容。由于化工原理实验装置是由各种单元设备和测试仪表通过管路、管件、阀门等以系统合理的方式组合而成的整体，因此，在掌握实验原理，确定实验方案后，要根据前两者的要求和规定进行实验流程设计，并根据设计结果搭建实验装置，完成实验任务。

1. 化工原理实验流程设计的内容及一般步骤

化工原理实验流程设计一般包括以下内容。

（1）选择主要设备

例如在测定离心泵特性曲线的有关实验中，选择不同型号及性能的泵；在精馏实验中选择不同结构的板式塔或填料塔；在传热实验中选择不同结构的换热器等。

（2）确定主要检测点和检测方法

化工原理实验就是要通过对实验装置进行操作以获取相关的数据，并通过对实验数据的处理获得设备的特性或过程的规律，进而为工业装置或工业过程的设计与开发提供依据。所以为了获取完整的实验数据，必须设计足够的检测点并配备有效的检测手段。在实验中，需要测定的数据一般可分为工艺数据和设备性能数据两大类。工艺数据包括物体的流量、温度、压力及浓度等数据，以及主体设备的操作压力和湿度等数据；设备性能数据包括主体设备的特征尺寸、功率、效率或处理能力等。需要指出的是，这里所讲的两大类数据是要直接测定的原始变量数据，不包括通过计算获得的中间数据。

（3）确定控制点和控制手段

一套设计完整的化工原理实验装置必须是可操作和可控制的。可操作是指既能满足正常操作的要求，又能满足开车和停车等操作的要求；可控制是指能控制外部活动的影响。为满足这两点要求，设计流程必须考虑完备的控制点和控制手段。

化工原理实验流程设计的一般步骤如下。

① 根据实验的基本原理和实验任务选择主体单元设备，再根据实验需要和操作要求配套附属设备。

② 根据实验原理找出所有的原始变量，据此确定检测点和检测方法，并配置必要的检测仪表。

③ 根据实验操作要求确定控制点和控制手段，并配置必要的控制或调节装置。

④ 画出实验流程图。

⑤ 对实验流程的合理性做出评价。

2. 化工原理实验流程图的基本形式及要求

原理设计中，通常都要求设计人员给出工艺过程流程图（process flow diagram，PFD）和带控制点的管道流程图（piping and instrumentation diagram，PID）。这两者都称为流程图，且部分内容相同，但前者主要包括物流走向、主要工艺操作条件、物流组成和主要设备特性等内容；后者包括所有的管道系统以及检测、控制、报警等系统，两者在设计中的作用是不相同的。

在化工原理实验中，要求学生给出带控制点的实验装置流程示意图，一般由三个部分组成。

① 画出主体设备及附属设备（仪器）的示意图。

② 用标有物流方向的连线（表示管路）将各设备连接起来。

③ 在相应设备或管路上标注检测点和控制点。检测点用代表物理变量的符号加"I"表示，例如用"PI"表示压力检测点，"TI"表示温度检测点，"FI"表示流量检测点，"LI"表示液位检测点等，控制点则用代表物理量的符号加上"C"表示。

第五节　化工原理实验

实验 6-1 流量计流量的校正实验

一、实验目的

1. 熟悉孔板流量计、文丘里流量计的构造、性能及安装方法。

2. 掌握流量计的标定方法之一———容量法。

3. 测定孔板流量计、文丘里流量计的孔流系数与雷诺数的关系。

二、实验原理

对非标准化的各种流量仪表，在出厂前都必须进行流量标定，建立流量刻度标尺（如转子流量计）、给出孔流系数（如涡轮流量计）、给出校正曲线（如孔板流量计）。使用者在使用时，如工作介质、温度、压强等操作条件与原来标定时的条件不同，就需要根据现场情况，对流量计进行标定。

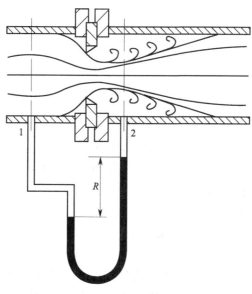

图 6-1　孔板流量计

孔板、文丘里流量计的收缩口面积都是固定的，而流体通过收缩口的压力降则随流量的大小而变，据此来测量流量，因此，称其为变压头流量计。而另一类流量计中，当流体通过时，压力降不变，但收缩口面积却随流量而改变，故称这类流量计为变截面流量计，此类的典型代表是转子流量计。

1. 孔板流量计的校核

孔板流量计是应用最广泛的节流式流量计之一，本实验采用自制的孔板流量计测定液体流量，用容量法进行标定，同时测定孔流系数与雷诺数的关系。

孔板流量计是根据流体的动能和势能相互转化原理而设计的，流体通过锐孔时流速增加，造成孔板前后产生压强差，可以通过引压管在压差计或差压变送器上显示。其基本构造如图 6-1 所示。

界面 1 的流速、压强分别为 u_1、p_1，界面 2 的流速压强分别为 u_2、p_2。

若管路直径为 d_1，孔板锐孔直径为 d_0，流体流经孔板前后所形成的缩脉直径为 d_2，流体的密度为 ρ，则根据伯努利方程，在界面 1、2 处有：

$$\frac{u_2^2-u_1^2}{2}=\frac{p_1-p_2}{\rho}=\frac{\Delta p}{\rho}$$

或

$$\sqrt{u_2^2-u_1^2}=\sqrt{2\Delta p/\rho}$$

由于缩脉处位置随流速而变化，截面积 A_2 又难以知道，而孔板孔径的面积 A_0 是已知的，因此，用孔板孔径处流速 u_0 来替代上式中的 u_2，又考虑这种替代带来的误差以及实际流体局部阻力造成的能量损失，故需用系数 C 加以校正。

$$\sqrt{u_2^2 - u_1^2} = C\sqrt{2\Delta p/\rho}$$

对于不可压缩流体，根据连续性方程可知 $u_1 = \dfrac{A_0}{A_1}u_0$，代入上式并整理可得：

$$u_0 = \frac{C\sqrt{2\Delta p/\rho}}{\sqrt{1 - \left(\dfrac{A_0}{A_1}\right)^2}}$$

令

$$C_0 = \frac{C}{\sqrt{1 - \left(\dfrac{A_0}{A_1}\right)^2}}$$

则

$$u_0 = C_0\sqrt{2\Delta p/\rho}$$

根据 u_0 和 A_0 即可计算出流体的体积流量：

$$V = u_0 A_0 = C_0 A_0\sqrt{2\Delta p/\rho}$$

或

$$V = u_0 A_0 = C_0 A_0\sqrt{2gR(\rho_i - \rho)/\rho}$$

式中　V——流体的体积流量，$\text{m}^3 \cdot \text{s}^{-1}$；

$\quad R$——U 形压差计的读数，m；

$\quad \rho_i$——压差计中指示液密度，$\text{kg} \cdot \text{m}^{-3}$；

$\quad C_0$——孔流系数，无量纲。

C_0 由孔板锐口的形状、测压口位置、孔径与管径之比和雷诺数 Re 所决定，具体数值由实验测定。当孔径与管径之比为一定值时，Re 超过某个数值后，C_0 接近于常数。一般工业上定型的流量计，就是规定在 C_0 为定值的流动条件下使用。C_0 值范围一般为 $0.6\sim0.7$。

孔板流量计安装时应在其上、下游各有一段直管段作为稳定段，上游长度至少应为 $10d_1$，下游为 $5d_2$。孔板流量计构造简单，制造和安装都很方便，其主要缺点是机械能损失大。由于机械能损失，使下游速度复原后，压力不能恢复到孔板前的值，称为永久损失。d_0/d_1 的值越小，永久损失越大。

2. 文丘里流量计的校核

孔板流量计的主要缺点时机械能损失很大，为了克服这一缺点，可采用渐缩渐扩管，如图 6-2 所示，当流体流过这样的锥管时，不会出现边界层分离及漩涡，从而大大降低了机械能损失。这种管称为文丘里管。

文丘里管收缩锥角通常取 $15°\sim25°$，扩大段锥角要取得小些，一般为 $5°\sim7°$，使流速改变平缓，因为机械能损失主要发生在突然扩大处。

文丘里流量计测量原理与孔板完全相同，只不过永久损失要小很多。流速、流量仍可用孔板流量计的式子进行计算，式中 u_0 仍代表最

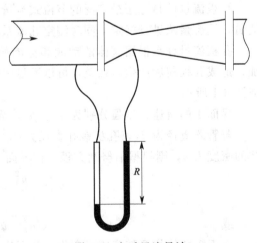

图 6-2　文丘里流量计

小截面处（称为文氏喉）的流速。文丘里管的孔流系数 C_0 约为 $0.98 \sim 0.99$。机械能损失约为：

$$W_f = 0.1 u_0^2$$

文丘里流量计的缺点是加工比孔板复杂，因而造价高，且安装时需占去一定管长位置，但其永久损失小，故尤其适用于低压气体的输送。

三、实验装置与流程

实验装置如图 6-3 所示。主要部分由循环水泵、流量计、U 形压差计、温度计和水槽等组成，实验主管路为 1 寸不锈钢管（内径 25mm）。

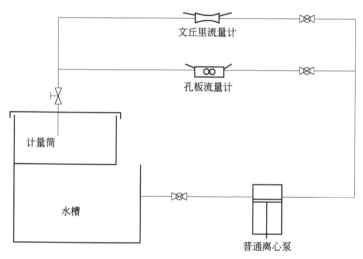

图 6-3　流量计校合实验示意图

四、实验步骤

1. 熟悉实验装置，了解各阀门的位置及作用。启动离心泵。

2. 对装置中有关管道、导压管、压差计进行排气，使倒 U 形压差计处于工作状态。

3. 对应每一个阀门开度，用容积法测量流量，同时记下压差计的读数，按由小到大的顺序在小流量时测量 $8 \sim 9$ 个点，大流量时测量 $5 \sim 6$ 个点。

4. 测量流量时应保证每次测量中，计量筒液位差不小于 100mm 或测量时间不少于 40s。

5. 主要计算过程如下

（1）根据体积法（秒表配合计量筒）算得流量 V（$\mathrm{m}^3 \cdot \mathrm{h}^{-1}$）。

（2）根据 $u = \dfrac{4V}{\pi d^2}$，孔板取喉径 $d_0 = 15.347\mathrm{mm}$，文丘里取喉径 $d = 12.403\mathrm{mm}$。

（3）读取流量 V（由闸阀开度调节）对应下的压差计高度差 R，根据 $u_0 = C_0 \sqrt{2\Delta p / \rho}$ 和 $\Delta p = \rho g R$，求得 C_0 值。

（4）根据 $Re = \dfrac{du\rho}{\mu}$，求得雷诺数，其中 d 取对应的 d_0 值。

（5）在坐标纸上分别绘出孔板流量计和文丘里流量计的 $C_0\text{-}Re$ 图。

五、实验数据记录及处理

1. 数据记录

计量筒底面积为 0.1m²。

序号	流量 V/m³·h⁻¹		水温 t/℃	孔板压降 Δp/mmH₂O			文丘里管压降 Δp/mmH₂O		
	时间/s	高度/cm		左	右	压差	左	右	压差

2. 数据处理

序号	流量 V/m³·h⁻¹	流速 u_0/m·s⁻¹	孔板压降 Δp_1/Pa	文丘里管压降 Δp_2/Pa	孔流系数 C_0

（1）将所有原始数据及计算结果列成表格，并附上计算示例。

（2）在单对数坐标纸上分别绘出孔板流量计和文丘里流量计的 C_0-Re 图。

（3）讨论实验结果。

【思考题】

1. 孔流系数与哪些因素有关？

2. 孔板、文丘里流量计安装时各应注意什么问题？

3. 如何检查系统排气是否完全？

实验 6-2 流体力学综合实验（Ⅰ）——离心泵特性测定

一、实验目的

1. 能进行光滑管、粗糙管、闸阀局部阻力测定实验，测出湍流区阻力系数与雷诺数之间的关系曲线。

2. 能进行离心泵特性曲线测定实验，测出扬程、功率和效率与流量之间的关系曲线。

3. 学习工业上流量、功率、转速、压力和温度等参数的测量方法，使学生了解涡轮流量计、C1000 电动调节阀以及相关仪表的原理和操作。

二、实验原理

离心泵的特性曲线是选择和使用离心泵的重要依据之一，其特性曲线是在恒定转速下泵的扬程 H、轴功率 N 及效率 η 与泵的流量 Q 之间的关系曲线，它是流体在泵内流动规律的宏观表现形式。由于泵内部流动情况复杂，不能用理论方法推导出泵的特性关系曲线，只能依靠实验测定。

1. 扬程 H 的测定与计算

取离心泵进口真空表和出口压力表处为 1、2 两截面，列机械能衡算方程：

$$z_1 + \frac{p_1}{\rho g} + \frac{u_1^2}{2g} + H = z_2 + \frac{p_2}{\rho g} + \frac{u_2^2}{2g} + \sum h_f \tag{1}$$

由于两截面间的管长较短，通常可忽略阻力项 $\sum h_f$，速度平方差也很小，故可忽略，则有

$$H = (z_2 - z_1) + \frac{p_2 - p_1}{\rho g} = H_0 + H_1(\text{表值}) + H_2 \tag{2}$$

式中　H_0——表示泵出口和进口间的位差，m，$H_0 = z_2 - z_1$；

　　　ρ——流体密度，$kg \cdot m^{-3}$；

　　　g——重力加速度，$m \cdot s^{-2}$；

　p_1、p_2——泵进、出口的真空度和表压，Pa；

　H_1、H_2——泵进、出口的真空度和表压对应的压头，m；

　u_1、u_2——泵进、出口的流速，$m \cdot s^{-1}$；

　z_1、z_2——真空表、压力表的安装高度，m。

由式（2）可知，只要直接读出真空表和压力表上的数值及两表的安装高度差，就可计算出泵的扬程。

2. 轴功率 N 的测量与计算

$$N(\text{W}) = N_{\text{电}} k \tag{3}$$

式中，$N_{\text{电}}$ 为电功率表显示值；k 代表电机传动效率，可取 $k = 0.95$。

3. 效率 η 的计算

泵的效率 η 是泵的有效功率 N_e 与轴功率 N 的比值。有效功率 N_e 是单位时间内流体经过泵时所获得的实际功率，轴功率 N 是单位时间内泵轴从电机得到的功，两者差异反映了水力损失、容积损失和机械损失的大小。

泵的有效功率 N_e 可用下式计算：

$$N_e = HQ\rho g \tag{4}$$

故泵效率为

$$\eta = \frac{HQ\rho g}{N} \times 100\% \tag{5}$$

4. 转速改变时的换算

泵的特性曲线是在定转速下的实验测定的。但是，实际上感应电机在转矩改变时，其转速会有变化，这样随着流量 Q 的变化，多个实验点的转速 n 将有所差异，因此在绘制特性

曲线之前，须将实测数据换算为某一定转速 n' 下（可取离心泵的额定转速 $2900 \mathrm{r \cdot min^{-1}}$）的数据。换算关系如下：

流量
$$Q' = Q \frac{n'}{n} \tag{6}$$

扬程
$$H' = H \left(\frac{n'}{n} \right)^2 \tag{7}$$

轴功率
$$N' = N \left(\frac{n'}{n} \right)^3 \tag{8}$$

效率
$$\eta' = \frac{Q'H'\rho g}{N'} = \frac{QH\rho g}{N} = \eta \tag{9}$$

三、实验装置与流程

离心泵特性曲线测定装置流程图如图 6-4 所示。

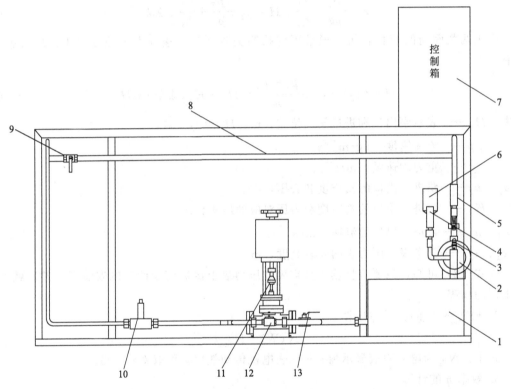

图 6-4　实验装置流程示意图

1—水箱；2—离心泵；3—铂热电阻（测量水温）；4—泵进口压力传感器；5—泵出口压力传感器；
6—灌泵口；7—电器控制柜；8—离心泵实验管路（光滑管）；9—离心泵的管路阀；10—涡轮流量计；
11—电动调节阀；12—旁路闸阀；13—离心泵实验电动调节阀管路球阀

四、实验步骤

（1）清理水箱中的杂质，然后加装实验用水。给离心泵灌水，直到排出泵内气体。

（2）检查各阀门开度和仪表自检情况，试开状态下检查电机和离心泵是否正常运转。开启离心泵之前先将出口阀关闭，当泵达到额定转速后方可逐步打开出口阀。

（3）实验时，通过组态软件或者仪表逐渐增加电动调节阀的开度，以增大流量，待各仪表读数显示稳定后，读取相应数据。离心泵特性实验主要获取实验数据为：流量 Q、泵进口

压力 p_1、泵出口压力 p_2、电机功率 $N_{电}$、泵转速 n，及流体温度 t 和两测压点间高度差 H_0（$H_0 = 0.1\text{m}$）。

（4）测取 10 组左右数据后，可以停泵，同时记录下设备的相关数据（如离心泵型号、额定流量、额定转速、扬程和功率等），停泵前先将出口阀关闭。

【附注】

1. 一般每次实验前，均需对泵进行灌泵操作，以防止离心泵气缚。同时注意定期对泵进行保养，防止叶轮被固体颗粒损坏。

2. 泵运转过程中，勿触碰泵主轴部分，因其高速转动，可能会缠绕并伤害身体接触部位。

3. 不要在出口阀关闭状态下长时间使泵运转，一般不超过 3min，否则泵中液体循环温度升高，易生气泡，使泵抽空。

五、数据处理

（1）记录实验原始数据如下表。

实验日期：_____ 实验人员：_____ 学号：_____ 装置号：_____

离心泵型号 = _____，额定流量 = _____，额定扬程 = _____，额定功率 = _____

泵进出口测压点高度差 H_0 = _____，流体温度 t = _____

实验次数	流量 Q /m³·h⁻¹	泵进口压力 p_1/kPa	泵出口压力 p_2/kPa	电机功率 N /kW	泵转速 n /r·min⁻¹

（2）根据原理部分的公式，按比例定律校合转速后，计算各流量下的泵扬程、轴功率和效率，如下表。

实验次数	流量 Q /m³·h⁻¹	扬程 H /m	轴功率 N /kW	泵效率 η/ %

六、实验报告要求

1. 分别绘制一定转速下的 $H\text{-}Q$、$N\text{-}Q$、$\eta\text{-}Q$ 曲线。

2. 分析实验结果，判断泵最为适宜的工作范围。

【思考题】

1. 试从所测实验数据分析，离心泵在启动时为什么要关闭出口阀门？

2. 启动离心泵之前为什么要引水灌泵? 如果灌泵后依然启动不起来, 可能的原因是什么?

3. 为什么用泵的出口阀门调节流量? 这种方法有什么优缺点? 是否还有其他方法调节流量?

4. 泵启动后, 出口阀如果不开, 压力表读数是否会逐渐上升? 为什么?

5. 正常工作的离心泵, 在其进口管路上安装阀门是否合理? 为什么?

6. 试分析, 用清水泵输送密度为 $1200kg \cdot m^{-3}$ 的盐水, 在相同流量下泵的压力是否变化? 轴功率是否变化?

实验 6-3　流体力学综合实验(Ⅱ)——流体流动阻力测定

一、实验目的

1. 掌握测定流体流经直管、管件和阀门时阻力损失的一般实验方法。
2. 测定直管摩擦系数 λ 与雷诺数 Re 的关系, 验证在一般湍流区内 λ 与 Re 的关系曲线。
3. 测定流体流经管件、阀门时的局部阻力系数 ξ。
4. 学会倒 U 形压差计和涡轮流量计的使用方法。
5. 识辨组成管路的各种管件、阀门, 并了解其作用。

二、实验原理

流体通过由直管、管件 (如三通和弯头等) 和阀门等组成的管路系统时, 由于黏性剪应力和涡流应力的存在, 要损失一定的机械能。流体流经直管时造成的机械能损失称为直管阻力损失。流体通过管件、阀门时因流体运动方向和速度大小改变所引起的机械能损失称为局部阻力损失。

1. 直管阻力摩擦系数 λ 的测定

流体在水平等径直管中稳定流动时, 阻力损失为:

$$h_f = \frac{\Delta p_f}{\rho} = \frac{p_1 - p_2}{\rho} = \lambda \frac{l}{d} \times \frac{u^2}{2} \tag{1}$$

即,

$$\lambda = \frac{2d \Delta p_f}{\rho l u^2} \tag{2}$$

式中　λ——直管阻力摩擦系数, 量纲为 1;

d——直管内径, m;

Δp_f——流体流经 l (m) 长度直管的压力降, Pa;

h_f——单位质量流体流经 lm 直管的机械能损失, $J \cdot kg^{-1}$;

ρ——流体密度, $kg \cdot m^{-3}$;

l——直管长度, m;

u——流体在管内流动的平均流速, $m \cdot s^{-1}$。

滞流 (层流) 时:

$$\lambda = \frac{64}{Re} \tag{3}$$

$$Re = \frac{du\rho}{\mu} \tag{4}$$

式中　Re——雷诺数，量纲为 1；

　　　μ——流体黏度，$kg \cdot m \cdot s^{-1}$。

湍流时 λ 是雷诺数 Re 和相对粗糙度（ε/d）的函数，须由实验确定。

由式（2）可知，欲测定 λ，需确定 l、d，测定 Δp_f、u、ρ、μ 等参数。l、d 为装置参数（装置参数表格中给出），ρ、μ 通过测定流体温度，再查有关手册而得，u 通过测定流体流量，再由管径计算得到。

例如本装置采用涡轮流量计测流量(V)$m^3 \cdot h^{-1}$。

$$u = \frac{V}{900\pi d^2} \tag{5}$$

Δp_f 可用 U 形管、倒置 U 形管、测压直管等液柱压差计测定，或采用差压变送器和二次仪表显示。

（1）当采用倒置 U 形管液柱压差计时

$$\Delta p_f = \rho g R \tag{6}$$

式中　R——水柱高度，m。

（2）当采用 U 形管液柱压差计时

$$\Delta p_f = (\rho_0 - \rho)gR \tag{7}$$

式中　R——液柱高度，m；

　　　ρ_0——指示液密度，$kg \cdot m^{-3}$。

根据实验装置结构参数 l、d，指示液密度 ρ_0，流体温度 t_0（查流体物性 ρ、μ），及实验时测定的流量 V、液柱压差计的读数 R，通过式（5）、式（6）或式（7）、式（4）和式（2）求取 Re 和 λ，再将 Re 和 λ 标绘在双对数坐标图上。

2. 局部阻力系数 ξ 的测定

局部阻力损失通常有两种表示方法，即当量长度法和阻力系数法。

（1）当量长度法　流体流过某管件或阀门时造成的机械能损失看作与某一长度 l_e 的同直径的管道所产生的机械能损失相当，此折合的管道长度称为当量长度，用符号 l_e 表示。这样，就可以用直管阻力公式来计算局部阻力损失，而且在管路计算时可将管路中的直管长度与管件、阀门的当量长度合并在一起计算，则流体在管路中流动时的总机械能损失 $\sum h_f$ 为：

$$\sum h_f = \lambda \frac{l + \sum l_e}{d} \times \frac{u^2}{2} \tag{8}$$

（2）阻力系数法

流体通过某一管件或阀门时的机械能损失表示为流体在小管径内流动时平均动能的某一倍数，局部阻力的这种计算方法，称为阻力系数法。即：

$$h_f' = \frac{\Delta p_f'}{\rho g} = \xi \frac{u^2}{2} \tag{9}$$

故

$$\xi = \frac{2\Delta p_f'}{\rho g u^2} \tag{10}$$

式中　ξ——局部阻力系数，量纲为1；

$\Delta p_f'$——局部阻力压强降，Pa（本装置中，所测得的压降应扣除两测压口间直管段的压降，直管段的压降由直管阻力实验结果求取）；

ρ——流体密度，$kg \cdot m^{-3}$；

g——重力加速度，$9.81 m \cdot s^{-2}$；

u——流体在小截面管中的平均流速，$m \cdot s^{-1}$。

待测的管件和阀门由现场指定。本实验采用阻力系数法表示管件或阀门的局部阻力损失。

根据连接管件或阀门两端管径中小管的直径 d、指示液密度 ρ_0、流体温度 t_0（查流体物性 ρ、μ），及实验时测定的流量 V、液柱压差计的读数 R，通过式（5）、式（6）或（7）、式（10）求取管件或阀门的局部阻力系数 ξ。

三、实验装置与流程

1. 实验装置

实验装置如图6-5所示。

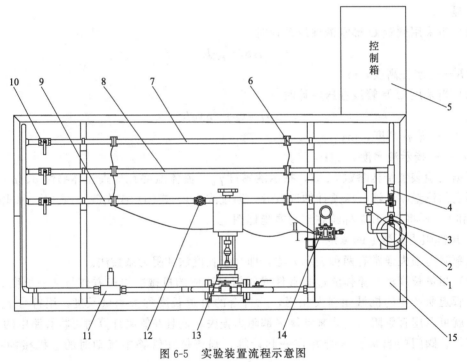

图 6-5　实验装置流程示意图

1—离心泵；2—进口压力变送器；3—铂热电阻（测量水温）；4—出口压力变送器；
5—电气仪表控制箱；6—均压环；7—粗糙管；8—光滑管（离心泵实验中充当离心泵管路）；
9—局部阻力管；10—管路选择球阀；11—涡轮流量计；12—局部阻力管上的闸阀；
13—电动调节阀；14—差压变送器；15—水箱

2. 实验流程

实验对象部分是由贮水箱，离心泵，不同管径、材质的水管，各种阀门、管件，涡轮流量计和倒 U 形压差计等所组成的。管路部分有三段并联的长直管，分别为用于测定局部阻力系数、光滑管直管阻力系数和粗糙管直管阻力系数。测定局部阻力部分使用不锈钢管，其上装有待测管件（闸阀）；光滑管直管阻力的测定同样使用内壁光滑的不锈钢管，而粗糙管直管阻力的测定对象为管道内壁较粗糙的镀锌管。

水的流量使用涡轮流量计测量，管路和管件的阻力采用差压变送器将差压信号传递给无纸记录仪。

3. 装置参数

装置参数如表 6-1 所示。由于管子的材质存在批次的差异，所以可能会产生管径的不同，所以表 6-1 中的管内径只能作为参考。

表 6-1 装置参数

名称	材质	管内径/mm		测量段长度/cm
		管路号	管内径	
局部阻力	闸阀	1A	20.0	95
光滑管	不锈钢管	1B	20.0	100
粗糙管	镀锌铁管	1C	21.0	100

四、实验步骤

1. 泵启动

首先对水箱进行灌水，然后关闭出口阀，打开总电源和仪表开关，启动水泵，待电机转动平稳后，把出口阀缓缓开到最大。

2. 实验管路选择

选择实验管路，把对应的进口阀打开，并在出口阀最大开度下，保持全流量流动 5～10min。

3. 流量调节

手控状态：电动调节阀的开度选择 100，然后开启管路出口阀，调节流量，让流量从 1 到 4m³·h⁻¹ 范围内变化，建议每次实验变化 0.5m³·h⁻¹ 左右。每次改变流量，待流动达到稳定后，记下对应的压差值。自控状态：流量控制界面设定流量值或设定电动调节阀开度，待流量稳定记录相关数据即可。

4. 计算

装置确定时，根据 Δp 和 u 的实验测定值，可计算 λ 和 ξ，在等温条件下，雷诺数 $Re = du\rho/\mu = Au$，其中 A 为常数，因此只要调节管路流量，即可得到一系列 λ-Re 的实验点，从而绘出 λ-Re 曲线。

5. 实验结束

关闭出口阀，关闭水泵和仪表电源，清理装置。

五、实验数据处理

根据上述实验测得的数据填写到下表中。

实验日期：＿＿＿＿＿ 实验人员：＿＿＿＿＿ 学号：＿＿＿＿＿ 温度：＿＿＿＿ 装置号：＿＿＿＿

直管基本参数： 光滑管径＿＿＿＿＿ 粗糙管径＿＿＿＿＿ 局部阻力管径＿＿＿＿＿

序号	流量/m³·h⁻¹	光滑管压差/kPa	粗糙管压差/kPa	局部阻力压差/kPa

六、实验报告要求

1. 根据粗糙管实验结果，在双对数坐标纸上绘出 λ-Re 曲线，对照化工原理教材上的有关曲线图，即可估算出该管的相对粗糙度和绝对粗糙度。

2. 根据光滑管实验结果，对照柏拉修斯方程，计算其误差。

3. 根据局部阻力实验结果，求出闸阀全开时的平均 ξ 值。

4. 对实验结果进行分析讨论。

【思考题】

1. 在对装置做排气工作时，是否一定要关闭流程尾部的出口阀？为什么？

2. 如何检测管路中的空气已经被排除干净？

3. 以水做介质所测得的 λ-Re 关系能否适用于其他流体？如何应用？

4. 在不同设备上（包括不同管径），不同水温下测定的 λ-Re 数据能否关联在同一条曲线上？

5. 如果测压口、孔边缘有毛刺或安装不垂直，对静压的测量有何影响？

实验 6-4 空气-蒸汽对流给热系数测定

一、实验目的

1. 了解间壁式传热元件，掌握给热系数测定的实验方法。

2. 掌握热电阻测温的方法，观察水蒸气在水平管外壁上的冷凝现象。

3. 学会给热系数测定的实验数据处理方法，了解影响给热系数的因素和强化传热的途径。

二、实验原理

在工业生产过程中，大量情况下，冷、热流体系通过固体壁面（传热元件）进行热量交换，称为间壁式换热。如图 6-6 所示，间壁式传热过程由热流体对固体壁面的对流传热、固体壁面的热传导和固体壁面对冷流体的对流传热所组成。

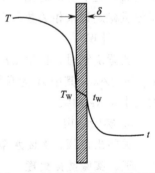

图 6-6　间壁式传热过程示意图

达到传热稳定时，有

$$Q = m_1 C_{p1}(T_1 - T_2) = m_2 C_{p2}(t_2 - t_1)$$
$$= \alpha_1 A_1(T - T_{\mathrm{w}})_{\mathrm{m}} = \alpha_2 A_2(t_{\mathrm{w}} - t)_{\mathrm{m}} = KA\Delta t_{\mathrm{m}} \tag{1}$$

式中　　Q——传热量，$\mathrm{J \cdot s^{-1}}$；

m_1——热流体的质量流率，$\mathrm{kg \cdot s^{-1}}$；

C_{p1}——热流体的比热，$\mathrm{J \cdot kg^{-1} \cdot {}^\circ\!C^{-1}}$；

T_1——热流体的进口温度，$^\circ\!C$；

T_2——热流体的出口温度，$^\circ\!C$；

m_2——冷流体的质量流率，$\mathrm{kg \cdot s^{-1}}$；

C_{p2}——冷流体的比热，$J \cdot kg^{-1} \cdot ℃^{-1}$；

t_1——冷流体的进口温度，℃；

t_2——冷流体的出口温度，℃；

$α_1$——热流体与固体壁面的对流传热系数，$W \cdot m^{-2} \cdot ℃^{-1}$；

A_1——热流体侧的对流传热面积，m^2；

$(T-T_W)_m$——热流体与固体壁面的对数平均温差，℃；

$α_2$——冷流体与固体壁面的对流传热系数，$W \cdot m^{-2} \cdot ℃^{-1}$；

A_2——冷流体侧的对流传热面积，m^2；

$(t_W-t)_m$——固体壁面与冷流体的对数平均温差，℃；

K——以传热面积 A 为基准的总给热系数，$W \cdot m^{-2} \cdot ℃^{-1}$；

Δt_m——冷热流体的对数平均温差，℃。

热流体与固体壁面的对数平均温差可由式（2）计算：

$$(T-T_W)_m = \frac{(T_1-T_{W1})-(T_2-T_{W2})}{\ln \dfrac{T_1-T_{W1}}{T_2-T_{W2}}} \tag{2}$$

式中　T_{W1}——热流体进口处热流体侧的壁面温度，℃；

T_{W2}——热流体出口处热流体侧的壁面温度，℃。

固体壁面与冷流体的对数平均温差可由式（3）计算：

$$(t_W-t)_m = \frac{(t_{W1}-t_1)-(t_{W2}-t_2)}{\ln \dfrac{t_{W1}-t_1}{t_{W2}-t_2}} \tag{3}$$

式中　t_{W1}——冷流体进口处冷流体侧的壁面温度，℃；

t_{W2}——冷流体出口处冷流体侧的壁面温度，℃。

热、冷流体间的对数平均温差可由式（4）计算：

$$\Delta t_m = \frac{(T_1-t_2)-(T_2-t_1)}{\ln \dfrac{T_1-t_2}{T_2-t_1}} \tag{4}$$

当在套管式间壁换热器中，环隙通以水蒸气，内管管内通以冷空气或水进行对流传热系数测定实验时，则由式（1）得内管内壁面与冷空气或水的对流传热系数：

$$α_2 = \frac{m_2 C_{p2}(t_2-t_1)}{A_2(t_W-t)_m} \tag{5}$$

实验中测定紫铜管的壁温 t_{W1}、t_{W2}；冷空气或水的进出口温度 t_1、t_2；实验用紫铜管的长度 l、内径 d_2，$A_2 = \pi d_2 l$；冷流体的质量流量，即可计算出 $α_2$。

然而，直接测量固体壁面的温度，尤其管内壁的温度，实验技术难度大，而且所测得的数据准确性差，带来较大的实验误差。因此，通过测量相对较易测定的冷热流体温度来间接推算流体与固体壁面间的对流给热系数就成为人们广泛采用的一种实验研究手段。

由式（1）得，

$$K = \frac{m_2 C_{p2}(t_2-t_1)}{A \Delta t_m} \tag{6}$$

实验测定 m_2、t_1、t_2、T_1、T_2、并查取 $t_{平均} = \dfrac{1}{2}(t_1 + t_2)$ 下冷流体对应的 C_{p2}、换热面积 A，即可由上式计算得总给热系数 K。

下面通过两种方法来求对流给热系数。

（1）近似法求算对流给热系数 α_2

以管内壁面积为基准的总给热系数与对流给热系数间的关系为：

$$\frac{1}{K} = \frac{1}{\alpha_2} + R_{S2} + \frac{db_2}{\lambda d_{\mathrm{m}}} + R_{S1}\frac{d_2}{d_1} + \frac{d_2}{\alpha_1 d_1} \tag{7}$$

式中　d_1——换热管外径，m；

　　　d_2——换热管内径，m；

　　　d_{m}——换热管的对数平均直径，m；

　　　b_2——换热管的壁厚，m；

　　　λ——换热管材料的热导率，$\mathrm{W} \cdot \mathrm{m}^{-1} \cdot {}^{\circ}\mathrm{C}^{-1}$；

　　　R_{S1}——换热管外侧的污垢热阻，$\mathrm{m}^2 \cdot \mathrm{K} \cdot \mathrm{W}^{-1}$；

　　　R_{S2}——换热管内侧的污垢热阻，$\mathrm{m}^2 \cdot \mathrm{K} \cdot \mathrm{W}^{-1}$。

用本装置进行实验时，管内冷流体与管壁间的对流给热系数约为几十到几百 $\mathrm{W} \cdot \mathrm{m}^{-2} \cdot \mathrm{K}^{-1}$；而管外为蒸汽冷凝，冷凝给热系数 α_1 可达 $10^4 \mathrm{W} \cdot \mathrm{m}^{-2} \cdot \mathrm{K}^{-1}$ 左右，因此冷凝传热热阻 $\dfrac{d_2}{\alpha_1 d_1}$ 可忽略，同时蒸汽冷凝较为清洁，因此换热管外侧的污垢热阻 $R_{S1}\dfrac{d_2}{d_1}$ 也可忽略。实验中的传热元件材料采用紫铜，热导率为 $383.8\mathrm{W} \cdot \mathrm{m}^{-1} \cdot \mathrm{K}^{-1}$，壁厚为 $2.5\mathrm{mm}$，因此换热管壁的导热热阻 $\dfrac{bd_2}{\lambda d_{\mathrm{m}}}$ 可忽略。若换热管内侧的污垢热阻 R_{S2} 也忽略不计，则由式(7) 得：

$$\alpha_2 \approx K \tag{8}$$

由此可见，被忽略的传热热阻与冷流体侧对流传热热阻相比越小，此法所得的准确性就越高。

（2）传热特征数式求算对流给热系数 α_2

对于流体在圆形直管内作强制湍流对流传热时，若符合如下范围内：$Re = 1.0 \times 10^4 \sim 1.2 \times 10^5$，$Pr = 0.7 \sim 120$，管长与管内径之比 $l/d \geqslant 60$，则传热特征数经验式为

$$Nu = 0.023 Re^{0.8} Pr^n \tag{9}$$

式中　Nu——努塞尔数，$Nu = \dfrac{\alpha d}{\lambda}$，量纲为 1；

　　　Re——雷诺数，$Re = \dfrac{du\rho}{\mu}$，量纲为 1；

　　　Pr——普兰特数，$Pr = \dfrac{C_p \mu}{\lambda}$，量纲为 1；

　　　当流体被加热时 $n = 0.4$，流体被冷却时 $n = 0.3$；

　　　α——流体与固体壁面的对流传热系数，$\mathrm{W} \cdot \mathrm{m}^{-2} \cdot {}^{\circ}\mathrm{C}^{-1}$；

　　　d——换热管内径，m；

　　　λ——流体的热导率，$\mathrm{W} \cdot \mathrm{m}^{-1} \cdot {}^{\circ}\mathrm{C}^{-1}$；

　　　u——流体在管内流动的平均速度，$\mathrm{m} \cdot \mathrm{s}^{-1}$；

ρ——流体的密度，kg·m^{-3}；

μ——流体的黏度，Pa·s；

C_p——流体的比热，J·kg^{-1}·℃$^{-1}$。

对于水或空气在管内强制对流被加热时，可将式(9)改写为，

$$\frac{1}{\alpha_2}=\frac{1}{0.023}\times\left(\frac{\pi}{4}\right)^{0.8}\times d_2^{1.8}\times\frac{1}{\lambda_2 Pr_2^{0.4}}\times\left(\frac{\mu_2}{m_2}\right)^{0.8} \tag{10}$$

令，

$$m=\frac{1}{0.023}\times\left(\frac{\pi}{4}\right)^{0.8}\times d_2^{1.8} \tag{11}$$

$$X=\frac{1}{\lambda_2 Pr_2^{0.4}}\times\left(\frac{\mu_2}{m_2}\right)^{0.8} \tag{12}$$

$$Y=\frac{1}{K} \tag{13}$$

$$C=R_{S2}+\frac{bd_2}{\lambda d_m}+R_{S1}\frac{d_2}{d_1}+\frac{d_2}{\alpha_1 d_1} \tag{14}$$

则式(7)可写为，

$$Y=mX+C \tag{15}$$

当测定管内不同流量下的对流给热系数时，由式(14)计算所得的 C 值为一常数。管内径 d_2 一定时，m 也为常数。因此，实验时测定不同流量所对应的 t_1、t_2、T_1、T_2，由式(4)、式(5)、式(12)、式(13)求取一系列 X、Y 值，再在 X-Y 图上作图或将所得的 X、Y 值回归成一直线，该直线的斜率即为 m。任一冷流体流量下的给热系数 α_2 可用下式求得，

$$\alpha_2=\frac{\lambda_2 Pr_2^{0.4}}{m}\times\left(\frac{m_2}{\mu_2}\right)^{0.8} \tag{16}$$

（3）冷流体质量流量的测定

① 若用转子流量计测定冷空气的流量，还须用下式换算得到实际的流量，

$$V'=V\sqrt{\frac{\rho(\rho_f-\rho')}{\rho'(\rho_f-\rho)}} \tag{17}$$

式中　V'——实际被测流体的体积流量，m^3·s^{-1}；

ρ'——实际被测流体的密度，kg·m^{-3}；均可取 $t_{平均}=\frac{1}{2}(t_1+t_2)$下对应水或空气的

密度，见冷流体物性与温度的关系式；

V——标定用流体的体积流量，m^3·s^{-1}；

ρ——标定用流体的密度，kg·m^{-3}；对水 $\rho=1000$kg·m^{-3}；对空气 $\rho=1.205$kg·m^{-3}；

ρ_f——转子材料密度，7.9×10^{-3}kg·m^{-3}。

于是

$$m_2=V'\rho' \tag{18}$$

② 若用孔板流量计测冷流体的流量，则，

$$m_2=\rho V \tag{19}$$

式中，V 为冷流体进口处流量计读数；ρ 为冷流体进口温度下对应的密度。

（4）冷流体物性与温度的关系式

在 0~100℃ 之间，冷流体的物性与温度的关系有如下拟合公式。

① 空气的密度与温度的关系式：$\rho=10^{-5}t^2-4.5\times10^{-3}t+1.2916$

② 空气的比热与温度的关系式：60℃以下 $C_p=1005\mathrm{J}\cdot\mathrm{kg}^{-1}\cdot{}^{\circ}\mathrm{C}^{-1}$，

70℃以上 $C_p=1009\mathrm{J}\cdot\mathrm{kg}^{-1}\cdot{}^{\circ}\mathrm{C}^{-1}$。

③ 空气的热导率与温度的关系式：$\lambda=-2\times10^{-8}t^2+8\times10^{-5}t+0.0244$

④ 空气的黏度与温度的关系式：$\mu=(-2\times10^{-6}t^2+5\times10^{-3}t+1.7169)\times10^{-5}$

三、实验装置与流程

1. 实验装置

空气-水蒸气换热流程如图 6-7 所示。

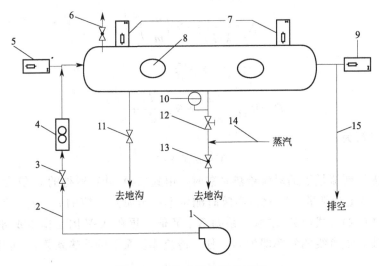

图 6-7　空气-水蒸气换热流程

1—风机；2—冷流体管路；3—冷流体进口调节阀；4—转子流量计；5—冷流体进口温度；
6—不凝性气体排空阀；7—蒸汽温度；8—视镜；9—冷流体出口温度；10—压力表；
11—水汽排空阀；12—蒸汽进口阀；13—冷凝水排空阀；14—蒸汽进口管路；15—冷流体出口管路

来自蒸汽发生器的水蒸气进入不锈钢套管换热器环隙，与来自风机的空气在套管换热器内进行热交换，冷凝水经阀门排入地沟。冷空气经孔板流量计或转子流量计进入套管换热器内管（紫铜管），热交换后排出装置外。

2. 设备与仪表规格

(1) 紫铜管规格：直径 $\phi21\mathrm{mm}\times2.5\mathrm{mm}$，长度 $L=1000\mathrm{mm}$。

(2) 外套不锈钢管规格：直径 $\phi100\mathrm{mm}\times5\mathrm{mm}$，长度 $L=1000\mathrm{mm}$。

(4) 铂热电阻及无纸记录仪温度显示。

(5) 全自动蒸汽发生器及蒸汽压力表。

四、实验步骤与注意事项

1. 实验步骤

(1) 打开控制面板上的总电源开关，打开仪表电源开关，使仪表通电预热，观察仪表显示是否正常。

(2) 在蒸汽发生器中灌装清水，开启发生器电源，水泵会自动将水送入锅炉，灌满后会转入加热状态。达到符合条件的蒸汽压力后，系统会自动处于保温状态。

(3) 打开控制面板上的风机电源开关，让风机工作，同时打开冷流体进口阀，让套管换热器内充有一定量的空气。

（4）打开冷凝水出口阀，排出上次实验余留的冷凝水，在整个实验过程中也保持一定开度。注意开度适中，开度太大会使换热器中的蒸汽跑掉，开度太小会使换热不锈钢管里的蒸汽压力过大而导致不锈钢管炸裂。

（5）在通水蒸气前，也应将蒸汽发生器到实验装置之间管道中的冷凝水排除，否则夹带冷凝水的蒸汽会损坏压力表及压力变送器。具体排除冷凝水的方法是：关闭蒸汽进口阀门，打开装置下面的排冷凝水阀门，让蒸汽压力把管道中的冷凝水带走，当听到蒸汽响时关闭冷凝水排除阀，方可进行下一步实验。

（6）开始通入蒸汽时，要仔细调节蒸汽阀的开度，让蒸汽徐徐流入换热器中，逐渐充满系统中，使系统由"冷态"转变为"热态"，不得少于10min，防止不锈钢管换热器因突然受热、受压而爆裂。

（7）上述准备工作结束，系统也处于"热态"后，调节蒸汽进口阀，使蒸汽进口压力维持在0.01MPa，可通过调节蒸汽发生器出口阀及蒸汽进口阀开度来实现。

（8）通过调节冷空气进口阀来改变冷空气流量，在每个流量条件下，均须待热交换过程稳定后方可记录实验数值，一般每个流量下至少应使热交换过程保持5min方可视为稳定；改变流量，记录不同流量下的实验数值。

（9）记录6～8组实验数据，可结束实验。先关闭蒸汽发生器，关闭蒸汽进口阀，关闭仪表电源，待系统逐渐冷却后关闭风机电源，待冷凝水流尽，关闭冷凝水出口阀，关闭总电源。

（10）待蒸汽发生器为常压后，将锅炉中的水排尽。

2. 注意事项

（1）先打开水汽排空阀，注意只开一定的开度，开得太大会使换热器里的蒸汽跑掉，开得太小会使换热不锈钢管里的蒸汽压力增大而使不锈钢管炸裂。

（2）一定要在套管换热器内管输以一定量的空气后，方可开启蒸汽阀门，且必须在排除蒸汽管线上原先积存的凝结水后，方可把蒸汽通入套管换热器中。

（3）刚开始通入蒸汽时，要仔细调节蒸汽进口阀的开度，让蒸汽徐徐流入换热器中，逐渐加热，由"冷态"转变为"热态"，不得少于10min，以防止不锈钢管因突然受热、受压而爆裂。

（4）操作过程中，蒸汽压力一般控制在0.02MPa（表压）以下，否则可能造成不锈钢管爆裂。

（5）确定各参数时，必须是在稳定传热状态下，随时注意蒸汽量的调节和压力表读数的调整。

五、实验报告要求

1. 计算冷流体给热系数的实验值。

2. 冷流体给热系数的特征数式：$Nu/Pr^{0.4}=ARe^m$，由实验数据作图拟合曲线方程，确定式中常数 A 及 m。

3. 以 $\ln(Nu/Pr^{0.4})$ 为纵坐标，$\ln Re$ 为横坐标，将处理实验数据的结果标绘在图上，并与教材中的经验式 $Nu/Pr^{0.4}=0.023Re^{0.8}$ 比较。

【思考题】

1. 实验中冷流体和蒸汽的流向对传热效果有何影响？

2. 在计算空气质量流量时所用到的密度值与求雷诺数时的密度值是否一致？它们分别

表示什么位置的密度？应在什么条件下进行计算？

3. 实验过程中，冷凝水不及时排走，会产生什么影响？如何及时排走冷凝水？如果采用不同压强的蒸汽进行实验，对 α 关联式有何影响？

实验 6-5 干燥特性曲线测定

一、实验目的

1. 了解洞道式干燥装置的基本结构、工艺流程和操作方法。

2. 学习测定物料在恒定干燥条件下干燥特性的实验方法。

3. 掌握根据实验干燥曲线求取干燥速率曲线以及恒速阶段干燥速率、临界含水量、平衡含水量的实验分析方法。

4. 实验研究干燥条件对干燥过程特性的影响。

二、实验原理

在设计干燥器的尺寸或确定干燥器的生产能力时，被干燥物料在给定干燥条件下的干燥速率、临界湿含量和平衡湿含量等干燥特性数据是最基本的技术依据参数。由于实际生产中被干燥物料的性质千变万化，因此对于大多数具体的被干燥物料而言，其干燥特性数据常常需要通过实验测定。

按干燥过程中空气状态参数是否变化，可将干燥过程分为恒定干燥条件操作和非恒定干燥条件操作两大类。若用大量空气干燥少量物料，则可以认为湿空气在干燥过程中温度、湿度均不变，再加上气流速度、与物料的接触方式不变，则称这种操作为恒定干燥条件下的干燥操作。

1. 干燥速率的定义

干燥速率的定义为单位干燥面积（提供湿分汽化的面积）、单位时间内所除去的湿分质量。即

$$U = \frac{\mathrm{d}W}{A\,\mathrm{d}\tau} = -\frac{G_c\,\mathrm{d}X}{A\,\mathrm{d}\tau} \tag{1}$$

式中　U——干燥速率，又称干燥通量，$kg \cdot m^{-2} \cdot s^{-1}$；

　　　A——干燥表面积，m^2；

　　　W——汽化的湿分量，kg；

　　　τ——干燥时间，s；

　　　G_c——绝干物料的质量，kg；

　　　X——物料湿含量，kg 湿分 $\cdot (kg\ 干物料)^{-1}$，负号表示 X 随干燥时间的增加而减少。

2. 干燥速率的测定方法

将湿物料试样置于恒定空气流中进行干燥实验，随着干燥时间的延长，水分不断汽化，湿物料质量减少。若记录物料不同时间下的质量 G，直到物料质量不变为止，也就是物料在该条件下达到干燥极限为止，此时留在物料中的水分就是平衡水分 X^*。再将物料烘干后称重得到绝干物料的质量 G_c，则物料中瞬间含水率 X 为

$$X = \frac{G - G_c}{G_c} \tag{2}$$

计算出每一时刻的瞬间含水率 X，然后将 X 对干燥时间 τ 作图，如图 6-8 所示，即为干燥曲线。

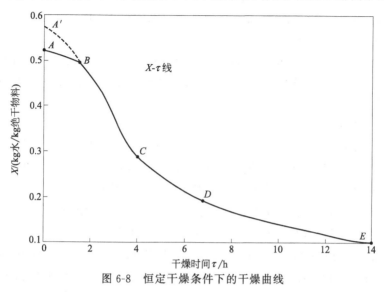

图 6-8　恒定干燥条件下的干燥曲线

上述干燥曲线还可以变换得到干燥速率曲线。由已测得的干燥曲线求出不同 X 下的斜率 $\dfrac{\mathrm{d}X}{\mathrm{d}\tau}$，再由式(1) 计算得到干燥速率 U，将 U 对 X 作图对，就是干燥速率曲线，如图 6-9 所示。

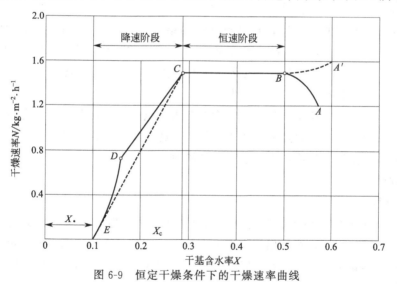

图 6-9　恒定干燥条件下的干燥速率曲线

3. 干燥过程分析

(1) 预热段

见图 6-8 和图 6-9 中的 AB 段或 $A'B$ 段。物料在预热段中，含水率略有下降，温度则升至湿球温度 t_W，干燥速率可能呈上升趋势变化，也可能呈下降趋势变化。预热段经历的时间很短，通常在干燥计算中忽略不计，有些干燥过程甚至没有预热段。本实验中也没有预热段。

（2）恒速干燥阶段

见图 6-8 和图 6-9 中的 BC 段。该段物料水分不断汽化，含水率不断下降。但由于这一阶段去除的是物料表面附着的非结合水分，水分去除的机理与纯水相同，故在恒定干燥条件下，物料表面始终保持为湿球温度 t_w，传质推动力保持不变，因而干燥速率也不变。于是，在图 6-9 中，BC 段为水平线。

只要物料表面保持足够湿润，物料的干燥过程中总有恒速阶段。而该段的干燥速率大小取决于物料表面水分的汽化速率，亦即决定于物料外部的空气干燥条件，故该阶段又称为表面汽化控制阶段。

（3）降速干燥阶段

随着干燥过程的进行，物料内部水分移动到表面的速度赶不上表面水分的汽化速率，物料表面局部出现"干区"，尽管这时物料其余表面的平衡蒸汽压仍与纯水的饱和蒸气压相同、传质推动力也仍为湿度差，但以物料全部外表面计算的干燥速率因"干区"的出现而降低，此时物料中的含水率称为临界含水率，用 X_c 表示，对应图 6-9 中的 C 点，称为临界点。过 C 点以后，干燥速率逐渐降低至 D 点，C 至 D 阶段称为降速第一阶段。

干燥到 D 点时，物料全部表面都成为干区，汽化面逐渐向物料内部移动，汽化所需的热量必须通过已被干燥的固体层才能传递到汽化面；从物料中汽化的水分也必须通过这层干燥层才能传递到空气主流中。干燥速率因热、质传递的途径加长而下降。此外，在 D 点以后，物料中的非结合水分已被除尽。接下去所汽化的是各种形式的结合水，因而，平衡蒸气压将逐渐下降，传质推动力减小，干燥速率也随之较快降低，直至到达 E 点时，速率降为零。这一阶段称为降速第二阶段。

降速阶段干燥速率曲线的形状随物料内部的结构而异，不一定都呈现前面所述的曲线 CDE 形状。对于某些多孔性物料，可能降速两个阶段的界限不是很明显，曲线好像只有 CD 段；对于某些无孔性吸水物料，汽化只在表面进行，干燥速率取决于固体内部水分的扩散速率，故降速阶段只有类似 DE 段的曲线。

与恒速阶段相比，降速阶段从物料中除去的水分量相对少许多，但所需的干燥时间却长得多。总之，降速阶段的干燥速率取决于物料本身的结构、形状和尺寸，而与干燥介质状况关系不大，故降速阶段又称物料内部迁移控制阶段。

三、实验装置

1. 装置流程

本装置流程如图 6-10 所示。空气由鼓风机送入电加热器，经加热后流入干燥室，加热干燥室料盘中的湿物料后，经排出管道通入大气中。随着干燥过程的进行，物料失去的水分量由称重传感器转化为电信号，并由智能数显仪表记录下来（或通过固定间隔时间，读取该时刻的湿物料质量）。

2. 主要设备及仪器

（1）鼓风机：BYF7122，370W。

（2）电加热器：额定功率 4.5kW。

（3）干燥室：180mm×180mm×1250mm。

（4）干燥物料：湿毛毡或湿砂。

（5）称重传感器：CZ500 型，0～300g。

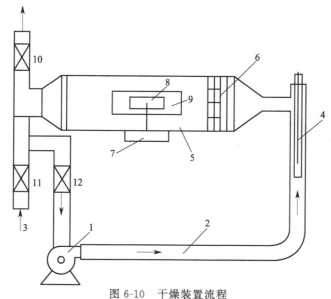

图 6-10 干燥装置流程

1—风机；2—管道；3—进风口；4—加热器；5—厢式干燥器；6—气流均布器；

7—称重传感器；8—湿毛毡；9—玻璃视镜门；10～12—蝶阀

四、实验步骤与注意事项

1. 实验步骤

（1）放置托盘，开启总电源，开启风机电源。

（2）打开仪表电源开关，加热器通电加热，旋转加热按钮至适当加热电压（根据实验室温和实验讲解时间长短）。在 U 形湿漏斗中加入一定水量，并关注干球温度，干燥室温度（干球温度）要求达到恒定温度（例如 70℃）。

（3）将毛毡加入一定量的水并使其润湿均匀，注意水量不能过多或过少。

（4）当干燥室温度恒定在 70℃时，将湿毛毡小心地放置于称重传感器上。放置毛毡时应特别注意不能用力下压，因称重传感器的测量上限仅为 300g，用力过大容易损坏称重传感器。

（5）记录时间和脱水量，每分钟记录一次质量数据；每两分钟记录一次干球温度和湿球温度。

（6）待毛毡恒重时，即为实验终了时，关闭仪表电源，注意保护称重传感器，非常小心地取下毛毡。

（7）关闭风机，切断总电源，清理实验设备。

2. 注意事项

（1）必须先开风机，后开加热器，否则加热管可能会被烧坏。

（2）特别注意传感器的负荷量仅为 300g，放取毛毡时必须十分小心，绝对不能下压，以免损坏称重传感器。

（3）实验过程中，不要拍打、碰扣装置面板，以免引起料盘晃动，影响结果。

五、实验报告要求

1. 绘制干燥曲线（失水量-时间关系曲线）。

2. 根据干燥曲线作干燥速率曲线。

3. 读取物料的临界湿含量。

4. 对实验结果进行分析讨论。

【思考题】

1. 什么是恒定干燥条件? 本实验装置中采用了哪些措施来保持干燥过程在恒定干燥条件下进行?

2. 控制恒速干燥阶段速率的因素是什么? 控制降速干燥阶段干燥速率的因素又是什么?

3. 为什么要先启动风机, 再启动加热器? 实验过程中干、湿球温度计是否变化? 为什么? 如何判断实验已经结束?

4. 若加大热空气流量, 干燥速率曲线有何变化? 恒速干燥速率、临界湿含量又如何变化? 为什么?

实验 6-6 恒压过滤常数的测定

一、实验目的

1. 掌握过滤的基本方法。

2. 熟悉恒压滤机的构造和操作流程。

3. 测定某一压力下过滤方程式中过滤常数 K、q_e、θ_e, 增进对过滤理论的理解。

二、实验原理

过滤是借一种能将固体物截流而让流体通过的多孔介质, 将固体物从液体或气体中分离出来的过程。因此, 势能差不变的情况下以单位时间通过过滤介质的液体量也在不断下降, 即过滤速度不断下降。

影响过滤速度的主要因素除压力差、滤饼厚度外, 还有滤饼悬浮液 (含有固体粒子的流体) 性质, 悬浮液温度, 过滤介质的阻力等, 故难以用严格流体力学方法处理。

将滤渣的阻力和过滤介质的阻力均包括在内, 恒压过滤方程式为:

$$(V+V_e)^2 = KA^2(\theta+\theta_e) \tag{1}$$

式中　V——s 时间内的滤液体积, m^3;

　　V_e——过滤介质的当量滤液体积, m^3;

　　K——过滤常数, $m^2 \cdot s^{-1}$;

　　A——过滤面积, m^2;

　　θ——得到滤液量 V 所需过滤时间, s;

　　θ_e——相当于得到滤液量 V_e 所需要的过滤时间, s。

式(1) 又可写为:

$$(q+q_e)^2 = K(\theta+\theta_e) \tag{2}$$

式中, $q = \dfrac{V}{A}$, 过滤时间为 θ 时, 单位过滤面积的滤液量, $m^3 \cdot m^{-2}$; $q_e = \dfrac{V_e}{A}$, 单位过滤面积上的当量滤液量, $m^3 \cdot m^{-2}$。

对式(2) 积分可得:

$$q^2 + 2qq_e = K\theta \tag{3}$$

将式(3) 做如下变换：

$$\frac{\theta}{q}=\frac{1}{K}q+\frac{2}{K}q_e \tag{4}$$

式(4) 为一直线方程，由上可知，我们只需在某一恒压下过滤，测得一系列的过滤时间和相应的滤液量，以 θ/q 对 q 在普通坐标纸上标绘可得到一直线，其斜率为 $1/K$，截距为 $2q_e/K$，即可求取 K 和 q_e。或者将 θ/q 对 q 的数据用最小二乘法求取 $1/K$ 和 $2q_e/K$，进而计算 K 和 q_e。

三、实验装置与流程

1. 实验装置

(1) 本实验装置主要由板框过滤机、空压机、电机搅拌器、压力表、控制阀、计量槽、压力容器、控制阀、不锈钢框架、控制屏等组成。

(2) 板框过滤机的过滤面积为 0.084m^2（外形尺寸 $0.200\text{m}\times0.200\text{m}\times0.02\text{m}$，有效过滤面积 $0.124\text{m}\times0.124\text{m}$），用帆布拦截过滤介质，由空压机提供压力，并且恒压可调。

(3) 电控箱由不锈钢制成。装有压力表显示仪、减速器、电源开关和电机开关，按下开关旋钮指示灯亮即相应的工作正在进行，沿开关旋钮上的箭头方向旋转则为关。

2. 实验流程

见图 6-11。

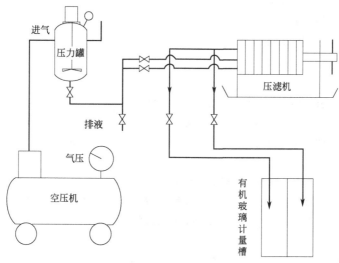

图 6-11　恒压过滤实验装置工艺流程图

四、实验步骤

1. 先将板框过滤机的紧固手柄全部松开，板、框清洗干净。

2. 将干净滤布安放在滤框两侧，注意必须将滤布四角的圆孔与滤框四角的圆孔中心对正，以保证滤液和清洗液流道的畅通。

3. 安装时应从左至右进行，装好一块，用手压紧一块。板框过滤机板、框排列顺序为：固定头—非洗涤板—框—洗涤板—框—非洗涤板—可动头。用压紧装置压紧后待用。

4. 装完以后即可紧固手柄至人力转不动为止。

5. 往压力容器内加水约 20L，打开控制屏上的电源开关，再加入碳酸钙 2kg（浓度 9%），使其搅拌均匀。至视镜的 1/3 处。此时，开启电机使其加入的物料搅拌均匀。

6. 约 10min 后，检查所有阀门是否已关紧？确保全部关紧后，打开压力容器的进气阀，再打开空压机出口转换阀送气，同时注意控制压力容器的进气阀的开度，控制混合釜压力传感器的指示值在 0.07MPa 范围，并一直维持在恒压条件下操作。

7. 先打开过滤机的出料阀，并准备好秒表，做好过滤实验的读数和记录准备，再打开板框过滤机的进料阀，开始过滤操作。

8. 注意看看板框是否泄漏（无大量液体冲出，少量漏液无妨）。确认正常后，观察滤液情况，一般开始出来的比较浑浊，待滤液变清后，立即开始读取计量槽的数据，并同时开始计时和记录相关实验数据。

9. 当滤液量很少时，滤渣已充满滤框后，过滤阶段可结束。即可关闭进料阀和出料阀结束过滤实验。

10. 每次完成实验之后，应注意用水清洗粘在釜壁面、搅拌桨叶以及板、框和输料管上的残渣，避免长期实验后堵塞管道。

11. 清扫实验室现场，结束实验。

五、实验报告要求

1. 列出实验原始数据表和数据整理表。

2. 绘出 θ/q-q 图。

3. 计算出 K、q_e、θ_e 之值。

4. 列出所得的过滤方程式。

5. 计算举例，并讨论实验结果。

6. 思考题解答。

【附注】

1. 加气后应停止搅拌。将釜内压力保持在 0.05～0.1MPa。

2. 启动空压机时应先开启旁通阀，然后逐步减小开度。减压后的气体压力不得超过 0.2MPa。

3. 电动搅拌器为无级调速。使用时首先接上系统电源，打开调速器开关，调速钮一定由小到大缓慢调节，切勿反方向调节或调节过快损坏电机。

4. 启动搅拌前，用手旋转一下搅拌轴以保证顺利启动搅拌器。

5. 设备使用后，必须注意搅拌槽、阀门、水槽和计量槽的排污和清洗，并放尽残液，清洗设备。

6. 卸开板框，将板框和滤布清洗干净；将滤饼返回配料槽。

【思考题】

1. 为什么过滤开始时，滤液常有浑浊，过一定时间才转清？

2. 有哪些因素影响过滤速率？

3. 滤浆浓度和过滤压力对 K 值有何影响？

4. 恒压过滤时，过滤速率随时间如何变化？

实验 6-7 填料塔吸收传质系数的测定

一、实验目的

1. 了解填料塔吸收装置的基本结构及流程。

2. 掌握总体积传质系数的测定方法。

3. 了解气相色谱仪和六通阀的使用方法。

二、实验原理

气体吸收是典型的传质过程之一。由于 CO_2 气体无味、无毒、廉价，所以气体吸收实验常选择 CO_2 作为溶质组分。本实验采用水吸收空气中的 CO_2 组分。一般 CO_2 在水中的溶解度很小，即使预先将一定量的 CO_2 气体通入空气中混合以提高空气中的 CO_2 浓度，水中的 CO_2 含量仍然很低，所以吸收的计算方法可按低浓度来处理，并且此体系 CO_2 气体的解吸过程属于液膜控制。因此，本实验主要测定 K_{xa} 和 H_{OL}。

填料层高度 Z 为

$$Z = \int_0^z \mathrm{d}Z = \frac{L}{K_{xa}} \int_{x_2}^{x_1} \frac{\mathrm{d}x}{x - x^*} = H_{OL} \cdot N_{OL} \tag{1}$$

式中 L——液体通过塔截面的摩尔流量，$kmol \cdot m^{-2} \cdot s^{-1}$；

     K_{xa}——以 ΔX 为推动力的液相总体积传质系数，$kmol \cdot m^{-3} \cdot s^{-1}$；

     H_{OL}——液相总传质单元高度，m；

     N_{OL}——液相总传质单元数，无量纲。

令：吸收因数 $A = L/mG$，则：

$$N_{OL} = \frac{1}{1-A} \ln\left[(1-A) \frac{y_1 - mx_2}{y_1 - mx_1} + A \right] \tag{2}$$

测定方法如下：

（1）空气流量和水流量的测定。本实验采用转子流量计测得空气和水的流量，并根据实验条件（温度和压力）和有关公式换算成空气和水的摩尔流量。

（2）测定填料层高度 Z 和塔径 D。

（3）测定塔顶和塔底气相组成 y_1 和 y_2。

（4）平衡关系。

本实验的平衡关系可写成

$$y = mx \tag{3}$$

式中 m——相平衡常数，$m = E/p$；

     E——亨利系数，$E = f(t)$，Pa，根据液相温度由相关工具书查得；

     p——总压，Pa，取 1atm。

对纯水而言，$x_2 = 0$，由全塔物料衡算公式：

$$G(y_1 - y_2) = L(x_1 - x_2) \tag{4}$$

可得 x_1。

三、实验装置

1. 吸收实验装置

如图 6-12 所示。

吸收实验装置本实验装置流程：由自来水水源来的水送入填料塔塔顶，经喷头喷淋在填料顶层。由风机送来的空气和由二氧化碳钢瓶来的二氧化碳混合后，一起进入气体混合罐，然后再进入塔底，与水在塔内进行逆流接触，进行质量和热量的交换，由塔顶出来的尾气放空，由于本实验为低浓度气体的吸收，所以热量交换可略，整个实验过程看成是等温操作。

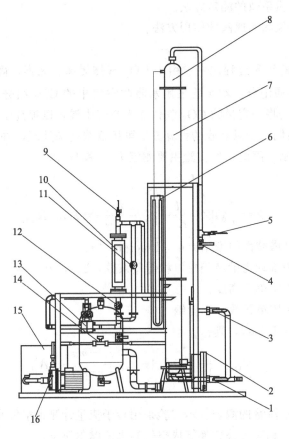

图 6-12 吸收装置流程图

1—液体出口阀 2；2—风机；3—液体出口阀 1；4—气体出口阀；5—出塔气体取样口；
6—U 形压差计；7—填料层；8—塔顶预分布器；9—进塔气体取样口；10—玻璃转子流量计
（0.4～4$m^{-3}\cdot h^{-1}$）；11—混合气体进口阀 1；12—混合气体进口阀 2；13—孔板流量计；
14—涡轮流量计；15—水箱；16—水泵

2. 主要设备

① 吸收塔。高效填料塔，塔径 100mm，塔内装有金属丝网波纹规整填料或 θ 环散装填料，填料层总高度 2000mm。塔顶有液体初始分布器，塔中部有液体再分布器，塔底部有栅板式填料支承装置。填料塔底部有液封装置，以避免气体泄漏。

② 填料规格和特性。金属丝网波纹规整填料：型号 JWB-700Y，规格 φ100mm × 100mm，比表面积 700$m^2\cdot m^{-3}$。

③ 转子流量计。

介质	条件			
	常用流量	最小刻度	标定介质	标定条件
CO_2	2L·min^{-1}	0.2L·min^{-1}	CO_2	20 1.0133×10^5Pa

④ 空气风机。型号：旋涡式气机。

⑤ 二氧化碳钢瓶。

⑥ 气相色谱分析仪。

四、实验步骤与注意事项

1. 实验步骤

（1）熟悉实验流程，熟悉气相色谱仪及其配套仪器结构、原理、使用方法及注意事项。

（2）打开混合罐底部排空阀，排放空气混合贮罐中的冷凝水。

（3）打开仪表电源开关及风机电源开关，进行仪表自检。

（4）开启进水阀门，让水进入填料塔润湿填料，仔细调节玻璃转子流量计，使其流量稳定在某一实验值（塔底液封控制：仔细调节液体出口阀的开度，使塔底液位缓慢地在一段区间内变化，以免塔底液封过高溢满或过低而泄气）。

（5）启动风机，打开 CO_2 钢瓶总阀，并缓慢调节钢瓶的减压阀。

（6）仔细调节风机旁路阀门的开度（并调节 CO_2 转子流量计的流量，使其稳定在某一值），建议气体流量 $3\sim5m^3\cdot h^{-1}$；液体流量 $0.6\sim0.8m^3\cdot h^{-1}$；$CO_2$ 流量 $2\sim3L\cdot min^{-1}$。

（7）待塔操作稳定后，读取各流量计的读数及通过温度、压差计、压力表上读取各温度、塔顶塔底压差读数，通过六通阀在线进样，利用气相色谱仪分析出塔顶、塔底气体组成。

（8）实验完毕，关闭 CO_2 钢瓶和转子流量计、水转子流量计、风机出口阀门，再关闭进水阀门及风机电源开关（实验完成后一般先停止水的流量，再停止气体的流量，这样做的目的是防止液体从进气口倒压，破坏管路及仪器），清理实验仪器和实验场地。

2. 注意事项

（1）固定好操作点后，应随时注意调整，以保持各量不变。

（2）在填料塔操作条件改变后，需要有较长的稳定时间，一定要等到稳定以后方能读取有关数据。

五、实验报告要求

1. 将原始数据列表。

2. 在双对数坐标纸上绘图表示二氧化碳解吸时体积传质系数、传质单元高度与气体流量的关系。

3. 列出实验结果与计算示例。

【思考题】

1. 本实验中，为什么塔底要有液封？液封高度如何计算？

2. 测定 K_{xa} 有什么工程意义？

3. 为什么二氧化碳吸收过程属于液膜控制？

4. 当气体温度和液体温度不同时，应用什么温度计算亨利系数？

实验 6-8 筛板塔精馏过程实验

一、实验目的

1. 了解筛板精馏塔及其附属设备的基本结构，掌握精馏过程的基本操作方法。

2. 学会判断系统达到稳定的方法，掌握测定塔顶、塔釜溶液浓度的实验方法。

3. 学习测定精馏塔全塔效率和单板效率的实验方法，研究回流比对精馏塔分离效率的影响。

二、实验原理

1. 全塔效率 E_T

全塔效率又称总板效率，是指达到指定分离效果所需理论板数与实际板数的比值，即

$$E_T = \frac{N_T - 1}{N_P} \tag{1}$$

式中　N_T——完成一定分离任务所需的理论塔板数，包括蒸馏釜；

　　　N_P——完成一定分离任务所需的实际塔板数，本装置 $N_P = 10$。

全塔效率简单地反映了整个塔内塔板的平均效率，说明了塔板结构、物性系数、操作状况对塔分离能力的影响。对于塔内所需理论塔板数 N_T，可由已知的双组分物系平衡关系，以及实验中测得的塔顶、塔釜出液的组成，回流比 R 和热状况 q 等，用图解法求得。

2. 单板效率 E_M

单板效率又称莫弗里板效率，如图 6-13 所示，是指气相或液相经过一层实际塔板前后的组成变化值与经过一层理论塔板前后的组成变化值之比。

按气相组成变化表示的单板效率为

$$E_{MV} = \frac{y_n - y_{n+1}}{y_n^* - y_{n+1}} \tag{2}$$

按液相组成变化表示的单板效率为

$$E_{ML} = \frac{x_{n-1} - x_n}{x_{n-1} - x_n^*} \tag{3}$$

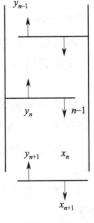

式中　y_n、y_{n+1}——离开第 n、$n+1$ 块塔板的气相组成，摩尔分数；

　　　x_{n-1}、x_n——离开第 $n-1$、n 块塔板的液相组成，摩尔分数；

　　　y_n^*——与 x_n 成平衡的气相组成，摩尔分数；

　　　x_n^*——与 y_n 成平衡的液相组成，摩尔分数。

图 6-13　塔板气液流向示意

3. 图解法求理论塔板数 N_T

图解法又称麦卡勃-蒂列（McCabe-Thiele）法，简称 M-T 法，其原理与逐板计算法完全相同，只是将逐板计算过程在 y-x 图上直观地表示出来。

精馏段的操作线方程为：

$$y_{n+1} = \frac{R}{R+1} x_n + \frac{x_D}{R+1} \tag{4}$$

式中　y_{n+1}——精馏段第 $n+1$ 块塔板上升的蒸汽组成，摩尔分数；

　　　x_n——精馏段第 n 块塔板下流的液体组成，摩尔分数；

　　　x_D——塔顶馏出液的液体组成，摩尔分数；

　　　R——泡点回流下的回流比。

提馏段的操作线方程为：

$$y_{m+1} = \frac{L'}{L'-W}x_m - \frac{Wx_W}{L'-W} \qquad (5)$$

式中　y_{m+1}——提馏段第 $m+1$ 块塔板上升的蒸汽组成，摩尔分数；

　　　　x_m——提馏段第 m 块塔板下流的液体组成，摩尔分数；

　　　　x_W——塔底釜液的液体组成，摩尔分数；

　　　　L'——提馏段内下流的液体量，$kmol \cdot s^{-1}$；

　　　　W——釜液流量，$kmol \cdot s^{-1}$。

加料线（q 线）方程可表示为：

$$y = \frac{q}{q-1}x - \frac{x_F}{q-1} \qquad (6)$$

其中，
$$q = 1 + \frac{C_{pF}(t_S - t_F)}{r_F} \qquad (7)$$

式中　q——进料热状况参数；

　　　　r_F——进料液组成下的汽化潜热，$kJ \cdot kmol^{-1}$；

　　　　t_S——进料液的泡点温度，$℃$；

　　　　t_F——进料液温度，$℃$；

　　　C_{pF}——进料液在平均温度 $(t_S - t_F)/2$ 下的比热容，$kJ \cdot kmol^{-1} \cdot ℃^{-1}$；

　　　　x_F——进料液组成，摩尔分数。

回流比 R 的确定：
$$R = \frac{L}{D} \qquad (8)$$

式中　L——回流液量，$kmol \cdot s^{-1}$；

　　　　D——馏出液量，$kmol \cdot s^{-1}$。

式(8) 只适用于泡点下回流时的情况，而实际操作时为了保证上升气流能完全冷凝，冷却水量一般都比较大，回流液温度往往低于泡点温度，即冷液回流。

如图 6-14 所示，从全凝器出来的温度为 t_R、流量为 L 的液体回流进入塔顶第一块板，由于回流温度低于第一块塔板上的液相温度，离开第一块塔板的一部分上升蒸汽将被冷凝成液体，这样，塔内的实际流量将大于塔外回流量。

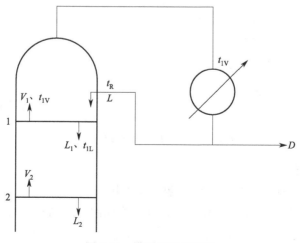

图 6-14　塔顶回流示意图

对第一块塔板作物料、热量衡算：

$$V_1 + L_1 = V_2 + L \tag{9}$$

$$V_1 I_{V1} + L_1 I_{L1} = V_2 I_{V_2} + L I_L \tag{10}$$

对式(9)、式(10) 整理化简后，近似可得：

$$L_1 \approx L \left[1 + \frac{C_p (t_{L1} - t_R)}{r} \right] \tag{11}$$

即实际回流比：

$$R_1 = \frac{L_1}{D} \tag{12}$$

$$R_1 = \frac{L \left[1 + \dfrac{C_p (t_{L1} - t_R)}{r} \right]}{D} \tag{13}$$

式中　　　　V_1、V_2——离开第1、2块板的气相摩尔流量，kmol·s^{-1}；

L_1——塔内实际液流量，kmol·s^{-1}；

I_{V1}、I_{V2}、I_{L1}、I_L——指对应 V_1、V_2、L_1、L 下的焓值，kJ·kmol^{-1}；

r——回流液组成下的汽化潜热，kJ·kmol^{-1}；

C_p——回流液在 t_{L1} 与 t_R 平均温度下的平均比热容，kJ·kmol^{-1}·℃$^{-1}$。

(1) 全回流操作

在精馏全回流操作时，操作线在 y-x 图上为对角线，如图 6-15 所示，根据塔顶、塔釜的组成在操作线和平衡线间作梯级，即可得到理论塔板数。

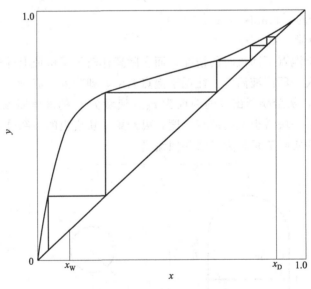

图 6-15　全回流时理论板数的确定

(2) 部分回流操作

部分回流操作时，如图 6-16，图解法的主要步骤如下：

① 根据物系和操作压力在 y-x 图上作出相平衡曲线，并画出对角线作为辅助线；

② 在 x 轴上定出 $x = x_D$、x_F、x_W 三点，依次通过这三点作垂线分别交对角线于点 a、f、b；

③ 在 y 轴上定出 $y_C = x_D/(R+1)$ 的点 c，连接 a、c 作出精馏段操作线；

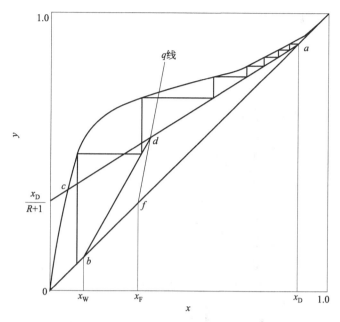

图 6-16　部分回流时理论塔板数的确定

④ 由进料热状况求出 q 线的斜率 $q/(q-1)$，过点 f 作出 q 线交精馏段操作线于点 d；

⑤ 连接点 d、b 作出提馏段操作线；

⑥ 从点 a 开始在平衡线和精馏段操作线之间画阶梯，当梯级跨过点 d 时，就改在平衡线和提馏段操作线之间画阶梯，直至梯级跨过点 b 为止；

⑦ 所画的总阶梯数就是全塔所需的理论塔板数（包含再沸器），跨过点 d 的那块板就是加料板，其上的阶梯数为精馏段的理论塔板数。

三、实验装置和流程

本实验装置的主体设备是筛板精馏塔，配套的有加料系统、回流系统、产品出料管路、残液出料管路、进料泵和一些测量、控制仪表。

筛板塔主要结构参数：塔内径 $D=68\text{mm}$，厚度 $\delta=4\text{mm}$，塔板数 $N=10$ 块，板间距 $H_T=100\text{mm}$。加料位置为由下向上起数第 4 块和第 6 块。降液管采用弓形，齿形堰，堰长 56mm，堰高 7.3mm，齿深 4.6mm，齿数 9 个。降液管底隙 4.5mm。筛孔直径 $d_0=1.5\text{mm}$，正三角形排列，孔间距 $t=5\text{mm}$，开孔数为 77 个。塔釜为内电加热式，加热功率为 2.5kW，有效容积为 10L。塔顶冷凝器、塔釜换热器均为盘管式。单板取样为自下而上第 1 块和第 10 块，斜向上为液相取样口，水平管为气相取样口。

本实验料液为乙醇水溶液，釜内液体由电加热器产生蒸汽逐板上升，经与各板上的液体传质后，进入盘管式换热器壳程，冷凝成液体后再从集液器流出，一部分作为回流液从塔顶流入塔内，另一部分作为产品馏出，进入产品贮罐；残液经釜液转子流量计流入釜液贮罐。精馏过程如图 6-17 所示。

四、实验步骤与注意事项

1. 全回流

（1）配制浓度 $10\%\sim20\%$（体积分数）的料液加入贮罐中，打开进料管路上的阀门，由进料泵将料液打入塔釜，观察塔釜液位计高度，进料至釜容积的 2/3 处。

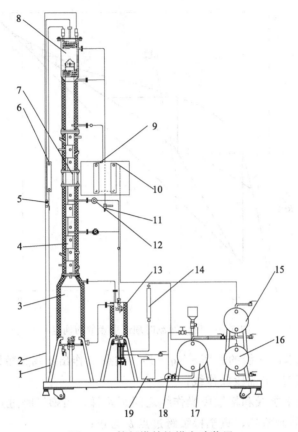

图 6-17　筛板塔精馏塔实验装置

1—冷凝水进口；2—冷凝水出口；3—塔釜；4—塔节；5—塔顶放空阀；6—冷凝水流量计；

7—玻璃视镜；8—塔顶冷凝器；9—全回流流量计；10—部分回流流量计；11—塔顶出料取样口；

12—进料阀；13—换热器；14—残液流量计；15—产品罐；16—残液罐；17—原料罐；18—进料泵；19—计量泵

（2）关闭塔身进料管路上的阀门，启动电加热管电源，逐步增加加热电压，使塔釜温度缓慢上升（因塔中部玻璃部分较为脆弱，若加热过快玻璃极易碎裂，使整个精馏塔报废，故升温过程应尽可能缓慢）。

（3）打开塔顶冷凝器的冷却水，调节合适冷凝量，并关闭塔顶出料管路，使整塔处于全回流状态。

（4）当塔顶温度、回流量和塔釜温度稳定后，分别取塔顶浓度 x_D 和塔釜浓度 x_W，送色谱分析仪分析。

2. 部分回流

（1）在储料罐中配制一定浓度的乙醇水溶液（10％～20％）。

（2）待塔全回流操作稳定时，打开进料阀，调节进料量至适当的流量。

（3）控制塔顶回流和出料两转子流量计，调节回流比 R（$R=1～4$）。

（4）打开塔釜残液流量计，调节至适当流量。

（5）当塔顶、塔内温度读数以及流量都稳定后即可取样。

3. 取样与分析

（1）进料、塔顶、塔釜从各相应的取样阀放出。

（2）塔板取样用注射器从所测定的塔板中缓缓抽出，取 1mL 左右注入事先洗净烘干的针剂瓶中，并给该瓶盖标号，以免出错，各个样品尽可能同时取样。

（3）将样品进行色谱分析。

4. 注意事项

（1）塔顶放空阀一定要打开，否则容易因塔内压力过大导致危险。

（2）料液一定要加到设定液位 2/3 处方可打开加热管电源，否则塔釜液位过低会使电加热丝露出，干烧致坏。

（3）如果实验中塔板温度有明显偏差，是由于所测定的温度不是气相温度，而是气液混合的温度。

五、实验报告

1. 将塔顶、塔底温度和组成，以及各流量计读数等原始数据列表。

2. 按全回流和部分回流分别用图解法计算理论板数。

3. 计算全塔效率和单板效率。

4. 分析并讨论实验过程中观察到的现象。

【思考题】

1. 测定全回流和部分回流总板效率与单板效率时各需测几个参数？取样位置在何处？

2. 全回流时测得板式塔上第 n、$n-1$ 层液相组成后，如何求得 x_n^*，部分回流时，又如何求 x_n^*？

3. 在全回流时，测得板式塔上第 n、$n-1$ 层液相组成后，能否求出第 n 层塔板上的以气相组成变化表示的单板效率？

4. 查取进料液的汽化潜热时定性温度取何值？

5. 若测得单板效率超过 100%，作何解释？

6. 试分析实验结果成功或失败的原因，提出改进意见。

实验 6-9　液液转盘萃取

一、实验目的

1. 了解转盘萃取塔的基本结构、操作方法及萃取的工艺流程。

2. 观察转盘转速变化时，萃取塔内轻、重两相流动状况，了解萃取操作的主要影响因素，研究萃取操作条件对萃取过程的影响。

3. 掌握每米萃取高度的传质单元数 N_{OR}、传质单元高度 H_{OR} 和萃取率 η 的实验测法。

二、实验原理

萃取是分离和提纯物质的重要单元操作之一，是利用混合物中各个组分在外加溶剂中的溶解度的差异而实现组分分离的单元操作。使用转盘塔进行液-液萃取操作时，两种液体在塔内作逆流流动，其中一相液体作为分散相，以液滴形式通过另一种连续相液体，两种液相的浓度则在设备内作微分式的连续变化，并依靠密度差在塔的两端实现两液相间的分离。当轻相作为分散相时，相界面出现在塔的上端；反之，当重相作为分散相时，则相界面出现在塔的下端。

1. 传质单元法的计算

计算微分逆流萃取塔的塔高时，主要采取传质单元法。即以传质单元数和传质单元高度来表征，传质单元数表示过程分离程度的难易，传质单元高度表示设备传质性能的好坏。

$$H = H_{OR} N_{OR} \tag{1}$$

式中　H——萃取塔的有效接触高度，m；

　　H_{OR}——以萃余相为基准的总传质单元高度，m；

　　N_{OR}——以萃余相为基准的总传质单元数，无量纲。

按定义，N_{OR} 计算式为

$$N_{OR} = \int_{x_R}^{x_F} \frac{\mathrm{d}x}{x - x^*} \tag{2}$$

式中　x_F——原料液中被萃取组分（A）与萃取剂（S）的质量比，$kg \cdot kg^{-1}$；

　　x_R——萃余相中 A 与 S 的质量比，$kg \cdot kg^{-1}$；

　　x——塔内某截面处萃余相中 A 与 S 的质量比，$kg \cdot kg^{-1}$；

　　x^*——塔内某截面处与萃取相平衡时萃余相中 A 与 S 的质量比，$kg \cdot kg^{-1}$。

当萃余相浓度较低时，平衡曲线可近似为过原点的直线，操作线也简化为直线处理，如图 6-18 所示。

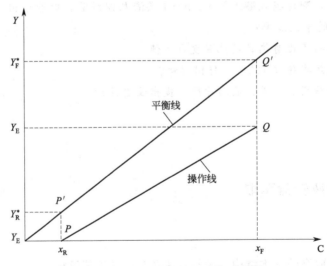

图 6-18　萃取平均推动力计算示意图

则积分式（2）得

$$N_{OR} = \frac{x_F - x_R}{\Delta x_m} \tag{3}$$

式中，Δx_m 为传质过程的平均推动力，在操作线、平衡线作直线近似的条件下为

$$\Delta x_m = \frac{(x_F - x^*) - (x_R - 0)}{\ln \frac{(x_F - x^*)}{(x_R - 0)}} = \frac{(x_F - y_E/k) - x_R}{\ln \frac{(x_F - y_E/k)}{x_R}} \tag{4}$$

式中 k——分配系数，例如对于本实验的煤油苯甲酸相-水相，$k=2.26$；

y_E——萃取相中 A 与 S 的质量比，$kg \cdot kg^{-1}$。

对于 x_F、x_R 和 y_E，分别在实验中通过取样滴定分析而得，y_E 也可通过如下的物料衡算而得

$$F+S=E+R$$
$$Fx_F+S \times 0=Ey_E+Rx_R \tag{5}$$

式中 F——原料液流量，$kg \cdot h^{-1}$；

S——萃取剂流量，$kg \cdot h^{-1}$；

E——萃取相流量，$kg \cdot h^{-1}$；

R——萃余相流量，$kg \cdot h^{-1}$。

对稀溶液的萃取过程，因为 $F=R$，$S=E$，所以有

$$y_E=\frac{F}{S}(x_F-x_R) \tag{6}$$

2. 萃取率的计算

萃取率 η 为被萃取剂萃取的组分 A 的量与原料液中组分 A 的量之比

$$\eta=\frac{Fx_F-Rx_R}{Fx_F} \tag{7}$$

对稀溶液的萃取过程，因为 $F=R$，所以有

$$\eta=\frac{x_F-x_R}{x_F} \tag{8}$$

3. 组成浓度的测定

对于煤油苯甲酸相-水相体系，采用酸碱中和滴定的方法测定进料液组成 x_F、萃余液组成 x_R 和萃取液组成 y_E，即苯甲酸的质量分率，具体步骤如下：

（1）用移液管量取待测样品 25mL，加 1～2 滴溴百里酚蓝指示剂；

（2）用 KOH-CH$_3$OH 溶液滴定至终点，则所测浓度为

$$x=\frac{c \Delta V \times 122}{25 \times 0.8} \tag{9}$$

式中 c——KOH-CH$_3$OH 溶液的浓度，$mol \cdot mL^{-1}$；

ΔV——滴定用去的 KOH-CH$_3$OH 溶液的体积，mL。

此外，苯甲酸的分子量为 122，煤油密度为 $0.8g \cdot mL^{-1}$，样品量为 25mL。

（3）萃取相组成 y_E 也可按式(7)计算得到。

三、实验装置与流程

图 6-19 实验装置操作时应先在塔内灌满连续相——水，然后加入分散相——煤油（含有饱和苯甲酸），待分散相在塔顶凝聚一定厚度的液层后，通过连续相的 Ⅱ 管闸阀调节两相的界面于一定高度，对于本装置采用的实验物料体系，凝聚是在塔的上端中进行（塔的下端也设有凝聚段）。实验装置外加能量的输入，可通过直流调速器来调节中心轴的转速。

转盘萃取塔参数

塔内径	塔高	传质区高度
60mm	1200mm	750mm

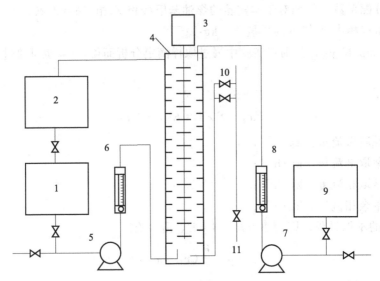

图 6-19　液液转盘萃取实验装置

1—轻相槽；2—萃余相槽（回收槽）；3—电机搅拌系统；4—萃取塔；5—轻相泵；
6—轻相流量计；7—重相泵；8—重相流量计；9—重相槽；10—Π管闸阀；11—萃取相出口

四、实验步骤

1. 将煤油配制成含苯甲酸的混合物（配制成饱和或近饱和），然后把它灌入轻相槽内。注意：勿直接在槽内配制饱和溶液，防止固体颗粒堵塞煤油输送泵的入口。

2. 接通水管，将水灌入重相槽内，用磁力泵将它送入萃取塔内。注意：磁力泵切不可空载运行。

3. 通过调节转速来控制外加能量的大小，在操作时转速逐步加大，中间会跨越一个临界转速（共振点），一般实验转速可取 $500 r \cdot min^{-1}$。

4. 水在萃取塔内搅拌流动，并连续运行 5min 后，开启分散相——煤油管路，调节两相的体积流量一般在 $10 \sim 20 L \cdot h^{-1}$ 范围内（在进行数据计算时，对煤油转子流量计测得的数据要校正，即煤油的实际流量应为 $V_{校} = \sqrt{\dfrac{1000}{800}} V_{测}$，其中 $V_{测}$ 为煤油流量计上的显示值）。

5. 待分散相在塔顶凝聚一定厚度的液层后，再通过连续相出口管路中 Π 形管上的阀门开度来调节两相界面高度，操作中应维持上集液板中两相界面的恒定。

6. 通过改变转速来分别测取效率 η 或 H_{OR}，从而判断外加能量对萃取过程的影响。

7. 取样分析。本实验采用酸碱中和滴定的方法测定进料液组成 x_F、萃余液组成 x_R 和萃取液组成 y_E，即苯甲酸的质量分率，具体步骤如下：

（1）用移液管量取待测样品 25mL，加 $1 \sim 2$ 滴溴百里酚蓝指示剂；

（2）用 KOH-CH_3OH 溶液滴定至终点，则所测质量浓度为

$$x = \frac{c \Delta V \times 122.12}{25 \times 0.8} \times 100\%$$

式中　c——KOH-CH_3OH 溶液的当量浓度，$mol \cdot mL^{-1}$；

　　　ΔV——滴定用去的 KOH-CH_3OH 溶液的体积，mL。

苯甲酸的分子量为 122.12，煤油密度为 $0.8 g \cdot mL^{-1}$，样品量为 25mL。

（3）萃取相组成 y_E 也可按式（5）计算得到。

五、实验报告要求

1. 计算不同转速下的萃取效率及传质单元高度。

2. 以煤油为分散相，水为连续相，进行萃取过程的操作。

实验数据记录：

氢氧化钾的当量浓度 $N_{KOH} = \underline{\hspace{3cm}}$ mol·mL^{-1}

编号	重相流量/L·h^{-1}	轻相流量/L·h^{-1}	转速 N/r·min^{-1}	ΔV_F/mL(KOH)	ΔV_R/mL(KOH)	ΔV_S/mL(KOH)
1						
2						
3						

数据处理表

编号	转速 n	萃余相浓度 x_R	萃取相浓度 y_E	平均推动力 Δx_m	传质单元高度 H_{OR}	传质单元数 N_{OR}	效率 η
1							
2							
3							

【思考题】

1. 请分析比较萃取实验装置与吸收、精馏实验装置的异同点？

2. 说说本萃取实验装置的转盘转速是如何调节和测量的？从实验结果分析转盘转速变化对萃取传质系数与萃取率的影响。

3. 测定原料液、萃取相、萃余相的组成可用哪些方法？采用中和滴定法时，标准碱为什么选用 KOH-CH$_3$OH 溶液，而不选用 KOH-H$_2$O 溶液？

实验 6-10 演示实验

Ⅰ 雷诺实验

一、实验目的

1. 观察流体在管内流动的两种不同流型。

2. 测定临界雷诺数。

二、实验原理

流体流动有两种不同形态，即层流（滞流）和湍流（紊流）。流体做层流流动时，其流体质点做直线运动，且互相平行；湍流时质点紊乱，流体内部存在径向脉动，但流体的主体向同一方向流动。

雷诺数是判断流动形态的特征数，若流体在圆管内流动，则雷诺数可用下式表示。

$$Re = \frac{du\rho}{\mu} \tag{1}$$

式中，Re 为雷诺数，量纲为 1；d 为管的内径，m；u 为流体流速，m·s^{-1}；ρ 为流体密度，$kg \cdot m^{-3}$；μ 为流体黏度，$Pa \cdot s$。

对于一定流体，在特定的圆管内流动时，雷诺数仅与流体流速有关。本实验通过改变流体在管内的速度，观察在不同雷诺数下流体流动形态的变化。一般认为 $Re<2000$ 时，流动形态为层流；$Re>4000$ 时，流动形态为湍流；$2000<Re<4000$ 时，流动形态处于过渡区。

三、实验装置

实验装置如图 6-20 所示，主要有贮水槽、玻璃试验导管、转子流量计以及移动式镜面不锈钢实验台等部分组成。

实验前，先让水充满带溢流装置的贮水槽，打开转子流量计后的调节阀，将系统中的气泡排尽。示踪剂采用有色墨水，它由有色墨水贮瓶颈连接软管和注射针头，注入试验导管，注射针头位于试验导管入口向里伸 15cm（设计为可调）处的中心轴位置。

四、演示操作

1. 层流

实验时，先稍稍开启调节阀，将流量从 0 慢慢调大至需要的值，再调节有色墨水贮瓶的注射器开关，排尽管中的气泡并调节开关的大小至适宜的位置，使有色墨水的注入流速与实验导管中主体流体水的流速相适应，一般以略低于水的流速为宜。待

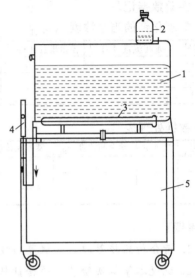

图 6-20　流体流动现象演示装置
1—贮水槽；2—有色墨水内贮瓶；3—试验导管；4—转子流量计；5—移动式实验台

流动稳定后，记录水的流量。此时，在实验导管的轴线上，就可观察到一条平行的有色细流，好像一根拉直的有色直线一样。

2. 湍流

缓慢加大调节阀的开度，使水的流量平稳地增大。玻璃导管内的流速也随之平稳增大。可观察到玻璃导管轴线上呈直线流动的有色细流开始发生波动。随着流速的增大，红色细流的波动程度也随之增大，最后断裂成一段段的红色细流。当流速继续增大时，红墨水进入实验导管后，立即呈烟雾状分散在整个导管内，进而迅速与主体水混为一体，使整个管内流体染为一色。

Ⅱ　伯努利方程实验

一、实验目的

1. 加深对能量转化概念的理解。
2. 观察流体流经收缩、扩大管段时，各截面上的静压变化。

二、实验原理

不可压缩的流体在导管中做稳定流动时，由于导管截面的改变致使各截面上的流速不同，而引起相应的静压头变化，其关系可由流动过程中能量衡算方程来描述，即

$$gz_1 + \frac{u_1^2}{2} + \frac{p_1}{\rho} = gz_2 + \frac{u_2^2}{2} + \frac{p_2}{\rho} + \sum h_{f_{12}} \tag{2}$$

式中，gz 为每千克流体具有的位能，$J \cdot kg^{-1}$；$u^2/2$ 表示每千克流体具有的动能，$J \cdot$

kg^{-1}；p/ρ 表示每千克流体具有的压势能，$J \cdot kg^{-1}$；$\sum h_{f_{12}}$ 表示每千克流体在流动过程中摩擦损失，$J \cdot kg^{-1}$。

因此，由于导管截面和位置发生变化引起流速变化，致使部分静压头转化成动压头，它的变化可由各玻璃槽中水柱的高度指示出来。

三、实验装置和流程

实验装置如图 6-21 所示，主要由实验导管、低位贮水槽、循环泵、溢流水槽和侧压管等部分组成。

实验导管为一变径有机玻璃管，沿程分三处设置测量静压头和冲压头的装置。

实验前，先将水充满低位贮水槽，然后关闭实验导管出口调节阀和启动循环水泵，并将水灌满溢流水槽，并保持槽内液面恒定。

实验时，开启调节阀，排尽系统中的气泡。水的流量可由实验导管出口调节阀控制。泵的出口阀控制溢流水域内的溢流流量，以保持槽内液面恒定，使流动体系在整个实验过程中维持稳定流动。

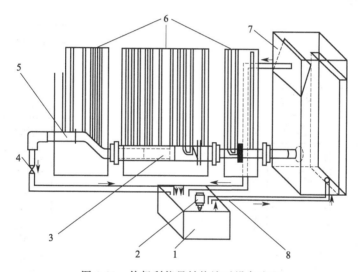

图 6-21　伯努利能量转换演示设备流程

1—贮水器；2—水泵；3—文丘里流量计；4—出口调节阀；

5—高位管；6—演示板；7—高位溢流水槽；8—流量控制阀

四、演示操作

1. 非流动体的机械能分布及其转换

演示时，将泵的出口阀和实验导管出口的调节阀全部关闭，系统内的液体处于静止状态。此时，可观察到实验导管上所有的测压管中的水柱高度都是相同的，且其液面与溢流槽内的液面平齐。

2. 流动体系的机械能分布及其转换

缓慢开启实验导管的出口调节阀，使导管内的水开始流动，各测压管中水柱的高度将随之发生变化。可观察到各截面上各对测压管水柱的高度差随着流量的增大而增大。这说明，当流量增大时，流体流过各导管截面上的流速也随之增大。这就需要更多的静压头转化为动压头，表现为每对测压管的水柱高度差增大。同时，各对测压管的右侧管中水柱的高度随流体流量的增大而下降，这说明流体在流动过程中能量损失与流体流速成正比。流速越大，液体在流动过程中能量损失越大。

Ⅲ 旋风分离实验

一、实验内容

1. 观察固体尘粒在旋风分离器内的运动路线。

2. 在较大的操作气速下，测定旋风分离器内静压强的分布。

3. 测定分离效果随进口气速的变化规律。

二、实验目的

演示含尘气体通过旋风分离器时含尘气体、固体尘粒和除尘后气体的运动路线，正确理解和描述旋风分离器的工作原理。

测定旋风分离器内静压强的分布，认清出灰口和集尘室密封良好的必要性。

测定进口气速对旋风分离器分离性能的影响，学会计算适宜操作气速的方法。

三、实验原理

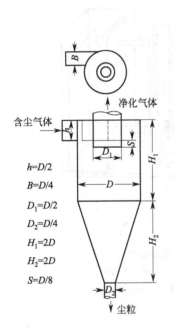

$h=D/2$

$B=D/4$

$D_1=D/2$

$D_2=D/4$

$H_1=2D$

$H_2=2D$

$S=D/8$

图 6-22 标准旋风分离器

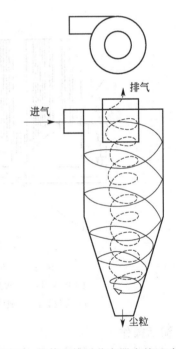

图 6-23 气体在旋风分离器内的运动情况

旋风分离器是利用惯性离心力的作用从气流中分离出固体尘粒的设备。图 6-22 为具有代表性的旋风分离器的结构，称为标准旋风分离器，其主体的上部为圆筒形，下部为圆锥形，各部件的尺寸比例如图所注。含尘气体由圆筒上部的进气管切向进入，受器壁的约束向下做螺旋运动。在惯性离心力的作用下，颗粒被抛向器壁而与气流分离，再沿壁面落至锥底的排灰口。净化后的气体在中心轴附近由下而上做螺旋运动，最后由顶部的排气管排出。图 6-23 描绘了气体在分离器内的运动情况。

四、实验装置与流程

实验装置与流程如图 6-24 所示。该旋风分离器除进气管外，形式和尺寸比例与标准型

旋风分离器相同。为同时兼顾便于加工、流动阻力小和分离效果好三方面的要求，本装置取旋风分离器进气管为圆管，其直径

$$D_r = d_r = \frac{1}{2} \times (D - D_1) \tag{3}$$

式中，D 为圆筒部分的直径；D_1 为排气管的直径。

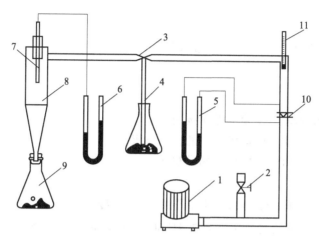

图 6-24　旋风分离器实验装置流程示意图

1—鼓风机（旋涡气泵）；2—流量调节阀；3—文丘里管；4—进料管；

5—流量测量用 U 形管压差计；6—静压测量用 U 形管压差计；7—静压测量探头；

8—旋风分离器；9—集尘器；10—孔板流量计；11—温度计

五、实验步骤

1. 使流量调节阀处于全开状态，接通鼓风机的电源开关，开动鼓风机。

2. 将实验用的固体尘粒物料（木屑、洗衣粉等）倒入进料管 4，逐渐关小流量调节阀 2，增大通过旋风分离器的风量，观察含尘气体、固体尘粒和除尘后气体的运动路线。

3. 在分离器圆筒部分的中部，用静压测量探头考察静压强在径向上的分布情况。

4. 在分离器的轴线上，从气体出口管的上端至出灰管的上端用静压测量探头考察静压强在轴线上的分布情况。

5. 使静压测量探头紧贴器壁，从筒部分的上部至圆锥部分的下端考察静压沿器壁表面从上到下的分布情况。

6. 实验结束时，先将流量调节阀全开，后切断鼓风机的电源开关。

六、实验注意事项

（1）开车和停车前，均应先让流量调节阀处于全开状态，后接通或切断鼓风机的电源开关，以免 U 形管内的水被冲出。

（2）应保证分离器的排灰管与集尘室的连接，以免因内部负压漏入空气而将已分离下来的尘粒重新吹起并被带走。

（3）实验时，若气体流量较小且固体尘粒比较潮湿，则固体尘粒会沿着向下螺旋运动的轨迹沾附在器壁上。此时，可在大流量下向文丘里管内加入固体尘粒，用从含尘气体中分离出来的高速旋转的新尘粒将原来沾附在器壁上的尘粒冲刷下来。

（4）实验结束后应从集尘室内取出固体尘粒。

第七章 中学化学教学法实验

实验 7-1 "电解水"实验的准备和演示

一、实验目的
1. 掌握演示"电解水"实验的操作技能。
2. 探索水电解器（霍夫曼电解器）的代用装置。
3. 初步掌握演示"电解水"实验的讲解法。

二、实验原理
水在直流电的作用下，分解成氢气和氧气。为了增强导电性，水中可加入少量 H_2SO_4、NaOH 或 Na_2SO_4。电解某些强含氧酸如 H_2SO_4、可溶性强碱如 NaOH、某些活泼金属的强含氧酸盐如 Na_2SO_4 的水溶液时，实际上是电解水。如电解 NaOH 溶液时：

$$阴极：4H^+ + 4e^- === 2H_2\uparrow$$
$$阳极：4OH^- - 4e^- === 2H_2O + O_2\uparrow$$
$$总反应：2H_2O \xrightarrow{电解} 2H_2\uparrow + O_2\uparrow$$

三、仪器与试剂
导线、水槽、直流稳压电源、电插板、试管、铁钉、保险丝等。

H_2SO_4（1∶10）、NaOH 溶液（10%）。

四、实验步骤

1. 水的电解
图 7-1 是实验室电解水简易装置的示意图。

在水槽里加入容积约占 1/2 的 10% 的 NaOH 溶液。取容积相同的两支试管，充满 10% 的 NaOH 溶液，倒扣在水槽里（管底不得留有空气泡），将作为电极的铁钉放到试管口内，接通直流电源（直流电压 6V）后，注意管内发生的现象。

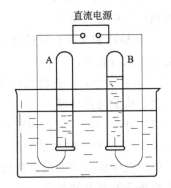

图 7-1　电解水的简易装置

改变两电极之间的距离（由最远移到最近，但两极不可相碰而短路），观察两电极之间距离的改变对电解速度的影响。

改变直流电压（在 5~12V 范围内，由低到高），观察直流电压的改变对电解速度的影响。

改变电极材料（先后换成石墨电极和铜片电极），观察电极材料的改变对电解的影响。

改变电解液的浓度（将电解液稀释），观察电解液浓度的改变对电解速度的影响。

改变电解质（将 10% 的 $NaOH$ 溶液换成 $1：10$ 的稀 H_2SO_4），观察电解质的改变对电解的影响。

2. 自行设计电解水的简易装置（要求设计合理、装置简单、便于操作、现象鲜明）。

【思考题】

1. 是否用任何材料作为电极、配以任何溶液作为电解液，都适用于电解水的演示实验？

2. 影响水电解速度的主要因素有哪些？（浓度大小、电压高低、电极间的距离等）

3. 在某些实验中，所得氢气和氧气的体积比远远偏离 $2：1$，其原因何在？你在实验中所得现象与此一致吗？

4. 铜片和碳棒能作为电解水实验的电极材料吗？为什么？

实验 7-2　氧气的制法和性质

一、实验目的

1. 掌握实验室制取氧气的方法，并试验氧气的重要性质。

2. 掌握氧气的收集方法。

二、实验原理

实验室常用分解过氧化氢溶液、加热氯酸钾或加热高锰酸钾的方法制取氧气（本实验用氯酸钾法制取氧气）。

1. 过氧化氢法

$$2H_2O_2 \xrightarrow{MnO_2} 2H_2O + O_2 \uparrow$$

2. 氯酸钾法

$$2KClO_3 \xrightarrow[\triangle]{MnO_2} 2KCl + 3O_2 \uparrow$$

3. 高锰酸钾法

$$2KMnO_4 \xrightarrow{\triangle} K_2MnO_4 + MnO_2 + O_2 \uparrow$$

三、仪器与试剂

大试管、试管夹、铁架台（带铁圈）、单孔橡皮塞、橡皮管、导管、集气瓶、水槽、玻璃片、酒精灯、火柴、砂纸、镊子、燃烧匙、角匙、表面皿、研钵等。

$KClO_3$、MnO_2、$KMnO_4$、木炭、红磷、硫黄、细铁丝、棉花、石灰水。

四、实验步骤

1. 试验 MnO_2 对 $KClO_3$ 分解的催化作用

在一洁净而干燥的小试管里加入少量 $KClO_3$，用试管夹夹住该试管，在火焰上加热直至 $KClO_3$ 熔化以后，并随时将带火星的木条伸入试管检验有无氧气放出（当 $KClO_3$ 加热至熔化以后，才缓慢放出氧气，使带火星的木条复燃）。

在另一洁净而干燥的小试管里加入少量 $KClO_3$，先用试管夹夹住该试管，在火焰上加热至 $KClO_3$ 刚好熔化，取带火星的木条伸入试管，观察发生的现象（可观察到木条并不复燃，或稍有复燃）。这时候有没有氧气放出？再把试管移离火焰，迅速加入少量 MnO_2 粉末，立即将准备好的带火星的木条伸入管内。观察到什么现象（可观察到木条复燃，或猛烈复燃）？从这个实验得出什么结论？

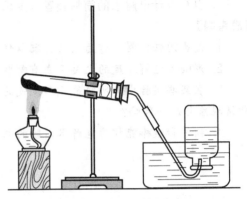

图 7-2　实验室制取氧气

2. 氧气的实验室制取

用带有导管的橡皮塞塞紧试管（图 7-2）。检查这个装置是否漏气。

将集气瓶盛满水，并用玻璃片盖住瓶口（注意不要让瓶口水面留有气泡）。把盛满水的瓶子连同玻璃片一起倒立在盛水的水槽内。观察瓶底有没有气泡。如果有气泡，就要重新操作。

用干燥而洁净的表面皿，在台秤上分别称取 9g $KClO_3$ 和 3g MnO_2，倒入研钵中混匀，用药匙装入大试管中，然后按图 7-2 把仪器装好。

给试管加热。先使酒精灯在试管下方来回移动，让试管均匀受热，然后对药品所在的部位加热。

导管口开始有气泡放出时，不宜立即收集，为什么？当气泡连续并比较均匀地放出时，再把导管口伸入盛满水的集气瓶里。等瓶子里的水排完以后（你怎样判断?），用玻璃片盖住瓶口。小心地把瓶子移出水槽，正放在桌子上。用同样的方法再收集 3 瓶氧气。停止加热时，先要把导管移出水面，然后熄灭火焰，为什么？

3. 试验氧气的化学性质

（1）木炭在氧气里燃烧

用镊子夹取一小块木炭，在酒精灯的火焰上烧红，再放在燃烧匙里，立刻插入盛有氧气的集气瓶中，要注意将其从瓶口慢慢地伸到瓶底。观察有什么现象发生（可以看到木炭烧得更旺，并发出白光）。

等燃烧停止后，取出燃烧匙，立即向集气瓶内倒入少量澄清石灰水，振荡。有什么现象（澄清石灰水变浑浊）？木炭在氧气里燃烧，生成什么物质（CO_2）？

（2）硫黄在氧气里燃烧

见图 7-3。在燃烧匙里放入少量硫粉，在酒精灯火焰上加热，直到发生燃烧，观察硫在空气里燃烧时发生的现象。然后把盛有燃着的硫的燃烧匙伸进盛满氧气的集气瓶里，并立即将玻璃片盖上，观察硫在氧气里燃烧时发生的现象。比较硫在空气里和在氧气里燃烧有什么不同（硫在空气里燃烧发出微弱的淡蓝色火焰，而在氧气里燃烧更旺，发出明亮的蓝紫色火焰，生成了一种无色有刺激性气味的气体，并放出热量）。集气瓶里要预先放少量 $NaOH$ 溶液，为什么？

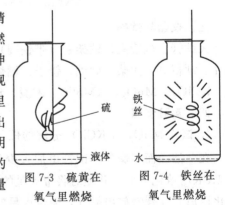

图 7-3　硫黄在
氧气里燃烧

图 7-4　铁丝在
氧气里燃烧

（3）铁丝在氧气里燃烧

见图7-4。用砂纸把细铁丝打亮后，绕成螺旋状，一端系在燃烧匙的柄上，另一端系一根火柴，点燃火柴，待火柴快燃尽时，插入充满氧气的集气瓶中，观察发生的现象（铁丝在氧气里剧烈燃烧，火星四射，生成了一种黑色固体）。集气瓶里要预先放少量水或在瓶底铺上一薄层细沙，为什么？

【思考题】

1. 为什么在称取 $KClO_3$ 时要用干燥而洁净的表面皿而不用一般的纸？

2. 将红热的木炭放进盛有氧气的集气瓶里时，为什么要从瓶口慢慢地伸到瓶底？

3. 检验木炭在氧气里燃烧生成的 CO_2 为什么要用新制的、饱和的、澄清的石灰水？

4. 在做铁丝在氧气里燃烧的实验时，集气瓶里要预先放少量水或在瓶底铺上一薄层细沙，为什么？

实验7-3 "氢气"演示实验的准备

一、实验目的

1. 掌握实验室制取氢气和检验氢气纯度的方法。

2. 熟悉启普发生器的构造和原理，掌握其操作技能。探索启普发生器的代用装置。

3. 试验氢气的重要化学性质。

二、实验原理

实验室常用稀酸如稀硫酸与金属如锌粒起反应来制取氢气。

$$Zn + H_2SO_4 \Longrightarrow ZnSO_4 + H_2 \uparrow$$

三、仪器与试剂

启普发生器、试管、单孔橡皮塞、导管、橡皮管、止水夹、铁架台（带铁夹）、水槽、漏斗、尖嘴管、表面皿、烧杯、易拉罐、火柴、酒精灯等。

锌粒、稀 H_2SO_4（3mol·L^{-1}）。

四、实验步骤

1. 利用启普发生器制取氢气

实验室里制取较多的氢气常用启普发生器。

启普发生器（图7-5）由球形漏斗1、玻璃球和玻璃半球所组成的容器2和带旋钮的导气管3三部分组成。

最初使用时，将仪器横放，把锌粒由容器上插导气管的口中加入，然后放正仪器，再将装导气管的塞子塞好，接着由球形漏斗口加入稀硫酸。

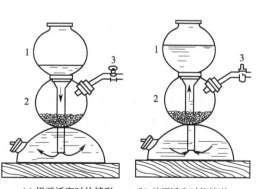

(a) 扭开活塞时的情形　　(b) 关闭活塞时的情形

图7-5　启普发生器

使用时扭开导气管活塞，容器内气压与外界大气压相同，球形漏斗内的酸液在重力作用下流到容器中，与锌粒接触，发生反应，产生的氢气从导气管放出。不用时关闭导气管活塞，由于酸液仍与锌粒接触，氢气依然生成，容器内气压不断加大，当容器内部气压大于外界大气压时，酸液将被压回球形漏斗里，使酸与锌粒脱离接触，反应即自行停止。

用启普发生器制取氢气十分方便，可以随时使反应发生，也可以随时使反应停止。

凡是用块状固体与液体反应制取气体，只要反应不需加热，且生成的气体难溶于水，就可以用这种装置。

2. 自行设计制取氢气的简易装置

3. 试验氢气的重要化学性质

（1）氢气的可燃性

经过验纯后，将导管移出水面，用燃着的火柴把氢气点燃。观察氢气燃烧时的火焰。用干冷的小烧杯罩在氢气的火焰上，观察烧杯内壁上发生的现象，写出氢气燃烧的化学方程式。

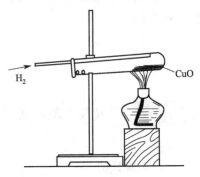

图 7-6 氢气还原氧化铜

（2）氢气的还原性

在干燥的硬质试管底部铺一层黑色的氧化铜，按图7-6装置好。注意管口略向下倾斜。通入经检验已证明是纯净的氢气，过一会儿再加热试管里铺有氧化铜的部位。观察黑色的氧化铜有什么变化，管口有什么生成。反应完成后停止加热，还要继续通入氢气，直到试管冷却。为什么？

【思考题】

1. 中学阶段，哪些气体的制取可使用启普发生器？符合哪几个条件？

2. 实验室所用锌粒为何要在 $CuSO_4$ 溶液中浸泡后才可使用？

3. 做氢气还原 CuO 实验时要注意哪些问题？

实验 7-4 氨气的实验室制备与性质实验

一、实验目的

1. 掌握实验室制取氨的方法及操作要领。

2. 对氨的物理性质和化学性质进行再认识。

3. 掌握喷泉实验的操作技术。

二、实验原理

实验室制取氨气的常用方法有：

1. 固态铵盐与消石灰混合共热制取氨气，常用 NH_4Cl 与 $Ca(OH)_2$ 反应

$$2NH_4Cl + Ca(OH)_2 \xrightarrow{\triangle} CaCl_2 + 2NH_3\uparrow + 2H_2O$$

2. 在浓氨水中加碱制取氨气，因为在氨水中存在平衡

$$NH_3 + H_2O \rightleftharpoons NH_3 \cdot H_2O \rightleftharpoons NH_4^+ + OH^-$$

加碱平衡左移，碱溶解时放出的热量促进氨水挥发。

三、仪器与试剂

药匙、研钵、试管、带有弯玻璃导管的塞子、棉花、铁架台、酒精灯、火柴、球形干燥管、镊子、圆底烧瓶、胶头滴管、橡皮塞、水槽、玻棒、点滴板等。

NH_4Cl、$Ca(OH)_2$、浓盐酸、浓硝酸、浓硫酸、酚酞试液。

四、实验步骤

1. 氨的制取

（1）取 5g NH_4Cl 和 8g $Ca(OH)_2$ 放在研钵里，用研钵轻轻压碎，搅拌均匀。注意：是否有气体放出？说明发生了什么反应，写出反应的化学方程式。

（2）设计实验装置，并利用上述混合物作为反应物，制取氨。注意应采用什么收集方法，并如何防止气体外逸？

（3）分别收集 1 试管氨和 1 瓶（干燥的圆底烧瓶）氨，怎样检验氨是否集满？

2. 氨的性质

（1）观察收集氨的试管中气体的颜色。取下橡皮塞，用拇指轻轻堵住试管口，小心闻氨的气味（注意闻气体的正确方法）。把上述充满氨的试管管口向下倒拿着放入水槽的水中（见图 7-7）。将拇指稍移开试管口，有什么现象发生？为什么？当水进入试管后，在水面下用拇指堵住试管口，将试管从水中取出，使管口向上，并振荡试管，然后向溶液中滴入几滴酚酞试液，观察有什么现象发生？

（2）用带有玻璃管和滴管（滴管里预先吸满水）的塞子塞紧充满氨气的圆底烧瓶瓶口，立即倒置烧瓶，使玻璃管插入盛有水的烧杯里（水里事先加入少量酚酞试液），按图7-8 安装好装置。打开橡皮管上的夹子，挤压滴管的胶头，使少量水进入烧瓶。观察现象。

（3）将实验步骤 1 中制取氨的装置按图 7-9 装好。在点滴板的 3 个凹穴中分别滴入 1 滴浓盐酸、浓硝酸和浓硫酸。然后加热 NH_4Cl 和 $Ca(OH)_2$ 的混合物，当有氨放出时，移动点滴板，使导管口依次对准不同的酸。观察现象并解释原因。

图 7-7　氨在水中的溶解

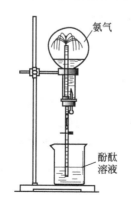

图 7-8　氨溶于水的喷泉实验

图 7-9　氨与酸的反应

【思考题】

1. 制取氨气能用 NH_4NO_3、NH_4HCO_3 和 $(NH_4)_2CO_3$ 代替 NH_4Cl 吗？

2. 如用浓氨水来制取氨可以吗？如 $NH_3 \cdot H_2O$ 不够浓，采用何办法？

3. 喷泉实验时，应注意哪些问题？用图 7-8 装置进行喷泉实验，上部烧瓶已装满干燥氨气，引发水上喷泉的操作是什么？该实验的原理是什么？如果只提供图 7-10 的装置，请说明引发喷泉的方法。若图 7-8 装置烧瓶装满干燥 CO_2，能否引发喷泉？怎样才能使其引发喷泉？

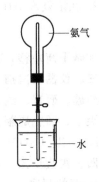

图 7-10　实验装置

实验 7-5　同周期、同主族元素性质递变的实验

一、实验目的

1. 巩固对同周期、同主族元素性质递变规律的认识。

2. 掌握演示实验的操作技术。

3. 进一步认识运用科学实验发现、总结规律的科学研究方法。

二、实验原理

同周期（从左到右）元素的金属性逐渐减弱、非金属性逐渐增强；同主族（从上到下）元素的金属性逐渐增强、非金属性逐渐减弱。

三、仪器与试剂

试管、试管夹、试管架、酒精灯、烧杯、砂纸、药匙、小刀、滤纸、玻璃片、镊子、火柴等。

Na、K、Mg、Al、稀盐酸（$1mol \cdot L^{-1}$）、酚酞试液、$MgCl_2$ 溶液（$1mol \cdot L^{-1}$）、$AlCl_3$ 溶液（$1mol \cdot L^{-1}$）、H_2SO_4 溶液（$3mol \cdot L^{-1}$）、NaOH 溶液（$3mol \cdot L^{-1}$）、新制的氯水、溴水、NaCl 溶液、NaBr 溶液、NaI 溶液。

四、实验步骤

（一）同周期元素性质的递变

1. 比较钠、镁、铝与水的反应

在小烧杯中加入少量水，滴入几滴无色酚酞试液，再取一小块（约为黄豆粒大）钠，用滤纸吸干其表面的煤油并投入烧杯中。观察反应的现象和溶液颜色的变化。

取两支试管，分别放入用砂纸擦去表面氧化膜的一小段镁带和一小片铝，再向两支试管中加入 3mL 水，并往水中滴入 2 滴无色酚酞试液。观察现象。然后分别加热两支试管至水沸腾。观察现象。

2. 比较镁、铝与酸的反应

取两支试管，分别放入用砂纸擦去表面氧化膜的一小段镁带和一小片铝，再各加入 2mL $1mol \cdot L^{-1}$盐酸。观察发生的现象。

3. 比较 $MgCl_2$、$AlCl_3$ 与碱的反应及 $Mg(OH)_2$、$Al(OH)_3$ 与酸和碱的反应

取两支试管，分别加入 $1mol \cdot L^{-1}$ $MgCl_2$ 溶液、$1mol \cdot L^{-1}$ $AlCl_3$ 溶液，再分别滴加 $3mol \cdot L^{-1}$ NaOH 溶液至产生大量 $Mg(OH)_2$、$Al(OH)_3$ 白色沉淀为止。

将 $Mg(OH)_2$ 沉淀分盛在两支试管中，然后在两支试管中分别加入 $3mol \cdot L^{-1}$ H_2SO_4 溶液和 $3mol \cdot L^{-1}$ NaOH 溶液。观察现象。

同样，也将 $Al(OH)_3$ 沉淀分盛在两支试管中，然后在两支试管中分别加入 $3mol \cdot L^{-1}$ H_2SO_4 溶液和 $3mol \cdot L^{-1}$ NaOH 溶液。观察现象。

（二）同主族元素性质的递变

1. 比较钠、钾与水的反应

向一个盛有水的小烧杯里滴入几滴酚酞试液，然后把一小块（约为绿豆粒大）钾（用滤纸吸干其表面的煤油）投入小烧杯。观察反应的现象和溶液颜色的变化。比较钾与水反应和钠与水反应的现象。

2. 比较 NaCl、NaBr 和 NaI 与新制的氯水的反应

取一块白色点滴板，在三个孔穴中分别滴入 3 滴 NaCl 溶液、NaBr 溶液和 NaI 溶液，再向那三个孔穴中分别滴入 2 滴新制的氯水（图 7-11）。观察现象。

3. 比较 NaCl、NaBr 和 NaI 与溴水的反应

用溴水代替氯水在另三个孔穴中做上述实验，观察现象。

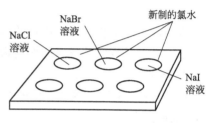

图 7-11　卤素之间的置换反应

【思考题】

1. 镁与沸水反应产生气体，溶液能使酚酞变红，说明生成了 $Mg(OH)_2$，为何没有沉淀现象产生？

2. 铝片在水中加热也不能反应吗？

3. 铝片在酸中反应缓慢，为什么？怎样处理？

实验 7-6　配制一定浓度的溶液

一、实验目的

1. 学会配制一定浓度溶液的方法和技能。

2. 掌握容量瓶和滴定管的使用方法。

二、实验原理

1. 物质的量浓度

$$c = n/V = (m/M)/V$$

式中，n 为溶质的物质的量；m 为溶质的质量；V 为溶液的体积。

2. 稀释定律

稀释前后溶液中溶质的质量和物质的量不变。

$$c_1V_1 = c_2V_2 \Longrightarrow c_2 = c_1V_1/V_2$$

式中，c_1、c_2 为稀释前后溶液中溶质的物质的量浓度。

三、仪器与试剂

烧杯、容量瓶（100mL）、胶头滴管、量筒、玻棒、药匙、滤纸、托盘天平等。

NaCl、蒸馏水。

四、实验步骤

（一）配制 100mL 2.0mol·L^{-1} NaCl 溶液

1. 计算

计算配制 100mL 2.0mol·L^{-1} NaCl 溶液所需 NaCl 固体的质量。

2. 称量

在托盘天平上称出所需质量的 NaCl 固体。注意：称量固体一般在托盘天平的两端各垫一张纸，若是易潮解的或腐蚀性的物质则用烧杯称量。

3. 溶解

将称好的 NaCl 固体置于烧杯内，加入约所配溶液体积一半的蒸馏水，用玻棒搅拌，使 NaCl 固体完全溶解。

4. 转移

将烧杯中的溶液沿玻棒转移到容量瓶中。

5. 洗涤

用少量蒸馏水洗涤烧杯和玻棒 2～3 次，并将洗涤液也全部转移到容量瓶中。轻轻摇动容量瓶，使溶液混合均匀。

6. 定容

向容量瓶中加水至液面在刻度线以下 1～2cm 处，改用胶头滴管逐滴加水，使溶液凹面恰好与刻度线相切。

7. 摇匀

盖好容量瓶瓶塞，用食指顶住瓶塞，另一只手的手指托住瓶底，把容量瓶反复颠倒，使溶液混合均匀。

8. 装瓶

将配制好的溶液倒入试剂瓶中。

9. 贴标签

（二）用 2.0mol·L^{-1} NaCl 溶液配制 100mL 0.5mol·L^{-1} NaCl 溶液

1. 计算

计算配制 100mL 0.5mol·L^{-1} NaCl 溶液所需 2.0mol·L^{-1} NaCl 溶液的体积。

2. 取液

用量筒量取所需体积的 2.0mol·L^{-1} NaCl 溶液。

3. 稀释

先向烧杯中加入约 20mL 蒸馏水，再将量取的 2.0mol·L^{-1} NaCl 溶液沿烧杯内壁或玻棒注入烧杯中，用玻棒慢慢搅动，使其混合均匀。

4. 转移

将烧杯中的溶液沿玻棒转移到容量瓶中。

5. 洗涤

用少量蒸馏水洗涤烧杯和玻棒2～3次，并将洗涤液也转移到容量瓶中。

6. 定容

加水至刻度。

7. 摇匀

盖好容量瓶瓶塞。反复颠倒、摇匀。

8. 装瓶

将配制好的100mL 0.5mol·L^{-1} NaCl溶液倒入指定的容器中。

9. 贴标签

【思考题】

1. 应该怎样称量NaOH固体？

2. 将烧杯里的溶液转移到容量瓶中以后，为什么要用蒸馏水洗涤烧杯和玻棒2～3次，并将洗涤液也全部转移到容量瓶中？

3. 在用容量瓶配制溶液时，如果加水超过了刻度线，倒出一些溶液，再重新加水到刻度线。这种做法对吗？这样做会引起什么误差？

实验7-7 化学反应速率和化学平衡

一、实验目的

1. 加深巩固浓度、温度和催化剂等条件对化学反应速率的影响的知识。

2. 加深巩固浓度、温度对化学平衡的影响的知识。

3. 通过本实验，培养学生的操作技能和观察能力。

二、实验原理

1. 浓度、温度和催化剂等条件对化学反应速率的影响

其他条件不变时，增大反应物的浓度，可以加大化学反应速率；减小反应物的浓度，可以减小化学反应速率。

其他条件不变时，升高温度，可以增大反应速率；降低温度，可以减慢反应速率。

催化剂能改变化学反应速率。

2. 浓度、温度对化学平衡的影响

其他条件不变时，增大反应物浓度或减小生成物浓度，平衡向正反应方向移动；增大生成物浓度或减小反应物浓度，平衡向逆反应方向移动。

其他条件不变时，升高反应体系的温度，平衡向吸热反应方向移动；降低反应体系温度，平衡向放热反应方向移动。

三、仪器与试剂

试管、小烧杯、大烧杯、量筒、滴管、温度计、小纸片、秒表、胶条、黑色笔、药匙、酒精灯、火柴、剪刀、木条等。

3% $Na_2S_2O_3$ 溶液、H_2SO_4 溶液（体积比1：20）、3% H_2O_2 溶液、$FeCl_3$ 溶液

（$0.1mol \cdot L^{-1}$）、KSCN 溶液（$0.1mol \cdot L^{-1}$）、封装有 NO_2 和 N_2O_4 混合气体的玻璃球（或试管）、MnO_2、蒸馏水。

四、实验步骤

（一）浓度、温度、催化剂等对化学反应速率的影响

1. 浓度对化学反应速率的影响

取 3 支大试管，分别编为 1、2、3 号，并按下表中规定的数量分别加入 $Na_2S_2O_3$ 溶液和蒸馏水，摇匀，把试管放在一张有字的纸前，这时隔着试管可以清楚地看到字迹。再取 3 支小试管，分别加入 $2mL$ H_2SO_4 溶液，再同时将 3 支小试管中的 H_2SO_4 溶液分别加到 3 支大试管中，摇匀并开始记录时间，到溶液出现的浑浊（$Na_2S_2O_3 + H_2SO_4 \Longrightarrow Na_2SO_4 + SO_2\uparrow + S\downarrow + H_2O$）使试管后面的字看不见时，停止计时。将记录的时间填入下表。

编号	加 $Na_2S_2O_3$ 溶液的体积/mL	加 H_2O 的体积/mL	加 H_2SO_4 的体积/mL	所需时间/s
1	5	5	2	
2	7	3	2	
3	10	0	2	

2. 温度对化学反应速率的影响

取 2 支小试管，分别加入 $2mL$ H_2SO_4 溶液，待用。

取 2 支大试管，分别编为 4、5 号，并按下表中规定的数量分别加入 $Na_2S_2O_3$ 溶液和蒸馏水，摇匀并把这 2 支大试管分别放入盛有热水、沸水的大烧杯中保持一会儿，然后分别加入上述 $2mL$ H_2SO_4 溶液，并开始记录时间，到溶液出现的浑浊使试管后面的字看不见时，停止计时。将记录的时间分别填入下表。

编号	加 $Na_2S_2O_3$ 溶液的体积/mL	加 H_2O 的体积/mL	加 H_2SO_4 的体积/mL	温度/℃	所需时间/s
1	5	5	2	室温：	
4	5	5	2	热水浴：	
5	5	5	2	沸水浴：	

3. 催化剂对化学反应速率的影响

在 2 支试管里分别加入 $3mL$ 3% 的 H_2O_2 溶液，观察是否有气泡产生。在其中的一支试管里加入少量 MnO_2 粉末（$2H_2O_2 \xrightarrow{MnO_2} 2H_2O + O_2\uparrow$），观察是否有气泡产生，用带火星的木条放在试管口，观察现象。比较两个试管里的反应现象有什么不同。

（二）浓度、温度对化学平衡的影响

1. 浓度对化学平衡的影响

在小烧杯中先加入 $10mL$ 蒸馏水，滴入 $0.1mol \cdot L^{-1}$ $FeCl_3$ 溶液和 $0.1mol \cdot L^{-1}$ KSCN 溶液各 1 滴，得到红色溶液 [$FeCl_3 + 3KSCN \Longrightarrow Fe(SCN)_3 + 3KCl$]。再将此红色溶液平均分到 3 支试管中。

在第一支试管里滴入几滴 $0.1mol \cdot L^{-1}$ $FeCl_3$ 溶液，在第二支试管里滴入几滴 $0.1mol \cdot L^{-1}$ KSCN 溶液。观察这两支试管里溶液颜色的变化，并与第三支试管相比较。

根据溶液颜色的变化，试说明浓度对化学平衡的影响。

2. 温度对化学平衡的影响

取 3 个封装有 NO_2 和 N_2O_4 混合气体（$2NO_2 \rightleftharpoons N_2O_4$）的玻璃球，把第一个球浸在盛有热水的大烧杯里，把第二个球浸在盛有冷水的大烧杯里（见图 7-12），观察这两个球里气体颜色的变化并与第三个球相比较。将前两个球互换位置，再观察这两个球里气体颜色的变化并与第三个球相比较。

根据玻璃球里气体颜色的变化，试说明温度对化学平衡的影响。

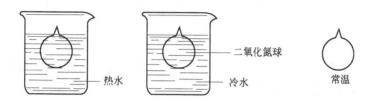

图 7-12　温度对化学平衡的影响

【思考题】

1. 在做浓度、温度对化学反应速率影响的实验时，为什么溶液的总体积必须保持相等？

2. 在实验步骤（一）2 中，为什么要预先使小烧杯在热水浴中温热一会儿后再加入硫酸？

3. 在做温度和浓度对化学反应速率或化学平衡影响的实验时，应注意什么？分别采取了哪些措施？

实验 7-8　"银镜反应"演示实验的研究

一、实验目的

1. 探讨银镜反应演示实验的教学方法。

2. 探索生成光亮银镜的实验条件。

二、实验原理

在碱性溶液中，醛及某些含有醛基的有机化合物能使银氨配合物中的银离子还原成银。以乙醛为例其反应如下：

$$AgNO_3 + 3NH_3 \cdot H_2O \Longrightarrow [Ag(NH_3)_2]OH + NH_4NO_3 + 2H_2O$$

$$CH_3CHO + 2[Ag(NH_3)_2]OH \longrightarrow CH_3COONH_4 + 2Ag\downarrow + 3NH_3 + H_2O$$

析出的银在玻璃器壁上形成光亮的镀层即银镜，故称银镜反应。

三、仪器与试剂

试管、试管夹、烧杯、胶头滴管、三脚架、石棉网、酒精灯、火柴等。

2％ $AgNO_3$ 溶液、2％氨水、5％ $NaOH$ 溶液、乙醛稀溶液、甲溶液（40％乙醛：乙醇＝

1∶1)。

四、实验步骤

1. 加热条件下的银镜反应

（1）洁净试管的准备

在试管里倒入少量 NaOH 溶液，加热煮沸，振荡。把 NaOH 溶液倒去后，再用蒸馏水冲洗试管，备用。

（2）银氨溶液的配制

在洁净的试管里，注入 1mL 2％ $AgNO_3$ 溶液，逐滴加入 2％ 氨水，边滴边振荡，直到最初生成的沉淀刚好溶解为止。

（3）银镜反应的发生

向刚配制好的银氨溶液中滴入 3 滴乙醛稀溶液，把试管放在盛有热水的烧杯里，静置几分钟。观察试管内壁有什么现象产生。

2. 改进后的银镜反应

在一支洁净的试管里加入约 1mL $AgNO_3$ 溶液，滴入 1 滴 NaOH 溶液，再逐滴加入氨水，边滴边振荡至刚好澄清为止，得银氨溶液。向此溶液中加 1 滴甲溶液，不断振荡，观察有什么现象产生。再加 1～2 滴甲溶液，不断振荡，观察试管内壁有什么现象产生。

3. 自行设计实验方案

要求自行设计实验方案，在不加热的条件下制出光亮的银镜。

五、注意事项

（1）试管要洁净。若试管不洁净，还原出来的银大部分呈黑色疏松颗粒状析出，致使管壁上所附的银层不均匀不平整，得不到明亮的银镜。

（2）加入的氨水要适量。氨水的浓度不能太大，滴加氨水的速度不能太快，否则氨水容易过量。滴加氨水的量最好以最初产生的沉淀在刚好溶解与未完全溶解之间。这是因为，一方面过量的 NH_3 使银氨溶液中银离子被过度地络合，降低银氨溶液的氧化能力；另一方面过量的 NH_3 会降低试剂的灵敏度，且容易生成爆炸性物质。

（3）$AgNO_3$ 溶液的浓度不宜太小，以 $AgNO_3$ 的质量分数为 2％～4％ 为宜。

（4）银氨溶液只能临时配制，不能久置。久置的银氨溶液中会析出氮化银、亚氨基化银等爆炸性沉淀物。这些沉淀物即使用玻棒摩擦也会分解而发生猛烈爆炸。所以，实验完毕应立即将试管内的废液倾去，用稀硝酸溶解管壁上的银镜，然后用水将试管冲洗干净。如果要保存银镜，应先处理试管内的混合液，然后用清水把试管壁上的液体冲洗干净。

（5）反应必须在水浴中加热，不要用火焰直接加热，否则有可能发生爆炸。在水浴加热过程中，不要振荡试管，也不要搅拌溶液，水浴温度也不要过高，否则难以得到光亮的银镜，而只能得到黑色细粒银的沉淀。

【思考题】

1. 做银镜反应实验用的试管，为什么要用热的 NaOH 溶液洗涤？

2. 根据实验结果，说明制取银氨溶液时，应注意什么？为什么一般用稀氨水而不用浓氨水？

实验 7-9　分子量的测定

一、实验目的
了解一种测定分子量的方法——蒸气密度法。

二、实验原理
四氯化碳（CCl_4）的沸点低（76.8℃）、易挥发。在一定温度下，使液态的 CCl_4 汽化，测出气态 CCl_4 的体积 V 和质量 m，根据理想气体状态方程 $pV=nRT$（其中 $n=m/M$），可计算出 CCl_4 的分子量：

$$M=mRT/pV$$

式中，M 为 CCl_4 的分子量；m 为气态 CCl_4 的质量；R 为气体常数；T 为汽化时的热力学温度（$T=273.15+t$），t 为汽化时的摄氏温度；p 为实验时的大气压力；V 为气态 CCl_4 的体积；n 为 CCl_4 的物质的量。

三、仪器与试剂
托盘天平、烧杯（500mL）、圆底烧瓶（250mL）、量筒（10mL、100mL）、铝箔、棉线、针、酒精灯、铁架台（附铁圈、铁夹）、石棉网等。

四氯化碳。

四、实验步骤

1. 沸水的准备

在 500mL 烧杯中加入 200mL 热水，放在铁架台的石棉网上，用酒精灯加热至沸腾（100℃），供下面实验使用。

2. 圆底烧瓶容积的测量

取一洁净的圆底烧瓶，用量筒取水，倒入该烧瓶中，当烧瓶被水充满时，所用水的体积就是烧瓶的容积 V。

3. 圆底烧瓶质量的称量

将上述圆底烧瓶烘干，待其冷至室温后，与封口用的铝箔和棉线一起在托盘天平上称其质量 m_1（g）。

4. 四氯化碳的气化

往上述圆底烧瓶中加入约 2mL CCl_4，用已称过质量的铝箔和棉线将瓶口封好。在铝箔中间位置用针扎一小孔。将烧瓶固定在铁架台上并浸入沸水中（图 7-13）进行加热（此时要继续加热，使水保持沸腾状态）。烧瓶中的 CCl_4 受热汽化，同时将瓶中空气排出。

5. 四氯化碳质量的称量

待 CCl_4 完全汽化后，将烧瓶从沸水中取出。烧瓶中的 CCl_4 蒸气因被空气冷却而全部凝成液体。当烧瓶冷却到室温后，将其表面

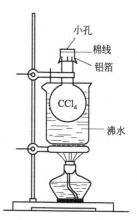

图 7-13　实验装置

擦干，再称量圆底烧瓶的总质量 m_2（g），则气态四氯化碳的质量 $m=m_2-m_1$（g）。

6. 四氯化碳分子量的计算

将 $m=m_2-m_1$（g）、$p=1.01\times10^5kPa$、$T=373K$、$R=8.314J\cdot mol^{-1}\cdot K^{-1}$ 及 V 代入 $M=mRT/pV$，即可算出四氯化碳的摩尔质量。摩尔质量与分子量在数值上是相等的。

【思考题】

1. 蒸气密度法测定分子量的方法能否用来测定遇热不挥发或遇热分解的物质?

2. 下列情况对本实验结果有何影响?

(1) 压力低于101kPa;

(2) 水未沸腾;

(3) 四氯化碳汽化不完全。

实验 7-10　阿伏伽德罗常数的测定

一、实验目的

1. 进一步了解阿伏伽德罗常数的意义。

2. 学习用单分子膜法测定阿伏伽德罗常数的原理和操作方法。

二、实验原理

本实验设计的依据是：硬脂酸（$C_{17}H_{35}COOH$）在水的表面上形成一紧密单分子层表面膜且每个分子的横截面积都一样。

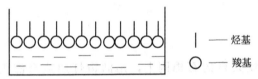

图 7-14　硬脂酸分子在水面定向
排列形成单分子膜的示意图

$\mid$ —— 烃基	$\bigcirc$ —— 羧基

硬脂酸易溶于苯却难溶于水，而苯又难溶于水且易挥发。将体积 V（mL）含硬脂酸 m（g）的苯溶液逐滴滴到圆形水面时，硬脂酸的苯溶液便向四周扩散，其中苯不断地挥发，留下来的硬脂酸分子就在水面上定向排布〔硬脂酸分子以亲水的极性基团羧基（—COOH）朝向水中，而疏水的非极性基团烃基（—$C_{17}H_{35}$）朝向空气的方式，垂直地依次紧密排列在水表面上，见图 7-14〕铺满整个圆形水面而成单分子膜。再由硬脂酸分子的截面积，可计算出含硬脂酸分子的数目。据此，求出 1mol 硬脂酸含有的分子数目，即阿伏伽德罗常数。

计算过程如下：

① 如称取硬脂酸的质量为 m（g），配成硬脂酸的苯溶液的体积为 V（mL），那么每毫升硬脂酸的苯溶液中含硬脂酸的质量为 m/V。

② 测得每滴硬脂酸的苯溶液的体积为 V_d（mL），形成单分子膜滴入硬脂酸溶液的滴数为 $d-1$，那么形成单分子膜需用硬脂酸的质量为：$V_d(d-1)m/V$。

③ 根据水槽直径，计算出水槽中水的表面积 $S=\pi(D/2)^2$。已知每个硬脂酸分子的截面积 $A=2.2\times10^{-15}\,cm^2$，在水面形成的硬脂酸的分子个数为：$S/A$。

④ 根据②和③的结果，可计算出每个硬脂酸分子的质量为：$[V_d(d-1)m/V]/(S/A)$。

⑤ 1mol 硬脂酸的质量等于 284g（即 $M=284g/mol$），所以 1mol 硬脂酸中含有硬脂酸的分子个数，即阿伏伽德罗常数 N_A，为 $N_A=MSV/[AV_dm(d-1)]$。

三、仪器与试剂

分析天平、烧杯、玻棒、容量瓶、胶头滴管、量筒（10mL）、圆形水槽（直径 30cm）、直尺、卡尺等。

硬脂酸、苯。

四、实验步骤

1. 配制硬脂酸苯溶液

用 50mL 小烧杯在分析天平上称取 20mg 硬脂酸，向小烧杯中加少量苯，用玻棒搅拌，使硬脂酸完全溶解。将烧杯中的溶液沿玻棒转移到容量瓶中。用少量苯洗涤烧杯和玻棒 2～3 次，并将洗涤液也全部转移到容量瓶中。轻轻摇动容量瓶，使溶液混合均匀。再往容量瓶中加苯至刻度，配成 50mL 硬脂酸苯溶液。

2. 测定每滴硬脂酸苯溶液的体积 V_d

取一尖嘴拉得较细的清洁干燥的胶头滴管，吸入硬脂酸苯溶液，往小量筒中逐滴滴入 1mL，同时记下它的滴数。体积（1mL）除以所滴出的总滴数即为每滴硬脂酸苯溶液的体积 V_d（mL）。

如此重复 2 次，取 3 次结果的平均值。

3. 测定水槽中水的表面积 S

把圆形水槽平放在桌面，向其中加半槽水，用卡尺沿水面从三个不同方位准确量出水槽内径，取其平均值 D，则水槽中水的表面积可根据 $S = \pi(D/2)^2$ 算出。

在水槽外壁水面的位置做个记号，标明加水的量，以后每次实验盛水至记号处，这样可以保证重复实验时每次取水的量相同。

4. 硬脂酸单分子膜的形成

用上述胶头滴管吸取硬脂酸苯溶液（如滴管外有溶液，用滤纸擦去），在水槽中心位置距水面约 5cm 处，垂直往水面滴液，滴液时要细心观察，谨慎操作，要注意控制滴液速度。滴入第一滴，待苯全部挥发，硬脂酸全部扩散至看不到油珠时，再滴第二滴。如此逐滴滴下，直到滴下一滴后，硬脂酸苯溶液不再扩散而呈透镜状时为止。记下所滴硬脂酸苯溶液的滴数 d。

把水槽中水倒掉，用 Na_2CO_3 粉擦洗水槽，洗去沾在水槽上的硬脂酸，用清水将水槽洗刷干净后，再往水槽中注入清水至标记处。重复以上操作两次。重复操作时，先将滴管内剩余的溶液挤净，吸取新鲜溶液，以免由于滴管口的苯挥发引起溶液浓度的变化。取三次结果的平均值。

5. 数据处理

根据测得的数据，算出阿伏伽德罗常数。

项目	$m=$　(g)		$V=$　(mL)	
	第一次	第二次	第三次	平均值
V_d/mL·滴$^{-1}$				
D/cm				
d/滴				
N_A				

【思考题】

1. 做好本实验的关键是什么？

2. 分析造成实验误差的因素，为了减小实验误差，可采取哪些措施？

第八章 材料化学实验

金相试样的制备及其显微组织观察

一、实验目的
1. 了解金相试样制备常用的工具及设备，掌握金相试样制备的基本操作方法。
2. 掌握金相显微镜的构造与使用方法。

二、实验原理
利用金相显微镜来研究金属及其合金组织的方法叫做金相显微分析法。金相显微分析法是研究金属内部组织最重要的方法之一。由于试样表面均比较粗糙，对入射光产生漫反射作用，无法直接用显微镜观察其内部组织。因此需要对试样表面进行加工，如采用磨光和抛光的方法，从而得到光亮如镜的试样表面。但这个表面在显微镜下只能看到白亮的一片而看不到任何组织细节，因而还必须采用合适的浸蚀剂浸蚀试样的表面，使其有选择性地溶解掉表面的某些部分（如晶界），从而呈现出微小的凹凸不平，如图 8-1 所示，这些凹凸不平在金相显微镜的景深范围内就可以显示出试样内部组织的形貌、组成物的大小和分布。

(a) 浸蚀前　　　　　　　　　　　　　　　(b) 浸蚀后

图 8-1　金相组织浸蚀前后的显示

金相试样（即用作金相显微分析的试样）制备的好与坏，直接关系到金相组织的观察效果。若制备的不好，会造成很多假象，也就不能真实地反映出金属或合金的内部组织，甚至会得到完全错误的检测结果。由此可见，金相试样的制备技术是金相检验最基本的实验技术之一，只有了解和掌握金相试样的制备技术以及对它的质量要求，才能获得最佳的观测效果。

1. 金相试样的制备

金相试样的制备过程主要包括取样、镶嵌（小样品）、磨制、抛光、浸蚀等。

（1）取样：根据研究的目的，选取具有代表性的部位，然后将其截下，制成直径为 12～15mm、高为 12～15mm 的圆柱体或边长为 12～15mm 的方块试样（见图 8-2）。试样的截取方法应根据金属材料的软硬程度而定，如软质材料可锯断，硬质材料可用砂轮切断，脆性材料可以用锤击成块等。

（2）镶嵌：对不规则的金属材料，如果试样尺寸太小，直接用手来磨制非常困难时，可以将其镶嵌在低熔点合金或塑料中，以便于后续的磨制和抛光工序。

（3）磨制：可分为粗磨光与细磨光两步。粗磨光是指用砂轮或锉刀将截取的试样表面磨平，去除飞边、毛刺、尖角等。如果不需要观测边缘部分的组织，可以打磨出倒角。在粗磨过程中伴随浇水冷却，以避免过热或烧伤而引起的组织变化。细磨光是为获得平整光滑的磨面，操作方法如下。

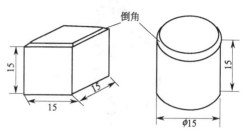

图 8-2　金相试样的尺寸

① 将砂纸放在平板上，一只手按住砂纸，另一只手紧握试样，磨面朝下，均匀用力地向前推行磨制。回程时，提起试样不与砂纸接触，以保证磨面平整而不产生弧度。

② 细磨的砂纸从粗到细有许多号，先从最粗的 140 号砂纸开始磨制，再经过 280 号、400 号、600 号、800 号、1000 号终止。每次换砂纸时，必须将试样磨面擦净，以免把粗砂粒带入后面的细砂纸上。并且还要将试样的磨制方向调转 90°（即相邻两次磨制方向要垂直，见图 8-3），以方便检查上一道磨痕是否完全消除。

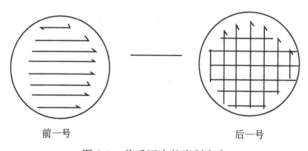

前一号　　　　　　　　后一号

图 8-3　前后两次的磨制方向

③ 细磨完成后，将试样和手清洗干净，以免把砂粒带入抛光盘上影响抛光质量。

（4）抛光：磨制后的试样还需要进行抛光，目的是消除细磨时遗留下来的微细磨痕而获得光亮如镜的表面。常用的抛光方法有机械抛光、化学抛光和电解抛光三种，本实验是采用抛光机进行机械抛光，抛光机的转速一般为 $100 \sim 150 \mathrm{r \cdot min^{-1}}$。抛光盘盘面上铺以丝绒等织物，在抛光时还要不断往上面滴加抛光液（抛光液一般由 Al_2O_3、Cr_2O_3 或 MgO 等级细粒度的磨料加水而制得的悬浮液），通过抛光液中极细的抛光粉末与试样磨面间产生的相对磨削和滚压作用来消除磨痕。抛光时一定要握紧试样，慢慢地将磨面平稳地压在旋转的抛光盘上，并从盘的边缘到中心不断做径向往复运动。

（5）浸蚀：如前所述，抛光后的试样在金相显微镜下，只能看到一片亮光，必须进行浸蚀后才能显示出内部组织的真实情况。浸蚀方法是将试样磨面浸入浸蚀剂中（部分常用浸蚀剂见表 8-1），或用棉球蘸上浸蚀剂擦拭试样表面，依靠浸蚀剂对金属的溶解或电化学腐蚀作用，使金属试样表面呈现轻微的凹凸不平现象，以便清楚地观察到试样内部显微组织及形貌。浸蚀时间要适当，一般试样磨面变灰暗时即可停止，若浸蚀不充分可重复浸蚀。浸蚀完毕立即用清水冲洗试样表面，然后用少量乙醇清洗，最后用吹风机吹干，并将试样置于金相显微镜上进行观察，图 8-4 和图 8-5 分别为可锻铸铁和球墨铸铁的显微组织图片。

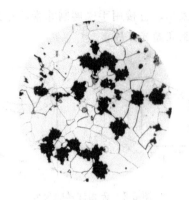

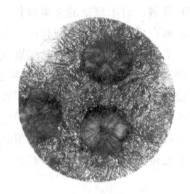

图 8-4　可锻铸铁显微组织（200×）　　　　图 8-5　球墨铸铁显微组织（400×）
浸蚀剂：4%硝酸酒精　　　　　　　　　浸蚀剂：4%硝酸酒精

表 8-1　金属材料常用的浸蚀剂

浸蚀剂名称	成分	浸蚀条件	使用范围
A. 钢铁材料常用的浸蚀剂			
硝酸酒精溶液	硝酸 1～5mL 酒精 100mL	硝酸含量增加时，浸蚀速度增加。浸蚀时间从数秒至 60s	适用于显示碳钢及合金结构钢经不同热处理的组织。显示铁素体晶界特别清晰
王水溶液	盐酸（相对密度 1.19）3 份 硝酸（相对密度 1.42）1 份	试样浸入试剂内数次，每次 2～3s，并抛光，用水和酒精冲洗	显示各类高合金钢组织，用于 Cr-Ni 不锈钢的组织显示、晶界、碳化物析出物特别清晰
B. 有色金属材料常用的浸蚀剂			
氢氟酸水溶液	HF(浓)0.5mL H_2O99.5mL	用棉花蘸上试剂擦拭 10～20s	显示铝合金的一般显微组织
浓混合酸溶液	HF(浓)10mL HCl(浓)15mL HNO_3(浓)25mL H_2O50mL	此液作粗视浸蚀用；若用作显微组织，则可用水按 9∶1 冲淡后作为浸蚀剂用	是显示轴承合金粗视组织和显微组织的最佳浸蚀剂

2. 金相显微镜的结构

金相显微镜一般由光学系统、照明系统和机械系统三大部分组成，其中光学系统如图 8-6 所示。光线由灯泡发出后，由聚光镜组及反光镜聚集到孔径光阑，经聚光镜聚集到物镜的后焦面，然后通过物镜平行照射到试样的表面上。从试样表面反射回来的光线又经过物镜组和辅助透镜，由半反射镜转向，再经过辅助透镜及棱镜形成一个倒立的放大实像，最后该像经过目镜放大，就成为在目镜视场中能看到的放大影像。

图 8-7 为金相显微镜的外形结构图，各部件的功能及使用方法如下。

（1）照明系统：光源由安装在底座内的低压灯泡提供，聚光镜、反光镜及孔径光阑等也都安置在圆形底座上，视场光阑和另一聚光镜则安装在支架上，它们共同组成金相显微镜的照明系统，确保试样表面能获得均匀、充足的照明。

（2）调焦装置：是调节物镜和试样间距离的部件，在金相显微镜的两侧均有粗调焦和微调焦手轮，利用它们可使镜筒或载物台上下移动，当试样在物镜和目镜焦点上时，可得到清晰的图像。

（3）载物台（样品台）：用于放置金相试样，中心有一个通光圆孔，观察时将试样面朝下盖在圆孔上。载物台和下面托盘间有导架，用手推动可使载物台在水平面上做圆周运动，以改变试样的观察部位。

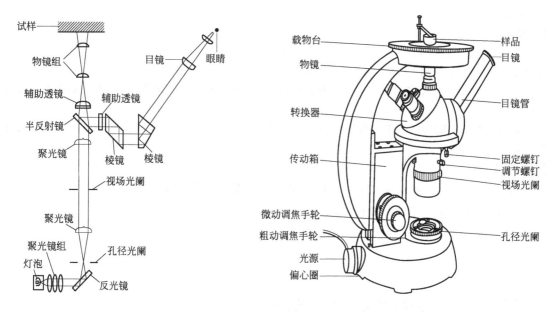

图 8-6　金相显微镜的光学系统　　　　图 8-7　金相显微镜的外形结构图

（4）孔径光阑和视场光阑：孔径光阑装在照明反射镜座上面，可调节入射光束的粗细，确保物像能达到清晰的程度。视杨光阑设在物镜支架下面，作用是调节目镜中视场的范围，使视场明亮而无阴影。

（5）物镜转换器：转换器呈球面状，安装了不同放大倍数的物镜，旋动转换器可使物镜镜头进入光路，与目镜搭配使用，以获得各种放大倍数（金相显微镜总的放大倍数是物镜和目镜放大倍数的乘积）。物镜镜头的选用规律一般是先用低倍物镜观察，找到具有代表性的区域，然后再用中、高倍物镜对这些区域进行仔细观察，从而可结合整体和局部情况对金相试样作出全面的分析。

三、仪器与试剂

金相显微镜、抛光机、不同型号的水砂纸、丝绒布、电吹风、镊子、棉花、烧杯。

金相试样、抛光液、乙醇、浸蚀剂。

四、实验步骤

1. 每小组领取一块金相试样，按粗磨→细磨→机械抛光→浸蚀的步骤进行制备，待试样表面吹干后即可进行观察。

2. 接通金相显微镜的电源，使仪器预热 10min 左右。

3. 根据放大倍数选用所需物镜和目镜，将试样观察面朝下放置在载物台中心。

4. 旋转粗调手轮，先将载物台降下，同时用肉眼观察，使试样表面尽可能地靠近物镜，但不接触。然后边观察目镜边用手反向旋转粗调手轮，使载物台慢慢上升，当视场亮度增强时，再换微调手轮调节，直至图像非常清晰为止。

5. 适当调节视场光阑和孔径光阑，以获得最佳质量的图像，并用手机拍摄保存。在试样浸蚀之前，先在显微镜下观察抛光后的磨面情况，然后进行浸蚀。

五、实验报告要求

1. 简述实验目的、实验原理和实验步骤，认真完成相关的思考题。

2. 记录金相试样的制备过程，并附上所观察到的显微组织图片（图中注明材料名称、浸蚀剂类型和放大倍数）。

【附注】

1. 金相试样表面要处理干净，不得残留任何液体，以免腐蚀显微镜的镜头。若镜头中落有灰尘时，可以用镜头纸擦拭，严禁用手指触摸或用手帕等擦拭。

2. 操作时必须特别仔细，不得有粗暴和剧烈的动作，在更换物镜或调焦时，要防止物镜受碰撞而损坏。

3. 在旋转粗调或微调手轮时，动作要缓慢，当碰到某种障碍时应立即停下来，进行检查，不得用力强行转动，否则将损坏机件。

【思考题】

1. 为什么试样需经过浸蚀后，才能在显微镜下看到其内部组织呢？

2. 使用金相显微镜观察试样组织结构时应注意哪些方面？

实验 8-2 陶瓷泥料可塑性指数的测定

一、实验目的

了解泥料可塑性指数对生产的指导意义，并掌握液限和塑限的测定方法。

二、实验原理

含有一定水分的泥料，在外力作用下能获得任意形状（且不开裂），除去外力后仍能保持该形状的能力称为可塑性。而可塑性指数是表示泥料呈可塑状态时含水量的变化范围，它虽不能直接评定泥料的可塑性，但仍然有非常广泛的应用。可塑性指数值为液限与塑限之差，其中液限是使泥料具有可塑性时的最高含水率，塑限则是使泥料具有塑性时的最低含水率。液限一般采用华氏平衡锥法进行测定，即利用一定质量、一定规格的平衡锥，在规定时间内，自由下落至泥层某一高度时所测泥料的含水率来表示。塑限的测定，一般采用滚搓法。其中，代表液限和塑限含水率的数值应精确到小数点后一位，平行测定的五个试样的平均值，其误差：液限不超过±0.5%，塑限不超过±1%。

一般高可塑性泥料的可塑性指数大于 15；中可塑性泥料的可塑性指数在 7～15 之间；低可塑性泥料的可塑性指数在 1～7 之间。

三、仪器与试剂

华氏平衡锥装置如图 8-8 所示，平衡锥是呈 30°的尖角圆锥体，从尖顶起在 10mm 处有环形刻度，圆锥两侧有直径 3mm 的钢丝，其两端各连有直径为 19mm 的圆球，平衡锥连附件总质量为 76g±0.2g。此外，还需配备电磁装置、电子天平、调泥刀、调泥皿、表面皿、干燥器、毛玻璃板、烘箱等。

高岭土（泥料）、凡士林、蒸馏水。

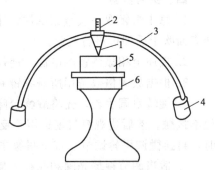

图 8-8　华氏平衡锥装置

1—圆锥体（呈 30°尖角）；2—手柄；3—半圆形钢丝；4—金属圆球；5—泥样杯；6—台座

四、实验步骤

1. 液限的测定

（1）将 200g 左右的高岭土，分批加入装有少量水的调泥皿内，边加边用调泥刀搅拌均匀，并适时补充水，最后调成接近正常操作稠度的均匀泥料。

（2）用刮刀将调好的泥料分层装入泥样杯中，每装一层轻轻敲击一次，以排出气泡，装满后用刮刀刮去表层多余的泥料，使其与泥样杯齐平，并置于泥样杯底座上。

（3）取出华氏平衡锥，擦净其锥尖，并可涂少量凡士林。借电磁装置将平衡锥吸住，使锥尖恰好和泥料表层接触，切断电磁装置电源，使平衡锥垂直下沉，也可用手拿住平衡锥手柄，轻轻地放在泥料面上，让其自由下沉（用手防止歪斜），待 15s 后读数。每个试样应测定五次（一次在泥样杯中心，其余四次在离泥样杯边缘 5mm 以外的四周），每次测得的落入深度应该非常接近。

（4）若锥体下沉的深度均在 10mm 左右，即表示泥料到了液限，则可测定其含水率。其中，若下沉的深度较低，则表示含水率低于液限，应将泥料取出置于调泥皿中，继续加入少量水重新拌和（或用湿布捏练），然后重新测定。若下沉的深度较大，则需在泥料中加入少量高岭土（或用干布捏练），待混合均匀后再进行测定。

（5）测定泥料液限时，先刮去表面一层（2～3mm）泥料，然后用刮刀挖取 10～15g 的试样，装入预先称量并编好号的表面皿中，称重后于 110℃ 温度下烘干，在干燥器中冷却至室温后称量。每组试样应平行测定 3～5 个，并将数据记入表 8-2 中。

2. 塑限的测定

（1）取一小块液限测定中已经调好的泥料于毛玻璃板上，用手掌轻轻地滚搓成直径约 3mm 的泥条，若泥条没有出现断裂现象，可用手将泥条搓成一团反复揉捏，以减少含水量，直至泥条搓成直径为 3mm 左右而自然断裂成长度均为 10mm 左右时，则代表泥料达到塑限含水率。

（2）迅速将 5～10g 搓断的泥条装入预先称量并编好号的表面皿中，称重后放置在 110℃ 烘箱内烘干至恒重，在干燥器中冷却至室温后称量。每组试样应平行测定 3～5 个，并将有关数据记入表 8-3 中。

（3）为了检验滚搓至直径约 3mm 断裂成 10mm 左右的泥条是否达到塑性限度，可将其进行捏练，此时应不能再捏成泥团，而是呈松散颗粒状。

五、实验数据记录与处理

表 8-2　液限测定记录表

实验编号	表面皿的质量(G_0)/g	表面皿及湿样的质量(G_1)/g	表面皿及干样的质量(G_2)/g	液限含水率/%	备注
1					
2					
3					
4					
5					

表 8-3　塑限测定记录表

实验编号	表面皿的质量(G_0)/g	表面皿及湿样的质量(G_1)/g	表面皿及干样的质量(G_2)/g	塑限含水率/%	备注
1					
2					
3					
4					
5					

（1）液限和塑限计算方法均可采用下式：

$$液限（或塑限）含水率=\frac{G_1-G_2}{G_2-G_0}\times100\%$$

式中　G_0——表面皿的质量，g；

　　　G_1——表面皿及湿试样的质量，g；

　　　G_2——表面皿及干试样的质量，g。

（2）可塑性指数＝液限含水率－塑限含水率。

【附注】

1. 试样加水调和时要充分地捏练，保证均匀一致，装入泥样杯内应保证致密无气孔。

2. 平衡锥应保证干净、光滑（锥体可涂抹一薄层凡士林），自由下沉时应垂直、轻缓。

3. 滚搓时只能用手掌不能用手指，断裂应是自然断裂，不是扭断。此外，若嫌泥料水分太高，不得采用烘干或加入干粉的办法进行调整，只能采用在空气中捏练风干的办法，或者重新取样。

4. 平行测定五个泥样时，若其中的三个以上超过误差范围时，应重新进行测定。

【思考题】

参阅相关资料，简述高岭土的结构、性质及应用？

实验 8-3　金属材料硬度的测定

一、实验目的

了解布氏硬度和洛氏硬度的测试原理及操作方法，加深对材料硬度概念的理解。

二、实验原理

硬度一般定义为材料局部抵抗硬物压入其表面而产生永久压痕（塑性形变）的能力，是衡量材料软硬程度的一种性能指标。硬度值越高，表明材料抵抗塑性变形的能力越大，材料产生塑性变形就越困难。此外，硬度还与其他机械性能（如强度指标及塑性指标）之间有一定的内在联系，因而硬度的大小从某种程度上可反映出机械零件或工具的使用性能及寿命。硬度试验操作简便，具有非破坏性，可在零件上直接测定，故普遍应用在生产实践中。

1. 布氏硬度测定原理

布氏硬度的测试原理如图 8-9 所示。以规定的试验力 F，将直径为 D 的硬质合金球或淬火钢球压入被测试样的表面，保持一定时间 t 后卸除试验力，并测量出试样表面的压痕直径 d。根据所选择的试验力 F、球体直径 D 及所测得的压痕直径 d 等数值，即可算出被测试样的布氏硬度值 HBS（淬火钢球压头）或 HBW（硬质合金球压头）。也可由压痕直径 d 直接查布氏硬度与压痕直径对照

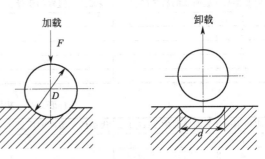

图 8-9　布氏硬度的测试原理

表而得到所测材料的布氏硬度值（本实验可直接读出）。在进行布氏硬度测定时，球体直径

D、施加的试验力 F 及试验力的保持时间 t 都应根据被测试样的种类、硬度范围和试样的厚度进行选择（见表 8-4）。布氏硬度试验测得的硬度值比较准确，但它却不宜测定成品件或薄片材料的硬度，也不能测定硬度值高于 450HBS 或 650HBW 的材料，否则会使压头产生塑性变形，甚至破裂。

表 8-4　布氏硬度试验的规范

金属类型	布氏硬度值/HBS	试样厚度/mm	载荷 F 与钢球直径 D 的关系	钢球直径/mm	载荷 F/kgf	载荷保持时间/s
黑色金属	140～450	6～3	$F=30D^2$	10	3000	10
		4～2		5	750	
		＜2		2.5	187.5	
	＜140	＞6	$F=10D^2$	10	1000	10
		6～3		5	250	
		＜3		2.5	62.5	
有色金属	＞130	6～3	$F=30D^2$	10	3000	30
		4～2		5	750	
		＜2		2.5	187.5	
	36～130	9～3	$F=10D^2$	10	1000	30
		6～3		5	250	
		＜3		2.5	62.5	
	8～35	＞6	$F=2.5D^2$	10	250	30
		6～3		5	62.5	
		＜3		2.5	15.6	

注：1kgf＝9.8N。

2. 洛氏硬度测定原理

洛氏硬度试验是以压痕深度来计算材料的硬度值。如图 8-10 所示，以锥角为 120°的金刚石圆锥体（或者直径为 1.588mm 的淬火钢球）为压头，在规定的预载荷和主载荷作用下压入被测试样的表面，然后卸除主载荷，但保留预载荷的压力。测出由主载荷所引起的残余压入深度 h 值。再由 h 值确定洛氏硬度值 HR 的大小。其计算方法如下：

$$HR = K - \frac{h}{0.002}$$

式中，h 的单位为 mm；K 为常数。当采用金刚石圆锥压头时，$K=100$，当采用淬火钢球压头时，$K=130$。为了方便用同一硬度计测定从极软到极硬材料的硬度，可以采用不同的压头和主载荷，其中最常用的是 HRA、HRB 和 HRC 三种，它们的试验规范如表 8-5 所示。

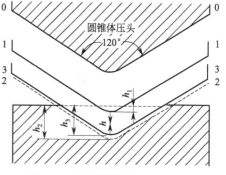

图 8-10　洛氏硬度的测试原理图

表 8-5　三种常用洛氏硬度的试验规范

符号	压头类型	载荷/kgf	硬度值有效范围	使用范围
HRA	120°金刚石圆锥体	60（600N）	70～85	适用于测量硬质合金、表面淬火层或渗碳层
HRB	直径为 1.588mm 的淬火钢球	100（1000N）	25～100	适用于测量有色金属、退火钢、正火钢等
HRC	120°金刚石圆锥体	150（1500N）	20～67	适用于测量调质钢、淬火钢等

三、实验仪器及操作

1. 布氏硬度的测定

本实验采用 MHB-3000 型数显布氏硬度计测试材料的布氏硬度，其外形结构如图 8-11 所示，其操作方法如下。

（1）将试件平稳地放置于试台上，确保在测试过程中不发生位移和绕曲。

（2）打开电源开关，面板若有显示试验力剩余值，按 CLR-F 键清除。开机时根据试件类型设定好的试验力、球压头直径和保荷时间。本仪器的试验力有 2 组，共十二级：① 62.5～250kg，手动加力＞30kg，即自动加荷；② 500～3000kg，手动加力＞90kg，即自动加荷。

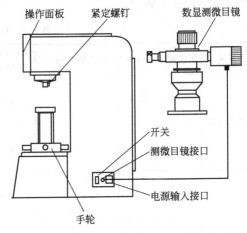

（3）准备就绪后，转动手轮，当试件接触压头的同时试验力也开始显示，在试验力快接近自动加荷值时，必须缓慢旋转手轮，仪器发出"嘟"响声，应停止转动手轮，剩余试验力自动加载，随后进行保荷、卸荷，卸荷结束后反向转动手轮使试件与压头脱开。

图 8-11　MHB-3000 型数显布氏硬度计的示意图

（4）将打好布氏硬度压痕的试件平稳地放在台面上，把测微目镜置于试件上，调节光源亮度，同时旋转测微目镜上的眼罩，使试件的压痕边缘清晰可辨。

（5）转动测微目镜两侧毂轮，使两条刻线相互靠近，当它们的边缘非常接近至无透光间隙的临界状态时，按下"CLR-D"键置零。

（6）旋转测微目镜毂轮，将左边的刻线内侧与压痕左边的边缘相切，再使右边刻线内侧与压痕右边的边缘相切，按下目镜上的按钮，D_1 测量完成，面板显示 D_1 的数据（见图 8-12）。

图 8-12　压痕直径的测量方法

（7）将测微目镜转动 90°，按上述方法测量压痕圆的另一直径，按下测微目镜上的按钮，面板显示 D_2 的数据，同时计算出试件的 HB 硬度值。一次测试结束。

2. 洛氏硬度的测定

图 8-13 为 HRS-150 型数显洛氏硬度计，由机身、试台升降装置、负荷杠杆部件、主轴部件、加卸荷机构、变荷机构及以单片机为核心的电气控制系统等组成。除试台、升降装置和变荷机构外，其他部件均置于壳体内，而且主机还可与微型打印机连接。操作步骤如下：

（1）清理试件表面，并确保无裂纹、凹坑、加工痕迹等。

（2）根据试件硬度范围选择适宜的硬度标尺和工作台。

（3）将试件放在工作台上，顺时针转动升降手轮，使试件缓慢地接触压头，在试验力快接近自动加荷值时，必须缓慢旋转手轮，当数值大于或等于自动加荷值时，放开升降手轮，等待硬度计自动完成加主载、保压、卸主载等过程。

（4）读取硬度值后，逆时针转动升降手轮，降下工作台。

（5）移动试件选择新的试验点进行试验，重复上述的操作步骤。每个试件的有效点数应不少于 3 个，两压痕中心及任一压痕离边缘的距离均不得小于 3mm。

（6）试验完毕，关掉电源。

四、数据处理

按照仪器操作规程，将测得的金属材料的洛氏硬度换算成布氏硬度，并与铜板或铝板的布氏硬度进行对比分析。

【附注】

1. 布氏硬度的表示方法：例如用 $D=10mm$，$P=3000kg$，负荷保持时间为 10s 时所测得的硬度值为 260，则表示为 260HB。在其他条件下测得的 HB 值应注以相应的试验条件。

2. 布氏硬度试验中，试件的最小厚度应大于压痕深度的 10 倍。测试后，试件背面不得有任何可见的变形痕迹，否则视为无效试验，应重新选择压头或载荷。

3. 洛氏硬度和布氏硬度之间有一定的换算关系。如对钢铁材料而言，HB ≈ 2HRB、HB ≈10HRC（HRC=40~60 范围才适用）。

图 8-13　HRS-150 型数显洛氏硬度计的外形

4. 实验中若出现手动加力过大，仪器不工作的情况，请卸除所有试验力，重新操作。在数值接近自动加试力值时应缓慢旋转手轮。

【思考题】

简述布氏硬度和洛氏硬度的应用范围及特点。

实验 8-4　纳米金胶体的制备及吸收光谱的测定

一、实验目的

1. 通过纳米金胶体的制备掌握金属纳米材料的相关知识。

2. 通过紫外-可见光吸收光谱的测定了解纳米粒子的表征手段。

二、实验原理

纳米金是指尺寸在 1~100nm 范围内的超微金颗粒，它在水溶液中通常以胶体的形态存在。纳米金在某些特定的晶面上存在着表面电子态，其费米能级恰好位于能带结构沿该晶向的禁带之中，形成平行于表面方向运动的二维电子云，这是纳米金表面效应、量子尺寸效应和宏观量子隧道效应的物理基础。

以氯金酸（$HAuCl_4$）为原料，采用化学还原法制备纳米金是当前比较经典的方法，常用的还原剂有柠檬酸钠、白磷、抗坏血酸、鞣酸、硼氢化钠等。在还原剂的作用下，氯金酸水溶液中的金离子可被还原成金原子，随后聚集成微小的金核，并在其表面逐渐吸附负离子（$AuCl^-$）和部分正离子（H^+）形成吸附层，最后依靠静电作用形成稳定的胶体溶液。

根据还原剂的类型和浓度的不同，可以制备出粒径在 0.8~100nm 范围的纳米金颗粒。这些纳米金颗粒在 510~550nm 可见光谱范围内有一特征吸收峰，且纳米颗粒的尺寸越大，吸收谱线越靠近红端，其溶液的颜色逐渐由橙色变成紫灰色。有研究发现，当纳米金粒径分别为 15nm、24.5nm、41nm、71.5nm、97.5nm 时（后一种粒径的吸收峰可能在 220～240nm 之间），其溶液外观颜色分别为橙、橙红、红、紫红、紫灰。

三、仪器与试剂

三口烧瓶、球形冷凝管、玻璃塞、紫外-可见分光光度计、加热磁力搅拌器。

氯金酸、柠檬酸三钠、王水溶液、蒸馏水。

四、实验步骤

1. 溶液配制

（1）配制 1‰氯金酸母液：称取 0.1g 氯金酸溶解于 10mL 蒸馏水中即可，并于 4℃避光保存，以备使用。

（2）配制 0.01‰氯金酸溶液：取 1mL 1‰氯金酸母液，用蒸馏水稀释至 100mL 即可。

（3）配制 1‰柠檬酸三钠水溶液：称取 0.1g 柠檬酸三钠溶于 10mL 蒸馏水中即可。

2. 纳米金胶体的制备

将所有用于制备纳米金胶体的玻璃器皿均放在新配制的王水溶液中浸泡 2h 以上，并用蒸馏水反复冲洗干净后使用。取 50mL 0.01‰氯金酸水溶液于三口烧瓶中，装上冷凝管和玻璃塞后，开动搅拌并加热至溶液沸腾。在持续搅拌条件下，准确加入一定量（2mL、1mL、0.5mL、0.3mL，分四组实验进行）的 1‰柠檬酸三钠水溶液，金黄色的氯金酸水溶液在 2min 内会发生颜色变化，继续煮沸 15min，停止加热后继续搅拌 30min，静置至室温后即可得到纳米金胶体。通过胶体颜色，判断出纳米金颗粒的大致尺寸。

3. 纳米金胶体吸收光谱的测定

取 3mL 新制的纳米金溶液，以蒸馏水作为参比，用紫外-可见分光光度计在 400～650nm 波长范围内进行扫描，观察各组溶液吸收波长的位置。

五、数据记录与处理

1‰柠檬酸三钠的体积/mL	金溶液颜色	金粒子尺寸的估值/nm	吸收峰波长/nm
2			
1			
0.5			
0.3			

【附注】

本实验中的玻璃器皿在使用前需要用王水充分浸泡，以消除杂质，确保金颗粒的稳定性，并获得预期大小的金颗粒。另外，氯金酸极易吸潮，对金属有强烈的腐蚀性，因此称取氯金酸时不能用金属药匙。

【思考题】

纳米金粒子尺寸与柠檬酸三钠的加入量和吸收峰波长间呈何种规律变化？

实验 8-5 聚乙烯醇缩甲醛（化学胶水）的制备

一、实验目的

了解聚乙烯醇缩甲醛化学反应的原理，并制备化学胶水。

二、实验原理

聚乙烯醇缩甲醛是利用聚乙烯醇与甲醛在盐酸催化作用下而制得的，其反应如下：

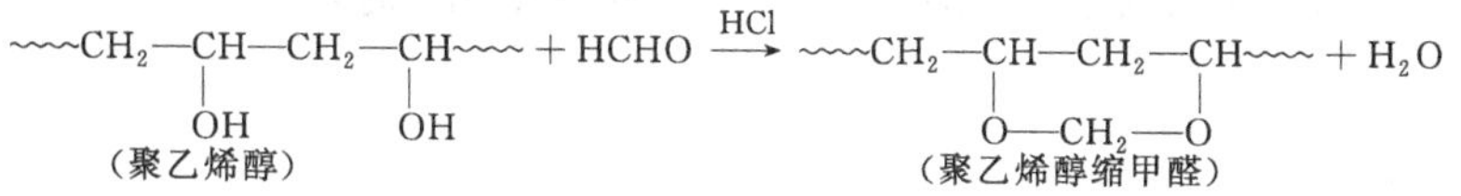

$$\sim\sim CH_2-CH-CH_2-CH\sim\sim + HCHO \xrightarrow{HCl} \sim\sim CH_2-CH-CH_2-CH\sim\sim + H_2O$$

（聚乙烯醇）　　　　　　　　　　　　　　　　（聚乙烯醇缩甲醛）

聚乙烯醇缩醛化机理：

$$HCHO + H^+ \longrightarrow {}^+CH_2OH$$

$$\sim\sim CH_2-CH-CH_2-CH\sim\sim + CH_2OH^+ \underset{极慢}{\overset{缓慢}{\rightleftharpoons}} \sim\sim CH_2-CH-CH_2-CH\sim\sim + H_2O$$

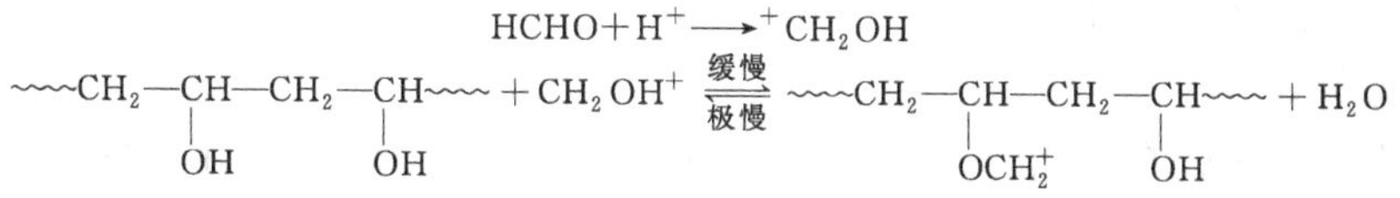

众所周知，聚乙烯醇是水溶性的聚合物，如果用甲醛对它进行缩醛化，随着缩醛度的增加，水溶液愈差，其性质和用途也会随缩醛化程度的不同而发生变化。作为维尼纶纤维用的聚乙烯醇缩甲醛，其缩醛度需控制在35％左右，此时它不溶于水，是一种性能优良的合成纤维材料。缩醛度为75％～85％的聚乙烯醇缩甲醛可用于制造绝缘漆和胶黏剂。

本实验是合成水溶性的聚乙烯醇缩甲醛，即化学胶水（商品名为107胶）。反应过程中需要控制较低的缩醛度，以保持产物的水溶性，若反应过于剧烈，则会造成局部缩醛度过高，导致不溶于水的产物存在，从而影响化学胶水的质量。因此在反应过程中，应严格控制反应温度、反应时间、催化剂用量及反应物配比等因素。

三、仪器与试剂

三口烧瓶、电动搅拌器、温度计、恒温加热磁力搅拌器。

聚乙烯醇（PVA，聚合度为1750 ± 50）、甲醛（40％，工业纯）、盐酸溶液（1∶4）、氢氧化钠、蒸馏水、pH试纸。

四、实验步骤

按图8-14所示接好实验装置，在100mL三口烧瓶中，加入30mL蒸馏水和3.5g聚乙烯醇，在搅拌下升温至90℃溶解。

待聚乙烯醇完全溶解后，于90℃左右滴加约2.3mL甲醛，搅拌15min，再滴加约0.3mL盐酸，调节反应体系的pH值为1～3。维持90℃继续搅拌一段时间，反应体系逐渐变稠，当体系中出现气泡或有絮状物产生时（或可取少许溶液粘在纸上，检验其黏接性是否达到要求），立即迅速加入约0.8mL 8％的NaOH溶液。调节体系的pH值为8～9。然后冷却降温出料，获得无色透明黏稠的液体，即市场出售的化学胶水（107胶）。

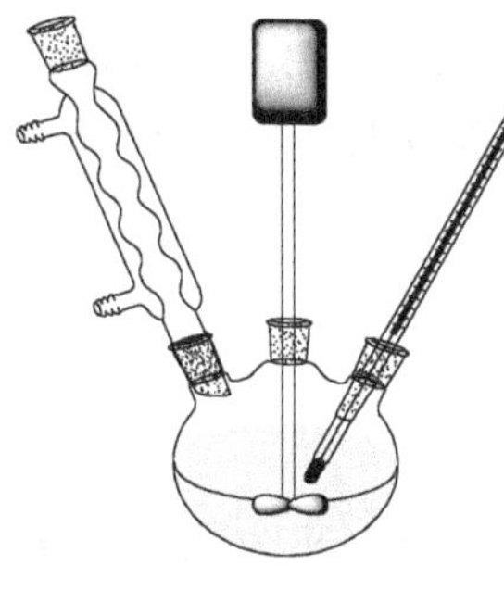

【附注】

1. 温度计可放在三口烧瓶外的水浴锅中，三口烧瓶上用空心塞替代。

图8-14　实验装置

2. 在开启搅拌器前，一定要检查搅拌器的安装是否垂直、位置是否合适（前端叶片展开后应浸没在反应液中）；另外，三口烧瓶内反应液的液面应低于水浴锅的液面。

3. 实验中也可尝试将反应液降温至30～40℃后，再加入甲醛和盐酸，随后保持90℃的反应条件继续反应，并比较两种操作条件下制得的胶水的性质有何差异。

【思考题】

1. 试讨论缩醛化反应机理及催化剂的作用。

2. 为什么随缩醛度增加，水溶性逐渐下降，甚至完全不溶于水？

一、实验目的

1. 了解乳液聚合的特点、配方及各组分的作用。

2. 掌握乳液聚合的实验方法，并制得白乳胶。

二、实验原理

乳液聚合是指单体在乳化剂的作用下，分散在介质中，同时加入水溶性引发剂，在搅拌或振荡下进行非均相聚合的反应过程。其优点是：①聚合速率快、产物分子量高；②使用水作介质，利于散热、温度容易控制、成本低；③聚合产物可直接用于涂料、黏合剂、织物浸渍等。若需要将产物分离，可用高速离心、胶乳冷冻或加入电解质将聚合物凝聚等方法。但产物中常带有未洗净的乳化剂和电解质等杂质，因而会影响成品的透明度、电性能、热稳定性等。尽管如此，乳液聚合仍是工业生产的重要方法，特别是在合成橡胶工业中应用得最多。

乳液聚合体系主要包括：单体、分散介质（水）、乳化剂、引发剂，还有调节剂、pH缓冲剂及电解质等其他辅助试剂，它们的比例大致如下。

水（分散介质）：60%～80%（占乳液总质量） 单体：20%～40%（占乳液总质量）

乳化剂：0.1%～5%（占单体质量） 引发剂：0.1%～0.5%（占单体质量）

调节剂：0.1%～1%（占单体质量） 其他：少量

乳化剂是乳液聚合中的主要组分，当它的浓度超过临界胶束浓度时，便形成胶束。在一般乳液配方中，由于胶束数量极大，胶束内有增溶的单体，所以在聚合早期链引发与链增长绝大部分在胶束中发生，以胶束转变为单体聚合物颗粒。当温度、单体浓度、引发剂浓度、乳化剂种类一定时，在一定范围内，乳化剂用量越多、反应速率越快，产物分子量越大。乳化剂的另一作用是减少分散相与分散介质间的界面张力，使单体与单体-聚合物颗粒分散在介质中形成稳定的乳浊液。

乳液聚合的反应机理不同于一般的自由基聚合，其聚合速率 R_p 及聚合度可表示如下：

$$R_p = \frac{10^3 N k_p [M]}{2N_A}$$

$$\overline{X}_n = \frac{N k_p [M]}{R_t}$$

式中，N 为乳胶粒数，mL^{-1}；k_p 表示一个乳胶粒的增长速率，s^{-1}；[M] 表示乳胶粒中单体浓度，$mol \cdot L^{-1}$；N_A 为阿伏伽德罗常数；R_t 为体系中总的引发率，$mL^{-1} \cdot s^{-1}$。由此可见，聚合速率与引发速率无关，而取决于乳胶粒数。增加乳化剂浓度，即可增加乳胶粒数，从而可以同时提高聚合速率和分子量。而在本体、溶液和悬浮聚合中，使聚合速率提高的一些因素，往往使分子量降低。所以乳液聚合具有聚合速率快、分子量高的优点。

醋酸乙烯酯（PVAc）乳液聚合产物，即聚醋酸乙烯酯胶乳，可应用在漆、涂料和胶黏剂等领域。该胶乳作为漆具有水基漆的特点：黏度小，不用有机溶剂；作为涂料，对于纸张、织物、地板及墙壁等均可涂用；而作为胶黏剂（俗称白乳胶），无论木材、纸张及织物，凡是多孔性表面均可使用。因此，聚醋酸乙烯酯胶乳是很重要的高分子材料。

本实验采用水溶性的过硫酸盐为引发剂来制备聚醋酸乙烯酯胶乳。为使反应平稳进行，单体和引发剂均需分批加入。聚合中常用的乳化剂是聚乙烯醇（PVA）。本实验采用聚乙烯醇和 OP-10 两种乳化剂合并使用，其乳化效果和稳定性比单一乳化剂要好。

三、仪器与试剂

三口烧瓶、球形回流冷凝管、滴液漏斗、电动搅拌器、恒温干燥箱、恒温加热磁力搅拌器、移液管、温度计（0~100℃）、烧杯、量筒、玻璃棒、培养皿。

醋酸乙烯酯（新鲜蒸馏）、过硫酸钾（KPS）、10％的聚乙烯醇（PVA，聚合度为 1750±50）溶液、碳酸氢钠、邻苯二甲酸二丁酯、OP-10、蒸馏水、pH 试纸。

四、实验步骤

在三口烧瓶中，依次加入 20mL 10％的聚乙烯醇溶液、0.5mL 乳化剂 OP-10、7.5mL 蒸馏水和 2.5mL 过硫酸钾溶液（0.05g KPS 溶于 4mL 水中），然后按图 8-15 连接好实验装置。开动搅拌，水浴加热至 70℃恒温反应，接着用滴液漏斗向三口烧瓶中缓慢滴加 25mL 醋酸乙烯酯，控制好滴加速度，约 30~60 滴·min^{-1}。随后，滴加剩余 1.5mL 过硫酸钾溶液，继续反应 30min。升温至 75℃（防止温度过高，以免泡沫太多），反应约 1h，至三口烧瓶内无回流产生；85℃继续反应至无回流产生，聚合完毕。停止加热，将体系冷至 50℃后，若 pH 值＜4，则滴加碳酸氢钠溶液，调至 pH 值＝4~5（pH 值较低时，可能会破

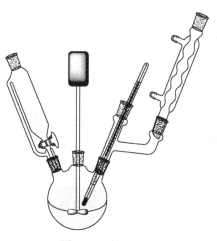

图 8-15　实验装置

坏乳液），然后加入 1.5g 邻苯二甲酸二丁酯，搅拌均匀，出料（pH＝4~6），即得到白色黏稠的、均匀而无明显粒子的聚醋酸乙烯酯胶乳（即白乳胶）。

五、实验记录与数据处理

1. 认真记录反应条件和实验现象，并对实验结果（产物性质）进行分析和总结。

2. 固体含量的测定：取 2g 乳浊液（精确到 0.001g），置于烘至恒重的培养皿上，并放于 110℃烘箱中烘至恒重，冷却至室温后，按下式计算固体含量：

$$固含量=\frac{干燥后样品质量}{干燥前样品质量}\times100\%=\frac{m_2-m_0}{m_1-m_0}\times100\%$$

式中，m_0 为培养皿的质量；m_1 为干燥前样品质量与培养皿质量之和；m_2 为干燥后样品质量与培养皿质量之和。

【附注】

1. 醋酸乙烯酯外观为无色的液体，具有酸性气味，微溶于水。其沸点在 71~73℃之间，高度易燃，应远离火种、高热存放，使用时应避免吸入其蒸气。

2. 本实验中聚乙烯醇主要起保护胶体的作用，在配制其溶液时，若发现常温下聚乙烯醇很难溶于蒸馏水中，可在搅拌条件下水浴加热至 80~90℃，使其溶解。

3. 可用"爬杆"现象来判断实验的终点，或者取少量的反应液，如果有拔丝现象，也可说明体系黏度已经足够，可以终止反应。

【思考题】

1. 在实验操作中，为什么要严格控制单体滴加速度和聚合反应温度？
2. 市售的醋酸乙烯酯单体一般需要蒸馏后才容易发生聚合反应，为什么？

实验 8-7　勃氏透气法测定粉体的比表面积

比表面积（$m^2 \cdot kg^{-1}$）是指单位质量的粉体所具有的表面积总和，是粉体的基本物性之一，可以反映出粒度的大小。在一些化学反应中，需要原料有较大的比表面积，以提高化学反应速率；生产中的许多产品也要求有合适的粒度分布，以保证质量或者是满足某些特定的需求。

由于粉体有非孔结构和多孔结构两种特征，因此表面积有外表面积和内表面积两种。粉体比表面积的测定方法常用勃氏透气法、低压透气法和动态吸附法三种。对于多孔性结构的粉料，除有外表面积外还有内表面积，所以多采用气体吸附法测定。水泥属于非孔性结构的材料，只有外表面积，一般用透气法测定。测定水泥的比表面积可以检验水泥细度，以保证水泥的强度。勃莱恩（Blaine）透气法是许多国家用于测定粉体试样比表面积的一种方法，其仪器构造简单、操作方便、节省时间、完全不损坏试样、重复性好，根据国家标准规定在测试结果有争议时，常以该法测定结果为准。

一、实验目的
熟悉勃氏透气法测定粉体比表面积的原理和操作方法。

二、基本原理
当流体（气体或液体）在 t 时间内透过断面积为 A，长度为 L，含有一定孔隙率的粉体层时，其流量 Q 与压力降 Δp 成正比。即

$$\frac{Q}{At} = B \frac{\Delta p}{\eta L} \tag{1}$$

这就是达西法则。式中，η 是流体的黏度系数；B 是与构成粉体层的颗粒大小、形状和充填层的空隙率等有关的常数，称为比透过度或透过度。

柯增尼（Kozeny）将粉体层当作毛细管的聚集体来考虑，采用泊肃叶（Poiseuille）法则将透过度导入规定的理论公式。卡曼（Carman）研究了各种粒状物质充填层的透过性实验，发现与 Kozeny 的理论公式很一致，并导出了透过度 B 与粉体比表面积的关系式：

$$B = \frac{g}{K_o S_V^2} \times \frac{\varepsilon^3}{(1-\varepsilon)^2} \tag{2}$$

式中，g 为重力加速度；ε 是粉体层的孔隙率；S_V 是单位容积粉体的表面积，$cm^2 \cdot cm^{-3}$；K_o 为柯增尼常数，与粉体层中流体通路的"扭曲"有关，通常设定为 5。

令 $K_o = 5$，并结合式（1）和式（2）可得：

$$S_V = \rho S_m = \frac{\sqrt{\varepsilon^3}}{1-\varepsilon} \sqrt{\frac{g}{5} \times \frac{\Delta p A t}{\eta L Q}} \tag{3}$$

变换后可得：

$$S_m = \frac{\sqrt{\varepsilon^3}}{\rho(1-\varepsilon)}\sqrt{\frac{g}{5} \times \frac{\Delta p A t}{\eta L Q}} = \frac{\sqrt{\varepsilon^3}}{\rho(1-\varepsilon)} \times \frac{\sqrt{t}}{\sqrt{\eta}} \times \sqrt{\frac{g}{5} \times \frac{\Delta p A}{L Q}} \tag{4}$$

式中，$\varepsilon = 1 - \dfrac{m}{\rho A L}$；对于确定的比表面积透气仪，其仪器常数可通过相关仪器参数求得，即

$$K = \sqrt{\frac{g}{5} \times \frac{\Delta p A}{L Q}} \tag{5}$$

则公式（4）可化简为：

$$S_m = \frac{K\sqrt{\varepsilon^3}}{\rho(1-\varepsilon)} \times \frac{\sqrt{t}}{\sqrt{\eta}} \tag{6}$$

上式称为柯增尼-卡曼公式，它是透过法的基本公式。式中，S_m 是粉体的质量比表面积；ρ 是粉体的密度；m 是粉体试样的质量。由于 η、L、A、ρ、m 是与试样及测试装置有关的常数，因此，只要测定 Q、Δp 及时间 t 就能求出粉体试样的比表面积。

在勃氏法测定比表面积时，常数 K 还可用标准物质的测定值来代替，即：

$$K = \frac{S_S \rho_S (1-\varepsilon_S)}{\sqrt{\varepsilon_S^3}} \times \frac{\sqrt{\eta_S}}{\sqrt{t_S}} \tag{7}$$

式中，S_S 为标准试样的比表面积，$cm^2 \cdot g^{-1}$；t_S 是标准试样试验时，压力计中液面降落测得的时间，s；ε_S 是标准试样试料层中的空隙率；ρ_S 是标准试样的密度，$g \cdot cm^{-3}$。

将公式（7）带入公式（6），即可由标准试样的数值，求出未知样品的比表面积：

$$S_m = \frac{S_S \rho_S \sqrt{t}(1-\varepsilon_S)\sqrt{\varepsilon^3}}{\rho\sqrt{t_S}(1-\varepsilon)\sqrt{\varepsilon_S^3}} \times \frac{\sqrt{\eta_S}}{\sqrt{\eta}} \tag{8}$$

一般粉体材料的空隙率 ε 均为 0.5，在测试过程中空气的黏度系数保存不变。则公式（8）中未知试样的比表面积还可表示为：

$$S_m = \frac{\rho_S S_S \sqrt{t}}{\rho\sqrt{t_S}} \tag{9}$$

三、仪器与试样

本实验采用 FBT-9 型全自动比表面积测定仪测定粉体的比表面积，它是由透气圆筒、U 形管压力计、液晶显示屏、按键、抽气装置等部分组成的一体机。图 8-16 为透气仪的主要结构及尺寸。其他辅助设备还有穿孔板、捣器、滤纸、电子天平等。

水泥、标准试样（已知密度和比表面积）。

四、实验步骤

1. 漏气检查

将透气圆筒上口用橡皮塞塞紧，用抽气装置从压力计一臂中抽出部分气体，然后停止抽气，观察是否漏气（浮球是否下沉），如发现漏气，用活塞油脂加以密封。

2. 水银排代法测定试料层体积

将两片滤纸装入透气圆筒内，确保其平整地贴在金属穿孔板上，然后装满水银，并用一小块薄玻璃板轻压水银表面，使水银面与圆筒口平齐，此时圆筒内的容积就是装入的水银的

体积。从圆筒中倒出水银进行称量，并重复操作数次，直至所测数值基本不变。随后取出一片滤纸（另一片留在圆筒底部），在圆筒内加入适量的试样。再把取出的一片滤纸盖在试样上面，用捣器压实试料层，压到规定的厚度，即捣器的支持环恰好与圆筒边紧密接触（通过改变加入量，重复试验以达到要求）。再在圆筒上部空间中注满水银、压平、倒出、称量，重复几次至水银质量不变为止。则圆筒内试料层体积可按下式计算：

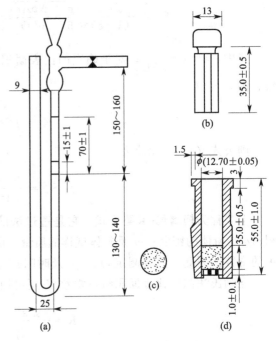

$$V = (m_1 - m_2) / \rho_{水银} \qquad (10)$$

式中，V 是试料层体积，cm^3；m_1 是未装试样时的水银质量，g；m_2 是装试样后的水银质量，g；$\rho_{水银}$ 为实验温度下水银的密度（参见表 8-6），$g \cdot cm^{-3}$。

试料层体积的测定，至少应进行两次，每次都要单独压实，最后结果取两次数值相差不超过 $0.005cm^3$ 的平均值。

3. 试料层的制备

将标准试样（或水泥试样）通过 0.9mm 方孔筛后在 110℃烘干，并冷却至室温。按下式确定制备试料层所需的量：

图 8-16　透气仪主要结构及尺寸（mm）
(a) U 形压力计；(b) 捣器；
(c) 穿孔板；(d) 透气圆筒

$$m = \rho V(1 - \varepsilon) \qquad (11)$$

式中，m 为需要的试样量，g；ρ 为试样真密度，$g \cdot cm^{-3}$；V 是试料层体积，cm^3；ε 是试料层的孔隙率。

将穿孔板放入透气圆筒的边缘上，用一根直径比圆筒略小的细棒把一片滤纸送至穿孔板上，使边缘压紧，按公式（11）称取需要的试样量，并倒入圆筒内。轻敲圆筒边，使试料层表面平坦，再放入一片滤纸，用捣器均匀捣实，直至捣器支持环紧紧接触圆筒顶边并旋转两周，慢慢取出捣器。为防止漏气，可在圆筒下锥面涂一薄层凡士林，然后将透气圆筒插入压力计顶端锥形磨口处，并旋转两周。

表 8-6　不同温度下的空气黏度和水银密度值

温度/℃	空气黏度 η/Pa·s	$\sqrt{\dfrac{1}{\eta}}$	水银密度/$g \cdot cm^{-3}$	温度/℃	空气黏度 η/Pa·s	$\sqrt{\dfrac{1}{\eta}}$	水银密度/$g \cdot cm^{-3}$
8	0.0001749	75.64	13.58	22	0.00001818	74.16	13.54
10	0.00001759	75.41	13.57	24	0.00001828	73.96	13.54
12	0.00001768	75.21	13.57	26	0.00001837	73.78	13.53
14	0.00001778	75.00	13.56	28	0.00001847	73.58	13.53
16	0.00001788	74.79	13.56	30	0.00001857	73.38	13.52
17	0.00001798	74.58	13.55	32	0.00001867	73.19	13.52
20	0.00001808	74.37	13.55	34	0.00001876	73.10	13.51

4. K 值的测定与校核（或直接计算 K 值）

接通电源，打开全自动比表面积测定仪的开关，按下【K值】键，依次设定好标准试样的比表面积、密度、空隙率等值。参数保存后，按【测量】键，进行 K 值的测定，仪器会将 K 值自动存入。

将透气圆筒中的试样倒出，重新装入公式（11）所需量的标准试样，按前述操作装好试样后插入压力计上。按【S值】键，然后按【测量】键进行标准试样比表面积 S 值的测定，并与标准试样的比表面积数值进行比较，检验 K 值的标定是否符合要求。

在无标准试样的情况下，K 值可通过图 8-16 中的参数，代入公式（5）计算得到，并直接输入比表面积测定仪中。

5. 水泥试样比表面积的测定

将被测水泥试样的密度和孔隙率值代入公式（11），计算出所需要的试样量，然后按步骤 3 的操作装入透气圆筒内，并连接到压力计上。按【S值】键，然后按【测量】键，进行测定。重复装样、测量数次，求其平均值。

五、实验报告要求

记录下每项实验数据并标注出单位，同时写明数据处理过程，作出必要的结果分析。

【附注】

穿孔板上的滤纸，应是与圆筒内径相同、边缘光滑的圆片，且每次测定需换新的滤纸。

【思考题】

1. 透气法测定粉体比表面积的原理是什么？

2. 透气法测试粉体比表面积有何局限性？

实验 8-8 丙烯酰胺水溶液聚合

一、实验目的

1. 掌握溶液聚合的原理及方法。

2. 学习如何正确地选择溶剂。

二、实验原理

将单体和引发剂溶于适当溶剂中而进行的聚合方法称为溶液聚合，以水为溶剂时，即为水溶液聚合。另外，若生成的聚合物也能溶于溶剂中，则又可称为均相聚合，否则视为沉淀聚合。和本体聚合相比，溶液聚合体系具有黏度低、混合和传热较容易、不易产生局部过热、反应温度容易控制等优点。但由于溶剂的引入及有机溶剂费用高、回收困难等，使其在工业上应用得少。一般只有在直接使用聚合物溶液的场合，如制备涂料、胶黏剂、浸渍剂、合成纤维纺丝液等，采用溶液聚合才最为有利。

进行溶液聚合时，因为溶剂并非完全是惰性的，会对聚合反应产生一些影响，因此在选择时需考虑以下几个问题。

① 是否影响引发剂的分解。一般溶剂对偶氮类引发剂的分解速率影响较小，但对有机过氧化物类引发剂有较强的诱导分解作用，从而导致引发剂的引发效率降低。

② 是否影响链转移作用。溶剂中含有活泼原子的话，如氢或氯，则容易被分子链上的

自由基夺取，产生链转移作用，从而使聚合物的分子量降低。溶剂分子上的原子越活泼，链转移作用就越强。而且若转移后形成的自由基活性降低，则导致聚合速率也将减小。

③ 是否能够溶解聚合物。反应中产生的聚合物活性链在溶剂中的溶解性能影响其形态（卷曲或舒展）及其黏度，进而会影响链终止反应的速率和分子量分布。

丙烯酰胺为水溶性单体，聚合形成的产物也溶于水，因此本实验以水作为溶剂进行均相溶液聚合。同以有机物作溶剂的溶液聚合相比，本实验具有价廉、无毒、链转移常数小、对单体和聚合物的溶解性能好等优点，其合成化学反应简式如下：

$$nCH_2{=}CH \longrightarrow {+}CH_2{-}CH{+}_n$$
$$\quad\ |\qquad\qquad\qquad |$$
$$O{=}C{-}NH_2 \qquad\quad O{=}C{-}NH_2$$

此外，聚丙烯酰胺的水溶性较好，常用作絮凝剂被广泛应用于石油开采、选矿、化学工业及污水处理等方面。

三、仪器和试剂

三口烧瓶、球形冷凝管、磁力加热搅拌器、电动搅拌器、温度计、玻璃塞、布氏漏斗等。

丙烯酰胺、无水乙醇（或甲醇）、过硫酸钾、蒸馏水。

四、实验步骤

1. 在 100mL 的三口烧瓶上分别安装好搅拌器、球形冷凝管和温度计（或玻璃塞）。

2. 准确称量 2.5g 丙烯酰胺和 20mL 蒸馏水，加入三口烧瓶中，接上冷凝水后，开动搅拌器，水浴加热至 30℃，使单体充分溶解（温度高时，容易释放出强烈的腐蚀性气体和氮的氧化物类化合物）。然后取 5mL 的 $2.5g \cdot L^{-1}$ 过硫酸钾溶液滴加到三口烧瓶中。逐步升温到 90℃（升温速度不能太快），这时聚合物便逐渐形成，在 90℃ 下继续反应 1.5～2h，使反应充分完成，可得黏稠的无色液体。

3. 聚合反应结束后，将所得产物倒入盛有无水乙醇（也可用甲醇做沉淀剂，但甲醇有毒，易挥发）的烧杯中，边倒边搅拌，聚丙烯酰胺便从溶液中沉淀下来。向烧杯中加入少量的无水乙醇，观察是否仍有沉淀生成，如果有沉淀生成，则可再加入少量无水乙醇，使聚合物沉淀完全。然后用布氏漏斗抽滤，用少量的无水乙醇洗涤三次，将聚合物转移到表面皿上，在 30℃ 真空干燥至恒重，称重、计算产率。

五、实验报告要求

记录下每个步骤中的实验现象，并分析原因。

【附注】

1. 实验装置可参见图 8-14。在开启搅拌器前，一定要检查搅拌器的安装是否垂直、位置是否合适（前端叶片展开后应浸没在反应液中）；另外，三口烧瓶内反应液的液面应低于水浴锅的液面。

2. 在不需要计算产率的情况下，可在反应过程中，用胶头滴管每隔 30min 取出一部分反应液加入少量乙醇中，以观察反应进行的程度。

3. 在反应体系中通入氮气，可以获得分子量较高的产物；若采用低温反相乳液聚合，能获得分子量非常高的产物。

【思考题】

1. 进行溶液聚合时，如何选择溶剂？

2. 本反应需要进行 1.5～2h，其目的是为了提高分子量还是转化率？

一、实验目的

1. 了解悬浮聚合的反应原理及特点。

2. 了解影响悬浮聚合物粒径的因素，并观察单体在聚合过程中的变化。

二、实验原理

悬浮聚合是指在较强的机械搅拌下，借助悬浮剂的作用，将溶有引发剂的单体分散在另一与单体不溶的介质中（一般为水）的聚合方法。根据聚合物在单体中溶解与否，可得透明状聚合物或不透明不规整的粉状聚合物。像苯乙烯、甲基丙烯酸酯，其悬浮产物多是透明珠状物，故有珠状（悬浮）聚合之称；而在氯乙烯的悬浮聚合中，聚氯乙烯将从单体液滴中沉析出来，形成不透明的颗粒状产物，故称颗粒状（悬浮）聚合。

从动力学的观点看，悬浮聚合与本体聚合完全一样，每一个单体小液滴相当于一个小的本体。但悬浮聚合又具有它自己的特点。由于单体以小液滴形式分散在水中，散热表面积大，水的比热大，因而解决了散热问题，保证了反应温度的均一性，有利于反应的控制。另外，由于悬浮聚合采用了悬浮稳定剂，所以最后得到颗粒状产物易分离、易清洗、纯度高，可直接进行成型加工。

一般悬浮剂有两种：一种是可以溶于水的高分子化合物，如明胶、聚乙烯醇、聚甲基丙烯酸钠等；另一种是不溶于水的无机盐粉末，如硅藻土、硫酸盐和磷酸盐等。悬浮剂的性能和用量对聚合物颗粒大小和分布有很大影响。悬浮剂用量越大，所得聚合物颗粒就越细；若悬浮剂为水溶性高分子化合物，且分子量越小，所得的树脂颗粒就越大，因此悬浮剂分子量的不均一会造成树脂颗粒分布变宽；若是固体悬浮剂，当用量一定时，悬浮剂粒度越细，所得树脂的粒度也越小，因此，悬浮剂粒度的不均匀也会导致树脂颗粒大小的不均匀。

为了得到颗粒度合适的珠状聚合物，除加入悬浮剂外，反应的搅拌速度也是非常关键的。随着聚合转化率的增加，如果搅拌速度太慢，颗粒间易发生黏结现象。但搅拌太快时，又易使颗粒太细，因此，悬浮聚合产品的粒度分布的控制是悬浮聚合中一个很重要的问题。

苯乙烯是一种比较活泼的单体，易氧化和进行聚合反应，在贮存过程中，常常需要加入阻聚剂。但是，苯乙烯的自由基并不太活泼，因此，在苯乙烯聚合过程中的副反应较少，不易发生链转移反应，一般以双基结合的方式终止链反应。此外，苯乙烯在聚合过程中凝胶化效应并不特别显著，在本体及悬浮聚合中，仅在转化率达到 $50\% \sim 70\%$ 时，有一些自动加速现象。因此，苯乙烯的聚合速率比较缓慢，与甲基丙烯酸甲酯相比较，在相同量的引发剂下，其所需的聚合反应时间要比甲基丙烯酸甲酯多好几倍。

苯乙烯（St）聚合形成聚合物的反应式如下：

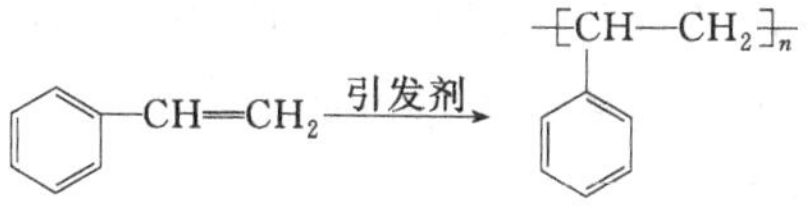

三、仪器及试剂

三口烧瓶、电动搅拌器、温度计、恒温加热磁力搅拌器、球形冷凝管、移液管、滤纸、布氏漏斗、烧杯、量筒、恒温干燥箱。

苯乙烯（新蒸）、聚乙烯醇（PVA）、过氧化二苯甲酰（BPO）、甲醇、蒸馏水。

四、实验步骤

1. 在装有温度计、搅拌器和球形冷凝管的三口烧瓶中加入 45mL 蒸馏水和 0.2g 聚乙烯醇，开动搅拌器并水浴加热至 90℃左右，待聚乙烯醇完全溶解后，降温至 80℃左右。

2. 称取 0.2g BPO 于一干净的烧杯中，并加入 9mL 苯乙烯，充分搅拌使之完全溶解。

3. 将溶有引发剂的单体倒入三口烧瓶中，小心调节搅拌速度，使液滴分散成合适的颗粒度（开始时搅拌速度不要太快，否则颗粒分散得太细），升高温度，控制水浴温度在 86～89℃范围内，开始聚合。一般在达到反应温度后 2h 左右为反应危险期，此时搅拌速度控制不好（速度太快、太慢或中途停止等），就容易使珠子黏结变形。

4. 反应 2～3h 后，可以取出几颗粒状物，检查它们冷却后是否变硬，如果已经变硬，即可将水浴温度升高至 90～95℃，继续反应 0.5～1h 后即可停止反应。

5. 将反应物进行过滤，并把所得到的透明小珠子放在 25mL 甲醇中浸泡 20min（为什么?），然后再过滤（甲醇回收），将得到的产物用约 50℃的热水洗涤几次（为什么?），用滤纸吸干后，将产物置于 50～60℃烘箱内干燥，计算产率，并观察粒度的分布情况。

【附注】

1. 在工业上要得到一定分子量的珠状聚合物，一般引发剂用量应为单体质量的 0.2%～0.5%。本实验为了缩短反应时间，因此，选用了较大的引发剂用量。

2. 本实验中所采用的水油比为 5∶1，因为高水油比有利于操作（水油比即水用量与单体用量之比）。

3. 若聚合中出现停电或聚合物粘在搅拌棒上等异常现象，应及时降温终止反应并倾倒出反应物，以免造成仪器报废。

【思考题】

1. 为什么聚乙烯醇能够起稳定剂的作用？其分子量和用量对悬浮聚合产物的粒度有何影响？

2. 如何解释聚合过程中从油状单体变成黏稠状，最后变成硬粒子的现象？

实验 8-10 四氯化钛水解法制备 TiO_2 粉体

二氧化钛在许多领域，如催化剂、电子陶瓷、高级涂料、化妆品等方面有着极其广泛的用途。在这些应用中，颗粒尺寸是影响其性能的一个重要因素。二氧化钛光催化材料是近十年来发展起来的一种新型材料，提高二氧化钛光催化活性有两种方法，即增大催化剂的比表面积和减小其粒径，粒径小的纳米二氧化钛粉体能有效地阻止光生电子和光生空穴的复合，使更多的电子和空穴能参与氧化、还原反应，同时纳米二氧化钛粉体巨大的比表面积能将反应物吸附于其表面，也利于反应的进行。因此，在光催化反应中，纳米粒子的尺寸效应和表面效应是显著的。采用廉价、工艺简单的制备方法来获得高性能的纳米二氧化钛粉体，是光催化实用化过程中面临的难题之一。

一、实验目的

1. 掌握水解法制备 TiO_2 粉体的原理和方法。

2. 了解表征粉体的相关技术手段及分析方法。

二、实验原理

四氯化钛是一种价廉、易得的化工原料，以其为前驱体制备超微粉体的方法有气相水解法、火焰水解法和激光热解法，它们均是高温反应过程，对设备耐腐蚀性要求很高，技术难度较大。与高温气相法相比，液相法生产纳米 TiO_2 的工艺简单、成本低、便于大规模生产，但是液相法容易造成物料局部浓度过高、粒子大小和形状不均等问题。

本实验采用四氯化钛水解法制备纳米二氧化钛粉体，所得粉体常温下即有锐钛矿相存在，经高温煅烧后，晶粒尺寸更均匀。在未加酸的 $TiCl_4$ 稀溶液中，四氯化钛水解反应式为：

$$TiCl_4 + 2H_2O = TiO_2 + 4H^+ + 4Cl^-$$

此反应可用来制备二氧化钛胶体，但是 $TiCl_4$ 浓度增大后，$TiCl_4$ 胶体容易凝集。降低反应体系的温度，有利于抑制水解反应，如采取冰水浴措施，可使水解速率减缓。

三、仪器与试剂

马弗炉、移液管、磁力加热搅拌器、量筒、坩埚、烧瓶、抽滤装置、研钵。

四氯化钛（$TiCl_4$）、氨水（$1mol \cdot L^{-1}$）、硝酸银溶液、蒸馏水、冰、pH 试纸。

四、实验步骤

1. TiO_2 粉体的制备

（1）在剧烈搅拌和冰浴条件下，将 3mL $TiCl_4$ 滴入装有 40mL 蒸馏水的烧瓶中，搅拌均匀后，用 $1mol \cdot L^{-1}$ 氨水调节溶液 pH 值到 6～7，直至得到白色胶体。

（2）将胶体溶液进行减压抽滤，用蒸馏水洗涤滤饼，脱去其中的氯离子（直至滤液用 $AgNO_3$ 溶液检测不出沉淀）。

（3）将滤饼移入 500℃ 的马弗炉进行热处理 2h，冷却至室温后用研钵研细，以备检测。

2. TiO_2 粉体的表征

（1）用 XRD 表征粉体的晶相组成。

（2）采用 SEM、TEM 表征粉体形貌特征以及颗粒尺寸。

（3）采用 BET（或勃氏透气法）测试粉体的比表面积。

五、数据处理

任选一种表征方法（XRD、SEM 或 BET）对 TiO_2 粉体进行分析或观察，写出实验报告。

【附注】

$TiCl_4$ 极易水解，在空气中冒白烟，与水反应剧烈而产生大量热使溶液喷溅，故应小心操作，避免烧伤。

【思考题】

液相水解法制备 TiO_2 粉体材料有何优缺点？

实验 8-11 膨胀计法测定自由基本体聚合反应速率

一、实验目的

1. 掌握膨胀计法测定自由基本体聚合反应速率的原理和方法。

2. 熟悉动力学实验数据的处理方法。

二、实验原理

聚合动力学主要是研究聚合速率、聚合度（分子量）与单体浓度、引发剂浓度、聚合温度等因素间的定量关系，其目的是为了探明聚合机理和优化实验工艺条件。因此聚合反应速率的测定对于工业生产和理论研究都有着非常重要的意义。

1. 聚合反应动力学公式

从自由基加聚反应的机理及动力学推导可得：

$$R_p = -\frac{d[M]}{dt} = K[I]^{1/2}[M] \tag{1}$$

从上式可知，聚合反应速率 R_p 与引发剂浓度 $[I]$ 的平方根成正比，与单体浓度 $[M]$ 成正比，K 为聚合反应总速率常数。在低转化率下，可假定引发剂的浓度始终保持恒定，则可得下式：

$$R_p = -\frac{d[M]}{dt} = k'[M] \tag{2}$$

其中，$k' = K[I]^{1/2}$。积分后可得：

$$\ln\frac{[M]_0}{[M]_t} = k't \tag{3}$$

式中，$[M]_0$、$[M]_t$ 分别为单体的起始浓度和 t 时刻的浓度。

上式是直线方程，若能从实验中测得不同时间的 $[M]_t$ 值，即可以 t 为横坐标，以 $\ln([M]_0/[M]_t)$ 为纵坐标作图，应能得到一条直线，由此可验证聚合速率与单体浓度间的动力学关系。

2. 膨胀计法的测试原理

由于单体密度小，聚合物密度大，因此，随着聚合反应的进行，反应体系的体积会发生收缩。当一定量单体聚合时，体积的变化与转化率成正比。如果将这种反应时的体积变化放在一根直径很小的毛细管中观察，灵敏度将大为提高，这就是膨胀计法。若用 p 表示转化率，ΔV_t 代表聚合反应进行到 t 时的体积变化（收缩），则 $p = \Delta V_t / \Delta V_\infty$。式中 ΔV_∞ 是单体 100% 聚合时总体积的变化（收缩）。由此可得：

t 时反应掉的单体量为 $p[M]_0 = (\Delta V_t / \Delta V_\infty)[M]_0$ （$mol \cdot L^{-1}$），t 时体系中单体的剩余量为：

$$[M]_t = [M]_0 - \frac{\Delta V_t}{\Delta V_\infty}[M]_0 = [M]_0\left(1 - \frac{\Delta V_t}{\Delta V_\infty}\right) \tag{4}$$

则有：

$$\frac{[M]_0}{[M]_t} = \frac{1}{\left(1 - \dfrac{\Delta V_t}{\Delta V_\infty}\right)} \tag{5}$$

$$\ln\frac{[M]_0}{[M]_t} = \ln\frac{1}{\left(1 - \dfrac{\Delta V_t}{\Delta V_\infty}\right)} = k't \tag{6}$$

ΔV_∞ 对固定量的单体来说是一恒定值，可通过体系反应前后质量守恒求出。因此，只要用膨胀计法测出不同反应时间的体积变化（收缩）值 ΔV_t，算出 $\ln[M]_0/[M]_t$ 值，再以 $\ln[M]_0/[M]_t$ 对 t 作图就可验证动力学关系式，同时还可求出平均聚合速率：

$$\overline{R_p} = \frac{[M]_0 - [M]_t}{\Delta t} = \frac{\Delta V_t}{\Delta V_\infty \Delta t}[M]_0 (\text{mol} \cdot L^{-1} \cdot s^{-1}) \qquad (7)$$

三、仪器与试剂

膨胀计、烧杯、恒温水浴槽、量筒、电子天平、玻璃棒、秒表、橡皮筋、洗耳球。

甲基丙烯酸甲酯（MMA）、偶氮二异丁腈（AIBN）、丙酮、蒸馏水。

四、实验步骤

准确量取一定量的 MMA 和 1%（质量分数）的 AIBN，在 50mL 烧杯内混合均匀后，小心倒满膨胀计下部的反应器，然后插上毛细管，使液面上升至毛细管高度的 1/4～3/4 处，仔细检查膨胀计内有无气泡和水珠后，用橡皮筋固定住膨胀计的毛细管与反应器。

将装有反应试剂的膨胀计浸入（50±0.5）℃的恒温水浴槽中。由于受热膨胀，毛细管内液面不断升高，待液面稳定不动时，可认为此时体系达到热平衡。记录时间（此时间为诱导期开始的时间）及毛细管液面的高度，同时认真观察液面的变化。液面一开始下降，即表示聚合反应开始，重新计时。随后，每隔 3min 读一次毛细管液面的高度，直至反应 45min 后停止。

实验结束后，立即倒出反应液，分别用丙酮和水清洗仪器，烘干，以备下次使用。

五、实验数据记录与处理

已知 20℃时，MMA 的密度为 $0.944\text{g} \cdot \text{cm}^{-3}$；50℃时，MMA 的密度为 $0.893\text{g} \cdot \text{cm}^{-3}$，PMMA 的密度为 $1.181\text{g} \cdot \text{cm}^{-3}$。将实验测得的数据记入下表。

引发剂的质量：＿＿＿＿＿＿　　反应单体的质量：＿＿＿＿＿＿　　ΔV_∞：＿＿＿＿＿　　$[M]_0$：＿＿＿＿＿

t/min	h/mm	ΔV_t	$\Delta V_t/\Delta V_\infty$	$\left(1 - \dfrac{\Delta V_t}{\Delta V_\infty}\right)$	$\dfrac{1}{\left(1 - \dfrac{\Delta V_t}{\Delta V_\infty}\right)}$	$\ln\dfrac{1}{\left(1 - \dfrac{\Delta V_t}{\Delta V_\infty}\right)}$
0						
3						
6						
...						
45						

1. 求出诱导期，即从到达热平衡至反应开始为止的时间。

2. 根据公式（7）求出平均聚合反应速率。

3. 求聚合反应的总反应速率常数 K：

以 $\ln\dfrac{1}{1-c}$ 对 t 作图，其斜率为 $K[I]^{1/2}$。在低转化率下，$[I]$ 可认为不变，即 $[I]$ 等于引发剂起始浓度 $[I]_0$。且引发剂含量很低，故可以忽略引发剂的体积。

【附注】

1. 引发剂要充分溶解，并与单体混合均匀；在计算摩尔浓度时，注意不同温度下体积的变化。

2. 反应试剂加入反应器后，毛细管与反应器要耳朵对耳朵，对上后将磨口轻微旋转一下，然后扎紧橡皮筋，并检查膨胀计内有无气泡和水滴。

3. 膨胀计要完全插入恒温水槽内，并保证膨胀计内的最高液面在恒温水槽液面以下。

4. 在实验前了解开始计时的时间，避免将诱导期算在聚合反应时间中。

5. 实验反应时间不宜超过 1h，反应结束后迅速降温，并将反应器和毛细管分离，倒出反应物，以免膨胀计黏结，用丙酮将反应器与毛细管清洗干净。

【思考题】

1. 自由基聚合反应动力学的公式推导中作了哪些假设？

2. 为什么本实验方法只适用于低转化率下聚合反应速率的测定？

实验 8-12 偏光显微镜法观察聚合物的球晶形态

一、实验目的

1. 熟悉偏光显微镜的构造及原理，掌握偏光显微镜的使用方法。

2. 学习用熔融法制备聚合物球晶试样，理解影响聚合物球晶大小的因素。

二、实验原理

球晶是聚合物结晶中一种最常见的形式，其形态、大小和完善程度对制品的性能都有较大影响。当结晶性聚合物在从浓溶液中析出或熔体冷却结晶时，在不存在应力或流动的情况下，都倾向于生成球晶。

球晶的生长以晶核为中心，从初级晶核生长的片晶，在结晶缺陷点发生分叉，形成新的片晶，它们在生长时发生弯曲和扭转，并进一步分叉形成新的片晶，如此反复，最终形成以晶核为中心，三维向外发散的球形晶体，因而得名为球晶，它是空间三维结构。但在极薄的试片中也可以近似地看成是圆盘形的二维结构。实验证实，球晶中分子链均是垂直于球晶的半径方向。因此，球晶具有光学各向异性，对光线具有双折射作用，能够用偏光显微镜进行观察。聚合物球晶在偏光显微镜的正交偏振片之间呈现出特有的黑十字消光图像。有些聚合物生成球晶时，晶片沿半径增长时可以进行螺旋性扭曲，因此还能在偏光显微镜下看到同心圆消光图像。

偏光显微镜的最佳分辨率为 200nm，有效放大倍数超过 500～1000 倍，与电子显微镜、X 射线衍射法结合可提供较全面的晶体结构信息。

光是电磁波，也就是横波，它的传播方向与振动方向垂直。但对于自然光来说，它的振动方向均匀分布，没有任何方向占优势。但是自然光通过反射、折射或选择吸收后，可以转变为只在一个方向上振动的光波，即偏振光（见图 8-17）。一束自然光经过两片偏振片，如果两个偏振轴相互垂直，光线就无法通过了。光波在各向异性介质中传播时，其传播速度随振动方向不同而变化，折射率值也随之改变，一般都发生双折射，分解成振动方向相互垂直、传播速度不同、折射率不同的两条偏振光。而这两束偏振光通过第二个偏振片时，只有在与第二偏振轴平行方向的光线可以通过。而且通过的两束光由于光程差将会发生干涉现象。

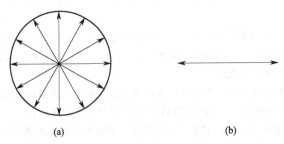

图 8-17　自然光（a）和线偏振光（b）的振动现象（箭头代表振动方向，传播方向垂直于纸面）

在正交偏光显微镜下观察，非晶体聚合物因为其各向同性，没有发生双折射现象，光线被正交的偏振镜阻碍，视场黑暗。球晶会呈现出特有的黑十字消光现象，黑十字的两臂分别平行于两偏振轴的方向。而除了偏振片的振动方向外,其余部分就出现了因折射而产生的光亮(见图 8-18)。在偏振光条件下,还可以观察晶体的形态,测定晶粒大小和研究晶体的多色性等。

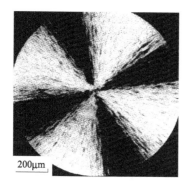 

图 8-18　偏光显微镜下的球晶照片

三、仪器与试样

偏光显微镜(结构见图 8-19)、附件一盒、擦镜纸、镊子、砝码、控温仪、电炉、盖玻片、载玻片。

聚丙烯(或聚乙烯)薄膜或粒料。

四、实验步骤

1. 熔融法制备聚合物球晶试样

先将载玻片、砝码等放在 230℃的电炉上恒温 5min。然后在载玻片上放一小粒聚丙烯样品,待其熔融后(呈水滴状时),以 45°斜角盖上盖玻片,并压上砝码,使样品成薄膜状。保温 5min 后迅速转移至 120℃的热台使其结晶 15min,即可制得球晶试样。

重复上述操作,把同样的样品在熔融后分别于 80℃和室温条件下结晶,以作对比。

2. 调节显微镜

预先打开汞弧灯 10min,以获得稳定的光强,插入单色滤波片。对偏光显微镜进行调节和检查。完成正交偏振光的校正(起偏片和检偏片置于 90°相互垂直的位置)和物镜中心的调节。

3. 观察球晶形态并测量球晶直径

将带有分度尺的目镜插入镜筒内,把载物台显微尺置于载

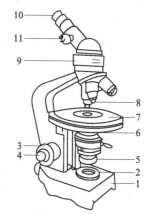

图 8-19　偏光显微镜的结构示意
1—仪器底座;2—视场光阑(内有照明灯泡);3—粗动调焦手轮;4—微动调焦手轮;5—起偏器;6—聚光镜;7—旋转工作台(载物台);8—物镜;9—检偏器;10—目镜;11—勃氏镜调节手轮

物台上。调节焦距使两尺平行排列、刻度清楚,并使两零点相互重合,根据显微尺上的刻度即可算出目镜分度尺上每格的长度。然后将聚合物晶体薄片置于载物台视域中心,观察并拍摄球晶形态,读出球晶在目镜分度尺上的刻度,即可得到不同结晶温度下形成的球晶直径。

五、实验报告要求

记录聚合物球晶试样的制备条件、目镜和物镜倍数等,观察、比较不同温度下结晶的球晶形态照片,计算各条件下晶体的直径,并分析球晶尺寸与结晶温度间的关系。

【思考题】

1. 解释球晶在正交偏光下出现黑十字和同心消光环的原因？

2. 结晶温度还对结晶速度有影响，根据所学知识，画出它们间的关系图。

实验 8-13 聚合物熔融指数的测定

一、实验目的

掌握熔融指数的实际意义和测定方法。

二、实验原理

熔融指数是评价热塑性聚合物，特别是聚烯烃流动性好坏的一种简单而实用的方法，可通过熔融指数仪来测定。熔融指数一般用定温定压下 10min 内聚合物从出料孔（标准口模）挤出的质量（g）来表示，单位为 $g \cdot (10min)^{-1}$。也可称为熔体流动指数（melt flow index，MI）或熔体流动速率（melt mass flow rate，MFR）。近年来，熔体流动速率从"质量"的概念上，又引申到"体积"的概念上，即增加了熔体体积流动速率。其定义为：熔体每 10min 通过标准口模毛细管的体积，用 MVR 表示，单位为 $cm^3 \cdot (10min)^{-1}$。

根据 Flory 的经验式，聚合物黏度 η（与流动性呈反比）与重均分子量 M_w 有以下关系：

$$\lg\eta = A + B \cdot M_w^{1/2}$$

式中，A 和 B 为常数，由此可知，测定熔融指数实质上可以反映聚合物分子量的大小。一般来说，同一类型的聚合物，其熔融指数越小，则分子量越高，其韧性、断裂强度、硬度、耐老化性等性能都有所提高。熔融指数大，分子量就小，其加工流动性相应要好些，对挤出、注塑、拉丝等工艺有利。但对结构不同的聚合物，就不能相互进行比较了。

因此，当熔融指数与加工条件、制品性能及经验联系起来，就具有较大的实际意义。

三、仪器与试样

熔融指数仪及配件（见图 8-20）、耐温手套、电子天平、游标卡尺、纯棉清洁布。

聚乙烯（PE）粒料。

四、实验步骤

1. 熟悉仪器，并检查仪器是否摆放平稳，料筒、压料杆、标准口模、活塞杆等是否清洁。

2. 备好试样，用天平称取 4g 左右的 PE，并将标准口模和活塞杆装入料筒中。

3. 开启仪器电源，指示灯亮，设定好参数后（如温度 190℃、切料时间间隔 60s），开始升温，至设定温度后，恒温 15min 左右。

4. 温度稳定后即可加入事先准备好的试样。加料前取出活塞杆，置于耐高温物体上，

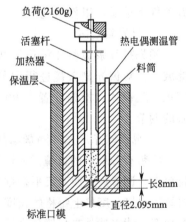

图 8-20　熔融指数仪的结构示意图

负荷(2160g)
热电偶测温管
活塞杆
加热器
料筒
保温层
标准口模
长8mm
直径2.095mm

避免活塞杆头部碰撞。将加料漏斗插入料筒内（尽量不与料筒壁相碰，以免发烫），快速加料，加料完毕，用压料杆将料压实（以减少气泡），并迅速插入活塞杆，套上砝码托盘。

5. 加砝码，基础砝码 325g，加负荷 1835g（875g＋960g），总负荷 2160g。

6. 当活塞杆上的下环线与料筒顶面平齐后，用取样盘开始收集切下的样条，并将含有气泡的样条舍弃，保留 3～5 个即可。注意观察测试中熔体是否有不稳定流动现象。

7. 更换负荷压力或测试温度，试验不同测试条件下聚合物熔体的流变性能。

8. 试验完毕，在砝码上方加压，使料筒内余料快速挤出，然后抽出活塞杆，趁热用清洁纱布擦洗干净，再在料筒上部加料口铺上干净纱布，将清洗杆压住纱布插入料筒内壁，反复旋转抽拉多次，然后用口模顶杆将口模自下而上顶出料筒，用口模清洗杆及纱布清洗口模内外。清理后切断电源。

9. 对冷却的样条进行称重，并测量样条的直径，计算熔融指数 MI 和挤出胀大比 B。

五、数据处理

1. 熔融指数的计算方法

样条冷却后，用天平分别称量其质量，取算术平均值，然后按下式计算其熔融指数 MI。

$$MI = m \times 600/t$$

式中，m 为样条质量（算术平均值），g；$t = 60s$。

2. 挤出胀大比 B

$$B = D_s/D$$

式中，D_s 为挤出样条的直径（算术平均值），mm；D 为口模内径，mm。

3. 求流动活化能 ΔE_η

可将 Arrhenius 方程 $\eta = Ae^{\Delta E/RT}$ 变换成 $-\ln MI = \ln B + \Delta E/RT$，然后绘制 $-\lg MI$ 与 $1/T$ 关系曲线，并从直线的斜率求出该试样的流动活化能 ΔE_η。

【附注】

1. 料筒、压料杆、毛细管等属于精密仪器要轻拿轻放，不可掉落地上，清理时切忌擦伤。

2. 料筒中试样的加入量和挤出物切段时间间隔可参考 GB/T 3682—2000 和 ISO 1133：1997 标准，如表 8-7。

表 8-7　料筒中试样的加入量和挤出物切段时间间隔

熔体流动速率/g·(10min)$^{-1}$	试样加入量/g		切段时间间隔/s	
	GB 标准	ISO 标准	GB 标准	ISO 标准
0.1～0.5	3～4	4～5	120～240	240
＞0.5～1	3～4	4～5	60～120	120
＞1～3.5	4～5	4～5	30～60	60
＞3.5～10	6～8	6～8	10～30	30
＞10	6～8	6～8	5～10	5～15

3. 加金属重物压出余料时，切忌用人的压力把余料挤出，以防压料杆和出料托板等因受力不当和超载而变形。

4. 操作过程中要戴手套，以防烫手；装料、装压料杆和压料要迅速，否则物料全熔以后，气泡难排除。

5. 所切取的几个样条中，最大值与最小值之差不能超过平均值的 10％。

【思考题】

聚合物的 MI 与其分子量和加工流动性间有什么关系？

实验 8-14 聚合物材料应力-应变曲线的测定

聚合物材料在拉力作用下得到的应力-应变曲线是研究材料力学性能的有效手段，也是一种最基础的力学试验。从测定的应力-应变曲线可以得到许多重要线索及力学参数（杨氏模量、屈服应力、断裂伸长率、拉伸强度等），以评价材料抵抗外力、抵抗变形和吸收能量的性能优劣，并可为选择、设计和应用材料提供科学依据。

一、实验目的

1. 了解聚合物材料应力-应变曲线的特点，并掌握测试方法。
2. 研究拉伸速度对聚合物力学性能的影响。

二、实验原理

应力-应变试验通常是在张力作用下进行的，即将试样进行等速拉伸，同时测量试样所受的应力和形变值，直至试样断裂。基本公式如下：

$$\sigma = \frac{F}{A_0}$$

$$\varepsilon = \frac{L - L_0}{L_0}$$

$$E = \frac{\sigma}{\varepsilon} = \frac{FL_0}{A_0(L - L_0)}$$

式中，σ 为应力；F 为拉伸力；A_0 为初始横截面积；ε 为伸长率即应变；L 为样品某时刻的长度；L_0 为初始长度；E 为拉伸模量。

图 8-21 为非晶态聚合物的典型应力-应变曲线，a 点为弹性极限，σ_a 为弹性极限强度，ε_a 为弹性极限伸长率。由 0 到 a 点是一条直线，应力-应变关系服从虎克定律 $\sigma = E\varepsilon$，直线的斜率即为杨氏模量 E。y 点为屈服点，对应的 σ_y 称为屈服应力。t 点处材料发生断裂，σ_t 和 ε_t 分别对应材料的断裂强度和断裂伸长率。其中，σ_t 的大小反映材料的强与弱，而从曲线下面的面积可以判断材料的脆与韧。

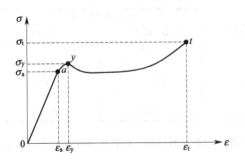

图 8-21　非晶态聚合物的应力-应变曲线

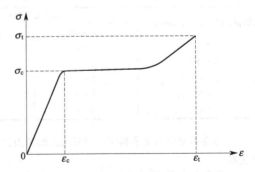

图 8-22　结晶聚合物的应力-应变曲线

结晶聚合物材料的应力-应变曲线见图 8-22，它与非晶态聚合物的应力-应变曲线有些差异。在拉力作用下，微晶在 c 点以后出现破坏和取向，然后沿外力场方向进行重排或重结晶，故 σ_c 称为重结晶强度（屈服强度）。宏观上，材料在 c 点处会出现细颈（细口），且随拉伸的进行，细颈不断发展，直至扩展到整个试样，最后在 t 点处断裂。

聚合物材料的种类繁多，因而应力-应变曲线也有多种形式。按在拉伸过程中屈服点表现、断裂伸长率大小及断裂强度等情况，可将曲线分为五种类型，如图 8-23。此外，聚合物材料的力学试验还受试样的形状、环境温度、湿度和拉伸速度的影响，因此为了有效地比较各种试样的强度，拉伸实验一般都是在规定的试样尺寸、温度、湿度和拉伸速度下进行的。

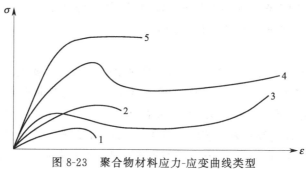

图 8-23　聚合物材料应力-应变曲线类型

1—软而弱；2—硬而脆；3—软而韧；4—硬而韧；5—硬而强

三、实验设备与试样

拉伸试验机或电子拉伸试验机、游标卡尺、直尺。

聚乙烯（或聚丙烯、聚苯乙烯等）软片若干（不少于 3 个），参考国家标准 GB/T 1040—92 制成哑铃形（见图 8-24），试样表面应平整、光滑，不含气泡、杂质、机械损伤等。

四、实验步骤

1. 实验应在 25℃±2℃和 65%±5% 的相对湿度下进行。

2. 测量模塑试样的厚度和宽度等数值，准确至 0.01mm。每个试样在标距内测量三处，取其算术平均值。

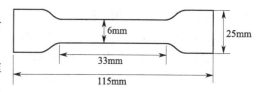

图 8-24　标准哑铃形试样尺寸（厚度 2mm）

3. 测量伸长率时，应在试样平行部分作出标线（此标线对测试结果不应有影响），记录试样初始标线间的有效距离。

4. 开启试验机，预热 10min。选择好载荷和实验方案，并输入试样的尺寸数据。夹具夹持试样时，要使试样纵轴与上、下夹具中心连线相重合。并且松紧适宜，调整好上下夹具间的距离。

5. 在电脑的程序界面上将载荷和位移同时清零后，按开始按钮，分别以 50mm·min^{-1}、100mm·min^{-1} 和 200mm·min^{-1} 的拉伸速度进行试验，电脑自动画出载荷-形变曲线。

6. 试样断裂后，拉伸自动停止，记录试样断裂时标线间的有效距离。若试样断裂在标线之外的部位时，此试样作废，另取试样补做。

7. 重复以上步骤，测试下一个试样。

五、实验数据处理

作出 PE 试片的应力-应变曲线，并从曲线中求出拉伸强度、断裂伸长率、杨氏模量。

【思考题】

1. 讨论拉伸速度对试验结果的影响？

2. 根据聚合物材料的应力-应变曲线可判断材料的哪些性能？

一、实验目的

1. 掌握膨胀计法测定聚合物玻璃化转变温度的原理和方法。
2. 了解升温速率对玻璃化转变温度的影响。

二、实验原理

非晶态聚合物从脆性的玻璃态转变为柔软的高弹态（或反之）称为玻璃化转变，对应的转变温度称为玻璃化转变温度（T_g），简称玻璃化温度。这个转变的本质是分子运动状态的改变，在 T_g 以下，单键的内旋转被冻结，链段不能运动（但仍有扰动）；在 T_g 以上，单键的内旋转使链段可以运动。聚合物在发生玻璃化转变时，许多物理性质会改变，如热胀系数、比热容、动态力学损耗等。原则上讲，所有在玻璃化转变过程中发生显著变化或突变的物理性质均可用来测 T_g，其中膨胀计法是测量聚合物 T_g 的经典方法之一。它是通过测量聚合物的体积（比容）随温度变化的曲线，从曲线的两个直线段外推得一交点，来确定聚合物的玻璃化温度。

与低分子晶体向液体的转变不同，聚合物的玻璃化转变不是热力学的一级相转变，没有热效应，而且是处于非平衡状态，属于松弛过程。玻璃化温度也不像低分子物质的熔点那样是一个固定值，而是随外力作用的大小，加热速率和测量方法而改变。根据自由体积理论可知，在降温过程中，分子链通过链段运动进行位置调整，将多余的自由体积腾出并逐渐扩散出去，因此在聚合物冷却时，总体积收缩，自由体积也在减少。但是由于黏度因温度降低而增大，导致这种位置调整不能及时进行，所以聚合物的实际体积总比该温度下的平衡体积大，表现为在 T_g 处比容-温度曲线上会有一转折。降温速率越快，转折出现得越早，T_g 就越高。反之，若降温速率太慢，则所得 T_g 偏低，甚至无法测到（见图 8-25）。因此，在实际测量过程中，一般控制降温速率在 $1\sim2℃\cdot min^{-1}$ 较好。升温速率对 T_g 的影响亦是如此。

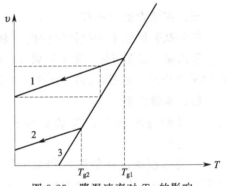

图 8-25　降温速率对 T_g 的影响

曲线 1 的速率大于曲线 2，

曲线 3 的冷却速率无限慢

T_g 的大小还与外力作用大小和频率有关，外力越大，作用频率越低，则 T_g 降低得越多，所以膨胀计法比动态法所得的 T_g 要低一些。除此之外，T_g 还受到聚合物本身的化学结构的影响，如共聚、交联、增塑、氢键以及分子量等。

三、仪器与试剂

膨胀计、温度计（0～250℃）、加热磁力搅拌器、玻璃棒。

颗粒状聚苯乙烯、乙二醇。

四、实验步骤

在洁净、干燥的膨胀计中装入聚苯乙烯颗粒至膨胀管的 3/4 体积左右。然后缓慢加入乙二醇作为介质，同时用玻璃棒搅动（或抽气）使膨胀管内无气泡，并保持管中液面略高于磨口下端。插入毛细管，使乙二醇液面在毛细管下部，并将磨口连接处固定好，确保毛细管液面稳定且不含气泡后再进行下一步操作。

将装好的膨胀计垂直浸入油浴锅中，控制油浴锅升温速度为 $1℃·min^{-1}$。读取油浴温度和毛细管内乙二醇液面的高度（在 25～55℃ 范围内，每升高 5℃ 读一次；在 55～90℃ 范围内，每升高 1℃ 或 2℃ 读一次），直至 110℃ 为止。取出膨胀计，待油浴温度降至室温，改变升温速率为 $2℃·min^{-1}$，按上述操作步骤重新测试一次。

五、数据处理

作出不同升温速率下的毛细管内液面高度对温度的图，从直线外延交点求得各升温速率下聚苯乙烯的 T_g 值，并分析测得的 T_g 值出现差异的本质原因。

【思考题】

测量 T_g 的方法还有哪些？它们各自有何优缺点？各方法测得的数值能否相互比较？

实验 8-16 聚合物温度-形变曲线的测定

一、实验目的

掌握聚合物温度-形变曲线的测定方法，加深对非晶态聚合物三种力学状态理论的认识。

二、实验原理

温度-形变曲线是指在恒定负荷下，聚合物形变随温度变化的曲线，又称为热机械曲线。它是研究聚合物材料力学状态的重要手段。聚合物由于结构单元的多重性而导致了运动单元的多重性，各运动单元又具有温度依赖性，因此在不同的温度下，外力恒定时，线形非晶态聚合物可以呈现出三种不同的力学状态：玻璃态、高弹态和黏流态（如图 8-26 所示）。

当温度足够低时，高分子链和链段的运动被"冻结"。在外力作用下，只有键长、键角、支链、侧链等小的结构单元能运动，形变量非常小，其形变-应力的关系服从虎克定律，聚合物表现出硬而脆的物理机械性质，弹性模量大，性能与玻璃相似，故称玻璃态。在玻璃态温度区间内，聚合物的这种力学性质变化不大，因而在温度-形变曲线上玻璃态是接近横坐标的斜率很小的一段直线。

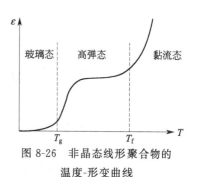

图 8-26 非晶态线形聚合物的温度-形变曲线

随着温度的升高，分子热运动能量逐渐增加，当分子运动能量达到链段运动所需克服的位垒时，链段开始运动。这时聚合物的弹性模量骤降，形变明显地增加，并在随后的温度区间达到一相对稳定的形变，在温度-形变曲线上，表现为一"平台"区。在这个温度区域中，试样变成柔软的弹性体，温度继续升高时，形变基本保持不变，此时聚合物处于高弹态。

温度进一步升高，则整个高分子链能够在外力作用下发生滑移，试样完全变成了黏性的流体，聚合物进入黏流态，主要产生不可逆的永久形变，在温度-形变曲线上表现为形变急剧增加，曲线向上弯曲。

玻璃态与高弹态之间的转变，称为玻璃化转变，对应的温度称为玻璃化转变温度 T_g，可简称为玻璃化温度。它是链段开始运动的温度（升温过程）或者说链段运动被完全冻结的温度（降温过程）。高弹态与黏流态之间的转变温度称为黏流温度 T_f，它代表整个高分子链从冻结到运动的温度。其中，T_g 是塑料的使用温度上限，橡胶类材料的使用温度下限，T_f 是非晶态聚合物成型加工的下限温度。

本实验使用热机械分析仪进行测量。它是在程序控制温度下测量物质在非振动负荷下的形变与温度关系的一种技术。通过对具有一定形状的试样施加外力（如压缩、弯曲和拉伸等），根据所测试样的温度-形变曲线就可以得到试样在不同温度（时刻）时的力学性质。

三、仪器与试样

GTS-Ⅲ 热机分析仪（或全自动温度-形变仪）。

聚甲基丙烯酸甲酯（或有机玻璃）。

四、实验步骤

1. 经检查线路无误后，接通仪器，预热 10min 至设备稳定。

2. 选取一圆柱形聚甲基丙烯酸甲酯试样，试样两端面要平行，打开加热炉，把试样放进去，用压杆压住，确保压杆中心压在试样中心。

3. 调节位移调零旋钮，使位移显示为零。

4. 设置升温速率为 $5 \sim 20 ℃ \cdot min^{-1}$，打开"加热"开关，进行加热。同时放下记录笔。

5. 温度升至合适值后，停止加热并降温，趁热打开加热炉，取出试样，打扫试样台。

五、实验报告要求

根据温度-形变曲线，求出不同升温速率下聚甲基丙烯酸甲酯的 T_g 和 T_f，并进行分析。

【思考题】

1. 实验中哪些条件会影响 T_g 和 T_f 的值？它们是如何影响的？

2. 试画出交联聚合物的温度-形变曲线，并作出解释？

实验 8-17 黏度法测定聚乙烯醇的分子量

分子量是聚合物最基本的结构参数之一，在理论研究和生产实践中有着重要用途，与材料性能密切相关。测定聚合物分子量的方法有很多，但不同的方法所得到的统计平均值的意义有所不同，且适应的分子量范围也不一样。其中，黏度法在高分子工业和研究工作中应用最为广泛，它是一种相对方法，测定聚合物的黏均分子量 $\overline{M}_\eta$，适用于分子量在 $10^4 \sim 10^7$ 间的聚合物。此法具有设备简单、操作方便、实验精确度高等优点，而且通过聚合物体系黏度的测定，还可得到聚合物的无扰尺寸和膨胀因子。

一、实验目的

1. 掌握黏度法测聚合物分子量的原理，理解特性黏度的物理意义及作用。

2. 学会乌氏黏度计的使用以及实验数据的处理。

二、实验原理

黏度主要反映流体分子间因流动或相对运动所产生的内摩擦阻力。内摩擦阻力越大，表现出来的黏度就越大，高分子稀溶液的黏度与分子链的结构、溶液浓度、溶液的性质、温度以及压力等因素有关。对于高分子进入溶液后所引起的液体黏度的变化，可采用下列的有关黏度进行描述。

1. 相对黏度 η_r

若纯溶剂的黏度为 η_0，同温度下溶液的黏度为 η，则相对黏度 $\eta_r = \eta/\eta_0$。相对黏度的量纲为 1，随着溶液浓度的增加而增加。对于低剪切速率下的高分子溶液，其值一般大于 1。

2. 增比黏度 η_{sp}

相对于溶剂来说，表示溶液黏度增加的分数，也是一个量纲为 1 的量，与溶液的浓度有关。

$$\eta_{sp} = \frac{\eta - \eta_0}{\eta_0} = \eta_r - 1$$

3. 特性黏度 $[\eta]$

特性黏度为比浓黏度 η_{sp}/c 或对数黏度 $\ln\eta_r/c$ 在溶液被无限稀释时的外推值，即

$$[\eta] = \lim_{c \to 0} \frac{\eta_{sp}}{c} = \lim_{c \to 0} \frac{\eta_r}{c}$$

$[\eta]$ 又称为极限黏度，其值与浓度无关，量纲是浓度的倒数。

特性黏度 $[\eta]$ 反映了在无限稀释的高分子溶液中，单个高分子链对溶液黏度的贡献。$[\eta]$ 与单个高分子的流体力学体积（高分子线团在溶液中的体积）成正比例。此体积与分子量及溶剂的性质等因素有关。在一定意义上，$[\eta]$ 为高分子线团流体力学体积的一种表征。当聚合物、溶剂和温度确定以后，$[\eta]$ 的数值仅由试样的分子量 M 决定，由经验可得：

$$[\eta] = K\overline{M}_\eta^\alpha$$

这就是著名的 Mark-Houwink 方程。其中，K 和 α 值与温度、溶剂性质有关，也和聚合物的分子量大小有关。K 值受温度的影响较明显，而 α 值主要取决于高分子线团在某温度下，某溶剂中舒展的程度，其数值介于 $0.5\sim1$ 之间。对给定的聚合物-溶剂体系，一定的分子量范围内的 K 和 α 值可从有关手册中查到，或采用几个标准样品由 $[\eta] = K\overline{M}_\eta^\alpha$ 进行测定，标准样品的分子量由绝对方法（如渗透压和光散射法等）确定。从黏度法只能测定得 $[\eta]$，再根据有关手册查得 K 和 α 的值，就可得到未知分子量的聚合物的 $\overline{M}_\eta$。

在一定温度下，聚合物的黏度对浓度有一定的依赖关系。描述溶液黏度的浓度依赖的方程很多，而应用较多的有：

哈金斯（Huggins）方程：$\dfrac{\eta_{sp}}{c} = [\eta] + k'[\eta]^2 c$

克拉默（Kraemer）方程：$\dfrac{\ln\eta_r}{c} = [\eta] + k''[\eta]^2 c$

对于给定的聚合物在给定温度和溶剂时，k'、k'' 为常数。k' 称为哈金斯常数，它表示溶液中高分子间和溶液分子间的相互作用。一般来说，对线形柔性链高分子溶液体系，$k' = 0.3\sim0.4$。用 $\dfrac{\ln\eta_r}{c}$ 对 c 作图和用 $\dfrac{\eta_{sp}}{c}$ 对 c 作图（图 8-27），它们外推到浓度 c 趋近于 0 的截距应重合于一点，其值即为 $[\eta]$，再由 Mark-Houwink 方程即可得黏均分子量。

由此可见，黏度法测定高分子溶液分子量，关键在于 $[\eta]$ 的求得，最为方便的是用毛细管黏度计测定溶液的相对黏度。

常用的黏度计为乌氏（Ubbelchde）黏度计（见图 8-28），其特点是溶液的体积对测量没有影响，所以可以在黏度计内采用逐步稀释的方法得到不同浓度的溶液。

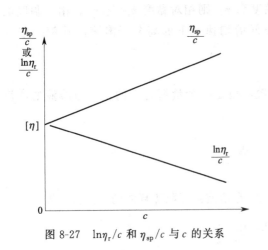

图 8-27　$\ln\eta_r/c$ 和 η_{sp}/c 与 c 的关系　　　　图 8-28　乌氏黏度计

根据相对黏度的定义：

$$\eta_r = \frac{\eta}{\eta_0} = \frac{\rho t \left(1 - \dfrac{B}{At^2}\right)}{\rho_0 t_0 \left(1 - \dfrac{B}{At_0^2}\right)}$$

式中，ρ、ρ_0 分别为溶液和溶剂的密度，因溶液很稀，$\rho = \rho_0$；A、B 为黏度计常数；t、t_0 分别为溶液和溶剂在毛细管中的流出时间，即液面经过刻度线 a、b 所需的时间。在恒温条件下，用同一支黏度计测定溶液和溶剂的流出时间，如果溶剂在该黏度计中的流出时间大于 100s，则动能校正项 B/At^2 远小于 1，可忽略不计，因此溶液的相对黏度可表示为：

$$\eta_r = \frac{t}{t_0}$$

测试中，一般控制样品溶液浓度在 $0.01\text{g}\cdot\text{mL}^{-1}$ 以下，使 η_r 值在 $1.05 \sim 2.5$ 之间较为合适。η_r 值最大不应超过 3。

三、仪器与试剂

乌氏毛细管黏度计、恒温水槽、电子天平、秒表、洗耳球、夹子、容量瓶、烧杯、砂芯漏斗（5 号）、移液管、橡皮管。

聚乙烯醇（PVA，聚合度为 1750 ± 50）、蒸馏水。

四、实验步骤

1. 0.1% 的聚乙烯醇溶液的配制

在分析天平上准确称取 $2.000\text{g} \pm 0.001\text{g}$ 洁净、干燥的聚乙烯醇样品，加 200mL 蒸馏水溶于 500mL 烧杯内，微微加热，使其完全溶解，但温度不宜高于 60℃，待完全溶解后用砂芯漏斗滤至 2000mL 容量瓶内（烧杯需用蒸馏水洗 $2 \sim 3$ 次，洗涤液也一并倒入容量瓶内），稀释至刻度后，反复摇匀，备用。

2. 溶液流经时间 t 的测定

在黏度计的 B、C 管上小心地接入橡皮管，用固定夹夹住黏度计的 A 管并将黏度计垂直放入 30℃的恒温水槽中，使水面浸没 a 线上方的小球。用移液管从 A 管注入 10mL 溶液，恒温 15min 后，用夹子（或用手）夹紧 C 管上的橡皮管，在 B 管橡皮管上用洗耳球缓慢抽气，待液面升到 a 上方的小球一半时停止抽气，移开洗耳球，然后放开 C 管的夹子，让空气进入 D 球，使毛细管内溶液与 F 管内的溶液分开，此时液面缓慢下降，用秒表记下液面从 a 线流到 b 线的时间，重复 3 次，每次所测的时间相差不超过 1s，取其平均值，作为 t_1。然后再移取 5mL 溶剂（蒸馏水）注入黏度计，将它充分混合均匀，这时溶液浓度为初始溶液浓度的 2/3，再用同样方法测定 t_2。用同样操作方法再分别加入 5mL、10mL 和 10mL 溶剂。使溶液浓度分别为原始溶液的 1/2、1/3 和 1/4。测定各自的流出时间 t_3、t_4 和 t_5。

3. 纯溶剂流出时间 t_0 的测定

将黏度计中的溶液倒出，用蒸馏水洗涤黏度计数遍，并测定纯溶剂的流出时间 t_0。

五、数据记录及处理

1. 测得数据记入下表

加入溶剂/mL	相对浓度	流出时间/s				η_r	η_{sp}	η_{sp}/c	$\ln\eta_r/c$
		第 1 次	第 2 次	第 3 次	平均值				
0	1				$t_1=$				
5	2/3				$t_2=$				
5	1/2				$t_3=$				
10	1/3				$t_4=$				
10	1/4				$t_5=$				

2. 根据哈金斯和克拉默方程作图外推求 $[\eta]$，再根据 $[\eta]=KM^a$ 求出 M_η。已知，聚乙烯醇在水溶液中，30℃时，$K=42.8\times10^{-3}$，$\alpha=0.64$。

【附注】

1. 恒温水槽温度应严格控制在 30℃±0.1℃，否则需要重做。

2. 在每次加入溶剂稀释溶液时，必须将黏度计内的液体混合均匀，还要将溶液吸到 E 线上方的小球内两次，润洗毛细管，否则溶液流出时间的重复性差。

3. 黏度计必须洁净，如毛细管壁上挂有水珠，需用吹风机吹干；使用时要小心，否则易折断黏度计管；测定时黏度计要垂直放置，否则影响结果的准确性。

4. 本实验中溶液的稀释是直接在黏度计中进行的，因此所用溶剂必须在与溶液所在同一恒温槽中恒温，然后用移液管准确量取并且充分混匀后方可测定。

【思考题】

1. 影响分子量测定的主要因素有哪些？

2. Mark-Houwink 方程中 K、α 值在何种情况下为常数，如何求得 K、α 值？

3. 用黏度法测量聚合物平均分子量时，为什么要求溶剂在黏度计中的流出时间大于 100s？

实验 8-18 聚合物熔体流动曲线的测定

一、实验目的

了解聚合物熔体的流动特性，并掌握毛细管流变仪的测试原理和方法。

二、实验原理

流体的流动曲线是指在不同温度下剪切力对剪切速率或黏度对剪切速率作图得到的曲线，它对选择加工工艺和条件等具有重要的指导意义。由于高分子的长链结构和缠结作用，聚合物流体大多属非牛顿流体，其 $\tau - \dot{\gamma}$ 关系可用指数定律方程来表示，即公式（1）和公式（2）。图 8-29 为几种典型流体的流动曲线（b 为双对数坐标）。聚合物流体的流动性能，与其分子链结构、分子量、分子量分布、支化和交联有密切的关系。

$$\tau = K \left(\frac{dv}{dr} \right)^n = K \left(\frac{d\gamma}{dt} \right)^n = K \dot{\gamma}^n \tag{1}$$

$$\eta_a = \frac{\tau}{\dot{\gamma}} = \frac{K \dot{\gamma}^n}{\dot{\gamma}} = K \dot{\gamma}^{n-1} \tag{2}$$

式中，η_a 为非牛顿流体的表观黏度；K 为黏度系数；n 称为流动指数。

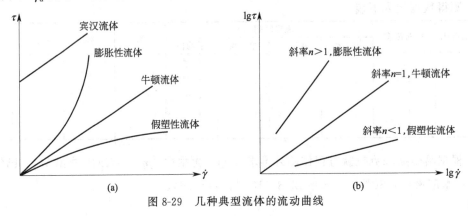

图 8-29　几种典型流体的流动曲线

目前，用来研究聚合物流动性能的仪器主要有三种：旋转流变仪、转矩流变仪和毛细管流变仪。其中，毛细管流变仪操作简单、测量精准、测定的剪切速率范围宽，因而应用最广。

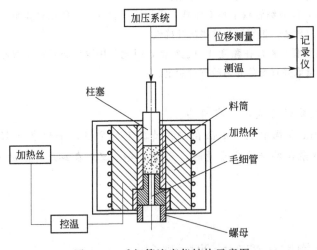

图 8-30　毛细管流变仪结构示意图

毛细管流变仪结构如图 8-30，其测定聚合物流体流变曲线的原理是：假定在一个无限长的圆形毛细管中，熔体在管中的流动可认为是一种不可压缩的黏性流体的稳定层流流动，则推动流体流动的压力与流体的黏滞阻力必然达到平衡，因而通过流体力学方程的推导，并结合已知的速度参数、口模和料筒参数，可得到管壁处的剪切应力（τ_R）和剪切速率（$\dot{\gamma}_R$）与压力、熔体流率间的关系。

$$\tau_R = \frac{R\Delta p}{2L} \tag{3}$$

式中，R、L、Δp 分别为毛细管的半径（cm）、长度（cm）和两端的压力降（Pa）。

$$\dot{\gamma}_R = \frac{4Q}{\pi R^3} \tag{4}$$

式中，Q 为熔体容积流动速率（简称流率），$cm^3 \cdot s^{-1}$。

由此，在确定温度和毛细管长径比（L/D）的条件下，测量在不同的压力下聚合物熔体通过毛细管的流率（Q），并由流率和毛细管两端的压力降（ΔP），由上面的公式计算出相应的 τ_R 和 $\dot{\gamma}_R$ 值，将其作图即可得到该温度下聚合物熔体的流动曲线图。另外，根据指数定律公式，将 τ_R 和 $\dot{\gamma}_R$ 在双对数坐标上绘制流动曲线图，还可求得非牛顿指数（n）和熔体表现黏度（η_a）。

需要注意的是，由于聚合物熔体的非牛顿性和实验中毛细管的长度有限，要得到毛细管壁上的真实剪切速率和剪切应力，还必须进行"非牛顿修正"和"入口修正"。不过，修正工作比较繁琐，工作量很大，本实验数据仅用于进行对比或作为一个参照，因此，不作修正。

三、仪器与试剂

XLY-Ⅱ型流变仪、毛细管、真空干燥箱、耐温手套、纯棉清洁布。

聚丙烯粒料。

四、实验步骤

1. 试样处理

测试前对试样进行 80℃真空干燥 2h 以上，以消除水分和其他挥发性物质。

2. 流动速率曲线的测定

（1）选择合适长径比的毛细管，从料筒下端旋入料筒中，并从料筒上面放进柱塞。

（2）接通仪器电源，选择合适的实验温度（如 190℃、210℃或 230℃）和升温速率。

（3）待温度稳定后，取出柱塞，并向料筒中装入 2g 左右的试样，再放进柱塞，使压头压紧柱塞。恒温 10min 后加砝码施压，记录流变速率曲线。

（4）改变载荷，重复上述操作。每个温度下共做 5～6 个不同负荷下的流变速率曲线。再改变温度，重复上述操作。

（5）实验完成后，停止加热。趁热卸下毛细管，并用纱布将毛细管及料筒清理干净。

五、数据记录与处理

1. 计算出不同测试条件下的 Q 和 ΔP 值，根据公式（3）、公式（4）求出 τ_R 和 $\dot{\gamma}_R$，然后绘制 $\lg\tau$-$\lg\dot{\gamma}_R$ 的双对数流动曲线，并从曲线的形状判断聚合物熔体的流动类型（注意：坐标图上需注明实验温度及所用毛细管的长径比）。

2. 绘制不同温度下的 $\lg\eta_a$-$\lg\dot{\gamma}_R$，从某一相同的切变速率下读取 η_a 值，根据 Arrhenius 方程再绘制 $\lg\eta_a$-$1/T$ 关系曲线，并从直线的斜率求出该试样的流动活化能 ΔE_η。

【附注】

1. 料筒部分温度非常高，拆装口模和柱塞时戴防热手套，小心操作，避免烫伤。

2. 每次放新试样时，应将料筒清理干净，以防残留的聚合物长时间受热分解，使熔体黏度发生变化。

3. 只能使用棉纱、绸布等柔软且耐热的物品清理料筒，注意不要刮损料筒。

4. 计算过程中注意单位及其转换，如：$1kg \cdot cm^{-2} = 9.807 \times 10^4 Pa$；$1kg \cdot s \cdot m^{-2} = 9.806 Pa \cdot s$。切应力的法定单位为 Pa，切变速率的法定单位为 s^{-1}，表观黏度的法定单位为 Pa·s。

【思考题】

1. 测定流动活化能 ΔE_η 有何意义？

2. 分析为什么大部分聚合物熔体表观黏度随剪切速率的增大而下降？

实验 8-19　密度梯度管法测定聚合物的密度和结晶度

一、实验目的

1. 掌握密度梯度管法测定聚合物密度和结晶度的基本原理及操作方法。

2. 了解密度梯度管的制备技术和标定方法。

二、实验原理

聚合物密度是聚合物物理性质中的一个重要指标，是判定聚合物产物、指导成型加工和探索聚集态结构与性能之间关系的一个重要数据。尤其对结晶性聚合物来说，其表征内部结构规则程度的结晶度与密度间有着非常密切的关系。

结晶性聚合物都是部分结晶的，即晶体和非晶体共存。而晶体和非晶体的密度不同，晶区密度高于非晶区密度，因此同一聚合物由于结晶度不同，样品的密度不同，如果采用两相结合模型，并假定比容具有加和性，即结晶聚合物试样的比容（密度的倒数）等于晶区和非晶区比容的线性加和，则有：

$$\frac{1}{\rho} = \frac{1}{\rho_c} f_c^w + \frac{1}{\rho_a}(1 - f_c^w) \tag{1}$$

式中，f_c^w 为结晶度（聚合物中结晶部分的质量分数）；ρ_c 是被测聚合物完全结晶（即100%结晶）时的密度；ρ_a 是被测聚合物完全非晶（无定形）时的密度。

因此，可从测得的结晶性聚合物试样密度 ρ 算出其结晶度：

$$f_c^w = \frac{\rho_c(\rho - \rho_a)}{\rho(\rho_c - \rho_a)} \times 100\% \tag{2}$$

虽然，聚合物结晶度的测定方法有很多，如 X 射线衍射法、红外吸收光谱法、差热分析法、反相色谱法等，但这些方法都需要复杂的仪器设备，而用密度梯度管法可从测得的密度换算到结晶度，设备简单且数据可靠，是测定结晶度的常用方法。而且对于密度相差极小的试样，更是一种有效的高灵敏度的测定方法。

密度梯度管是一个带刻度的柱形玻璃管，选用不同密度但能互溶的两种液体，配制成一系列等差密度混合液，形成密度从上至下逐渐增大，并呈现连续线性分布的液柱。再将已知准确密度的 6～8 个玻璃小球投入管中，标定液柱的密度梯度。以小球密度对其在液柱中的高度作图，得一曲线，即为标准曲线。向管中投入被测试样后，试样下沉至与其密度相等的位置就悬浮着，测试试样在管中的高度后，由标准密度-高度曲线就可查出试样的密度。

配制密度梯度管的方法有以下三种。

1. 两段扩散法

先把重液倒入梯度管的下半段（为总体液量的一半），再把轻液非常缓慢地沿管壁倒入管内的上半段，两段液体间应有清晰的界面。切勿使液体冲流造成过度的混合，导致非自行扩散而影响密度梯度的形成。再用一根长的搅拌棒轻轻插至两段液体的界面搅动至界面消失（约10s）。然后在梯度管上盖好磨口塞，平稳移入恒温水槽中，确保梯度管内液面低于槽内水的液面，恒温放置约24h后，密度梯度即能稳定并可进行使用。这种方法形成梯度的扩散过程较长，而且密度梯度的分布呈反"S"形曲线，两段略弯曲，只有中间的一段直线才是有效的梯度范围。

2. 分段添加法

选用两种能达到所需密度范围的液体配成密度有一定差数的四种或更多种混合液，然后依次由重到轻取等体积的各种混合液，小心缓慢地加入管中，按上述搅动方式使每层液体间的界面消失，亦可不加搅拌。恒温放置数小时后梯度管即可稳定。显然，管中液体的层次越多，液体分子的扩散过程就越短，得到的密度梯度也就越接近线性分布。但是，要配成一系列等差密度的混合液较为烦琐。

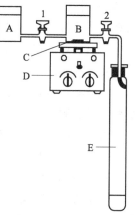

3. 连续注入法

如图8-31所示，A、B是两个同样大小的玻璃圆筒，A盛轻液，B盛重液，它们的体积之和为密度梯度管的体积，B管下部有搅拌子在搅拌。配制时同时打开活塞1和2，初始流入梯度管的是重液，开始流动后B管的密度就逐渐减小，显然梯度管中液体密度变化与B管的变化是一致的。

另外，需根据被测试样密度的大小和范围，确定梯度管测量范围的上限和下限，然后选择两种合适的液体，使轻液的密度近似等于上限，重液的密度近似等于下限。同时应该注意到，如选用的两种液体密度值相差大，所配制成的梯度管的密度梯度范围就大，密度随高度的变化率也就越大，因而在同样高度管中其精确度就降低了。所以选择合适的液体体系是很重要的，部分常用的典型体系如表8-8所示。

图 8-31　连续注入法制备密度梯度管装置

A—轻液容器；B—重液容器；C—搅拌子；D—磁力搅拌器；E—密度梯度管；1，2—活塞

表 8-8　部分常见的密度梯度管溶液体系

体系	密度范围/g·cm^{-3}	体系	密度范围/g·cm^{-3}
乙醇-水	0.79~1.00	四氯化碳-二溴丙烷	1.60~1.99
乙醇-四氯化碳	0.79~1.59	二溴丙烷-二溴乙烷	1.99~2.18
甲苯-四氯化碳	0.87~1.59	1,2-二溴乙烷-溴仿	2.18~2.29
水-硝酸钙	1.00~1.60		

选择密度梯度管的液体，除满足所需密度范围外还要求：①不被试样吸收，不与试样发生任何物理、化学作用；②两种液体能以任何比例相互混合；③两种液体混合时不发生化学反应；④具有低的挥发性和黏度。

三、仪器与试剂

加热磁力搅拌器、测高仪、密度计、标准玻璃小球一组、带磨口塞玻璃密度梯度管、配制密度梯度管的装置、注射器。

无水乙醇、蒸馏水、聚丙烯（或聚乙烯）小颗粒。

四、实验步骤

1. 密度梯度管的制备

本实验采用连续注入法配制密度梯度管，选择乙醇-水溶液体系，其密度变化范围在 $0.79 \sim 1.00 g \cdot cm^{-3}$ 之间，对于低密度聚乙烯、高密度聚乙烯、等规聚丙烯均适用。

将水和乙醇分别注入密度梯度装置的两个容器中，并打开磁力搅拌器，随后同时打开两活塞，使混合液缓慢注入梯度管中，控制流速约为 $5 mL \cdot min^{-1}$。

2. 密度梯度管的校验

将配制成的密度梯度管平稳地移至恒温槽内（$25℃ \pm 0.1℃$），把已知密度的一组玻璃小球（直径 $\phi \approx 3 mm$），按密度由大到小的顺序依次投入管内，每隔 15min，记录一次高度，前后两次各个浮标的位置读数相差不超过 $\pm 0.1 mm$ 时，即可认为浮标已经达到平衡位置（一般约需 2h）。平衡后用测高仪测定小球悬浮在管内的重心高度，然后作出小球密度对小球高度的曲线，如果得到的是一条不规则曲线，必须重新制备密度梯度管。校验后密度梯度管中任何一点的密度均可从标定曲线上查得。

3. 聚合物试样密度的测定

把待测试样用容器分别盛好，放入 $60℃$ 的真空烘箱中，干燥 24h，取出后先用轻液浸润试样，避免附着气泡，然后轻轻放入制备好的密度梯度管中，盖紧磨口塞。平衡后，测定试样在管中的高度，重复测定 3 次，取其平均值，再由标定曲线，求出试样的密度。

五、数据处理

1. 标定曲线

按下表记录实验数据，并作出标定曲线。

序号	1	2	3	4	5	6	7	8
小球密度/$g \cdot cm^{-3}$								
平衡后的高度/cm								

2. 试样密度的测定

试样名称								
平衡后的高度/cm								
密度/$g \cdot cm^{-3}$								

3. 结晶度的计算

从文献资料中查得：全同聚丙烯的晶区密度 $\rho_c = 0.936$，非晶区密度 $\rho_a = 0.854$；高密度聚乙烯的晶区密度 $\rho_c = 1.014$，非晶区密度 $\rho_a = 0.854$。根据公式(2)求出试样的结晶度。

【附注】

密度梯度是非平衡体系，温度和使用过程中的操作都会对标定曲线有影响。因此，在标定后，小球可停留在梯度管中作参考点。

【思考题】

1. 影响密度梯度管精确度的因素有哪些？

2. 测定聚合物结晶度的方法有哪几种？为什么不同测定方法测得的聚合物结晶度不能相互比较？

泡沫塑料是以树脂为分散介质，以气体为分散相所组成的分散体，它是一类带有无数微孔的塑料制品。塑料产生微孔结构的过程称为发泡，发泡的程度可用发泡前后材料的密度比值（发泡倍数）来表示。泡沫塑料具有质轻、绝热、隔音、缓冲、比强度高等特性，广泛应用在建筑、包装、交通运输、体育、军事及生活器材等方面。

一、实验目的

掌握生产聚乙烯泡沫塑料的基本原理、基本配方和操作过程。

二、实验原理

本实验以低密度聚乙烯（LDPE）为主要原料，通过化学交联、化学发泡及一步法模压成型制备聚乙烯泡沫塑料。

1. 化学交联

由于 LDPE 树脂熔融后的黏度急剧下降和出现高弹态的范围不宽，因此发泡时发泡剂分解出来的气体很难保持在树脂中，致使发泡工艺难以控制。为克服这种缺点，需要对聚乙烯树脂进行交联，提高其熔体黏度并使黏度随温度的升高而缓慢降低，从而调整聚合物的黏弹性，以适应发泡的要求。

表 8-9　DCP 在不同温度下的半衰期

温度/℃	101	115	130	145	171	175
半衰期/min	6000	744	108	18	1	0.75

常见的交联方法有化学交联及辐射交联两种，化学交联一般采用有机过氧化物作为交联剂。如以过氧化二异丙苯（DCP）作交联剂为例，它在不同温度下的半衰期见表 8-9，表中温度和半衰期的时间可以作为拟定发泡工艺条件的参考值，LDPE 的交联步骤如下。

（1）DCP 受热后逐步分解形成自由基

$$C_6H_5-C(CH_3)_2-O-O-CH(CH_3)_2-C_6H_5 \longrightarrow 2C_6H_5-C(CH_3)_2-O\cdot$$

$$C_6H_5-C(CH_3)_2-O\cdot \longrightarrow C_6H_5-\overset{\|}{\underset{O}{C}}-CH_2+CH_3\cdot$$

（2）自由基一旦生成后便夺取 LDPE 大分子链上（多数是支链位置叔碳原子）的氢，形成大分子自由基

$$-CH_2-CH_2-CH_2-\underset{R}{CH}-+C_6H_5-C(CH_3)_2-O\cdot \longrightarrow$$

$$C_6H_5-C(CH_3)_2-OH+-CH_2-CH_2-CH_2-\underset{R}{C}\cdot$$

$$CH_3\cdot+-CH_2-CH_2-CH_2-\underset{R}{CH}- \longrightarrow CH_4+-CH_2-CH_2-CH_2-\underset{R}{C}\cdot$$

式中，R 可代表 H、$-C_2H_5$ 或 $-C_4H_9$ 等基团。

（3）大分子自由基相互偶合终止而产生 C—C 交联键，即形成交联聚乙烯。

2. 化学发泡

LDPE 最常用的化学发泡剂为偶氮二甲酰胺（ADCA），加热时其主分解反应如下：

$$H_2N—CO—N=N—CO—NH_2 \longrightarrow N_2+CO+NH_2CONH_2$$

ADCA 分解的发气量为 $220mL \cdot g^{-1}$（标准状态），放热量达 $168kJ \cdot mol^{-1}$，其分解过程比较复杂，生成的气体物质除 N_2（占 65%）、CO（占 32%）外，还有少量的 CO_2（约占 2%）、NH_3 等。而残留的固体物质有脲、脲唑、联二脲、三聚氰酸等，它们易在成型模具内结垢，连续发泡过程中应设法除去。另外，ADCA 在塑料中的分解温度在 $165 \sim 200 ℃$ 之间。而在此分解温度范围内，交联聚乙烯的熔体黏度会明显降低，黏弹性变差，给发泡工艺带来新的困难。因此要在原料配方中加入发泡促进剂，以降低发泡剂的分解温度，加快发泡剂分解速度。本实验所用的发泡促进剂为氧化锌（ZnO）和硬脂酸锌（ZnSt，兼作润滑剂）。

3. 一步法模压成型

按所需配方配齐原料后，在密炼机中进行混炼，混炼温度应在树脂熔点之上，但须控制在交联剂和发泡剂分解温度之下，以防过早交联和发泡致使后续发泡不足或降低制品的质量。经充分混炼的料片裁切入模具内并放入压机。在加热、加压下，交联剂分解使树脂交联，随后再进一步提高温度使发泡剂分解而发泡。发泡剂分解完全后，卸压使热的熔融物膨胀弹出而完成发泡。

三、实验设备及原料

密炼机、XK-160A 型开炼机、平板硫化机、发泡模具（160mm×160mm×3mm）、整形模具（350mm×300mm）、电子天平、三角尺、游标卡尺等。

低密度聚乙烯（LDPE）、过氧化二异丙苯（DCP）、偶氮二甲酰胺（ADCA）、氧化锌（ZnO）、硬脂酸锌（ZnSt）。

四、实验步骤

1. 按表 8-10 的实验配方，计算出 45g LDPE 所需的助剂质量，并逐一称量装入容器中。

表 8-10　聚乙烯泡沫塑料的实验配方（质量份）

LDPE	DCP	ADCA	ZnO	ZnSt
100	0.2~1.0	4	0.8	1.2

2. 按照密炼机的操作规程，开启密炼机；设定操作温度为 120℃，转子速度为 $60r \cdot min^{-1}$，时间 10min。

3. 当密炼机的温度达到 120℃后，恒温 3min，校正扭矩，打开上顶栓加入配制好的原料，随后放下上顶栓，开始混炼。

4. 在混炼过程中，观察密炼室中转矩和温度随时间变化的曲线，从物料的转矩-温度-时间曲线判断物料熔融状态，约 10min 后，打开密炼机卸料，立即进行开炼。

5. 启动开炼机，调节辊距为 3~4mm，在 100~120℃ 的温度下将密炼好的团块状物料塑炼 1~2 次，取下成为发泡使用的型坯。

6. 在型坯未冷却变硬前，裁剪成约 150mm×150mm 的正方块。

7. 将已恒温（160~180℃）的发泡模具清理干净，置于平板硫化机下工作台中心部位，放入按发泡模具型腔容积计算并称量好的型坯。

8. 合模并加压至平板硫化机压强达 10MPa 为止，开始计算模压发泡成型时间。

9. 在模具温度 160~180℃下，模压发泡成型 10~12min 后。解除压力，迅速开启模具，取出泡沫板材，并置于整形模具的两块模板间定型 2～6min。

10. 在最终泡沫板材上裁出一 100mm×100mm 的正方块，测量各边的厚度并称量其质量。

五、数据记录与处理

1. 记录各项实验操作步骤及工艺参数，同时观察泡沫塑料板表面及切断面处的结构和质量缺陷状况（如接痕、翘曲、硬块、凹陷等），并分析原因。

2. 计算泡沫塑料制品的发泡倍数。

【思考题】

1. 解释实验过程中测得的物料转矩-温度-时间曲线。

2. 与模压成型相比，塑料的模压发泡成型有何特点？

实验 8-21 天然橡胶的塑炼与混炼

一、实验目的

1. 了解橡胶塑炼和混炼的基本原理，并掌握其工艺。

2. 熟悉 XK-160A 开放式炼胶机的使用。

二、实验原理

生橡胶是由线形大分子或者带支链的线形大分子构成，在外力作用下，其力学性能较低，基本无使用价值，因此生胶需要通过一系列的加工才能制成有用的橡胶制品，其中橡胶的塑炼和混炼就是两个重要的橡胶加工过程。

塑炼的实质是降低橡胶的分子量，使生胶由强韧的弹性状态转变为柔软和便于加工的塑性状态。目前，生胶塑炼加工中使用最广泛而又行之有效的增塑方法为机械增塑法，其原理在于利用机械的高剪切力作用使橡胶大分子链降解断裂而获得可塑性。

本试验选用开放式炼胶机进行机械法塑炼，橡胶置于开炼机的两个相向转动的辊筒间隙中，反复受到机械力作用而断裂降解，降解后的大分子自由基在空气中氧化，并发生一系列化学反应，最终达到一定的可塑度，以满足混炼的要求。塑炼的程度和效率主要与辊筒的间隙、温度有关，若间隙越少，温度越低，则机械与化学作用越大，塑炼效率越高。此外。塑炼时间、工艺操作及是否加入化学塑解剂也会影响塑炼效果。

混炼是在塑炼基础上的又一个炼胶工序。橡胶的混炼工艺过程也可以通过开炼机来实现。影响混炼效果的因素有：温度、辊距、装料容量、转速和转比、时间、混炼时的包辊性、加料顺序和翻炼方法等。这些条件和控制均以手工操作为主，尤其是翻炼方法，受人为因素影响较大。为保证混炼胶的质量，在开炼机上的混炼均有严格的规范操作程序和操作条件。其中配合剂的添加次序是影响开炼机混炼最重要的因素之一，加料顺序不当有可能造成配合剂分配不良，使混炼速度减慢并有可能导致胶料出现焦烧和过烧现象。加料顺序一般如下。①促进剂、防老剂、硬脂酸。这一类试剂用量小，但所起的作用又很大，所以对其分散的均匀度要求高，故应先加，此外防老剂先加有利于防止胶料高温下混炼造成的老化。硬脂酸是一种表面活性剂，可以改善橡胶大分子和亲水性配合剂之间的相互作用。②氧化锌。氧化锌是亲水性的，在硬脂酸加入之后再加，有利于其在橡胶中的分散。③补强剂。如炭黑。④液体软化剂。液体软化剂具有浸润性，容易使补强剂等粉料结团，通常要在补强剂加入之后加入。⑤硫黄。硫黄与促进剂必须分开加入，为了防止混炼过程中出现焦烧，通常在混炼后期降温后加入硫黄，但对有些橡胶（如丁腈橡胶），由于硫黄在橡胶中的分散特别困难，硫黄则宜早加，最后才加入促进剂。

三、实验设备与原料

XK-160A 型开炼机、割刀、接料盘。

天然橡胶（马来西亚 1 号烟片胶）、促进剂 CZ、防老剂 RD、硫黄、软化剂（30 号机油）、炭黑、硬脂酸、ZnO。

四、实验步骤

1. 生胶的塑炼

（1）称取一定量的天然橡胶，仔细检查生胶中是否含有金属等异物。

（2）按机器操作规程开机试运行，待机器运转正常后即可进行塑炼。

（3）破胶：将辊距调节至 1.5mm 左右，在靠近大牙轮一端操作，以防损坏设备。破胶时要依次连续投料，不宜中断，以防胶块弹出伤人。

（4）薄通：将辊距降至 0.5mm，辊温控制在 45℃ 左右。将破过胶的胶片在靠大牙轮的一端加入辊筒，使之通过辊筒间隙，让胶片直接落入接料盘中，当辊筒上无堆积胶料时，将盘内胶片扭转 90°，重新投入辊筒间隙内继续薄通 10～15min。

（5）捣胶：将辊距放宽到 1mm，使胶料包辊后，手握割刀从左方向向右割刀至近右边缘（约 4/5，不要割断），再向下割，使胶料落在接料盘上。直至堆积胶块消失时停止割刀，而后割落的胶随着辊筒上的余胶带入辊筒右方。然后再从右向左同样割胶，反复多次。

（6）将辊距调到所要求的下片厚度，切割下片，室温停放 24h 以上，备混炼用。

2. 胶料的混炼

（1）配料：按天然橡胶，100 份、促进剂 CZ，3 份、防老剂 RD，2 份、硫黄，3 份、软化剂，3～5 份、炭黑，60 份、硬脂酸，5 份、ZnO，2 份的实验配方称取所需的配合剂。

（2）调节辊筒温度：使前辊筒维持在 50～60℃，后辊筒维持在 50～55℃。

（3）包辊：将塑炼胶投入辊缝，调整辊距使其形成光滑无缝隙的包辊胶层，捏炼 2～3min 后将胶料割下。将辊距调至 1.5mm，再把胶料投入辊缝使其包紧前辊，并保留适量堆积胶。

（4）吃粉：按照规定的加料顺序（促进剂、防老剂、硬脂酸→氧化锌→炭黑→30 号机油→硫黄）向堆积胶上投加配合剂，每种配合剂加完后均需捣胶 2 次，使胶料混合均匀。

（5）切割翻炼、下片：吃粉完成后，将辊距调至 0.5～1.0mm，采用打三角包、打卷或走刀法对胶料进行翻炼，待混炼胶的颜色均匀、表明光滑后即可将辊距调至约 3mm，下片。

（6）混炼胶的称量：根据配方的加入量，混炼胶的最大损耗量应≤0.6%，若不符合要求，则要重新混炼。

【附注】

1. 操作 XK-160 开炼机时，必须集中精力按规程进行，如遇到危险时应立即触动安全刹车。

2. 留长辫的学生应事先戴帽或结扎短些；割刀必须在辊筒中心线以下操作。

3. 禁止戴手套操作，手一定不能接近辊缝。操作时双手尽量避免越过辊筒中心线上部，送料时应握拳。

生橡胶为什么要进行塑炼？在混炼过程中为什么要注意加料顺序？

实验 8-22　碳酸钙填充聚丙烯粒料的制备

一、实验目的

掌握挤出造粒的原理、工艺操作过程及挤出机的工作特性。

二、实验原理

合成出来的树脂大多呈粉末状，粒径小成型加工不方便，而且合成树脂中又经常需要加入各种助剂才能满足制品的要求，为此就要将树脂与助剂混合，制成颗粒，这步工序称作"造粒"。造出的颗粒是成型加工中制造塑料制品的原料，它具有以下优点：①比粉料的加料更方便，无需强制加料器；②颗粒料比粉料密度大，制品质量好；③挥发物含量较少，制品不易产生气泡；④使用功能性母料比直接添加功能性助剂更容易分散。

塑料造粒可使用辊压法混炼，然后出片切粒，本实验采用挤出冷却后造粒的工艺，主要设备为双螺杆挤出机，是将聚丙烯（PP）以及各种无机填料（$CaCO_3$ 或 $CaSO_4$）按照一定比例加入双螺杆挤出机中，经过加热、剪切、混合以及排气作用，PP 以及填料塑化成均匀熔体，在两个螺杆的挤压下熔体先后通过口模成型，水槽冷却定型，牵引装置拉伸，切粒机切割造粒，最终成为聚丙烯填充改性料。

挤出机螺杆和料筒结构直接影响塑料原料的塑化效果、熔体质量和生产效率。和单螺杆相比，双螺杆的塑化能力，混合作用和生产效率相对较高。主要用于高速挤出，高效塑化，大量挤出造粒。

表 8-11　聚乙烯及聚丙烯树脂的挤出加工参考工艺温度（℃）

温度 物料	I区 （加料口）	II区	III区	IV区	V区	VI区 （机头口模）
HDPE	160	170	180	190	200	190
PP	170	180	190	200	210	200

挤出工艺控制参数包括挤出温度（可参考表 8-11）、挤出速率、口模压力、冷却速率、牵引速率、真空度等。对于双螺杆挤出机而言，物料熔融所需要的热量主要来自于料筒外部加热，挤出温度应在塑料的熔点（T_m）或黏流温度（T_f）至热分解温度（T_d）范围之间，温度设置一般从加料口至机头呈逐渐升高，最高温度较塑料热分解温度 T_d 低 15℃以上。各段温度设置变化不超过 60℃。挤出温度高，熔体塑化质量较高，材料微观结构均匀，制品外观较好，但定型困难，能耗大，易降解，所以挤出温度在满足制品要求的前提下应尽可能地低。挤出速率对塑化质量和挤出产率均起决定性的作用，对给定的设备和制品性能来说，挤出速率可调的范围是确定的，过高的增加挤出速率，追求高产率，只会以牺牲制品的质量为代价。挤出过程中，需冷却的部位包括料斗、螺杆。料斗的下方应通冷却水，防止 PP 过早地熔化、黏结、搭桥。另外牵引速率与挤出速率要匹配，以达到所造的粒子尺寸均匀的目的。

三、实验设备与原料

SHR-10 型高速混合机、双螺杆挤出机组、冷却水槽、冷风机、自动切粒机、手套。

聚丙烯（PP）、活性碳酸钙（$CaCO_3$）、硫酸钙（$CaSO_4$）、润滑剂等。

四、实验步骤

1. 配料：按照性能要求设计的配方称量树脂及各种助剂（聚丙烯、活性碳酸钙、硫酸钙、润滑剂等），要求配料总量 3000g 左右。

2. 混合：将配好的物料在高速混合机内，$600 \sim 1000 \mathrm{r \cdot min^{-1}}$ 的转速下混合约 5min，出料。

3. 挤出机预热升温：依次接通挤出机总电源和各加热段电源，参照表 8-11 设定好各段加工温度。当预热温度升至设定值后，恒温 30～60min。

4. 检查冷却水系统是否漏水，真空系统是否漏气，拧开水阀。

5. 启动油泵电机：在启动之前，用手将螺杆后的圆盘搬动一圈后，将主电机调速旋钮调至零位，然后启动主电机。调速要缓慢，均匀，转速逐步升高，要注意主电机电流的变化，一般在较低的转速下运转几秒，待有熔融的物料从机头挤出后，再继续提高转速。

6. 启动喂料系统以及螺杆清洗：首先将喂料机速度调至零位，启动料斗下的冷凝水。把清洗用的纯 PP 倒入料斗，启动喂料电机，清洗螺杆，待挤出的熔体颜色变为 PP 的本色即可视为清洗完毕。接着将步骤（2）中混合好的物料倒入喂料斗，调整其转速，在调整的过程中密切注意电机的电流变化，要适当控制喂料量，以避免挤出机的负荷太大。

7. 将挤出的线状熔体通过冷却水槽（戴上手套），引上牵引切粒机。

8. 启动真空系统，调节真空度。

9. 启动牵引以及切割等辅助装置，观察线状熔体的直径、光泽度等。并以此来调节各项工艺条件。待挤出平稳后，继续加料，维持操作 20min 左右。

10. 料斗中的物料全部加完后停机。停车时，先闭真空系统，再关喂料机，并逐步降低主机转速，尽量排尽料筒内残存的物料，基本排完后将转速调至零位，停止主机，最后停辅机、关油泵、关水阀、切断电源，清理现场。

五、数据记录与处理

1. 记录挤出物均匀、光滑时的工艺条件（温度、螺杆转速、加料速度、真空度、牵引速度等），记录一定时间内的挤出量，计算产率。

2. 观察挤出中的不稳定现象，分析原因，并记录工艺参数调整后线性熔体的变化。

【思考题】

1. 填料的加入对聚合物的加工性能有何影响？

2. 为什么机头口模处设定的温度要比料筒中设定的最高温度低些？

实验 8-23　不饱和聚酯玻璃钢的制备

一、实验目的

1. 掌握不饱和聚酯树脂的制备原理及合成方法。

2. 了解不饱和聚酯复合材料的基本结构和制备工艺。

二、实验原理

聚酯是指分子链中含多个酯键的聚合物。按化学结构的不同，可将聚酯分为两种类型：一种为饱和聚酯树脂，其分子链皆由饱和单链组成，在加工中不会产生结构和分子量的变化，表现为热塑性，如涤纶、聚芳酯、聚碳酸酯等聚合物；第二种为不饱和聚酯树脂，其主链结构中含有部分双键结构，双键在加工中可发生化学反应，使聚合物由可溶可熔的线形结构转变为不溶不熔的体型结构，呈现出热固性的特点。

不饱和聚酯树脂通常是由不饱和二元酸或酸酐（如顺丁烯二酸、反丁烯二酸等）、饱和二元酸和多元醇，以一定的摩尔比在惰性气氛保护下，经酯化缩聚而制得，且在引发剂-促进剂的作用下可以和乙烯基单体（如苯乙烯）发生交联反应，形成网状结构的体型聚合物。

不饱和聚酯树脂具有常压常温下固化，或在使用过程中交联固化等优点，通过改变缩聚反应中二元酸、二元醇及乙烯基单体的品种和配比，可使获得的树脂性能产生较大的变动，以满足不同产品的性能及用途要求。本实验是在制备不饱和聚酯树脂的基础上，以玻璃纤维为增强材料，对其进行复合而形成不饱和聚酯树脂增强塑料，俗称为玻璃钢。该复合材料具有优异的力学性能和防腐性能，可代替金属用于汽车、航空、化工、建筑、造船等多个行业。

三、仪器与试剂

三口烧瓶、烧杯、量筒、温度计（300℃）、高温烘箱、加热磁力搅拌器、电子天平等。

顺丁烯二酸酐、邻苯二甲酸酐、丙二醇、过氧化环己酮、环烷酸钴、玻璃布、聚酯膜。

四、实验步骤

1. 不饱和聚酯树脂的制备

将16.5g顺丁烯二酸酐、25g邻苯二甲酸酐和28.25g丙二醇依次加入干净的三口烧瓶中，打开冷凝水和搅拌器，加热，并控制好温度，使其分别在反应15min、1h和2h时上升至80℃、160℃和195℃左右，最后在195℃左右维持反应10min，停止加热，即得到不饱和聚酯产物。将该产物冷却至100℃左右后，取几滴于白纸上，测试其黏性。同时，在产物中趁热加入一定量的苯乙烯，配制成黏稠的液体树脂，备用。

2. 不饱和聚酯玻璃钢的制备

将一定规格尺寸的玻璃布在300~400℃烘烤30min左右，取一片铺在聚酯膜（脱模材料）上，同时将25g不饱和聚酯树脂与1g过氧化环己酮和0.5g环烷酸钴配制成涂覆液并均匀地涂在玻璃布上，然后再铺上一层玻璃布。如此反复，直至叠层厚度达3~5mm即可，最后再在表面盖上一层聚酯膜，并将做好的复合材料置于烘箱中烘烤30min，使其得到均匀完全地固化，即形成玻璃钢。

五、实验结果和处理

观察制得的玻璃钢表面质量及固化效果，同时分析工艺条件对产品质量的影响。

【附注】

1. 升温速率不能过快，否则容易导致丙二醇流失，使反应体系黏度增大而酸值偏高。

2. 聚酯膜在使用前，表面需用丙酮清洗干净，以除油除水。

3. 实验中所用药品具有一定的毒性，且玻璃纤维易扎入皮肤，因此操作中一定要戴好保护手套，保持口鼻部远离药品，减少蒸气吸入。

4. 不允许将促进剂环烷酸钴和引发剂过氧化环己酮直接相混合，容易引起爆炸，通常应先将引发剂加入树脂中，搅拌混合均匀，再加入促进剂并快速混合均匀，并立即用于成型。

【思考题】

合成树脂时，为什么要逐步升温？试分析温度对酯化反应的影响。

实验 8-24 无机耐高温涂料的制备

一、实验目的

了解无机耐高温涂料的一般性能和应用，并掌握无机硅酸盐制备耐高温涂料的方法。

二、实验原理

耐高温涂料，亦称耐热涂料，通常是指在 200℃ 以上，漆膜不变色、不脱落，仍能保持适当的物理力学性能，并使被保护对象在高温环境中能正常发挥作用的特种功能性涂料。耐高温涂料一般由耐高温聚合物、溶剂、颜填料和助剂组成。同其他抗高温氧化腐蚀手段相比，耐高温涂料具有成本低、大面积施工工艺性能良好、效果显著等优点，已被广泛用于许多高温场合的表面保护，如钢铁厂的烟囱、高温炉、高温管道、石油裂解装置及高温反应设备等。

早期的耐高温涂料主要是无机产品。经过不断发展，现在耐高温涂料的种类已经很多了，一般可分为有机和无机两大类。目前国内多使用有机硅耐高温涂料、改性环氧涂料、酚醛树脂、聚氨酯等高分子化学材料，但其耐热温度通常低于 600℃，且易燃烧，成本较高。相较而言，无机耐高温涂料却具有耐热温度高、成本低、硬度高、寿命长、污染小等优点，但是涂层一般较脆，在未完全固化之前耐水性不好，对底材的处理要求较高。

本实验所做的是一种硅酸盐低温固化耐热无机涂料，使用无机物硅酸钠、二氧化硅、二氧化钛等耐酸耐碱性好的氧化物，以一定比例混合调匀后涂于所需的底材上，然后在一定温度下烘烤，可形成致密、均匀、耐高温、抗氧化、耐老化、耐酸耐碱性能较好的涂层。其中，硅酸钠和二氧化硅是成膜物质，它的成膜主要是通过水分子蒸发和分子间硅氧键的结合形成的无机高分子聚合物来实现的，由于硅酸盐的硅-氧键结合能比有机聚合物中碳-碳键结合能大，同时二氧化硅具有良好的着色力、遮盖力和高度的化学稳定性，因此该涂料具有优良的耐热和耐老化性能及良好的附着力。

三、仪器与试剂

马弗炉、胶头滴管、砂纸、电子天平、研钵、保险刀、玻璃棒、烧杯、量筒、约 5cm×5cm 的钢片或铁片（用作涂料底材）。

$Na_2SiO_3 \cdot 9H_2O$、SiO_2、TiO_2(C. P.)、蒸馏水、HCl 溶液（6mol·L^{-1}）、NaOH 溶液（40%）。

四、实验步骤

1. 用砂纸将底材表面打磨光滑，必要时可用酸处理底材表面，以除去污物和氧化膜。

2. 取 1g $Na_2SiO_3 \cdot 9H_2O$、0.6g SiO_2、0.8g TiO_2 固体于研钵中，研磨均匀后将其置于100mL 烧杯中，加入 0.5mL 水，搅拌混匀，得白色糊状物。

3. 用刮涂法把白色糊状物均匀地涂于处理好的底材表面上，涂抹要平整，涂层要致密（若涂抹不平整，可在涂抹时蘸取少许水，这样涂抹可得到较平整的涂层）。

4. 待涂层晒干后，将其放置于升温 80℃ 的马弗炉中，烘烤 20min，取出后至少在室温下放置 5min。

5. 将马弗炉升温至 300℃，再把上一步制好的涂层放入其中，并在 300℃ 下烘烤 20min，取出，即可在底材表面得到白色的耐高温涂料。

五、性能测试与记录

1. 附着力测试（划格法）

用保险刀在涂层表面上切六道平行的切痕（长 10～20mm，切痕间的距离为 1mm），且要确保切穿涂层的整个深度，再在与前者垂直的方向上切同样的六道切痕，使涂层形成许多的小方格，过后用手指轻轻触摸（或用专用胶带，密实地黏在格子上，然后呈 45°角用力将胶带揭下）。如方格无脱落则判定附着力为 25/25，1 个脱落判定为 24/25，依此类推。

2. 耐酸性和耐碱性

在涂层上用滴管分别滴加 $6mol \cdot L^{-1}$ 盐酸溶液、40% 的氢氧化钠溶液各 2 滴于不同地方，分别在 5min 后，观察涂层有无失光、起泡、脱落、变黄等现象。

涂层性能记录表

测试性能	测试结果
附着力	
耐酸性（5min）	
耐碱性（5min）	

【附注】

1. 涂层在 300～600℃ 间的任何温度下烘烤，对涂层性能影响不大，反复于上述温度下烘烤也无妨。若仅让涂层自然晾干或烘烤的最高温度低于 300℃ 时，所得的涂层固化效果不好，附着力差，易脱落，耐水、耐酸、耐碱性差。

2. 改变 $Na_2SiO_3 \cdot 9H_2O$、SiO_2、TiO_2 的用量比时，对涂层的附着力、固化效果、耐热性能等均会产生一定的影响。如：增加 $Na_2SiO_3 \cdot 9H_2O$、SiO_2 的用量，固化效果差，不耐水；增加 TiO_2 的用量，对固化效果影响不大，但附着力差。而减小 $Na_2SiO_3 \cdot 9H_2O$、SiO_2 的用量时，其附着力相对较差；减小 TiO_2 的用量时，涂层不耐水，附着力差。

3. 要求底材相对耐高温，所耐温度至少要高于涂层烘烤的最高温度。且要相对耐酸耐碱，否则会影响涂料的性能，同时在涂抹时要将底材的表面处理干净，否则会影响附着力。

4. 耐酸耐碱性能与涂层的厚度有关，涂层太薄则耐酸耐碱性差。可在同一个地方重复涂抹，增大其耐酸耐碱性能。一般涂层的厚度在 0.01～0.04mm 之间。

【思考题】

1. 无机耐高温涂料与有机涂料相比有哪些优缺点？

2. 在涂料的固化过程中，哪些因素会影响涂料的附着力？

实验 8-25 从单体醋酸乙烯酯制备聚乙烯醇

一、实验目的

1. 了解醋酸乙烯酯的溶液聚合过程及特点。

2. 掌握从聚醋酸乙烯酯制备聚乙烯醇的方法和原理。

二、实验原理

溶液聚合是将引发剂和单体先溶于溶剂中成为均相，然后加热进行聚合，通过聚合时溶剂的回流带走聚合热，使聚合温度始终保持平稳，因而与本体聚合相比，溶液聚合具有散热与搅拌容易等特点。另外，溶液聚合体系中聚合物的浓度较低，使得对产物的分子量分布和结构状态调节也更加容易。但由于溶剂的引入，大分子自由基与溶剂间易发生链转移反应，使聚合物分子量降低。溶剂还可能影响聚合过程中分子链的构型，提高或者降低聚合物的立构规整度。同时由于单体被溶剂所稀释，导致溶液聚合的反应速率较缓慢，并增加了溶剂回收及产物纯化工序。

聚乙烯醇（PVA）是制备维纶的原材料。由于乙烯醇很不稳定，极易异构化成乙醛。所以聚乙烯醇通常都是通过醋酸乙烯酯溶液聚合以及聚醋酸乙烯酯的醇解这两个步骤来制得的，其主要反应方程式如下：

$$-(CH_2-CH)_n \xrightarrow{聚合} -(CH_2-CH)_n \xrightarrow{醇解} -(CH_2-CH)_n$$
$$\qquad\quad | \qquad\qquad\qquad\quad | \qquad\qquad\qquad\quad |$$
$$\quad\ COOCH_3 \qquad\qquad\quad OH \qquad\qquad\qquad\ OH$$

醋酸乙烯酯溶液聚合过程属于自由基聚合反应。一般选用甲醇作溶剂，这是由于聚醋酸乙烯酯（PVAc）能溶于甲醇，而且聚合反应中活性链对甲醇的链转移常数较小。且在醇解制取聚乙烯醇时，加入催化剂后 PVAc 在甲醇中即可直接进行醇解。聚醋酸乙烯酯的醇解可以在酸性或碱性条件下进行，但用酸醇解时，由于痕量级的酸很难从 PVA 中除去，且残留的酸会加速 PVA 的脱水作用，使产物变黄或不溶于水，所以一般均采用碱性醇解法。另外，甲醇中的水对醇解会产生阻碍作用。因此，一定要严格控制甲醇中水的含量。

本实验首先以甲醇为溶剂制备聚醋酸乙烯酯，然后再进行碱性醇解制得聚乙烯醇，由于产物 PVA 不溶于甲醇，所以，醇解到一定程度时会观察到明显的相转变，此时，大约有60%的乙酰基被羟基所取代。

三、仪器与试剂

电动搅拌器、恒温加热磁力搅拌器、恒温干燥箱、减压蒸馏装置、三口烧瓶、球形冷凝管、恒压滴液漏斗、布氏漏斗、烧杯、量筒、温度计（0～100℃）、培养皿。

醋酸乙烯酯（新鲜蒸馏）、甲醇、偶氮二异丁腈（AIBN）、NaOH。

四、实验步骤

1. 溶液聚合

在装有温度计、回流冷凝管、搅拌器的三口烧瓶中加入 20g 醋酸乙烯酯（约 21.5mL）；另将 0.15g 偶氮二异丁腈放入一个烧杯中，加入 20mL 甲醇，充分溶解后加入三口烧瓶中。水浴加热，回流搅拌，在 65℃左右反应约 2.5h 后（反应过程中注意观察溶液的黏度和气泡的状态），停止加热，冷却至室温。将实验装置改装成减压蒸馏装置。将产物中的溶剂以及未聚合的单体蒸出（馏液回收）。留在烧瓶中的产物是无色的玻璃状聚合物，取下烧瓶，连瓶一块称重，并计算产率。

2. 聚合物的醇解

将所制得的聚醋酸乙烯酯留 10g 于三口烧瓶中，并向三口烧瓶中加入 20mL 甲醇，加热回流，使之完全溶解，冷却后倒入滴液漏斗中。同时，向三口烧瓶中加入 3g NaOH，用甲醇溶液溶解至 60mL。将装有聚醋酸乙烯酯-甲醇溶液的滴液漏斗装于三口烧瓶的一个侧口上，缓慢滴入三口烧瓶中（约 30min 加完），若体系产生凝胶，则待凝胶块打碎后再加料。聚合物溶液全部加完后继续反应 1h，停止搅拌。将物料进行抽滤，并用甲醇充分洗涤，滤液回收。将产物盛于培养皿上，50～60℃减压干燥，可得白色聚乙烯醇，并称重，计算转化率。

五、实验报告要求

根据实际情况，记录下每个步骤的操作过程和对应的实验现象，并对现象进行合理分析。

【附注】

1. 滴加聚醋酸乙烯酯-甲醇溶液的速度不要太快，太快容易生成冻胶，不利于醇解及产物的洗涤。

2. 生成的 PVA 有时会发黄，这是由于使用的聚醋酸乙烯酯原料含有较多未反应掉的单体所致。

【思考题】

1. 在溶液聚合中，反应温度对聚合物分子量有何影响？在自由基聚合中如何确定反应的温度？

2. 在聚乙烯醇的制备中，哪些因素会影响醇解度？

实验 8-26 溶胶-凝胶法制备 SiO_2 胶体粒子

一、实验目的

1. 理解溶胶-凝胶法制备胶体粒子的基本原理及影响因素。

2. 了解样品的相关物理与化学表征手段和数据分析方法。

二、实验原理

溶胶-凝胶过程是一种胶体化学方法（见图 8-32）。它以含有高化学活性组分的化合物为前驱体（金属醇盐或金属无机盐），在有机溶剂或者水中进行水解、缩合化学反应，形成稳定的透明溶胶体系；溶胶经陈化后，通过胶粒间的缓慢聚合，又可形成具有三维空间网络结构的凝胶。凝胶的网络结构间充满了失去流动性的溶剂，经干燥、烧结固化后，可制备出分子级乃至纳米级的结构材料。其中，控制溶胶的制备工艺，即控制醇盐水解和缩聚的条件，得到高质量的溶胶是溶胶-凝胶法最关键的一步。重要的工艺参数有加水量、催化剂、pH值、醇盐品种、溶剂种类及水解温度。基本反应如下：

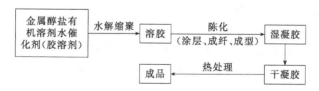

图 8-32　溶胶-凝胶的形成过程流程

（1）水解反应：　　　$M(OR)_n + H_2O \longrightarrow M(OH)_x(OR)_{n-x} + xROH$

（2）缩聚反应：　$-M-OH + HO-M- \longrightarrow -M-O-M- + H_2O$

　　　　　　　　$-M-OR + HO-M- \longrightarrow -M-O-M- + ROH$

SiO_2 凝胶具有很好的发光性能，其发射光谱覆盖了从蓝到红的整个可见光区，并且由于其特殊的多孔网络结构，非常适合作为稀土离子或过渡金属离子掺杂的发光材料的基质。为提高 SiO_2 凝胶材料的发光性能，还可在其中掺杂铕离子（Eu^{3+}）。Eu^{3+} 是发光性能较好的稀土离子，其发射的 615nm 红色荧光的单色性好、量子效率高，因此在制备各种掺杂稀土离子的发光材料时，Eu^{3+} 是首选的掺杂中心离子之一，已广泛应用于各种领域的发光材料中。本实验通过设计溶胶-凝胶法中的某些工艺参数来制备高质量的 SiO_2 胶体粒子。

三、仪器与试剂

马弗炉、恒温干燥箱、加热磁力搅拌器、圆底烧瓶、量筒、培养皿、烧杯、玛瑙研钵。

氧化铕（Eu_2O_3）、正硅酸乙酯、硝酸（$1.5mol \cdot L^{-1}$）、无水乙醇、蒸馏水。

四、实验步骤

1. SiO_2（含 Eu1.25%）胶体粒子的制备

（1）称量 0.0265g 氧化铕于 100mL 的圆底烧瓶中，再向其中加入 5mL $1.5mol \cdot L^{-1}$ 的硝酸溶液，剧烈搅拌，使氧化铕充分溶解。

（2）待氧化铕完全溶解后（溶液澄清），再向烧瓶中依次加入正硅酸乙酯 10mL、无水乙醇 10mL、蒸馏水 10mL，于 70～80℃下水浴反应 0.5～1.5h，使其形成溶胶。

（3）将溶胶倾入培养皿中，于 150℃干燥箱中干燥 1～2h，成干凝胶。

（4）用研钵将颗粒研磨成粉末（如需退火，干凝胶需在 300℃退火 24h），以备检测。

（5）改变实验条件，如温度、加水量、浓度、催化剂、pH 值等，重复上述操作（或以小组形式进行分组比较讨论）。

2. 样品的检测

（1）光学显微镜观察大尺寸的胶粒形貌。

（2）扫描电镜观察小尺寸纳米量级的胶粒形貌。

（3）光致发光光谱测量确定掺杂铕离子的发光光谱，并应用所学知识解释发光能级。

（4）X 射线衍射测量确定样品的晶型和成分。

（5）吸收光谱的测量、红外和拉曼光谱的测量研究材料的结构和发光性能。

五、数据处理

1. 选择一种方法（XRD、SEM 或光学显微镜、红外等）进行分析或观察，写出实验报告。

2. 对实验条件如温度、加水量、pH 值、掺杂浓度等进行讨论，找出最佳的实验方案。

【附注】

实验后的仪器清洗方法：首先用刷子和去污粉清洗，再加入大约 50mL 水和大约 5g 氢氧化钠后在 80℃的水浴中加热 15min 左右，趁热把废液倒入回收桶中（切忌倒入下水槽中），最后用水冲洗后，再用蒸馏水清洗，放入干燥箱中干燥，以备使用。

【思考题】

1. 参阅相关资料，讨论退火温度对材料发光性能有何影响？

2. 探讨酸催化和碱催化分别对凝胶化和凝胶的干燥有何影响？

实验 8-27　共沉淀法制备 $BaTiO_3$

一、实验目的

掌握草酸盐共沉淀法制备钛酸钡超细粉体的原理和方法。

二、实验原理

钛酸钡（$BaTiO_3$）是典型的铁电材料，是电子陶瓷中使用最广泛的材料之一。它具有高介电常数和低介电损耗的特点，有优良的铁电、压电、耐压和绝缘性能，广泛地应用于制造陶瓷敏感元件，尤其是正温度系数热敏电阻、多层陶瓷电容器、热电元件、压电陶瓷等。

草酸盐共沉淀法制备超细钛酸钡粉体具有粉体粒径小、纯度高、原料来源广泛，过程简单，在前驱体的固液分离方面较容易等优点，目前研究和应用较多。本实验利用在 $TiCl_4$ 溶液中，TiO^{2+} 与 $H_2C_2O_4$ 在一定条件下形成 $TiO(C_2O_4)_2^{2-}$ 配合粒子的特点，先形成络离子，再使它与 Ba^{2+} 反应生成 $BaTiO(C_2O_4)_2 \cdot 4H_2O$ 前驱体，然后经过滤、洗涤、干燥、煅烧得到 $BaTiO_3$ 超细粉体。此过程相对于传统的草酸氧钛沉淀法，具有操作简单，操作条件的微小变化不会造成产物 Ba/Ti 波动大的优点。反应方程式如下：

$$TiO^{2+} + 2C_2O_4^{2-} \longrightarrow TiO(C_2O_4)_2^{2-}$$

$$TiO(C_2O_4)_2^{2-} + Ba^{2+} + 4H_2O \longrightarrow BaTiO(C_2O_4)_2 \cdot 4H_2O \downarrow$$

$$BaTiO(C_2O_4)_2 \cdot 4H_2O（煅烧） \longrightarrow BaTiO_3 + 2CO_2 \uparrow + 2CO \uparrow + 4H_2O$$

为了实现上述思路，首先要分析形成草酸氧钛络离子的条件，在 TiO^{2+}-$H_2C_2O_4$ 体系中可能的主要反应式如下所示（其中，K_1、K_2、β_1、β_2、K_{sp} 均为平衡反应的反应常数）：

$$H_2C_2O_4 \Longrightarrow HC_2O_4^- + H^+ \qquad \lg K_1 = 1.25$$

$$HC_2O_4^- \Longrightarrow C_2O_4^{2-} + H^+ \qquad \lg K_2 = -4.27$$

$$TiO^{2+} + C_2O_4^{2-} \Longrightarrow TiO(C_2O_4) \qquad \lg \beta_1 = 6.6$$

$$TiO(C_2O_4) + C_2O_4^{2-} \Longrightarrow TiO(C_2O_4)_2^{2-} \qquad \lg \beta_2 = 9.9$$

$$TiO^{2+} + 2OH^{-1} \Longrightarrow TiO(OH)_2 \qquad \lg K_{sp} = -29$$

研究表明，pH 值对 Ti^{4+} 的存在形态有显著影响，当 pH 值<1 时，主要存在形式为 $TiO(C_2O_4)$；当 pH 值在 2～4 之间，主要存在形式转化为 $TiO(C_2O_4)_2^{2-}$，甚至在 pH=3 时，其含量可达 100%，此时很容易与 Ba^{2+} 形成前驱体 $BaTiO(C_2O_4)_2 \cdot 4H_2O$；当 pH 值为 7～9 时，几乎全部转化为偏钛酸 $TiO(OH)_2$ 形式。因此，草酸氧钛络合物的形成应选择 pH 值在 3 左右。本实验将 pH 控制在 2.5～3 的范围。如 pH 值过高，会有 $TiO(OH)_2$ 形成，不利于形成 $BaTiO(C_2O_4)_2 \cdot 4H_2O$ 前驱体。

三、仪器与试剂

马弗炉、恒温干燥箱、玛瑙研钵、电子天平、量筒、恒温加热磁力搅拌器、容量瓶、烧杯、移液管、胶头滴管。

四氯化钛（体积分数为 99%）、氯化钡（$BaCl_2$）、草酸铵 $[(NH_4)_2C_2O_4]$、氨水（$NH_3 \cdot H_2O$，1∶1）、蒸馏水。

四、实验步骤

1. 改进草酸盐共沉淀法制备 $BaTiO_3$ 微粉

（1）$TiCl_4$ 水溶液的配制：在盛有 100mL 乙醇的烧杯中准确滴加入 10mL $TiCl_4$，得到黄色澄清溶液，冷却后移至 1000mL 容量瓶中加水至刻度，摇匀待用，常温下浓度为 0.09mol·L^{-1}。

（2）络合生成 $TiO(C_2O_4)_2^{2-}$：取含有 0.002mol[$V(TiCl_4)$=22.22mL] 的 $TiCl_4$ 溶液放入烧杯中，另称取 1.52g 的草酸铵溶于一定量的水中，在搅拌条件下，将草酸铵溶液加入

$TiCl_4$ 溶液中，并缓慢滴加 $NH_3 \cdot H_2O$，将 pH 值调到 $2.5 \sim 3$，搅拌反应约 10min，以形成 $TiO(C_2O_4)_2^{2-}$ 络离子。

（3）前驱体 $BaTiO(C_2O_4)_2 \cdot 4H_2O$ 的制备：再称取 0.002mol 的 $BaCl_2$ 晶体 $[m(BaCl_2) = 0.45g]$ 于 100mL 的小烧杯中，加适量水溶解后，在充分搅拌下，加到上述 $TiO(C_2O_4)_2^{2-}$ 溶液中，反应约 1h 后，即可得到 $BaTiO(C_2O_4)_2 \cdot 4H_2O$ 沉淀。

（4）煅烧生成 $BaTiO_3$：待沉淀完全后，静置、过滤、洗涤至无氯离子（可用 $AgNO_3$ 溶液检验），于 $100 \sim 120℃$ 下干燥后转至 $800℃$ 马弗炉中煅烧约 1.5h，即制得超细钛酸钡粉体。

2. 钛酸钡微粉的表征

（1）利用 X 射线衍射仪或拉曼光谱分析粉体的物相组成。

（2）采用 BET 或勃氏透气法测试粉体的比表面积。

（3）采用扫描电子显微镜（SEM）对粉体的形貌和晶粒尺寸进行观察。

（4）利用电感耦合等离子发射光谱仪对产物成分进行分析。

五、数据处理

选择一种表征手段（XRD、SEM 或 BET）对粉体进行分析或观察，写出实验报告。

【附注】

$TiCl_4$ 极易水解，在空气中冒白烟，与水反应剧烈而产生大量热使溶液喷溅，故应小心操作，避免烧伤。

【思考题】

1. 一般需在冰水浴中配制 $TiCl_4$ 溶液，为什么？

2. 查阅相关资料，探讨煅烧温度对 $BaTiO_3$ 粒径的影响。

实验 8-28　电介质材料介电性能的测试

介电特性是电介质材料极其重要的性质。在实际应用中，电介质材料的介电系数和介质损耗是非常重要的参数。例如，制造电容器的材料要求介电系数尽量大，而介质损耗尽量小。相反地，制造仪表绝缘器件的材料则要求介电系数和介质损耗都尽量小。而在某些特殊情况下，则要求材料的介质损耗较大。所以，通过测定介电常数（ε）及介质损耗角正切（$\tan\delta$），可进一步了解影响介质损耗和介电常数的各种因素，为提高材料的性能提供依据。

一、实验目的

1. 了解介质极化与介电常数、介质损耗的关系。

2. 掌握高频 Q 表的工作原理和测定材料的介电常数、介质损耗角正切值的方法。

二、实验原理

按照物质电结构的观点，任何物质都是由不同的电荷构成的，而在电介质中存在原子、分子和离子等。当固体电介质置于电场中后会显示出一定的极性，这个过程称为极化。在不同的材料、温度和频率下，极化过程的影响也是不一样的。

1. 介电常数（ε）

某一电介质（如硅酸盐、高分子材料）组成的电容器在一定电压作用下所得到的电容量与同样大小的介质为真空的电容器的电容量之比，称为该电介质材料的相对介电常数。

$$\varepsilon = \frac{C_x}{C_0} \tag{1}$$

式中，C_x 代表电容器两极板充满介质时的电容；C_0 代表电容器两极板为真空时的电容；ε 为电容量增加的倍数，即相对介电常数。

介电常数的大小表示该介质中空间电荷互相作用减弱的程度。作为高频绝缘材料，ε 需尽可能得小，特别是用于高压绝缘时。在制造高电容器时，ε 则要求较大，特别是小型电容器。

在绝缘技术中，特别是选择绝缘材料或介质贮能材料时，都需要考虑电介质的介电常数。此外，由于介电常数取决于极化，而极化又取决于电介质的分子结构和分子运动形式。所以，通过对介电常数随电场强度、频率和温度变化规律的研究，还可以推断绝缘材料的分子结构。

2. 介电损耗（$\tan\delta$）

指电介质材料在外电场作用下发热而损耗的那部分能量。在直流电场作用下，介质没有周期性损耗，基本上是稳态电流造成的损耗；在交流电场作用下，介质损耗除了稳态电流损耗外，还有各种交流损耗。由于电场的频繁转向，电介质中的损耗要比直流电场作用时大许多（有时达到几千倍），因此介质损耗通常是指交流损耗。在工程中，常将介电损耗用介质损耗角正切 $\tan\delta$ 来表示。$\tan\delta$ 是绝缘体的无效消耗的能量对有效输入的比例，它表示材料在一周期内热功率损耗与贮存之比，是衡量材料损耗程度的物理量。

$$\tan\delta = \frac{1}{\omega RC} \tag{2}$$

式中，ω 为电源角频率；R 为并联等效交流电阻；C 为并联等效交流电容器。

凡是体积电阻率小的，其介电损耗就大。介质损耗对于用在高压装置、高频设备，特别是用在高压、高频等地方的材料和器件具有特别重要的意义，介质损耗过大，不仅降低整机的性能，甚至会造成绝缘材料的热击穿。

3. Q 值

Q 值为 $\tan\delta$ 的倒数，又称品质因素。Q 值大，介电损失小，则品质好。所以在选用电介质前，必须首先测定它们的 ε 和 $\tan\delta$。一般这两者的测定是分不开的，它们的测量方法有两种：交流电桥法和 Q 表测量法，其中 Q 表测量法在测量时由于操作和计算比较简便而广泛采用。

Q 表包含一个简单的 R-L-C 回路，如图 8-33 所示。当回路两端加上电压 V 后，电容器 C 的两端电压为 V_c，调节电容器 C 使回路谐振后，回路的品质因数 Q 就可以用下式表示：

$$Q = \frac{V_c}{V} = \frac{\omega L}{R} \tag{3}$$

式中，L 为回路电感；R 为回路电阻；V_c 为电容器 C 两端电压；V 为回路两端电压。

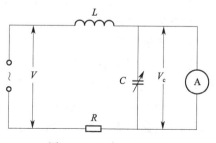

图 8-33　Q 表测量原理

由式(3)可知，当输入电压 V 不变时，则 Q 与 V_c 成正比。因此在一定输入下，V_c 值可直接标示为 Q 值。Q 值表即是根据这一原理来制造。

4. STD-A 陶瓷介质损耗角正切及介电常数测试仪

它由稳压电源、高频信号发生器、定位电压表 CB_1、Q 值电压表 CB_2、宽频低阻分压器以及标准可调电容器等组成（图8-34）。工作原理如下：高频信导发生器的输出信号，通过低阻抗耦合线圈将信号馈送至宽频低阻抗分压器。输出信号幅度的调节是通过控制振荡器的帘栅极电压来实现的。当调节定位电压表 CB_1 指在定位线上时，R_i 两端得到约 10mV 的电压（V_i）。当 V_i 调节在一定数值（10mV）后，可以使测量 V_c 的电压表 CB_2 直接以 Q 值刻度读出，而不必计算。经推导可得如下几个物理量的公式。

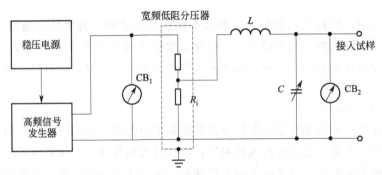

图 8-34　STD-A 型测试仪电路图

（1）介电常数

$$\varepsilon = \frac{(C_1 - C_2)d}{\Phi} \tag{4}$$

式中，C_1 代表标准状态下的电容量；C_2 代表样品测试的电容量；d 为试样的厚度，cm；Φ 为试样的直径，cm。

（2）介质损耗角正切

$$\tan\delta = \frac{C_1}{C_1 - C_2} \times \frac{Q_1 - Q_2}{Q_1 Q_2} \tag{5}$$

式中，Q_1 为标准状态下的 Q 值；Q_2 为样品测试的 Q 值。

（3）Q 值

$$Q = \frac{1}{\tan\delta} = \frac{Q_1 Q_2}{Q_1 - Q_2} \times \frac{C_1 - C_2}{C_1} \tag{6}$$

三、仪器与试样

STD-A 型测试仪、电感箱、样品夹具、千分游标卡尺。

塑料圆片（厚度 2mm±0.5mm，直径 $\phi15\sim40$mm）、特种铅笔或导电银浆。

四、实验步骤

1. 打开仪器，预热 15min 左右，并按测试要求制备好被测试样，在试样上下表面均匀涂覆一层导电银浆，使试样两面都各自导电。

2. 选用合适的辅助线圈插入电感接线柱。并根据需要选择振荡器频率，调节测试电路电容器使电路谐振。假定谐振时电容为 C_1，品质因素为 Q_1。

3. 然后将被测试样接在 C_x 接线柱上，再次调节测试电路电容器使电路谐振，这时电容

为 C_2，并可以直接读出 Q_2。

4. 用游标卡尺量出试样的直径和厚度（分别在不同位置测得两个数据，取其平均值）。

五、数据处理

记录下各项实验数据并根据式(4)、式(5) 分别计算出被测试样的 ε 和 $\tan\delta$ 值。

【附注】

1. 电压或频率的剧烈波动会使电桥不能达到良好的平衡状态，所以在测定时，要求电压和频率稳定，最好采用稳压电源。

2. 电极与试样的接触情况，对 $\tan\delta$ 的测试结果有较大影响，因此试样在涂覆导电银浆时要确保接触良好、均匀，而且厚度要合适。此外，试样吸湿后，会影响测量精度，使 $\tan\delta$ 值偏大，应当严格避免试样吸潮。

3. 在测量过程中，时刻注意电桥本体屏蔽的情况，当电桥真正达到平衡，"本体-屏蔽"开关置于任何一边时，检查计光带均应最小，不会发生大的变化。

【思考题】

1. 温度和湿度对材料的介电常数和介质损耗角正切值有何影响？

2. 试样厚度会如何影响介电常数？

实验 8-29 聚合物的体积电阻系数和表面电阻系数的测定

大部分聚合物都是作为绝缘材料使用的，但一些具有特殊结构的聚合物可以成为半导体、导体，甚至人们提出了超导体的模型。而决定聚合物导电性的因素有化学结构、分子量、凝聚态结构、杂质以及环境（如温度、湿度）等。

饱和的非极性聚合物具有很好的电绝缘性能，它们的电阻系数理论上可达到 $10^{23}\Omega\cdot m$，而实测值要小几个数量级，说明聚合物中除自身结构以外的因素对导电性能产生了不小的影响。极性聚合物的电绝缘性次之，微量的本征解离产生导电离子，此外，残留的催化剂、各种添加剂等都可以提供导电离子。而一些共轭聚合物如聚乙炔则可制成半导体材料，这是由于主链上 π 轨道相互交叠，π 电子有较高的迁移率。但是它们的导电性实际并不高，原因是受到电子成对的影响，电子成对后，只占有一个轨道，空出另一个轨道，两个轨道能量不同，电子迁移时必须越过轨道间的能级差，这样就限制了电子的迁移，材料导电率下降。采用掺杂方法可以减小能级差，提高电子迁移速率，例如用溴、碘掺杂聚乙炔，可使聚乙炔的电导率提高 1000 万倍，达到 $38\Omega^{-1}\cdot cm^{-1}$，导电性接近金属铝和铜。

一、实验目的

1. 了解聚合物体积电阻系数和表面电阻系数的概念。

2. 掌握高阻计测量材料电阻的基本原理和方法。

3. 比较极性聚合物和非极性聚合物的电阻系数值范围。

二、实验原理

材料的导电性是由于其内部存在传递电流的自由电荷，即载流子，在外加电场作用下，这些载流子作定向移动，形成电流。导电性优劣与材料所含载流子的数量、运动速度有关。

常用电阻系数（电阻率）或电导系数（电导率）表征材料的导电性，它们是一些宏观物理量，而载流子浓度和迁移率则是表征材料导电性的微观物理量。

根据测试方法的不同，聚合物可以表现出不同的导电性，分体内和表面两种情况。

（1）体积电阻系数 ρ_v

在厚度为 d 的平板状聚合物试样两侧各放置一个面积为 S 的电极，并施加直流电压，于是在试样内部就有载流子按电场方向迁移，并可测得两电极间的体积电阻值 R_v（见图 8-35），则试样的体积电阻系数为：

$$\rho_v = R_v S / d \tag{1}$$

一般在没有特别注明的情况下，电阻系数就是指体积电阻系数。

（2）表面电阻系数 ρ_s

将两电极放在聚合物试样的同一平面上，若电极的长度为 L，电极间距离为 b，在对两电极施加直流电压后，所测得的电极间电阻值是试样的表面电阻值 R_s（见图 8-36），则试样的表面电阻系数为：

$$\rho_s = R_s L / b \tag{2}$$

表面电阻率是衡量材料漏电性能的物理量。它与材料的表面状态及周围环境条件（特别是湿度）有很大的关系。

在对聚合物试样施加一稳定直流电压后，通过试样体积内部的电流会随时间而减小，直至一恒定值，该恒定电流称为漏电流，实为电导电流，而电流随时间变化的部分叫吸收电流（见图 8-37）。聚合物中这种电流的时间依赖现象叫介质吸收，它反映了聚合物电介质与金属材料的结构以及导电机理间的本质区别。聚合物中吸收电流的产生是由于其结构内部不同带电粒子，主要是偶极子，在电场作用下进行极化时需要一定时间以克服黏滞阻力所致。电流达到稳定值所需的时间一般需要 1min，因此实验中常在加电压 1min 后再读取电流值。

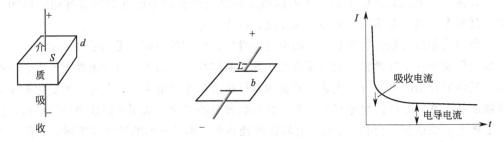

图 8-35 体积电阻   图 8-36 表面电阻   图 8-37 电介质的电流时间曲线

测定绝缘电阻的方法主要有：电压-电流表法（测量 $10^9\Omega$ 以下的绝缘电阻）、检流计法（$10^{12}\Omega$ 以下）、电桥法（$10^{15}\Omega$ 以下）以及高阻计法。其中高阻计测量的阻值较高，测量范围较广，而且操作方便，因此在工程中普遍采用，其测试原理如图 8-38 所示。

由图 8-37 可知，当测试直流电压 V 加在试样 R_x 和标准电阻 R_0 上时，回路电流 I_x 为：

$$I_x = \frac{V}{R_x + R_0} = \frac{V_0}{R_0} \tag{3}$$

整理得：

$$R_x = \frac{V}{V_0} R_0 - R_0 \tag{4}$$

由于 R_x 远远大于 R_0，则式（4）可近似为：$R_x = \frac{V}{V_0} R_0$，即可通过 V_0 求得所对应的 R_x。

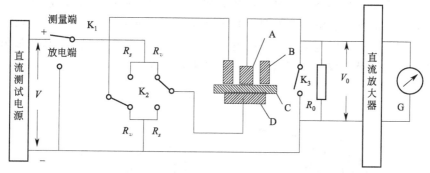

图 8-38　高阻计法测量的基本电路示意图

K_1—测量与放电开关；K_2—R_v、R_s 转换开关；K_3—输入短路开关；R_0—标准电阻；

A—测量电极；B—保护电极；C—试样 R_x；D—底电极

本实验使用 ZC36 型 $10^{17}\Omega$ 超高电阻 10^{-14}A 微电流测试仪，它是一种直读式的测超高电阻和微电流的两用仪器，测量范围为 $1\times10^6\sim1\times10^{17}\Omega$，共分 8 挡。电压共分 5 挡（10V、100V、250V、500V、1000V），比较试验时应采用相同电压，绝缘电阻高的材料选用高电压。仪器面板如图 8-39 所示。

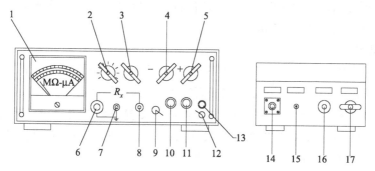

图 8-39　ZC36 型 $10^{17}\Omega$ 超高电阻 10^{-14}A 微电流测试仪面板

1—指示表；2—倍率选择开关；3—测试电压选择开关；4—"＋""－"极性开关；5—"放电-测试"开关；6—指示灯；7—电源开关；8—满度调整旋钮；9—"0、∞"旋钮；10—"输入短路开关"；11—高压端（红色）；12—接地端；13—输入端；14—测量端；15—接地端；16—高压端；17—R_s-R 旋钮

仪器的倍率选择量程为 $1\times10^2\sim1\times10^9$，转换量程应从小到大。本仪器一般情况下不能用来测量那些一端接地的试样的电阻。在测试时，仪器及试样应放在高绝缘的垫板上，以防止漏电影响测试结果。

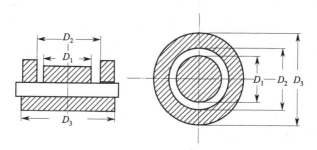

图 8-40　平板试样三电极体系

仪器使用三电极系统测试绝缘材料的体积电阻 R_v 和表面电阻 R_s，它包括中心圆柱电极、圆环电极以及底面平板电极，如图 8-40 所示，测量时可按图 8-41 接线。采用三电极体系测量体电阻时，表面漏电电流由保护电极旁路接地，而测量表电阻时，体积漏电流由保护电极旁路接地。这样就实现了体积电流与表面电流的分离。

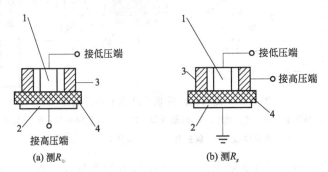

图 8-41　三电极系统接线图

1—测量电极；2—高压电极；3—保护电极；4—被测试样

三、仪器与试样

ZC36 型 $10^{17}\Omega$ 超高电阻 10^{-14}A 微电流测试仪、恒温干燥箱、千分卡尺。

10cm×10cm 的 PP 和 PVC 塑料圆片。

四、实验步骤

1. 准确测量实验温度、湿度和试样的厚度（用千分尺测量 3 个点的平均值，精确到 0.001cm），并按图 8-40 所示，测量主电极直径 D_1、保护环直径 D_2。

2. 测试前仪器准备：测试电压"10V"；倍率开关置于最低挡（1×10^2）；"放电-测试"开关置于"放电"；电源开关置于"断"；输入短路开关置于"短路"；极性开关置于"0"。

3. 按图 8-41 放好试样，并连接仪器线路

（1）用接地线把电极箱接地端与高阻计接地端连接好，接上电源的地线。

（2）脱下输入端 6 的保护帽，用测量电缆线将输入端 6 与电极箱测量端 14 连接。

（3）用高压接线把高压端 8 与电极箱高压端 16 连接。

（4）合上电源开关，指示灯发亮，并有蜂鸣声。

4. 仪器预热 30min，将极性开关置于"＋"处，此时可能发现指示表指针会偏离"∞"及"0"处。慢慢调节"∞"及"0"电位器，使指针指向"∞"及"0"处，直至不再变动。

5. 调节仪器灵敏度：将倍率开关由 1×10^2 位置转至"满度"位置，把输入短路开关下拨至"开路"，这时指针应从"∞"位置指向"满度"。如果偏离，则调节"满度"电位器，使之刚好到"满度"。然后再把倍率开关拨到 1×10^2 处，输入短路上拨至"短路"，指针应重指"∞"及"0"处。否则再调节电位器。反复多次，将仪器灵敏度调好。在测试中还应经常检查"满度"及"∞"，以保证测量的准确。

6. 测试步骤

（1）将试样放入三电极中间，并确保上、下电极的中心处对齐。注意勿使测量电极与保护电极相接触，以免烧坏仪器的晶体管。

（2）选择合适的测试电压，一般先选 100V，测不到时再转 250V、500V 或 1000V。

（3）将"放电-测试"开关置于"测试"挡，短路开关仍置于"短路"，对试样充电 30s，

然后将输入短路开关拨下，读取1min时的电阻值，作为试样的绝缘电阻值。读数完毕，立即把短路开关拨上"短路"，"放电-测试"开关置于"放电"挡。

若短路开关拨下时，指针很快打出满度，应立即将输入短路开关拨到"短路"，"放电-测试"开关拨到"放电"，待查明原因再进行测试。

当输入短路开关拨下后，如发现表头无读数或指示很小，可将倍率开关升高一挡。逐挡升高倍率，直至读数清楚为止（应尽量取在仪表刻度上1～10的范围读数）。

（4）放电30s，把电阻量程退小一挡，重复步骤（2），共测量3次。

（5）按上述步骤，在室温下分别测试试样的3个R_v及R_s值，取其算术平均值。

（6）试样测定完毕，切断电源，并将面板上各开关复原。对电容量较大（约在$0.01\mu F$以上）的试样，需经1min左右的放电后，方能取出，否则可能受到电容中残余电荷的袭击。

五、数据处理

ρ_v及ρ_s的计算采用下面两个公式：

$$\rho_v = R_v S/d = \pi D_1^2 R_v/(4d)\ (\Omega \cdot cm)$$

$$\rho_s = R_s \frac{2\pi}{\ln(D_2/D_1)}\ (\Omega)$$

式中，d为试样厚度，cm；D_1为测量电极直径（本仪器为5cm）；D_2为保护电极内径（环电极）直径（本仪器为5.4cm）。在此，$\frac{2\pi}{\ln(D_2/D_1)} = 80$，为一定值。

PVC 试样数据记录表

测试 \ 项目		试样厚度/cm	测试电压/V	倍率	表头指示读数/MΩ	电阻值/Ω	平均电阻值/Ω	体积电阻率ρ_v或表面电阻率ρ_s
R_v	第一次							
	第二次							
	第三次							
R_s	第一次							
	第二次							
	第三次							

PP 试样数据记录表

测试 \ 项目		试样厚度/cm	测试电压/V	倍率	表头指示读数/MΩ	电阻值/Ω	平均电阻值/Ω	体积电阻率ρ_v或表面电阻率ρ_s
R_v	第一次							
	第二次							
	第三次							
R_s	第一次							
	第二次							
	第三次							

【附注】

1. 测试过程中的电源电压应保持在（220±20）V，必要时需使用稳压器调节。同时人体不能接触仪器的高压输出端或其连接线，以防发生高压触电的危险，连接线也不能触地，否则容易引起高压短路。

2. 测试时，试样表面应光滑、洁净，并预先在（25±2）℃、相对湿度（65±5）%的环境中存放16h以上。测量ρ_s时，一般不清洗及处理表面，也不要用手或其他任何东西触及。

3. 在测试电阻率较大的材料时，由于材料易极化，应采用较高的测试电压。在进行体积电阻和表面电阻测量时，应先测体积电阻，反之，由于材料被极化和影响体积电阻。当材料连续多次测量后容易产生极化，会使测量无法进行下去，这时需停止对这种材料的测试，置于净处 8~10h 后再测量或者放在无水酒精内清洗，烘干，等冷却后再进行测量。

4. 更换被测试样时应先放电、断开高压输出电源。

5. 以不同的测试电压测量同一块试样时，通常所选择的测试电压值越高，所测得的电阻值会越低。

【思考题】

1. 为什么介电材料的绝缘性质常用体积电阻率来表示，而不用绝缘电阻或表面电阻率来表示？

2. 实验结果与被测聚合物分子结构间有何联系？

实验 8-30 水热法制备 ZnS 纳米粒子

一、实验目的

掌握水热法制备纳米粒子的方法及特点。

二、实验原理

纳米材料具有独特的表面效应、量子限域效应及宏观量子隧道效应等，并导致其在电学、磁学、光学、力学、催化等领域呈现出许多优异的性能。因此，研究纳米材料及其制备技术已成为国际科学研究中的热点之一。

硫化锌（ZnS）是宽禁带（3.66eV）II～VI 族半导体，因为具有红外透明、荧光、磷光等特性，一直是受到广泛研究的材料。而硫化锌的这些特殊物理和化学属性强烈地依赖于其颗粒尺寸和形状。因此，制备出具有量子限域效应、窄粒度分布、形状合适的 ZnS 纳米粒子具有重要的意义。目前，ZnS 纳米粒子的制备方法有离子络合法、微乳液法、反胶团法、化学沉淀法、溶胶-凝胶法、水热法等。其中水热法制备纳米粒子有许多优点，如产物直接为晶态，无需经过焙烧晶化过程，因而可以减少用其他方法难以避免的颗粒团聚现象，最终 ZnS 颗粒尺寸均匀，形态比较规则。因此，水热法是制备 ZnS 纳米微粒的合适方法之一。

水热法是指在温度超过 100℃ 和相应压力（高于常压）条件下利用水溶液（或其他溶剂介质）中物质间的化学反应合成化合物的方法。在水热条件（相对高的温度和压力）下，水的反应活性提高，其蒸气压上升、离子积增大，而密度、表面张力及黏度下降。体系的氧化-还原电势发生变化，总之，物质在水热条件下的热力学性质均不同于常态，为合成某些特定化合物提供了可能。水热合成方法的主要特点如下：

（1）水热条件下，由于反应物和溶剂活性的提高，有利于某些特殊中间态及特殊物相的形成，因此可能合成具有某些特殊结构的新化合物；

（2）水热条件下有利于某些晶体的生长，可获得纯度高、取向规则、形态完美、非平衡态缺陷尽可能少的晶体材料；

（3）产物粒度相对来说容易控制，粒径分布比较集中，采用适当措施可尽量减少团聚；

（4）通过改变水热反应条件，可能形成具有不同晶体结构和结晶形态的产物，也有利于低价、中间价态与特殊价态化合物的生成。

基于以上特点，水热合成在材料领域已有广泛应用。水热合成化学也日益受到化学与材料科学界的重视。本实验是以尿素为矿化剂采用水热法在低温和较简单的工艺条件下制备 ZnS 纳米粒子。

三、仪器与试剂

烧杯、电子天平、恒温加热磁力搅拌器、恒温干燥箱、水热反应釜。

尿素、乙酸锌、硫化钠、氨水、蒸馏水、pH 试纸。

四、实验步骤

1. 样品的制备

将 3mmol（0.66g）的 $Zn(CH_3COO)_2 \cdot 2H_2O$ 溶于 25mL 蒸馏水中，在磁力搅拌器上搅拌的同时，向溶液中逐滴滴入氨水（约 $1mL \cdot min^{-1}$），直至溶液的 pH 值为 9～10 时为止。再向其中加入 4.5mmol（1.08g）的 $Na_2S \cdot 9H_2O$ 和 21mmol（1.26g）的尿素。将上述溶液移入容积为 50mL 带聚四氟乙烯内衬的水热反应釜中（填充比约为 60），将密封的反应釜放入干燥箱中，在 160℃温度下保温 1～3h，反应结束后，自然冷却至室温，用蒸馏水对产物进行多次洗涤，然后在 80℃下干燥，即可得到 ZnS 纳米粒子。

2. 样品的表征

采用 X 射线衍射仪对样品进行 XRD 的测量，分析 ZnS 纳米粒子的物相。用扫描电子显微镜观察 ZnS 纳米粒子的形貌。

五、实验结果和处理

1. 所得到的 ZnS 的质量为_____，产率为_____。

2. XRD 表征结果中，特征衍射峰对应的 2θ 衍射角为_____，ZnS 的 JCPDS 数据库中特征衍射峰对应的 2θ 衍射角为_____。

【附注】

通常用水热法制备 ZnS 纳米粒子的反应时间需要很久，这里为了本实验的实际操作性，把反应时间大大缩短了，因此会对实验的产率和粒子尺寸有较大影响。

【思考题】

1. 实验中加入尿素的作用是什么？

2. 影响水热合成的因素有哪些，具体有何影响？

实验 8-31 Stober 法制备 SiO_2 微球及其粒度分析

一、实验目的

掌握 Stober 法制备 SiO_2 微球的方法，并了解相关粒度分析的手段。

二、实验原理

一般将粒径为 1～500μm 颗粒定义为微球，其中粒径小于 500nm 的，通常又称为纳米球或纳米粒，属于胶体范畴。

二氧化硅（SiO_2）为无定形白色粉末，是一种无毒、无味、无污染的非金属材料。其微观结构为球形，呈絮状和网状的准颗粒结构，具有对抗紫外线的光学性能，掺入材料中可提高材料的抗老化性和耐化学性；分散在材料中，可提高材料的强度、刚性；还具有吸附色素离子、降低色素衰减的作用。

SiO_2 微球由于比表面积大、密度小、分散性好，同时又具有良好的光学及力学特性，因而在新材料制备中显示出非常诱人的前景。它的应用从初期的硅酸盐产品的原料和聚合物增强用的结构材料，逐渐延伸到高新技术领域，如用作低功率微激光器的光放大器，用于制备三维结构的光子晶体，用作高性能色谱分析的柱填充材料等。SiO_2 微球的制备方法很多，如微乳液法、化学气相沉积法、水热合成法、溶胶-凝胶法（见图 8-42）、胶束法、反胶束法、气溶胶法、囊泡技术等。

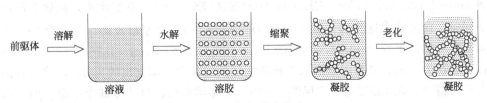

图 8-42　溶胶-凝胶技术

1968 年，W. Stober 以溶胶-凝胶法为基础，系统地研究了酯-醇-水-碱体系中，各组分的浓度对 SiO_2 微球合成速率、颗粒大小及分布的影响，成功地制得了粒径在 $0.05\sim2\mu m$ 的 SiO_2 微球。其主要反应过程为：

硅醇盐水解：$Si(OR)_4+4H_2O \longrightarrow Si(OH)_4+4ROH$　（R 代表烷基）

硅酸缩聚：　　$\equiv Si-OH+HO-Si\equiv \longrightarrow \equiv Si-O-Si\equiv +H_2O$

反应最初阶段会生成肉眼看不见的硅酸，$1\sim5min$ 后，过饱和的硅酸发生聚合，溶液随即出现乳白色浑浊现象，15min 后颗粒尺寸即可达到稳定。实验证实，醇和酯的种类均会影响反应速率，采用甲醇及硅酸甲酯时反应最快，SiO_2 微球颗粒较小；增大水和氨浓度均有利于获得大颗粒 SiO_2 微球。此外，氨不仅是硅醇盐水解反应的催化剂，还是 SiO_2 颗粒的形貌调控剂，不加氨时很难生成 SiO_2 微球。上述结果为制备单分散 SiO_2 微球奠定了实验基础，被称之为 Stober 工艺，因其工艺简单、成本低廉，迄今仍被广泛采用，成为制备球形 SiO_2 的首选方法之一。

三、仪器与试剂

烧杯、量筒、恒温加热磁力搅拌器、光学显微镜、粒度分布仪、胶头滴管、载玻片。

正硅酸乙酯（TEOS）、无水乙醇、浓氨水（25%～28%）、蒸馏水。

四、实验步骤

1. 准确移取 3mL 正硅酸乙酯于 50mL 烧杯中，加入 20mL 乙醇，磁力搅拌约 8min。

2. 另取一 50mL 烧杯，向其中加入 6mL 浓氨水和 30mL 乙醇，磁力搅拌约 8min。

3. 将步骤 1 中所得溶液缓慢滴入步骤 2 所得溶液中，澄清溶液逐渐变为浑浊的胶体溶液，停止滴加后继续搅拌反应约 60min。

4. 将所得胶体溶液滴于普通载玻片上，待溶剂蒸干后，可生长出一层晶体膜，在光学显微镜下观察微球的形貌特点，可看到细小的 SiO_2 微球颗粒。拍下照片存档。

5. 取适量胶体溶液于乙醇中超声振荡约 5min，通过粒度分布仪测量微球的平均直径。

五、实验结果与分析

1. 显微镜下观察 SiO_2 微球颗粒，选取粒度分布较均匀处拍下照片。

2. 利用粒度分布仪测得微球颗粒平均直径并对图谱及所得数据进行分析。

【附注】

本实验所采用的配方是根据目前国内外制备用于胶体组装光子晶体的亚微米二氧化硅微球的工艺方法，各组分浓度如下：$c[\text{TEOS}]=0.12\text{mol}\cdot\text{L}^{-1}$，$c[\text{NH}_3]=0.9\text{mol}\cdot\text{L}^{-1}$，$c[\text{H}_2\text{O}]=2.4\text{mol}\cdot\text{L}^{-1}$，$c[\text{C}_2\text{H}_5\text{OH}]=15\text{mol}\cdot\text{L}^{-1}$（$\text{NH}_3\cdot\text{H}_2\text{O}$ 中的水计入蒸馏水的浓度，假设溶液总体积等于反应物各组分体积之和）。

【思考题】

许多实验表明在含醇的碱性体系中较在无醇的酸性条件下获得的 SiO_2 微球的粒径要小，试分析原因。

实验 8-32　结晶过程的观察

一、实验目的

1. 观察金属和非金属的结晶过程及其晶体组织特征。

2. 观察具有枝晶组织的铸件或铸锭表面，建立金属晶体以树枝状形态成长的直观概念。

二、实验原理

晶体物质（如盐、金属）由液态凝固形成晶体的过程叫结晶，一般结晶都包含成核和晶粒长大两个步骤。晶粒的生长过程可以观察到，但晶核的大小却不容易被肉眼观察到，因为临界晶核的尺寸很小，而在实验中只能见到正在长大的晶粒，此刻已经不再是临界尺寸的晶核。树枝状晶体是金属和盐类最常见到的形态。但由于液态金属的结晶过程很难直接观察，而盐类亦是晶体物质，其溶液的结晶过程和金属的结晶过程很相似，区别仅在于盐类是在室温下依靠溶剂挥发使溶液过饱和而结晶，金属则主要依靠过冷条件形成晶体，故可通过观察透明盐类溶液的结晶过程来了解金属的结晶过程。

(a) 最外层的等轴细晶粒区　　　(b) 次层粗大柱状晶区　　　(c) 中心杂乱的树枝状晶区

图 8-43　结晶过程三个阶段形成的三个区域（均为放大后的照片）

若在洁净的玻璃片上滴一滴接近饱和的氯化铵（NH_4Cl）水溶液，随着水分的挥发，溶液逐渐变浓而达到饱和，继而开始结晶。通过观察可发现其结晶过程大致可分为三个阶段：第一阶段开始于液滴边缘，因该处最薄，蒸发最快，易于成核，故产生大量晶核而先形成一圈细小的等轴晶［如图 8-43(a) 所示］。第二阶段是形成较为粗大的柱状晶体，其生长的方向是伸向液滴的中心，这是由于此时液滴的挥发已比较慢，而且液滴的饱和顺序也是由外向里，最外层的细小等轴晶只有少数的位向有利于向中心生长，因此形成了比较粗大的、带有方向性的柱状晶［如图 8-43(b) 所示］。第三阶段是在液滴中心形成杂乱的树枝状晶，且枝晶间有许多空隙［如图 8-43(c) 所示］。这是因液滴已越来越薄，挥发较快，晶核容易形成，但由于已无充足的溶液补充，结晶出的晶体填不满枝晶间的空隙，从而可观察到明显的枝晶。

实际金属结晶时，一般均按树枝状方式长大（如图 8-44 所示）。但若冷却速度小，液态金属的补给充分，则显示不出枝晶，故在纯金属铸锭内部是看不到枝晶的，只能看到外形不规则的等轴晶粒。但若冷却速度比较大时，液态金属势必补缩不足而在枝晶间留下空隙，则其宏观组织就可观察到明显的树枝状晶。某些金属如 Ni-Ta-Mn-Cr 合金在凝固未完成时，将未凝固的液体倾倒出来后，表面形貌就显露出来，即能清楚地看到枝晶组织，如图 8-45 所示。若金属在结晶过程中产生了枝晶偏

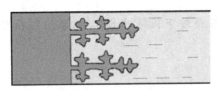

图 8-44 树枝晶生长示意图（左边深灰色部分代表固相，右边浅灰色部分代表液相）

析，由于枝干和枝间成分不同，其金相试样被浸蚀时，浸蚀程度亦不同，枝晶特征即能显示出来，见图 8-46。

图 8-45 Ni-Ta-Mn-Cr 合金倾液后观察到的界面

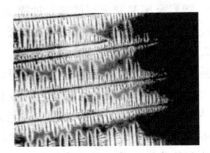

图 8-46 铅锡合金的枝晶组织

三、仪器与试剂

金相显微镜、干净玻璃片、吸管、电炉或电吹风、有枝晶的金属铸件（锭）实物。接近饱和的氯化铵水溶液、硝酸铅稀溶液、锌片、铸件或铸锭、浸蚀剂、酒精。

四、实验步骤

1. 在干净玻璃片上，用吸管滴上一滴配制好的氯化铵水溶液，然后将玻璃片置于显微镜下，从液滴边缘开始观察结晶过程，并画下结晶过程示意图。要注意所滴液滴不能太厚，否则因挥发太慢而不易结晶。另外，也可将上述滴有氯化铵溶液的玻璃片放在电炉上烘烤（或用电吹风吹），以加速水分蒸发。

2. 用玻璃棒引一滴硝酸铅稀溶液到玻璃片上，然后将玻璃片放到金相显微镜的试样台上。调节显微镜使物像清晰后，用镊子将一小块洁净的锌片放入液滴中，随即通过显微镜观察铅晶体的生长过程。

3. 用金相显微镜（或放大镜）观察具有树枝晶组织的铸件。

五、实验报告要求

1. 绘出所观察到的氯化铵和铅晶体组织的示意图，并简述它们的结晶过程。

2. 绘出金属铸件树枝状晶组织示意图（标注放大倍数）。

【附注】

1. 溶液烘烤时间不宜过长，一般以肉眼观察到边缘稍许发白为宜。

2. 实验时应注意试样的清洁，不要让异物落入液滴内，以免影响结晶过程的观察。更应注意不能让液滴流到显微镜部件上，尤其不能让它碰到物镜，以免损坏显微镜。

3. 实验操作时，或将玻璃片浸入溶液中，利用液体的表面吸附作用消除大的液滴，将一侧及两边的溶液擦干，在一侧的表面保留一层极薄的溶液，结晶速度较快，便于在显微镜下即时观察。

【思考题】

根据实验，总结枝晶的结晶规律。

实验 8-33　非水溶剂合成——四碘化锡的制备

一、实验目的

1. 学习在非水溶剂中制备无水四碘化锡的原理和方法。

2. 了解四碘化锡的某些化学性质，并根据所有消耗的试剂用量确定其最简式。

二、实验原理

无水四碘化锡是橙红色的立方晶体，为共价型化合物，熔点 416.5K，沸点 637K，在453K 时开始升华，受潮易水解。其水解反应式如下：

$$SnI_4 + 2H_2O =\!=\!= Sn(OH)_4 \downarrow + 4HI$$

四碘化锡在空气中也会缓慢水解，易溶于苯、二硫化碳、三氯甲烷、四氯化碳等有机溶剂中，在冰醋酸中的溶解度较小。根据四碘化锡的溶解度特性，其制备一般是在非水溶剂中进行的，本实验采用冰醋酸为溶剂，金属锡和碘在非水溶剂冰醋酸和醋酸酐体系中直接合成：

$$Sn + 2I_2 =\!=\!= SnI_4$$

三、仪器与试剂

恒温水浴槽、圆底烧瓶、球形冷凝管、吸滤瓶、布氏漏斗、干燥管。

$I_2(s)$、锡箔、饱和 KI 溶液、丙酮、冰醋酸、乙酸酐、沸石、氯仿。

四、实验步骤

1. 四碘化锡的制备

在 150mL 干燥圆底烧瓶中，加入 0.5g 碎锡箔和 2.2g I_2，再加入 25mL 冰醋酸、25mL乙酸酐和少量沸石。按图 8-47 装好球形冷凝管和干燥管，水浴加热至沸约 1~1.5h，直至紫红色的碘蒸气消失，溶液颜色由紫红色变成橙红色，停止加热。

将溶液冷却至室温，使橙红色的四碘化锡晶体析出，并用布氏漏斗抽滤，将所得晶体转移到圆底烧瓶中，加入 30mL 氯仿，水浴加热回流溶解后，趁热抽滤（保留在滤纸上的固体为何物质？）将滤液倒入表面皿中，置于通风橱内，待氯仿全部挥发抽尽后，即可得纯净的

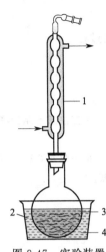

图 8-47 实验装置
1—球形冷凝管；2—圆
底烧瓶；3—反应物；
4—恒温水浴槽

SnI_4 晶体，称量，计算产率。

2. 产品检验

(1) 确定碘化锡最简式

称量滤纸上剩余锡箔的质量（准确至0.01g），根据 I_2 与 Sn 的消耗量，计算其比值，得出碘化锡的最简式。

(2) 性质实验

① 取少量自制的 SnI_4 溶于 5mL 丙酮中，分成两份，一份加几滴水，另一份加同样量的饱和 KI 溶液，解释所观察到的实验现象。

② 用实验证实 SnI_4 易水解的特性。

【附注】

1. 实验所用仪器，如圆底烧瓶、冷凝管、干燥管、抽滤瓶、布氏漏斗、烧杯等均需完全干燥。

2. 皮肤一旦接触 I_2、冰醋酸、醋酸酐，应及时洗涤，并且在实验过程中要注意通风。

【思考题】

1. 在合成 SnI_4 的过程中为什么要预先干燥好玻璃仪器，且安上 $CaCl_2$ 干燥管？

2. 在四碘化锡合成中，以何种原料过量为好，为什么？

3. 四碘化铝能否用类似方法制得，为什么？

实验 8-34　低温固相反应法制备 ZnO

一、实验目的

1. 掌握 ZnO 的低温固相反应的制备方法。

2. 了解低温固相反应法制备金属氧化物的原理。

二、实验原理

氧化锌（ZnO）俗称锌白，难溶于水，可溶于酸和强碱。它是一种常用化学添加剂，广泛地应用于塑料、橡胶、涂料、胶黏剂、阻燃剂、硅酸盐制品等传统行业产品的制作中。此外，微颗粒的氧化锌作为一种纳米材料也开始在相关领域发挥作用。例如，纳米氧化锌是宽带系半导体材料，其带隙能为 3.37eV，激子束缚能高达 60MeV，显示出近紫外发射，透明导电性和压电性能，作为一种新型多功能精细无机材料，在制造荧光体、压电陶瓷、太阳能电池、紫外线遮蔽材料和高效催化剂等方面有广泛应用。纳米晶体 ZnO 的制备方法有很多种，如均匀沉淀法、水热法、微乳法、沉淀法、溶胶-凝胶法、气相沉积法、低温固相反应法等，其中低温固相反应法具有方法简单、产率高、成本低等优点，已发展成为一个新的研究领域。本实验以氢氧化钠和硫酸锌为原料，通过低温固相反应法制得 ZnO，主要反应如下：

$$ZnSO_4 + 2NaOH \longrightarrow Zn(OH)_2 + Na_2SO_4$$
$$Zn(OH)_2 (煅烧) \longrightarrow ZnO + H_2O$$

固相反应能否进行，取决于固体反应物的结构和热力学函数。所有固相反应和溶液中的化学反应一样，必须遵守热力学的限制，即整个反应的吉布斯函数改变值要小于零。在满足热力学条件下，固体反应物的结构成了固相反应速率快慢的决定性因素。与液相反应一样，固相反应的发生起始于两个反应物分子的扩散接触，接着发生化学作用，其关键在于反应的引发和反应持续进行所必备的条件。室温下，充分的研磨不仅使反应的固体颗粒变小以充分接触，而且也提供了促使反应进行的微量引发热。反应物混合后一经研磨，根据热力学公式自由能变 $\Delta G = \Delta H - T\Delta S$，固体反应中熵变 $\Delta S \approx 0$，又因反应中的自由能变 $\Delta G < 0$，则反应的焓变 $\Delta H < 0$，因此，固相反应大多是放热反应，这些热使反应物分子相结合，提供了反应中的成核条件，在受热条件下，原子成核，结晶，并形成颗粒。可见，固相反应经历四个阶段，即扩散、反应、成核、生长，但由于各阶段进行的速率在不同的反应体系或同一反应体系不同的反应条件下不尽相同，使得各个阶段的特征并非清晰可辨。长期以来，一直认为高温固相反应的决率步骤是扩散或成核生长，原因就是在很高的反应温度下化学反应这一步速率极快，无法成为整个固相反应的控制步骤。而在低热条件下，化学反应这一步则可能是速率的控制步骤。

三、仪器与试剂

恒温干燥箱、马弗炉、电子天平、玛瑙研钵。

NaOH、$ZnSO_4$、无水乙醇、蒸馏水。

四、实验步骤

按 NaOH：$ZnSO_4$＝2：1 的摩尔比（其中 NaOH 5g，$ZnSO_4$ 18g）进行配料，并分别将其在玛瑙研钵中研细，混匀。紧接着加入适量的 NaCl，充分研磨 0.5～1h，研磨时反应体系释放出热量使研钵变热。然后，把上述反应制得的前驱物进行烘干，用蒸馏水洗涤并过滤后，在 100℃ 烘箱里再次烘干，随后置于 500℃ 马弗炉里煅烧 1h，即得纳米 ZnO。把煅烧后的样品研成粉末（粉末成微黄色），装入样品袋。最后，对制备的样品粉末进行 XRD 测试，并把所得 XRD 衍射图谱与标准 ZnO 的 PDF 卡片进行对比，检测产物的结晶性和纯度。

【思考题】

1. 影响纳米氧化锌尺寸和微观形貌的因素有哪些？

2. NaCl 在反应中所起到的作用是什么？

实验 8-35　三草酸合铁（Ⅲ）酸钾的制备与组成分析

一、实验目的

1. 掌握合成 $K_3Fe[(C_2O_4)_3] \cdot 3H_2O$ 的基本原理和制备方法。

2. 加深对铁（Ⅲ）和铁（Ⅱ）化合物性质的了解。

二、实验原理

三草酸合铁（Ⅲ）酸钾（含三个结晶水）为翠绿色单斜晶体，易溶于水且难溶于乙醇，110℃ 下失去结晶水，230℃ 分解。该配合物对光敏感，遇光发生分解：

$$2K_3[Fe(C_2O_4)_3] \Longrightarrow 3K_2C_2O_4 + 2FeC_2O_4(黄色) + 2CO_2$$

三草酸合铁(Ⅲ)酸钾是制备负载型活性铁催化剂的主要原料，也可直接作为某些有机反应的催化剂，因此在工业上具有一定的应用价值。其合成工艺路线有多种，如可用三氯化铁或硫酸铁与草酸钾直接合成，也可以铁屑为原料制得。

本实验以硫酸亚铁铵为原料，与草酸在酸性溶液中先制得草酸亚铁沉淀，然后以过氧化氢为氧化剂，将草酸亚铁、草酸钾和草酸反应，制得铁(Ⅲ)草酸配合物，主要反应如下：

$$(NH_4)_2Fe(SO_4)_2 + H_2C_2O_4 + 2H_2O \Longrightarrow FeC_2O_4 \cdot 2H_2O \downarrow + (NH_4)_2SO_4 + H_2SO_4$$

$$2FeC_2O_4 \cdot 2H_2O + H_2O_2 + 3K_2C_2O_4 + H_2C_2O_4 \Longrightarrow 2K_3Fe[(C_2O_4)_3] \cdot 3H_2O$$

改变溶剂的极性并加少量盐析剂（本实验采用乙醇），可析出纯的绿色单斜晶体三草酸合铁(Ⅲ)酸钾，通过化学分析确定配位离子的组成。本实验采用 $KMnO_4$ 溶液颜色的变化来测定产品中 Fe^{3+} 的含量和 $C_2O_4^{2-}$ 的含量，并确定 Fe^{3+} 和 $C_2O_4^{2-}$ 的配位比。即在酸性介质中，用 $KMnO_4$ 标准溶液滴定试液中的 $C_2O_4^{2-}$，根据 $KMnO_4$ 标准溶液的消耗量可直接计算出 $C_2O_4^{2-}$ 的质量分数，其反应式为：

$$5C_2O_4^{2-} + 2MnO_4^- + 16H^+ \Longrightarrow 10CO_2 + 2Mn^{2+} + 8H_2O$$

在上述测定草酸根后剩余的溶液中，先用锌粉将 Fe^{3+} 还原为 Fe^{2+}，再利用 $KMnO_4$ 标准溶液滴定 Fe^{2+}，其反应式为：

$$Zn + 2Fe^{3+} \Longrightarrow 2Fe^{2+} + Zn^{2+}$$

$$5Fe^{2+} + MnO_4^- + 8H^+ \Longrightarrow 5Fe^{3+} + Mn^{2+} + 4H_2O$$

根据 $KMnO_4$ 标准溶液的消耗量，可计算出 Fe^{3+} 的质量分数。

根据：

$$n(Fe^{3+}) : n(C_2O_4^{2-}) = [w(Fe^{3+})/55.8] : [w(C_2O_4^{2-})/88.0]$$

可确定 Fe^{3+} 与 $C_2O_4^{2-}$ 的配位比。

三、仪器与试剂

电子天平、抽滤装置、烧杯、电炉、移液管、容量瓶、称量瓶、锥形瓶、量筒、试管、蒸发皿、玻璃棒、滤纸、点滴板、恒温水浴槽、恒温干燥箱。

铁屑、Na_2CO_3（$0.1mol \cdot L^{-1}$）、H_2SO_4（$3mol \cdot L^{-1}$）、硫酸铵、$H_2C_2O_4$（饱和）、$K_2C_2O_4$（饱和）、KCl、KNO_3（$300g \cdot L^{-1}$）、乙醇（95%）、乙醇-丙酮混合液（1∶1）、$K_3[Fe(CN)_6]$（5%）、H_2O_2（3%）、锌粉、蒸馏水。

四、实验步骤

1. 三草酸合铁(Ⅲ)酸钾的制备

(1) 硫酸亚铁铵的制备

① 准确称量 4.2g 铁屑于锥形瓶中，加入 20mL $0.1mol \cdot L^{-1}$ Na_2CO_3 溶液，缓慢加热10min 后，用倾析法除去碱液，并用水将铁屑洗净。

② 往盛着铁屑的锥形瓶内加入 25mL $3mol \cdot L^{-1}$ H_2SO_4 溶液，80℃水浴加热，并经常取出振荡和补充水分，直至反应体系中气泡冒出速度很慢为止，再加 1mL $3mol \cdot L^{-1}$ H_2SO_4 溶液。

③ 趁热常压过滤，将滤液转移至蒸发皿中，除去过量的铁粉和杂质。

④ 另称 9.5g 固体硫酸铵，溶于装有 12.6mL 微热蒸馏水的烧杯中（20℃饱和溶液）。

⑤ 将上述饱和溶液加入③中，搅拌均匀，用酒精灯小火加热，在蒸发皿中蒸发浓缩至

溶液表面出现晶膜为止。

⑥ 将蒸发皿冷却至室温，抽滤，用少量乙醇洗涤晶体两次，晾干，得硫酸亚铁铵晶体。

（2）草酸亚铁的制备

① 取 5g 晶体于烧杯中，加入 15mL 蒸馏水和 3～4 滴 3mol·L^{-1} H_2SO_4，加热使其溶解。

② 随后，再加入 25mL 饱和草酸溶液，加热搅拌至沸腾，并维持沸腾约 4min 后，停止加热，将溶液静置，即得到黄色 $FeC_2O_4·2H_2O$ 沉淀。

③ 待 $FeC_2O_4·2H_2O$ 沉淀完全后，用总量 20mL 热蒸馏水分三次用倾析法洗涤晶体，静置，弃去上层清液，以除去可溶性杂质。

（3）三草酸合铁（Ⅲ）酸钾的制备

① 向草酸亚铁沉淀中加入 10mL 饱和 $K_2C_2O_4$ 溶液（约 364g·L^{-1}），水浴加热至 40℃，恒温下缓慢滴加 3％ H_2O_2 溶液 20mL，充分搅拌后沉淀变为深棕色。

② 取一滴悬浊液于点滴板中，加一滴 $K_3[Fe(CN)_6]$ 溶液，若有蓝色再加 H_2O_2，至检测不到 Fe(Ⅱ)。

③ 加热溶液至沸以除去过量的 H_2O_2，同时趁热加入 20mL 饱和草酸，沉淀立即溶解，溶液转为翠绿色。

④ 趁热过滤于烧杯中，冷却后，加入 25mL 95％的乙醇水溶液，于暗处放置使晶体析出，待完全析出后，抽滤，并用少量乙醇-丙酮混合液淋洗滤饼，抽干。

⑤ 将固体产物置于暗处避光晾干（也可在 50～60℃下快速干燥），称重，计算产率。

2. 三草酸合铁（Ⅲ）酸钾组成分析

（1）结晶水质量分数的测定

① 洗净两个称量瓶，在 110℃恒温干燥箱中干燥 0.5h，并于干燥器中冷却，至室温时在电子天平上称量，重复上述干燥-冷却-称量操作，直至质量恒定（两次称量相差不超过 1mg）为止。

② 在电子天平上准确称取两份固体产物各 0.5～0.6g，分别放入上述已质量恒定的两个称量瓶中，随后置于 110℃恒温干燥箱中干燥 1h，再置于干燥箱中冷却至室温，称量。

③ 重复步骤②中的干燥（改为 0.5h）-冷却-称量操作，直至质量恒定。根据称量结果计算产品结晶水的质量分数。

（2）草酸根含量的测定

① 将 $K_3Fe[(C_2O_4)_3]·3H_2O$ 在 50～60℃恒温干燥箱中干燥 1h，冷却至室温。

② 准确称取 0.2～0.3g 样品于 250mL 小烧杯中，加蒸馏水溶解后定量转移至 250mL 容量瓶中，稀释至刻度，摇匀，待测。

③ 分别取三份 25mL 试液于锥形瓶中，加入 25mL 蒸馏水和 5mL 3mol·L^{-1} H_2SO_4，用标准 0.02mol·L^{-1} $KMnO_4$ 溶液滴定。

④ 滴定时先滴入约 8mL 的 $KMnO_4$ 标准溶液，然后加热到 75～85℃，直至紫红色消失。

⑤ 再用 $KMnO_4$ 滴定热溶液，直至微红色 30s 内不消失，记下消耗 $KMnO_4$ 标准溶液的总体积，计算 $K_3Fe[(C_2O_4)_3]·3H_2O$ 中草酸根的质量分数；滴定后的溶液保留待用。

（3）铁含量的测定

① 在上述滴定过草酸根的保留溶液中加入锌粉还原，至黄色消失。

② 加热 3min，使 Fe^{3+} 完全转变为 Fe^{2+}，趁热抽滤除去多余锌粉，并用温水洗涤滤饼。

③ 滤液转入 250mL 锥形瓶中，再利用 $KMnO_4$ 溶液滴定至微红色。

④ 计算 $K_3Fe[(C_2O_4)_3] \cdot 3H_2O$ 中铁的质量分数。

根据（1）、（2）、（3）的实验结果，计算 K^+ 的质量分数，并推断出配合物的化学式。

【附注】

1. 水浴 $40^{\circ}C$ 下加热，慢慢滴加 H_2O_2，以防止 H_2O_2 分解。

2. 生成 $K_3Fe[(C_2O_4)_3] \cdot 3H_2O$ 的同时，还有 $Fe(OH)_3$ 沉淀生成。

3. Fe(Ⅱ) 未氧化完全，则后一步加入再多的草酸溶液都不能使溶液完全变透明，既不能完全转化为 $K_3Fe[(C_2O_4)_3]$ 溶液，而仍会产生难溶的 FeC_2O_4，此时应采取趁热过滤，或往沉淀上再加 H_2O_2 等补救措施。

4. 在抽滤过程中，勿用水冲洗黏附在烧杯和布氏漏斗上的绿色产品。

5. 温度不能高于 $60^{\circ}C$，否则草酸易分解：$H_2C_2O_4 \Longrightarrow H_2O + CO_2\uparrow + CO\uparrow$。

6. $KMnO_4$ 滴定 Fe^{2+} 或 $C_2O_4^{2-}$ 时，滴定速度不能太快，否则部分 $KMnO_4$ 在热溶液中分解：

$$4KMnO_4 + 2H_2SO_4 \Longrightarrow 4MnO_2 + 2K_2SO_4 + 2H_2O + 3O_2$$

7. 产物的定性分析，可采用化学分析法：

K^+ 与 $Na_3[Co(NO_2)_6]$ 在中性或稀醋酸介质中，生成亮黄色的 $K_2Na[Co(NO_2)_6]$ 沉淀：

$$2K^+ + Na^+ + [Co(NO_2)_6]^{3-} \Longrightarrow K_2Na[Co(NO_2)_6](s)$$

Fe^{3+} 与 KSCN 反应生成血红色 $Fe(NCS)_n^{3-n}$，$C_2O_4^{2-}$ 与 Ca^{2+} 生成白色沉淀 CaC_2O_4，可以判断 Fe^{3+}、$C_2O_4^{2-}$ 处于配合物的内层还是外层。

【思考题】

1. 能否用 $FeSO_4$ 代替硫酸亚铁铵来合成 $K_3Fe[(C_2O_4)_3]$？这时可用 HNO_3 代替 H_2O_2 作氧化剂，写出用 HNO_3 作氧化剂的主要反应式。你认为用哪个作氧化剂较好？为什么？

2. 通过本次无机综合性实验，请谈谈体会或对实验的建议。

实验 8-36 微波辐射合成磷酸锌

一、实验目的

掌握微波辐射合成磷酸锌的原理和方法。

二、实验原理

微波又称超高频电磁波，波长范围在 $0.1 \sim 10cm$，具有以下特点。

① 很强的穿透作用，在反应物内外同时、均匀、迅速地加热，热效率高。

② 在微波场中，反应物的转化能减少，所以反应速率加快。

③ 微波与物质相互作用是独特的非热效应，从而降低反应温度。

微波作为一种能源，正以比人们预料要快得多的速度进入化工、新材料等高技术领域，如超导材料的制备、沸石分子筛的合成、稀土发光材料的制备、超细纳米粉的制备、各种有机合成与聚合反应等。这些将成为 21 世纪最有发展前途的领域。

微波除直线传播外，还具有反射、穿透及吸收三大特性。当微波遇到金属时即会反射回来，微波不能进入导体，通常微波遇到玻璃、塑料、陶瓷等不含水分的固体物质时，它会穿透而不产生任何影响，当微波遇到含水分子等极性物质时，会被水分子吸收，使水分子在其磁场的作用下产生快速摆动和转动，摩擦产生高热。因此被微波加热的系统一定含有能吸收微波能量的介质，即有耗介质，也称极性介质。微波的这种吸收效应与物质的特性密切相关。

磷酸锌 $Zn_3(PO_4)_2 \cdot 2H_2O$ 是一种白色的新一代无毒性、无公害的防锈颜料，溶于无机酸、氨水、铵盐溶液，不溶于水、乙醇，它能有效地替代含有重金属铅、铬的传统防锈颜料。它的合成通常是用硫酸锌、磷酸和尿素在水浴加热下反应，反应过程中尿素分解放出氨气并生成铵盐，过去反应需 4h 才完成。本实验采用微波加热条件进行反应，反应时间缩短为 4～10min。反应式如下：

$$3ZnSO_4 + 2H_3PO_4 + 3(NH_2)_2CO + 7H_2O = Zn_3(PO_4)_2 \cdot 4H_2O + 3(NH_2)_2SO_4 + 3CO_2$$

该反应得到的四水合晶体在 110℃烘箱中脱水即得二水合晶体。

三、仪器与试剂

微波炉、电子天平、抽滤装置、烧杯、表面皿、量筒。

硫酸锌、尿素、磷酸、无水乙醇。

四、实验步骤

1. 称取 2g 硫酸锌于 50mL 烧杯中，加 1g 尿素和 1mL H_3PO_4，再加入 20mL 水搅拌溶解，把烧杯置于 100mL 烧杯的水浴中，盖上表面皿，放进微波炉里，以大火挡（约 650W）辐射 4～10min，烧杯里隆起白色沫状物后停止辐射加热，待烧杯冷却后取出，用蒸馏水浸取，洗涤数次并抽滤。所得晶体用水洗涤至滤液中无 SO_4^{2-}。

2. 最终产品在 110℃烘箱中脱水（约 40min）得 $Zn_3(PO_4)_2 \cdot 2H_2O$，称量，计算产率。

【附注】

1. 合成时，用作水浴的烧杯里水不要多加，否则沸腾时易溢进样品烧杯中。

2. 在合成反应完成时，溶液的 pH 值为 5～6，加尿素的目的是调节反应体系的酸碱性。晶体最好洗涤至近中性时再吸滤，否则最后会得到一些副产物杂质。

3. 微波对人体有危害，在使用时炉内不能使用金属，以免产生火花。另外，炉门一定要关紧后才可以加热，以免微波泄漏而伤害到人。

4. 微波辐射时间因微波炉功率大小而异，一般约 5min，关键是观察烧杯中溶液是否变为白色隆起沫状物（注意此白色沫状物在反应完成时迅速隆起，此时要及时关闭微波炉）。

【思考题】

1. 还有哪些制备磷酸锌的方法？

2. 为什么微波辐射加热能显著缩短反应时间，使用微波炉要注意哪些事项？

实验 8-37 对硝基酚（钠）水合物热色性材料的制备和表征

一、实验目的

1. 了解对硝基酚（钠）水合物热色性材料的变色机理。

2. 掌握 DSC 表征热色性材料的变色温度的方法。

二、实验原理

热色性材料是指随温度变化而发生颜色变化的特种功能材料。广义地说，热色性材料也包括随温度变化在可见区以外光谱有变化但可见区以内光谱没有变化的情况。热色性材料在航空航天、石油化工、电子机械、能源利用、医疗、食品等领域有着广泛的应用。从化合物的种类来分热色性材料大体可分为：金属氧化物、过渡金属配合物、有机物和聚合物等。热致变色机理大致可分为：化学平衡的移动、晶型的转变、有序和无序的转变、螺环的开合、侧基的重排以及失水和水合等。

对硝基酚不具有热色性，但对硝基酚钠及对硝基酚水合物可通过失水和水合产生热色性，结晶水的得失使其晶体结构发生变化，从而影响了其光谱性质，进而会产生颜色变化。对硝基酚（钠）水合物根据含结晶水的不同具有两种晶型，在常温下一种是橘红色，一种是黄色，加热后它们都变成深红色，并且具有可逆的热色性，即放在空气中冷却后，它们又会变回原来的颜色。本实验首先合成对硝基酚（钠）水合物，并用差示扫描量热（DSC）和 TGA 的方法确定该材料的变色温度和变色机理。

三、仪器与试剂

单口烧瓶、球形冷凝管、恒温加热磁力搅拌器、布氏漏斗及吸滤瓶、温度计、玻璃棒、表面皿、橡皮管、酒精灯。

对硝基酚、NaOH、H_2SO_4、蒸馏水、pH 试纸。

四、实验步骤

1. 对硝基酚（钠）水合物的制备

在单口烧瓶中依次加入 20mL 蒸馏水、0.8g NaOH 和 1g 对硝基酚后，将其置于水浴锅中搅拌回流约 20min，使固体化合物完全溶解，并记录此时所得溶液的颜色。

将上述溶液趁热分成两份，将其中的一份在没有完全冷却之前用稀硫酸酸化，边酸化边搅动溶液，酸化时注意控制稀硫酸的加入量，逐滴加入，直至大量晶体出现，并立即停止加稀硫酸。记录此时溶液的 pH 值。然后抽滤得到产物，并记录产物的颜色和性状。

将另一份溶液放置于室温下，使其完全冷却，此时溶液中会有少量晶体析出，再用玻璃棒搅动溶液，可产生大量的晶体。抽滤出晶体，并记录晶体颜色和性状。

2. 热色性定性测量

取少许上述两组晶体，分别放入表面皿中，用酒精灯进行均匀加热，观察并记录样品的颜色变化；然后将变色后的样品放置在空气中自然冷却，再观察并记录产物的颜色变化。

3. DSC 测试实验

用差示扫描量热计测量晶体的从室温到 150℃ 温度范围内升温和降温过程的 DSC 谱图，确定两种化合物的可逆热色性和热色变温度。

4. TGA 测量实验

通过 TGA 测量计算标定化合物在升温和降温过程中的失水和结合水的情况，并根据测试结果分析对硝基酚（钠）水合物的热致变色机理。

【思考题】

改变 DSC 测试中的升温速度会对产物的热变色温度产生什么影响？

附　　录

附录1　国际原子量表

[以原子量 $A(^{12}C)=12$ 为标准]

原子序数	名称	元素符号	原子量	原子序数	名称	元素符号	原子量	原子序数	名称	元素符号	原子量
1	氢	H	1.0079	38	锶	Sr	87.62	75	铼	Re	186.207
2	氦	He	4.002602	39	钇	Y	88.9059	76	锇	Os	190.2
3	锂	Li	6.941	40	锆	Zr	91.224	77	铱	Ir	192.22
4	铍	Be	9.01218	41	铌	Nb	92.9064	78	铂	Pt	195.08
5	硼	B	10.811	42	钼	Mo	95.94	79	金	Au	196.9665
6	碳	C	12.011	43	锝	Tc	(98)①	80	汞	Hg	200.59
7	氮	N	14.0067	44	钌	Ru	101.07	81	铊	Tl	204.383
8	氧	O	15.9994	45	铑	Rh	102.9055	82	铅	Pb	207.2
9	氟	F	18.99840	46	钯	Pd	106.42	83	铋	Bi	208.9804
10	氖	Ne	20.179	47	银	Ag	107.868	84	钋	Po	(209)
11	钠	Na	22.98977	48	镉	Cd	112.41	85	砹	At	(210)
12	镁	Mg	24.305	49	铟	In	114.82	86	氡	Rn	(222)
13	铝	Al	26.98154	50	锡	Sn	118.710	87	钫	Fr	(223)
14	硅	Si	28.0855	51	锑	Sb	121.75	88	镭	Re	226.0254
15	磷	P	30.97376	52	碲	Te	127.60	89	锕	Ac	227.0278
16	硫	S	32.066	53	碘	I	126.9045	90	钍	Th	232.0381
17	氯	Cl	35.453	54	氙	Xe	131.29	91	镤	Pa	231.0359
18	氩	Ar	39.948	55	铯	Cs	132.9054	92	铀	U	238.0289
19	钾	K	39.0983	56	钡	Ba	137.33	93	镎	Np	237.0482
20	钙	Ca	4019	57	镧	La	138.9055	94	钚	Pu	(244)
21	钪	Sc	44.95591	58	铈	Ce	140.12	95	镅	Am	(243)
22	钛	Ti	47.88	59	镨	Pr	140.9077	96	锔	Cm	(247)
23	钒	V	50.9415	60	钕	Nd	144.24	97	锫	Bk	(247)
24	铬	Cr	51.9961	61	钷	Pm	(145)	98	锎	Cf	(251)
25	锰	Mn	54.9380	62	钐	Sm	150.36	99	锿	Es	(252)
26	铁	Fe	55.847	63	铕	Eu	151.96	100	镄	Fm	(257)
27	钴	Co	58.9332	64	钆	Gd	157.25	101	钔	Md	(258)
28	镍	Ni	58.69	65	铽	Tb	158.9254	102	锘	No	(259)
29	铜	Cu	63.546	66	镝	Dy	162.50	103	铹	Lr	(262)
30	锌	Zn	65.39	67	钬	Ho	164.9304	104	𬬻	Rf	(261)
31	镓	Ga	69.723	68	铒	Er	167.26	105	𬭊	Db	(262)
32	锗	Ge	72.59	69	铥	Tm	168.9342	106	𬭶	Sg	(263)
33	砷	As	74.9216	70	镱	Yb	173.04	107	𬭳	Bh	(262)
34	硒	Se	78.96	71	镥	Lu	174.967	108	𬭁	Hs	(265)
35	溴	Br	79.904	72	铪	Hf	178.49	109	䥑	Mt	(266)
36	氪	Kr	83.80	73	钽	Ta	180.9479	110	𫟼	Ds	(269)
37	铷	Rb	85.4678	74	钨	W	183.85				

注：括号中的数值是该放射性元素已知的半衰期最长的同位素的原子量。

附录 2　国际单位制（SI）

国际单位制是 1960 年第 11 届国际计量大会所通过的国际间统一的单位制，其符号 SI 为法文 Le Système International d'Unités 的缩写。国际单位制是由 7 个基本单位、2 个辅助单位、19 个具有专门名称和符号的导出单位以及 16 个用来构成十进制倍数和分数单位的词头组成。由此出发，可以导出其他单位。

1. SI 基本单位及其定义

量的名称	单位名称	单位符号	定　义
长度	米	m	米为在时间间隔 1/299792458s 期间光在真空中所通过的路径长度
质量	千克	kg	等于保存在巴黎国际权杜衡局的铂铱合金圆柱体的千克原器的质量
时间	秒	s	秒是铯-133 原子基态的两个超精细能级之间跃迁所对应的辐射的 9192631770 个周期的持续时间
电流强度	安[培]①	A	在真空中，截面积可以忽略的两根相距 1m 的无限长平行圆直导线内通过等量恒定电流时，若导线间相互作用力在每米长度上为 2×10^{-7}N，则每根导线中的电流为 1A
热力学温度	开[尔文]	K	热力学温度单位开尔文是水三相点热力学温度的 1/273.16
发光强度	坎[德拉]	cd	坎德拉是一光源在给定方向上的发光强度，该光源发出频率为 540×10^{12} Hz 的单色辐射，且在该方向上的辐射强度为 1/683 $W \cdot sr^{-1}$
物质的量	摩[尔]	mol	摩尔是一系统的物质的量，该系统中所包含的基本单位数与 0.012kg 碳-12 的原子数目相等。在使用摩尔时，基本单位应予指明，可以是原子、分子、离子、电子及其他粒子，或是这些粒子的特定组合体

① 去掉方括号的是中文名称的全称；去掉方括号及方括号中的字，即简称。以下诸表用法相同。

2. SI 辅助单位及其定义

物理量	单位名称	单位符号	定　义
平面角	弧度	rad	弧度是圆内两条半径之间的平面角，这两条半径在圆周上所截取的弧长与半径相等
立体角	球面度	sr	球面度是一个立体角，其顶点位于球心，而它在球面上所截取的面积等于以球半径为边长的正方形面积

3. 具有专门名称和符号的 SI 导出单位

量的名称	单位名称	单位符号	表　示　式	
			用 SI 单位	用 SI 基本单位
频率	赫[兹]	Hz		s^{-1}
力,重力	牛[顿]	N		$kg \cdot m \cdot s^{-2}$
压强,压力,应力	帕[斯卡]	Pa	$N \cdot m^{-2}$	$kg \cdot m^{-1} \cdot s^{-2}$
能[量],功,热量	焦[耳]	J	$N \cdot m$	$kg \cdot m^2 \cdot s^{-2}$
功率,辐射通量	瓦[特]	W	$J \cdot s^{-1}$	$kg \cdot m^2 \cdot s^{-3}$
电荷[量]	库[仑]	C		$s \cdot A$
电压,电动势,电位(电势)	伏[特]	V	$W \cdot A^{-1}$	$kg \cdot m^2 \cdot s^{-3} \cdot A^{-1}$
电容	法[拉]	F	$C \cdot V^{-1}$	$kg^{-1} \cdot m^{-2} \cdot s^4 \cdot A^2$
电阻	欧[姆]	Ω	$V \cdot A^{-1}$	$kg \cdot m^2 \cdot s^{-3} \cdot A^{-2}$
电导	西[门子]	S	$A \cdot V^{-1}$	$kg^{-1} \cdot m^{-2} \cdot s^3 \cdot A^2$
磁通[量]	韦[伯]	Wb	$V \cdot s$	$kg \cdot m^2 \cdot s^{-2} \cdot A^{-1}$
磁通[量]密度,磁感应强度	特[斯拉]	T	$Wb \cdot m^{-2}$	$kg \cdot s^{-2} \cdot A^{-1}$
电感	亨[利]	H	$Wb \cdot A^{-1}$	$kg \cdot m^2 \cdot s^{-2} \cdot A^{-2}$
摄氏温度	摄氏度	℃		K
光通量	流[明]	lm		$cd \cdot sr$
[光]照度	勒[克斯]	lx	$lm \cdot m^{-2}$	$m^{-2} \cdot cd \cdot sr$
[放射性]活度	贝可[勒尔]	Bq		s^{-1}
吸收剂量	戈[瑞]	Gy	$J \cdot kg^{-1}$	$m^2 \cdot s^{-2}$
剂量当量	希[沃特]	Sv	$J \cdot kg^{-1}$	$m^2 \cdot s^{-2}$

4. 国际单位制（SI）词头

倍数词头	词头名称		国际符号	分数词头	词头名称		国际符号
	法文	中文			法文	中文	
10^{18}	exa	艾[可萨]	E	10^{-1}	déci	分	d
10^{15}	peta	拍[它]	P	10^{-2}	centi	厘	c
10^{12}	téra	太[拉]	T	10^{-3}	milli	毫	m
10^{9}	giga	吉[咖]	G	10^{-6}	micro	微	μ
10^{6}	méga	兆	M	10^{-9}	nano	纳[诺]	n
10^{3}	kilo	千	k	10^{-12}	pico	皮[可]	p
10^{2}	hecto	百	h	10^{-15}	femto	飞[母托]	f
10^{1}	déca	十	da	10^{-18}	atto	阿[托]	a

附录3 常见化合物的分子量表

化合物	分子量	化合物	分子量	化合物	分子量	化合物	分子量
Ag_3AsO_4	463.53	$Ca(NO_3)_2 \cdot 4H_2O$	236.15	$FeCl_2$	126.75	$Hg(CN)_2$	252.63
$AgBr$	187.77	$Ca_3(PO_4)_2$	310.18	$FeCl_2 \cdot 4H_2O$	198.81	$HgCl_2$	271.50
$AgCl$	143.32	$CaSO_4$	136.14	$FeCl_3$	162.21	Hg_2Cl_2	472.09
$AgCN$	133.89	$CdCO_3$	172.42	$FeCl_3 \cdot 6H_2O$	270.30	HgI_2	454.40
$AgSCN$	165.95	$CdCl_2$	183.32	$FeNH_4(SO_4)_2 \cdot$	482.18	$Hg_2(NO_3)_2$	525.19
Ag_2CrO_4	331.73	CdS	144.47	$12H_2O$		$Hg(NO_3)_2 \cdot 2H_2O$	561.22
AgI	234.77	$Ce(SO_4)_2$	332.24	$Fe(NO_3)_3$	241.86	$Hg(NO_3)_2$	342.60
$AgNO_3$	169.87	$CoCl_2$	129.84	$Fe(NO_3)_3 \cdot 9H_2O$	404.00	HgO	216.59
$AlCl_3$	133.34	$CoCl_2 \cdot 6H_2O$	237.93	FeO	71.846	HgS	232.65
$AlCl_3 \cdot 6H_2O$	241.43	$Co(NO_3)_2$	182.94	Fe_2O_3	159.69	$HgSO_4$	296.65
$Al(NO_3)_3$	213.00	$Co(NO_3)_2 \cdot 6H_2O$	291.03	Fe_3O_4	231.54	Hg_2SO_4	497.24
$Al(NO_3)_3 \cdot 9H_2O$	375.13	CoS	90.99	$Fe(OH)_3$	106.87	$KAl(SO_4)_2 \cdot 12H_2O$	474.38
Al_2O_3	101.96	$CoSO_4$	154.99	FeS	87.91	KBr	119.00
$Al(OH)_3$	78.00	$CoSO_4 \cdot 7H_2O$	281.10	Fe_2S_3	207.87	$KBrO_3$	167.00
$Al_2(SO_4)_3$	342.17	$Co(NH_2)_2$	60.06	$FeSO_4$	151.90	KCl	74.551
$Al_2(SO_4)_3 \cdot 18H_2O$	666.46	$CrCl_3$	158.35	$FeSO_4 \cdot 7H_2O$	278.01	$KClO_3$	122.55
As_2O_3	101.96	$CrCl_3 \cdot 6H_2O$	266.45	H_3AsO_3	125.94	$KClO_4$	138.55
As_2O_5	229.84	$Cr(NO_3)_3$	238.01	H_3AsO_4	141.94	KCN	65.116
As_2S_3	246.05	Cr_2O_3	151.99	H_3BO_3	61.83	$KSCN$	97.18
$BaCO_3$	197.34	$CuCl$	98.999	HBr	80.912	K_2CO_3	138.21
BaC_2O_4	225.35	$CuCl_2$	134.45	HCN	27.026	K_2CrO_4	194.19
$BaCl_2$	208.24	$CuCl_2 \cdot 2H_2O$	170.48	$HCOOH$	46.026	$K_2Cr_2O_7$	294.18
$BaCl_2 \cdot 2H_2O$	244.27	$CuSCN$	121.62	H_2CO_3	62.025	$K_3Fe(CN)_6$	329.35
$BaCrO_4$	253.32	CuI	190.45	$H_2C_2O_4$	90.035	$K_4Fe(CN)_6$	368.35
BaO	153.32	$Cu(NO_3)_2$	187.56	$H_2C_2O_4 \cdot 2H_2O$	126.07	$KFe(SO_4)_2 \cdot 12H_2O$	503.24
$Ba(OH)_2$	171.34	$Cu(NO_3)_2 \cdot 3H_2O$	241.60	HCl	36.461	$KHC_2O_4 \cdot H_2O$	146.14
$BaSO_4$	233.39	CuO	70.545	HF	20.006	$KHC_4H_4O_3$	188.18
$BiCl_3$	315.34	Cu_2O	143.09	HI	127.91	$KHSO_4$	136.16
$BiOCl$	260.43	CuS	95.61	HIO_3	175.91	KI	166.00
$Ba(OH)_2$	74.09	$CuSO_4$	159.60	HNO_3	63.013	KIO_3	214.00
CO_2	44.01	$CuSO_4 \cdot 5H_2O$	249.68	HNO_2	47.013	$KIO_3 \cdot HIO_3$	389.91
CaO	56.08	CH_3COOH	60.052	H_2O	18.015	$KMnO_4$	158.03
$CaCO_3$	100.09	$CH_3COONa \cdot 3H_2O$	136.08	H_2O_2	34.015	$KNaC_4H_4O_6 \cdot 4H_2O$	282.22
CaC_2O_4	128.10	CH_3COONa	82.034	H_3PO_4	97.995	KNO_3	101.10
$CaCl_2$	110.99	$C_4H_8N_2O_2$	116.12	H_2S	34.08	KNO_2	85.104
$CaCl_2 \cdot 6H_2O$	219.08	$C_6H_4COOHCOOK$	204.23	H_2SO_3	82.07	K_2O	94.196
CaF_2	78.08	$(C_9H_7N)_3H_3PO_4 \cdot$ $12MoO_3$	2212.7	H_2SO_4	98.07	KOH	56.106

化合物	分子量	化合物	分子量	化合物	分子量	化合物	分子量
K_2SO_4	174.25	$(NH_4)_2HPO_4$	132.06	$Na_2S_2O_3$	158.10	SiF_4	104.08
$MgCO_3$	84.314	$(NH_4)_3PO_4 \cdot 12MoO_3$	1876.3	$Na_2S_2O_3 \cdot 5H_2O$	248.17	SiO_2	60.084
$MgCl_2$	95.211	$(NH_4)_2S$	68.14	$Ni(C_4H_7N_2O_2)_2$	288.91	$SnCl_2$	189.60
$MgCl_2 \cdot 6H_2O$	203.30	$(NH_4)_2SO_4$	132.13	$NiCl_2 \cdot 6H_2O$	237.69	$SnCl_2 \cdot 2H_2O$	225.63
MgC_2O_4	112.33	NH_4VO_3	116.98	NiO	74.69	$SnCl_4$	260.50
$Mg(NO_3)_2 \cdot 6H_2O$	256.41	Na_3AsO_3	191.89	$Ni(NO_3)_2 \cdot 6H_2O$	290.79	$SnCl_4 \cdot 5H_2O$	350.58
MgO	40.304	NaB_4O_7	201.22	NiS	90.75	SnO_2	150.69
$Mg(OH)_2$	58.32	$NaB_4O_7 \cdot 10H_2O$	381.37	$NiSO_4 \cdot 7H_2O$	280.35	SnS	150.75
$Mg_2P_2O_7$	222.35	$NaBiO_3$	279.97	P_2O_5	141.94	$SrCO_3$	147.63
$MgSO_4 \cdot 7H_2O$	246.47	$NaCN$	49.007	$PbCO_3$	267.20	SrC_2O_4	175.64
$MnCO_3$	114.95	$NaSCN$	81.07	PbC_2O_4	295.22	$SrCrO_4$	203.61
$MnCl_2 \cdot 4H_2O$	197.91	Na_2CO_3	105.99	$PbCl_2$	278.10	$Sr(NO_3)_2$	211.63
$Mn(NO_3)_2 \cdot 6H_2O$	287.04	$Na_2CO_3 \cdot 10H_2O$	286.14	$PbCrO_4$	323.20	$Sr(NO_3)_2 \cdot 4H_2O$	283.69
MnO	70.937	$Na_2C_2O_4$	134.00	$Pb(CH_3COO)_2$	325.30	$SrSO_4$	183.68
MnO_2	86.937	$NaCl$	58.443	$Pb(CH_3COO)_2 \cdot 3H_2O$	379.30	$UO_2(CH_3COO)_2 \cdot 2H_2O$	424.15
MnS	87.00	$NaClO$	74.442	PbI_2	461.01	$ZnCO_3$	125.39
$MnSO_4$	151.00	$NaHCO_3$	84.007	$Pb(NO_3)_2$	331.20	ZnC_2O_4	153.40
$MnSO_4 \cdot 4H_2O$	233.06	Na_2HPO_4	141.96	PbO	223.20	$ZnCl_2$	136.29
NO	30.006	$Na_2HPO_4 \cdot 12H_2O$	358.14	PbO_2	239.20	$Zn(CH_3COO)_2$	183.47
NO_2	46.006	$NaNO_2$	68.995	Pb_3O_4	685.6	$Zn(CH_3COO)_2 \cdot 2H_2O$	219.50
NH_3	17.03	$NaNO_3$	84.995	$Pb_3(PO_4)_2$	811.54	$Zn(NO_3)_2$	189.39
CH_3COONH_4	77.083	Na_2O	61.979	PbS	239.30	$Zn(NO_3)_2 \cdot 6H_2O$	297.48
NH_4Cl	53.491	Na_2O_2	77.978	$PbSO_4$	303.30	ZnO	81.38
$(NH_4)_2CO_3$	96.086	$NaOH$	39.997	SO_3	80.06	ZnS	97.44
$(NH_4)_2C_2O_4 \cdot H_2O$	142.11	Na_3PO_4	163.94	SO_2	64.06	$ZnSO_4$	161.44
NH_4HCO_3	79.055	Na_2S	78.04	$SbCl_3$	228.11	$ZnSO_4 \cdot 7H_2O$	287.54
NH_4SCN	76.12	$Na_2S \cdot 9H_2O$	240.18	$SbCl_5$	299.02		
$(NH_4)_2MoO_4$	196.01	Na_2SO_3	126.04	Sb_2O_3	291.50		
NH_4NO_3	80.043	Na_2SO_4	142.04	Sb_2S_3	339.68		

附录 4　常用弱酸及弱碱的解离常数

（293～298K）

名　称	化　学　式	K_a	pK_a
亚砷酸	$HAsO_2$	6.0×10^{-10}	9.22
砷酸	H_3AsO_4	$5.62 \times 10^{-3}(K_1)$	2.25
		$1.70 \times 10^{-7}(K_2)$	6.77
		$3.95 \times 10^{-12}(K_3)$	11.40
偏铝酸	$HAlO_2$	6.3×10^{-13}	12.20
硼酸	H_3BO_3	7.3×10^{-10}	9.14
碳酸	H_2CO_3	$4.3 \times 10^{-7}(K_1)$	6.37
		$5.6 \times 10^{-11}(K_2)$	10.25
氢氰酸	HCN	4.93×10^{-10}	9.31
铬酸	H_2CrO_4	$1.8 \times 10^{-1}(K_1)$	0.74
		$3.2 \times 10^{-7}(K_2)$	6.49
氢氟酸	HF	3.53×10^{-4}	3.45
氢硫酸	H_2S	$9.1 \times 10^{-8}(K_1)$	7.04
		$1.2 \times 10^{-15}(K_2)$	14.92

名　称	化　学　式	K_a	pK_a
亚硝酸	HNO_2	4.6×10^{-4}	3.34
过氧化氢	H_2O_2	2.4×10^{-12}	11.62
磷酸	H_3PO_4	$7.52 \times 10^{-3}(K_1)$	2.12
		$6.23 \times 10^{-8}(K_2)$	7.21
		$2.2 \times 10^{-13}(K_3)$	12.66
焦磷酸	$H_4P_2O_7$	$3.0 \times 10^{-2}(K_1)$	1.52
		$4.4 \times 10^{-3}(K_2)$	2.36
		$2.5 \times 10^{-7}(K_3)$	6.60
		$5.6 \times 10^{-10}(K_4)$	9.25
亚磷酸	H_3PO_3	$1.0 \times 10^{-2}(K_1)$	2.00
		$2.6 \times 10^{-7}(K_2)$	6.59
硫氰酸	HSCN	1.4×10^{-1}	0.85
偏硅酸	H_2SiO_3	$1.7 \times 10^{-10}(K_1)$	9.97
		$1.6 \times 10^{-12}(K_2)$	11.80
硫酸	H_2SO_4	1.2×10^{-2}	1.92
亚硫酸	H_2SO_3	$1.54 \times 10^{-2}(K_1)$	1.81
		$1.02 \times 10^{-7}(K_2)$	6.99
甲酸	HCOOH	1.77×10^{-4}	3.75
乙酸	CH_3COOH	1.76×10^{-5}	4.75
丙酸	C_2H_5COOH	1.34×10^{-5}	4.87
抗坏血酸	$C_6H_8O_6$	$7.94 \times 10^{-5}(K_1)$	4.10
		$1.62 \times 10^{-12}(K_2)$	11.79
草酸	$H_2C_2O_4 \cdot 2H_2O$	$5.9 \times 10^{-2}(K_1)$	1.23
		$6.4 \times 10^{-5}(K_2)$	4.19
水杨酸	$C_6H_4OHCOOH$	$1.00 \times 10^{-3}(K_1)$	3.00
		$4.2 \times 10^{-13}(K_2)$	12.38
磺基水杨酸	$C_6H_3SO_3HOHCOOH$	$4.7 \times 10^{-3}(K_1)$	2.33
		$4.8 \times 10^{-12}(K_2)$	11.32
酒石酸	$H_2C_4H_4O_6$	$9.6 \times 10^{-4}(K_1)$	3.02
		$4.4 \times 10^{-5}(K_2)$	4.36
邻苯二甲酸	$(o)C_6H_4 \cdot 2COOH$	$1.1 \times 10^{-3}(K_1)$	2.95
		$3.9 \times 10^{-6}(K_2)$	5.41
柠檬酸	$H_3OHC_6H_4O_6$	$7.0 \times 10^{-4}(K_1)$	3.15
		$1.8 \times 10^{-5}(K_2)$	4.47
		$4.0 \times 10^{-7}(K_3)$	6.40
苹果酸	$HOOCCHOHCH_2COOH$	$3.88 \times 10^{-4}(K_1)$	3.41
		$7.80 \times 10^{-6}(K_2)$	5.11
苯甲酸	C_6H_5COOH	6.2×10^{-5}	4.21
苯酚	C_6H_5OH	1.1×10^{-10}	9.95
乳酸	$CH_3CHOHCOOH$	1.4×10^{-4}	3.86
乙二胺四乙酸(EDTA)	$(HOOCCH_2)_2NCH_2CH_2N(CH_2COOH)_2$	$1.0 \times 10^{-2}(K_1)$	2.00
		$2.14 \times 10^{-3}(K_2)$	2.67
		$6.92 \times 10^{-7}(K_3)$	6.16
		$5.50 \times 10^{-11}(K_4)$	10.26
二亚乙基三胺五乙酸(DTPA)	$HOOCCH_2N[CH_2CH_2N(CH_2COOH)_2]_2$	$1.29 \times 10^{-2}(K_1)$	1.89
		$1.62 \times 10^{-3}(K_2)$	2.79
		$5.13 \times 10^{-5}(K_3)$	4.29
		$2.46 \times 10^{-9}(K_4)$	8.61
		$3.81 \times 10^{-11}(K_5)$	10.42
邻二氮菲	$C_{12}H_8N_2$	1.1×10^{-5}	4.96
8-羟基喹啉	C_9H_6NOH	$9.6 \times 10^{-6}(K_1)$	5.02
		$1.55 \times 10^{-10}(K_2)$	9.81

附录5 难溶化合物的溶度积

难溶化合物	溶度积	难溶化合物	溶度积	难溶化合物	溶度积
AgAc	1.94×10^{-3}	$Co_3(PO_4)_2$	2.05×10^{-35}	$MgC_2O_4 \cdot 2H_2O$	4.83×10^{-6}
AgBr	5.35×10^{-13}	$Co_2[Fe(CN)_6]$	1.8×10^{-15}	$MgNH_4PO_4$	2.5×10^{-13}
AgCl	1.77×10^{-10}	α-CoS	4×10^{-21}	$Mg_3(PO_4)_2$	9.86×10^{-25}
AgI	8.51×10^{-17}	β-CoS	2.0×10^{-25}	$MnCO_3$	2.24×10^{-11}
Ag_2CO_3	8.45×10^{-12}	$Cr(OH)_2$	2×10^{-6}	$Mn(OH)_2$	2.06×10^{-13}
AgOH	2.0×10^{-8}	$Cr(OH)_3$	6.3×10^{-31}	MnS	4.65×10^{-14}
$Ag_2C_2O_4$	5.4×10^{-12}	CuBr	6.27×10^{-9}	$MnC_2O_4 \cdot 2H_2O$	1.70×10^{-7}
Ag_2CrO_4	1.12×10^{-12}	CuCl	1.72×10^{-7}	$NiCO_3$	1.42×10^{-7}
$Ag_2Cr_2O_7$	2.0×10^{-7}	CuI	1.27×10^{-12}	$Ni(OH)_2$(新制备)	2.0×10^{-15}
Ag_2S	6.69×10^{-50}	$CuCO_3$	1.4×10^{-10}	NiS	1.07×10^{-21}
Ag_3PO_4	8.88×10^{-17}	$Cu(OH)_2$	2.2×10^{-20}	$PbBr_2$	6.60×10^{-6}
Ag_2SO_4	1.20×10^{-5}	CuC_2O_4	4.43×10^{-10}	$PbCl_2$	1.17×10^{-5}
$Ag[Ag(CN)_2]$	7.2×10^{-11}	$CuCrO_4$	3.6×10^{-6}	PbF_2	7.12×10^{-7}
AgSCN	1.03×10^{-12}	Cu_2S	2.26×10^{-48}	PbI_2	8.49×10^{-9}
$Al(OH)_3$(无定形)	1.3×10^{-33}	CuS	1.27×10^{-36}	$Pb(OH)_2$	1.2×10^{-15}
$AlPO_4$	9.83×10^{-21}	$Cu_3(PO_4)_2$	1.39×10^{-37}	$PbCO_3$	1.46×10^{-13}
BaF_2	1.84×10^{-7}	$Cu_2[Fe(CN)_6]$	1.3×10^{-16}	$PbCrO_4$	2.8×10^{-13}
$BaCO_3$	2.58×10^{-9}	CuSCN	1.77×10^{-13}	PbS	9.04×10^{-29}
$BaC_2O_4 \cdot H_2O$	1.2×10^{-7}	$FeCO_3$	3.07×10^{-11}	PbC_2O_4	8.51×10^{-10}
$BaCrO_4$	1.17×10^{-10}	$Fe(OH)_2$	4.87×10^{-17}	$PbSO_4$	1.82×10^{-8}
$BaSO_4$	1.07×10^{-10}	$Fe(OH)_3$	2.64×10^{-39}	$Pb_3(PO_4)_2$	8.0×10^{-43}
$Be(OH)_2$(无定形)	1.6×10^{-22}	$FeC_2O_4 \cdot 2H_2O$	3.2×10^{-7}	SnS	3.25×10^{-28}
$Bi(OH)_3$	4.0×10^{-31}	FeS	1.59×10^{-19}	$Sn(OH)_2$	5.45×10^{-25}
Bi_2S_3	1.82×10^{-99}	$FePO_4 \cdot 2H_2O$	9.92×10^{-29}	$Sn(OH)_4$	1×10^{-56}
CaF_2	1.46×10^{-10}	$Fe_4[Fe(CN)_6]_3$	3.3×10^{-41}	SrF_2	4.33×10^{-9}
$CaCO_3$	4.96×10^{-9}	Hg_2Cl_2	1.45×10^{-18}	$SrCO_3$	5.6×10^{-10}
$Ca(OH)_2$	4.68×10^{-6}	Hg_2I_2	5.33×10^{-29}	$SrCrO_4$	2.2×10^{-5}
$CaC_2O_4 \cdot H_2O$	2.34×10^{-9}	HgI_2	2.82×10^{-29}	$Sr(OH)_2$	9×10^{-4}
$CaCrO_4$	7.1×10^{-4}	Hg_2CO_3	1.45×10^{-18}	$SrC_2O_4 \cdot H_2O$	1.6×10^{-7}
$CaHPO_4$	1×10^{-7}	$Hg_2C_2O_4$	1.75×10^{-13}	$SrSO_4$	3.44×10^{-7}
$Ca_3(PO_4)_2$	2.07×10^{-33}	Hg_2CrO_4	2.0×10^{-9}	$Sr_3(PO_4)_2$	4.1×10^{-28}
$CaSO_4$	7.1×10^{-5}	Hg_2S	1.0×10^{-47}	γ-$Zn(OH)_2$	4.86×10^{-16}
$CdCO_3$	6.18×10^{-12}	HgS(黑色)	6.44×10^{-53}	$ZnCO_3$	1.19×10^{-10}
$Cd(OH)_2$(新制备)	5.27×10^{-15}	HgS(红色)	2.0×10^{-53}	ZnS	2.93×10^{-25}
CdS	1.40×10^{-29}	Hg_2SO_4	7.99×10^{-7}	$ZnC_2O_4 \cdot H_2O$	1.37×10^{-9}
$Cd_3(PO_4)_2$	2.53×10^{-33}	$Hg_2(SCN)_2$	3.12×10^{-20}	$Zn_3(PO_4)_2$	9.0×10^{-33}
$CoCO_3$	1.4×10^{-13}	$K_2Na[Co(NO_2)_6]$	2.2×10^{-11}	$Zn_2[Fe(CN)_6]$	4.0×10^{-16}
$Co(OH)_2$(新制备)	1.09×10^{-15}	$MgCO_3$	6.82×10^{-6}		
$Co(OH)_3$	1.6×10^{-44}	$Mg(OH)_2$	5.61×10^{-12}		

注：大部分数据摘自 R. C. West. Handbook of Chemistry and Physics，B 207～208. 70th ed. 1989-1990。

附录6 某些配离子的稳定常数

(293~298K，$I \approx 0$)

配离子	$K^{\ominus}_{稳}$	$\lg K^{\ominus}_{稳}$	配离子	$K^{\ominus}_{稳}$	$\lg K^{\ominus}_{稳}$
$[Ag(NH_3)_2]^+$	1.7×10^7	7.23	$[Ni(CN)_4]^{2-}$	2.00×10^{31}	31.3
$[Cd(NH_3)_4]^{2+}$	1.32×10^7	7.12	$[Zn(CN)_4]^{2-}$	5.01×10^{16}	16.7
$[Co(NH_3)_6]^{2+}$	1.29×10^5	5.11	$[Ag(Ac)_2]^-$	4.37	0.64
$[Co(NH_3)_6]^{3+}$	1.59×10^{35}	35.2	$[Cu(Ac)_4]^{2-}$	1.54×10^3	3.20
$[Cu(NH_3)_4]^{2+}$	2.09×10^{13}	13.32	$[Pb(Ac)_4]^{2-}$	3.16×10^8	8.50
$[Ni(NH_3)_6]^{2+}$	5.50×10^8	8.74	$[Al(C_2O_4)_3]^{3-}$	2.00×10^{16}	16.30
$[Zn(NH_3)_4]^{2+}$	2.88×10^9	9.46	$[Fe(C_2O_4)_3]^{3-}$	1.58×10^{20}	20.20
$[Zn(OH)_4]^{2-}$	4.57×10^{17}	17.66	$[Fe(C_2O_4)_3]^{4-}$	1.66×10^5	5.22
$[Ag(SCN)_2]^-$	3.72×10^7	7.57	$[Zn(C_2O_4)_3]^{4-}$	1.41×10^8	8.15
$[Co(SCN)_4]^{2-}$	1.00×10^3	3.00	$[Cd(en)_3]^{2+}$	1.23×10^{12}	12.09
$[Fe(SCN)_2]^+$	2.29×10^3	3.36	$[Co(en)_3]^{2+}$	8.71×10^{13}	13.94
$[Hg(SCN)_4]^{2-}$	1.70×10^{21}	21.23	$[Co(en)_3]^{3+}$	4.90×10^{48}	48.69
$[Zn(SCN)_4]^{2-}$	41.7	1.62	$[Cu(en)_3]^{2+}$	1.00×10^{21}	21.00
$[AlF_6]^{3-}$	6.92×10^{19}	19.84	$[Fe(en)_3]^{2+}$	5.01×10^9	9.70
$[FeF_6]^{3-}$	1.0×10^{16}	16.0	$[Ni(en)_3]^{2+}$	2.14×10^{18}	18.33
$[AgCl_2]^-$	1.10×10^5	5.04	$[Zn(en)_3]^{2+}$	1.29×10^{14}	14.11
$[CdCl_4]^{2-}$	6.31×10^2	2.80	$[AgY]^{3-}$	2.0×10^7	7.30
$[CuCl_4]^{2-}$	3.47×10^2	2.54	$[AlY]^-$	1.29×10^{16}	16.11
$[HgCl_4]^{2-}$	1.17×10^{15}	15.07	$[BaY]^{2-}$	6.03×10^7	7.78
$[PbCl_3]^-$	1.70×10^3	3.23	$[CaY]^{2-}$	1.00×10^{11}	11.00
$[SnCl_4]^{2-}$	30.2	1.48	$[CdY]^{2-}$	2.51×10^{16}	16.40
$[AgBr_2]^-$	2.14×10^7	7.33	$[CoY]^{2-}$	2.04×10^{16}	16.31
$[AgI_3]^{2-}$	4.79×10^{13}	13.68	$[CoY]^-$	1.00×10^{36}	36
$[CdI_4]^{2-}$	2.57×10^5	5.41	$[CuY]^{2-}$	5.01×10^{18}	18.70
$[HgI_4]^{2-}$	6.76×10^{29}	29.83	$[FeY]^{2-}$	2.14×10^{14}	14.33
$[Ag(CN)_2]^-$	1.26×10^{21}	21.10	$[FeY]^-$	1.70×10^{24}	24.23
$[Au(CN)_2]^-$	2.00×10^{38}	38.30	$[HgY]^{2-}$	6.31×10^{21}	21.80
$[Cd(CN)_4]^{2-}$	6.03×10^{18}	18.78	$[MgY]^{2-}$	4.37×10^8	8.64
$[Cu(CN)_4]^{2-}$	2.00×10^{30}	30.30	$[MnY]^{2-}$	6.31×10^{13}	13.80
$[Fe(CN)_6]^{4-}$	1.00×10^{35}	35	$[NiY]^{2-}$	3.63×10^{18}	18.56
$[Fe(CN)_6]^{3-}$	1.00×10^{42}	42	$[PbY]^{2-}$	2.00×10^{18}	18.30
$[Hg(CN)_4]^{2-}$	2.51×10^{41}	41.4	$[ZnY]^{2-}$	2.51×10^{16}	16.40

注：大部分数据摘自 J. A. Dean. Lange's Handbook of Chemistry. 13th ed. 1985。

附录7 常见沉淀的 pH 条件

1. 金属氧化物沉淀物的 pH

氢氧化物	开始沉淀时的 pH		沉淀完全时的 pH(残留离子浓度 $<10^{-5}$ mol·L^{-1})	沉淀开始溶解时的 pH	沉淀完全溶解时的 pH
	初浓度$[M^{n+}]$ 1mol·L^{-1}	初浓度$[M^{n+}]$ 0.01mol·L^{-1}			
$Sn(OH)_4$	0	0.5	1	13	15
$TiO(OH)_2$	0	0.5	2.0		
$Sn(OH)_2$	0.9	2.1	4.7	10	13.5
$ZrO(OH)_2$	1.3	2.3	3.8		
HgO	1.3	2.4	5.0	11.5	

氢氧化物	开始沉淀时的 pH		沉淀完全时的 pH(残留离子浓度 $<10^{-5}\,mol\cdot L^{-1}$)	沉淀开始溶解时的 pH	沉淀完全溶解时的 pH
	初浓度[M^{n+}] $1\,mol\cdot L^{-1}$	初浓度[M^{n+}] $0.01\,mol\cdot L^{-1}$			
$Fe(OH)_3$	1.5	2.3	4.1	14	
$Al(OH)_3$	3.3	4.0	5.2	7.8	10.8
$Cr(OH)_3$	4.0	4.9	6.8	12	15
$Be(OH)_2$	5.2	6.2	8.8		
$Zn(OH)_2$	5.4	6.4	8.0	10.5	12~13
Ag_2O	6.2	8.2	11.2	12.7	
$Fe(OH)_2$	6.5	7.5	9.7	13.5	
$Co(OH)_2$	6.6	7.6	9.2	14.1	
$Ni(OH)_2$	6.7	7.7	9.5		
$Cd(OH)_2$	7.2	8.2	9.7		
$Mn(OH)_2$	7.8	8.8	10.4		
$Mg(OH)_2$	9.4	10.4	12.4	14	
$Th(OH)_4$		0.5			
$Ce(OH)_4$		0.8	1.2		
$Pb(OH)_2$		7.2	8.7	10	13
H_2UO_4		3.6	5.1		

2. 沉淀金属硫化物的 pH

pH	被 H_2S 所沉淀的金属
1	铜组:Cu、Ag、Hg、Pb、Bi、Cd;砷组:As、Au、Pt、Sb、Mo
2~3	Zn、Ti
5~6	Co、Ni
>7	Mn、Fe

3. 溶液中金属硫化物能沉淀时的盐酸最高浓度

硫化物	Ag_2S	HgS	CuS	Sb_2S_3	Bi_2S_3	SnS_2	CdS	PbS	SnS	ZnS	CoS	NiS	FeS	MnS
盐酸浓度 $/mol\cdot L^{-1}$	12	7.5	7.0	3.7	2.5	2.3	0.7	0.35	0.30	0.02	0.001	0.001	0.0001	0.00008

附录 8 标准电极电位

(298.16K)

1. 在酸性溶液中

电极反应	$\varphi^{\ominus}/V$	电极反应	$\varphi^{\ominus}/V$
$Ag^+ + e^- \rightleftharpoons Ag$	0.7996	$Ag_2S + 2H^+ + 2e^- \rightleftharpoons 2Ag + H_2S$	-0.0366
$Ag^{2+} + e^- \rightleftharpoons Ag^+$	1.980	$AgSCN + e^- \rightleftharpoons Ag + SCN^-$	0.08951
$AgAc + e^- \rightleftharpoons Ag + Ac^-$	0.643	$Ag_2SO_4 + 2e^- \rightleftharpoons 2Ag + SO_4^{2-}$	0.654
$AgBr + e^- \rightleftharpoons Ag + Br^-$	0.07133	$Al^{3+} + 3e^- \rightleftharpoons Al$	-1.662
$Ag_2BrO_3 + e^- \rightleftharpoons 2Ag + BrO_3^-$	0.546	$AlF_6^{3-} + 3e^- \rightleftharpoons Al + 6F^-$	-2.069
$Ag_2C_2O_4 + 2e^- \rightleftharpoons 2Ag + C_2O_4^{2-}$	0.4647	$As_2O_3 + 6H^+ + 6e^- \rightleftharpoons 2As + 3H_2O$	0.234
$AgCl + e^- \rightleftharpoons Ag + Cl^-$	0.22233	$H_3AsO_4 + 2H^+ + 2e^- \rightleftharpoons HAsO_2 + 2H_2O$	0.560
$Ag_2CO_3 + 2e^- \rightleftharpoons 2Ag + CO_3^{2-}$	0.47	$Au^+ + e^- \rightleftharpoons Au$	1.692
$Ag_2CrO_4 + 2e^- \rightleftharpoons 2Ag + CrO_4^{2-}$	0.4470	$Au^{3+} + 3e^- \rightleftharpoons Au$	1.498
$AgF + e^- \rightleftharpoons Ag + F^-$	0.779	$AuCl_4^- + 3e^- \rightleftharpoons Au + 4Cl^-$	1.002
$AgI + e^- \rightleftharpoons Ag + I^-$	-0.15224	$Au^{3+} + 2e^- \rightleftharpoons Au^+$	1.401

电极反应	$\varphi^{\ominus}/V$	电极反应	$\varphi^{\ominus}/V$
$H_3BO_3+3H^++3e^-\!\!=\!\!=\!\!B+3H_2O$	-0.8698	$Fe^{3+}+3e^-\!\!=\!\!=\!\!Fe$	-0.037
$Ba^{2+}+2e^-\!\!=\!\!=\!\!Ba$	-2.912	$Fe^{3+}+e^-\!\!=\!\!=\!\!Fe^{2+}$	0.771
$Ba^{2+}+2e^-\!\!=\!\!=\!\!Ba(Hg)$	-1.570	$[Fe(CN)_6]^{3-}+e^-\!\!=\!\!=\![Fe(CN)_6]^{4-}$	0.358
$Be^{2+}+2e^-\!\!=\!\!=\!\!Be$	-1.847	$FeO_4^{2-}+8H^++3e^-\!\!=\!\!=\!\!Fe^{3+}+4H_2O$	2.20
$BiCl_4^-+3e^-\!\!=\!\!=\!\!Bi+4Cl^-$	0.16	$Ga^{3+}+3e^-\!\!=\!\!=\!\!Ga$	-0.560
$Bi_2O_4+4H^++2e^-\!\!=\!\!=\!\!2BiO^++2H_2O$	1.593	$2H^++2e^-\!\!=\!\!=\!\!H_2$	0.00000
$BiO^++2H^++3e^-\!\!=\!\!=\!\!Bi+H_2O$	0.320	$H_2(g)+2e^-\!\!=\!\!=\!\!2H^-$	-2.23
$BiOCl+2H^++3e^-\!\!=\!\!=\!\!Bi+Cl^-+H_2O$	0.1583	$HO_2+H^++e^-\!\!=\!\!=\!\!H_2O_2$	1.495
$Br_2(aq)+2e^-\!\!=\!\!=\!\!2Br^-$	1.0873	$H_2O_2+2H^++2e^-\!\!=\!\!=\!\!2H_2O$	1.776
$Br_2(l)+2e^-\!\!=\!\!=\!\!2Br^-$	1.066	$Hg^{2+}+2e^-\!\!=\!\!=\!\!Hg$	0.851
$HBrO+H^++2e^-\!\!=\!\!=\!\!Br^-+H_2O$	1.331	$2Hg^{2+}+2e^-\!\!=\!\!=\!\!Hg_2^{2+}$	0.920
$HBrO+H^++e^-\!\!=\!\!=\!\!1/2Br_2(aq)+H_2O$	1.574	$Hg_2^{2+}+2e^-\!\!=\!\!=\!\!2Hg$	0.7973
$HBrO+H^++e^-\!\!=\!\!=\!\!1/2Br_2(l)+H_2O$	1.596	$Hg_2Br_2+2e^-\!\!=\!\!=\!\!2Hg+2Br^-$	0.13923
$BrO_3^-+6H^++5e^-\!\!=\!\!=\!\!1/2Br_2+3H_2O$	1.482	$Hg_2Cl_2+2e^-\!\!=\!\!=\!\!2Hg+2Cl^-$	0.26808
$BrO_3^-+6H^++6e^-\!\!=\!\!=\!\!Br^-+3H_2O$	1.423	$Hg_2I_2+2e^-\!\!=\!\!=\!\!2Hg+2I^-$	-0.0405
$Ca^{2+}+2e^-\!\!=\!\!=\!\!Ca$	-2.868	$Hg_2SO_4+2e^-\!\!=\!\!=\!\!2Hg+SO_4^{2-}$	0.6125
$Cd^{2+}+2e^-\!\!=\!\!=\!\!Cd$	-0.4030	$I_2+2e^-\!\!=\!\!=\!\!2I^-$	0.5355
$CdSO_4+2e^-\!\!=\!\!=\!\!Cd+SO_4^{2-}$	-0.246	$I_3^-+2e^-\!\!=\!\!=\!\!3I^-$	0.536
$Cd^{2+}+2e^-\!\!=\!\!=\!\!Cd(Hg)$	-0.3521	$H_5IO_6+H^++2e^-\!\!=\!\!=\!\!IO_3^-+3H_2O$	1.601
$Ce^{3+}+3e^-\!\!=\!\!=\!\!Ce$	-2.483	$2HIO+2H^++2e^-\!\!=\!\!=\!\!I_2+2H_2O$	1.439
$Cl_2(g)+2e^-\!\!=\!\!=\!\!2Cl^-$	1.35827	$HIO+H^++2e^-\!\!=\!\!=\!\!I^-+H_2O$	0.987
$HClO+H^++e^-\!\!=\!\!=\!\!1/2Cl_2+H_2O$	1.611	$2IO_3^-+12H^++10e^-\!\!=\!\!=\!\!I_2+6H_2O$	1.195
$HClO+H^++2e^-\!\!=\!\!=\!\!Cl^-+H_2O$	1.482	$IO_3^-+6H^++6e^-\!\!=\!\!=\!\!I^-+3H_2O$	1.085
$ClO_2+H^++e^-\!\!=\!\!=\!\!HClO_2$	1.277	$In^{3+}+2e^-\!\!=\!\!=\!\!In^+$	-0.443
$HClO_2+2H^++2e^-\!\!=\!\!=\!\!HClO+H_2O$	1.645	$In^{3+}+3e^-\!\!=\!\!=\!\!In$	-0.3382
$HClO_2+3H^++3e^-\!\!=\!\!=\!\!1/2Cl_2+2H_2O$	1.628	$Ir^{3+}+3e^-\!\!=\!\!=\!\!Ir$	1.159
$HClO_2+3H^++4e^-\!\!=\!\!=\!\!Cl^-+2H_2O$	1.570	$K^++e^-\!\!=\!\!=\!\!K$	-2.931
$ClO_3^-+2H^++e^-\!\!=\!\!=\!\!ClO_2+H_2O$	1.152	$La^{3+}+3e^-\!\!=\!\!=\!\!La$	-2.522
$ClO_3^-+3H^++2e^-\!\!=\!\!=\!\!HClO_2+H_2O$	1.214	$Li^++e^-\!\!=\!\!=\!\!Li$	-3.0401
$ClO_3^-+6H^++5e^-\!\!=\!\!=\!\!1/2Cl_2+3H_2O$	1.47	$Mg^{2+}+2e^-\!\!=\!\!=\!\!Mg$	-2.372
$ClO_3^-+6H^++6e^-\!\!=\!\!=\!\!Cl^-+3H_2O$	1.451	$Mn^{2+}+2e^-\!\!=\!\!=\!\!Mn$	-1.185
$ClO_4^-+2H^++2e^-\!\!=\!\!=\!\!ClO_3^-+H_2O$	1.189	$Mn^{3+}+e^-\!\!=\!\!=\!\!Mn^{2+}$	1.5415
$ClO_4^-+8H^++7e^-\!\!=\!\!=\!\!1/2Cl_2+4H_2O$	1.39	$MnO_2+4H^++2e^-\!\!=\!\!=\!\!Mn^{2+}+2H_2O$	1.224
$ClO_4^-+8H^++8e^-\!\!=\!\!=\!\!Cl^-+4H_2O$	1.389	$MnO_4^-+e^-\!\!=\!\!=\!\!MnO_4^{2-}$	0.558
$HAsO_2+3H^++3e^-\!\!=\!\!=\!\!As+2H_2O$	0.248	$MnO_4^-+4H^++3e^-\!\!=\!\!=\!\!MnO_2+2H_2O$	1.679
$Co^{2+}+2e^-\!\!=\!\!=\!\!Co$	-0.28	$MnO_4^-+8H^++5e^-\!\!=\!\!=\!\!Mn^{2+}+4H_2O$	1.507
$Co^{3+}+e^-\!\!=\!\!=\!\!Co^{2+}(2mol\cdot L^{-1}H_2SO_4)$	1.83	$Mo^{3+}+3e^-\!\!=\!\!=\!\!Mo$	-0.200
$CO_2+2H^++2e^-\!\!=\!\!=\!\!HCOOH$	-0.199	$N_2+2H_2O+6H^++6e^-\!\!=\!\!=\!\!2NH_4OH$	0.092
$Cr^{2+}+2e^-\!\!=\!\!=\!\!Cr$	-0.913	$N_2+6H^++6e^-\!\!=\!\!=\!\!2NH_3(aq)$	-3.09
$Cr^{3+}+e^-\!\!=\!\!=\!\!Cr^{2+}$	-0.407	$N_2O+2H^++2e^-\!\!=\!\!=\!\!N_2+H_2O$	1.766
$Cr^{3+}+3e^-\!\!=\!\!=\!\!Cr$	-0.744	$N_2O_4+2e^-\!\!=\!\!=\!\!2NO_2^-$	0.867
$Cr_2O_7^{2-}+14H^++6e^-\!\!=\!\!=\!\!2Cr^{3+}+7H_2O$	1.232	$N_2O_4+2H^++2e^-\!\!=\!\!=\!\!2HNO_2$	1.065
$HCrO_4^-+7H^++3e^-\!\!=\!\!=\!\!Cr^{3+}+4H_2O$	1.350	$N_2O_4+4H^++4e^-\!\!=\!\!=\!\!2NO+2H_2O$	1.035
$Cu^++e^-\!\!=\!\!=\!\!Cu$	0.521	$2NO+2H^++2e^-\!\!=\!\!=\!\!N_2O+H_2O$	1.591
$Cu^{2+}+e^-\!\!=\!\!=\!\!Cu^+$	0.153	$HNO_2+H^++e^-\!\!=\!\!=\!\!NO+H_2O$	0.983
$Cu^{2+}+2e^-\!\!=\!\!=\!\!Cu$	0.3419	$2HNO_2+4H^++4e^-\!\!=\!\!=\!\!N_2O+3H_2O$	1.297
$CuCl+e^-\!\!=\!\!=\!\!Cu+Cl^-$	0.124	$NO_3^-+3H^++2e^-\!\!=\!\!=\!\!HNO_2+H_2O$	0.934
$F_2+2H^++2e^-\!\!=\!\!=\!\!2HF$	3.053	$NO_3^-+4H^++3e^-\!\!=\!\!=\!\!NO+2H_2O$	0.957
$F_2+2e^-\!\!=\!\!=\!\!2F^-$	2.866	$2NO_3^-+4H^++2e^-\!\!=\!\!=\!\!N_2O_4+2H_2O$	0.803
$Fe^2+2e^-\!\!=\!\!=\!\!Fe$	-0.447	$Na^++e^-\!\!=\!\!=\!\!Na$	-2.71

电极反应	$\varphi^{\ominus}/V$	电极反应	$\varphi^{\ominus}/V$
$Nb^{3+}+3e^-\!\!=\!\!=\!\!=Nb$	-1.1	$SbO^++2H^++3e^-\!\!=\!\!=\!\!=Sb+H_2O$	0.212
$Ni^{2+}+2e^-\!\!=\!\!=\!\!=Ni$	-0.257	$Sc^{3+}+3e^-\!\!=\!\!=\!\!=Sc$	-2.077
$NiO_2+4H^++2e^-\!\!=\!\!=\!\!=Ni^{2+}+2H_2O$	1.678	$Se+2H^++2e^-\!\!=\!\!=\!\!=H_2Se(aq)$	-0.399
$O_2+2H^++2e^-\!\!=\!\!=\!\!=H_2O_2$	0.695	$H_2SeO_3+4H^++4e^-\!\!=\!\!=\!\!=Se+3H_2O$	0.74
$O_2+4H^++4e^-\!\!=\!\!=\!\!=2H_2O$	1.229	$SeO_4^{2-}+4H^++2e^-\!\!=\!\!=\!\!=H_2SeO_3+H_2O$	1.151
$O(g)+2H^++2e^-\!\!=\!\!=\!\!=H_2O$	2.421	$SiF_6^{2-}+4e^-\!\!=\!\!=\!\!=Si+6F^-$	-1.24
$O_3+2H^++2e^-\!\!=\!\!=\!\!=O_2+H_2O$	2.076	$SiO_2+4H^++4e^-\!\!=\!\!=\!\!=Si+2H_2O$	0.857
$P(红)+3H^++3e^-\!\!=\!\!=\!\!=PH_3(g)$	-0.111	$Sn^{2+}+2e^-\!\!=\!\!=\!\!=Sn$	-0.1375
$P(白)+3H^++3e^-\!\!=\!\!=\!\!=PH_3(g)$	-0.063	$Sn^{4+}+2e^-\!\!=\!\!=\!\!=Sn^{2+}$	0.151
$H_3PO_2+H^++e^-\!\!=\!\!=\!\!=P+2H_2O$	-0.508	$Sr^++e^-\!\!=\!\!=\!\!=Sr$	-4.10
$H_3PO_3+2H^++2e^-\!\!=\!\!=\!\!=H_3PO_2+H_2O$	-0.499	$Sr^{2+}+2e^-\!\!=\!\!=\!\!=Sr$	-2.89
$H_3PO_3+3H^++3e^-\!\!=\!\!=\!\!=P+3H_2O$	-0.454	$Sr^{2+}+2e^-\!\!=\!\!=\!\!=Sr(Hg)$	-1.793
$H_3PO_4+2H^++2e^-\!\!=\!\!=\!\!=H_3PO_3+H_2O$	-0.276	$Te+2H^++2e^-\!\!=\!\!=\!\!=H_2Te$	-0.793
$Pb^{2+}+2e^-\!\!=\!\!=\!\!=Pb$	-0.1262	$Te^{4+}+4e^-\!\!=\!\!=\!\!=Te$	0.568
$PbBr_2+2e^-\!\!=\!\!=\!\!=Pb+2Br^-$	-0.284	$TeO_2+4H^++4e^-\!\!=\!\!=\!\!=Te+2H_2O$	0.593
$PbCl_2+2e^-\!\!=\!\!=\!\!=Pb+2Cl^-$	-0.2675	$TeO_4^-+8H^++7e^-\!\!=\!\!=\!\!=Te+4H_2O$	0.472
$PbF_2+2e^-\!\!=\!\!=\!\!=Pb+2F^-$	-0.3444	$H_6TeO_6+2H^++2e^-\!\!=\!\!=\!\!=TeO_2+4H_2O$	1.02
$PbI_2+2e^-\!\!=\!\!=\!\!=Pb+2I^-$	-0.365	$Th^{4+}+4e^-\!\!=\!\!=\!\!=Th$	-1.899
$PbO_2+4H^++2e^-\!\!=\!\!=\!\!=Pb^{2+}+2H_2O$	1.455	$Ti^{2+}+2e^-\!\!=\!\!=\!\!=Ti$	-1.630
$PbO_2+SO_4^{2-}+4H^++2e^-\!\!=\!\!=\!\!=PbSO_4+2H_2O$	1.6913	$Ti^{3+}+e^-\!\!=\!\!=\!\!=Ti^{2+}$	-0.368
$PbSO_4+2e^-\!\!=\!\!=\!\!=Pb+SO_4^{2-}$	-0.3588	$TiO^{2+}+2H^++e^-\!\!=\!\!=\!\!=Ti^{3+}+H_2O$	0.099
$Pd^{2+}+2e^-\!\!=\!\!=\!\!=Pd$	0.951	$TiO_2+4H^++2e^-\!\!=\!\!=\!\!=Ti^{2+}+2H_2O$	-0.502
$PdCl_4^{2-}+2e^-\!\!=\!\!=\!\!=Pd+4Cl^-$	0.591	$Tl^++e^-\!\!=\!\!=\!\!=Tl$	-0.336
$Pt^{2+}+2e^-\!\!=\!\!=\!\!=Pt$	1.118	$V^{2+}+2e^-\!\!=\!\!=\!\!=V$	-1.175
$Rb^++e^-\!\!=\!\!=\!\!=Rb$	-2.98	$V^{3+}+e^-\!\!=\!\!=\!\!=V^{2+}$	-0.255
$Re^{3+}+3e^-\!\!=\!\!=\!\!=Re$	0.300	$VO^{2+}+2H^++e^-\!\!=\!\!=\!\!=V^{3+}+H_2O$	0.337
$S+2H^++2e^-\!\!=\!\!=\!\!=H_2S(aq)$	0.142	$VO_2^++2H^++e^-\!\!=\!\!=\!\!=VO^{2+}+H_2O$	0.991
$S_2O_6^{2-}+4H^++2e^-\!\!=\!\!=\!\!=2H_2SO_3$	0.564	$V(OH)_4^++2H^++e^-\!\!=\!\!=\!\!=VO^{2+}+3H_2O$	1.00
$S_2O_8^{2-}+2e^-\!\!=\!\!=\!\!=2SO_4^{2-}$	2.010	$V(OH)_4^++4H^++5e^-\!\!=\!\!=\!\!=V+4H_2O$	-0.254
$S_2O_8^{2-}+2H^++2e^-\!\!=\!\!=\!\!=2HSO_4^-$	2.123	$W_2O_5+2H^++2e^-\!\!=\!\!=\!\!=2WO_2+H_2O$	-0.031
$H_2SO_3+4H^++4e^-\!\!=\!\!=\!\!=S+3H_2O$	0.449	$WO_2+4H^++4e^-\!\!=\!\!=\!\!=W+2H_2O$	-0.119
$SO_4^{2-}+4H^++2e^-\!\!=\!\!=\!\!=H_2SO_3+H_2O$	0.172	$WO_3+6H^++6e^-\!\!=\!\!=\!\!=W+3H_2O$	-0.090
$2SO_4^{2-}+4H^++2e^-\!\!=\!\!=\!\!=S_2O_6^{2-}+2H_2O$	-0.22	$2WO_3+2H^++2e^-\!\!=\!\!=\!\!=W_2O_5+H_2O$	-0.029
$Sb+3H^++3e^-\!\!=\!\!=\!\!=SbH_3$	-0.510	$Y^{3+}+3e^-\!\!=\!\!=\!\!=Y$	-2.37
$Sb_2O_3+6H^++6e^-\!\!=\!\!=\!\!=2Sb+3H_2O$	0.152	$Zn^{2+}+2e^-\!\!=\!\!=\!\!=Zn$	0.7618
$Sb_2O_5+6H^++4e^-\!\!=\!\!=\!\!=2SbO^++3H_2O$	0.581		

2. 在碱性溶液中

电极反应	$\varphi^{\ominus}/V$	电极反应	$\varphi^{\ominus}/V$
$AgCN+e^-\!\!=\!\!=\!\!=Ag+CN^-$	-0.017	$ClO_2^-+2H_2O+4e^-\!\!=\!\!=\!\!=Cl^-+4OH^-$	0.76
$[Ag(CN)_2]^-+e^-\!\!=\!\!=\!\!=Ag+2CN^-$	-0.31	$ClO_3^-+H_2O+2e^-\!\!=\!\!=\!\!=ClO_2^-+2OH^-$	0.33
$Ag_2O+H_2O+2e^-\!\!=\!\!=\!\!=2Ag+2OH^-$	0.342	$ClO_3^-+3H_2O+6e^-\!\!=\!\!=\!\!=Cl^-+6OH^-$	0.62
$2AgO+H_2O+2e^-\!\!=\!\!=\!\!=Ag_2O+2OH^-$	0.607	$ClO_4^-+H_2O+2e^-\!\!=\!\!=\!\!=ClO_3^-+2OH^-$	0.36
$Ag_2S+2e^-\!\!=\!\!=\!\!=2Ag+S^{2-}$	-0.691	$[Co(NH_3)_6]^{3+}+e^-\!\!=\!\!=\!\!=[Co(NH_3)_6]^{2+}$	0.108
$H_2AlO_3^-+H_2O+3e^-\!\!=\!\!=\!\!=Al+4OH^-$	-2.33	$Co(OH)_2+2e^-\!\!=\!\!=\!\!=Co+2OH^-$	-0.73
$AsO_2^-+2H_2O+3e^-\!\!=\!\!=\!\!=As+4OH^-$	-0.68	$Co(OH)_3+e^-\!\!=\!\!=\!\!=Co(OH)_2+OH^-$	0.17
$AsO_4^{3-}+2H_2O+2e^-\!\!=\!\!=\!\!=AsO_2^-+4OH^-$	-0.71	$CrO_2^-+2H_2O+3e^-\!\!=\!\!=\!\!=Cr+4OH^-$	-1.2
$H_2BO_3^-+5H_2O+8e^-\!\!=\!\!=\!\!=BH_4^-+8OH^-$	-1.24	$CrO_4^{2-}+4H_2O+3e^-\!\!=\!\!=\!\!=Cr(OH)_3+5OH^-$	-0.13
$H_2BO_3^-+H_2O+3e^-\!\!=\!\!=\!\!=B+4OH^-$	-1.79	$Cr(OH)_3+3e^-\!\!=\!\!=\!\!=Cr+3OH^-$	-1.48
$Ba(OH)_2+2e^-\!\!=\!\!=\!\!=Ba+2OH^-$	-2.99	$Cu^{2+}+2CN^-+e^-\!\!=\!\!=\!\!=[Cu(CN)_2]^-$	1.103
$Be_2O_3^{2-}+3H_2O+4e^-\!\!=\!\!=\!\!=2Be+6OH^-$	-2.63	$[Cu(CN)_2]^-+e^-\!\!=\!\!=\!\!=Cu+2CN^-$	-0.429
$Bi_2O_3+3H_2O+6e^-\!\!=\!\!=\!\!=2Bi+6OH^-$	-0.46	$Cu_2O+H_2O+2e^-\!\!=\!\!=\!\!=2Cu+2OH^-$	-0.360
$BrO^-+H_2O+2e^-\!\!=\!\!=\!\!=Br^-+2OH^-$	0.761	$Cu(OH)_2+2e^-\!\!=\!\!=\!\!=Cu+2OH^-$	-0.222
$BrO_3^-+3H_2O+6e^-\!\!=\!\!=\!\!=Br^-+6OH^-$	0.61	$2Cu(OH)_2+2e^-\!\!=\!\!=\!\!=Cu_2O+2OH^-+H_2O$	-0.080
$Ca(OH)_2+2e^-\!\!=\!\!=\!\!=Ca+2OH^-$	-3.02	$[Fe(CN)_6]^{3-}+e^-\!\!=\!\!=\!\!=[Fe(CN)_6]^{4-}$	0.358
$Ca(OH)_2+2e^-\!\!=\!\!=\!\!=Ca(Hg)+2OH^-$	-0.809	$Fe(OH)_3+e^-\!\!=\!\!=\!\!=Fe(OH)_2+OH^-$	-0.56
$ClO^-+H_2O+2e^-\!\!=\!\!=\!\!=Cl^-+2OH^-$	0.81	$H_2GaO_3^-+H_2O+3e^-\!\!=\!\!=\!\!=Ga+4OH^-$	-1.219
$ClO_2^-+H_2O+2e^-\!\!=\!\!=\!\!=ClO^-+2OH^-$	0.66	$2H_2O+2e^-\!\!=\!\!=\!\!=H_2+2OH^-$	-0.8277

电极反应	$\varphi^{\ominus}/V$	电极反应	$\varphi^{\ominus}/V$
$Hg_2O+H_2O+2e^-\Longrightarrow 2Hg+2OH^-$	0.123	$2SO_3^{2-}+2H_2O+2e^-\Longrightarrow S_2O_4^{2-}+4OH^-$	-1.12
$HgO+H_2O+2e^-\Longrightarrow Hg+2OH^-$	0.0977	$2NO+H_2O+2e^-\Longrightarrow N_2O+2OH^-$	0.76
$H_3IO_3^{2-}+2e^-\Longrightarrow I^-+3OH^-$	0.7	$NO+H_2O+2e^-\Longrightarrow N+2OH^-$	-0.46
$IO^-+H_2O+2e^-\Longrightarrow I^-+2OH^-$	0.485	$2NO_2^-+4H_2O+8e^-\Longrightarrow N_2^{2-}+8OH^-$	-0.18
$IO_3^-+2H_2O+4e^-\Longrightarrow IO^-+4OH^-$	0.15	$2NO_2^-+3H_2O+4e^-\Longrightarrow N_2O+6OH^-$	0.15
$IO_3^-+3H_2O+6e^-\Longrightarrow I^-+6OH^-$	0.26	$NO_3^-+H_2O+2e^-\Longrightarrow NO_2^-+2OH^-$	0.01
$Ir_2O_3+3H_2O+6e^-\Longrightarrow 2Ir+6OH^-$	0.098	$2NO_3^-+2H_2O+2e^-\Longrightarrow N_2O_4+4OH^-$	-0.85
$La(OH)_3+3e^-\Longrightarrow La+3OH^-$	-2.90	$Ni(OH)_2+2e^-\Longrightarrow Ni+2OH^-$	-0.72
$Mg(OH)_2+2e^-\Longrightarrow Mg+2OH^-$	-2.690	$NiO_2+2H_2O+2e^-\Longrightarrow Ni(OH)_2+2OH^-$	-0.490
$MnO_4^-+2H_2O+3e^-\Longrightarrow MnO_2+4OH^-$	0.595	$O_2+H_2O+2e^-\Longrightarrow HO_2^-+OH^-$	-0.076
$MnO_4^{2-}+2H_2O+2e^-\Longrightarrow MnO_2+4OH^-$	0.60	$O_2+2H_2O+2e^-\Longrightarrow H_2O_2+2OH^-$	-0.146
$Mn(OH)_2+2e^-\Longrightarrow Mn+2OH^-$	-1.56	$O_2+2H_2O+4e^-\Longrightarrow 4OH^-$	0.401
$Mn(OH)_3+e^-\Longrightarrow Mn(OH)_2+OH^-$	0.15	$O_3+H_2O+2e^-\Longrightarrow O_2+2OH^-$	1.24
$P+3H_2O+3e^-\Longrightarrow PH_3(g)+3OH^-$	-0.87	$HO_2^-+H_2O+2e^-\Longrightarrow 3OH^-$	0.878
$H_2PO_2^-+e^-\Longrightarrow P+2OH^-$	-1.82	$2SO_3^{2-}+3H_2O+4e^-\Longrightarrow S_2O_3^{2-}+6OH^-$	-0.571
$HPO_3^{2-}+2H_2O+2e^-\Longrightarrow H_2PO_2^-+3OH^-$	-1.65	$SO_4^{2-}+H_2O+2e^-\Longrightarrow SO_3^{2-}+2OH^-$	-0.93
$HPO_3^{2-}+2H_2O+3e^-\Longrightarrow P+5OH^-$	-1.71	$SbO_2^-+2H_2O+3e^-\Longrightarrow Sb+4OH^-$	-0.66
$PO_4^{3-}+2H_2O+2e^-\Longrightarrow HPO_3^{2-}+3OH^-$	-1.05	$SbO_3^-+H_2O+2e^-\Longrightarrow SbO_2^-+2OH^-$	-0.59
$PbO+H_2O+2e^-\Longrightarrow Pb+2OH^-$	-0.580	$SeO_3^{2-}+3H_2O+4e^-\Longrightarrow Se+6OH^-$	-0.366
$HPbO_2^-+H_2O+2e^-\Longrightarrow Pb+3OH^-$	-0.537	$SeO_4^{2-}+H_2O+2e^-\Longrightarrow SeO_3^{2-}+2OH^-$	0.05
$PbO_2+H_2O+2e^-\Longrightarrow PbO+2OH^-$	0.247	$SiO_3^{2-}+3H_2O+4e^-\Longrightarrow Si+6OH^-$	-1.697
$Pd(OH)_2+2e^-\Longrightarrow Pd+2OH^-$	0.07	$HSnO_2^-+H_2O+2e^-\Longrightarrow Sn+3OH^-$	-0.909
$Pt(OH)_2+2e^-\Longrightarrow Pt+2OH^-$	0.14	$Sr(OH)_2+2e^-\Longrightarrow Sr+2OH^-$	-2.88
$ReO_4^-+4H_2O+7e^-\Longrightarrow Re+8OH^-$	-0.584	$Te+2e^-\Longrightarrow Te^{2-}$	-1.143
$S+2e^-\Longrightarrow S^{2-}$	-0.47627	$TeO_3^{2-}+3H_2O+4e^-\Longrightarrow Te+6OH^-$	-0.57
$S+H_2O+2e^-\Longrightarrow HS^-+OH^-$	-0.478	$Th(OH)_4+4e^-\Longrightarrow Th+4OH^-$	-2.48
$2S+2e^-\Longrightarrow S_2^{2-}$	-0.42836	$ZnO_2^{2-}+2H_2O+2e^-\Longrightarrow Zn+4OH^-$	-1.215
$S_4O_6^{2-}+2e^-\Longrightarrow 2S_2O_3^{2-}$	0.08		

注：摘自 R. C. Weast. Handbook of Chemistry and Physics，D-151. 70th ed. 1989-1990。

附录9　不同温度下水的饱和蒸气压

$t/℃$	mmHg	kPa	$t/℃$	mmHg	kPa	$t/℃$	mmHg	kPa
0	4.579	0.6165	23	21.068	2.8088	46	75.65	10.08
1	4.926	0.6567	24	22.377	2.9833	47	79.60	10.61
2	5.294	0.7058	25	23.756	3.1672	48	83.71	11.16
3	5.685	0.7579	26	25.209	3.3609	49	88.02	11.74
4	6.101	0.8134	27	26.739	3.5649	50	92.51	12.33
5	6.513	0.8723	28	28.349	3.7795	51	97.20	12.96
6	7.013	0.9350	29	30.043	4.0054	52	102.09	13.611
7	7.513	1.002	30	31.824	4.2428	53	107.20	14.292
8	8.045	1.072	31	33.695	4.4923	54	112.51	15.000
9	8.609	1.148	32	35.663	4.7547	55	118.04	15.737
10	9.209	1.228	33	37.729	5.0301	56	123.80	16.505
11	9.844	1.312	34	39.898	5.3193	57	129.82	17.308
12	10.518	1.4023	35	42.175	5.6228	58	136.08	18.142
13	11.231	1.4973	36	44.563	5.9412	59	142.60	19.011
14	11.987	1.5981	37	47.067	6.2751	60	149.38	19.916
15	12.788	1.7049	38	49.692	6.6250	61	156.43	20.856
16	13.634	1.8177	39	52.442	6.9917	62	163.77	21.834
17	14.530	1.9372	40	55.324	7.3759	63	171.38	22.849
18	15.477	2.0634	41	58.34	7.778	64	179.31	23.906
19	16.477	2.1967	42	61.50	8.199	65	187.54	25.003
20	17.535	2.3378	43	64.80	8.639	66	196.09	26.143
21	18.650	2.4864	44	68.26	9.100	67	204.96	27.326
22	19.827	2.6434	45	71.88	9.583	68	214.17	28.554

$t/℃$	mmHg	kPa	$t/℃$	mmHg	kPa	$t/℃$	mmHg	kPa
69	223.73	29.828	80	355.1	47.34	91	546.05	72.800
70	233.7	31.16	81	369.7	49.29	92	566.99	75.592
71	243.9	32.52	82	384.9	51.32	93	588.60	78.473
72	254.6	33.94	83	400.6	53.41	94	610.90	81.446
73	265.7	35.42	84	416.8	55.57	95	633.90	84.513
74	277.2	36.96	85	433.6	57.81	96	657.62	87.675
75	289.1	38.54	86	450.9	60.11	97	682.07	90.935
76	301.4	40.18	87	468.7	62.49	98	707.27	94.294
77	314.1	41.88	88	487.7	64.94	99	733.24	97.757
78	327.3	43.64	89	506.1	67.47	100	760.00	101.32
79	341.0	45.46	90	525.76	70.095			

注：摘自 R. C. West, Handbook of Chemistry and physics, D-191, 70th ed. 1989-1990。

附录 10　常用酸碱的浓度、密度和一定浓度溶液的配制

1. 市售浓酸和氨水的密度及其近似值

项　　目	HCl	H_2SO_4	HNO_3	$NH_3 \cdot H_2O$
密度/$g \cdot mL^{-1}$	1.19	1.84	1.42	0.89
浓度/$mol \cdot L^{-1}$	12	18	16	15
质量分数/%	38	98	69	28

2. 常用酸碱溶液的配制

名　　称	浓度(近似值)/$mol \cdot L^{-1}$	配　制　方　法
盐酸 HCl	6	取 $12 mol \cdot L^{-1}$ HCl 与等体积水混合
	4	取 $12 mol \cdot L^{-1}$ HCl 334mL 加水稀释至 1000mL
	2	取 $12 mol \cdot L^{-1}$ HCl 167mL 加水稀释至 1000mL
	1	取 $12 mol \cdot L^{-1}$ HCl 84mL 加水稀释至 1000mL
硫酸 H_2SO_4	6	取 $18 mol \cdot L^{-1}$ H_2SO_4 334mL,缓缓注入 600mL 水中,再加水稀释至 1000mL
	3	取 $18 mol \cdot L^{-1}$ H_2SO_4 167mL,缓缓注入 800mL 水中,再加水稀释至 1000mL
	1	取 $18 mol \cdot L^{-1}$ H_2SO_4 63mL,缓缓注入 900mL 水中,再加水稀释至 1000mL
硝酸 HNO_3	6	取 $16 mol \cdot L^{-1}$ HNO_3 375mL 加水稀释至 1000mL
	2	取 $16 mol \cdot L^{-1}$ HNO_3 125mL 加水稀释至 1000mL
	1	取 $16 mol \cdot L^{-1}$ HNO_3 63mL 加水稀释至 1000mL
乙酸 CH_3COOH	1	取 $17 mol \cdot L^{-1}$ HAc 59mL 加水稀释至 1000mL
氢氧化钠 NaOH	6	将 240g NaOH 溶于约 100mL 水中,再加水稀释至 1000mL
	1	将 40g NaOH 溶于约 100mL 水中,再加水稀释至 1000mL
氨水 $NH_3 \cdot H_2O$	6	取 $15 mol \cdot L^{-1}$ 氨水(密度为 $0.9g \cdot mL^{-1}$)400mL 加水稀释至 1000mL
	2	取 $15 mol \cdot L^{-1}$ 氨水 134mL 加水稀释至 1000mL
	1	取 $15 mol \cdot L^{-1}$ 氨水 67mL 稀释至 1000mL
氢氧化钾 KOH	6	将 339g KOH 溶于 200mL 水中,再加水稀释至 1000mL
氢氧化钙 $Ca(OH)_2$	0.05	将约 1.5g CaO 或 2g $Ca(OH)_2$ 置于 1000mL 水中,搅动,得饱和溶液,过滤,储存于试剂瓶中盖严

附录 11　常用干燥剂

干燥剂名称	干燥能力，经干燥后空气中剩余水分/mg·L^{-1}	应 用 实 例
硅胶	6×10^{-3}	NH_3、N_2、O_2，仪器防潮
$CaCl_2$	0.14	H_2、O_2、Cl_2、HCl、H_2S、NH_3、CO、N_2、SO_2、CH_4、乙醚、烷烃、芳烃等
碱石灰	—	NH_3、O_2、N_2 等，并可除去气体中的 CO_2 和酸气
浓硫酸	3×10^{-3}	As_2O_3、I_2、$AgNO_3$、SO_2、卤代烷、饱和烃
P_2O_5	2×10^{-3}	CS_2、H_2、O_2、SO_2、N_2、CH_4 等
分子筛	1.2×10^{-3}	O_2、H_2、Ar、乙醇、乙醚、甲醇、吡啶、丙酮、苯等

附录 12　常用缓冲溶液的配制

pH	配 制 方 法
0	$1mol·L^{-1}$ 盐酸
1	$0.1mol·L^{-1}$ 盐酸
2	$0.01mol·L^{-1}$ 盐酸
3.6	$NaAc·3H_2O$ 8g，溶于适量的水中，加 $6mol·L^{-1}$ HAc 134mL，稀释至 500mL
4.0	$NaAc·3H_2O$ 20g，溶于适量的水中，加 $6mol·L^{-1}$ HAc 134mL，稀释至 500mL
4.5	$NaAc·3H_2O$ 32g，溶于适量的水中，加 $6mol·L^{-1}$ HAc 134mL，稀释至 500mL
5.0	$NaAc·3H_2O$ 50g，溶于适量的水中，加 $6mol·L^{-1}$ HAc 134mL，稀释至 500mL
5.7	$NaAc·3H_2O$ 100g，溶于适量的水中，加 $6mol·L^{-1}$ HAc 134mL，稀释至 500mL
7.0	NH_4Ac 77g，用水溶解后，稀释至 500mL
7.5	NH_4Cl 66g 溶于适量的水中，加 $15mol·L^{-1}$ 氨水 1.4mL，稀释至 500mL
8.0	NH_4Cl 50g 溶于适量的水中，加 $15mol·L^{-1}$ 氨水 1.4mL，稀释至 500mL
8.5	NH_4Cl 40g 溶于适量的水中，加 $15mol·L^{-1}$ 氨水 1.4mL，稀释至 500mL
9.0	NH_4Cl 35g 溶于适量的水中，加 $15mol·L^{-1}$ 氨水 1.4mL，稀释至 500mL
9.5	NH_4Cl 30g 溶于适量的水中，加 $15mol·L^{-1}$ 氨水 1.4mL，稀释至 500mL
10.0	NH_4Cl 27g 溶于适量的水中，加 $15mol·L^{-1}$ 氨水 1.4mL，稀释至 500mL
10.5	NH_4Cl 9g 溶于适量的水中，加 $15mol·L^{-1}$ 氨水 1.4mL，稀释至 500mL
11	NH_4Cl 3g 溶于适量的水中，加 $15mol·L^{-1}$ 氨水 1.4mL，稀释至 500mL
12	$0.01mol·L^{-1}$ NaOH
13	$0.1mol·L^{-1}$ NaOH

附录 13　标准 pH 溶液的配制

（298K）

名　　称	pH	配 制 方 法
$0.05mol·L^{-1}$ 四草酸氢钾溶液	1.65	称取 54℃±3℃下烘干的四草酸氢钾 $KH_3(C_2O_4)_2·2H_2O$ 12.61g，溶于蒸馏水，稀释至 1000mL
饱和酒石酸氢钾溶液（$0.034mol·L^{-1}$）	3.56	在磨口玻璃瓶中，装入蒸馏水和过量的酒石酸氢钾粉末（约 20g·1000mL^{-1}），控制温度在 25℃±5℃，剧烈振摇 20～30min，溶液澄清后，取上层清液备用
$0.05mol·L^{-1}$ 邻苯二甲酸氢钾	4.01	称取在 115℃±5℃下烘干 2～3h 的邻苯二甲酸氢钾（GR）10.12g，溶于蒸馏水，稀释至 1000mL
$0.025mol·L^{-1}$ 磷酸二氢钾和磷酸氢二钠混合溶液	6.86	分别称取 115℃±5℃下烘干 2～3h 的磷酸二氢钾 3.387g 和磷酸氢二钠 3.533g，溶于蒸馏水，稀释至 1000mL
$0.01mol·L^{-1}$ 硼砂溶液	9.18	称取硼砂（G.R.）3.80g，溶于蒸馏水，稀释至 1000mL
$0.025mol·L^{-1}$ 碳酸氢钠和 $0.025mol·L^{-1}$ 碳酸钠混合液	10.00	分别称取碳酸氢钠 2.10g 和无水碳酸钠 2.65g 溶于蒸馏水，稀释至 1000mL

附录 14　常用指示剂的配制

1. 酸碱指示剂

名　称	pH 变色范围	颜色变化	配　制　方　法
百里酚蓝,1g·L^{-1}	1.2～2.8	红～黄	0.1g 指示剂用 20% 乙醇溶解,并定容至 100mL
甲基黄,1g·L^{-1}	2.9～4.0	红～黄	0.1g 指示剂用 90% 乙醇溶解,并定容至 100mL
甲基橙,1g·L^{-1}	3.1～4.4	红～黄	0.1g 甲基橙用热水溶解,并定容至 100mL
溴酚蓝,1g·L^{-1}	3.0～4.6	黄～紫	0.1g 溴酚蓝用 20% 乙醇溶解,并定容至 100mL,或 0.1g 溴酚蓝与 3mL 0.05mol·L^{-1} NaOH 溶液混匀,加水稀释至 100mL
溴甲酚绿,10g·L^{-1}	3.8～5.4	黄～蓝	1g 溴甲酚绿与 20mL 0.05mol·L^{-1} NaOH 溶液混匀,加水稀释至 100mL
甲基红,1g·L^{-1}	4.4～6.2	红～黄	0.1g 甲基红用 60% 乙醇溶解,并定容至 100mL
溴百里酚蓝,1g·L^{-1}	6.2～7.6	黄～蓝	0.1g 溴百里酚蓝用 20% 乙醇溶解,并定容至 100mL
中性红,1g·L^{-1}	6.8～8.0	红～黄橙	0.1g 中性红用 60% 乙醇溶解,并定容至 100mL
酚酞,1g·L^{-1}	8.2～10.0	无色～红	1g 酚酞用 90% 乙醇溶解,并定容至 100mL
百里酚蓝,1g·L^{-1}	8.0～9.6	黄～蓝	0.1g 百里酚蓝用 20% 乙醇溶解,并定容至 100mL
百里酚酞,1g·L^{-1}	9.4～10.0	无色～蓝	0.1g 百里酚酞用 90% 乙醇溶解,并定容至 100mL
甲基红-溴甲酚绿	5.1	酒红～绿	1 份 0.2% 甲基红乙醇溶液与 3 份 0.1% 溴甲酚绿乙醇溶液混合
甲基红-百里酚蓝	8.3	黄～紫	1 份 0.1% 甲基红钠盐水溶液与 3 份 1g·L^{-1} 百里酚蓝钠盐水溶液混合
百里酚酞-茜素黄 R	10.2	黄～紫	0.2g 百里酚酞和 0.1g 茜黄素用乙醇溶解,并定容至 100mL

2. 络合滴定指示剂

名　称	颜色		配　制　方　法
	游离态	化合物	
铬黑 T(EBT)	蓝	酒红	①0.2g 铬黑 T 溶于 15mL 三乙醇胺及 5mL 甲醇中;②将 1g 铬黑 T 与 100g NaCl 研细,混匀
钙指示剂	蓝	红	将 0.5g 钙指示剂与 100g NaCl 研细,混匀
二甲酚橙(XO),1g·L^{-1}	黄	红	将 0.1g 二甲酚橙用水溶解,并定容至 100mL
磺基水杨酸,10g·L^{-1}	无色	红	将 1g 磺基水杨酸用水溶解,并定容至 100mL
吡啶偶氮萘酚(PAN),5g·L^{-1}	黄	红	将 0.1g 吡啶偶氮萘酚用乙醇溶解,并定容至 100mL
钙镁试剂(Calmagite),5g·L^{-1}	红	蓝	将 0.5g 钙镁试剂用水溶解,并定容至 100mL

3. 氧化还原指示剂

名　称	变色电势 E/V	颜色		配　制　方　法
		氧化态	还原态	
中性红,0.5g·L^{-1}	0.24	红	无色	0.05g 指示剂用 60% 乙醇溶解,并定容至 100mL
亚甲基蓝,0.5g·L^{-1}	0.532	天蓝	无色	0.05g 指示剂用水溶解,并定容至 100mL
二苯胺,10g·L^{-1}	0.76	紫	无色	将 1g 二苯胺在搅拌下用 1:1 的浓硫酸和浓磷酸溶解,并定容至 100mL,储于棕色瓶中
二苯胺磺酸钠,5g·L^{-1}	0.85	紫	无色	将 0.5g 二苯胺磺酸钠用水溶解,并定容至 100mL,必要时过滤
邻苯氨基苯甲酸,2g·L^{-1}	0.89	紫红	无色	将 0.2g 邻苯氨基苯甲酸加热,用 100mL 2g·L^{-1} Na$_2$CO$_3$ 溶液溶解并定容至 100mL,必要时过滤
邻二氮菲硫酸亚铁,5g·L^{-1}	1.06	浅蓝	红	将 0.5g FeSO$_4$·7H$_2$O 用 90mL 水溶解,加 2 滴 H$_2$SO$_4$,加 0.5g 邻二氮菲,水定容至 100mL

附录 15　某些试剂溶液的配制

试　　剂	浓　度	配 制 方 法
三氯化铋 $BiCl_3$	$0.1mol \cdot L^{-1}$	溶解 31.6g $BiCl_3$ 于 330mL $6mol \cdot L^{-1}$ HCl 中,加水稀释至 1000 mL
三氯化锑 $SbCl_3$	$0.1mol \cdot L^{-1}$	溶解 22.8g $SbCl_3$ 于 330mL $6mol \cdot L^{-1}$ HCl 中,加水稀释至 1000 mL
氯化亚锡 $SnCl_2$	$0.1mol \cdot L^{-1}$	溶解 22.6g $SnCl_2 \cdot 2H_2O$ 于 330mL $6mol \cdot L^{-1}$ HCl 中,加水稀释至 1000mL,加入数粒纯锡,以防氧化
硝酸汞 $Hg(NO_3)_2$	$0.1mol \cdot L^{-1}$	溶解 33.4g $Hg(NO_3)_2 \cdot 1/2H_2O$ 于 $0.6mol \cdot L^{-1}$ HNO_3 中,定容至 1000mL
硝酸亚汞 $Hg_2(NO_3)_2$	$0.1mol \cdot L^{-1}$	溶解 56.1g $Hg_2(NO_3)_2 \cdot 2H_2O$ 于 $0.6mol \cdot L^{-1}$ HNO_3 中,并加入少许金属汞,定容至 1000mL
碳酸铵 $(NH_4)_2CO_3$	$1mol \cdot L^{-1}$	96g 研细的 $(NH_4)_2CO_3$ 溶于 $2mol \cdot L^{-1}$ 氨水,定容至 1000mL
硫酸铵 $(NH_4)_2SO_4$	饱和	50g $(NH_4)_2SO_4$ 溶于热水,定容至 1000mL,冷却后过滤
硫酸亚铁 $FeSO_4$	$0.25mol \cdot L^{-1}$	溶解 69.5g $FeSO_4 \cdot 7H_2O$ 于适量水中,加入 5mL 浓 H_2SO_4,再用水稀释至 1000mL,置入小铁钉数枚
偏锑酸钠 $NaSbO_3$	$0.1mol \cdot L^{-1}$	溶解 12.2g 锑粉于 50mL 浓 HNO_3 微热,使锑粉全部作用成白色粉末,用倾析法洗涤数次,然后加入 50mL $6mol \cdot L^{-1}$ NaOH,使之溶解,稀释至 1000mL
钴亚硝酸钠 $Na_3[Co(NO_2)_6]$		溶解 230g $NaNO_2$ 于 500mL H_2O 中,加入 165mL $6mol \cdot L^{-1}$ HAc 和 30g $Co(NO_3)_3 \cdot 6H_2O$ 放置 24h,取其清液,稀释至 1000mL,并保存在棕色瓶中,此溶液应呈橙色,若变成红色,表示已分解,应重新配制
硫化钠 Na_2S	$1mol \cdot L^{-1}$	溶解 240g $Na_2S \cdot 9H_2O$ 和 40g NaOH 于水中,稀释至 1000mL
钼酸铵 $(NH_4)_6MoO_{24} \cdot 4H_2O$	$0.1mol \cdot L^{-1}$	溶解 124g $(NH_4)_6MoO_{24} \cdot 4H_2O$ 于 1000mL 水中,将所得溶液倒入 $6mol \cdot L^{-1}$ HNO_3 中,放置 24h,取其澄清液
硫化铵 $(NH_4)_2S$	$3mol \cdot L^{-1}$	在 200mL 浓氨水中,通入 H_2S,直至不再吸收为止,然后加入 200mL 浓氨水,稀释至 1000mL
铁氰化钾 $K_3[Fe(CN)_6]$	$0.25mol \cdot L^{-1}$	取铁氰化钾 8.2g 溶解于水中,稀释至 100mL(使用前临时配制)
镍试剂	$10g \cdot L^{-1}$	10g 镍试剂(二乙酰二肟)用 95%酒精溶解,并定容至 1000mL
镁试剂	$0.01g \cdot L^{-1}$	0.01g 镁试剂用 $1mol \cdot L^{-1}$ NaOH 溶液溶解,并定容至 1000mL
铝试剂	$1g \cdot L^{-1}$	1g 铝试剂用 1000mL 水溶解,并定容至 1000mL
镁铵试剂		将 100g $MgCl_2 \cdot 6H_2O$ 和 100g NH_4Cl 溶于水中,加入 50mL 浓氨水,用水稀释至 1000mL
奈氏试剂		溶解 115g HgI_2 和 80g KI 于水中,稀释至 500mL,加入 500mL $6mol \cdot L^{-1}$ NaOH 溶液,静置后,取其清液,保存在棕色瓶中
亚硝酰铁氰化钠 $Na_2[Fe(CN)_5NO]$	$10g \cdot L^{-1}$	1g 亚硝酰铁氰化钠用水溶解,并定容至 1000mL,保存于棕色瓶内
格里斯试剂		①在加热下溶解 0.5g 对氨基苯磺酸于 50mL 30%HAc 中,储于暗处保存 ②将 0.4gα-苯胺与 100mL 水混合煮沸,再在从蓝色渣滓中倾出的无色溶液中加入 6mL 80%HAc,使用前将①、②两液等体积混合
打萨宗(二本缩氨硫脲)		溶解 0.1g 打萨宗,用 CCl_4 或 $CHCl_3$ 溶解,并定容至 1000mL
石蕊		2g 石蕊溶于 50mL 水中,静置一昼夜后过滤,在滤液中加 30mL 95%乙醇,再加水稀释至 100mL
氯水		在水中通入氯气直至饱和,该溶液使用时临时配制
溴水		在水中滴入液溴至饱和
碘液	$0.01mol \cdot L^{-1}$	溶解 1.3g 碘和 5g KI 于尽可能少量的水中,加水稀释至 1000mL
品红溶液		$1g \cdot L^{-1}$ 的水溶液

试 剂	浓 度	配 制 方 法
淀粉溶液	$10g \cdot L^{-1}$	将1g淀粉和少量冷水调成糊状,在搅拌下注入95mL沸水中,微沸1～2min,定容至100mL
Lucas 试剂		将34g熔化过的无水氯化锌溶于23mL纯盐酸中,约得35mL溶液,冷却后,存于玻璃瓶中,塞紧
Tollen 试剂		向20mL $50g \cdot L^{-1}$硝酸银溶液中加入1滴$100g \cdot L^{-1}$NaOH,然后滴加2%氨水,随摇,直至沉淀刚好溶解
间苯二酚-盐酸试剂		间苯二酚0.05g溶于50mL浓盐酸内,用水稀释至100mL
Fehling 试剂		①3.5g $CuSO_4 \cdot 5H_2O$用水溶解,定容至100mL,浑浊时过滤 ②17g酒石酸钾钠溶解于15～20mL热水中,加入20mL $200g \cdot L^{-1}$ NaOH,稀释至100mL,使用前将①、②两液等体积混合

附录16　某些离子和化合物的颜色

1. 离子的颜色

离 子	颜 色	离 子	颜 色	离 子	颜 色
$[Co(H_2O)_6]^{2+}$	粉红色	$[CuCl_2]^-$	泥黄色	MnO_4^{2-}	绿色
$[Co(NH_3)_6]^{2+}$	黄色	$[CuCl_4]^{2-}$	黄色	MnO_4^-	紫红色
$[Co(NH_3)_6]^{3+}$	橙黄色	$[CuI_2]^-$	黄色	$[Ni(H_2O)_6]^{2+}$	亮绿色
$[Co(SCN)_4]^{2-}$	蓝色	$[Cu(NH_3)_4]^{2+}$	深蓝色	$[Ni(NH_3)_6]^{2+}$	蓝色
$[Cr(H_2O)_6]^{2+}$	天蓝色	$[Fe(H_2O)_6]^{2+}$	浅绿色	$[Ti(H_2O)_6]^{3+}$	紫色
$[Cr(H_2O)_6]^{3+}$	蓝紫色	$[Fe(H_2O)_6]^{3+}$	浅紫色	TiO^{2+}	橙红色
$[Cr(NH_3)_4(H_2O)_2]^{2+}$	橙红色	$[Fe(CN)_6]^{4-}$	黄色	$[V(H_2O)_6]^{2+}$	蓝紫色
CrO_2^-	绿色	$[Fe(CN)_6]^{3-}$	红棕色	$[V(H_2O)_6]^{3+}$	绿色
CrO_4^{2-}	黄色	$[Fe(NCS)_n]^{3-n}$	血红色	VO^{2+}	蓝色
$Cr_2O_7^{2-}$	橙色	I_3^-	浅棕黄色	VO^+	黄色
$[Cu(H_2O)_4]^{2+}$	蓝色	$[Mn(H_2O)_6]^{2+}$	肉色		

2. 化合物的颜色

化合物	颜 色	化合物	颜 色	化合物	颜 色
$AgCl$	白色	SbI_3	黄色	NiO	暗绿色
$CoCl_2$	蓝色	Ag_2O	褐色	PbO_2	棕褐色
$CoCl_2 \cdot 2H_2O$	紫红色	Bi_2O_3	黄色	Pb_3O_4	红色
$CoCl_2 \cdot 6H_2O$	粉红色	CaO	白色	V_2O_3	黑色
Cu_2Cl_2	白色	CdO	棕灰色	V_2O_5	红棕色
$FeCl_3 \cdot 6H_2O$	黄棕色	CoO	灰绿色	WO_2	棕红色
Hg_2Cl_2	白色	Co_2O_3	黑色	ZnO	白色
$Hg(NH_2)Cl$	白色	CrO_3	橙红色	Ag_2S	黑色
$PbCl_2$	白色	Cr_2O_3	绿色	SnS	棕色
$TiCl_3 \cdot 6H_2O$	紫色或绿色	CuO	黑色	SnS_2	黄色
$TiCl_2$	黑色	Cu_2O	暗红色	ZnS	白色
$AgBr$	淡黄	FeO	黑色	$Al(OH)_3$	白色
AgI	黄色	Fe_2O_3	砖红色	$Bi(OH)_3$	白色
BiI_3	褐色	Fe_3O_4	红色	$Cd(OH)_2$	白色
CuI	白色	HgO	红或黄色	$Co(OH)_2$	粉红色
Hg_2I_2	黄色	Hg_2O	黑色	$Co(OH)_3$	棕褐色
HgI_2	红色	MnO_2	棕色	$Cr(OH)_3$	灰绿色
PbI_2	黄色	MoO_2	紫色	$Cu(OH)_2$	浅蓝色

化合物	颜色	化合物	颜色	化合物	颜色
$CuOH$	黄色	$BaCO_3$	白色	$PbCrO_4$	黄色
$Fe(OH)_2$	白色	$Bi(OH)CO_3$	白色	$Fe_2(SiO_3)_3$	棕红色
$Fe(OH)_3$	棕红色	$CaCO_3$	白色	$MnSiO_3$	肉色
$Mn(OH)_2$	白色	$CdCO_3$	白色	$NiSiO_3$	翠绿色
$Ni(OH)_2$	浅绿色	$Cu_2(OH)_2CO_3$	蓝色	$ZnSiO_3$	白色
$Ni(OH)_3$	黑色	$FeCO_3$	白色	CaC_2O_4	白色
$Pb(OH)_2$	白色	$Hg_2(OH)_2CO_3$	红褐色	$Ag_2C_2O_4$	白色
$Sb(OH)_3$	白色	$MgCO_3$	白色	Ag_3AsO_4	红褐色
$Sn(OH)_2$	白色	$MnCO_3$	白色	$MgNH_4AsO_4$	白色
$Sn(OH)_4$	白色	$Ni_2(OH)_2CO_3$	浅绿色	$Ag_2S_2O_3$	白色
$Zn(OH)_2$	白色	$PbCO_3$	白色	$AgCN$	白色
$AgBrO_3$	白色	$SrCO_3$	白色	$CuCN$	白色
$KClO_4$	白色	$Zn_2(OH)_2CO_3$	白色	$Cu(CN)_2$	黄色
$AgIO_3$	白色	Ag_3PO_4	黄色	$Ni(CN)_2$	浅绿色
$Ba(IO_3)_2$	白色	$Ba_3(PO_4)_2$	白色	$AgSCN$	白色
As_2S_3	黄色	$Ca_3(PO_4)_2$	白色	$Cu(SCN)_2$	黑绿色
Bi_2S_3	黑褐色	$CaHPO_4$	白色	$Ag_3[Fe(CN)_6]$	橙色
CdS	黄色	$FePO_4$	浅黄色	$Ag_4[Fe(CN)_6]$	白色
CoS	黑色	$MgNH_4PO_4$	白色	$Cu_2[Fe(CN)_6]$	红棕色
CuS	黑色	Ag_2CrO_4	砖红色	$Fe_3[Fe(CN)_6]_2$	滕氏蓝
Cu_2S	黑色	$BaCrO_4$	黄色	$Fe_4[Fe(CN)_6]_3$	普鲁士蓝
FeS	黑色	Ag_2SO_4	白色	$Zn_3[Fe(CN)_6]_2$	黄褐色
Fe_2S_3	黑色	$BaSO_4$	白色	$Zn_2[Fe(CN)_6]$	白色
HgS	红或黑色	$BaSO_3$	白色	$K_3[Co(NO_2)_6]$	黄色
MnS	肉色	$CaSO_4$	白色	$K_2Na[Co(UONO_2)_6]$	黄色
NiS	黑色	$CoSO_4 \cdot 7H_2O$	红色	$K_2C_4H_4O_6H$	白色
PbS	黑色	$Cr_2(SO_4)_3$	桃红色	$NaAc \cdot Zn(Ac)_2 \cdot$	黄色
Sb_2S_3	橙色	$Cr_2(SO_4)_3 \cdot 18H_2O$	紫色	$3[UO_2(Ac)_2] \cdot 9H_2O$	
Sb_2S_5	橙红色	$Cr_2(SO_4)_3 \cdot 6H_2O$	绿色	$BaSiO_3$	白色
$SrSO_4$	白色	$Cu_2(OH)_2SO_4$	浅蓝色	$CoSiO_3$	紫色
$SrSO_3$	白色	Hg_2SO_4	白色	$CuSiO_3$	蓝色
Ag_2CO_3	白色	$PbSO_4$	白色		

参 考 文 献

[1] 王志坤. 基础化学实验. 北京：中国水利水电出版社，2010.

[2] 方宾，王伦. 化学实验（上、下）. 北京：高等教育出版社，2003.

[3] 刘汉兰，陈浩，文利柏. 基础化学实验. 第2版. 北京：科学出版社，2009.

[4] 马忠革. 分析化学实验. 北京：清华大学出版社，2011.

[5] 王清廉，李瀛，高坤. 有机化学实验. 第3版. 北京：高等教育出版社，2010.

[6] 王月娟，赵雷洪. 物理化学实验. 杭州：浙江大学出版社，2008.

[7] 常照荣. 物理化学实验. 郑州：河南科学技术出版社，2009.

[8] 复旦大学等. 物理化学实验. 北京：高等教育出版社，2004.

[9] 华中师范大学，东北师范大学，华东师范大学，陕西师范大学. 分析化学实验. 第3版. 北京：高等
     教育出版社，2001.

[10] 李广州，陆真. 化学教学论实验. 第2版. 北京：科学出版社，2006.

[11] 伍洪标. 无机非金属材料实验. 北京：化学工业出版社，2002.

[12] 北京师范大学无机化学教研室. 无机化学实验. 第3版. 北京：高等教育出版社，2001.

[13] 焦家俊. 有机化学实验. 上海：上海交通大学出版社，2000.

[14] 徐如人，庞文琴. 无机合成与制备化学. 北京：高等教育出版社，2002.

[15] 李善忠. 材料化学实验. 北京：化学工业出版社，2011.

[16] 曲荣君. 材料化学实验. 北京：化学工业出版社，2011.

[17] 郭庆丰，彭勇. 化工基础实验. 北京：清华大学出版社，2004.

[18] 杭州大学化学系分析化学教研室. 分析化学手册（第一分册）：基础知识与安全知识. 第2版. 北
     京：化学工业出版社，1997.

[19] 北京师范大学化学系. 化学实验规范. 北京：北京师范大学出版社，1987.

[20] 王秋长，赵鸿喜，张守民，李一峻. 基础化学实验. 北京：科学出版社，2003.

[21] 吕苏琴，张春荣. 基础化学实验Ⅰ. 北京：科学出版社，2000.

[22] 扬州大学等. 新编大学化学实验. 北京：化学工业出版社，2008.

[23] 曾昭琼. 有机化学实验. 第3版. 北京：高等教育出版社，2010.

[24] 高占先. 有机化学实验. 第4版. 北京：高等教育出版社，2004.

[25] 兰州大学，复旦大学化学系有机化学教研室. 有机化学实验. 第2版. 北京：高等教育出版
     社，1994.

[26] 潘祖仁编. 高分子化学. 第4版. 北京：化学工业出版社，2011.

[27] L Mecaffery. Laboratory Preparation for Macromolecular Chamistry. Edward：83-87.

[28] 王久芬编. 高分子化学实验. 北京：兵器工业出版社，1998.

[29] 吉林化学工业公司设计院. 聚乙烯醇生产工艺. 北京：中国轻工业出版社，1975.

[30] 姚克俭. 化工原理实验立体教材［M］. 杭州：浙江大学出版社，2009.

[31] 杨虎，马樊. 化工原理实验［M］. 重庆：重庆大学出版社，2008.

[32] 陈寅生. 化工原理实验及仿真［M］. 上海：东华大学出版社，2008.

[33] 陈均志，李磊. 化工原理实验及课程设计［M］. 北京：化学工业出版社，2008.

[34] 王存文，孙炜. 化工原理实验与数据处理［M］. 北京：化学工业出版社，2008.

[35] 王建成，卢燕，陈振. 化工原理实验［M］. 上海：华东理工大学出版社，2007.

[36] 郑秋霞. 化工原理实验［M］. 北京：中国石化出版社，2007.

     徐国想. 化工原理实验［M］. 南京：南京大学出版社，2006.

     雅琼，许文林. 化工原理实验［M］. 北京：化学工业出版社，2005.

［39］ 史贤林，田恒水，张平. 化工原理实验［M］. 上海：华东理工大学出版社，2005.

［40］ 陈寅生. 化工原理实验及仿真［M］. 上海：东华大学出版社，2005.

［41］ 梁玉祥，刘钟海，付兵. 化工原理实验导论［M］. 成都：四川大学出版社，2004.

［42］ 吴嘉. 化工原理仿真实验［M］. 北京：化学工业出版社，2001.

［43］ 杨祖荣. 化工原理实验［M］. 北京：化学工业出版社，2004.

［44］ 张永康，刘建本，易保华等. 常温固相反应合成纳米氧化锌. 精细化工，2000，17（6）：343-344.

［45］ 周益明，忻新泉. 低温固相合成化学. 无机化学学报，1999，15（3）：273-290.

［46］ 开小明. 离子选择性电极多次标准加入法电极电势测量方法研究. 分析试验室，2001，20（2）：64.

［47］ 史生华，郭艳丽，索志荣. 氯离子选择性电极瞬时电位分析法研究. 高等学校化学学报，2001，22（4）：556.